K.-D. Rademacher · K.-D. Koß

Wassergefährdende Stoffe

Vorschriften und Erläuterungen

Mit 13 Abbildungen und 6 Tabellen

Springer-Verlag Berlin Heidelberg NewYork Tokyo

Bauass. Dipl.-Ing. K.-D. Rademacher
Stadtverwaltung Essen

Bauass. Dipl.-Ing. K.-D. Koß
Kreisverwaltung Heinsberg

ISBN-13:978-3-540-15832-5   e-ISBN-13:978-3-642-70739-1
DOI: 10.1007/978-3-642-70739-1

CIP-Kurztitelaufnahme der Deutschen Bibliothek
Rademacher, Klaus-Dieter:
Wassergefährdende Stoffe: Vorschriften u. Erl. Klaus-Dieter Rademacher; Klaus-Dieter Koß
Berlin, Heidelberg, New York, Tokyo: Springer, 1986.
ISBN-13:978-3-540-15832-5

NE: Koß, Klaus-Dieter

Satz: SRZ, Berlin

21543020-543210

Vorwort

Der sachgerechte und ordnungsgemäße Umgang mit wassergefährdenden Stoffen in Gewerbe- und Industriebetrieben, aber auch in Haushaltungen, ist eine der wichtigsten Aufgaben des aktiven Umweltschutzes. Dem Wasser kommt dabei eine wesentliche Schlüsselposition auf dem langen Weg der Produktentstehung über Nutzung und Anwendung bis zur Beseitigung zu, da grundsätzlich jeder wassergefährdende Stoff bzw. jedes Produkt letztlich in den Wasserkreislauf gelangen kann.

Die Vielzahl und das Ausmaß der Öl- und Giftunfälle belegt mit Nachdruck, daß das „Vorsorgeprinzip" als Grundsatz eines wirkungsvollen Gewässerschutzes noch mehr in den Vordergrund gerückt werden muß. Über das Wasserrecht hinaus tragen viele andere Gesetze durch Aufnahme umweltrelevanter Regelungen, wie z. B. das Abfallbeseitigungsgesetz, Altölgesetz, Bundesimmissionsschutzgesetz, Waschmittelgesetz, zum Gewässerschutz bei.

Mit der 4. Novelle zum Wasserhaushaltsgesetz im Jahre 1976 hat der Bundesgesetzgeber in den §§ 19 g–k das Lagern, Abfüllen und Umschlagen von wassergefährdenden Stoffen und in dem § 19 l die Zulassung von Fachbetrieben speziell geregelt.

Die für diesen Bereich aufgenommene allgemeine Sorgfaltspflicht läßt sich an folgenden Schwerpunkten festschreiben:

- Anlagen zum Lagern und Abfüllen müssen so beschaffen und so eingebaut, aufgestellt, unterhalten und betrieben werden, daß eine Verunreinigung der Gewässer oder eine sonstige nachteilige Veränderung ihrer Eigenschaften nicht zu besorgen ist (§ 19 g Abs. 1 WHG).
- Anlagen zum Umschlagen müssen so beschaffen sein und so eingebaut, aufgestellt, unterhalten und betrieben werden, daß der bestmögliche Schutz der Gewässer vor Verunreinigungen oder sonstiger nachteiliger Veränderung ihrer Eigenschaft erreicht wird (§ 19 g Abs. 2 WHG).
- Die Anlagen bedürfen des behördlichen Brauchbarkeitsnachweises (Eignungsfeststellung oder Bauartzulassung), in dem geprüft wird, ob sie den materiellen Anforderungen des Wasserrechts entsprechen (§ 19 h Satz 1 und 2 WHG).
- Die behördlichen Brauchbarkeitsnachweise entfallen bei Anlagen einfacher oder herkömmlicher Art. Bei Schutzvorkehrungen ersetzt eine gewerberechtliche Bauartzulassung oder ein baurechtliches Prüfzeichen die wasserrechtliche Vorkontrolle (§ 19 h WHG).
- Die Anlagen sind entsprechend ihrem Gesamtgefahrenpotential wiederkehrend prüfen zu lassen (§ 19 i WHG).
- Für Fachbetriebe, die gewerbsmäßig Anlagen einbauen, aufstellen, instandhalten, instandsetzen oder reinigen, ist eine Zulassungspflicht eingeführt worden (§ 19 l WHG).

Ergänzend dazu muß darauf hingewiesen werden, daß der Bundesgesetzgeber z. Z. an einer 5. Novelle zum Wasserhaushaltsgesetz arbeitet, die das wasserrechtliche Instrumentarium zum Umgang mit wassergefährdenden Stoffen ergänzen und verstärken soll. Die möglichen Auswirkungen sind nach dem Stand Oktober 1985 (Gesetzentwurf der Bundesregierung) in Kapitel 2.2.15 erläutert.

Die bundesrechtlichen Rahmenvorschriften haben ihre Ausführungen in den ergänzenden Verordnungen über Anlagen zum Lagern, Abfüllen und Umschlagen wassergefährdender Stoffe (VAwS) und über die Zulassung von Fachbetrieben für Anlagen zum Lagern, Abfüllen und Umschlagen wassergefährdender Stoffe (FachbetriebsVO) der jeweiligen Länder erhalten. Da sich in der Regel die ergänzenden Rechtsverordnungen dem von der Länderarbeitsgemeinschaft Wasser erarbeiteten Musterentwurf angelehnt haben, ist der Bereich wassergefährdende Stoffe ausgehend von nordrhein-westfälischen Verhältnissen unter Hinweisen auf Regelungen in Bayern, Hessen und Niedersachsen beschrieben worden.

Vorschriften- und Vollzugsbehördenüberblick für Anlagen mit wassergefährdenden Stoffen

Rechtsgebiet	Rechtsebene	Bundesrecht		Länderrecht	Vollzugsbehörden[1]
RahmenG Art. 75 GG	Wasserrecht	W H G	Bek. d. BMI: Katalog w. Stoffe, Merkblatt zur Einstufung w. Stoffe, Empfehlung an die Ausstattung für die Zulassung von Fachbetrieben	L W G	VAwS/VAwSF und/oder FachbetriebsVO Öl- und Giftalarmrichtlinien	UWB, BOA, BA UWB WB, BA
Konkurr. G Art. 74 GG	Immisionsschutzrecht	BImSchG RechtsVOen		noch gültige VOen	GAA
Konkurr. G Art. 74 GG	Gewerberecht	GewO	ArbStättV, Kostenordnung für die Prüfung überwachungsbedürftiger Anlagen		GAA
		VbF		Gem. RdErl. zu § 9 VbF	GAA, BOA
LänderG Art. 70 GG	Bauordnungsrecht			L B O FeuerungsVO BauPrüfVO	BOA

[1] Zuständige Behörden für Ersetzungswirkungsbereiche sind nicht aufgeführt.

Des weiteren sind zur Klärung der Verknüpfungen und Überschneidungen zu anderen Rechtsbereichen die entsprechenden bau- und gewerberechtlichen Bestimmungen berücksichtigt worden. Für bereits eingetretene Schadensfälle dient neben den Öl- und Giftalarmrichtlinien der Katalog wassergefährdender Stoffe als erste praktische Orientierungshilfe. Mögliche ordnungs- oder strafrechtliche Konsequenzen sind mit dem Auszug der 18. Änderung des Strafgesetzbuches aufgezeigt.

Neben tabellarischen Übersichten, Ablaufdiagrammen, Gebührenmaßstäben sollen insbesondere Beispiele eines Bescheides zur Eignungsfeststellung und Fachbetriebszulassung dem Antragsteller aus Gewerbe und Industrie als auch den Vollzugsbehörden als Einstieg dienen.

Die abgebildete schematische Übersicht verdeutlicht anhand der beispielhaft genannten wasser-, bauordnungs-, gewerbe- und immissionsschutzrechtlichen Bestimmungen die für eine Anlage zum Lagern, Abfüllen und Umschlagen wassergefährdender Stoffe möglichen Genehmigungsverfahren und Zuständigkeiten.

Mit der Forderung eines verstärkten Gewässerschutzes, wie er in der 5. Novelle zum Wasserhaushaltsgesetz vorgesehen werden soll, und mit der notwendigen Umsetzung in landesrechtliche Regelungen zeichnet sich ein ständiger Fluß ab. Die Weiterentwicklung dieses Rechtsbereiches kann im Rahmen dieses Buches aus redaktionellen Gründen nur einen bestimmten Zeitraum abdecken.

K.-D. Rademacher, K.-D. Koß
Essen und Heinsberg, im April 1986

Inhaltsverzeichnis

Verzeichnis der Abkürzungen XIII

1 Wasserrechtliche Bestimmungen 1

1.1 Gesetz zur Ordnung des Wasserhaushaltes (Wasserhaushaltsgesetz – WHG)... 1
1.2 Landeswassergesetze 7
1.2.1 Wassergesetz für das Land Nordrhein-Westfalen (Landeswassergesetz – LWG) 7
1.2.2 Bayerisches Wassergesetz (BayWG) 13
1.2.3 Hessisches Wassergesetz 18
1.2.4 Niedersächsisches Wassergesetz (NWG) 23

2 Verordnung über Anlagen für wassergefährdende Stoffe 33

2.1 Ausführungsbestimmungen 33
2.1.1 Verordnung über Anlagen zum Lagern, Abfüllen und Umschlagen wassergefährdender Stoffe mit Zuordnung der Verwaltungsvorschriften zum Vollzug der Verordnung über Anlagen zum Lagern, Abfüllen und Umschlagen wassergefährdender Stoffe – Nordrhein-Westfalen 33
2.1.2 Verordnung über Anlagen zum Lagern, Abfüllen und Umschlagen wassergefährdender Stoffe mit Zuordnung der Verwaltungsvorschriften zum Vollzug der Verordnung über Anlagen zum Lagern, Abfüllen und Umschlagen wassergefährdender Stoffe – Bayern..................... 67
2.1.3 Verordnung über Anlagen zum Lagern, Abfüllen und Umschlagen wassergefährdender Stoffe mit Zuordnung der Verwaltungsvorschriften zum Vollzug der Verordnung über Anlagen zum Lagern, Abfüllen und Umschlagen wassergefährdender Stoffe – Hessen..................... 101
2.1.4 Verordnung über Anlagen zum Lagern, Abfüllen und Umschlagen wassergefährdender Stoffe mit Zuordnung der Verwaltungsvorschriften zum Vollzug der Verordnung über Anlagen zum Lagern, Abfüllen und Umschlagen wassergefährdender Stoffe – Niedersachsen............. 126
2.2 Erläuterungen zur Verordnung über Anlagen zum Lagern, Abfüllen und Umschlagen wassergefährdender Stoffe 164
2.2.1 Anwendungsbereich 164
2.2.2 Wassergefährdende Stoffe 167
2.2.3 Zuständige Behörde 168
2.2.4 Bestehende Anlagen 170

2.2.5   Anlagen einfacher oder herkömmlicher Art 173
2.2.6   Eignungsfeststellung 174
2.2.7   Bauartzulassung 183
2.2.8   Schutzgebiete 183
2.2.9   Überprüfung 185
2.2.10   Sachverständige 187
2.2.11   Bußgeldvorschriften 189
2.2.12   Gebühren 189
2.2.13   Bauaufsichtsbehörden 190
2.2.14   Betreiber 195
2.2.15   Erweiterte Vorschriften zum Umgang mit wassergefährdenden Stoffen 198

3   **Katalog wassergefährdender Stoffe** 207

3.1   Katalog wassergefährdender Stoffe 207
3.2   Merkblatt für Anträge zur Einstufung wassergefährdender Stoffe i. S. des § 19g Wasserhaushaltsgesetz (WHG) 240
3.3   Erläuterungen zum Katalog wassergefährdender Stoffe 243

4   **Zulassung von Fachbetrieben (NW)** 246

4.1   Verordnung über die Zulassung von Fachbetrieben für Anlagen zum Lagern, Abfüllen und Umschlagen wassergefährdender Stoffe mit Zuordnung der Verwaltungsvorschriften zum Vollzug der Verordnung über die Zulassung von Fachbetrieben für Anlagen zum Lagern, Abfüllen und Umschlagen wassergefährdender Stoffe 246
4.2   Empfehlungen an die betriebliche Ausstattung für die Zulassung von Fachbetrieben gemäß § 191 Wasserhaushaltsgesetz (WHG) – Werkzeuge, Maschinen, Gerätschaften – 257
4.3   Erläuterungen zur Zulassung von Fachbetrieben 270

5   **Öl- und Giftalarmrichtlinien (NW)** 278

5.1   Maßnahmen beim Austreten von Mineralölen und sonstigen wassergefährdenden Stoffen (Öl- und Giftalarmrichtlinien) 278
5.2   Öl- und Giftunfälle – Einschalten von Sachverständigen 287
5.3   Erläuterungen zu den Öl- und Giftalarmrichtlinien 288

6   **Gewerberechtliche Bestimmungen** 297

6.1   Verordnung über Anlagen zur Lagerung, Abfüllung und Beförderung brennbarer Flüssigkeiten zu Lande (Verordnung über brennbare Flüssigkeiten – VbF) 297
6.2   Erteilung von Erlaubnissen nach § 9 der Verordnung über brennbare Flüssigkeiten (VbF) – (NW) 313

6.3	Gebühren für die Prüfung von Anlagen zur Lagerung, Abfüllung und Beförderung brennbarer Flüssigkeiten	320
6.4	Gewerbeordnung (GewO)	324
7	**Bauordnungsrechtliche Bestimmungen (NW)**	329
7.1	Bauordnung für das Land Nordrhein-Westfalen (Landesbauordnung – BauO NW)	329
7.2	Verordnung über die Errichtung und den Betrieb von Feuerungs- und Brennstoffversorgungsanlagen (Feuerungsverordnung – FeuVO)	333
7.3	Verordnung über bautechnische Prüfungen (BauPrüfVO)	335
8	**Straf- und Ordnungsrechtliche Bestimmungen**	339
8.1	Strafgesetzbuch (StGB)	339
8.2	Vollzug des Abfallbeseitigungsgesetzes, immissionsschutzrechtlicher Vorschriften, des Wasserhaushaltsgesetzes und des Gesetzes über Ordnungswidrigkeiten – (NW)	342
Sachverzeichnis		349

Verzeichnis der Abkürzungen

a. a. RdT	allgemein anerkannte Regeln der Technik	bzw.	beziehungsweise
Abb.	Abbildung	D	Diesel
AbfG	Abfallbeseitigungsgesetz	DAbF	Deutscher Ausschuß für brennbare Flüssigkeiten
Abs.	Absatz	DABAWAS	Datenbank für wassergefährdende Stoffe
AbwAG	Abwasserabgabengesetz		
ADV	Automatische Datenverarbeitung	DB	Deutsche Bundesbahn
Änd.	Änderung	d. h.	das heißt
Allg.	Allgemein	EDV	Elektronische Datenverarbeitung
AltölG	Altölgesetz	EL	extra leicht
Amtbl.	Amtsblatt	Erl.	Erläuterungen
Anh.	Anhang	ff.	fortfolgende
Anl.	Anlage	FeuVO	Feuerungsverordnung
Anm.	Anmerkung	G	Gesetz
ArbStättV	Arbeitsstättenverordnung	GAA	Staatliches Gewerbeaufsichtsamt
Art.	Artikel		
Aufl.	Auflage	Gem.RdErl.	Gemeinsamer Runderlaß
Ausf.	Ausführung	GewO	Gewerbeordnung
AVwGebO	allgemeine Verwaltungsgebührenordnung	GFK	Glasfaserverstärkter Kunststoff
BA	Bergamt	GG	Grundgesetz
BAM	Bundesanstalt für Materialprüfung	GGVS	Gefahrengutverordnung Straße
BAnz	Bundesanzeiger	GmbH	Gesellschaft mit beschränkter Haftung
BauO	Bauordnung		
BauPrüfVO	Verordnung über bautechnische Prüfungen	GVBl	Gesetz- und Verordnungsblatt
BayWG	Bayerisches Wassergesetz	GV NW	Gesetz- und Verordnungsblatt für das Land NW
BBergG	Bundesberggesetz		
BbG	Bundesbahngesetz	GWG	Grenzwertgeber
Bd.	Band	H	Heizöl
Begr.	Begründung	HWG	Hessisches Wassergesetz
Bek.	Bekanntmachung	i. d. F.	in der Fassung
Ber.	Bericht, Berichtigung	i. d. R.	in der Regel
BGBl. I o.II	Bundesgesetzblatt Teil I oder Teil II	DB	Deutsche Bundesbahn
		IfBt	Institut für Bautechnik
BImSchG	Bundesimmissionsschutzgesetz	IM	Innenminister
		i. S.	im Sinne
BMI	Bundesminister des Innern	i. V. m.	in Verbindung mit
BMP	Bundesminister für Post- und Fernmeldewesen	KBwS	Kommission Bewertung wassergefährdender Stoffe
BMV	Bundesminister für Verkehr	KKS	Kathodischer Korrosionsschutz
BMVg	Bundesminister für Verteidigung		
		LAWA	Länderarbeitsgemeinschaft Wasser
BOA	Bauordnungsamt		

LBO	Landesbauordnung
LTwS	Lagerung und Transport wassergefährdender Stoffe
LWG	Landeswassergesetz
LWA	Landesamt für Wasser und Abfall NW
MAGS	Minister für Arbeit, Gesundheit und Soziales
MAK	Maximale Arbeitsplatzkonzentration
MBl	Ministerialblatt
MELF	Minister für Ernährung, Landwirtschaft und Forsten
MLS	Minister für Landes- und Stadtentwicklung
MPA	Materialprüfungsanstalt
Nds.	Niedersachsen
Nr., Nrn.	Nummer, Nummern
NW	Nordrhein-Westfalen
NWG	Niedersächsisches Wassergesetz
OBG	Ordnungsbehördengesetz
OWB	Obere Wasserbehörde
OWiG	Ordnungswidrigkeitengesetz
PTB	Physikalisch-Technische Bundesanstalt
RAT	Richtlinien für die Anlage von Tankstellen an Straßen
RdErl.	Runderlaß
s.	Siehe
S.	Seite
S	Schutzgebiet
SMBl	Sammlung des bereinigten Ministerialblattes
SGV	Sammlung des bereinigten Gesetz- und Verordnungsblattes
StAnz	Staatsanzeiger
StAWA	Staatliches Amt für Wasser- und Abfallwirtschaft
StGB	Strafgesetzbuch
Strl.SchV	Strahlenschutzverordnung
StVO	Straßenverkehrsordnung
Tab.	Tabelle
TRbF	Technische Regeln für brennbare Flüssigkeiten
TÜV	Technischer Überwachungsverein
TUIS	Transport-, Unfall-, Informations- und Hilfeleistungssystem
Ü	Überschwemmungsgebiet
u. a.	unter anderem
u. ä.	und ähnliches
u. U.	unter Umständen
UWB	Untere Wasserbehörde
v.	vom
VAwS (F)	Verordnung über Anlagen zum Lagern, Abfüllen und Umschlagen wassergefährdender Stoffe (und die Zulassung von Fachbetrieben)
VbF	Verordnung über brennbare Flüssigkeiten
vgl.	vergleiche
v. H.	von Hundert
VLwF	Verordnung über das Lagern wassergefährdender Flüssigkeiten (Lagerbehälterverordnung)
VO, V	Verordnung
VV, VwV	Verwaltungsvorschrift
VwVG	Verwaltungsvollstreckungsgesetz
WB	Wasserbehörde
WG	Wassergesetz
WGK	Wassergefährdungsklasse
WGZ	Wassergefährdungszahl
WHG	Wasserhaushaltsgesetz
z. B.	zum Beispiel
ZustVOAItG	Verordnung zur Regelung von Zuständigkeiten auf dem Gebiet des Arbeits-, Immissionsschutz und technischen Gefahrenschutzes
z. Z.	Zur Zeit

1 Wasserrechtliche Bestimmungen

1.1 Gesetz zur Ordnung des Wasserhaushalts (Wasserhaushaltsgesetz – WHG)

Vom 27. Juli 1957 (BGBl. I S. 1110) in der Fassung der Bekanntmachung vom 16. Oktober 1976 (BGBl. I S. 3017), geändert durch Gesetze vom 14. Dezember 1976 (BGBl. I S. 3341, berichtigt 1977 S. 667), und vom 28. März 1980 (BGBl. I S. 373) – Auszug.

§ 1 a Grundsatz

(1) Die Gewässer sind so zu bewirtschaften, daß sie dem Wohl der Allgemeinheit und im Einklang mit ihm auch dem Nutzen einzelner dienen und daß jede vermeidbare Beeinträchtigung unterbleibt.

(2) Jedermann ist verpflichtet, bei Maßnahmen, mit denen Einwirkungen auf ein Gewässer verbunden sein können, die nach den Umständen erforderliche Sorgfalt anzuwenden, um eine Verunreinigung des Wassers oder eine sonstige nachteilige Veränderung seiner Eigenschaften zu verhüten.

(3) Das Grundeigentum berechtigt nicht
   1. zu einer Gewässerbenutzung, die nach diesem Gesetz oder nach den Landeswassergesetzen einer Erlaubnis oder Bewilligung bedarf,
   2. zum Ausbau eines oberirdischen Gewässers.

§ 19 Wasserschutzgebiete

(1) Soweit es das Wohl der Allgemeinheit erfordert,
   1. Gewässer im Interesse der derzeit bestehenden oder künftigen öffentlichen Wasserversorgung vor nachteiligen Einwirkungen zu schützen oder
   2. das Grundwasser anzureichern oder
   3. das schädliche Abfließen von Niederschlagswasser zu verhüten,
können Wasserschutzgebiete festgesetzt werden.

(2) In den Wasserschutzgebieten können
   1. bestimmte Handlungen verboten oder für nur beschränkt zulässig erklärt werden und
   2. die Eigentümer und Nutzungsberechtigten von Grundstücken zur Duldung bestimmter Maßnahmen verpflichtet werden. Dazu gehören auch Maßnahmen zur Beobachtung des Gewässers und des Bodens.

(3) Stellt eine Anordnung nach Absatz 2 eine Enteignung dar, so ist dafür Entschädi-

gung zu leisten; für die Beschränkung einer Bewilligung gilt § 12, für die Beschränkung eines alten Rechtes gilt § 15 Abs. 4.

(4) Die Festsetzung eines Wasserschutzgebietes bedarf eines förmlichen Verfahrens.

§ 19 g   Anlagen zum Lagern, Abfüllen und Umschlagen wassergefährdender Stoffe

(1) Anlagen zum Lagern und Abfüllen wassergefährdender Stoffe müssen so beschaffen sein und so eingebaut, aufgestellt, unterhalten und betrieben werden, daß eine Verunreinigung der Gewässer oder eine sonstige nachteilige Veränderung ihrer Eigenschaften nicht zu besorgen ist.

(2) Anlagen zum Umschlagen wassergefährdender Stoffe müssen so beschaffen sein und so eingebaut, aufgestellt, unterhalten und betrieben werden, daß der bestmögliche Schutz der Gewässer vor Verunreinigung oder sonstiger nachteiliger Veränderung ihrer Eigenschaften erreicht wird.

(3) Bei Einbau, Aufstellung, Unterhaltung und Betrieb der Anlagen im Sinne der Absätze 1 und 2 sind mindestens die allgemein anerkannten Regeln der Technik einzuhalten.

(4) Landesrechtliche Vorschriften für das Lagern wassergefährdender Stoffe in Wasserschutz-, Quellenschutz-, Überschwemmungs- oder Plangebieten bleiben unberührt.

(5) Wassergefährdende Stoffe[1] im Sinne der §§ 19 g bis 19 l sind feste, flüssige und gasförmige Stoffe, insbesondere
- Säuren, Laugen,
- Alkalimetalle, Siliciumlegierungen mit über 30 vom Hundert Silicium, metallorganische Verbindungen, Halogen, Säurehalogenide, Metallcarbonyle und Beizsalze,
- Mineral- und Teeröle sowie deren Produkte,
- flüssige sowie wasserlösliche Kohlenwasserstoffe, Alkohole, Aldehyde, Ketone, Ester, halogen-, stickstoff- und schwefelhaltige organische Verbindungen,
- Gifte,
die geeignet sind, nachhaltig die physikalische, chemische oder biologische Beschaffenheit des Wassers nachteilig zu verändern.

(6) Die Vorschriften der §§ 19 g bis 19 l gelten nicht für Anlagen zum Lagern, Abfüllen und Umschlagen von
  1. Abwasser, Jauche und Gülle,
  2. Stoffen, die hinsichtlich der Radioaktivität die Freigrenzen des Strahlenschutzrechts überschreiten.

§ 19 h   Eignungsfeststellung und Bauartzulassung

(1) Anlagen nach § 19 g Abs. 1 und 2 oder Teile von ihnen sowie technische Schutzvorkehrungen, die nicht einfacher oder herkömmlicher Art sind, dürfen nur verwendet werden, wenn ihre Eignung von der zuständigen Behörde festgestellt ist. Soweit solche Anlagen, Anlagenteile und Schutzvorkehrungen serienmäßig hergestellt wer-

---

[1] Katalog wassergefährdender Stoffe v. 1. 3. 1985, abgedruckt unter 3.1

den, können sie der Bauart nach zugelassen werden[1]. Die Bauartzulassung kann inhaltlich beschränkt, befristet und unter Auflagen erteilt werden. Sie wird von der für den Herstellungsort oder Sitz des Einfuhrunternehmens zuständigen Behörde erteilt und gilt für den Geltungsbereich dieses Gesetzes. Bei Schutzvorkehrungen ersetzt eine gewerberechtliche Bauartzulassung oder ein baurechtliches Prüfzeichen die Bauartzulassung nach dieser Vorschrift.

(2) Absatz 1 Satz 1 gilt nicht für

   1. das vorübergehende Lagern in Transportbehältern sowie das kurzfristige Bereitstellen oder Aufbewahren wassergefährdender Stoffe in Verbindung mit dem Transport, wenn die Behälter oder Verpackungen den Vorschriften und Anforderungen für den Transport im öffentlichen Verkehr genügen,

   2. wassergefährdende Stoffe, die
      a) sich im Arbeitsgang befinden,
      b) in der für den Fortgang der Arbeiten erforderlichen Menge bereitgestellt werden,
      c) als Fertig- oder Zwischenprodukt kurzfristig abgestellt werden,
      d) in Laboratorien in der für den Handgebrauch erforderlichen Menge bereitgehalten werden.

§ 19 i   Pflichten des Betreibers

Der Betreiber einer Anlage nach § 19 g Abs. 1 und 2 hat ihre Dichtheit und die Funktionsfähigkeit der Sicherheitseinrichtungen ständig zu überwachen. Die zuständige Behörde kann im Einzelfall anordnen, daß der Betreiber einen Überwachungsvertrag mit einem nach Landesrecht zugelassenen Betrieb abschließt, wenn er selbst nicht die erforderliche Sachkunde besitzt oder nicht über sachkundiges Personal verfügt. Er hat darüber hinaus nach Maßgabe des Landesrechts Anlagen durch zugelassene Sachverständige auf den ordnungsgemäßen Zustand überprüfen zu lassen, und zwar

1. vor Inbetriebnahme oder nach einer wesentlichen Änderung,
2. spätestens fünf Jahre, bei unterirdischer Lagerung in Wasser- und Quellenschutzgebieten spätestens zweieinhalb Jahre nach der letzten Überprüfung,
3. vor der Wiederinbetriebnahme einer länger als ein Jahr stillgelegten Anlage,
4. wenn die Prüfung wegen der Besorgnis einer Wassergefährdung angeordnet wird.

§ 19 k   Besondere Pflichten beim Befüllen und Entleeren

Wer eine Anlage zum Lagern wassergefährdender Stoffe befüllt oder entleert, hat diesen Vorgang zu überwachen und sich vor Beginn der Arbeiten vom ordnungsgemäßen Zustand der dafür erforderlichen Sicherheitseinrichtungen zu überzeugen. Die zulässigen Belastungsgrenzen der Anlagen und der Sicherheitseinrichtungen sind beim Befüllen oder Entleeren einzuhalten.

---

[1] Zusammenstellung der Bauartzulassungen nach § 19 h Abs. 1 Satz 2 Wasserhaushaltsgesetz v. 4. 2. 1986 (MBl. NW S. 243), die Zusammenstellung wird in unregelmäßigen Abständen neu aufgestellt

§ 19 l   Zulassung von Fachbetrieben

(1) Betriebe, die gewerbsmäßig Anlagen nach § 19 g Abs. 1 und 2 einbauen, aufstellen, instandhalten, instandsetzen oder reinigen, bedürfen der Zulassung nach Landesrecht durch die für den Sitz des Betriebes zuständige Behörde. Die Zulassung wird nach Prüfung der personellen und materiellen Voraussetzungen auf Antrag erteilt. Die Zulassung gilt für den Geltungsbereich dieses Gesetzes; sie kann inhaltlich beschränkt, befristet und unter Auflagen erteilt werden.

(2) Zugelassene Betriebe sind mindestens alle zwei Jahre daraufhin zu überprüfen, ob die Voraussetzungen für die Erteilung der Zulassung noch erfüllt sind.

(3) Für Betriebe, die bis zum 1. Oktober 1976 regelmäßig Arbeiten nach Absatz 1 ausgeführt haben, ist die Zulassung innerhalb von drei Monaten nach dem 1. Oktober 1976 zu beantragen. Bis zur Entscheidung über den Antrag gelten sie als zugelassen.

§ 21   Überwachung

(1) Wer ein Gewässer über den Gemeingebrauch hinaus benutzt oder einen Antrag auf Erteilung einer Erlaubnis oder Bewilligung gestellt hat, ist verpflichtet, eine behördliche Überwachung der Anlagen, Einrichtungen und Vorgänge zu dulden, die für die Gewässerbenutzung von Bedeutung sind. Er hat dazu, insbesondere zur Prüfung, ob eine beantragte Benutzung zugelassen werden kann, welche Benutzungsbedingungen und Auflagen dabei festzusetzen sind, ob sich die Benutzung in dem zulässigen Rahmen hält und ob nachträglich Anordnungen auf Grund des § 5 oder ergänzender landesrechtlicher Vorschriften zu treffen sind,

1. das Betreten von Betriebsgrundstücken und -räumen während der Betriebszeit,
2. das Betreten von Wohnräumen sowie von Betriebsgrundstücken und -räumen außerhalb der Betriebszeit, sofern die Prüfung zur Verhütung dringender Gefahren für die öffentliche Sicherheit und Ordnung erforderlich ist, und
3. das Betreten von Grundstücken und Anlagen, die nicht zum unmittelbar angrenzenden befriedeten Besitztum von Räumen nach den Nummern 1 und 2 gehören, jederzeit

zu gestatten; das Grundrecht der Unverletzlichkeit der Wohnung (Artikel 13 des Grundgesetzes) wird durch Nummer 2 eingeschränkt. Er hat ferner zu dem gleichen Zweck Anlagen und Einrichtungen zugänglich zu machen, Auskünfte zu erteilen, Arbeitskräfte, Unterlagen und Werkzeuge zur Verfügung zu stellen und technische Ermittlungen und Prüfungen zu ermöglichen. Benutzer von Gewässern, für die ein Gewässerschutzbeauftragter bestellt ist (§ 21 a), haben diesen auf Verlangen der zuständigen Behörde zu Überwachungsmaßnahmen nach den Sätzen 2 und 3 hinzuzuziehen.

(2) Absatz 1 gilt sinngemäß für den, der

1. eine Rohrleitungsanlage nach § 19 a errichtet oder betreibt,
2. eine Anlage zum Lagern, Abfüllen oder Umschlagen wassergefährdender Stoffe nach § 19 g Abs. 1 und 2 herstellt, einbaut, aufstellt, unterhält oder betreibt oder
3. Inhaber eines gewerblichen Betriebes nach § 19 l ist.

Die Eigentümer und Besitzer der Grundstücke, auf denen die Anlagen hergestellt, errichtet, eingebaut, aufgestellt, unterhalten oder betrieben werden, haben das Betreten der Grundstücke zu gestatten, Auskünfte zu erteilen und technische Ermittlungen und Prüfungen zu ermöglichen.

(2a) Der zur Erteilung einer Auskunft Verpflichtete kann die Auskunft auf solche Fragen verweigern, deren Beantwortung ihn selbst oder einen der in § 383 Abs. 1 Nr. 1 bis 3 der Zivilprozeßordnung bezeichneten Angehörigen der Gefahr strafgerichtlicher Verfolgung oder eines Verfahrens nach dem Gesetz über Ordnungswidrigkeiten aussetzen würde.

(3) Für die zur Überwachung nach den Absätzen 1 und 2 zuständigen Behörden und ihre Bediensteten gelten §§ 93, 97, 105 Abs. 1, § 111 Abs. 5 in Verbindung mit § 105 Abs. 1 sowie § 116 Abs. 1 der Abgabenordnung nicht. Dies gilt nicht, soweit die Finanzbehörden die Kenntnisse für die Durchführung eines Verfahrens wegen einer Steuerstraftat sowie eines damit zusammenhängenden Besteuerungsverfahrens benötigen, an deren Verfolgung ein zwingendes öffentliches Interesse besteht, oder soweit es sich um vorsätzlich falsche Angaben des Auskunftspflichtigen oder der für ihn tätigen Personen handelt.

(4) Die Bundesregierung wird ermächtigt, durch Rechtsverordnung mit Zustimmung des Bundesrates zu bestimmen, daß die behördliche Überwachung im Sinne dieser Vorschrift bei Anlagen und Einrichtungen, die der Landesverteidigung dienen, zum Geschäftsbereich des Bundesministers der Verteidigung gehörenden Stellen übertragen wird.

(5) Absatz 4 gilt nicht im Land Berlin.

§ 22 Haftung für Änderung der Beschaffenheit des Wassers

(1) Wer in ein Gewässer Stoffe einbringt oder einleitet oder wer auf ein Gewässer derart einwirkt, daß die physikalische, chemische oder biologische Beschaffenheit des Wassers verändert wird, ist zum Ersatz des daraus einem anderen entstehenden Schadens verpflichtet. Haben mehrere die Einwirkungen vorgenommen, so haften sie als Gesamtschuldner.

(2) Gelangen aus einer Anlage, die bestimmt ist, Stoffe herzustellen, zu verarbeiten, zu lagern, abzulagern, zu befördern oder wegzuleiten, derartige Stoffe in ein Gewässer, ohne in dieses eingebracht oder eingeleitet zu sein, so ist der Inhaber der Anlage zum Ersatz des daraus einem anderen entstehenden Schadens verpflichtet; Absatz 1 Satz 2 gilt entsprechend. Die Ersatzpflicht tritt nicht ein, wenn der Schaden durch höhere Gewalt verursacht ist.

(3) Kann ein Anspruch auf Ersatz des Schadens gemäß § 11 nicht geltend gemacht werden, so ist der Betroffene nach § 10 Abs. 2 zu entschädigen. Der Antrag ist auch noch nach Ablauf der Frist von dreißig Jahren zulässig.

§ 26 Einbringen, Lagern und Befördern von Stoffen

(1) Feste Stoffe dürfen in ein Gewässer nicht zu dem Zweck eingebracht werden, sich ihrer zu entledigen. Schlammige Stoffe rechnen nicht zu den festen Stoffen.

(2) Stoffe dürfen an einem Gewässer nur so gelagert oder abgelagert werden, daß eine Verunreinigung des Wassers oder eine sonstige nachteilige Veränderung seiner Eigenschaften oder des Wasserabflusses nicht zu besorgen ist. Das gleiche gilt für die

Beförderung von Flüssigkeiten und Gasen durch Rohrleitungen. Weitergehende Verbotsvorschriften bleiben unberührt.

§ 32 b   Reinhaltung (Küstengewässer)

Stoffe dürfen am Küstengewässer nur so gelagert oder abgelagert werden, daß eine Verunreinigung des Wassers oder eine sonstige nachteilige Veränderung seiner Eigenschaften nicht zu besorgen ist. Das gleiche gilt für die Beförderung von Flüssigkeiten und Gasen durch Rohrleitungen.

§ 34   Reinhaltung

(1) Eine Erlaubnis für das Einleiten von Stoffen in das Grundwasser darf nur erteilt werden, wenn eine schädliche Verunreinigung des Grundwassers oder eine sonstige nachteilige Veränderung seiner Eigenschaften nicht zu besorgen ist.

(2) Stoffe dürfen nur so gelagert oder abgelagert werden, daß eine schädliche Verunreinigung des Grundwassers oder eine sonstige nachteilige Veränderung seiner Eigenschaften nicht zu besorgen ist. Das gleiche gilt für die Beförderung von Flüssigkeiten und Gasen durch Rohrleitungen.

§ 36 a   Veränderungssperre zur Sicherung von Planungen

(1) Zur Sicherung von Planungen für Vorhaben der Wassergewinnung oder Wasserspeicherung, der Abwasserbeseitigung, der Wasseranreicherung, der Wasserkraftnutzung, der Bewässerung, des Hochwasserschutzes oder des Ausbaus eines oberirdischen Gewässers, die dem Wohl der Allgemeinheit dienen, können die Landesregierungen oder die von ihnen bestimmten Stellen durch Rechtsverordnung Planungsgebiete festlegen, auf deren Flächen wesentlich wertsteigernde oder die Durchführung des geplanten Vorhabens erheblich erschwerende Veränderungen nicht vorgenommen werden dürfen (Veränderungssperre). § 4 Abs. 5 des Raumordnungsgesetzes vom 8. April 1965 (Bundesgesetzbl. I S. 306) bleibt unberührt.

(2) Veränderungen, die in rechtlich zulässiger Weise vorher begonnen worden sind, Unterhaltungsarbeiten und die Fortführung einer bisher ausgeübten Nutzung werden von der Veränderungssperre nicht berührt.

(3) Die Veränderungssperre tritt nach Ablauf von drei Jahren außer Kraft, sofern die Rechtsverordnung keinen früheren Zeitpunkt bestimmt. Die Frist von drei Jahren kann, wenn besondere Umstände es erfordern, durch Rechtsverordnung um höchstens ein Jahr verlängert werden.

(4) Von der Veränderungssperre können Ausnahmen zugelassen werden, wenn überwiegende öffentliche Belange nicht entgegenstehen.

§ 41   Ordnungswidrigkeiten

(1) Ordnungswidrig handelt, wer vorsätzlich oder fahrlässig
....
    2. einer Rechtsverordnung nach § 19 Abs. 2 Nr. 1 zuwiderhandelt, soweit die Rechtsverordnung für einen bestimmten Tatbestand auf diese Bußgeldvorschrift verweist,

....

6. a) entgegen § 19 g Abs. 3 bei Einbau, Aufstellung, Unterhaltung oder Betrieb der Anlagen im Sinne des § 19 g Abs. 1 oder 2 die allgemein anerkannten Regeln der Technik nicht einhält,

   b) entgegen § 19 h Abs. 1 Satz 1 eine Anlage, Teile einer Anlage oder technische Schutzvorkehrungen verwendet, deren Eignung nicht festgestellt ist,

   c) als Betreiber einer Anlage nach § 19 g Abs. 1 oder 2 entgegen § 19 i Satz 1 eine Anlage nicht ständig überwacht oder entgegen einer vollziehbaren Anordnung nach § 19 i Satz 2 einen Überwachungsvertrag nicht abschließt,

   d) entgegen § 19 k einen Vorgang nicht überwacht, sich vom ordnungsgemäßen Zustand der Sicherheitseinrichtungen nicht überzeugt oder die Belastungsgrenzen der Anlagen und Sicherheitseinrichtungen nicht einhält,

   e) einen Betrieb im Sinne des § 19 l Abs. 1 Satz 1 ohne Zulassung unterhält oder einer vollziehbaren Auflage nach § 19 l Abs. 1 Satz 3 zuwiderhandelt oder entgegen § 19 l Abs. 3 Satz 1 die Zulassung nicht rechtzeitig beantragt,

....

9. einer Vorschrift des § 26 oder § 32 b oder § 34 Abs. 2 über das Einbringen, Lagern, Ablagern oder Befördern von Stoffen zuwiderhandelt,

....

(2) Die Ordnungswidrigkeit kann mit einer Geldbuße bis zu hunderttausend Deutsche Mark geahndet werden.

1.2   Landeswassergesetze

1.2.1   Wassergesetz für das Land Nordrhein-Westfalen (Landeswassergesetz – LWG)

Vom 4. Juli 1979 (GV. NW. S. 488/SGV. NW. 77), geändert durch Gesetz vom 6. 11. 1984 (GV. NW. S. 663) – Auszug.

Dritter Teil   Schutz der Gewässer
Abschnitt I   Wasserschutzgebiete, Heilquellenschutz, Reinhalteordnungen

§ 14   Wasserschutzgebiete[1]
(Zu § 19 WHG)

(1) Ein Wasserschutzgebiet wird durch ordnungsbehördliche Verordnung festgesetzt. In der Verordnung können nach Schutzzonen gestaffelt verbindliche Anordnungen im Rahmen von § 19 Abs. 2 des Wasserhaushaltsgesetzes getroffen werden. Zuständig ist die obere Wasserbehörde. Sie entscheidet im Einvernehmen mit dem Landesoberbergamt, wenn in dem festzusetzenden Gebiet abbauwürdige Mineralien anstehen.

---

[1] Verwaltungsvorschrift über die Festsetzung von Wasser- und Quellenschutzgebieten, RdErl. vom 25. 4. 1975 (MBl. NW S. 1010, ber. S. 1479)

Die Verordnung ist im Regierungsamtsblatt zu verkünden und auf Kosten der anordnenden Behörde in den Gemeinden ortsüblich öffentlich bekanntzumachen.

(2) Handlungen, die nach anderen Bestimmungen einer Erlaubnis, Bewilligung, einer Genehmigung oder einer sonstigen behördlichen Zulassung bedürfen, sollen einer besonderen Genehmigung nach den Vorschriften für Wasserschutzgebiete nicht unterworfen werden, wenn schon die anderen Bestimmungen einen hinreichenden Schutz ermöglichen.

(3) Ordnungsbehördliche Verordnungen nach § 15 in Verbindung mit Absatz 1 dieser Vorschrift treten 40 Jahre nach ihrem Inkrafttreten außer Kraft. § 34 Abs. 1 des Ordnungsbehördengesetzes findet keine Anwendung.

(4) Zuständig für Entscheidungen auf Grund der Wasserschutzgebietsverordnung ist die untere Wasserbehörde. Entscheidungen anderer Behörden als Wasserbehörden, die sich auf ein Wasserschutzgebiet beziehen, ergehen im Einvernehmen mit der unteren Wasserbehörde, es sei denn, die Entscheidung ergeht im Planfeststellungsverfahren.

§ 15   Besondere Vorschriften für die Schutzgebiete zum Schutze der öffentlichen Wasserversorgung
(Zu § 19 WHG)

(1) Wird ein Wasserschutzgebiet zum Schutze der öffentlichen Wasserversorgung festgesetzt, ist der begünstigte oder sind die begünstigten Unternehmer der Wassergewinnung zu bezeichnen oder es ist darauf hinzuweisen, daß das Wasservorkommen zum Zwecke der künftigen öffentlichen Wasserversorgung geschützt wird.

(2) Wird durch Anwendung der für das Schutzgebiet geltenden Rechtsvorschriften eine Entschädigungspflicht ausgelöst (§ 19 Abs. 3 des Wasserhaushaltsgesetzes) oder ist nach Absatz 3 eine Ausgleichszahlung zu leisten, ist hierzu der begünstigte oder sind hierzu die begünstigten Unternehmer der Wassergewinnung verpflichtet, jedoch tritt das Land in Vorlage. Der begünstigte Unternehmer hat dem Land die aufgewandten Beträge zu erstatten; sind mehrere Unternehmer durch ein Schutzgebiet begünstigt, setzt die obere Wasserbehörde die zu erstattenden Beträge anteilig fest. Tritt ein Unternehmer später hinzu, haben die ursprünglich zur Erstattung verpflichteten Unternehmer ihm gegenüber einen Anspruch auf Rückerstattung eines angemessenen Anteils. Wird das Wasservorkommen zum Zwecke der künftigen öffentlichen Wasserversorgung geschützt, ohne daß bereits ein Träger feststeht, ist das Land verpflichtet. Treten ein oder mehrere Unternehmer der öffentlichen Wasserversorgung in den geschützten Bereich später ein, gelten die Sätze 2 und 3 entsprechend.

(3) Zugunsten desjenigen, der durch Anwendung der für das Schutzgebiet geltenden strengeren Rechtsvorschriften erhöhte Aufwendungen zum Schutz der Gewässer erbringen muß, kann der Regierungspräsident in Härtefällen eine pauschale Ausgleichszahlung auch dann festsetzen, wenn der Eingriff noch keine Entschädigungspflicht nach Absatz 2 auslöst.

(4) Ist die Festsetzung eines Schutzgebietes beabsichtigt, so kann von der oberen Wasserbehörde vorläufig angeordnet werden, daß Handlungen, die nach Festsetzung des Schutzgebietes voraussichtlich von einer Genehmigung abhängig sein werden, einer Genehmigung bedürfen. Die vorläufige Anordnung ist aufzuheben, sobald über die Festsetzung entschieden ist, spätestens jedoch nach Ablauf von vier Jahren.

§ 16 Heilquellenschutz

(1) Heilquellen sind natürlich zutagetretende oder künstlich erschlossene Wasser- oder Gasvorkommen, die auf Grund ihrer chemischen Zusammensetzung, ihrer physikalischen Eigenschaften oder nach der Erfahrung geeignet sind, Heilzwecken zu dienen.

(2) Heilquellen, deren Erhaltung aus Gründen des Wohls der Allgemeinheit geboten ist, können als solche staatlich anerkannt werden (staatlich anerkannte Heilquellen). Mit der Anerkennung können dem Eigentümer oder Betriebsinhaber Betriebs- und Überwachungspflichten auferlegt werden, die zur Erhaltung der Heilquelle erforderlich sind. Der Eigentümer oder der Betriebsinhaber hat die Überwachung durch die zuständige Behörde zu dulden. Er hat das Betreten von Grundstücken zu gestatten, zum Zwecke der Überwachung Anlagen und Einrichtungen zugänglich zu machen, die erforderlichen Arbeitskräfte, Unterlagen und Werkzeuge zur Verfügung zu stellen und technische Ermittlungen und Prüfungen zu dulden.

(3) Zum Schutze einer staatlich anerkannten Heilquelle sollen Heilquellenschutzgebiete festgesetzt werden. § 19 Abs. 3 des Wasserhaushaltsgesetzes, §§ 14 und 15 dieses Gesetzes gelten sinngemäß.

(4) Auch außerhalb des Heilquellenschutzgebietes können Handlungen, die geeignet sind, den Bestand oder die Beschaffenheit einer staatlich anerkannten Heilquelle zu gefährden, untersagt werden. § 19 Abs. 3 des Wasserhaushaltsgesetzes, § 14 Abs. 2 und § 15 Abs. 2 und 3 dieses Gesetzes gelten sinngemäß.

(5) Zuständig ist
   1. für die staatliche Anerkennung einer Heilquelle der Regierungspräsident,
   2. für den Erlaß ordnungsbehördlicher Verordnungen der Regierungspräsident im Einvernehmen mit dem Landesoberbergamt,
   3. für alle übrigen Entscheidungen im Rahmen dieser Vorschrift die untere Wasserbehörde.

(6) Heilquellen, die auf Grund bisherigen Rechts staatlich anerkannt sind oder deren Gemeinnützigkeit auf Grund bisherigen Rechts festgestellt ist, gelten als anerkannte Heilquellen im Sinne des Gesetzes.

Abschnitt II Wassergefährdende Stoffe

§ 18 Wassergefährdende Stoffe
(Zu §§ 19 a bis 19 l, 26, 34 WHG)

(1) Der Minister für Ernährung, Landwirtschaft und Forsten und der Innenminister werden ermächtigt im Einvernehmen mit dem Minister für Arbeit, Gesundheit und Soziales und dem Minister für Wirtschaft, Mittelstand und Verkehr und dem Ausschuß für Ernährung, Land-, Forst- und Wasserwirtschaft des Landtags durch Rechtsverordnung eine Anzeigepflicht für denjenigen zu begründen, der
a) Anlagen zum Lagern, Abfüllen und Umschlagen wassergefährdender Stoffe im Sinne des § 19 g des Wasserhaushaltsgesetzes einbauen, aufstellen, betreiben, wesentlich ändern
   oder
b) Anlagen zum Befördern solcher Stoffe errichten oder betreiben will.

(2) Der Minister für Ernährung, Landwirtschaft und Forsten und der Innenminister werden ermächtigt, im Einvernehmen mit dem Minister für Arbeit, Gesundheit und Soziales und dem Minister für Wirtschaft, Mittelstand und Verkehr zum Schutze der Gewässer durch Rechtsverordnung zu bestimmen, wie Anlagen im Sinne des Absatzes 1 beschaffen sein, hergestellt, errichtet, eingebaut, aufgestellt, geändert und betrieben werden müssen und wo diese Anlagen nicht errichtet, eingebaut oder aufgestellt und betrieben werden dürfen. Es können insbesondere Rechtsvorschriften[1] erlassen werden über

1. technische Anforderungen an Anlagen im Sinne des Absatzes 1. Dabei kann auch gefordert werden, daß die allgemein anerkannten Regeln der Technik einzuhalten sind. Als allgemein anerkannte Regeln der Technik gelten auch technische Vorschriften und Baubestimmungen, die vom Minister für Ernährung, Landwirtschaft und Forsten oder vom Innenminister durch Bekanntgabe im Ministerialblatt eingeführt sind;

2. die Überwachung von Anlagen im Sinne des Absatzes 1 und ihre Überprüfung durch Sachverständige;

3. die Zulassung von Betrieben und Sachverständigen nach den §§ 19 i und 19 l des Wasserhaushaltsgesetzes und die regelmäßige Überprüfung von Betrieben nach § 19 l Abs. 2 des Wasserhaushaltsgesetzes[2];

4. die Gebühren und Auslagen, die für vorgeschriebene oder behördlich angeordnete Überwachungen und Prüfungen von dem Betreiber einer Anlage im Sinne des Absatzes 1 an einen Betrieb oder Sachverständigen im Sinne des § 19 i des Wasserhaushaltsgesetzes zu entrichten sind. Die Gebühren werden nur zur Deckung des mit den Überwachungen und Prüfungen verbundenen Personal- und Sachaufwandes erhoben. Es kann bestimmt werden, daß eine Gebühr auch für eine Prüfung erhoben werden kann, die nicht begonnen oder nicht zu Ende geführt worden ist, wenn die Gründe vom Betreiber zu vertreten sind. Die Höhe der Gebührensätze richtet sich nach der Zahl der Stunden, die ein Überwachungsbetrieb oder Sachverständiger durchschnittlich benötigt. In der Rechtsverordnung können auch nur Gebührenhöchstsätze festgelegt werden. Auf bundesrechtliche Vorschriften kann Bezug genommen werden.

(3) Zuständige Behörde im Sinne des § 19 a Abs. 1 Satz 1 des Wasserhaushaltsgesetzes ist die obere Wasserbehörde; zuständige Behörde im Sinne des § 19 f Abs. 1 Satz 2 des Wasserhaushaltsgesetzes ist das Landesoberbergamt. Diese Behörden sind auch für die Entgegennahme der Anzeigen gemäß § 19 d Nr. 1 a des Wasserhaushaltsgesetzes zuständig. Der Vollzug der §§ 19 g, 19 i, 19 k und 19 l des Wasserhaushaltsgesetzes sowie der Rechtsverordnungen nach Absatz 1 und Absatz 2 Satz 1 obliegt, soweit nichts anderes bestimmt ist, der unteren Wasserbehörde; für brennbare wassergefährdende Flüssigkeiten, ausgenommen die Zulassung von Fachbetrieben, obliegt er der unteren Bauaufsichtsbehörde. Über Eignungsfeststellungen nach § 19 h Abs. 1

---

[1] Verordnung über Anlagen zum Lagern, Abfüllen und Umschlagen wassergefährdender Stoffe (VAwS) v. 31. 7. 1981 i. V. m. der Verwaltungsvorschrift (VV-VAwS) v. 10. 8. 1981, abgedruckt unter 2.1.1
[2] Verordnung über die Zulassung von Fachbetrieben für Anlagen zum Lagern, Abfüllen und Umschlagen wassergefährdender Stoffe (Fachbetriebsverordnung) v. 30. 7. 1982 i. V. m. der Verwaltungsvorschrift (VV-FachbetriebsVO) v. 12. 8. 1982, abgedruckt unter 4.1

Satz 1 des Wasserhaushaltsgesetzes entscheidet die untere Wasserbehörde. Über Bauartzulassungen nach § 19 h Abs. 1 Satz 2 des Wasserhaushaltsgesetzes entscheidet das Landesamt für Wasser und Abfall. In den der Bergaufsicht unterstehenden Betrieben obliegen der Vollzug der Rechtsverordnungen nach Absatz 1 und Absatz 2 Satz 1 sowie die Eignungsfeststellung nach § 19 h Abs. 1 Satz 1 des Wasserhaushaltsgesetzes dem Bergamt.

(4) Treten wassergefährdende Stoffe aus einer Anlage zum Lagern, Abfüllen, Umschlagen, Befördern oder Transportieren aus und ist zu befürchten, daß diese in den Untergrund oder in die Kanalisation eindringen, so ist dies unverzüglich der örtlichen Ordnungsbehörde anzuzeigen. Anzeigepflichtig ist, wer die Anlage betreibt, instandhält, instandsetzt, reinigt oder prüft[1,2].

Elfter Teil   Gewässeraufsicht

Abschnitt I   Allgemeine Vorschriften

§ 116   Aufgabe und Zuständigkeit

(1) Aufgabe der Gewässeraufsicht ist es,
   1. die Gewässer und ihre Benutzung,
   2. die Beschaffenheit des Rohwassers für die öffentliche Trinkwasserversorgung,
   3. die Wasserschutzgebiete,
   4. die Überschwemmungsgebiete,
   5. die Talsperren und Rückhaltebecken,
   6. die Deiche,
   7. die Anlagen, die unter das Wasserhaushaltsgesetz, dieses Gesetz oder die dazu erlassenen Vorschriften fallen,

zu überwachen. Zur Gewässeraufsicht gehören auch die Bauüberwachung und die Bauabnahme der baulichen Anlagen, bei deren Genehmigung nach den Vorschriften dieses Gesetz auch die Einhaltung der baurechtlichen Vorschriften zu prüfen ist. Werden Gewässerbenutzungen ohne die erforderliche Erlaubnis oder Bewilligung ausgeübt, Gewässer ohne die erforderliche Planfeststellung oder Genehmigung ausgebaut, Anlagen ohne die erforderliche Genehmigung, Eignungsfeststellung oder Bauartzulassung errichtet, eingebaut, betrieben oder wesentlich geändert, kann die nach Absatz 2 zuständige Behörde verlangen, daß ein entsprechender Antrag gestellt wird.

(2) Die Gewässeraufsicht obliegt der allgemeinen Wasserbehörde, soweit nichts anderes bestimmt ist. Die Überwachung
   1. von Abwassereinleitungen obliegt der Wasserbehörde, die nach § 30 Abs. 1 für die Erlaubnis zuständig wäre,
   2. der Beschaffenheit des Rohwassers und von Aufbereitungsanlagen für die öffentliche Trinkwasserversorgung obliegt der Wasserbehörde, die nach § 30

---

[1] Öl- und Giftalarmrichtlinien v. 30. 1. 1981, abgedruckt unter 5.1.
[2] Öl- und Giftunfälle – Einschaltung von Sachverständigen v. 27. 3. 1974, abgedruckt unter 5.2

Abs. 1 für die Erlaubnis oder Bewilligung der Rohwasserentnahme zuständig wäre,

3. von Abwasseranlagen obliegt der Wasserbehörde, die nach § 58 für die Genehmigung zuständig wäre.

§ 18 Abs. 3 Satz 2 bleibt unberührt.

In den der Bergaufsicht unterstehenden Betrieben nimmt das Bergamt die Gewässeraufsicht im Zusammenwirken mit der nach den Sätzen 1 und 2 zuständigen Wasserbehörde wahr.

(3) Bei der Überwachung

1. der Abwassereinleitungen,

2. der Beschaffenheit des Rohwassers für die öffentliche Trinkwasserversorgung,

3. der Abwasserbehandlungsanlagen und der Aufbereitungsanlagen für die öffentliche Trinkwasserversorgung,

4. der Gewässer und Anlagen, deren Überwachung der oberen Wasserbehörde obliegt, namentlich der Talsperren und Rückhaltebecken im Sinne des § 105, der Deiche an Gewässern erster Ordnung

werden die nach Absatz 2 zuständigen Wasserbehörden von den Staatlichen Ämtern für Wasser- und Abfallwirtschaft und dem Landesamt für Wasser und Abfall unterstützt.

Vierzehnter Teil   Wasserbehörden

§ 136   Behördenaufbau

Oberste Wasserbehörde ist der Minister für Ernährung, Landwirtschaft und Forsten, obere Wasserbehörde der Regierungspräsident, untere Wasserbehörde der Kreis und die kreisfreie Stadt.

Siebzehnter Teil   Bußgeldbestimmungen

§ 161   Ordnungswidrigkeiten

(1) Ordnungswidrig handelt unbeschadet § 41 des Wasserhaushaltsgesetzes und § 15 des Abwasserabgabengesetzes, wer vorsätzlich oder fahrlässig

....

2. einer ordnungsbehördlichen Verordnung nach § 14 Abs. 1 Satz 1, § 16 Abs. 3 Satz 1, § 37 Abs. 3 oder 4, § 59 Abs. 1 oder § 114 Abs. 1 oder 2 zuwiderhandelt, sofern die ordnungsbehördliche Verordnung für einen bestimmten Tatbestand auf diese Bußgeldbestimmung verweist,

3. einer vollziehbaren vorläufigen Anordnung nach § 15 Abs. 4 Satz 1 zuwiderhandelt,

4. einer Rechtsverordnung nach § 18 Abs. 1 oder 2, § 60 Abs. 2 oder § 61 Abs. 2 zuwiderhandelt, sofern die Rechtsverordnung für einen bestimmten Tatbestand auf diese Bußgeldbestimmung verweist,

5. entgegen § 18 Abs. 4 Satz 1 seiner Anzeigepflicht nicht nachkommt,

....

In den Fällen der Nummern 2 und 4 ist eine auf einen bestimmten Tatbestand bezogene Verweisung nicht erforderlich, soweit die Rechtsverordnung oder ordnungsbehördliche Verordnung vor dem 1. April 1970 ergangen ist.

(2) Ordnungswidrig handelt unbeschadet § 41 des Wasserhaushaltsgesetzes und § 15 des Abwasserabgabengesetzes ferner, wer

....

    4. entgegen § 117 das Betreten von Grundstücken, Anlagen und Räumen nicht gestattet, Anlagen oder Einrichtungen nicht zugänglich macht oder die erforderlichen Arbeitskräfte, Unterlagen oder Werkzeuge nicht zur Verfügung stellt.

(3) Ordnungswidrig handelt auch, wer wider besseres Wissen unrichtige Angaben macht oder unrichtige Pläne oder Unterlagen vorlegt, um einen nach diesem Gesetz vorgesehenen Verwaltungsakt zu erwirken oder zu verhindern.

(4) Die Ordnungswidrigkeit kann mit einer Geldbuße bis zu einhunderttausend Deutsche Mark geahndet werden.

§ 162 Zuständige Verwaltungsbehörde

Zuständige Verwaltungsbehörde für die Verfolgung und Ahndung von Ordnungswidrigkeiten nach dem Wasserhaushaltsgesetz, dem Abwasserabgabengesetz und diesem Gesetz sind

1. bei Verstößen gegen das Abwasserabgabengesetz und §§ 66 Abs. 2 und 75 das Landesamt für Wasser und Abfall,
2. bei den übrigen Verstößen die nach § 116 Abs. 2 für die Gewässeraufsicht zuständige Behörde.

1.2.2 Bayerisches Wassergesetz (BayWG)

in der Fassung der Bekanntmachung vom 18. September 1981 (GVBl. S. 425) – Auszug.

Dritter Teil   Benutzung der Gewässer, Gewässerschutz

Abschnitt IV   Gewässerschutz

Erster Titel   Wasserschutzgebiete

Art. 35 Festsetzung der Wasserschutzgebiete, Schutzanordnungen

(1) Wasserschutzgebiete werden von den Kreisverwaltungsbehörden durch Rechtsverordnung festgesetzt. Die Wasserschutzgebiete können in Zonen, für die unterschiedliche Schutzanordnungen gelten, eingeteilt werden. Allgemeine Verbote, Beschränkungen und Duldungspflichten nach § 19 Abs. 2 WHG sind in der Rechtsverordnung festzulegen. Der Bereich, für den sie gelten, ist in der Rechtsverordnung anzugeben.

(2) Verbote, Beschränkungen und Duldungspflichten nach § 19 Abs. 2 WHG können von der Kreisverwaltungsbehörde durch Anordnungen für den Einzelfall erlassen werden, wenn ein Wasserschutzgebiet nach Absatz 1 festgestellt ist.

Zweiter Titel   Lagerung und Beförderung verunreinigender Stoffe

Art. 37 Anzeigepflicht

(1) Wer

1. Anlagen zum Lagern, Abfüllen und Umschlagen wassergefährdender Stoffe im Sinne des § 19 g WHG betreiben will,
2. Anlagen zum Befördern solcher Stoffe betreiben will oder
3. solche Stoffe ohne Anlagen lagern, abfüllen oder umschlagen will,

hat das rechtzeitig der Kreisverwaltungsbehörde anzuzeigen. Anzeigepflichtig ist auch die wesentliche Änderung des Betriebs. Die Anzeigepflicht besteht nicht bei oberirdischen Lagerbehältern für Benzin, Heizöl und Dieselkraftstoff mit einem Fassungsvermögen von nicht mehr als einem Kubikmeter außerhalb von Wasser- und Heilquellenschutzgebieten. Das Staatsministerium des Innern kann darüber hinaus durch Rechtsverordnung festlegen, daß eine Anzeigepflicht für bestimmte Stoffe, Stoffmengen, Anlagen oder Handlungen entfällt, wenn eine nachteilige Veränderung der Gewässer nicht zu besorgen ist.

(2) Der Anzeige sind die erforderlichen Pläne und sonstigen Unterlagen beizufügen.

(3) Bedarf das Unternehmen nach anderen Vorschriften einer vorherigen Anzeige, Genehmigung oder Zulassung, so ist eine Anzeige im Sinne des Absatzes 1 nicht erforderlich. Vor Entscheidungen sind die zuständigen Behörden der Staatsbauverwaltung zu hören.

(4) Das Staatsministerium des Innern wird ermächtigt, zur Reinhaltung der Gewässer durch Rechtsverordnung zu bestimmen, wie Anlagen im Sinne des Absatzes 1 beschaffen sein, hergestellt, errichtet, eingebaut, aufgestellt, geändert, unterhalten und betrieben werden oder wie wassergefährdende Stoffe ohne solche Anlagen gelagert, abgefüllt oder umgeschlagen werden müssen. Das Staatsministerium des Innern kann insbesondere Vorschriften erlassen über

1. technische Anforderungen an Anlagen im Sinne des Absatzes 1. Dabei kann gefordert werden, daß mindestens die allgemein anerkannten Regeln der Technik einzuhalten sind. Als allgemein anerkannte Regeln der Technik gelten insbesondere die vom Staatsministerium des Innern durch öffentliche Bekanntmachung eingeführten technischen Vorschriften.
2. die Zulässigkeit von Anlagen im Sinne des Absatzes 1 in Wasserschutzgebieten nach § 19 Abs. 1 Nr. 1 und 2 WHG, in Quellenschutzgebieten nach Art. 40 dieses Gesetzes und in Planungsgebieten nach § 36 a WHG für Vorhaben der Wassergewinnung oder Wasseranreicherung,
3. die Überwachung von Anlagen im Sinne des Absatzes 1 durch den Betreiber und ihre Überprüfung durch amtlich anerkannte Sachverständige,
4. das Verhalten beim Betrieb von Anlagen sowie die Pflichten nach Unfällen, durch die eine nachteilige Veränderung der Gewässer zu besorgen ist,
5. die zuständigen Behörden zum Vollzug der §§ 19 h und 19 l WHG. Die Erteilung der Bauartzulassung nach § 19 h Abs. 1 WHG kann dem Institut für Bautechnik in Berlin übertragen werden.
6. die zuständigen Behörden zum Vollzug der Rechtsverordnungen, die auf Grund dieser Ermächtigung erlassen werden,

7. die Zulassung, Überwachung und Überprüfung von Betrieben und amtlich anerkannten Sachverständigen nach den §§ 19 i und 19 l WHG.

8. die Gebühren und Auslagen, die für vorgeschriebene oder behördlich angeordnete Überwachungen und Prüfungen von dem Betreiber einer Anlage im Sinne des Absatzes 1 an einen Überwachungsbetrieb oder amtlich anerkannten Sachverständigen zu entrichten sind. Die Gebühren werden nur zur Deckung des mit den Überwachungen und Prüfungen verbundenen Personal- und Sachaufwandes erhoben. Es kann bestimmt werden, daß eine Gebühr auch für eine Prüfung erhoben werden kann, die nicht begonnen oder nicht zu Ende geführt worden ist, wenn die Gründe vom Betreiber zu vertreten sind. Die Höhe der Gebührensätze richtet sich nach der Zahl der Stunden, die ein Überwachungsbetrieb oder amtlich anerkannter Sachverständiger durchschnittlich benötigt. In der Rechtsverordnung können auch nur Gebührenhöchstsätze festgelegt werden.

Rechtsverordnungen sind im Einvernehmen mit den Staatsministerien für Wirtschaft und Verkehr und für Arbeit und Sozialordnung zu erlassen, soweit deren Geschäftsbereich berührt wird.

Dritter Teil   Heilquellen

Art. 40   Heilquellenschutz

(1) Soweit es der Schutz einer im Geltungsbereich des Wasserhaushaltsgesetzes staatlich anerkannten Heilquelle erfordert, können Quellenschutzgebiete festgesetzt werden. § 19 Abs. 2 bis 4 WHG sowie Art. 35 gelten entsprechend.

(2) Handlungen außerhalb eines Quellenschutzgebietes, die geeignet sind, den Bestand oder die Beschaffenheit staatlich anerkannter Heilquellen zu gefährden, können durch die Kreisverwaltungsbehörde untersagt werden, soweit sie nicht schon durch das Wasserhaushaltsgesetz oder dieses Gesetz verboten sind. Sind Schäden bereits entstanden, so kann die Kreisverwaltungsbehörde die erforderlichen Anordnungen treffen. § 19 Abs. 3 WHG gilt entsprechend.

Sechster Teil   Gewässeraufsicht, gewässerkundlicher Dienst, wasserwirtschaftliche Planung

Abschnitt I   Gewässeraufsicht

Art. 68   Aufgaben und Zuständigkeit

(1) Die Gewässeraufsicht überwacht die Erfüllung der nach dem Wasserhaushaltsgesetz und diesem Gesetz bestehenden oder auf Grund dieser Gesetze begründeten öffentlich-rechtlichen Verpflichtungen.

(2) Die Gewässeraufsicht obliegt den Kreisverwaltungsbehörden. Die technische Beaufsichtigung der Gewässer ist Aufgabe der Staatsbauverwaltung und ihres Gewässeraufsichtsdienstes. In den Bergbaubetrieben obliegt die Gewässeraufsicht den Bergämtern.

(3) Die Kreisverwaltungsbehörden können im Rahmen des Absatzes 1 Anordnungen für den Einzelfall, insbesondere auch zur Beseitigung rechtswidriger Anlagen, erlassen.

(4) § 21 WHG gilt sinngemäß in den Fällen, in denen Gegenstand der Gewässeraufsicht nicht eine Benutzung des Gewässers ist.

Art. 69   Bauabnahme

(1) Baumaßnahmen, die einer Erlaubnis, Bewilligung, Genehmigung oder Planfeststellung nach dem Wasserhaushaltsgesetz oder nach diesem Gesetz bedürfen, sind nach Fertigstellung von der Kreisverwaltungsbehörde zu überprüfen, ob sie dem Bescheid entsprechend ausgeführt worden sind (Bauabnahme). Die Kreisverwaltungsbehörde kann für die Abnahme Sachverständige heranziehen. Der Bauherr ist zu verständigen. Den Baubeginn und die Fertigstellung muß der Bauherr der Kreisverwaltungsbehörde anzeigen.

(2) Die Kreisverwaltungsbehörde kann im Einzelfall auf die Bauabnahme verzichten, wenn nach Größe und Art der baulichen Anlage nicht zu erwarten ist, daß durch sie erhebliche Gefahren oder Nachteile herbeigeführt werden können, oder eine Bauabnahme nach anderen Vorschriften durchgeführt wird. Bauliche Anlagen des Bundes, der Länder und der Bezirke bedürfen keiner Bauabnahme, wenn der öffentliche Bauherr die Bauoberleitung einem Beamten des höheren bautechnischen Verwaltungsdienstes übertragen hat.

(3) Über die beanstandungsfreie Abnahme ist eine Bescheinigung (Abnahmeschein) auszustellen. Geringfügige Abweichungen von der zugelassenen Bauausführung können im Abnahmeschein genehmigt werden. Die Genehmigung kann unter Auflagen erteilt werden, soweit der zugrundeliegende Bescheid mit Auflagen verbunden werden kann. Werden durch die Abweichungen Ansprüche Beteiligter berührt, über die im vorausgegangenen Verfahren zu entscheiden war, so können nach Anhörung der Beteiligten auch Ausgleichsmaßnahmen oder Entschädigungen festgesetzt werden.

Neunter Teil   Zuständigkeit und Verfahren

Abschnitt I   Zuständigkeit

Art. 75   Sachliche und örtliche Zuständigkeit

(1) Der Vollzug des Wasserhaushaltsgesetzes, dieses Gesetzes und der auf Grund dieser Gesetze erlassenen Rechtsverordnungen ist grundsätzlich Aufgabe des Staates. Er obliegt, soweit nichts anderes bestimmt ist, den Kreisverwaltungsbehörden. Einer größeren kreisangehörigen Gemeinde, der nach Art. 77 Abs. 2 der Bayerischen Bauordnung Aufgaben der unteren Bauaufsichtsbehörde übertragen werden, können durch Rechtsverordnung des Staatsministeriums des Innern auch Zuständigkeiten der Kreisverwaltungsbehörden nach Satz 1 übertragen werden.

(2) Das Staatsministerium des Innern wird ermächtigt, die örtliche Zuständigkeit für die Bereiche der Schiffahrt und des Gemeingebrauchs durch Rechtsverordnung abweichend von Art. 3 Abs. 1 des Bayerischen Verwaltungsverfahrensgesetzes zu regeln;

Regelungen für die Schiffahrt ergehen im Einvernehmen mit dem Staatsministerium für Wirtschaft und Verkehr.

(3) Ist eine Rechtsverordnung, zu deren Erlaß nach diesem Gesetz die Kreisverwaltungsbehörden zuständig sind, für das Gebiet mehrerer Kreisverwaltungsbehörden erforderlich, so kann die gemeinsame nächsthöhere Stelle die Rechtsverordnung selbst erlassen oder durch Rechtsverordnung die zuständige Behörde bestimmen. Ist eine Behörde bestimmt worden, so ist die Rechtsverordnung in den Amtsbezirken der Kreisverwaltungsbehörden amtlich bekanntzumachen, in denen die Rechtsverordnung gelten soll. Satz 1 gilt entsprechend für die Aufstellung der Abwasserbeseitigungspläne und der Bewirtschaftungspläne.

(4) Sieht ein bergrechtlicher Betriebsplan die Benutzung von Gewässern vor, so entscheiden die Bergämter im Einvernehmen mit den Kreisverwaltungsbehörden über die Erlaubnis und über die Bewilligung. Sie entscheiden auch über die Benutzung von Grubenwässern für andere als bergbauliche Zwecke.

Art. 76   Aufsicht

Die Aufsicht über den Vollzug des Wasserhaushaltsgesetzes und dieses Gesetzes obliegt den Regierungen und, soweit die Bergämter zuständig sind, dem Oberbergamt. Die Oberaufsicht führt das übergeordnete Staatsministerium.

Abschnitt II   Verfahren

Erster Titel   Allgemeine Bestimmungen

Art. 77   Antragstellung, Pläne

(1) Werden Benutzungen ohne die erforderliche Erlaubnis oder Bewilligung ausgeübt, Gewässer oder Anlagen ohne die erforderliche Planfeststellung, Genehmigung, Eignungsfeststellung oder Bauartzulassung ausgebaut, errichtet, eingebaut, verwendet oder geändert, so kann die Verwaltungsbehörde verlangen, daß ein entsprechender Antrag gestellt wird.

(2) Die für die Entscheidung der Verwaltungsbehörde erforderlichen Pläne mit Beilagen hat der vorzulegen, der die Entscheidung beantragt oder in dessen Interesse sie ergehen soll. Art und Zahl der in den einzelnen Verfahren erforderlichen Pläne und Beilagen bestimmt das Staatsministerium des Innern durch Rechtsverordnung.

Elfter Teil   Bußgeldbestimmung

Art. 95   Ordnungswidrigkeiten

(1) Mit Geldbuße bis zu zehntausend Deutsche Mark kann belegt werden, wer vorsätzlich oder fahrlässig

....

    4. den Anzeigepflichten nach Art. 34 Abs. 1 und Art. 37 Abs. 1 nicht nachkommt,

. . . .

(2) Mit Geldbuße bis zu hunderttausend Deutsche Mark kann belegt werden, wer vorsätzlich oder fahrlässig

    1. einer Rechtsverordnung

       . . . .

       b) über das Lagern, Abfüllen, Umschlagen und Befördern wassergefährdender Stoffe (Art. 37 Abs. 4),

       zuwiderhandelt, wenn die Rechtsverordnung für einen bestimmten Tatbestand auf diese Bußgeldvorschrift verweist,

    2. einer vollziehbaren Anordnung

       . . . .

       b) zur Gewässeraufsicht (Art. 68 Abs. 3)

       zuwiderhandelt.

1.2.3   Hessisches Wassergesetz

in der Bekanntmachung der Neufassung vom 12. Mai 1981 (GVBl. I S. 154) – Auszug.

Dritter Teil   Benutzung der Gewässer

Erster Abschnitt   Gemeinsame Bestimmungen

§ 25   (zu § 19 Wasserhaushaltsgesetz) Wasserschutzgebiete

(1) Die obere Wasserbehörde kann auf Antrag oder von Amts wegen durch Rechtsverordnung Wasserschutzgebiete festsetzen; sie hat dabei die Schutzbestimmungen festzulegen und den Begünstigten zu bezeichnen.

(2) Die Wasserschutzgebiete können in Zonen mit verschiedenen Schutzbestimmungen eingeteilt werden.

(3) Die Wasserbehörde kann auch außerhalb eines Wasserschutzgebietes Handlungen und Maßnahmen untersagen, wenn diese auf das Grundwasservorkommen einwirken oder einwirken können und dadurch entweder der Bestand einer Wasserversorgungsanlage gefährdet wird oder die Gefährdung eines für die Wasserversorgung benötigten Grundwasservorkommens zu besorgen ist. Sind bereits Schäden entstanden, trifft die Wasserbehörde die zur Beseitigung und Sanierung erforderlichen Anordnungen. § 19 Abs. 3 Wasserhaushaltsgesetz gilt entsprechend.

§ 26   Rohrleitungen zum Befördern und Anlagen zum Lagern, Abfüllen und Umschlagen wassergefährdender Stoffe

(1) Wer

    1. innerhalb eines Werksgeländes Leitungen zum Befördern wassergefährdender Stoffe im Sinne des § 19 a Abs. 2 Wasserhaushaltsgesetz herstellen, betreiben, stillegen oder durch Leitungen, die zu anderen Zwecken hergestellt worden sind, solche Stoffe befördern will oder

    2. Anlagen zum Lagern, Abfüllen oder Umschlagen wassergefährdender Stoffe im Sinne des § 19 g Abs. 5 Wasserhaushaltsgesetz herstellen, betreiben, stillegen

oder Anlagen, die zu anderen Zwecken hergestellt worden sind, zum Lagern,
    Abfüllen oder Umschlagen solcher Stoffe benutzen will,
hat dies der unteren Wasserbehörde anzuzeigen. Dies gilt nicht, wenn die Leitung
oder die Anlage schon nach anderen Vorschriften einer vorherigen Anzeige, Genehmigung oder sonstigen Zulassung bedarf.

(2) Das Nähere bestimmt die oberste Wasserbehörde durch Rechtsverordnung. Sie
kann die Anzeigepflicht gebietsweise verschieden regeln und Leitungen oder Anlagen
bestimmter Art und Größe von der Anzeigepflicht ausnehmen. Sie kann außerdem
durch Rechtsverordnung gebietsweise und nach Art und Größe unterschiedliche
Ausführung von Leitungen zum Befördern von wassergefährdenden Stoffen und von
Anlagen zum Lagern, Abfüllen und Umschlagen solcher Stoffe einschließlich
Schutzvorkehrungen erlassen, eine regelmäßige Überwachung und Prüfung solcher
Leitungen und Anlagen auf Kosten des Unternehmers anordnen sowie Vorschriften
über die Zulassung und die Überprüfung von Fachbetrieben im Sinne des § 19 i Satz 2
und des § 19 l Wasserhaushaltsgesetz erlassen. Das gleiche gilt für Anlagen, in denen
wassergefährdende Stoffe als Betriebsmittel verwendet werden.

(3) Die Wasserbehörde kann die angezeigten Maßnahmen binnen einem Monat nach
Eingang der Anzeige vorläufig untersagen. Sie kann die Maßnahme endgültig untersagen, wenn Gewässer verunreinigt oder sonst in ihren Eigenschaften nachteilig verändert und diese Nachteile nicht durch Bedingungen oder Auflagen verhütet werden
können.

(4) Der Anzeige sind die zur Beurteilung der Maßnahme erforderlichen Unterlagen
(Lageplan, Zeichnungen, Nachweisungen, Beschreibungen) beizufügen.

(5) Bei Anlagen, die der Aufsicht der Bergbehörde unterliegen, ist die Anzeige an die
Bergbehörde, bei Anlagen, die der Bauaufsicht unterliegen, an die Bauaufsichtsbehörde zu richten. Die Bergbehörde und die Bauaufsichtsbehörde entscheiden im Einvernehmen mit der Wasserbehörde.

(6) Wer eine Anlage betreibt, befüllt oder entleert, instandhält, reinigt, überwacht
oder prüft, hat das Austreten von wassergefährdenden Stoffen unverzüglich der unteren Wasserbehörde oder der nächsten Polizeibehörde anzuzeigen, sofern die Stoffe
in ein oberirdisches Gewässer, eine Abwasseranlage oder in den Boden eingedrungen sind oder aus sonstigen Gründen eine Verunreinigung oder Gefährdung eines Gewässers nicht auszuschließen ist. Die Verpflichtung besteht auch beim Verdacht, daß
wassergefährdende Stoffe bereits aus einer Anlage ausgetreten sind und eine solche
Gefährdung entstanden ist. Die Verpflichtung besteht nicht, soweit es sich nur um un-
bedeutende Mengen handelt.

(7) Diese Vorschriften gelten auch für Anlagen, die bei Inkrafttreten dieses Gesetzes
bereits bestehen.

Vierter Abschnitt   Heilquellen

§ 41   Heilquellenschutzgebiete

(1) Soweit es der Schutz einer im Geltungsbereich des Wasserhaushaltsgesetzes staatlich anerkannten Heilquelle erfordert, können durch Rechtsverordnung Heilquellen-

schutzgebiete festgesetzt werden. § 19 Abs. 2 und 3 Wasserhaushaltsgesetz und § 25 Abs. 1 und 2 dieses Gesetzes gelten entsprechend.

(2) Auch außerhalb eines Heilquellenschutzgebietes können Handlungen untersagt werden, die auf Grundwasser oder Gasvorkommen einwirken oder einwirken können und dadurch den Bestand einer staatlich anerkannten Heilquelle gefährden können. Sind Schäden entstanden, so kann die Wasserbehörde die zur Beseitigung erforderlichen Anordnungen treffen. § 19 Abs. 3 Wasserhaushaltsgesetz gilt entsprechend.

(2) Zuständig ist die oberste Wasserbehörde; sie entscheidet im Einvernehmen mit dem Oberbergamt.

§ 42   Besondere Pflichten

(1) Eigentümer und Unternehmer einer staatlich anerkannten Heilquelle sind verpflichtet, das Heilwasser in regelmäßigen von dem für das Gesundheitswesen zuständigen Minister zu bestimmenden Abständen auf ihre Kosten bakteriologisch, chemisch und medizinisch prüfen und untersuchen zu lassen und das Untersuchungsergebnis der oberen Gesundheitsbehörde und der oberen Wasserbehörde mitzuteilen. Sie haben die Überwachung ihrer Betriebe und Anlagen durch das zuständige Gesundheitsamt und die obere Wasserbehörde zu dulden.

(2) Den in Abs. 1 genannten Personen können besondere Betriebs- und Überwachungspflichten auferlegt werden, die im Interesse der Erhaltung der Heilquelle erforderlich sind.

Fünfter Abschnitt   Anlagen

§ 43   Regeln der Technik und der Wasserwirtschaft

(1) Wasserbenutzungsanlagen und Anlagen zum Zu- und Ableiten, Behandeln und Speichern von Wasser oder Abwasser sind nach den allgemein anerkannten Regeln der Technik und der Wasserwirtschaft so herzustellen, zu betreiben und zu unterhalten, daß die öffentliche Sicherheit und Ordnung, insbesondere die Ordnung des Wasserhaushalts, gewährleistet ist.

(2) Allgemein anerkannte Regeln der Technik und der Wasserwirtschaft sind insbesondere die von der obersten Wasserbehörde eingeführten technischen Bestimmungen. Die Einführung ist im Staats-Anzeiger für das Land Hessen bekanntzugeben.

Zweiter Abschnitt   Überschwemmungsgebiete

§ 70   Feststellung

Die obere Wasserbehörde stellt das Überschwemmungsgebiet durch Rechtsverordnung fest. Bis zur Feststellung des Überschwemmungsgebietes gilt das Gebiet, das vom Hochwasser überschwemmt wird, als Überschwemmungsgebiet. Als Überschwemmungsgebiet gelten ferner das Gelände zwischen Ufer und Deichen oder Dämmen sowie die Hochwasser- und Niederschlagsrückhaltebecken, ohne daß es einer Feststellung bedarf.

Sechster Teil   Wasseraufsicht

Erster Abschnitt   Allgemeine Vorschriften

§ 74 Aufsicht

(1) Die Wasseraufsicht obliegt den Wasserbehörden.

(2) Aufgabe der Wasseraufsicht ist, den Zustand und die Benutzung der Gewässer, der Ufer, der Deiche oder Dämme, der Überschwemmungs-, Wasserschutz- und Heilquellenschutzgebiete und der nach dem Wasserhaushaltsgesetz oder nach diesem Gesetz genehmigungsbedürftigen oder anzeigepflichtigen Anlagen zu überwachen und die erforderlichen Verfügungen, insbesondere zur Beseitigung rechtswidriger Anlagen, zu erlassen. Die Wasseraufsicht umfaßt auch die Bauüberwachung und die Bauabnahme der nach dem Wasserhaushaltsgesetz oder nach diesem Gesetz genehmigungsbedürftigen Anlagen und der Ausbaumaßnahmen. Die Wasserbehörden können bei der Wahrnehmung der Aufgaben der Wasseraufsicht die technische Fachbehörde beteiligen.

(3) Die Wasseraufsicht hat im Rahmen der geltenden Gesetze die nach pflichtmäßigem Ermessen notwendigen Maßnahmen zu treffen, um von der Allgemeinheit oder dem einzelnen Gefahren abzuwehren, die durch den Zustand oder die Benutzung der Gewässer, der Ufer, der Deiche oder Dämme, der Überschwemmungs-, Wasserschutz- und Heilquellenschutzgebiete und der nach dem Wasserhaushaltsgesetz oder nach diesem Gesetz genehmigungsbedürftigen oder anzeigepflichtigen Anlagen hervorgerufen werden und die öffentliche Sicherheit oder Ordnung bedrohen. Bei einer unmittelbar bevorstehenden Gefahr kann auch die untere Wasserbehörde anstelle der oberen Wasserbehörde die erforderlichen Maßnahmen treffen. Die obere Wasserbehörde ist hierüber unverzüglich zu unterrichten.

(4) Die §§ 5 bis 9, 11 bis 15 und 30 bis 33 des Hessischen Gesetzes über die öffentliche Sicherheit und Ordnung in der Fassung vom 26. Januar 1972 (GVBl. I S. 24) in der jeweils geltenden Fassung gelten entsprechend, für die Bauüberwachung auch § 104 der Hessischen Bauordnung in der Fassung vom 16. Dezember 1977 (GVBl. 1978 I S. 2) in der jeweils geltenden Fassung.

(5) Die Bauabnahme findet nach Fertigstellung der Anlage oder nach Beendigung der Ausbaumaßnahme oder Teile derselben statt. Dabei ist festzustellen, ob die Anlage der Genehmigung, den festgestellten oder genehmigten Plänen entspricht und die Benutzungsbedingungen und Auflagen erfüllt sind. Über die Bauabnahme ist ein Abnahmeschein zu erteilen. Vor der Bauabnahme darf die Anlage nur mit Zustimmung der zuständigen Behörde in Betrieb genommen werden.

Neunter Teil   Zuständigkeit, Verfahren

Erster Abschnitt   Zuständigkeit

§ 90 Wasserbehörden

(1) Oberste Wasserbehörde ist der Minister für Landesentwicklung, Umwelt, Landwirtschaft und Forsten. Für die in die Zuständigkeit des Landes fallenden Angelegenheiten der Häfen, Landestellen, Lade- und Löschplätze, Werftanlagen, des Anlegens

von Stichkanälen sowie der Fähren und Brücken bei Wasserstraßen ist der Minister für Wirtschaft und Technik oberste Wasserbehörde.

(2) Obere Wasserbehörde ist der Regierungspräsident.

(3) Untere Wasserbehörde ist in den Landkreisen der Landrat als Behörde der Landesverwaltung.

(4) Den kreisfreien Städten werden die Aufgaben der unteren Wasserbehörde zur Erfüllung nach Weisung übertragen. Die Weisungen sollen sich auf allgemeine Anordnungen beschränken und in der Regel nicht in die Einzelausführung eingreifen. Soweit die kreisfreie Stadt selbst Unternehmer, wesentlich Beteiligter oder Betroffener einer Maßnahme ist, nimmt die obere Wasserbehörde die Aufgaben der zuständigen Wasserbehörde wahr.

§ 91   Zuständige Wasserbehörde

(1) Zuständige Wasserbehörde, auch für die Wahrnehmung der Aufgaben nach dem Wasserhaushaltsgesetz, ist, soweit nichts anderes bestimmt ist,
>   1. für oberirdische Gewässer erster und zweiter Ordnung die obere Wasserbehörde;
>   2. für alle anderen Gewässer die untere Wasserbehörde.

(2) Die obere Wasserbehörde ist auch zuständig für die mit Gewässern erster Ordnung in Verbindung stehenden Häfen einschließlich ihrer Verbindungsstrecken, für die Stauanlagen im Sinne des § 37 sowie für Wasserschutz-, Heilquellenschutz- und Überschwemmungsgebiete. Die obere Wasserbehörde ist ferner zuständig, soweit in Abs. 1 oder in sonstigen Rechtsvorschriften nichts anderes bestimmt ist.

(3) Ist in derselben Sache die Zuständigkeit mehrerer Wasserbehörden begründet, oder ist es zweckmäßig, eine Angelegenheit einheitlich zu regeln, so kann die gemeinsame nächsthöhere Stelle die zuständige Behörde bestimmen. Ist in derselben Sache die Zuständigkeit der unteren und der oberen Wasserbehörde begründet, so ist die Behörde zuständig, in deren Bereich der Schwerpunkt der Sache liegt; im Zweifel entscheidet darüber die oberste Wasserbehörde. Ist auch eine Behörde eines anderen Landes zuständig, so kann die oberste Wasserbehörde mit der zuständigen Behörde des anderen Landes die gemeinsame zuständige Behörde vereinbaren.

§ 92   Technische Fachbehörde

(1) Technische Fachbehörde ist das Wasserwirtschaftsamt.

(2) Die untere Wasserbehörde entscheidet im Einvernehmen mit dem Wasserwirtschaftsamt, soweit wasserwirtschaftliche und wasserbautechnische Fragen berührt werden.

§ 92 a   Hessische Landesanstalt für Umwelt

Die Hessische Landesanstalt für Umwelt hat die Aufgabe, Gewässer- und Abwasseruntersuchungen sowie Untersuchungen der wassergefährdenden Stoffe vorzunehmen.

Zweiter Abschnitt   Verfahren

Erster Titel   Allgemeine Bestimmungen

§ 98   Vorläufige Anordnungen

(1) Ist ein Verfahren nach dem Wasserhaushaltsgesetz oder diesem Gesetz eingeleitet, so kann die zuständige Behörde zur Sicherung der in Aussicht genommenen Maßnahmen vorläufige Anordnungen treffen, wenn das Wohl der Allgemeinheit dies erfordert. Die Anordnung ist zu befristen.

(2) Zur Feststellung von Tatsachen, die für eine nach dem Wasserhaushaltsgesetz oder diesem Gesetz zu treffende Entscheidung von Bedeutung sein können, insbesondere zur Feststellung des Zustandes einer Sache, kann die zuständige Behörde die erforderlichen Maßnahmen anordnen, wenn sonst die Feststellung unmöglich oder wesentlich erschwert würde.

Zwölfter Teil   Bußgeldbestimmungen

§ 116   Bußgeldvorschriften

(1) Ordnungswidrig handelt, wer vorsätzlich oder fahrlässig

    ....

3. der Anzeigepflicht nach § 26 Abs. 1 Satz 1, Abs. 2 Satz 1 oder 4, Abs. 6 Satz 1 oder 2, § 33 Abs. 1 Satz 2, § 38 Abs. 1 Satz 2, § 39 Abs. 2 oder § 44 Abs. 5 Satz 1 nicht, nicht richtig, nicht vollständig oder nicht rechtzeitig nachkommt oder entgegen § 26 Abs. 4 die vorgeschriebenen Unterlagen nicht beifügt;

    ....

20. einer Rechtsverordnung nach § 26 Abs. 2 Satz 3 und 4, § 45 c Abs. 3, § 69 a, § 79 Abs. 2 oder 126 Abs. 2 Satz 1 zuwiderhandelt, soweit die Rechtsverordnung für einen bestimmten Tatbestand auf diese Bußgeldvorschrift verweist;

21. einer im Zusammenhang mit einer Erlaubnis nach § 17 a, Genehmigung nach den §§ 35, 44, 63 a, 69, 71, § 123 Abs. 2 Satz 2 oder Planfeststellung nach § 59 erteilten Bedingung oder Auflage oder einer sonstigen auf Grund dieses Gesetzes erlassenen vollziehbaren Anordnung zuwiderhandelt.

(2) Die Ordnungswidrigkeit kann mit einer Geldbuße bis zu hunderttausend Deutsche Mark geahndet werden.

(3) Verwaltungsbehörde im Sinne des § 36 Abs. 1 Nr. 1 des Gesetzes über Ordnungswidrigkeiten ist die obere Wasserbehörde; dies gilt auch für die Verfolgung und Ahndung von Ordnungswidrigkeiten nach § 41 des Wasserhaushaltsgesetzes.

1.2.4   Niedersächsisches Wassergesetz (NWG)

in der Fassung der Bekanntmachung vom 28. Oktober 1982 (GVBl. S. 425), geändert durch Gesetz vom 20. Dezember 1982 (GVBl. S. 526) und durch Art. 22 des Gesetzes vom 5. Dezember 1983 (GVBl. S. 281) – Auszug.

Erster Teil

Kapitel I   Benutzung der Gewässer

Abschnitt 2   Verfahrensvorschriften

§ 22   Zuständige Behörde

(1) Über Benutzungen entscheidet die untere Wasserbehörde, soweit sich aus Absatz 2 nichts anderes ergibt.

(2) Die obere Wasserbehörde entscheidet über folgende Benutzungen:

1. Entnehmen und Ableiten von Wasser aus oberirdischen Gewässern, wenn die zu nutzende Wassermenge 7000 Kubikmeter je Tag übersteigt,
2. Aufstauen von oberirdischen Gewässern durch Talsperren im Sinne des § 86 und andere Stauanlagen im Sinne des § 90,
3. Entnehmen fester Stoffe aus Gewässern erster Ordnung (§ 66),
4. Einbringen und Einleiten von Stoffen in oberirdische Gewässer von mehr als 7000 Kubikmeter je Tag, ausgenommen das Einleiten von Niederschlagswasser aus Regenwasserleitungen,
5. Einbringen und Einleiten von Stoffen in Küstengewässer (§ 4 Abs. 1 Nr. 5),
6. Einleiten von Stoffen in das Grundwasser, ausgenommen
   a) Einleiten von Schmutzwasser aus Haushaltungen und ähnlichem Schmutzwasser bis zu acht Kubikmeter je Tag,
   b) Einleiten von Wasser im Zusammenhang mit Wärmepumpen,
7. Entnehmen, Zutagefördern, Zutageleiten und Ableiten von Grundwasser, wenn die zu nutzende Wassermenge 2,5 Millionen Kubikmeter im Jahr übersteigt, und von Wasser aus staatlich anerkannten Heilquellen (§ 140),
8. Einbringen und Einleiten radioaktiver Stoffe in Gewässer,
9. Benutzung im Zusammenhang mit dem Bau von Anlagen nach § 86.

Der Fachminister wird ermächtigt, durch Verordnung zu bestimmen, daß die obere Wasserbehörde auch über das Einbringen und Einleiten bestimmter gefährlicher Stoffe oder Stoffgruppen in oberirdische Gewässer entscheidet; die Stoffe oder Stoffgruppen sind in der Verordnung zu bezeichnen.

(3) Haben über Benutzungen, die untereinander in wasserwirtschaftlichem Zusammenhang stehen oder die demselben Vorhaben dienen, mehrere Behörden zu entscheiden, so kann die obere Wasserbehörde oder die gemeinsame Aufsichtsbehörde die zuständige Behörde bestimmen.

(4) Werden zusammentreffende Anträge (§ 9) bei verschiedenen Behörden gestellt, so entscheidet die Behörde, die für den zuerst gestellten Antrag zuständig ist. Ist für einen der Anträge die obere Wasserbehörde zuständig, so entscheidet diese.

Kapitel II   Wasserschutzgebiete

§ 48   Festsetzung von Wasserschutzgebieten

(1) Soweit es das Wohl der Allgemeinheit erfordert,

1. Gewässer im Interesse der derzeit bestehenden oder künftigen öffentlichen Wasserversorgung vor nachteiligen Einwirkungen zu schützen oder

2. das schädliche Abfließen von Niederschlagswasser zu verhüten,
können Wasserschutzgebiete festgesetzt werden.

(2) Die obere Wasserbehörde setzt das Wasserschutzgebiet durch Verordnung fest. Vor dem Erlaß der Verordnung ist ein Anhörungsverfahren durchzuführen. Dieses wird von Amts wegen oder auf Antrag eingeleitet. § 73 VwVfG gilt sinngemäß; an die Stelle der dort genannten Einwendungen treten Anregungen und Bedenken. § 30 gilt sinngemäß. Bekanntzumachen sind auch die beabsichtigten Schutzbestimmungen (§ 49). Diejenigen, deren Anregungen und Bedenken nicht berücksichtigt werden, sind über die Gründe zu unterrichten.

(3) Das Wasserschutzgebiet und seine Zonen sind in der Verordnung zu beschreiben. Jedoch genügt ihre ungefähre Beschreibung, wenn sie in Karten dargestellt sind, die einen Bestandteil der Verordnung bilden. Soll die Verkündung der Karten nach Absatz 4 ersetzt werden, müssen in der Verordnung die unteren Wasserbehörden genannt werden, bei denen Ausfertigungen der Karten eingesehen werden können. Die Karten müssen mit hinreichender Klarheit erkennen lassen, welche Grundstücke zum Wasserschutzgebiet oder seinen einzelnen Zonen gehören. Im Zweifel gelten Grundstückseigentümer als nicht betroffen.

(4) Werden die in Absatz 3 Satz 2 genannten Karten nicht im Verkündungsblatt veröffentlicht, so wird ihre Verkündung dadurch ersetzt, daß Ausfertigungen von ihnen bei den unteren Wasserbehörden, in deren Gebiet das Wasserschutzgebiet liegt, aufbewahrt werden. Jedermann kann die Karten auf Verlangen kostenlos einsehen.

§ 49 Schutzbestimmungen

(1) In den Wasserschutzgebieten können
  1. bestimmte Handlungen verboten oder für nur beschränkt zulässig erklärt werden und
  2. die Eigentümer und Nutzungsberechtigten von Grundstücken zur Duldung bestimmter Maßnahmen verpflichtet werden. Dazu gehören auch Maßnahmen zur Beobachtung des Gewässers und des Bodens.

(2) Die Schutzbestimmungen (Absatz 1) sind bei der Festsetzung des Wasserschutzgebietes aufzuführen. Das Schutzgebiet kann in Zonen mit unterschiedlichen Schutzbestimmungen eingeteilt werden.

§ 50 Vorläufige Anordnungen

(1) Bevor ein Wasserschutzgebiet nach § 48 festgesetzt ist, kann die obere Wasserbehörde die in § 49 genannten Schutzbestimmungen durch vorläufige Anordnung treffen, wenn andernfalls der mit der Festsetzung des Wasserschutzgebietes beabsichtigte Zweck gefährdet wäre. Vorhaben, die vor Inkrafttreten der vorläufigen Anordnung wasserbehördlich zugelassen worden waren, Unterhaltungsarbeiten und die Fortführung einer bisher ausgeübten Nutzung dürfen nicht untersagt werden. § 30 gilt auch für die vorläufigen Anordnungen.

(2) Die vorläufigen Anordnungen ergehen als Verordnung. Die obere Wasserbehörde hat auf Antrag Ausnahmen von dieser Verordnung zuzulassen, wenn im Einzelfall der Schutzgebietszweck nicht gefährdet ist. Für die Verordnung gilt § 48 Abs. 3 und 4 entsprechend. Die Verordnung darf frühestens mit der Bekanntmachung der für die

Schutzgebietsverordnung beabsichtigten Schutzbestimmungen (§ 48 Abs. 2) in Kraft treten. Sie tritt außer Kraft mit dem Inkrafttreten der Schutzgebietsverordnung, spätestens jedoch nach drei Jahren und sechs Monaten.

(3) Die vorläufigen Anordnungen können auch als Verfügung getroffen werden. Diese Verfügungen sind auch schon vor der Bekanntmachung der für die Schutzgebietsverordnung beabsichtigten Schutzbestimmungen (§ 48 Abs. 2) zulässig. Sie treten außer Kraft, wenn nicht innerhalb von sechs Monaten die für die Schutzgebietsverordnung beabsichtigten Schutzbestimmungen bekanntgemacht worden sind, im übrigen mit dem Inkrafttreten der Schutzgebietsverordnung oder einer Verordnung nach Absatz 2, spätestens jedoch nach vier Jahren.

(4) Eine Wiederholung vorläufiger Anordnungen für einen längeren Zeitraum als insgesamt vier Jahre, von der ersten Anordnung gerechnet, ist unzulässig.

Kapitel V   Gewässeraufsicht

§ 61   Überwachung

(1) Wer ein Gewässer über den Gemeingebrauch hinaus benutzt oder einen Antrag auf Erteilung einer Erlaubnis oder Bewilligung gestellt hat, ist verpflichtet, eine behördliche Überwachung der Anlagen, Einrichtungen und Vorgänge zu dulden, die für die Gewässerbenutzung von Bedeutung sind. Er hat dazu, insbesondere zur Prüfung, ob eine beantragte Benutzung zugelassen werden kann, welche Benutzungsbedingungen und Auflagen dabei festzusetzen sind, ob sich die Benutzung in dem zulässigen Rahmen hält und ob nachträglich Anordnungen auf Grund des § 7 zu treffen sind,

    1. das Betreten von Betriebsgrundstücken und -räumen während der Betriebszeit,

    2. das Betreten von Wohnräumen sowie von Betriebsgrundstücken und -räumen außerhalb der Betriebszeit, sofern die Prüfung zur Verhütung dringender Gefahren für die öffentliche Sicherheit und Ordnung erforderlich ist, und

    3. das Betreten von Grundstücken und Anlagen, die nicht zum unmittelbar angrenzenden befriedeten Besitztum von Räumen nach den Nummern 1 und 2 gehören, jederzeit

zu gestatten; das Grundrecht der Unverletzlichkeit der Wohnung (Artikel 13 des Grundgesetzes) wird durch Nummer 2 eingeschränkt. Er hat ferner zu dem gleichen Zweck Anlagen und Einrichtungen zugänglich zu machen, Auskünfte zu erteilen, Arbeitskräfte, Unterlagen und Werkzeuge zur Verfügung zu stellen und technische Ermittlungen und Prüfungen zu ermöglichen. Benutzer von Gewässern, für die ein Gewässerschutzbeauftragter bestellt ist (§ 40), haben diesen auf Verlangen der zuständigen Behörde zu Überwachungsmaßnahmen nach den Sätzen 2 und 3 hinzuzuziehen.

(2) Absatz 1 gilt sinngemäß für den, der

    1. eine Rohrleitungsanlage nach § 156 errichtet oder betreibt,

    2. eine Anlage zum Lagern, Abfüllen oder Umschlagen wassergefährdender Stoffe nach § 161 Abs. 1 und 2 herstellt, einbaut, aufstellt, unterhält oder betreibt oder

    3. Inhaber eines gewerblichen Betriebes nach § 165 ist.

Die Eigentümer und Besitzer der Grundstücke, auf denen die Anlagen hergestellt, errichtet, eingebaut, aufgestellt, unterhalten oder betrieben werden, haben das Betreten der Grundstücke zu gestatten, Auskünfte zu erteilen und technische Ermittlungen und Prüfungen zu ermöglichen.

(3) Der zur Erteilung einer Auskunft Verpflichtete kann die Auskunft auf solche Fragen verweigern, deren Beantwortung ihn selbst oder einen der in § 383 Abs. 1 Nrn. 1 bis 3 der Zivilprozeßordnung bezeichneten Angehörigen der Gefahr strafgerichtlicher Verfolgung oder eines Verfahrens nach dem Gesetz über Ordnungswidrigkeiten aussetzen würde.

(4) Für die zur Überwachung nach den Absätzen 1 und 2 zuständigen Behörden und ihre Bediensteten gelten §§ 93, 97, 105 Abs. 1, § 111 Abs. 5 in Verbindung mit § 105 Abs. 1 sowie § 116 Abs. 1 der Abgabenordnung nicht. Dies gilt nicht, soweit die Finanzbehörden die Kenntnisse für die Durchführung eines Verfahrens wegen einer Steuerstraftat sowie eines damit zusammenhängenden Besteuerungsverfahrens benötigen, an deren Verfolgung ein zwingendes öffentliches Interesse besteht, oder soweit es sich um vorsätzlich falsche Angaben des Auskunftspflichtigen oder der für ihn tätigen Personen handelt.

(5) Die Absätze 1 bis 3 gelten sinngemäß auch für die Überwachung anderer öffentlich-rechtlicher Verpflichtungen, die nach diesem Gesetz bestehen oder begründet werden.

(6) Die Verpflichtungen nach den Absätzen 1 bis 5 bestehen gegenüber den Wasserbehörden und den Behörden des gewässerkundlichen Landesdienstes.

Sechster Teil   Anlagen für wassergefährdende Stoffe

Kapitel II   Anlagen zum Lagern, Abfüllen und Umschlagen wassergefährdender Stoffe

§ 161   Anlagen zum Lagern, Abfüllen und Umschlagen wassergefährdender Stoffe

(1) Anlagen zum Lagern und Abfüllen wassergefährdender Stoffe müssen so beschaffen sein und so eingebaut, aufgestellt, unterhalten und betrieben werden, daß eine Verunreinigung der Gewässer oder eine sonstige nachteilige Veränderung ihrer Eigenschaften nicht zu besorgen ist.

(2) Anlagen zum Umschlagen wassergefährdender Stoffe müssen so beschaffen sein und so eingebaut, aufgestellt, unterhalten und betrieben werden, daß der bestmögliche Schutz der Gewässer vor Verunreinigung oder sonstiger nachteiliger Veränderung ihrer Eigenschaften erreicht wird.

(3) Bei Einbau, Aufstellung, Unterhaltung und Betrieb der Anlagen im Sinne der Absätze 1 und 2 sind mindestens die allgemein anerkannten Regeln der Technik einzuhalten.

(4) Weitergehende Vorschriften für das Lagern wassergefährdender Stoffe in Wasserschutz-, Quellenschutz-, Überschwemmungs- oder Plangebieten bleiben unberührt.

(5) Wassergefährdende Stoffe im Sinne der §§ 161 bis 166 sind feste, flüssige und gasförmige Stoffe, insbesondere

– Säuren, Laugen,
– Alkalimetalle, Siliciumlegierungen mit über 30 vom Hundert Silicium, metallorganische Verbindungen, Halogene, Säurehalogenide, Metallcarbonyle und Beizsalze,
– Mineral- und Teeröle sowie deren Produkte,
– flüssige sowie wasserlösliche Kohlenwasserstoffe, Alkohole, Aldehyde, Ketone, Ester, halogen-, stickstoff- und schwefelhaltige organische Verbindungen,
– Gifte,

die geeignet sind, nachhaltig die physikalische, chemische oder biologische Beschaffenheit des Wassers nachteilig zu verändern.

(6) Die Vorschriften der §§ 161 bis 166 gelten nicht für Anlagen zum Lagern, Abfüllen und Umschlagen von

  1. Abwasser, Jauche und Gülle,
  2. Stoffen, die hinsichtlich der Radioaktivität die Freigrenzen des Strahlenschutzrechts überschreiten.

§ 162 Eignungsfeststellung und Bauartzulassung

(1) Anlagen nach § 161 Abs. 1 und 2 oder Teile von ihnen sowie technische Schutzvorkehrungen, die nicht einfacher oder herkömmlicher Art sind, dürfen nur verwendet werden, wenn ihre Eignung von der unteren Wasserbehörde festgestellt ist. Soweit solche Anlagen, Anlagenteile und Schutzvorkehrungen serienmäßig hergestellt werden, können sie der Bauart nach zugelassen werden. Die Bauartzulassung kann inhaltlich beschränkt, befristet und unter Auflagen erteilt werden. Sie wird von der für den Herstellungsort oder Sitz des Einfuhrunternehmens zuständigen oberen Wasserbehörde erteilt und gilt für den Geltungsbereich des Wasserhaushaltsgesetzes. Bei Schutzvorkehrungen ersetzt eine gewerberechtliche Bauartzulassung oder ein baurechtliches Prüfzeichen die Bauartzulassung nach dieser Vorschrift.

(2) Absatz 1 Satz 1 gilt nicht für

  1. das vorübergehende Lagern in Transportbehältern sowie das kurzfristige Bereitstellen oder Aufbewahren wassergefährdender Stoffe in Verbindung mit dem Transport, wenn die Behälter oder Verpackungen den Vorschriften und Anforderungen für den Transport im öffentlichen Verkehr genügen,
  2. wassergefährdende Stoffe, die
      a) sich im Arbeitsgang befinden,
      b) in der für den Fortgang der Arbeiten erforderlichen Menge bereitgestellt werden,
      c) als Fertig- oder Zwischenprodukt kurzfristig abgestellt werden,
      d) in Laboratorien in den für den Handgebrauch erforderlichen Mengen bereitgehalten werden.

§ 163 Pflichten des Betreibers

Der Betreiber einer Anlage nach § 161 Abs. 1 und 2 hat ihre Dichtheit und die Funktionsfähigkeit der Sicherheitseinrichtungen ständig zu überwachen. Die untere Wasserbehörde kann im Einzelfall anordnen, daß der Betreiber einen Überwachungsvertrag mit einem zugelassenen Betrieb abschließt, wenn er selbst nicht die erforderliche Sachkunde besitzt oder nicht über sachkundiges Personal verfügt. Er hat darüber hinaus Anlagen durch zugelassene Sachverständige auf den ordnungsgemäßen Zustand überprüfen zu lassen, und zwar

1. vor Inbetriebnahme oder nach einer wesentlichen Änderung,
2. spätestens fünf Jahre, bei unterirdischer Lagerung in Wasser- und Quellenschutzgebieten spätestens zweieinhalb Jahre nach der letzten Überprüfung,
3. vor der Wiederinbetriebnahme einer länger als ein Jahr stillgelegten Anlage,
4. wenn die Prüfung wegen der Besorgnis einer Wassergefährdung angeordnet wird.

§ 164   Besondere Pflichten beim Befüllen und Entleeren

Wer eine Anlage zum Lagern wassergefährdender Stoffe befüllt oder entleert, hat diesen Vorgang zu überwachen und sich vor Beginn der Arbeiten vom ordnungsgemäßen Zustand der dafür erforderlichen Sicherheitseinrichtungen zu überzeugen. Die zulässigen Belastungsgrenzen der Anlagen und der Sicherheitseinrichtungen sind beim Befüllen oder Entleeren einzuhalten.

§ 165   Zulassung von Fachbetrieben

(1) Betriebe, die gewerbsmäßige Anlagen nach § 161 Abs. 1 und 2 einbauen, aufstellen, instand halten, instand setzen oder reinigen, bedürfen der Zulassung durch die für den Sitz des Betriebes zuständige untere Wasserbehörde. Die Zulassung wird nach Prüfung der personellen und materiellen Voraussetzungen auf Antrag erteilt. Die Zulassung gilt für den Geltungsbereich des Wasserhaushaltsgesetzes; sie kann inhaltlich beschränkt, befristet und unter Auflagen erteilt werden.

(2) Zugelassene Betriebe sind mindestens alle zwei Jahre daraufhin zu überprüfen, ob die Voraussetzungen für die Erteilung der Zulassung noch erfüllt sind.

(3) Betriebe, die bis zum 1. Oktober 1976 regelmäßig Arbeiten nach Absatz 1 ausgeführt haben und die bis zum 31. Dezember 1976 die Zulassung beantragt haben, gelten bis zur Entscheidung über den Antrag als zugelassen.

§ 166   Zuständigkeit der Bergbehörde

Soweit Anlagen im Sinne des § 161 im Rahmen eines bergrechtlichen Betriebsplanes errichtet und betrieben werden, entscheidet die Bergbehörde über die Feststellung der Eignung (§ 162) und über die Anordnung im Einzelfall, daß der Betreiber einen Überwachungsvertrag mit einem zugelassenen Betrieb abzuschließen hat (§ 163 Satz 2).

§ 167   Verordnungsermächtigung

Der Fachminister wird ermächtigt, durch Verordnung zum Schutz der Gewässer Vorschriften zu erlassen

1. über die Pflicht zur Anzeige für denjenigen, der
   a) Anlagen zum Lagern, Abfüllen und Umschlagen wassergefährdender Stoffe im Sinne des § 161 einbauen, aufstellen, betreiben oder wesentlich ändern oder
   b) Anlagen zum Befördern solcher Stoffe errichten oder betreiben will;
2. darüber, wie Anlagen im Sinne der Nummer 1 beschaffen sein, hergestellt, errichtet, eingebaut, aufgestellt, geändert, unterhalten und betrieben werden müssen. Es können insbesondere Vorschriften erlassen werden über

a) technische Anforderungen an Anlagen im Sinne der Nummer 1. Dabei kann gefordert werden, daß mindestens die allgemein anerkannten Regeln der Technik einzuhalten sind. Allgemein anerkannte Regeln der Technik sind insbesondere die technischen Bestimmungen, die der Fachminister durch Bekanntmachung im Niedersächsischen Ministerialblatt einführt. Es genügt, wenn die Bekanntmachung hinsichtlich des Inhalts der Bestimmungen auf die Fundstelle verweist;

b) die Überwachung von Anlagen im Sinne der Nummer 1 und ihre Überprüfung durch Sachverständige;

c) das Verhalten beim Betrieb von Anlagen sowie die Pflichten nach Unfällen, durch die eine nachteilige Veränderung der Gewässer zu besorgen ist;

d) die Zulassung von Betrieben und Sachverständigen nach den §§ 163 und 165 und die regelmäßige Überprüfung von Betrieben nach § 165 Abs. 2;

e) die Gebühren und Auslagen, die für vorgeschriebene oder behördlich angeordnete Überwachungen und Prüfungen von dem Betreiber der Anlage im Sinne der Nummer 1 an einen Überwachungsbetrieb oder Sachverständigen zu entrichten sind. Die Gebühren werden nur zur Deckung des mit den Überwachungen und Prüfungen verbundenen Personal- und Sachaufwandes erhoben. Es kann bestimmt werden, daß eine Gebühr auch für eine Prüfung erhoben werden kann, die nicht zu Ende geführt worden ist. Die Höhe der Gebührensätze richtet sich nach der Zahl der Stunden, die ein Überwachungsbetrieb oder Sachverständiger durchschnittlich benötigt. In der Verordnung können auch nur Gebührenhöchstsätze festgelegt werden. Auf bundesrechtliche Vorschriften kann Bezug genommen werden.

Siebenter Teil   Behörden, Zuständigkeit, Gefahrenabwehr

Kapitel I   Allgemeine Vorschriften

§ 168   Behörden

(1) Oberste Wasserbehörde ist der Fachminister.

(2) Obere Wasserbehörden sind die Bezirksregierungen.

(3) Untere Wasserbehörden sind die Landkreise und kreisfreien Städte. § 12 Abs. 1 Satz 3 der Niedersächsischen Gemeindeordnung findet keine Anwendung. Eine kreisfreie Stadt kann mit einem benachbarten Landkreis, eine große selbständige Stadt mit dem Landkreis vereinbaren, daß der Landkreis auch für das Gebiet der Stadt die Aufgaben der unteren Wasserbehörde erfüllt. Die Vereinbarung bedarf der Zustimmung der Bezirksregierung; sie ist im amtlichen Verkündungsblatt der Bezirksregierung bekanntzumachen.

(4) Technische Fachbehörde für die Wasserbehörden ist das Wasserwirtschaftsamt; für die unteren Wasserbehörden gilt dies nur, wenn sie kein eigenes wasserbautechnisch ausgebildetes Personal haben.

§ 169   Aufgaben der Wasserbehörden

Soweit nichts anderes bestimmt ist, obliegt es den Wasserbehörden, das Wasserhaushaltsgesetz und dieses Gesetz sowie die auf Grund dieser Gesetze erlassenen Verordnungen zu vollziehen und ergänzende Maßnahmen nach dem allgemeinen Recht der Gefahrenabwehr zur Verhütung von Zuwiderhandlungen oder zur Beseitigung von Folgen zu treffen. Bei den unteren Wasserbehörden gehört diese Aufgabe zum übertragenen Wirkungskreis.

§ 170 Zuständigkeit

(1) Soweit sich aus diesem Gesetz nichts anderes ergibt, ist zuständig
  1. die obere Wasserbehörde für die Gewässer erster Ordnung (§ 66), für Talsperren und Anlagen, die den Talsperren gleichstehen (§§ 86, 90), für Küstengewässer (§§ 130 bis 135) und für staatlich anerkannte Heilquellen (§ 140),
  2. im übrigen die untere Wasserbehörde.

(2) Ist in derselben Sache die örtliche Zuständigkeit mehrerer Wasserbehörden gegeben oder ist es zweckmäßig, eine Angelegenheit in benachbarten Gebieten oder Bezirken einheitlich zu regeln, so bestimmt die gemeinsame nächsthöhere Behörde die zuständige Wasserbehörde. Das gleiche gilt, wenn die Grenze zwischen benachbarten Gebieten oder Bezirken ungewiß ist. Ist die untere Wasserbehörde in eigener Sache beteiligt oder für einen Beteiligten tätig geworden, so bestimmt die obere Wasserbehörde die Zuständigkeit. Die bestimmende Behörde kann auch sich selbst für zuständig erklären.

(3) Begründet dieselbe Sache auch die Zuständigkeit einer Behörde eines anderen Landes, so kann der Fachminister die Zuständigkeit mit der zuständigen Behörde dieses Landes vereinbaren.

Kapitel II Gefahrenabwehr

§ 171 Abwehr von Gefahren durch wassergefährdende Stoffe

Zur Abwehr von Gefahren durch wassergefährdende Stoffe ist zuständig für den Bereich der Küstengewässer, der Bundeswasserstraße Elbe von der seewärtigen Begrenzung bis zur Landesgrenze gegen Hamburg, der Bundeswasserstraße Weser von der seewärtigen Begrenzung bis zur Mündung der Ochtum und der Bundeswasserstraße Ems von der seewärtigen Begrenzung bis zur Mündung des Petkumer Sieltiefs die obere Wasserbehörde, im übrigen die untere Wasserbehörde.

§ 172 Anzeige von wassergefährdenden Vorfällen

(1) Das Austreten wassergefährdender Stoffe im Sinne von § 161 Abs. 5 in nicht nur unbedeutender Menge aus Leitungen, Anlagen zum Lagern, Abfüllen und Umschlagen wassergefährdender Stoffe oder aus Fahrzeugen oder Schiffen ist unverzüglich der unteren Wasserbehörde und der zuständigen Behörde des gewässerkundlichen Landesdienstes[1], bei Anlagen, die der Bergaufsicht unterliegen, der Bergbehörde anzuzeigen. Dies gilt auch dann, wenn lediglich der Verdacht besteht, daß wassergefährdende Stoffe im Sinne des Satzes 1 ausgetreten sind. Die Anzeigepflicht kann auch gegenüber der nächsten Polizeidienststelle erfüllt werden.

---

[1] d. h. dem Wasserwirtschaftsamt (RdErl. v. 28. 2. 1983, Nds. MBl. S. 253).

(2) Anzeigepflichtig ist, wer eine Leitung, eine Anlage im Sinne des Absatzes 1, ein Fahrzeug oder ein Schiff betreibt, befüllt, entleert, instand hält, instand setzt, reinigt, überwacht oder prüft oder wer das Austreten wassergefährdender Stoffe verursacht hat.

Zehnter Teil   Bußgeldbestimmungen

§ 190   Ordnungswidrigkeiten

(1) Ordnungswidrig handelt, wer vorsätzlich oder fahrlässig
1. entgegen § 50 Abs. 3 einer als Verfügung getroffenen Anordnung zur vorläufigen Sicherstellung eines Wasserschutzgebietes zuwiderhandelt,

   ....

9. entgegen § 10 Abs. 2, § 13 Abs. 6, § 138 Abs. 1 Satz 2 oder § 172 seiner Anzeigepflicht nicht nachkommt,

   ....

(2) Ordnungswidrig handelt ferner, wer vorsätzlich oder fahrlässig einer Vorschrift einer auf Grund
1. des § 50 Abs. 2 zur vorläufigen Sicherstellung eines Wasserschutzgebietes,
2. des § 167 zum Schutz der Gewässer,

   ....

erlassenen Verordnung zuwiderhandelt, soweit die Verordnung für einen bestimmten Tatbestand auf diese Bußgeldvorschrift verweist. Die Verweisung ist nicht erforderlich, soweit die Vorschrift der Verordnung vor dem 1. Juni 1970 erlassen worden ist.

(3) Die Ordnungswidrigkeit kann mit einer Geldbuße bis zu 100 000 Deutsche Mark geahndet werden.

§ 191   Zuständige Verwaltungsbehörde

Zuständige Verwaltungsbehörde im Sinne des § 36 Abs. 1 Nr. 1 des Gesetzes über Ordnungswidrigkeiten ist für Bußgeldverfahren auf Grund des Wasserhaushaltsgesetzes oder dieses Gesetzes die zuständige Wasserbehörde.

2 Verordnung über Anlagen für wassergefährdende Stoffe

2.1 Ausführungsbestimmungen

2.1.1 Verordnung über Anlagen zum Lagern, Abfüllen und Umschlagen wassergefährdender Stoffe mit Zuordnung der Verwaltungsvorschriften zum Vollzug der Verordnung über Anlagen zum Lagern, Abfüllen und Umschlagen wassergefährdender Stoffe – Nordrhein-Westfalen

Verordnung über Anlagen zum Lagern, Abfüllen und Umschlagen wassergefährdender Stoffe (VAwS)

Vom 31. Juli 1981 (GV. NW. S. 490/SGV. NW. 77).

Aufgrund des § 18 Abs. 2 des Wassergesetzes für das Land Nordrhein-Westfalen (Landeswassergesetz – LWG) vom 4. Juli 1979 (GV. NW. S. 488) sowie hinsichtlich des § 24 Satz 2 auch aufgrund des § 83 Abs. 2 Satz 2, des § 96 Abs. 7 und des § 102 Abs. 1 der Bauordnung für das Land Nordrhein-Westfalen (BauO NW) in der Fassung der Bekanntmachung vom 27. Januar 1970 (GV. NW. S. 96), zuletzt geändert durch Gesetz vom 27. März 1979 (GV. NW. S. 122), wird im Einvernehmen mit dem Minister für Arbeit, Gesundheit und Soziales und dem Minister für Wirtschaft, Mittelstand und Verkehr verordnet:

Inhaltsverzeichnis

VAwS

Erster Teil: Allgemeine Vorschriften
§ 1   Anwendungsbereich
§ 2   Lagerbehälter und Rohrleitungen
§ 3   Allgemein anerkannte Regeln der Technik
§ 4   Anforderungen an Rohrleitungen
§ 5   Antrag auf Eignungsfeststellung oder Bauartzulassung
§ 6   Umfang von Eignungsfeststellung und Bauartzulassung
§ 7   Voraussetzungen für Eignungsfeststellung und Bauartzulassung
§ 8   Weitergehende Anforderungen, Prüfungen wegen der Besorgnis einer Wassergefährdung
§ 9   Betriebs- und Verhaltensvorschriften
§ 10   Unzulässigkeit des Einbaus und der Aufstellung von Anlagen ohne Eignungsfeststellung oder Bauartzulassung
§ 11   Sachverständige
§ 12   Sachverständigengebühren

Zweiter Teil: Lagern und Abfüllen flüssiger Stoffe
§ 13   Anlagen einfacher oder herkömmlicher Art
§ 14   Abfüllplätze

§ 15   Anlagen in Schutzgebieten
§ 16   Kennzeichnungspflicht, Merkblatt
§ 17   Befüllen und Entleeren
§ 18   Überprüfung von Anlagen für flüssige Stoffe
§ 19   Erweiterte Anwendung der Verordnung über brennbare Flüssigkeiten

Dritter Teil: Lagern fester Stoffe; Umschlagen fester und flüssiger Stoffe
§ 20   Anlagen einfacher oder herkömmlicher Art zum Lagern fester Stoffe
§ 21   Anlagen einfacher oder herkömmlicher Art zum Umschlagen fester und flüssiger Stoffe

Vierter Teil: Bußgeldvorschrift
§ 22   Ordnungswidrigkeiten

Fünfter Teil: Übergangs- und Schlußvorschriften
§ 23   Bestehende Anlagen, frühere Eignungsfeststellungen
§ 24   Inkrafttreten

Verwaltungsvorschriften zum Vollzug der Verordnung über Anlagen zum Lagern, Abfüllen und Umschlagen wassergefährdender Stoffe (VV-VAwS)

Gem. RdErl. d. Ministers für Ernährung, Landwirtschaft und Forsten u. d. Ministers für Landes- und Stadtentwicklung vom 10. August 1981 (MBl. NW. S. 1708/SMBl. NW. 772)

I.   Die Verordnung über Anlagen zum Lagern, Abfüllen und Umschlagen wassergefährdender Stoffe dient der Ausfüllung und Ergänzung der am 1. 10. 1976 in Kraft getretenen bundesrechtlichen Regelungen in den §§ 19 g bis 19 k des Wasserhaushaltsgesetzes – WHG – in der Fassung der Bekanntmachung vom 16. Oktober 1976 (BGBl. I S. 3017), zuletzt geändert durch Gesetz vom 28. März 1980 (BGBl. I S. 373). Sie hat ihre Ermächtigung in § 18 Abs. 2 des Landeswassergesetzes – LWG – vom 4. Juli 1979 (GV. NW. S. 488/SGV. NW. 77).

Die Beurteilung des Lagerns und Abfüllens wassergefährdender Stoffe orientierte sich bis zum 1. 10. 1976 an den allgemeinen Gewässerschutzvorschriften der §§ 26 Abs. 2 und 34 Abs. 2 WHG. Das LWG vom 22. Mai 1962 enthielt eine Ermächtigung, durch Rechtsverordnung näher zu bestimmen, welche Vorkehrungen beim Lagern getroffen werden müssen, um dieser Forderung zu genügen. Daneben enthält auch die Bauordnung für das Land Nordrhein-Westfalen Ermächtigungsvorschriften für Anforderungen an Lageranlagen, insbesondere für brennbare Flüssigkeiten. Die auf diese Grundlagen gestützte Lagerbehälter-Verordnung – VLwF – vom 19. April 1968 (SGV. NW. 232) galt für die Lagerung von Roherdöl, Mineralöl, Teeröl sowie deren flüssige Produkte, nicht aber für die Lagerung anderer wassergefährdender Flüssigkeiten und wassergefährdender fester und wassergefährdender gasförmiger Stoffe.

Die neuen bundesrechtlichen Vorschriften sind zum großen Teil den bisherigen Länderregelungen entlehnt. Sie enthalten aber auch darüber hinausgehende Vorschriften.

Durch das Vierte Gesetz zur Änderung des Wasserhaushaltsgesetzes ist ferner eine Zulassung von Betrieben vorgeschrieben worden, die gewerbsmäßig die vorgenannten Anlagen einbauen, aufstellen, instandhalten, instandsetzen oder reinigen (§ 19 l WHG).

Die Ermächtigungsgrundlage zum Erlaß der erforderlichen landesrechtlichen Regelungen enthält § 18 Abs. 3 LWG. Die Regelungen selbst bleiben einer weiteren Verordnung vorbehalten.

II. Für den Vollzug der §§ 19 g bis 19 k WHG sind gemäß § 18 Abs. 3 LWG zuständig:
- das Landesamt für Wasser und Abfall
  für Bauartzulassungen;
  im übrigen
- die untere Wasserbehörde
  mit nachfolgenden Ausnahmen
- das Bergamt
  für die der Bergaufsicht unterstehenden Betriebe
- die untere Bauaufsichtsbehörde
  für brennbare wassergefährdende Flüssigkeiten[1] mit Ausnahme von Eignungsfeststellungen.

III. Der Gem. RdErl. d. Ministers für Wohnungsbau und öffentliche Arbeiten, d. Ministers für Ernährung, Landwirtschaft und Forsten u. d. Arbeits- und Sozialministers v. 16. 12. 1968 (MBl. NW. S. 122/SMBl. NW. 23212) – Verwaltungsvorschriften zum Vollzug der Lagerbehälter-Verordnung (VLwF) – wird aufgehoben.

IV. Zum Vollzug der Verordnung über Anlagen zum Lagern, Abfüllen und Umschlagen wassergefährdender Stoffe werden im Einvernehmen mit dem Minister für Arbeit, Gesundheit und Soziales und dem Minister für Wirtschaft, Mittelstand und Verkehr die nachstehenden Verwaltungsvorschriften erlassen:

§ 1 Anwendungsbereich

(1) Die Verordnung gilt für Anlagen nach § 19 g Abs. 1 und 2 des Wasserhaushaltsgesetzes (WHG) zum Lagern, Abfüllen und Umschlagen wassergefährdender Stoffe. Die Verordnung gilt nicht, soweit die Anlagen für die Zwecke nach § 19 h Abs. 2 des Wasserhaushaltsgesetzes verwendet werden. Die Verordnung gilt ferner nicht für Anlagen zur unterirdischen behälterlosen Lagerung (Tiefspeicherung) wassergefährdender Stoffe.

(2) Sofern nichts anderes bestimmt ist, gelten die nachfolgenden Vorschriften für Anlagen auch für einzelne Anlagenteile, insbesondere Lagerbehälter, Rohrleitungen, Sicherheitseinrichtungen und sonstige technische Schutzvorkehrungen.

1 Zu § 1 (Anwendungsbereich)

1.1 Die Verordnung enthält zusammen mit den §§ 19 g und 19 k WHG die dem Gewässerschutz dienenden maßgeblichen Vorschriften für Anlagen zum Lagern, Abfüllen und Umschlagen wassergefährdender Stoffe. Sie erstreckt sich auf Anlagen zum Lagern und Abfüllen wassergefährdender Stoffe (§ 19 g Abs. 1 WHG) und auf Anlagen zum Umschlagen wassergefährdender Stoffe (§ 19 g Abs. 2 WHG). Die nach

---

[1] Verordnung über brennbare Flüssigkeiten v. 27. 2. 1980, abgedruckt unter 6.1

§ 19 g Abs. 1 und Abs. 2 unterschiedlichen Anforderungen sind in der Verordnung berücksichtigt.

1.2   Verhältnis zu anderen Vorschriften

1.2.1   Gewerbe-, Immissions- und Bauordnungsrecht

Die wasserrechtlichen Vorschriften über das Lagern, Abfüllen und Umschlagen wassergefährdender Stoffe stehen gleichrangig neben dem Gewerbe-, dem Immissionsschutz- und dem Bauordnungsrecht. Anlagen zum Lagern, Abfüllen und Umschlagen wassergefährdender Stoffe müssen daher auch diesen Vorschriften genügen.

1.2.2   Abfallbeseitigungsgesetz

Die Vorschriften des Abfallbeseitigungsgesetzes – AbfG – in der Fassung der Bekanntmachung vom 5. Januar 1977 (BGBl. I S. 41), geändert durch Gesetz vom 28. März 1980 (BGBl. I S. 373), erneut geändert durch Gesetz vom 4. 3. 1982 (BGBl. I S. 281), gehen, soweit sie Anlagen zum Lagern, Abfüllen und Umschlagen wassergefährdender Stoffe erfassen, den §§ 19 g bis 19 k WHG nicht als die spezielleren Bestimmungen vor. Eine Planfeststellung nach § 7 Abs. 1 AbfG ersetzt jedoch die nach den §§ 19 g bis 19 k WHG und nach der Verordnung vorgeschriebenen Zulassungen, insbesondere erforderliche Eignungsfeststellungen. Die materiellen Anforderungen des Wasserrechts sind dabei zu berücksichtigen.

1.3   Begriffsbestimmungen

1.3.1   Anlagen zum Lagern sind Funktionseinheiten, in denen wassergefährdende Stoffe zur unmittelbaren oder mittelbaren Verwendung oder zur späteren Beseitigung – auch vorübergehend – aufbewahrt werden. Sie umfassen nur technische Einrichtungen, die ortsfest sind oder ortsfest benutzt werden. Einheiten, die keine gemeinsamen Anlagenteile haben, sind selbständige Anlagen, auch wenn sie auf dem selben Grundstück errichtet sind oder übereinstimmenden betrieblichen oder wirtschaftlichen Zwecken dienen.

1.3.2   Anlagen zum Abfüllen sind ortsfeste oder ortsfest benutzte Einrichtungen und Plätze, die zum Befüllen von
– ortsbeweglichen Behältern (Eisenbahnkesselwagen, Tankkesselwagen, Container, Aufsetztanks, Kanister, Fässer, Flaschen, Dosen usw.)
– Einrichtungen und Geräten, in denen wassergefährdende Stoffe als Betriebsmittel dienen, und von Fahrzeugen (z. B. an Tankstellen)
bestimmt sind.
Sowohl Anlagen zum Lagern als auch Anlagen zum Abfüllen unterliegen den Anforderungen des § 19 g Abs. 1 WHG. Auf eine strenge begriffliche Trennung beider Anlagenarten kommt es daher nicht an.

1.3.3   Anlagen zum Umschlagen sind ortsfeste oder ortsfest benutzte Einrichtungen und Plätze zum
– Laden und Löschen von Schiffen,
– Umladen und Entleeren von einem Transportmittel in ein anderes.
Zu den Anlagen zum Umschlagen gehören nicht die zu befüllenden oder zu entleerenden Behältnisse.
Beim Umschlagen benutzte ortsfeste Behälter oder Lagerplätze bleiben Anlagen oder Anlagenteile zum Lagern.

1.3.4   Wassergefährdende Stoffe

1.3.4.1   § 19 g Abs. 5 WHG enthält eine gesonderte Definition der wassergefährdenden Stoffe und grenzt damit den Geltungsbereich der §§ 19 g bis 19 l WHG und der Verordnung ab. Neben der allgemeinen Definition enthält § 19 g Abs. 5 WHG die wichtigsten Beispiele wassergefährdender Stoffe.

Eine abschließende Aufzählung wassergefährdender Stoffe ist nicht möglich. Zur Orientierung können jedoch herangezogen werden:

- Verordnung über wassergefährdende Stoffe bei der Beförderung in Rohrleitungsanlagen vom 19. Dezember 1973 (BGBl. I S. 1946), geändert durch Verordnung vom 5. April 1976 (BGBl. I S. 915),
- Katalog wassergefährdender Stoffe, Bekanntmachung des Bundesministers des Innern vom 11. 9. 1980 (Gemeinsames Ministerialblatt S. 430),[1]
- Verwaltungsvorschrift zu § 41, Zeichen 269 StVO, Bundesanzeiger Nr. 233 v. 16. 12. 1975,
- Abfallkatalog aus der „Informationsschrift Abfallarten" der Länderarbeitsgemeinschaft Abfall, Anlage zum RdErl. d. Ministers für Ernährung, Landwirtschaft und Forsten v. 12. 4. 1979 (MBl. NW. S. 955/SMBl. NW. 2061).

Ist zweifelhaft, ob ein Stoff wassergefährdend ist, so hat die nach § 18 Abs. 3 LWG zuständige Behörde das Staatliche Amt für Wasser- und Abfallwirtschaft zu hören. Dieses Amt holt in grundsätzlichen Fällen eine Äußerung des Landesamtes für Wasser und Abfall Nordrhein-Westfalen ein.

1.3.4.2   In § 19 g Abs. 6 WHG sind Abwasser, Jauche und Gülle sowie Stoffe, die hinsichtlich der Radioaktivität die Freigrenzen des Strahlenschutzrechts überschreiten, vom Geltungsbereich der §§ 19 g bis 19 l WHG und der Verordnung ausgenommen. Für diese Stoffe gelten jedoch die §§ 1 a, 26 Abs. 2 und 34 Abs. 2 WHG. Für Anordnungen und Maßnahmen gelten Nrn. 1.4.6 und 1.5 entsprechend.

1.3.4.3   Flüssigmist und Silosaft gehören zu den nach § 19 g Abs. 6 WHG ausgenommenen Stoffen.

1.3.4.4   Für kontaminierte Stoffe, für die gemäß §§ 4, 9, 13 der Strahlenschutzverordnung vom 13. Oktober 1976 (BGBl. I S. 2905, 1977 I S. 184, 269), zuletzt geändert durch Verordnung vom 23. August 1979 (BGBl. I S. 1509), keine Genehmigung oder Anzeige erforderlich ist, gilt die Verordnung, soweit sie wegen anderer Gründe als ihrer unbedeutenden Kontamination wassergefährdend sind.

1.4   Die Verordnung gilt nach § 1 Abs. 1 Satz 2 nicht für Anlagen, die für Zwecke nach § 19 h Abs. 2 WHG verwendet werden. Sie findet daher keine Anwendung auf das vorübergehende Lagern im Zusammenhang mit bestimmten Vorgängen beim Transport oder auf wassergefährdende Stoffe, die sich im Arbeitsgang befinden.

1.4.1   Ein vorübergehendes Lagern in Transportbehältern oder ein kurzfristiges Bereitstellen oder Aufbewahren in Verbindung mit dem Transport ist dann nicht mehr gegeben, wenn die Behälter oder Verpackungen über den eigentlichen Zweck hinaus regelmäßig eingesetzt werden, für den sie nach den Vorschriften und Anforderungen für den Transport im öffentlichen Verkehr zugelassen sind. In solchen Fällen braucht allerdings die Eignungsfeststellung für die Anlage nur eine Auflage vorzusehen, daß nur bestimmte, den verkehrsrechtlichen Vorschriften entsprechende Behälter verwendet werden dürfen.

---

[1] Katalog wassergefährdende Stoffe v. 1. 3. 1985, abgedruckt unter 3.1

Eine Anwendung der Verordnung und eine Eignungsfeststellung werden bei vorübergehendem Lagern nicht für notwendig gehalten, wenn die materiellen Anforderungen des Verkehrsrechts eingehalten werden (z. B. vorübergehendes Lagern bei Transportvorgängen innerhalb des Werksgeländes). Diese können insbesondere dann als erfüllt angesehen werden, wenn die verkehrsrechtlichen Zulassungen vorhanden sind.

Die Verordnung gilt jedoch für eine vorübergehende Lagerung in Transportbehältern oder -verpackungen, wenn die verkehrsrechtlichen Vorschriften, z. B. innerhalb eines Werksgeländes, nicht eingehalten werden oder kein Zusammenhang mit dem Transport besteht.

1.4.2 Im Arbeitsgang befinden sich wassergefährdende Stoffe, wenn sie selbst be-oder verarbeitet werden oder sie der Herstellung, der Be- oder Verarbeitung anderer Produkte dienen; nicht aber, wenn sie in Behältern gelagert werden, um demnächst der Be- oder Verarbeitung zugeführt zu werden.

1.4.3 Die für den Fortgang der Arbeiten erforderliche Menge darf in der Regel den Bedarf für eine Tagesproduktion oder Charge nicht überschreiten.

1.4.4 Wassergefährdende Stoffe dürfen als Zwischenprodukte kurzfristig nur so lange abgestellt werden, als es sich aus dem Fortgang des Produktionsprozesses zwingend ergibt. Für Fertigprodukte darf der Zeitraum in der Regel einen Tag nicht überschreiten.

1.4.5 Bei Anlagen für Zwecke nach § 19 h Abs. 2 WHG sind § 19 g Abs. 1 bis 3 WHG zu beachten, auch wenn diese Anlagen keiner gesonderten Eignungsfeststellung oder Bauartzulassung bedürfen.

1.4.6 Maßnahmen zum Schutz des Wassers können auch in einem Verfahren nach anderen Rechtsvorschriften durch die Genehmigungs- oder Erlaubnisbehörde im Einvernehmen mit der Wasserbehörde angeordnet werden (vgl. insbesondere Nr. 7.1.4 der Verwaltungsvorschriften zum Genehmigungsverfahren nach dem Bundes-Immissionsschutzgesetz).

1.5 Für den Umgang mit wassergefährdenden Stoffen außerhalb des Regelungsbereichs der §§ 19 g bis 19 k WHG gelten die §§ 1 a, 26 und 34 WHG. Ist die Besorgnis einer Gewässerverunreinigung in diesen Fällen gegeben, so hat die Wasserbehörde aufgrund der genannten Vorschriften in Verbindung mit § 116 LWG die erforderlichen Maßnahmen zu veranlassen.

§ 2 Lagerbehälter und Rohrleitungen

(1) Lagerbehälter sind ortsfeste oder zum Lagern aufgestellte ortsbewegliche Behälter. Kommunizierende Behälter gelten als ein Behälter.

(2) Unterirdische Lagerbehälter sind Behälter, die vollständig im Erdreich eingebettet sind. Behälter, die nur teilweise im Erdreich eingebettet sind, sowie Behälter, die so aufgestellt sind, daß Undichtheiten nicht zuverlässig und schnell erkennbar sind, werden unterirdischen Behältern gleichgestellt. Alle übrigen Lagerbehälter gelten als oberirdische Lagerbehälter.

(3) Unterirdische Rohrleitungen sind Rohrleitungen, die vollständig oder teilweise im Erdreich oder in Bauteilen verlegt sind.

2   Zu § 2 (Lagerbehälter und Rohrleitungen)

2.1   Kommunizierende Behälter sind Behälter, deren Flüssigkeitsräume betriebsmäßig in ständiger Verbindung miteinander stehen (vgl. TRbF 110 Nr. 7.43 Abs. 2).

2.2   Die Abgrenzung der oberirdischen und unterirdischen Lagerbehälter deckt sich mit der in der Verordnung über brennbare Flüssigkeiten (VbF)[1], vgl. Anhang II Nr. 120.1 Abs. 2 und Nr. 220.1 Abs. 2.

2.3   Undichtheiten sind zuverlässig und schnell erkennbar, wenn sie durch geeignete Vorrichtungen angezeigt werden oder die Lagerbehälter so aufgstellt sind, daß sie allseitig auf ihre Dichtheit beobachtet werden können. Danach gelten auch Lagerbehälter in unterirdischen Keller- oder Auffangräumen als oberirdische Lagerbehälter, wenn die Behälter in diesen Räumen so zugänglich sind, daß Undichtheiten jederzeit durch Augenschein festgestellt werden können.

Bei Kunststoffbehältern, die ohne Bodenabstand, und bei Batteriebehältern, die ohne Abstand zueinander aufgestellt werden dürfen, sind Undichtheiten in der Regel wegen der Anforderungen an den Aufstellungsraum zuverlässig und schnell erkennbar.

Bei Flachbodentanks nach DIN 4119 sind Undichtheiten zuverlässig und schnell erkennbar, wenn sie einen lecküberwachten doppelten Boden besitzen (derzeit nur für Behältergrößen bis 20 000 m^3 möglich) oder der Tankunterbau so ausgestaltet ist, daß Undichtheiten im Bodenbereich durch das Austreten der Lagerflüssigkeit in den Auffangraum erkennbar werden.

§ 3   Allgemein anerkannte Regeln der Technik
(Zu § 19 g WHG)

(1) Anlagen nach § 1 müssen über die Anforderungen des § 19 g Abs. 3 des Wasserhaushaltsgesetzes hinaus in ihrer Beschaffenheit, insbesondere technischem Aufbau, Werkstoff und Korrosionsschutz, mindestens den allgemein anerkannten Regeln der Technik entsprechen.

(2) Als allgemein anerkannte Regeln der Technik im Sinne des Absatzes 1 und des § 19 g Abs. 3 des Wasserhaushaltsgesetzes gelten insbesondere die technischen Vorschriften und die technischen Baubestimmungen, die der Minister für Ernährung, Landwirtschaft und Forsten oder der Minister für Landes- und Stadtentwicklung durch Bekanntgabe im Ministerialblatt (Gliederungsnummern 772 und 232 382 der Sammlung des bereinigten Ministerialblatts)[2] einführen; bei der Bekanntgabe kann die Wiedergabe des Inhalts der technischen Vorschriften und technischen Baubestimmungen durch einen Hinweis auf ihre Fundstelle ersetzt werden.

---

[1] Verordnung über brennbare Flüssigkeiten v. 27. 2. 1980, abgedruckt unter 6.1
[2] vgl. Verordnung über bautechnische Prüfungen (BauPrüfVO) v. 6. 12. 1984, abgedruckt unter 7.3

3   Zu § 3 (Allgemein anerkannte Regeln der Technik)

3.1   Unter allgemein anerkannten Regeln der Technik sind in Anlehnung an die Rechtsprechung zu den allgemein anerkannten Regeln der Baukunst die auf wissenschaftlicher Grundlage oder fachlichen Erkenntnissen beruhenden Regeln anzusehen, die in der praktischen Anwendung eine Erprobung gefunden haben und Gedankengut der auf dem betreffenden Fachgebiet tätigen Personen geworden sind.

3.2   Allgemein anerkannte Regeln der Technik sind insbesondere:

3.2.1   folgende bauaufsichtlich durch RdErl. d. Innenministers v. 18. 10. 1971 (MBl. NW. S. 1930/SMBl. NW. 232382) eingeführte DIN-Normen.[1]

– DIN 6608 Teil 1 –   liegende Behälter aus Stahl, einwandig, für unterirdische Lagerung brennbarer Flüssigkeiten

– DIN 6608 Teil 2 –   liegende Behälter aus Stahl, doppelwandig, für unterirdische Lagerung brennbarer Flüssigkeiten

– DIN 6616   –   liegende Behälter aus Stahl, einwandig und doppelwandig, für oberirdische Lagerung brennbarer Flüssigkeiten

– DIN 6618 Teil 1 –   stehende Behälter aus Stahl, einwandig, für oberirdische Lagerung brennbarer Flüssigkeiten

– DIN 6618 Teil 2 –   stehende Behälter aus Stahl, doppelwandig, für oberirdische Lagerung brennbarer Flüssigkeiten

– DIN 6619 Teil 1 –   stehende Behälter aus Stahl, einwandig, für unterirdische Lagerung brennbarer Flüssigkeiten

– DIN 6619 Teil 2 –   stehende Behälter aus Stahl, doppelwandig, für unterirdische Lagerung brennbarer Flüssigkeiten

– DIN 6620 Teil 1 –   Batteriebehälter aus Stahl für oberirdische Lagerung brennbarer Flüssigkeiten der Gefahrklasse A III

– DIN 6622 Teil 1 –   Haushaltsbehälter aus Stahl, 620 Liter Inhalt, für oberirdische Lagerung von Heizöl

– DIN 6622 Teil 2 –   Haushaltsbehälter aus Stahl, 1000 Liter Inhalt, für oberirdische Lagerung von Heizöl

– DIN 6623 Teil 1 –   stehende Behälter aus Stahl, mit weniger als 1000 Liter Inhalt, für oberirdische Lagerung brennbarer Flüssigkeiten, einwandig

– DIN 6623 Teil 2 –   stehende Behälter aus Stahl, mit weniger als 1000 Liter Inhalt, für oberirdische Lagerung brennbarer Flüssigkeiten, doppelwandig

– DIN 6624   –   liegende Behälter aus Stahl, von 1000 bis 5000 Liter Inhalt, einwandig und doppelwandig, für oberirdische Lagerung brennbarer Flüssigkeiten der Gefahrklasse A III

– DIN 6625 Teil 1 –   standortgefertigte Behälter aus Stahl für oberirdische Lagerung von Heizöl und Dieselkraftstoff, Bau- und Prüfgrundsätze.

---

[1] vgl. Verordnung über bautechnische Prüfungen (BauPrüfVO) v. 6. 12. 1984, abgedruckt unter 7.3

3.2.2 Die „Technischen Regeln für brennbare Flüssigkeiten (TRbF)" im Sinne von § 4 Abs. 3 VbF[1], veröffentlicht als Bekanntmachung des Bundesministers für Arbeit und Soziales im Bundesarbeitsblatt, Fachteil Arbeitsschutz, für den Bereich der brennbaren wassergefährdenden Flüssigkeiten, soweit nicht die Verordnung, diese Verwaltungsvorschriften oder nach § 3 Abs. 2 der Verordnung eingeführte technische Vorschriften oder technische Baubestimmungen anderes vorsehen.

3.2.3 Nach § 3 Abs. 2 der Verordnung werden folgende technische Vorschriften für Anlagen zum Lagern und Abfüllen flüssiger wassergefährdender Stoffe eingeführt:

3.2.3.1 Domschächte von unterirdischen Lagerbehältern im Erdreich brauchen nicht flüssigkeitsdicht ausgebildet zu sein, wenn der Behälter nur unter Verwendung einer selbsttätig schließenden Abfüll- oder Überfüllsicherung befüllt werden darf. Domschächte müssen in jedem Fall so ausgebildet sein, daß geringe Verlustmengen erkannt und beseitigt werden können; dies gilt nicht für Domschächte von unterirdischen Lagerbehältern, in denen brennbare wassergefährdende Flüssigkeiten mit einem Flammpunkt unter 55 °C gelagert werden. Anschlüsse an Entwässerungsanlagen sind nicht zulässig.

3.2.3.2 Füll- und Entnahmestellen von Behältern im Auffangraum, die nicht unter Verwendung einer selbsttätig schließenden Abfüll- oder Überfüllsicherung befüllt zu werden brauchen, müssen sich innerhalb des Auffangraumes befinden. Die Verbindungsleitungen von kommunizierenden Behältern müssen sich stets im Auffangraum befinden.

3.2.3.3 Ausbildung von Auffangräumen beim Lagern in Räumen von Gebäuden: Der Auffangraum muß flüssigkeitsundurchlässig und gegen die gelagerten flüssigen Stoffe ausreichend beständig sein. Auffangvorrichtungen aus nichtmetallischen Werkstoffen und Abdichtungsmittel müssen ein baurechtliches Prüfzeichen haben. Nichtkorrosionsbeständige Werkstoffe sind gegen Korrosion durch Anstrich oder dergleichen zu schützen. Der Auffangraum darf keine Bodenabläufe oder sonstige Öffnungen haben, es sei denn, diese führen in einem dichten Ableitungssystem in eine betriebseigene Abwasserbeseitigungsanlage (Abscheideanlage, Kläranlage, sonstiges Rückhaltesystem), die zum Auffangen wassergefährdender Stoffe ausreichend bemessen sein muß. Anforderungen an die innerbetriebliche Abwasserbeseitigung bleiben unberührt.

3.2.3.4 Ausbildung von Auffangräumen beim Lagern im Freien: Der Auffangraum muß so ausgebildet sein, daß auslaufende Lagerflüssigkeit auf unschädliche Weise aufgefangen werden kann.
Das ist dann der Fall, wenn

3.2.3.4.1 der Auffangraum wasserundurchlässig und gegen das Lagergut ausreichend beständig ist (geeignete Baustoffe oder Bauteile, erforderlichenfalls mit Abdichtungsmitteln, die ein baurechtliches Prüfzeichen haben). Nicht korrosionsbeständige Werkstoffe sind gegen Korrosion durch Anstrich oder dergl. zu schützen; oder

3.2.3.4.2 Sohle und Wälle des Auffangraumes aus einer mindestens 30 cm dicken Schicht aus bindigem Boden bestehen. Dieser muß so verdichtet sein, daß auslau-

---

[1] Verordnung über brennbare Flüssigkeiten v. 27. 2. 1980, abgedruckt unter 6.1

fende Lagerflüssigkeit innerhalb von drei Tagen nicht tiefer als 20 cm eindringen kann. Soweit zur Abdichtung des Auffangraumes Kunststoffbahnen verwendet werden, müssen diese ein baurechtliches Prüfzeichen haben. Erforderlichenfalls ist die Eignung der beabsichtigten Maßnahme zur Herstellung und Unterhaltung des Auffangraumes durch einen Sachverständigen auf dem Gebiet der Bodenmechanik und des Erdbaues nachzuweisen.

3.2.3.4.3 Niederschlagswasser aus Auffangräumen beseitigt werden kann. Entleerungsleitungen müssen eine Absperrvorrichtung haben, die gegen unbefugtes Öffnen gesichert ist. Die Einrichtungen zur Beseitigung von Wasser dürfen nicht zum Ableiten von Lagerflüssigkeiten benutzt werden, es sei denn, diese Einrichtungen führen in einem dichten Ableitungssystem in eine betriebseigene Abwasserbeseitigungsanlage (Abscheideanlage, Kläranlage, sonstiges Rückhaltesystem), die zum Auffangen wassergefährdender Stoffe ausreichend bemessen sein muß. Anforderungen an die innerbetriebliche Abwasserbeseitigung bleiben unberührt.

3.2.3.5 Unterirdische Lagerbehälter im Erdreich sind gegen Außenkorrosion zu sichern. Werden verschiedene Metalle verwendet (z. B. für den Behälter und die Rohrleitungen), müssen Vorkehrungen zur metallenen Trennung getroffen werden.

3.2.3.6 Soweit unterirdische Stahlleitungen kathodisch gegen Außenkorrosion geschützt sind, ist entsprechend TRbF 408 Ziffer 8.3 eine Abnahmeprüfung durch einen Sachverständigen nach § 11 der Verordnung durchzuführen. Der Betreiber muß einen Sachkundigen beauftragen, die kathodische Korrosionsschutzanlage (KKS) mindestens jährlich zu überprüfen. Soweit der Betreiber keinen entsprechenden Wartungsvertrag nachweist, ist ein solcher gemäß § 19 i Satz 2 WHG vorzuschreiben. Der Betreiber ist aufzufordern, die Bescheinigungen über die wiederkehrenden Prüfungen nach TRbF 408 Ziffer 8.5 vorzulegen.

3.2.3.7 Unterirdisch oder in Bauteilen verlegte Rohrleitungen aus Kupfer müssen entweder in Schutzrohren verlegt oder mit einer Kunststoffumhüllung, deren Eignung nach § 19 h Abs. 1 WHG festgestellt ist, versehen sein. Rohrleitungen, die brennbare Flüssigkeiten mit einem Flammpunkt unter 55 °C führen, dürfen nicht in Schutzrohren verlegt sein.

3.3 Soweit die Maßgabe der Eignungsfeststellung oder der Bauartzulassung eingehalten sind, kann davon ausgegangen werden, daß die Anforderungen des § 19 g Abs. 3 WHG und § 3 der Verordnung eingehalten sind.

3.4 Für das Zusammenfügen von Anlagenteilen einfacher oder herkömmlicher Art untereinander oder mit eignungsfestgestellten oder der Bauart nach zugelassenen Anlagenteilen verpflichten § 19 g Abs. 3 WHG und § 3 Abs. 1 der Verordnung dazu, neben den Maßgaben der Eignungsfeststellung oder der Bauartzulassung noch die für das Zusammenfügen geltenden allgemein anerkannten Regeln der Technik einzuhalten (u. a. die Regeln der Technik für Fügeverfahren, z. B. mittels Schweißen).

3.5 Hinsichtlich der Anwendung der Verordnung über brennbare Flüssigkeiten (VbF)[1] vgl. § 19.

3.6 Die „Technischen Regeln für brennbare Flüssigkeiten (TRbF)" sind nicht nur ausschließlich für brennbare Flüssigkeiten von Bedeutung, sondern können auch als

---

[1] Verordnung über brennbare Flüssigkeiten v. 27. 2. 1980, abgedruckt unter 6.1

Erkenntnisquelle für Anlagen mit nicht brennbaren Flüssigkeiten herangezogen werden (z. B. Dichtheitsanforderungen an Behälter, Schutz gegen Korrosion, Sicherung der Behälter gegen Auftrieb, Inbetriebnahme und Außerbetriebnahme der Behälter).

3.7 Zu beachten sind ferner die Richtlinien für Anforderungen an Anlagen zum Umschlag gefährdender flüssiger Stoffe im Bereich von Wasserstraßen und in Häfen, RdErl. v. 8. 7. 1976 (MBl. NW. S. 1577/SMBl. NW. 770).

§ 4 Anforderungen an Rohrleitungen
(Zu § 19 g WHG)

Undichtheiten von Rohrleitungen müssen leicht und zuverlässig feststellbar sein. Die Wirksamkeit von Sicherheitseinrichtungen muß leicht überprüfbar sein. Alle Rohrleitungen sind so anzuordnen, daß sie gegen nicht beabsichtigte Beschädigung geschützt sind.

4 Zu § 4 (Anforderungen an Rohrleitungen)

4.1 Rohrleitungen sind Anlagenteile. Auch bei ihnen sind die allgemein anerkannten Regeln der Technik des § 19 g Abs. 3 WHG und des § 3 der Verordnung einzuhalten. Danach müssen Rohrleitungen insbesondere dicht und dauerhaft ausgebildet sein.

Für Rohrleitungen werden diese Anforderungen regelmäßig erfüllt, wenn sie einfacher oder herkömmlicher Art im Sinne von § 13 Abs. 2 der Verordnung sind. Damit entsprechen sie zugleich den Sätzen 1 und 2 des § 4 der Verordnung.

4.2 Zusätzlich enthält § 4 Satz 3 der Verordnung Vorschriften für die Anordnung der Rohrleitungen. Bei eignungsfestgestellten oder der Bauart nach zugelassenen Rohrleitungen ist § 4 Satz 3 der Verordnung über die Maßgaben der Eignungsfeststellung oder der Bauartzulassung hinaus zu beachten.

§ 5 Antrag auf Eignungsfeststellung oder Bauartzulassung
(Zu § 19 h Abs. 1 Satz 1 und 2 WHG)

Eine Eignungsfeststellung nach § 19 h Abs. 1 Satz 1 des Wasserhaushaltsgesetzes wird auf Antrag des Betreibers für eine einzelne Anlage, eine Bauartzulassung nach § 19 h Abs. 1 Satz 2 des Wasserhaushaltsgesetzes auf Antrag des Herstellers oder Einfuhrunternehmens für serienmäßig hergestellte Anlagen erteilt. Mit dem Antrag auf Eignungsfeststellung oder Bauartzulassung sind zur Beurteilung erforderliche Pläne (Zeichnungen, Nachweise und Beschreibungen) sowie erforderliche gewerberechtliche Bauartzulassungen und baurechtliche Prüfzeichenbescheide, allgemeine bauaufsichtliche Zulassungen und bauaufsichtliche Zustimmungen im Einzelfall vorzulegen. Soweit solche Entscheidungen nach den gewerberechtlichen oder baurechtlichen Vorschriften nicht erforderlich sind, ist dem Antrag auf Eignungsfeststellung oder Bauartzulassung ein Gutachten eines Sachverständigen über die Eignung beizufügen, es sei denn, die nach § 18 Abs. 3 des Landeswassergesetzes zuständige Behörde verzichtet auf ein Gutachten.

5 Zu § 5 (Antrag auf Eignungsfeststellung oder Bauartzulassung)

5.1 Wird eine Eignungsfeststellung für eine Anlage zum Lagern, Abfüllen oder Umschlagen wassergefährdender Stoffe beantragt, so ist an Hand des § 19 h Abs. 1 Satz 5 WHG und der §§ 6, 13, 20, 21 der Verordnung zu prüfen, ob eine Eignungsfeststellung nach § 19 h Abs. 1 Satz 1 WHG erforderlich ist.

Werden in einfachen oder herkömmlichen, eignungsfestgestellten oder der Bauart nach zugelassenen Anlagen Schutzvorkehrungen eingebaut, die gewerberechtlich der Bauart nach für den Einbau zugelassen sind oder ein baurechtliches Prüfzeichen dafür haben, ist wegen § 19 h Abs. 1 Satz 5 WHG eine Eignungsfeststellung nicht erforderlich.

Wird die nach § 18 Abs. 3 LWG zuständige Behörde auf andere Weise vom Vorhandensein einer eignungsfeststellungspflichtigen, aber nicht eignungsfestgestellten Anlage in Kenntnis gesetzt, so hat sie auf eine entsprechende Antragstellung (§ 116 Abs. 1 Satz 3 LWG) hinzuwirken. Ist auch eine Genehmigung, Erlaubnis, Zulassung oder ein Prüfzeichen nach anderen Rechtsvorschriften erforderlich, so ist der Antragsteller oder Betreiber darauf hinzuweisen; die nach diesen Vorschriften zuständige Behörde ist entsprechend zu unterrichten.

Dem Antrag auf Eignungsfeststellung oder Bauartzulassung sind neben den zur Beurteilung erforderlichen Plänen insbesondere beizufügen:
- gewerberechtliche Bauartzulassung nach § 12 VbF[1] einschließlich gegebenenfalls erteilter gewerberechtlicher Ausnahmegenehmigungen nach § 6 Abs. 2 VbF[1]
- das baurechtliche Prüfzeichen nach § 25 der Bauordnung[2] in Verbindung mit der Prüfzeichenverordnung[3] für das Land Nordrhein-Westfalen
- die allgemeine bauaufsichtliche Zulassung nach § 24 der Bauordnung[2] für das Land Nordrhein-Westfalen
- die bauaufsichtliche Zustimmung im Einzelfall nach § 23 Abs. 2 Satz 2 der Bauordnung[2] für das Land Nordrhein-Westfalen

einschließlich der ihnen zugrundeliegenden Gutachten, Prüfungsscheine und Stellungnahmen der Bundesanstalt für Materialprüfung (BAM), der Physikalisch-Technischen Bundesanstalt (PTB), der Materialprüfungsanstalten (MPA), der Technischen Überwachungsvereine sowie sonstiger Sachverständiger, soweit diese Unterlagen Bestandteile der genannten Bescheide sind.

Sind solche Entscheidungen nicht erforderlich, hat der Betreiber ein besonderes Gutachten über die Eignung der Anlage vorzulegen. Auf das besondere Gutachten kann immer dann verzichtet werden, wenn die Behörde aufgrund vorliegender Erfahrungen ohne dieses Gutachten den Antrag abschließend beurteilen kann.

5.2 Die für die Erteilung der Eignungsfeststellung zuständige Behörde (untere Wasserbehörde bzw. das Bergamt) prüft, ob die Unterlagen vollständig dem Antrag beigefügt sind.

Die untere Wasserbehörde bzw. das Bergamt übersenden die Unterlagen dem Staatlichen Amt für Wasser- und Abfallwirtschaft zur fachlichen Stellungnahme. Das Staatliche Amt für Wasser- und Abfallwirtschaft kann bei Anlagen, die wegen der Art des

---

[1] Verordnung über brennbare Flüssigkeiten v. 27. 2. 1980, abgedruckt unter 6.1
[2] Landesbauordnung NW v. 26. 6. 1984, abgedruckt unter 7.1
[3] Verordnung über bautechnische Prüfungen v. 6. 12. 1984, abgedruckt unter 7.3

Lagermediums, des Umfangs der Lagerung, des Lagerorts, der technischen Schutzvorkehrungen oder aus sonstigen Gründen besonders gefährdend sind, eine Stellungnahme des Landesamtes für Wasser und Abfall Nordrhein-Westfalen herbeiführen, bevor es sich gegenüber der unteren Wasserbehörde bzw. dem Bergamt äußert.

5.3 Soweit dem Eignungsfeststellungsbescheid andere Entscheidungen zugrunde gelegt werden, sind sie in der Eignungsfeststellung einzeln aufzuführen.

Die in der Anlage jeweils verwendeten wassergefährdenden Stoffe sind genau anzugeben, gegebenenfalls unter Bezeichnung der für diese Stoffe bestehenden Normen oder der chemischen Formeln.

§ 6   Umfang von Eignungsfeststellung und Bauartzulassung

Sind nur Teile einer Anlage nicht einfacher oder herkömmlicher Art, bedürfen nur sie einer Eignungsfeststellung oder Bauartzulassung. Soweit eine Bauartzulassung vorliegt, ist eine Eignungsfeststellung nicht erforderlich.

6   Zu § 6 (Umfang von Eignungsfeststellung und Bauartzulassung)

6.1 Grundsätzlich ist die gesamte Anlage auf ihre Vereinbarkeit mit den Vorschriften des § 19 g Abs. 1 oder Abs. 2 WHG zu prüfen und ihre Eignung festzustellen.

6.2 Eine Eignungsfeststellung der gesamten Anlage ist nicht erforderlich, wenn diese in ihrer Gesamtheit
– einfacher oder herkömmlicher oder
– der Bauart nach zugelassen
ist.

6.3 Sind einzelne Teile der Anlage
– einfach oder herkömmlich oder
– gemäß § 19 h Abs. 1 Satz 2 WHG der Bauart nach zugelassen oder
– über § 19 h Abs. 1 Satz 5 WHG in ihrer Eignung festgestellt,
erstreckt sich die Prüfung der Eignung nur auf die übrigen Teile der Anlage.
Im Eignungsfeststellungsbescheid ist anzuführen, auf welche Teile der Anlage sich die Prüfung der Eignung erstreckt hat.

6.4 Sind alle Teile der Anlage
– einfach oder herkömmlich oder
– gemäß § 19 h Abs. 1 Satz 2 WHG der Bauart nach zugelassen oder
– über § 19 h Abs. 1 Satz 5 WHG in ihrer Eignung festgestellt,
bedarf es keiner zusätzlichen Eignungsfeststellung der gesamten Anlage.

§ 7   Voraussetzungen für Eignungsfeststellung und Bauartzulassung
(Zu § 19 h Abs. 1 Satz 1 und 2 WHG)

Eine Eignungsfeststellung oder Bauartzulassung darf nur erteilt werden, wenn der Antragsteller den Nachweis führt, daß die Voraussetzungen des § 19 g Abs. 1 oder 2 des Wasserhaushaltsgesetzes erfüllt sind. Diese Voraussetzungen sind dann erfüllt, wenn die Anlagen zumindest ebenso sicher sind wie die in §§ 13, 20 und 21 beschriebenen Anlagen einfacher oder herkömmlicher Art. Eine Eignungsfeststellung kann ausnahmsweise auch dann erteilt werden, wenn aufgrund der örtlichen Verhältnisse, insbesondere im Zusammenhang mit der Art der gelagerten Stoffe, feststeht, daß der in § 19 g Abs. 1 oder 2 des Wasserhaushaltsgesetzes geforderte Schutz der Gewässer gewährleistet ist.

7   Zu § 7 (Voraussetzungen für Eignungsfeststellung und Bauartzulassung)

7.1   Über die Art, wie der Nachweis über die Einhaltung der Voraussetzungen des § 19 g Abs. 1 und Abs. 2 WHG zu führen ist, vgl. Nrn. 5.1 und 5.2. Auf Grund des verwendeten Werkstoffs, zusätzlicher Schutzvorkehrungen oder Sicherungsmaßnahmen ist der Nachweis zu führen, daß andere Anlagen ebenso sicher sind wie Anlagen einfacher oder herkömmlicher Art. Prüfungsmaßstab sind die in §§ 13, 20, 21 der Verordnung aufgeführten Anlagen einfacher oder herkömmlicher Art.

7.2   § 7 Satz 3 der Verordnung ist insbesondere auf das Umschlagen von Flüssigkeiten, die nur im erwärmten Zustand pumpfähig sind (z. B. schweres Heizöl), anzuwenden.

§ 8   Weitergehende Anforderungen, Prüfungen wegen der Besorgnis einer Wassergefährdung

Die nach § 18 Abs. 3 des Landeswassergesetzes zuständige Behörde kann an die Verwendung einer Anlage, die einfacher oder herkömmlicher Art ist oder für die eine Bauartzulassung erteilt ist, im Einzelfall weitergehende Anforderungen stellen, wenn andernfalls aufgrund der besonderen Umstände die Voraussetzungen des § 19 g Abs. 1 oder 2 des Wasserhaushaltsgesetzes nicht erfüllt sind. Sie kann für diese Anlagen sowie für Anlagen, die der Eignung nach festgestellt sind, wegen der Besorgnis einer Wassergefährdung (§ 19 i Satz 3 Nr. 4 des Wasserhaushaltsgesetzes) Prüfungen anordnen.

8   Zu § 8 (Weitergehende Anforderungen, Prüfungen wegen der Besorgnis einer Wassergefährdung)

8.1   Die Fälle, in denen weitergehende Anforderungen zu stellen sind, können sein:
– besondere Gefährlichkeit des zu lagernden, abzufüllenden oder umzuschlagenden Stoffes,
– Nähe der Anlage zu Gewässern,
– besondere Untergrundverhältnisse.

8.2   Prüfungen (§ 19 i Satz 3 Nr. 4 WHG) sind insbesondere anzuordnen, wenn der dringende Verdacht einer Gewässerverunreinigung durch bestimmte Anlagen besteht. Dies kann sich aus Ermittlungen gegenwärtiger oder Erkenntnissen früherer Schadensereignisse ergeben, ferner z. B. in den Fällen der Nr. 18.2.1.1 letzter Absatz.

§ 9   Betriebs- und Verhaltensvorschriften

Wer eine Anlage betreibt, hat diese bei Schadensfällen und Betriebsstörungen unverzüglich außer Betrieb zu nehmen und zu entleeren, wenn er eine Gefährdung oder Schädigung der Gewässer nicht auf andere Weise verhindern oder unterbinden kann.

9 Zu § 9 (Betriebs- und Verhaltensvorschriften)

9.1 Die Vorschrift gilt in den Fällen, in denen das Austreten wassergefährdender Stoffe und eine Verunreinigung des Wassers oder des Bodens oder das Abfließen in Abwasseranlagen befürchtet werden müssen.
Die bestimmungsgemäße Zuführung wassergefährdender Stoffe zu Abwasseranlagen wird nicht erfaßt.

9.2 Abwasseranlagen sind im wesentlichen Kanalisationen und Kläranlagen. Der Begriff ist umfassend zu sehen und schließt private Abwasseranlagen mit ein.

9.3 Der Betreiber sowie die von ihm mit dem Betrieb, der Unterhaltung oder der Sorge für den ordnungsmäßigen Zustand der Anlage beauftragten Personen sind nach § 18 Abs. 4 LWG verpflichtet, das Auslaufen wassergefährdender Stoffe der nächsten örtlichen Ordnungsbehörde anzuzeigen.
Wird das Austreten wassergefährdender Stoffe bekannt, ist das Erforderliche nach Maßgabe des Gem. RdErl. d. Ministers für Ernährung, Landwirtschaft und Forsten u. d. Innenministers v. 30. 1. 1981 (SMBl. NW. 770) betr. Maßnahmen beim Austreten von Mineralölen und sonstigen wassergefährdenden Stoffen (Öl- und Giftalarmrichtlinien)[1] zu veranlassen. Der Betreiber der Anlage hat selbst unverzüglich Maßnahmen zur Verhinderung einer Gewässerverunreinigung und zur Abwehr sonstiger Gefahren zu treffen.

§ 10 Unzulässigkeit des Einbaus und der Aufstellung von Anlagen ohne Eignungsfeststellung oder Bauartzulassung

Anlagen, deren Verwendung nach § 19 h des Wasserhaushaltsgesetzes nur nach Eignungsfeststellung oder Bauartzulassung zulässig ist, dürfen vor deren Erteilung nicht eingebaut oder aufgestellt werden.

10 Zu § 10 (Unzulässigkeit des Einbaus und der Aufstellung von Anlagen ohne Eignungsfeststellung oder Bauartzulassung)

Erlangt die für die Eignungsfeststellung zuständige Behörde davon Kenntnis, daß eine Anlage eingebaut oder aufgestellt worden ist, deren Verwendung nur nach Eignungsfeststellung oder Bauartzulassung zulässig ist, ordnet sie an, die Anlage zu entleeren und außer Betrieb zu nehmen. Soweit andere Behörden diese Kenntnis erhalten, teilen sie dies unverzüglich der für die Eignungsfeststellung zuständigen Behörde mit. Ergibt die Prüfung anhand der vom Betreiber nach § 5 vorzulegenden Unterlagen und aufgrund eigener Ermittlungen, daß eine Eignungsfeststellung nicht erteilt werden kann, ist die endgültige Stillegung der Anlage anzuordnen.
Ein Verstoß gegen § 10 der Verordnung ist nach § 22 Nr. 4 der Verordnung bußgeldbewehrt.

---

[1] Öl- und Giftalarmrichtlinien v. 30. 1. 1981, abgedruckt unter 5.1

§ 11   Sachverständige
(Zu § 19 i Satz 3 WHG)

Sachverständige im Sinne des § 19 i Satz 3 des Wasserhaushaltsgesetzes und dieser Verordnung sind die Sachverständigen im Sinne des § 16 Abs. 1 der Verordnung über brennbare Flüssigkeiten – VbF – vom 27. Februar 1980 (BGBl. I S. 229)[1] in der jeweils geltenden Fassung.

11   Zu § 11 (Sachverständige)

Sachverständige im Sinne des § 16 Abs. 1 der Verordnung über brennbare Flüssigkeiten[1] sind:

11.1   die Sachverständigen der Technischen Überwachungsvereine (für alle Anlagen),

11.2   die vom Regierungspräsidenten anerkannten Sachverständigen bestimmter Unternehmen (nur für die im jeweiligen Unternehmen betriebenen Anlagen),

11.3   die vom Bundesminister für Verkehr bestimmten Sachverständigen (nur für Anlagen der Wasser- und Schiffahrtsverwaltung des Bundes),

11.4   die nach den Gefahrgut-Transportvorschriften anerkannten und bestimmten Sachverständigen (nur für Transportbehälter und Fahrzeuge),

11.5   die vom Bundesminister für Verteidigung bestellten Sachverständigen (nur für Anlagen der Bundeswehr),

11.6   die vom Bundesminister des Innern bestellten Sachverständigen (nur für Anlagen des Bundesgrenzschutzes),

11.7   die vom Bundesminister für das Post- und Fernmeldewesen ernannten Sachverständigen (nur für Anlagen der Deutschen Bundespost).

§ 12   Sachverständigengebühren

(1) Die Sachverständigen nach § 11 erheben für die nach dieser Verordnung vorgeschriebenen oder angeordneten Prüfungen Gebühren in entsprechender Anwendung der Kostenordnung für die Prüfung überwachungsbedürftiger Anlagen (Anhang V – Gebühren für die Prüfung von Anlagen zur Lagerung, Abfüllung und Beförderung brennbarer Flüssigkeiten) vom 31. Juli 1970 (BGBl. I S. 1162)[2] in der jeweils geltenden Fassung.

(2) Bei der Überprüfung von Behältern werden abweichend von den Gebühren nach Anhang V Nr. 1 der Kostenordnung für Behälter mit einem Rauminhalt bis 3000 Liter nur 50 v. H., für Behälter mit einem Rauminhalt über 3000 Liter bis 6000 Liter nur 75 v. H. der Gebühren für Behälter mit einem Rauminhalt bis 10 000 Liter erhoben. Für mehrere gleichzeitig oder unmittelbar nacheinander durchgeführte Prüfungen an einem oberirdischen Behälter wird nur eine Gebühr erhoben.

---

[1] abgedruckt unter 6.1
[2] Gebühren für die Prüfung von Anlagen zur Lagerung, Abfüllung und Beförderung brennbarer Flüssigkeiten, Anhang V der Kostenordnung für die Prüfung überwachungsbedürftiger Anlagen v. 31. 7. 1970, abgedruckt unter 6.3

Zweiter Teil   Lagern und Abfüllen flüssiger Stoffe

§ 13   Anlagen einfacher oder herkömmlicher Art
(Zu § 19 h Abs. 1 Satz 1 WHG)

(1) Anlagen mit oberirdischen Lagerbehältern für flüssige Stoffe, bei denen der Rauminhalt aller Behälter mehr als 300 Liter in Gebäuden oder mehr als 1000 Liter im Freien beträgt, sowie Anlagen mit unterirdischen Lagerbehältern für flüssige Stoffe sind einfacher oder herkömmlicher Art, wenn

    1. hinsichtlich ihres technischen Aufbaus
       a) die Lagerbehälter doppelwandig sind oder als einwandige Behälter in einem flüssigkeitsdichten Auffangraum stehen,
         und
       b) Undichtheiten der Behälterwände durch ein Leckanzeigegerät selbsttätig angezeigt werden, ausgenommen bei oberirdischen Behältern im Auffangraum,
         und
       c) Auffangräume nach Buchstabe a) so bemessen sind, daß die dem Rauminhalt aller Behälter entsprechende Lagermenge zurückgehalten werden kann. Dient ein Auffangraum mehreren oberirdischen Lagerbehältern, ist für seine Bemessung nur der Rauminhalt des größten Behälters maßgebend. Abläufe des Auffangraumes sind nur bei oberirdischen Lagerbehältern zulässig; sie müssen absperrbar und gegen unbefugtes Öffnen gesichert sein;
       sowie
    2. für ihre Einzelteile, insbesondere zu deren Werkstoff und Bauart, technische Vorschriften oder technische Baubestimmungen gemäß § 3 Abs. 2 eingeführt sind und die Einzelteile diesen entsprechen oder für Schutzvorkehrungen eine wasserrechtliche oder gewerberechtliche Bauartzulassung oder ein baurechtliches Prüfzeichen erteilt ist (§ 19 h Abs. 1 Sätze 2 und 5 des Wasserhaushaltsgesetzes).

(2) Rohrleitungen sind einfacher oder herkömmlicher Art, wenn sie
    1. doppelwandig sind und Undichtheiten der Rohrwände durch ein Leckanzeigegerät selbsttätig angezeigt werden, das eine wasserrechtliche oder gewerberechtliche Bauartzulassung oder ein baurechtliches Prüfzeichen hat, oder
    2. als Saugleitungen ausgebildet sind, in denen die Flüssigkeitssäule bei Undichtheiten abreißt, oder
    3. aus Metall bestehen, das gegen Korrosion so beständig ist, daß Undichtheiten nicht zu besorgen sind; unterirdische Leitungen aus Stahl müssen kathodisch gegen Außenkorrosion geschützt sein, oder
    4. mit einem flüssigkeitsdichten Schutzrohr versehen oder in einem flüssigkeitsdichten Kanal verlegt sind und auslaufende Flüssigkeit in einer Kontrolleinrichtung sichtbar wird; in diesen Fällen dürfen die Rohrleitungen keine brennbaren Flüssigkeiten im Sinne der Verordnung über brennbare Flüssigkeiten mit einem Flammpunkt unter 55 °C führen.

(3) Anlagen zum Lagern flüssiger Stoffe, die nur in erwärmtem Zustand pumpfähig sind, sind einfacher oder herkömmlicher Art.

(4) Kleinere als die in Absatz 1 genannten oberirdischen Anlagen sind einfacher oder herkömmlicher Art, sofern für sie technische Vorschriften oder technische Baubestimmungen gemäß § 3 Abs. 2 eingeführt sind und sie diesen entsprechen.

13   Zu § 13 (Anlagen einfacher oder herkömmlicher Art)

13.1   Anlagen mit ober- oder unterirdischen Lagerbehältern sind nur dann einfacher oder herkömmlicher Art, wenn sie den Voraussetzungen des § 13 Abs. 1 Nr. 1 und Nr. 2 entsprechen. Folgende Anlagetypen sind einfacher oder herkömmlicher Art:

13.1.1   doppelwandige DIN-Stahlbehälter zur unterirdischen oder oberirdischen Lagerung von brennbaren Flüssigkeiten mit gewerberechtlich der Bauart nach zugelassenen Leckanzeigegeräten und Grenzwertgebern sowie Rohrleitungen nach § 13 Abs. 2,

13.1.2   einwandige DIN-Stahlbehälter zur unterirdischen oder oberirdischen Lagerung von brennbaren Flüssigkeiten mit gewerberechtlich der Bauart nach zugelassenen Grenzwertgebern und Lecksicherungseinrichtungen (Leckschutzauskleidung, Leckanzeiger) sowie Rohrleitungen nach § 13 Abs. 2,

13.1.3   einwandige DIN-Stahlbehälter zur oberirdischen Lagerung von brennbaren Flüssigkeiten mit gewerberechtlich der Bauart nach zugelassenen Grenzwertgebern und Rohrleitungen nach § 13 Abs. 2, aufgestellt im Auffangraum, der mit einem Mittel beschichtet ist, das ein baurechtliches Prüfzeichen hat.

13.2   Werden in den in Nr. 13.1 genannten Anlagen andere wassergefährdende Stoffe als brennbare Flüssigkeiten gelagert, bedürfen sie der Eignungsfeststellung oder wasserrechtlichen Bauartzulassung.

13.3   Rohrleitungen

13.3.1   Bei oberirdisch verlegten Heizölleitungen aus Kupfer sind Undichtheiten durch Innen- und Außenkorrosion nicht zu besorgen. Dies gilt auch für unterirdisch oder in Bauteilen verlegte Heizölleitungen aus Kupfer in Schutzrohren (vgl. 3.2.3.7).

13.3.2   Unterirdische Stahlleitungen sind auch dann einfach und herkömmlich, wenn durch Gutachten eines Sachverständigen nach § 11 der Verordnung gemäß Ziffer 8.2 TRbF 408 nachgewiesen ist und die Aussage des Sachverständigen mindestens alle drei Jahre wiederkehrend gemäß Ziffer 8.22 TRbF 408 überprüft wird, daß ein kathodischer Korrosionsschutz nicht erforderlich ist. Jede zweite Überprüfung kann mit der allgemein wiederkehrenden Prüfung nach § 18 Abs. 1 Nr. 3 der Verordnung verbunden werden.

13.3.3   Die Funktion einer Kontrolleinrichtung erfüllt auch der Auslauf aus einem Schutzrohr oder Kanal in einen gesicherten Schacht.

13.4   Nur im erwärmten Zustand pumpfähige flüssige Stoffe sind in nur eingeschränktem Maße wassergefährdend. Die üblichen technischen Vorrichtungen zur Lagerung dieser Stoffe sind deshalb unter dem Gesichtspunkt des Besorgnisgrundsatzes nach § 19 g Abs. 1 WHG ausreichend.

§ 14 Abfüllplätze
(Zu § 19 g WHG)

Werden wassergefährdende flüssige Stoffe in Betriebsstätten regelmäßig abgefüllt, muß der Abfüllplatz so beschaffen sein, daß auslaufende Stoffe nicht in ein oberirdisches Gewässer, eine Abwasseranlage oder in den Boden gelangen können.

14 Zu § 14 (Abfüllplätze)

14.1 Der Boden im Bereich von Abfüllplätzen muß ausreichend fest und undurchlässig und so beschaffen sein, daß auslaufende wassergefährdende flüssige Stoffe erkannt und beseitigt werden können. Auch kleine Flüssigkeitsmengen dürfen nicht durch Niederschlagswasser in ein oberirdisches Gewässer oder in das Grundwasser gelangen können. Abläufe müssen mit Abscheidevorrichtungen versehen werden, es sei denn, sie führen in einem dichten Ableitungssystem in eine betriebseigene Abwasserbeseitigungsanlage (Abscheideanlage, Kläranlage, sonstiges Rückhaltesystem), die zum Auffangen der wassergefährdenden Stoffe ausreichend bemessen sein muß. Bei Tankstellen, die ausschließlich Ottokraftstoffe über selbsttätig schließende Zapfventile abgeben, kann auf den Einbau von Abscheideanlagen in die Abläufe verzichtet werden, wenn auslaufende kleinere Flüssigkeitsmengen auf dem befestigten Abfüllplatz verdunsten können, bevor sie den Ablauf erreichen. Anforderungen an die innerbetriebliche Abwasserbeseitigung bleiben unberührt.

14.2 Die besonderen Vorschriften der VbF[1] Anhang II Nr. 111 und 112 sowie der TRbF 111 und 112 sind auch für den Bereich nichtbrennbarer wassergefährdender Stoffe anzuwenden.

§ 15 Anlagen in Schutzgebieten

(1) Im Fassungsbereich und in der engeren Zone von Schutzgebieten ist das Lagern wassergefährdender flüssiger Stoffe unzulässig. Die nach § 18 Abs. 3 des Landeswassergesetzes zuständige Behörde kann für standortgebundene Anlagen mit oberirdischen Behältern und oberirdischen Rohrleitungen Ausnahmen zulassen, wenn dies überwiegende Gründe des Wohls der Allgemeinheit erfordern.

(2) In der weiteren Zone von Schutzgebieten dürfen Anlagen nur verwendet werden, wenn sie in ihrem technischen Aufbau den Anlagen nach § 13 Abs. 1 Nr. 1 entsprechen; Rohrleitungen dürfen nur verwendet werden, wenn sie § 13 Abs. 2 entsprechen. Bei bestehenden Anlagen darf der Rauminhalt eines unterirdischen Lagerbehälters 40 000 Liter, eines oberirdischen Lagerbehälters 100 000 Liter nicht übersteigen. Die Errichtung neuer Anlagen ist nur zulässig, wenn der Gesamtrauminhalt der Anlage mit unterirdischen Lagerbehältern 40 000 Liter, mit ausschließlich oberirdischen Lagerbehältern 100 000 Liter nicht übersteigt. Auf die Bemessung des Auffangraumes findet § 13 Abs. 1 Nr. 1 Buchstabe c) Satz 2 keine Anwendung. Abläufe des Auffangraumes sind auch bei oberirdischen Behältern nicht zulässig.

---

[1] Verordnung über brennbare Flüssigkeiten v. 27. 2. 1980, abgedruckt unter 6.1

(3) Weitergehende Anforderungen, Beschränkungen oder Ausnahmen in Schutzgebieten durch Anordnungen oder Verordnungen nach § 19 des Wasserhaushaltsgesetzes in Verbindung mit § 14 Abs. 1, § 15 Abs. 4 und § 16 Abs. 3 und 4 des Landeswassergesetzes bleiben unberührt.

(4) Schutzgebiete im Sinne dieser Vorschrift sind

1. Wasserschutzgebiete nach § 19 Abs. 1 Nrn. 1 und 2 des Wasserhaushaltsgesetzes,

2. Heilquellenschutzgebiete nach § 16 Abs. 3 des Landeswassergesetzes,

3. Gebiete, für die eine Veränderungssperre zur Sicherung von Planungen für Vorhaben der Wassergewinnung nach § 36 a Abs. 1 des Wasserhaushaltsgesetzes erlassen und

4. Gebiete, für die ein Verfahren auf Festsetzung als Wasserschutzgebiet oder Heilquellenschutzgebiet eingeleitet ist, wenn seit der Einleitung des Verfahrens noch keine vier Jahre vergangen sind. Das Verfahren gilt als eingeleitet, wenn eine vorläufige Anordnung nach § 15 Abs. 4 des Landeswassergesetzes erlassen oder eine zumindest vorläufige Planung zu jedermanns Einsicht offengelegt ist.

Ist die weitere Zone eines Schutzgebietes unterteilt, gilt als Schutzgebiet nur deren innerer Bereich.

15   Zu § 15 (Anlagen in Schutzgebieten)

15.1   Für die Festsetzung von Wasser- und Heilquellenschutzgebieten gilt der RdErl. d. Ministers für Ernährung, Landwirtschaft und Forsten v. 25. 4. 1975 (MBl. NW. S. 1010/SMBl. NW. 770), für die Festsetzung von Heilquellenschutzgebieten zusätzlich der RdErl. d. Ministers für Ernährung, Landwirtschaft und Forsten v. 20. 10. 1980 (MBl. NW. S. 2630/SMBl. NW. 770).

15.2   Für bestehende Anlagen in Wasserschutzgebieten, für die bereits die VLwF galt, bringt die Verordnung keine Veränderungen gegenüber der bisherigen VLwF. Für Anlagen, die nach dem Inkrafttreten der Verordnung errichtet werden, gelten die in § 15 Abs. 2 Satz 3 genannten Beschränkungen nicht mehr für den einzelnen Lagerbehälter, sondern für die gesamte Anlage.
Für Anlagen, zu denen sowohl unterirdische als auch oberirdische Behälter gehören, gelten die Beschränkungen für Anlagen mit unterirdischen Lagerbehältern.

15.3   Standortgebundene Anlagen sind ausschließlich solche Anlagen, die der Versorgung der Wassergewinnungsanlage oder der Heilstätte mit den notwendigen Betriebsmitteln zu dienen bestimmt sind. Soweit wie möglich sollen jedoch auch bei diesen Anlagen andere Betriebsmittel verwendet werden.

15.4   Folgende Ausnahmen nach § 15 Abs. 3 der Verordnung kommen in der engeren Schutzzone insbesondere in Betracht:
– in Wasserschutzgebieten für Trinkwassertalsperren ortsfeste Anlagen mit oberirdischen Behältern und oberirdischen Rohrleitungen zum Lagern von Heizöl und Dieselkraftstoff für den haus- und landwirtschaftlichen Gebrauch; die Anlagen müssen mindestens § 13 Abs. 1 und 2 der Verordnung entsprechen.

– Anlagen zur Lagerung landwirtschaftlicher Betriebsmittel (Pflanzenbehandlungsmittel, Düngemittel) bei flüssigen Stoffen in Anlagen, die in ihrem technischen
Aufbau § 13 Abs. 1 Nr. 1 entsprechen.

15.5 Soweit im Einzelfall aus Gründen des Gewässerschutzes veranlaßt, sind Ausnahmen von besonderen Schutzvorkehrungen und Schutzmaßnahmen abhängig zu
machen und die Lagermenge zu begrenzen.

§ 16 Kennzeichnungspflicht, Merkblatt

(1) Serienmäßig hergestellte Anlagen und Anlagenteile sind vom Hersteller mit
einer deutlich lesbaren Kennzeichnung zu versehen, aus der sich ergibt,
welche flüssigen Stoffe in der Anlage gelagert oder abgefüllt werden dürfen.

(2) Der Betreiber von Anlagen zum Lagern wassergefährdender Stoffe hat das
im Ministerialblatt für das Land Nordrhein-Westfalen veröffentlichte und in der
Sammlung des bereinigten Ministerialblattes (SMBl. NW.) unter der Gliederungsnummer 772 enthaltene Merkblatt „Betriebs- und Verhaltensvorschriften für das Lagern wassergefährdender Stoffe" an gut sichtbarer Stelle in der
Nähe der Anlage dauerhaft anzubringen und das Bedienungspersonal über
dessen Inhalt zu unterrichten.

16 Zu § 16 (Kennzeichnungspflicht, Merkblatt)

Das Merkblatt „Betriebs- und Verhaltensvorschriften für das Lagern wassergefährdenden flüssiger Stoffe" nach § 16 Abs. 2 wird als Anlage 1 bekanntgemacht. Die nach
§ 18 Abs. 3 LWG zuständige Behörde hat das Merkblatt mit der Baugenehmigung, mit
der Eignungsfeststellung oder auf Verlangen dem Betreiber der Anlage auszuhändigen.

§ 17 Befüllen und Entleeren
(Zu § 19 k WHG)

(1) Zum Befüllen und Entleeren müssen die Rohre und Schläuche dicht und
tropfsicher verbunden sein; bewegliche Leitungen müssen in ihrer gesamten
Länge dauernd einsehbar und bei Dunkelheit ausreichend beleuchtet sein.

(2) Behälter in Anlagen zum Lagern von Heizöl EL, Dieselkraftstoff und
Ottokraftstoff dürfen aus Straßentankwagen und Aufsetztanks nur unter Verwendung einer selbsttätig schließenden Abfüllsicherung befüllt werden. Dies
gilt nicht für einzeln benutzte oberirdische Behälter mit einem Rauminhalt von
nicht mehr als 1000 Liter in Anlagen zum Lagern von Heizöl EL und Dieselkraftstoff. Behälter in Anlagen zum Lagern von Heizöl EL, Dieselkraftstoff und
Ottokraftstoff sowie anderer flüssiger Stoffe dürfen nur mit festen Leitungsanschlüssen und unter Verwendung einer Überfüllsicherung, die rechtzeitig vor
Erreichen des zulässigen Flüssigkeitsstandes den Füllvorgang unterbricht
oder akustischen Alarm auslöst, befüllt werden, wenn dafür technische Vorschriften gemäß § 3 Abs. 2 eingeführt sind.

(3) Auf Lagerbehältern, die mit festen Leitungsanschlüssen befüllt werden können, muß der zulässige Betriebsdruck angegeben sein.

§ 18   Überprüfung von Anlagen für flüssige Stoffe
(Zu § 19 i Satz 3 WHG)

(1) Der Betreiber hat nach Maßgabe des § 19 i Satz 3 Nrn. 1, 2 und 3 des Wasserhaushaltsgesetzes durch Sachverständige (§ 11) überprüfen zu lassen:
   1. Anlagen mit unterirdischen Lagerbehältern,
   2. Anlagen mit oberirdischen Lagerbehältern mit einem Gesamtrauminhalt über 40 000 Liter,
   3. unterirdische Rohrleitungen, auch wenn sie nicht Teile einer prüfpflichtigen Anlage sind,
   4. Anlagen, für welche Prüfungen in einer Eignungsfeststellung oder Bauartzulassung nach § 19 h Abs. 1 Satz 1 oder 2 des Wasserhaushaltsgesetzes, in einer gewerberechtlichen Bauartzulassung oder in einem Bescheid über ein baurechtliches Prüfzeichen vorgeschrieben sind; sind darin kürzere Prüffristen festgelegt, gelten diese.

Satz 1 gilt nicht für Anlagen zum Lagern flüssiger Stoffe, die nur in erwärmtem Zustand pumpfähig sind.

(2) In Schutzgebieten (§ 15) hat der Betreiber Anlagen mit oberirdischen Lagerbehältern mit einem Gesamtrauminhalt über 1000 Liter nach Maßgabe des § 19 i Satz 3 Nrn. 1, 2 und 3 des Wasserhaushaltsgesetzes überprüfen zu lassen. Der Betreiber hat Anlagen mit oberirdischen Lagerbehältern zur Lagerung von Heizöl EL und Dieselkraftstoff mit einem Gesamtrauminhalt von mehr als 1000 bis 5000 Liter nach Maßgabe des § 19 i Satz 3 Nrn. 1 und 3 des Wasserhaushaltsgesetzes überprüfen zu lassen.

(3) Die nach § 18 Abs. 3 des Landeswassergesetzes zuständige Behörde kann wegen der Besorgnis einer Wassergefährdung (§ 19 i Satz 3 Nr. 4 des Wasserhaushaltsgesetzes) kürzere Prüffristen bestimmen. Sie kann im Einzelfall Anlagen nach Absatz 1 von der Prüfpflicht befreien, wenn aufgrund der örtlichen Verhältnisse und der Art der gelagerten Stoffe gewährleistet ist, daß eine von der Anlage ausgehende Wassergefährdung ebenso rechtzeitig erkannt wird wie bei Bestehen der allgemeinen Prüfpflicht.

(4) Die Prüfungen nach den Absätzen 1, 2 und 3 entfallen, soweit die Anlage zu denselben Zeitpunkten oder innerhalb gleicher oder kürzerer Zeiträume nach anderen Rechtsvorschriften zu prüfen ist und der nach § 18 Abs. 3 des Landeswassergesetzes zuständigen Behörde ein Prüfbericht vorgelegt wird, aus dem sich der ordnungsgemäße Zustand der Anlage im Sinne dieser Verordnung und der §§ 19 g und 19 h des Wasserhaushaltsgesetzes ergibt.

(5) Der Betreiber hat dem Sachverständigen vor der Prüfung die für die Anlage erteilten behördlichen Bescheide sowie die vom Hersteller ausgehändigten Bescheinigungen vorzulegen. Der Sachverständige hat über jede durchgeführte Prüfung dem Betreiber und der nach § 18 Abs. 3 des Landeswassergesetzes zuständigen Behörde unverzüglich einen Prüfbericht vorzulegen.

(6) Die wiederkehrenden Prüfungen nach den Absätzen 1 und 2 entfallen, wenn der Betreiber der nach § 18 Abs. 3 des Landeswassergesetzes zuständigen Behörde die Stillegung der Anlage schriftlich anzeigt und eine Bescheinigung eines Fachbetriebes (§ 19 I des Wasserhaushaltsgesetzes) über die ordnungsgemäße Entleerung und Reinigung beifügt. Maßgeblich ist der Zeitpunkt des Eingangs der Anzeige bei der Behörde.

18   Zu § 18 (Überprüfung von Anlagen für flüssige Stoffe) und zu § 19 i Satz 1 WHG

18.1   Überwachung durch den Betreiber
Der Anlagenbetreiber hat gemäß § 19 i WHG
– die Dichtheit der Anlage und
– die Funktionsfähigkeit der Sicherheitseinrichtungen
ständig zu überwachen.
Leckanzeigegeräte sind mindestens einmal jährlich einer Funktionskontrolle zu unterziehen. Ist der Betreiber nicht sachkundig oder verfügt er nicht über sachkundiges Personal, hat er den Abschluß eines Überwachungsvertrages mit einem zugelassenen Fachbetrieb (§ 19 i Satz 2 WHG) nachzuweisen. Erforderlichenfalls hat die nach § 18 Abs. 3 LWG zuständige Behörde den Abschluß eines Überwachungsvertrages nach § 19 i Satz 2 WHG anzuordnen.

18.2   Prüfung durch Sachverständige
Vom Sachverständigen sind mindestens folgende Prüfungen durchführen zu lassen:

18.2.1   Bei Anlagen mit unterirdischen und oberirdischen Lagerbehältern

18.2.1.1   vor der erstmaligen Inbetriebnahme,
nach einer wesentlichen Änderung,
vor der Wiederinbetriebnahme einer länger als ein Jahr stillgelegten Anlage (§ 19 i Satz 3 Nr. 1 und 3 WHG i. V. m. § 18 Abs. 1 der Verordnung):
– die Übereinstimmung der Anlage mit den Vorschriften der Verordnung, mit den eingeführten technischen Vorschriften und technischen Baubestimmungen (§ 3 Abs. 2 der Verordnung), mit den Festsetzungen der Eignungsfeststellungen, der Bauartzulassungen oder Prüfzeichenbescheide sowie mit weitergehenden Anforderungen gemäß § 8 der Verordnung,
– die Dichtheit der Anlage,
und soweit erforderlich
– die Dichtheit und Größe des Auffangraumes. Kann der Sachverständige die Eignung und Dichtheit von Auffangräumen besonderer Größe und Bauart nicht durch Augenschein oder anhand der vom Betreiber vorzulegenden Unterlagen beurteilen, hat er dies im Prüfbericht zu vermerken. Erforderlichenfalls hat der Betreiber auf Verlangen der nach § 18 Abs. 3 LWG zuständigen Behörde einen Bausachverständigen oder einen Sachverständigen auf dem Gebiet der Bodenmechanik oder des Erdbaus zu beauftragen (§ 8 der Verordnung).
Wesentliche Änderungen einer Anlage sind insbesondere Erneuerungs-, Instandsetzungs- und Umrüstungsmaßnahmen, durch welche eine Wassergefährdung zu besorgen ist, z. B. nachträglicher Einbau einer Lecksicherungseinrichtung (Leckschutzauskleidung, Leckanzeiger), Austausch von Behältern und Rohrleitungen.

18.2.1.2   bei der wiederkehrenden Prüfung (§ 19 i Satz 3 Nr. 2 WHG i. V. m. § 18 Abs. 1 der Verordnung):

– die Übereinstimmung der Anlage mit den Vorschriften der Verordnung,
– die Dichtheit der Anlage,
und soweit erforderlich
– die Dichtheit des Auffangraumes;
  Nr. 18.2.1.1 gilt entsprechend.

18.2.2 Bei unterirdischen Rohrleitungen, die nicht Teil einer prüfpflichtigen Lagerungsanlage sind,

18.2.2.1 vor der erstmaligen Inbetriebnahme,
nach einer wesentlichen Änderung,
vor Wiederinbetriebnahme einer länger als ein Jahr stillgelegten Anlage (§ 19 i Satz 3 Nr. 1 und 3 WHG i. V. m. § 18 Abs. 1 Satz 1 Nr. 3 der Verordnung):
– die Übereinstimmung der Rohrleitungen mit den Vorschriften der Verordnung, mit den eingeführten technischen Vorschriften und technischen Baubestimmungen und den Festsetzungen der Eignungsfeststellungen oder Bauartzulassungen sowie mit weitergehenden Anforderungen gem. § 8 der Verordnung,
– die Dichtheit der Rohrleitungen,
– die Wirksamkeit und Funktionsfähigkeit der Sicherheitseinrichtungen für die Rohrleitungen,
– die Anordnung der Rohrleitungen; insbesondere, ob durch äußere Einwirkungen (Überfahren) die Sicherheit der Rohrleitungen gefährdet werden kann;

18.2.2.2 bei der wiederkehrenden Prüfung (§ 19 i Satz 3 Nr. 3 WHG i. V. m. § 18 Abs. 1 der Verordnung):
– die Übereinstimmung der Rohrleitungen mit den Vorschriften der Verordnung,
– die Dichtheit der Rohrleitungen,
– die Funktionsfähigkeit der Sicherheitseinrichtungen für die Rohrleitungen.

18.2.3 Durchführung der Prüfungen

18.2.3.1 Die Prüfungen sind bei Anlagen, die auch nach der VbF[1] zu prüfen sind, nach den „Richtlinien für die Prüfung von Anlagen zur Lagerung, Abfüllung und Beförderung brennbarer Flüssigkeiten zu Lande (Prüfrichtlinien)" – TRbF 501 –, bei sonstigen Anlagen sinngemäß nach diesen Prüfrichtlinien durchzuführen.
In Eignungsfeststellungen und Bauartzulassungen vorgeschriebene besondere Anforderungen an die Prüfungen bleiben unberührt.

18.2.3.2 Im Rahmen der Ordnungsprüfung gemäß Nr. 2.1 TRbF 501 (Prüfung vor Inbetriebnahme) hat sich der Sachverständige vom Betreiber alle die Anlage betreffenden behördlichen Bescheide, Bescheinigungen und Zeugnisse, soweit sie ihm auszuhändigen waren, und die vom Hersteller ausgehändigten Bescheinigungen vorlegen zu lassen. Bei Prüfungen gemäß Nr. 2.2 TRbF 501 (wiederkehrende Prüfung, Prüfung nach einer wesentlichen Änderung, Prüfung nach Wiederinbetriebnahme nach § 19 i Satz 3 Nrn. 1–3 WHG) hat sich der Sachverständige mindestens die wasserrechtliche Eignungsfeststellung oder Bauartzulassung sowie die gewerberechtlichen Bauartzulassungen oder baurechtlichen Prüfzeichenbescheide, die eine wasserrechtliche Eignungsfeststellung der Bauartzulassung nach § 19 h Abs. 1 Satz 5 WHG ersetzen,

---

[1] Verordnung über brennbare Flüssigkeiten v. 27. 2. 1980, abgedruckt unter 6.1

und die Sachverständigenprüfberichte der vorangegangenen Prüfungen vorlegen zu lassen. Gleiches gilt, soweit eine Prüfung gemäß § 19 i Satz 3 Nr. 4 WHG in Verbindung mit § 8 Abs. 2 der Verordnung angeordnet worden ist.

18.2.4 Für die erstmalige Prüfung einer bestehenden Anlage oder von unterirdischen Rohrleitungen (§ 23 Abs. 3 der Verordnung) gelten die Nrn. 18.2.1.1, 18.2.2.1, 18.2.3.1 und 18.2.3.2 entsprechend.

18.2.5 Kürzere Prüffristen können insbesondere bei Anlagen in der unmittelbaren Nähe oberirdischer Gewässer oder bei Anlagen im Grundwasser in Betracht kommen.
Längere Prüffristen können z. B. gestattet werden, wenn eine sachkundige Überprüfung in regelmäßigen Zeitabständen (z. B. im Rahmen eines Überwachungsvertrages) gewährleistet ist oder wenn Anlagen über die Anforderungen der Verordnung hinaus mit wirksamen, von einem Sachverständigen nach § 11 der Verordnung geprüften Schutzvorkehrungen (z. B. Innenbeschichtung und kathodischer Korrosionsschutz bei doppelwandigen unterirdischen Stahlbehältern) ausgestattet sind, die ein Undichtwerden innerhalb der verlängerten Prüffrist nicht befürchten lassen.

18.2.6 Prüfberichte
Über jede Prüfung stellt der Sachverständige unverzüglich nach der Prüfung dem Betreiber einen Prüfbericht aus und übersendet eine Durchschrift des Berichts an die nach § 18 Abs. 3 LWG zuständige Behörde.
Soweit Unterlagen vom Betreiber nicht vorgelegt werden oder technische Prüfungen noch nicht vorgenommen werden konnten oder aufgrund von Mängeln vom Sachverständigen eine Nachprüfung der Anlage für erforderlich gehalten wird, vermerkt dies der Sachverständige auf dem Prüfbericht und schlägt der nach § 18 Abs. 3 LWG zuständigen Behörde die zu treffenden Anordnungen vor. Die nach § 18 Abs. 3 LWG zuständige Behörde ist an den Vorschlag des Sachverständigen nicht gebunden.
Über jede Prüfung ist ein gesonderter Prüfbericht zu erstellen; der Prüfbericht ist entsprechend zu bezeichnen (z. B. 1. Nachprüfung zur Prüfung vom ...).

18.3 Überwachungskartei

18.3.1 Die nach § 18 Abs. 3 LWG zuständige Behörde hat alle prüfpflichtigen Anlagen sowie alle prüfpflichtigen Rohrleitungen in einer Kartei zu führen.
Die Überwachung kann – in sinnentsprechender Anwendung nachfolgender Maßgaben – auch durch ein Lochkartensystem, ein System der Randlochkarte oder andere Systeme der automatisierten Datenverarbeitung (ADV) erfolgen.

18.3.2 Die Karteiblätter haben dem in Anlage 2 gegebenen Muster zu entsprechen. Bereits bestehende Überwachungskarteien, die im wesentlichen die Angaben dieses Musters enthalten, können weitergeführt werden, wenn die ordnungsgemäße Überwachung der Prüftermine und etwa erforderlicher Nachprüfungen sichergestellt ist.

18.3.2.1 Für die Karteiblätter sind folgende Farben zu verwenden:
rot für Anlagen mit unterirdischen Lagerbehältern,
blau für Anlagen mit oberirdischen Lagerbehältern mit einem Rauminhalt von insgesamt mehr als 40 000 l und Anlagen mit oberirdischen Lagerbehältern in Schutzgebieten mit insgesamt mehr als 1000 l Rauminhalt (prüfpflichtige oberirdische Anlagen),
weiß für unterirdische Rohrleitungen, die nicht Teile einer prüfpflichtigen Anlage sind.

18.3.2.2   Karteiblätter für Anlagen in Schutzgebieten (§ 15 der Verordnung) sind in der rechten oberen Ecke mit einem „S" zu kennzeichnen. Anlagen zur Lagerung von Heizöl EL und Dieselkraftstoff mit oberirdischen Lagerbehältern mit einem Rauminhalt von mehr als 1000 bis 5000 l in Schutzgebieten sind zusätzlich mit einem „H" oder „D" zu versehen.

18.3.2.3   Für jede Anlage ist ein eigenes Karteiblatt anzulegen. Mehrere Anlagen können ausnahmsweise auf einem Karteiblatt geführt werden, wenn sie an einem Lagerort eingebaut oder aufgestellt sind und diese Anlagen gleichzeitig und einheitlich nach § 18 der Verordnung oder nach sonstigen Vorschriften, insbesondere nach der VbF[1] überprüft werden; gesonderte Karteiblätter sind jedoch anzulegen, wenn auf einem einzigen Karteiblatt die Zahl der Lageranlagen, deren Sicherheitszustand und die Prüfergebnisse nicht übersichtlich vermerkt werden können.

18.3.2.4   Die Karteiblätter sind nach Farben getrennt, innerhalb der gleichen Farbe nach Gemeinden zu ordnen.

18.3.3   Andere Rechtsvorschriften nach § 18 Abs. 4 der Verordnung sind in erster Linie die Verordnung über brennbare Flüssigkeiten (VbF)[1]. In dem der nach § 18 Abs. 3 LWG zuständigen Behörde vorzulegenden Prüfungsbericht nach den anderen Rechtsvorschriften muß festgestellt sein, ob die Anlage ordnungsgemäß auch im Sinn der Verordnung ist.

18.3.4   Anlagen in Betriebsanlagen der Deutschen Bundesbahn sind wegen § 38 des Bundesbahngesetzes nicht in die Überwachungskartei aufzunehmen.
Als Betriebsanlagen gelten jedoch nur die Anlagen, die der Abwicklung und Sicherung des äußeren Eisenbahndienstes dienen, nicht aber Nebenbetriebe, Verwaltungsgebäude, Siedlungsbauten usw. (vgl. Richtlinien über die Planfeststellung bei Bundesbahnanlagen vom 15. 9. 1955, Die Bundesbahn 1955 S. 762). Ebenso sind Lagerbehälter in bundeseigenen Bau- und Schirrhöfen der Wasser- und Schiffahrtsverwaltung des Bundes, die der Unterhaltung der Bundeswasserstraßen dienen, wegen § 48 des Bundeswasserstraßengesetzes nicht in die Überwachungskartei aufzunehmen.

18.4   Verstöße gegen Pflichten
Kommt der Betreiber einer Anlage seiner Prüfpflicht oder seiner Überwachungspflicht nicht nach oder werden Mängel oder Verstöße gegen die Vorschriften des Wasserhaushaltsgesetzes und der Verordnung festgestellt, so hat die nach § 18 Abs. 3 LWG zuständige Behörde im Einvernehmen mit den sonst beteiligten Behörden das Erforderliche zu veranlassen. Auf § 22 der Verordnung wird verwiesen.

§ 19   Erweiterte Anwendung der Verordnung über brennbare Flüssigkeiten

Die Vorschriften der Verordnung über brennbare Flüssigkeiten (VbF)[1] über allgemeine Anforderungen, weitergehende Anforderungen und Ausnahmen (§§ 4 bis 6) und Bauartzulassungen (§ 12) sind in ihrer jeweils geltenden Fassung auch auf solche Anlagen zum Lagern und Abfüllen brennbarer Flüssigkeiten anzuwenden, die weder gewerblichen noch wirtschaftlichen Zwecken dienen und in deren Gefahrenbereich auch keine Arbeitnehmer beschäftigt werden. Ausgenommen sind die in § 1 Abs. 3 und 4 und § 2 VbF[1] bezeichneten Anlagen.

---

[1] Verordnung über brennbare Flüssigkeiten v. 27. 2. 1980, abgedruckt unter 6.1

19   Zu § 19 (Erweiterte Anwendung der Verordnung über brennbare Flüssigkeiten)

19.1   Nach § 1 Abs. 1 VbF[1] gilt die Verordnung über brennbare Flüssigkeiten für die Errichtung und den Betrieb von Anlagen zur Lagerung, Abfüllung oder Beförderung brennbarer Flüssigkeiten zu Lande, sofern diese Anlagen gewerblichen Zwecken dienen oder im Rahmen wirtschaftlicher Unternehmungen Verwendung finden oder soweit es der Arbeitsschutz erfordert.

§ 19 der Verordnung bestimmt, daß die VbF[1] über ihren eigenen Anwendungsbereich hinaus insbesondere auch auf Anlagen im privaten Bereich anzuwenden ist.

19.2   Von der erweiterten Anwendung der Verordnung über brennbare Flüssigkeiten werden nicht erfaßt:
– Anlagen zum Lagern und Abfüllen in Unternehmen des Bergwesens,
– Anlagen zum Lagern und Abfüllen im Bereich der Bundeswehr, soweit keine Arbeitnehmer oder nur vorübergehend Arbeitnehmer anstelle von Soldaten beschäftigt werden,
– Anlagen und Behälter nach § 2 der Verordnung über brennbare Flüssigkeiten.

19.3   Die Zuständigkeiten für den Vollzug der gewerberechtlichen Vorschriften bleiben unberührt.

Dritter Teil   Lagern fester Stoffe; Umschlagen fester und flüssiger Stoffe

§ 20   Anlagen einfacher oder herkömmlicher Art zum Lagern fester Stoffe
(Zu § 19 h Abs. 1 WHG)

Anlagen zum Lagern fester Stoffe sind einfacher oder herkömmlicher Art, wenn die Anlagen eine gegen die gelagerten Stoffe unter allen Betriebs- und Witterungsbedingungen beständige und undurchlässige Bodenfläche haben und die Stoffe in
a) dauernd dicht verschlossen, gegen versehentliche Beschädigung geschützten und gegen Witterungseinflüsse und das Lagergut beständigen Behältern oder Verpackungen oder
b) in geschlossenen Lagerräumen gelagert werden. Geschlossenen Lagerräumen stehen überdachte Lagerplätze gleich, die gegen Witterungseinflüsse durch Überdachung und seitlichen Abschluß so geschützt sind, daß das Lagergut nicht austreten kann.

20   Zu § 20 (Anlagen einfacher oder herkömmlicher Art zum Lagern fester Stoffe)

20.1   Von festen Stoffen gehen Gefahren für Gewässer dann aus, wenn sie direkt oder in flüssiger Phase, d. h. in Wasser gelöst wie eine Flüssigkeit, in Gewässer gelangen können. Zu den wassergefährdenden festen Stoffen sind insbesondere Beizsalze, Härtesalze, Chromate, Metallsalze, pulverförmige Gifte u. a. zu zählen; aber auch Kunstdünger, Phosphate und Waschmittel können Gewässer nachhaltig nachteilig verändern.

---

[1] abgedruckt unter 6.1

20.2   Hinsichtlich der Anforderungen an die Bodenoberfläche vgl. Nr. 14.2.

20.3   § 20 Buchst. a) ist regelmäßig erfüllt, wenn die wassergefährdenden festen Stoffe in bruchsicheren Behältern gelagert werden. Eine Verpackung in Plastiksäcken reicht nur dann, wenn sichergestellt ist, daß ein Anfahren der Plastiksäcke mit Lademaschinen oder dergleichen nicht möglich ist.

20.4   Soweit wassergefährdende feste Stoffe auf überdachten Lagerplätzen in loser Schüttung gelagert werden, muß durch allseitigen Abschluß sichergestellt sein, daß das Lagergut nicht außerhalb des überdachten Bereichs gelangen kann.

§ 21   Anlagen einfacher oder herkömmlicher Art zum Umschlagen fester und flüssiger Stoffe

(Zu § 19 h Abs. 1 Satz 1 WHG)

Anlagen zum Umschlagen fester und flüssiger Stoffe sind einfacher oder herkömmlicher Art, wenn

1. der Platz, auf dem umgeschlagen wird, eine gegen die Stoffe unter allen Betriebs- und Witterungsbedingungen beständige und undurchlässige Bodenfläche hat,
2. die Bodenfläche durch ein Gefälle, Bordschwellen oder andere technische Schutzvorkehrungen zu einem Auffangraum ausgebildet ist, der über ein dichtes Ableitungssystem an eine Sammel-, Abscheide- oder Aufbereitungsanlage angeschlossen ist, und
3. beim Umschlagen von flüssigen Stoffen und Schüttgut die Anlage zusätzlich mit Einrichtungen ausgestattet ist oder Vorkehrungen getroffen sind, durch die ein Austreten der festen oder flüssigen Stoffe vermieden werden, und für die Einrichtungen oder Vorkehrungen eine wasserrechtliche oder gewerberechtliche Bauartzulassung oder ein baurechtliches Prüfzeichen erteilt ist (§ 19 h Abs. 1 Sätze 2 und 5 des Wasserhaushaltsgesetzes).

21   Zu § 21 (Anlagen einfacher oder herkömmlicher Art zum Umschlagen fester und flüssiger Stoffe)

21.1   Hinsichtlich der Anforderungen an die Bodenflächen vgl. Nr. 14.2.

21.2   Als Einrichtungen oder Vorkehrungen, durch die ein Austreten vermieden wird, kommen selbsttätige Abfüll- oder Überfüllsicherungen (z. B. vom Gewicht abhängige Steuereinrichtungen) in Betracht, durch die rechtzeitig vor Erreichen des zulässigen Füllstandes der Umschlagvorgang unterbrochen oder akustischer Alarm ausgelöst wird.

Vierter Teil   Bußgeldvorschrift

§ 22   Ordnungswidrigkeiten

Ordnungswidrig im Sinne des § 161 Abs. 1 Nr. 5 des Landeswassergesetzes handelt, wer vorsätzlich oder fahrlässig

1. entgegen § 3 Abs. 1 hinsichtlich technischem Aufbau, Werkstoff und Korrosionsschutz die allgemein anerkannten Regeln der Technik nicht einhält,
2. eine vollziehbare Auflage nicht, nicht richtig, nicht vollständig oder nicht rechtzeitig erfüllt, die in einer Eignungsfeststellung oder einer Bauartzulassung nach § 5 festgesetzt ist,
3. entgegen § 9 bei Schadensfällen und Betriebsstörungen eine Anlage nicht unverzüglich außer Betrieb nimmt und entleert,
4. entgegen § 10 eine Anlage oder Anlagenteile einbaut oder aufstellt, deren Eignung nicht festgestellt ist,
5. entgegen § 15 Abs. 1 und 2 in Schutzgebieten eine Anlage oder Anlagenteile einbaut, aufstellt oder verwendet,
6. entgegen § 16 Abs. 1 Anlagen oder Anlagenteile nicht oder nicht richtig mit einer Kennzeichnung versieht,
7. entgegen § 17 Abs. 1 Rohre und Schläuche verwendet, die nicht dicht und tropfsicher verbunden sind,
8. entgegen § 17 Abs. 2 Lagerbehälter ohne selbsttätig schließende Abfüll- oder Überfüllsicherungen befüllt oder befüllen läßt,
9. entgegen §§ 18 oder 23 Abs. 3 eine Anlage nicht oder nicht rechtzeitig überprüfen läßt.

22   Zu § 22 (Ordnungswidrigkeiten)

22.1   Auf den „Buß- und Verwarnungsgeldkatalog für den Umweltschutz" (Gem. RdErl. d. Ministers für Ernährung, Landwirtschaft und Forsten, d. Ministers für Arbeit, Gesundheit und Soziales u. d. Ministers für Wirtschaft, Mittelstand und Verkehr v. 25. 6. 1976 – SMBl. NW. 283 –, zuletzt geändert durch Gem. RdErl. d. Ministers für Ernährung, Landwirtschaft und Forsten, d. Ministers für Arbeit, Gesundheit und Soziales u. d. Ministers für Wirtschaft, Mittelstand und Verkehr v. 20. 7. 1981 – MBl. NW S. 1580 –)[1] wird hingewiesen.

22.2   Zuständige Behörde für die Verfolgung und Ahndung von Ordnungswidrigkeiten nach dem Wasserhaushaltsgesetz und dieser Verordnung ist bei brennbaren wassergefährdenden Flüssigkeiten die untere Bauaufsichtsbehörde in folgenden Fällen:

22.2.1   Nichteinhalten der allgemein anerkannten Regeln der Technik bei Einbau, Aufstellung, Unterhaltung und Betrieb von Anlagen (§ 41 Abs. 1 Nr. 6 Buchst. a WHG, § 22 Nr. 1 der Verordnung).

22.2.2   Unterlassene Eigenüberwachung einer Anlage und Nichtabschließen eines Überwachungsvertrages (§ 41 Abs. 1 Nr. 6 Buchst. c WHG).

22.2.3   Verstöße beim Befüllen und Entleeren von Anlagen (§ 41 Abs. 1 Nr. 6 Buchst. d WHG),

22.2.4   Nichtaußerbetriebnahme und Nichtentleeren einer Anlage bei Schadensfällen und Betriebsstörungen (§ 22 Nr. 3 der Verordnung),

22.2.5   Einbauen, Aufstellen und Verwenden von Anlagen in Schutzgebieten entgegen § 15 Abs. 1 oder 2 (§ 22 Nr. 5 der Verordnung),

---

[1] Buß- und Verwarnungsgeldkatalog v. 25. 6. 1976, abgedruckt unter 8.2

22.2.6 Nichtversehen und unrichtiges Versehen mit einer Kennzeichnung (§ 22 Nr. 6 der Verordnung),

22.2.7 Verwenden nicht dicht und tropfsicher verbundener Rohre und Schläuche (§ 22 Nr. 7 der Verordnung),

22.2.8 Befüllen oder Befüllenlassen von Lagerbehältern ohne selbsttätig schließende Abfüll- oder Überfüllsicherungen (§ 22 Nr. 8 der Verordnung),

22.2.9 Nichtprüfenlassen oder verspätetes Prüfenlassen einer Anlage (§ 22 Nr. 9 der Verordnung).

22.3 In den anderen Fällen ist die untere Wasserbehörde, soweit nicht die Aufgaben von der Bergbehörde wahrgenommen werden, zuständig. Diesen Behörden obliegt auch die Ahndung und Verfolgung von Verstößen gegen die Anzeigepflicht nach § 18 Abs. 4 LWG.

Fünfter Teil   Übergangs- und Schlußvorschriften

§ 23   Bestehende Anlagen, frühere Eignungsfeststellungen

(1) Die Vorschriften dieser Verordnung gelten auch für Anlagen, die bei Inkrafttreten dieser Vorschriften bereits eingebaut oder aufgestellt waren (bestehende Anlagen).

(2) Für bestehende Anlagen gilt die Eignungsfeststellung als erteilt, wenn die Verwendung am 1. Oktober 1976 nach bisherigem Recht zulässig war. Die nach § 18 Abs. 3 des Landeswassergesetzes zuständige Behörde kann an die Anlage zusätzliche Anforderungen stellen, wenn dies zur Erfüllung des § 19 g Abs. 1 oder 2 des Wasserhaushaltsgesetzes erforderlich ist.

(3) Der Betreiber hat bestehende Anlagen, die aufgrund dieser Verordnung erstmalig einer Prüfung im Sinne des § 18 bedürfen, spätestens bis zum 30. Juni 1983 durch einen Sachverständigen überprüfen zu lassen. Dies gilt nicht, wenn in einer Eignungsfeststellung oder Bauartzulassung eine Ausnahme von der Prüfpflicht erteilt oder eine andere Frist für die erstmalige Prüfung bestimmt worden ist.

(4) Die Feststellungen der Eignung mit allgemeiner Wirkung nach § 4 Abs. 3 und § 5 Abs. 5 der Lagerbehälter-Verordnung – VLwF – vom 19. April 1968 (GV. NW. S. 158), zuletzt geändert durch Verordnung vom 13. Dezember 1973 (GV. NW. 1974 S. 2), gilt als für den Geltungsbereich dieser Verordnung wirksame Eignungsfeststellung für Anlagen, die bis zum 30. Juni 1983 entsprechend diesen Feststellungen eingebaut, aufgestellt oder umgerüstet sind, fort.

23 **Zu § 23 (Bestehende Anlagen, frühere Eignungsfeststellungen)**

23.1 § 23 Abs. 2 der Verordnung betrifft nur Anlagen, die bereits vor dem 1. 10. 1976 eingebaut oder aufgestellt waren.
Die Eignungsfeststellung gilt als erteilt, wenn diese Anlagen den Vorschriften der VLwF bzw. des Bau-, Gewerbe- und Immissionsschutzrechts und den Vorschriften für den Transport gefährlicher Güter entsprechen.

23.2 Zusätzliche Anforderungen an die in 23.1 genannten Anlagen sind dann zu stellen, wenn die Verordnung dies für Neuanlagen nunmehr vorsieht (z. B. einfache oder herkömmliche Rohrleitungen im Sinne des § 15 Abs. 2 der Verordnung bei Lagerungsanlagen in Schutzgebieten).

23.3 Lagerungsanlagen mit einwandigen Behältern, die mit einem Leckanzeige-und Sicherungsgerät ausgerüstet sind, erfüllen die Anforderungen des § 19 g Abs. 1 des Wasserhaushaltsgesetzes. Gleiches gilt für die dazugehörigen Rohrleitungen, soweit sie vom Leckanzeige- und Sicherungsgerät mit überwacht werden.

23.4 Bestehende Anlagen, die aufgrund dieser Verordnung einer erstmaligen Prüfung zu unterziehen sind, sind:

- Anlagen mit unterirdischen Lagerbehältern zum Lagern und Abfüllen nicht brennbarer flüssiger Stoffe,
- Anlagen mit oberirdischen Lagerbehältern mit einem Gesamtrauminhalt über 40 000 l zum Lagern und Abfüllen nicht brennbarer flüssiger Stoffe,
- in Schutzgebieten: Anlagen mit oberirdischen Lagerbehältern mit einem Gesamtrauminhalt über 1000 l zum Lagern und Abfüllen nicht brennbarer flüssiger Stoffe,
- unterirdische Rohrleitungen von Anlagen zum Lagern und Abfüllen brennbarer flüssiger Stoffe mit weniger als 40 000 l Gesamtrauminhalt.

§ 24   Inkrafttreten

Diese Verordnung tritt am 1. Januar 1982 in Kraft. Gleichzeitig tritt die Lagerbehälter-Verordnung (VLwF) vom 19. April 1968 (GV. NW. S. 158), zuletzt geändert durch Verordnung vom 13. Dezember 1973 (GV. NW. 1974 S. 2) außer Kraft.

Anlage 1
zu Nr. 16 VV-VAwS

Diese Lagerungsanlage kann Grundwasser, Bäche, Flüsse und Seen gefährden	An gut sichtbarer Stelle in der Nähe der Lagerungsanlage anbringen

MERKBLATT

Betriebs- und Verhaltensvorschriften für das Lagern wassergefährdender flüssiger Stoffe

1. Sorgfalt beim Betrieb!

Für jeden Behälter und für Sicherheitseinrichtungen werden Betriebsanleitungen und behördliche Zulassungen mitgeliefert. Sie enthalten für den Betrieb wichtige Hinweise und sind zu beachten.

2. Vorsicht beim Befüllen und Entleeren!

Das Befüllen und Entleeren ist ununterbrochen zu überwachen.

Behälter für Heizöl EL, Dieselkraftstoff und Ottokraftstoffe dürfen aus Straßentankwagen und Aufsetztanks nur unter Verwendung einer selbsttätig schließenden Abfüll- oder Überfüllsicherung befüllt werden. Behälter für Heizöl EL und Dieselkraftstoff bis zu einem Rauminhalt von 1.000 l dürfen mit einer selbsttätig schließenden Zapfpistole befüllt werden.

Vor dem Befüllen ist zu prüfen, wieviel Lagerflüssigkeit der Behälter aufnehmen kann und ob die Sicherheitseinrichtungen, insbesondere der Grenzwertgeber, in ordnungsgemäßem Zustand sind.

Beim Befüllen ist unbedingt darauf zu achten, daß der zulässige Betriebsdruck nicht überschritten wird, um ein Bersten des Behälters und der Rohrleitungen zu vermeiden.

Es dürfen nur Rohre und Schläuche mit dichten tropfsicheren Verbindungen verwendet werden. Sie müssen in ihrer gesamten Länge dauernd einsehbar und bei Dunkelheit ausreichend beleuchtet sein.

3. Kontrolle aller Sicherheitseinrichtungen!

Sicherheitseinrichtungen und Schutzvorkehrungen müssen ununterbrochen wirksam sein. Wer selbst den Zustand der Anlage nicht beurteilen und Störungen nicht beheben kann, muß sich von einem Sachverständigen beraten lassen oder einen Wartungsvertrag mit einem zugelassenen Fachbetrieb abschließen.

4. Wartung nur durch Fachbetriebe!

Unternehmen, die Reinigungs-, Instandsetzungs- oder Instandhaltungsarbeiten ausführen, müssen als Fachbetrieb zugelassen sein. Beim Reinigen von Behältern verbleibende Rückstände und mit Lagerflüssigkeit gemischte Abfälle müssen gesammelt oder aufgefangen und so beseitigt werden, daß Gewässer nicht verunreinigt oder sonst in ihren Eigenschaften nachteilig verändert werden.

5. Anlage vom Sachverständigen prüfen lassen!

Der Betreiber einer Lagerungsanlage hat ihre Dichtheit und die Funktionsfähigkeit der Sicherheitseinrichtungen ständig zu überwachen. Er hat prüfpflichtige Anlagen zu den vorgeschriebenen Prüfungszeitpunkten unaufgefordert und auf eigene Kosten durch Sachverständige überprüfen zu lassen. Dem Sachverständigen sind vor der Prüfung alle für die Anlage erteilten behördlichen Bescheide (z. B. Eignungsfeststellung, Bauartzulassung, Prüfzeichen) sowie die vom Hersteller ausgehändigten Bescheinigungen (z. B. Einbaubescheinigung, Gutachten über die Aggressivität des Bodens/Grundwassers, Bescheinigung über Fertigungsprüfungen) vorzulegen. Der Betreiber ist für die Vollständigkeit der Unterlagen verantwortlich.

Prüfpflichtige Anlagen sind:
1. Anlagen mit unterirdischen Lagerbehältern,
2. Anlagen mit oberirdischen Lagerbehältern von einem Gesamtrauminhalt über 40.000 l,
3. Anlagen, für welche eine Prüfung in einer Eignungsfeststellung oder Bauartzulassung vorgeschrieben ist,
4. unterirdische Rohrleitungen.

Zeitpunkt der Prüfung:
1. vor der ersten Inbetriebnahme, nach einer wesentlichen Änderung, vor der Wiederinbetriebnahme einer länger als ein Jahr dauernden Stillegung,
2. wiederkehrend in Zeitabständen von höchstens fünf Jahren.

Besonders festgelegte Prüfzeitpunkte nach der Bauartzulassung oder Eignungsfeststellung sind zu beachten.

in **Wasserschutzgebieten** sind Anlagen mit oberirdischen Lagerbehältern über 1.000 l Rauminhalt und mit unterirdischen Lagerbehältern prüfpflichtig:
1. vor Inbetriebnahme, nach einer wesentlichen Änderung, vor Wiederinbetriebnahme einer länger als ein Jahr dauernden Stillegung,
2. wiederkehrend,
    - Anlagen mit unterirdischen Lagerbehältern in Zeitabständen von $2\,^1/_2$ Jahren,
    - Anlagen mit oberirdischen Lagerbehältern ab einem Gesamtrauminhalt über 1.000 l, bei Lagerung von Heizöl EL und Dieselkraftstoff über 5.000 l in Zeitabständen von fünf Jahren.

Inbetriebnahmeprüfung   wiederkehrende Prüfung   wiederkehrende Prüfung   wiederkehrende Prüfung

am _____________   am _____________   am _____________   am _____________

6. Bei Gefahr Anlage außer Betrieb nehmen!

Sofern bei Schadensfällen und Betriebsstörungen eine Gefährdung oder Schädigung der Gewässer nicht auf andere Weise verhindert oder unterbunden werden kann, sind die Lagerungsanlagen unverzüglich außer Betrieb zu nehmen und zu entleeren,

7. Treten wassergefährdende Stoffe aus einer Anlage zum Lagern, Abfüllen, Umschlagen, Befördern oder Transportieren aus und ist zu befürchten, daß diese in den Untergrund oder in die Kanalisation eindringen, so ist dies unverzüglich der örtlichen Ordnungsbehörde anzuzeigen. Anzeigepflichtig ist, wer die Anlage betreibt, instandhält, instand setzt, reinigt oder prüft.

Im Schadensfall sofort verständigen:

        Örtliche Ordnungsbehörde   Telefon

Anlage 2
(zu Nr. 18.3.2 VV-VAsS)

1/6[1]	2/7	3/8	4/9	5/0	**Kartei zur Überwachung von Behältern/Rohrleitungen** Unterirdische Anlagen	1[2]	2
							[3]

Behörde _______________________ Gemeinde _______________________

Bauherr: _______________________ Lagerort: _______________________

Anschrift: _______________________ Straße u. Nr.: _______________________

Betreiber: _______________________ Gemarkung: _______________________

Anschrift: _______________________ Flurst.-Nr.: _______________________

Lagerflüssigkeit	Behälterzahl	Rauminhalt/Gesamtinhalt	Baujahr d. Behälters	eingebaut/aufgestellt am	angezeigt/genehmigt/erlaubt am durch _______________ AZ: _______________	Eignungsfeststellung/ Bauartzulassung vom durch

Behälterart	**Schutzvorkehrungen**	**Betriebsrohrleitungen**	
☐ Stahl ☐ _______________	☐ Doppelwand ☐ Auffangraum, und zwar ☐ Wanne ☐ Kellerlagerung ☐ _______________	☐ Leckanzeiger ☐ Überfüllsicherung ☐ Kathodenschutz ☐ _______________ ☐ _______________	☐ oberirdisch ☐ unterirdisch ☐ aus Kupfer ☐ mit Schutzrohr ☐ als Saugleitung	☐ mit Kathodenschutz ☐ doppelwandig ☐ _______________

Erstmalige Prüfung Prüfer: _______________ Datum: _______________ Ergebnis: _______________ Sonderprüfung d. Auffangraumes: _______________ Nachprüfung: _______________	Weitergehende Anforderungen nach § 8 Satz 1 VV-VAwS:	Weitergehende Anforderungen, Beschränkungen oder Ausnahmen nach § 15 Abs. 3 VV-VAwS:

noch **Anlage 2**
(Karteiblatt, Rückseite)

Regelmäßige Überprüfung

	2	1		5/0	4/9	3/8	2/7	1/6

	Nächster Prüftermin	durchgeführt am	Prüfer	Nachprüfung erforderlich	durchgeführt am
1.					
2.					
3.					
4.					
5.					
6.					
7.					
8.					
9.					
10.					
11.					
12.					
13.					
14.					
15.					

[1]) Zur Kennzeichnung des Prüfturnus (z. B. 1. Prüfung 1983, 2. Prüfung 1988: dann Feld 3/8 kennzeichnen).
[2]) Zur Kennzeichnung des $2\frac{1}{2}$jährigen Prüfturnus in Schutzgebieten (Feld 1 für gerade, Feld 2 für ungerade Jahreszahlen).
[3]) Bei Lagerung in Schutzgebieten: S; mit Heizöl: H, mit Dieselöl: D
   Rotes Karteiblatt: Unterirdische Anlagen
   Blaues Karteiblatt: Prüfpflichtige oberirdische Anlagen
   Weißes Karteiblatt: Prüfpflichtige unterirdische Rohrleitungen

NW 657/0620 – Kartei – unterirdische Anlagen

2.1.2 Verordnung über Anlagen zum Lagern, Abfüllen und Umschlagen wassergefährdender Stoffe mit Zuordnung der Verwaltungsvorschriften zum Vollzug der Verordnung über Anlagen zum Lagern, Abfüllen und Umschlagen wassergefährdender Stoffe – Bayern

Verordnung über Anlagen zum Lagern, Abfüllen und Umschlagen wassergefährdender Stoffe und die Zulassung von Fachbetrieben (Anlagen- und Fachbetriebsverordnung – VAwSF)[1]

Vom 13. Februar 1984 (GVBl. S. 66)

Auf Grund von Art. 37 Abs. 4 des Bayerischen Wassergesetzes (BayWG) in Verbindung mit Art. 90 Abs. 1 Nr. 2 der Bayerischen Bauordnung und Art. 38 Abs. 3 des Landesstraf- und Verordnungsgesetzes erläßt das Bayerische Staatsministerium des Innern im Einvernehmen mit den Bayerischen Staatsministerien für Wirtschaft und Verkehr und für Arbeit und Sozialordnung folgende Verordnung:

Inhaltsübersicht

Erster Teil   Anlagen zum Lagern, Abfüllen und Umschlagen wassergefährdender Stoffe

Erster Abschnitt   Allgemeine Vorschriften
§ 1   Anwendungsbereich
§ 2   Lagerbehälter und Rohrleitungen
§ 3   Allgemein anerkannte Regeln der Technik
§ 4   Anforderungen an Rohrleitungen
§ 5   Antrag für Eignungsfeststellung und Bauartzulassung
§ 6   Umfang von Eignungsfeststellung und Bauartzulassung
§ 7   Voraussetzungen für Eignungsfeststellung und Bauartzulassung
§ 8   Weitergehende Anforderungen
§ 9   Einbau und Aufstellung von Anlagen ohne Eignungsfeststellung oder Bauartzulassung
§ 10   Allgemeine Betriebs- und Verhaltensvorschriften
§ 11   Sachverständige
§ 12   Sachverständigengebühren

Zweiter Abschnitt   Lagern und Abfüllen flüssiger Stoffe
§ 13   Anlagen einfacher oder herkömmlicher Art zum Lagern flüssiger Stoffe
§ 14   Besondere Anforderungen an Abfüllplätze
§ 15   Anlagen in Schutzgebieten
§ 16   Kennzeichnungspflicht; Merkblatt
§ 17   Befüllen und Entleeren
§ 18   Überprüfung von Anlagen für flüssige Stoffe
§ 19   Erweiterte Anwendung der Verordnung über brennbare Flüssigkeiten
§ 20   Anforderungen an Lagerräume in Gebäuden für Heizöl oder Dieselkraftstoff
§ 21   Anforderungen für das Lagern von Heizöl oder Dieselkraftstoff in Gebäuden außerhalb eigener Lagerräume
§ 22   Lagern von Heizöl oder Dieselkraftstoff im Freien

Dritter Abschnitt   Lagern fester Stoffe; Umschlagen fester und flüssiger Stoffe
§ 23   Anlagen einfacher oder herkömmlicher Art zum Lagern fester Stoffe
§ 24   Anlagen einfacher oder herkömmlicher Art zum Umschlagen fester und flüssiger Stoffe

---

[1] hier ohne Abdruck der Anlagen und der Regelungen über die Zulassung von Fachbetrieben

Vierter Abschnitt   Verhältnis zu anderen Regelungen
§ 25   Eignungsfeststellungen und andere behördliche Entscheidungen

Zweiter Teil   Zulassung von Fachbetrieben
§ 26   Anwendungsbereich
§ 27   Anlagenarten und Tätigkeitsgruppen
§ 28   Voraussetzungen für die Zulassung
§ 29   Fachliche Eignung und ausreichende betriebliche Ausstattung
§ 30   Nachweis der fachlichen Eignung und der ausreichenden betrieblichen
          Ausstattung
§ 31   Anzeigepflichten der Fachbetriebe
§ 32   Wiederkehrende Prüfungen

Dritter Teil   Bußgeldvorschrift
§ 33   Ordnungswidrigkeiten

Vierter Teil   Übergangs- und Schlußvorschriften
§ 34   Bestehende Anlagen; frühere Eignungsfeststellungen
§ 35   Vorläufig zugelassene Fachbetriebe
§ 36   Inkrafttreten

Verwaltungsvorschriften zum Vollzug der Verordnung über Anlagen zum Lagern, Abfüllen und Umschlagen wassergefährdender Stoffe und die Zulassung von Fachbetrieben (VVAwSF)[1]

Bekanntmachung des Bayerischen Staatsministeriums des Innern vom 25. März 1982 (MABl. S. 278)

Die Verordnung über Anlagen zum Lagern, Abfüllen und Umschlagen wassergefährdender Stoffe (Anlagenverordnung – VAwS) vom 1. Dezember 1981 (GVBl S. 514) ist am 1. Januar 1982 in Kraft getreten. Zu ihrem und zum Vollzug der §§ 19 g bis 19 k WHG werden die nachfolgenden Verwaltungsvorschriften erlassen. Sie sind gemäß der Paragraphenfolge der VAwS gegliedert und werden entsprechend zitiert (z. B. Nr. 1.2.4.2 VVAwS). Die Zulassung von Fachbetrieben nach § 19 l WHG wird in einer gesonderten Verordnung geregelt.
Die Bekanntmachung zum Vollzug der Verordnung über das Lagern wassergefährdender Flüssigkeiten (VBVLwF – VVLwF, TVLwF, PrVLwF –) vom 7. Oktober 1965 (MABl. S. 529), zuletzt geändert durch Bekanntmachung vom 27. März 1975 (MABl. S. 382), und
die Bekanntmachung über die Prüfung oberirdischer Lagerbehälter bis 2000 Liter in Schutzgebieten vom 4. März 1970 (MABl. S. 122) werden aufgehoben.

Geändert durch Bekanntmachung vom 16. 2. 1984 (MABl. S. 40)

Die Verordnung über Anlagen zum Lagern, Abfüllen und Umschlagen wassergefährdender Stoffe und die Zulassung von Fachbetrieben (Anlagen- und Fachbetriebsverordnung – VAwSF) vom 13. Februar 1984 tritt am 1. April 1984 in Kraft. Die Vorschriften über Anlagen zum Lagern, Abfüllen und Umschlagen wassergefährdender Stoffe (§§ 1–25) wurden ohne sachliche Änderungen aus der Anlagenverordnung (VAwS) übernommen. Lediglich in § 11 Nr. 2 ist das Einvernehmen des Staatsministeriums für Arbeit und Sozialordnung entfallen. Die VVAwS vom 25. März 1982 (MABl. S. 278) behalten daher weiter ihre Gültigkeit. Sie sind jedoch unter der neuen Bezeichnung VVAwSF zu zitieren. Die bisherigen Nummern 26 und 27 werden Nummern 33 und 34.
Zum Vollzug der §§ 26–32 VAwSF über die Fachbetriebe und zum Vollzug des § 19 l WHG werden die nachfolgenden Verwaltungsvorschriften erlassen. Sie sind gemäß den §§ 26–32 VAwSF gegliedert.

---

[1] hier ohne Abdruck der Anlagen und der Regelungen über die Zulassung von Fachbetrieben

Erster Teil   Anlagen zum Lagern, Abfüllen und Umschlagen wassergefährdender Stoffe

Erster Abschnitt   Allgemeine Vorschriften

§ 1 Anwendungsbereich

(1) Der Erste Teil dieser Verordnung gilt für Anlagen nach § 19 g Abs. 1 und 2 des Wasserhaushaltsgesetzes (WHG) zum Lagern, Abfüllen und Umschlagen wassergefährdender Stoffe. Er gilt nicht, soweit die Anlagen für die Zwecke nach § 19 h Abs. 2 WHG verwendet werden.

(2) Sofern nichts anderes bestimmt ist, gelten die nachfolgenden Vorschriften für Anlagen auch für einzelne Anlagenteile, insbesondere Lagerbehälter, Rohrleitungen, Sicherheitseinrichtungen und sonstige technische Schutzvorkehrungen.

1 Anwendungsbereich

Die VAwS enthält zusammen mit den §§ 19 g bis 19 k WHG die dem Gewässerschutz dienenden maßgeblichen Vorschriften für Anlagen zum Lagern und Abfüllen wassergefährdender Stoffe (§ 19 g Abs. 1 WHG) und für Anlagen zum Umschlagen wassergefährdender Stoffe (§ 19 g Abs. 2 WHG). Die nach § 19 g Abs. 1 und 2 WHG unterschiedlichen Anforderungen sind in der VAwS berücksichtigt.

1.1 Verhältnis zu anderen Vorschriften:

1.1.1 Gewerbe-, Berg-, Immissionsschutz- und Bauordnungsrecht

Die wasserrechtlichen Vorschriften über das Lagern, Abfüllen und Umschlagen wassergefährdender Stoffe stehen gleichrangig neben dem Gewerbe-, dem Berg-, dem Immissionsschutz- und dem Bauordnungsrecht. Anlagen zum Lagern, Abfüllen und Umschlagen wassergefährdender Stoffe müssen daher auch diesen Vorschriften genügen.

1.1.2 Abfallbeseitigungsgesetz

Die Vorschriften des Abfallbeseitigungsgesetzes gehen, soweit sie Anlagen zum Lagern, Abfüllen und Umschlagen wassergefährdender Stoffe erfassen, den §§ 19 g bis 19 k WHG nicht als die spezielleren Bestimmungen vor. Eine Planfeststellung nach § 7 Abs. 1 des Abfallbeseitigungsgesetzes ersetzt jedoch die nach den §§ 19 g bis 19 k WHG und nach der VAwS vorgeschriebenen Zulassungen, insbesondere erforderliche Eignungsfeststellungen. Die materiellen Anforderungen des Wasserrechts sind dabei zu berücksichtigen.

1.2 Begriffsbestimmungen

1.2.1 **Anlagen zum Lagern** sind Funktionseinheiten, in denen wassergefährdende Stoffe zur unmittelbaren oder mittelbaren Verwendung oder zur späteren Beseitigung – auch vorübergehend – aufbewahrt werden. Sie umfassen nur technische Einrichtungen, die ortsfest sind oder ortsfest benutzt werden. Einheiten, die keine gemeinsamen Anlagenteile haben, sind selbständige Anlagen, auch wenn sie auf demselben Grundstück errichtet sind oder übereinstimmenden betrieblichen oder wirtschaftlichen Zwecken dienen.

1.2.2   Anlagen zum Abfüllen sind ortsfeste oder ortsfest benutzte Einrichtungen und Plätze, die zum Befüllen von
- ortsbeweglichen Behältern (Eisenbahnkesselwagen, Tankkesselwagen, Container, Aufsetztanks, Kanister, Fässer, Flaschen, Dosen usw.),
- Einrichtungen und Geräten, in denen wassergefährdende Stoffe als Betriebsmittel dienen und von Fahrzeugen (z. B. an Tankstellen)
bestimmt sind.

Sowohl Anlagen zum Lagern als auch Anlagen zum Abfüllen unterliegen den Anforderungen des § 19 g Abs. 1 WHG. Auf eine strenge begriffliche Trennung beider Anlagenarten kommt es daher nicht an.

1.2.3   Anlagen zum Umschlagen sind ortsfeste oder ortsfest benutzte Einrichtungen und Plätze zum
- Laden und Löschen von Schiffen,
- Umladen und Entleeren von einem Transportmittel auf ein anderes.

Zu den Anlagen zum Umschlagen gehören nicht die zu befüllenden oder zu entleerenden Behältnisse.

Beim Umschlagen benutzte ortsfeste Behälter oder Lagerplätze bleiben Anlagen oder Anlagenteile zum Lagern.

1.2.4   Wassergefährdende Stoffe

1.2.4.1   § 19 g Abs. 5 WHG enthält eine gesonderte Definition der wassergefährdenden Stoffe und grenzt damit den Geltungsbereich der §§ 19 g bis 19 k WHG und der VAwS ab. Neben der allgemeinen Definition enthält § 19 g Abs. 5 WHG die wichtigsten Beispiele wassergefährdender Stoffe.

Eine abschließende Aufzählung wassergefährdender Stoffe ist nicht möglich. Zur Orientierung können jedoch herangezogen werden
- die Verordnung über wassergefährdende Stoffe bei der Beförderung in Rohrleitungsanlagen vom 19. Dezember 1973 (BGBl I S. 1946), geändert durch Verordnung vom 5. April 1976 (BGBl I S. 915)
- der Katalog wassergefährdender Stoffe, Bekanntmachung des Staatsministeriums des Innern vom 29. Dezember 1980 (MABl 1981 S. 25)
- die Allgemeine Verwaltungsvorschrift zu § 41 der Straßenverkehrs-Ordnung, Zeichen 269, vom 24. November 1970 (BAnz Nr. 228), zuletzt geändert durch Verwaltungsvorschrift vom 21. Juli 1980 (BAnzNr. 137).

Ist zweifelhaft, ob ein Stoff wassergefährdend ist, so hat die Kreisverwaltungsbehörde das Wasserwirtschaftsamt zu hören. Dieses Amt holt in grundsätzlichen Fällen eine Äußerung des Landesamts für Wasserwirtschaft ein.

1.2.4.2   In § 19 g Abs. 6 WHG sind Abwasser, Jauche und Gülle sowie Stoffe, die hinsichtlich der Radioaktivität die Freigrenzen des Strahlenschutzrechts überschreiten, vom Geltungsbereich der §§ 19 g bis 19 k WHG und der VAwS ausgenommen. Für diese Stoffe gelten jedoch die §§ 1 a, 26 Abs. 2 und § 34 Abs. 2 WHG. Für Anordnungen und Maßnahmen gilt Nummer 1.4 entsprechend.

1.2.4.3   Flüssigmist und Silosaft gehören zu den nach § 19 g Abs. 6 WHG ausgenommenen Stoffen.

1.2.4.4   Für kontaminierte Stoffe, für die gemäß §§ 4, 9, 11 in Verbindung mit den Anlagen der Strahlenschutzverordnung vom 13. Oktober 1976 (BGBl I S. 2905, ber. 1977 S. 184 und 269), zuletzt geändert durch Verordnung vom 22. Mai 1981 (BGBl I S. 445), keine Genehmigung oder Anzeige erforderlich ist, gilt die VAwS, soweit sie wegen anderer Gründe als ihrer unbedeutenden Kontamination wassergefährdend sind.

1.3   Die VAwS gilt nach § 1 Abs. 1 Satz 2 nicht für Anlagen, die für Zwecke nach § 19 h Abs. 2 WHG verwendet werden. Sie ist daher nicht anzuwenden auf das vorübergehende Lagern im Zusammenhang mit bestimmten Vorgängen beim Transport oder auf wassergefährdende Stoffe, die sich im Arbeitsgang befinden.

1.3.1   Ein vorübergehendes Lagern in Transportbehältern oder ein kurzfristiges Bereitstellen oder Aufbewahren in Verbindung mit dem Transport ist dann nicht mehr gegeben, wenn die Behälter oder Verpackungen über den eigentlichen Zweck hinaus regelmäßig eingesetzt werden, für den sie nach den Vorschriften und Anforderungen für den Transport im öffentlichen Verkehr zugelassen sind. In solchen Fällen braucht allerdings die Eignungsfeststellung für die Anlage nur eine Auflage vorzusehen, daß nur bestimmte, den verkehrsrechtlichen Vorschriften entsprechende Behälter verwendet werden dürfen.
Liegt ein vorübergehendes Lagern in Transportbehältern oder ein kurzfristiges Bereitstellen oder Aufbewahren in Verbindung mit dem Transport vor, ist die VAwS anzuwenden und eine Eignungsfeststellung erforderlich, wenn die materiellen Anforderungen des Verkehrsrechts nicht eingehalten werden. Die materiellen Anforderungen des Verkehrsrechts an Transportbehälter und Verpackungen sind insbesondere dann als erfüllt anzusehen, wenn die verkehrsrechtlichen Zulassungen vorhanden sind.

1.3.2   Im Arbeitsgang befinden sich wassergefährdende Stoffe, wenn sie selbst be- oder verarbeitet werden oder wenn sie der Herstellung, der Be- oder Verarbeitung anderer Produkte dienen; nicht aber, wenn sie in Behältern gelagert werden, um demnächst der Be- oder Verarbeitung zugeführt zu werden.

1.3.3   Die für den Fortgang der Arbeiten erforderliche Menge ist in der Regel eingehalten, wenn sie den Bedarf für eine Tagesproduktion oder Charge nicht überschreitet.

1.3.4   Wassergefährdende Stoffe gelten als Zwischenprodukte nur so lange als kurzfristig abgestellt, wie es sich aus dem Fortgang des Produktionsprozesses zwingend ergibt. Für Fertigprodukte darf der Zeitraum in der Regel einen Tag nicht überschreiten.

1.3.5   Bei Anlagen für Zwecke nach § 19 h Abs. 2 WHG ist § 19 g Abs. 1 bis 3 WHG zu beachten, auch wenn diese Anlagen keiner gesonderten Eignungsfeststellung oder Bauartzulassung bedürfen.

1.4   Für den Umgang mit wassergefährdenden Stoffen außerhalb des Regelungsbereichs der §§ 19 g bis 19 k WHG gelten die §§ 1 a, 26 und 34 WHG. Ist die Besorgnis einer Gewässerverunreinigung in diesen Fällen gegeben, so sind Maßnahmen aufgrund der genannten Vorschriften in Verbindung mit Art. 68 Abs. 3 BayWG zu veranlassen.

§ 2   Lagerbehälter und Rohrleitungen

(1) Lagerbehälter sind ortsfeste oder zum Lagern aufgestellte ortsbewegliche Behälter. Kommunizierende Behälter gelten als ein Behälter.

(2) Unterirdische Lagerbehälter sind Behälter, die vollständig im Erdreich eingebettet sind. Behälter, die nur teilweise im Erdreich eingebettet sind, sowie

Behälter, die so aufgestellt sind, daß Undichtheiten nicht zuverlässig und schnell erkennbar sind, werden unterirdischen Behältern gleichgestellt. Alle übrigen Lagerbehälter gelten als oberirdische Lagerbehälter.

(3) Unterirdische Rohrleitungen sind Rohrleitungen, die vollständig oder teilweise im Erdreich oder in unmittelbar auf dem Erdboden verlegten Bauteilen, insbesondere Kellerböden, verlegt sind.

2   Lagerbehälter und Rohrleitungen

2.1   Ortsfeste Behälter sind Behälter, die ihrer Bauart nach dazu bestimmt sind, ihren Standort betriebsmäßig nicht zu wechseln (vgl. Nr. 120.1 Abs. 1 und Nr. 220.1 Abs. 1 des Anhangs II zu § 4 Abs. 1 der Verordnung über brennbare Flüssigkeiten – VbF). Kommunizierende Behälter sind Behälter, deren Flüssigkeitsräume betriebsmäßig in ständiger Verbindung miteinander stehen (vgl. TRbF 110 Nr. 7.43 Abs. 2).

2.2   Die Abgrenzung der oberirdischen und unterirdischen Lagerbehälter deckt sich mit der in der Verordnung über brennbare Flüssigkeiten (vgl. Nr. 120.1 Abs. 2 und Nr. 220.1 Abs. 2 des Anhangs II zu § 4 Abs. 1 VbF).

2.3   Undichtheiten sind bei der Eigenüberwachung und bei der Prüfung zuverlässig und schnell erkennbar, wenn sie durch geeignete Vorrichtungen angezeigt werden oder die Lagerbehälter so aufgestellt sind, daß sie allseitig auf ihre Dichtheit beobachtet werden können. Danach gelten auch Lagerbehälter in unterirdischen Kellerräumen als oberirdische Lagerbehälter, wenn die Behälter in diesen Räumen so zugänglich sind, daß Undichtheiten jederzeit durch Augenschein festgestellt werden können. Bei Kunststoffbehältern, die ohne Bodenabstand und bei Batteriebehältern, die ohne Abstand zueinander aufgestellt werden dürfen, sind Undichtheiten in der Regel wegen der Anforderungen an den Aufstellungsraum zuverlässig und schnell erkennbar.
Bei Flachbodentanks nach DIN 4119 sind Undichtheiten zuverlässig und schnell erkennbar, wenn sie einen leküberwachten doppelten Boden besitzen oder der Tankunterbau so ausgestaltet ist, daß Undichtheiten im Bodenbereich durch das Austreten der Lagerflüssigkeit in den Auffangraum erkennbar werden.

2.4   Zu den unmittelbar auf dem Erdboden verlegten Bauteilen im Sinn des § 2 Abs. 3 VAwS zählen neben Kellerböden insbesondere Böden von Tiefgaragen und Erdgeschossen in Gebäuden ohne Kellergeschoß.

§ 3   Allgemein anerkannte Regeln der Technik
(zu § 19 g WHG)

(1) Anlagen nach § 1 müssen über die Anforderungen des § 19 g Abs. 3 WHG hinaus in ihrer Beschaffenheit, insbesondere technischem Aufbau, Werkstoff und Korrosionsschutz, mindestens den allgemein anerkannten Regeln der Technik entsprechen.

(2) Als allgemein anerkannte Regeln der Technik im Sinn des Absatzes 1 und des § 19 g Abs. 3 WHG gelten insbesondere die technischen Vorschriften und Baubestimmungen, die das Staatsministerium des Innern durch öffentliche Bekanntmachung einführt; bei der Bekanntmachung kann hinsichtlich des In-

halts der technischen Vorschriften und Baubestimmungen auf ihre Fundstelle verwiesen werden.

3 Allgemein anerkannte Regeln der Technik

3.1 Unter allgemein anerkannten Regeln der Technik sind in Anlehnung an die Rechtsprechung zu den allgemein anerkannten Regeln der Baukunst die auf wissenschaftlicher Grundlage oder fachlichen Erkenntnissen beruhenden Regeln anzusehen, die in der praktischen Anwendung eine Erprobung gefunden haben und Gedankengut der auf dem betreffenden Fachgebiet tätigen Personen geworden sind.

3.2 Eingeführte allgemein anerkannte Regeln der Technik

3.2.1 Allgemein anerkannte Regeln der Technik sind folgende DIN-Normen

DIN 6608 Teil 1 – liegende Behälter aus Stahl, einwandig, für unterirdische Lagerung brennbarer Flüssigkeiten

DIN 6608 Teil 2 – liegende Behälter aus Stahl, doppelwandig, für unterirdische Lagerung brennbarer Flüssigkeiten

DIN 6616 – liegende Behälter aus Stahl, einwandig und doppelwandig, für oberirdische Lagerung brennbarer Flüssigkeiten

DIN 6618 Teil 1 – stehende Behälter aus Stahl, einwandig, für oberirdische Lagerung brennbarer Flüssigkeiten

DIN 6618 Teil 2 – stehende Behälter aus Stahl, doppelwandig, für oberirdische Lagerung brennbarer Flüssigkeiten

DIN 6619 Teil 1 – stehende Behälter aus Stahl, einwandig, für unterirdische Lagerung brennbarer Flüssigkeiten

DIN 6619 Teil 2 – stehende Behälter aus Stahl, doppelwandig, für unterirdische Lagerung brennbarer Flüssigkeiten

DIN 6620 Teil 1 – Batteriebehälter aus Stahl für oberirdische Lagerung brennbarer Flüssigkeiten der Gefahrklasse A III

DIN 6622 Teil 1 – Haushaltsbehälter aus Stahl, 620 l Inhalt, für oberirdische Lagerung von Heizöl

DIN 6622 Teil 2 – Haushaltsbehälter aus Stahl, 1000 l Inhalt, für oberirdische Lagerung von Heizöl

DIN 6623 Teil 1 – stehende Behälter aus Stahl, mit weniger als 1000 l Inhalt, für oberirdische Lagerung brennbarer Flüssigkeiten, einwandig

DIN 6623 Teil 2 – stehende Behälter aus Stahl, mit weniger als 1000 l Inhalt, für oberirdische Lagerung brennbarer Flüssigkeiten, doppelwandig

DIN 6624 – liegende Behälter aus Stahl, von 1000 bis 5000 l Inhalt, einwandig und doppelwandig, für oberirdische Lagerung brennbarer Flüssigkeiten der Gefahrklasse A III

DIN 6625 Teil 1 – standortgefertigte Behälter aus Stahl für oberirdische Lagerung von Heizöl und Dieselkraftstoff, Bau- und Prüfgrundsätze

3.2.2 Allgemein anerkannte Regeln der Technik sind auch die „Technischen Regeln für brennbare Flüssigkeiten (TRbF)" der Serie 100, 200 und 500 im Sinn von § 4 Abs. 1 VbF, veröffentlicht als Bekanntmachungen des Bundesministers für Arbeit und Soziales im Bundesarbeitsblatt, Fachteil Arbeitsschutz, für den Bereich der brennbaren wassergefährdenden Flüssigkeiten, soweit nicht die VAwS, diese Verwaltungsvorschriften oder nach § 3 Abs. 2 der VAwS eingeführte technische Vorschriften und Baubestimmungen anderes vorsehen.

3.2.3   Nach § 3 Abs. 2 VAwS werden folgende technische Vorschriften für Anlagen zum Lagern und Abfüllen flüssiger wassergefährdender Stoffe eingeführt:

3.2.3.1   Domschächte von unterirdischen Lagerbehältern im Erdreich brauchen nicht flüssigkeitsdicht ausgebildet zu sein, wenn der Behälter nur unter Verwendung einer selbsttätig schließenden Abfüll- oder Überfüllsicherung befüllt werden darf. Ein Domschacht muß jedoch flüssigkeitsdicht sein, wenn betriebsbedingt wassergefährdende Flüssigkeiten im Domschacht selbst austreten oder in ihn eindringen können.
Domschächte müssen so ausgebildet sein, daß geringe Verlustmengen erkannt und beseitigt werden können. Anschlüsse an Entwässerungsanlagen sind nicht zulässig.

3.2.3.2   Füll- und Entnahmestellen von Behältern im Auffangraum, die nicht unter Verwendung einer selbsttätig schließenden Abfüll- oder Überfüllsicherung befüllt zu werden brauchen, müssen sich innerhalb des Auffangraums befinden. Die Verbindungsleitungen von kommunizierenden Behältern müssen sich stets innerhalb des Auffangraums befinden.

3.2.3.3   Ausbildung von Auffangräumen beim Lagern in Räumen von Gebäuden
Der Auffangraum muß flüssigkeitsundurchlässig und gegen die gelagerten flüssigen Stoffe ausreichend beständig sein. Auffangvorrichtungen aus nichtmetallischen Werkstoffen und Abdichtungsmittel müssen ein baurechtliches Prüfzeichen haben. Nicht korrosionsbeständige Werkstoffe sind gegen Korrosion durch Anstrich oder dergleichen zu schützen. Der Auffangraum darf keine Bodenabläufe oder sonstige Öffnungen haben, es sei denn, diese führen in einem dichten Ableitungssystem in eine betriebseigene Abwasserbeseitigungsanlage (Abscheideanlage, Kläranlage, sonstiges Rückhaltesystem), die zum Auffangen der wassergefährdenden Stoffe ausreichend bemessen sein muß. Anforderungen an die innerbetriebliche Abwasserbeseitigung bleiben unberührt.

3.2.3.4   Ausbildung von Auffangräumen beim Lagern im Freien
Der Auffangraum muß so ausgebildet sein, daß auslaufende Lagerflüssigkeit auf unschädliche Weise aufgefangen werden kann.
Das ist dann der Fall, wenn

3.2.3.4.1   der Auffangraum wasserundurchlässig und gegen das Lagergut ausreichend beständig ist (durch geeignete Baustoffe oder Bauteile, erforderlichenfalls mit Abdichtungsmitteln, die ein baurechtliches Prüfzeichen haben). Nicht korrosionsbeständige Werkstoffe sind gegen Korrosion durch Anstrich oder dergleichen zu schützen; oder

3.2.3.4.2   Sohle und Wälle des Auffangraums aus einer mindestens 30 cm dicken Schicht aus bindigem Boden bestehen. Dieser muß so verdichtet sein, daß auslaufende Lagerflüssigkeit innerhalb von drei Tagen nicht tiefer als 20 cm eindringen kann. Soweit zur Abdichtung des Auffangraums Kunststoffbahnen verwendet werden, müssen diese ein baurechtliches Prüfzeichen haben. Erforderlichenfalls ist die Eignung der beabsichtigten Maßnahme zur Herstellung und Unterhaltung des Auffangraums durch einen Sachverständigen auf dem Gebiet der Bodenmechanik und des Erdbaues nachzuweisen; und

3.2.3.4.3 Niederschlagswasser aus dem Auffangraum beseitigt werden kann. Entleerungsleitungen müssen eine Absperrvorrichtung haben, die gegen unbefugtes Öffnen gesichert ist. Die Einrichtungen zur Beseitigung von Wasser dürfen nicht zum Ableiten von Lagerflüssigkeit benutzt werden, es sei denn, diese Einrichtungen führen in einem dichten Ableitungssystem in eine betriebseigene Abwasserbeseitigungsanlage (Abscheideanlage, Kläranlage, sonstiges Rückhaltesystem), die zum Auffangen der wassergefährdenden Stoffe ausreichend bemessen sein muß. Anforderungen an die innerbetriebliche Abwasserbeseitigung bleiben unberührt.

3.2.3.5 Unterirdische Lagerbehälter im Erdreich sind gegen elektrochemische Korrosion zu sichern. Werden verschiedene Metalle verwendet (z. B. für den Behälter und die Rohrleitungen), müssen Vorkehrungen zur elektrischen Trennung getroffen werden.

3.2.3.6 Soweit unterirdische Stahlleitungen kathodisch gegen Außenkorrosion geschützt sind, ist entsprechend TRbF 408 Nummer 8.3 eine Abnahmeprüfung durch einen Sachverständigen nach § 11 VAwS durchzuführen. Der Betreiber muß einen Sachkundigen beauftragen, die kathodische Korrosionsschutzanlage (KKS) mindestens jährlich zu überprüfen. Soweit der Betreiber keinen entsprechenden Wartungsvertrag nachweist, ist ein solcher gemäß § 19 i Satz 2 WHG vorzuschreiben. Der Betreiber ist aufzufordern, die Bescheinigungen über die wiederkehrenden Prüfungen nach TRbF 408 Nummer 8.5 der Kreisverwaltungsbehörde vorzulegen.

3.2.3.7 Unterirdische und in Bauteilen verlegte Rohrleitungen aus Kupfer müssen entweder in Schutzrohren verlegt oder mit einer Kunststoffumhüllung, deren Eignung nach § 19 h Abs. 1 WHG festgestellt ist, versehen sein. Rohrleitungen, die brennbare Flüssigkeiten mit einem Flammpunkt unter 55 °C führen, dürfen nicht in Schutzrohren verlegt sein.

3.2.3.8 Bei unterirdischen Behältern, die in Bereichen eingebaut werden sollen, in denen mit einer Veränderung der Lage der Behälter durch Grundwasser, Staunässe oder Überschwemmung zu rechnen ist, müssen die Behälter verankert oder durch entsprechende Belastung gegen Aufschwimmen gesichert sein, wobei die Verankerung oder Belastung mindestens eine 1,3fache Sicherheit gegen den Auftrieb des leeren Behälters, bezogen auf den höchsten Wasserstand, haben muß.

3.3 Die „Technischen Regeln für brennbare Flüssigkeiten (TRbF)" sind nicht nur ausschließlich für brennbare Flüssigkeiten von Bedeutung, sondern können auch als Erkenntnisquelle für Anlagen mit nichtbrennbaren Flüssigkeiten herangezogen werden (z. B. Dichtheitsanforderungen an Behälter, Schutz gegen Korrosion, Sicherung der Behälter gegen Auftrieb, Inbetriebnahme und Außerbetriebnahme der Behälter).

3.4 Zu beachten sind ferner die Richtlinien des Bundesministers für Verkehr für Anforderungen an Anlagen zum Umschlag gefährdender flüssiger Stoffe im Bereich von Wasserstraßen und in Häfen vom 24. Juli 1975 (VkBl S. 485), eingeführt mit Bekanntmachung vom 15. Dezember 1975 (MABl 1976 S. 21).

§ 4 Anforderungen an Rohrleitungen
(zu § 19 g WHG)

Undichtheiten von Rohrleitungen müssen leicht und zuverlässig feststellbar sein. Die Wirksamkeit von Sicherheitseinrichtungen muß leicht überprüfbar sein. Alle Rohrleitungen sind so anzuordnen, daß sie gegen nicht beabsichtigte Beschädigung geschützt sind.

4   Anforderungen an Rohrleitungen

4.1   Rohrleitungen sind Anlagenteile. Auch bei ihnen sind die allgemein anerkannten Regeln der Technik des § 19 g Abs. 3 WHG und des § 3 VAwS einzuhalten. Danach müssen Rohrleitungen insbesondere dicht und dauerhaft ausgebildet sein.
Für Rohrleitungen werden diese Anforderungen regelmäßig erfüllt, wenn sie einfacher oder herkömmlicher Art im Sinn von § 13 Abs. 2 VAwS sind. Damit entsprechen sie zugleich den Anforderungen des § 4 Sätze 1 und 2 VAwS.

4.2   Zusätzlich enthält § 4 Satz 3 VAwS Vorschriften für die Anordnung der Rohrleitungen. Bei der Bauart nach zugelassenen Rohrleitungen ist § 4 Satz 3 VAwS über die Maßgaben der Bauartzulassung hinaus zu beachten.

§ 5   Antrag auf Eignungsfeststellung und Bauartzulassung
(zu § 19 h Abs. 1 Sätze 1 und 2 WHG)

(1) Eine Eignungsfeststellung nach § 19 h Abs. 1 Satz 1 WHG wird auf Antrag des Betreibers für eine einzelne Anlage, eine Bauartzulassung nach § 19 h Abs. 1 Satz 2 WHG auf Antrag des Herstellers oder Einfuhrunternehmers für serienmäßig hergestellte Anlagen erteilt.
(2) Über die wasserrechtlichen Bauartzulassungen entscheidet das Staatsministerium des Innern.

5   Eignungsfeststellung und Bauartzulassung

5.1   Wird eine Eignungsfeststellung für eine Anlage zum Lagern, Abfüllen oder Umschlagen wassergefährdender Stoffe beantragt, so ist anhand des § 19 h Abs. 1 Satz 5 WHG und der §§ 6, 13, 23, 24 VAwS zu prüfen, ob eine Eignungsfeststellung nach § 19 h Abs. 1 Satz 1 WHG erforderlich ist.
Werden in einfachen oder herkömmlichen, eignungsfestgestellten oder der Bauart nach zugelassenen Anlagen Schutzvorkehrungen eingebaut, die gewerberechtlich der Bauart nach für den Einbau zugelassen sind, eine allgemeine gewerberechtliche Ausnahmegenehmigung oder ein baurechtliches Prüfzeichen dafür haben, ist wegen § 19 h Abs. 1 Satz 5 WHG eine Eignungsfeststellung nicht erforderlich.
Wird die Kreisverwaltungsbehörde auf andere Weise vom Vorhandensein einer eignungsfeststellungspflichtigen, aber nicht eignungsfestgestellten Anlage in Kenntnis gesetzt, so hat sie auf eine entsprechende Antragstellung hinzuwirken (Art. 77 Abs. 1 BayWG). Ist auch eine Genehmigung, Erlaubnis, Zulassung oder ein Prüfzeichen nach anderen Rechtsvorschriften erforderlich, so ist der Antragsteller oder Betreiber darauf hinzuweisen; die nach diesen Vorschriften zuständige Behörde ist entsprechend zu unterrichten.
Dem Antrag auf Eignungsfeststellung oder Bauartzulassung sind die zur Beurteilung erforderlichen Pläne und Beilagen nach § 33 der Verordnung über Pläne und Beilagen im wasserrechtlichen Verfahren (WPBV) beizufügen, insbesondere
– die gewerberechtliche Bauartzulassung nach § 12 VbF bzw. § 11 a VbF in der Fassung vom 5. Juni 1970 (BGBl I S. 689) einschließlich gegebenenfalls erteilter allge-

meiner gewerberechtlicher Ausnahmegenehmigungen nach § 6 Abs. 2 VbF bzw.
§ 6 b Abs. 2 VbF in der Fassung vom 5. Juni 1970 (BGBl I S. 689),
- das baurechtliche Prüfzeichen nach Art. 24 BayBO in Verbindung mit der Prüfzeichenverordnung (PrüfzV) vom 1. August 1972 (GVBl S. 343) in der jeweils geltenden Fassung,
- die allgemeine bauaufsichtliche Zulassung nach Art. 23 BayBO,
- der Nachweis über den Antrag auf bauaufsichtliche Zustimmung im Einzelfall
nach Art. 22 Abs. 2 BayBO oder auf Ausnahme von der Prüfzeichenpflicht nach § 2
Abs. 8 PrüfzV,
soweit die genannten Entscheidungen nach Bau- oder Gewerberecht für die Anlage
oder einzelne Anlagenteile erforderlich sind,
einschließlich der ihnen zugrundeliegenden Gutachten, Prüfungsscheine und Stellungnahmen der Bundesanstalt für Materialprüfung (BAM), der Physikalisch-Technischen Bundesanstalt (PTB), der Materialprüfungsanstalten (MPA), der Technischen Überwachungsvereine (TÜV) sowie sonstiger Sachverständiger, soweit diese
Unterlagen Bestandteile der genannten Bescheide sind und die Vorlage zur Bearbeitung des Antrags unerläßlich ist.
Ist keine der genannten Entscheidungen erforderlich, ist vom Antragsteller ein besonderes Gutachten über die Eignung der Anlage oder einzelner Anlagenteile (vgl.
Nr. 6) anzufordern. Auf das besondere Gutachten kann immer dann verzichtet werden, wenn die Behörde aufgrund vorliegender Erfahrungen ohne dieses Gutachten
den Antrag abschließend beurteilen kann.

5.2 Verfahren

5.2.1 Die Kreisverwaltungsbehörde prüft, ob die Unterlagen vollständig dem Antrag beigefügt sind.

5.2.2 Die Kreisverwaltungsbehörde übersendet die Unterlagen dem Wasserwirtschaftsamt zur gutachtlichen Stellungnahme.

5.2.3 Das Wasserwirtschaftsamt hat in folgenden Fällen eine Stellungnahme des
Landesamts für Wasserwirtschaft herbeizuführen, bevor es sich gegenüber der Verwaltungsbehörde gutachtlich äußert

5.2.3.1 bei Anlagen zum Lagern, die wegen der Art des Lagermediums, des Umfangs
der Lagerung, des Lagerorts, der technischen Schutzvorkehrungen oder aus sonstigen
Gründen besonders gefährlich sind,

5.2.3.2 bei Anlagen zum Lagern wassergefährdender gasförmiger Stoffe,

5.2.3.3 bei Anlagen zum Abfüllen, die wegen der Art der abzufüllenden Stoffe, der
abzufüllenden Menge, des Standorts der Abfüllanlage oder aus sonstigen Gründen
besonders gefährlich sind,

5.2.3.4 bei Anlagen zum Umschlagen,

5.2.3.5 in den Fällen des § 7 Satz 3, § 15 Abs. 1 Satz 2 und Abs. 3 VAwS, wenn das
Wasserwirtschaftsamt die Ausnahme befürworten will.

5.3 Eignungsfeststellungsbescheid

5.3.1 Soweit dem Eignungsfeststellungsbescheid andere Zulassungen, Erlaubnisse und Genehmigungen (vgl. Nr. 5.1) zugrunde gelegt werden, sind diese im Bescheid einzeln aufzuführen.

5.3.2   Die in der Anlage jeweils verwendeten wassergefährdenden Stoffe sind genau anzugeben, gegebenenfalls unter Hinzufügung der für diese Stoffe bestehenden Normen oder der chemischen Formeln.

§ 6   Umfang von Eignungsfeststellung und Bauartzulassung

Sind nur Teile einer Anlage nicht einfacher oder herkömmlicher Art, so bedürfen nur sie einer Eignungsfeststellung oder Bauartzulassung. Soweit eine Bauartzulassung vorliegt, ist eine Eignungsfeststellung nicht erforderlich.

6   Umfang von Eignungsfeststellung und Bauartzulassung

6.1   Grundsätzlich ist die gesamte Anlage auf ihre Vereinbarkeit mit den Vorschriften des § 19 g Abs. 1 oder Abs. 2 WHG zu überprüfen und ihre Eignung festzustellen.

6.2   Eine Eignungsfeststellung der gesamten Anlage ist nicht erforderlich, wenn diese in ihrer Gesamtheit
– einfach oder herkömmlich oder
– der Bauart nach zugelassen
ist.

6.3   Sind einzelne Teile der Anlage
– einfach oder herkömmlich oder
– gemäß § 19 h Abs. 1 Satz 2 WHG der Bauart nach zugelassen oder
– über § 19 h Abs. 1 Satz 5 WHG in ihrer Eignung festgestellt,
erstreckt sich die Prüfung der Eignung nur auf die übrigen Teile der Anlage. Im Eignungsfeststellungsbescheid ist anzuführen, auf welche Teile der Anlage sich die Prüfung der Eignung erstreckt hat.

6.4   Sind alle Teile der Anlage
– einfach oder herkömmlich oder
– gemäß § 19 h Abs. 1 Satz 2 WHG der Bauart nach zugelassen oder
– über § 19 h Abs. 1 Satz 5 WHG in ihrer Eignung festgestellt,
bedarf es keiner zusätzlichen Eignungsfeststellung für das Zusammenfügen der Anlage.

§ 7   Voraussetzungen für Eignungsfeststellung und Bauartzulassung
(zu § 19 h Abs. 1 Sätze 1 und 2 WHG)

Eine Eignungsfeststellung oder Bauartzulassung darf nur erteilt werden, wenn der Antragsteller den Nachweis führt, daß die Voraussetzungen des § 19 g Abs. 1 oder Abs. 2 WHG erfüllt sind. Diese Voraussetzungen sind dann erfüllt, wenn die Anlagen zumindest ebenso sicher sind, wie die in §§ 13, 23 und 24 beschriebenen Anlagen einfacher oder herkömmlicher Art. Eine Eignungsfeststellung kann ausnahmsweise auch dann erteilt werden, wenn auf Grund der örtlichen Verhältnisse, insbesondere im Zusammenhang mit der Art der gelagerten Stoffe, feststeht, daß der in § 19 g Abs. 1 oder Abs. 2 WHG geforderte Schutz der Gewässer gewährleistet ist.

7   Voraussetzungen für Eignungsfeststellung und Bauartzulassung

7.1   Über die Art, wie der Nachweis über die Einhaltung der Voraussetzungen des § 19 g Abs. 1 und Abs. 2 WHG zu führen ist, vgl. Nummern 5.1 und 5.2. Aufgrund des verwendeten Werkstoffs, zusätzlicher Schutzvorkehrungen oder Sicherungsmaßnahmen muß der Nachweis geführt werden, daß andere Anlagen ebenso sicher sind wie Anlagen einfacher oder herkömmlicher Art.

7.2   § 7 Satz 3 VAwS ist insbesondere auf das Umschlagen von Flüssigkeiten anzuwenden, die nur im erwärmten Zustand pumpfähig sind (z. B. schweres Heizöl).

§ 8   Weitergehende Anforderungen

Die Kreisverwaltungsbehörde kann an die Verwendung von Anlagen, die einfacher oder herkömmlicher Art sind oder für die eine Bauartzulassung erteilt ist, weitergehende Anforderungen stellen, wenn andernfalls auf Grund der besonderen Umstände des Einzelfalles die Voraussetzungen des § 19 g Abs. 1 oder Abs. 2 WHG nicht erfüllt sind. Sie kann bei diesen Anlagen sowie bei Anlagen, die der Eignung nach festgestellt sind, wegen der Besorgnis einer Gewässergefährdung (§ 19 i Satz 3 Nr. 4 WHG) Prüfungen anordnen.

8   Weitergehende Anforderungen, Prüfungen

8.1   Fälle, in denen weitergehende Anforderungen zu stellen sind, können sein
– besondere Gefährlichkeit des zu lagernden, abzufüllenden oder umzuschlagenden Stoffes,
– Nähe der Anlage zu Gewässern,
– besondere Untergrundverhältnisse.

8.2   Prüfungen (§ 19 i Satz 3 Nr. 4 WHG) sind insbesondere anzuordnen, wenn der dringende Verdacht einer Gewässerverunreinigung durch bestimmte Anlagen besteht. Er kann sich aus Ermittlungen bei gegenwärtigen oder Erkenntnissen aus früheren Schadensereignissen ergeben, ferner z. B. nach wesentlichen Änderungen an nicht nach § 18 VAwS prüfpflichtigen Anlagen.

§ 9   Einbau und Aufstellung von Anlagen ohne Eignungsfeststellung oder Bauartzulassung

Anlagen, deren Verwendung nach § 19 h WHG nur nach Eignungsfeststellung oder Bauartzulassung zulässig ist, dürfen vor deren Erteilung nicht eingebaut oder aufgestellt werden.

9   Unzulässigkeit des Einbaus und der Aufstellung von Anlagen ohne Eignungsfeststellung oder Bauartzulassung

Erlangt die Kreisverwaltungsbehörde davon Kenntnis, daß eine Anlage eingebaut oder aufgestellt worden ist, deren Verwendung nur nach Eignungsfeststellung oder Bauartzulassung zulässig ist, ordnet sie an, die Anlage zu entleeren und außer Betrieb zu nehmen. Soweit andere Behörden diese Kenntnis erhalten, unterrichten sie unverzüglich die Kreisverwaltungsbehörde. Eine Entleerung der Anlage ist nicht anzuordnen, wenn nach Anhörung des Wasserwirtschaftsamts feststeht, daß für die Anlage eine Eignungsfeststellung erteilt werden kann. Ergibt die Prüfung anhand der vom Betreiber vorzulegenden Unterlagen und aufgrund eigener Ermittlungen, daß eine Eignungsfeststellung nicht erteilt werden kann, ist die endgültige Stillegung der Anlage anzuordnen.

Ein Verstoß gegen § 9 VAwS ist nach § 33 Nr. 3 VAwS bußgeldbewehrt.

§ 10   Allgemeine Betriebs- und Verhaltensvorschriften

(1) Sofern bei Schadensfällen und Betriebsstörungen eine Gefährdung oder Schädigung der Gewässer nicht auf andere Weise verhindert oder unterbunden werden kann, sind Anlagen unverzüglich außer Betrieb zu nehmen und zu entleeren.

(2) Wer eine Anlage betreibt, befüllt oder entleert, instand hält, instand setzt, reinigt, überwacht oder prüft, hat das Austreten eines wassergefährdenden Stoffes von einer nicht nur unbedeutenden Menge unverzüglich der Kreisverwaltungsbehörde oder der nächsten Polizeidienststelle anzuzeigen, sofern die Stoffe in ein oberirdisches Gewässer, eine Abwasseranlage oder in den Boden eingedrungen sind oder aus sonstigen Gründen eine Verunreinigung oder Gefährdung eines Gewässers nicht auszuschließen ist. Die Verpflichtung besteht auch bei Verdacht, daß wassergefährdende Stoffe bereits aus einer Anlage ausgetreten sind und eine solche Gefährdung entstanden ist.

(3) Anzeigepflichtig nach Absatz 2 ist auch, wer das Austreten wassergefährdender Stoffe aus einer Anlage verursacht hat.

10   Betriebs- und Verhaltensvorschriften

10.1   Wird der Kreisverwaltungsbehörde oder einer Polizeidienststelle das Austreten wassergefährdender Stoffe oder der Verdacht des Austretens wassergefährdender Stoffe oder der Verdacht des Austretens wassergefährdender Stoffe mitgeteilt, so sind sofort die erforderlichen Maßnahmen zu ergreifen (vgl. die Bek vom 6. 3. 1964, MABl S. 180).

10.2   Abwasseranlagen sind im wesentlichen Kanalisationen und Kläranlagen. Der Begriff ist umfassend zu verstehen und schließt private Abwasseranlagen mit ein.

10.3   § 10 Abs. 2 VAwS regelt nur die Anzeigepflicht im Störfall, so daß die bestimmungsgemäße Zuführung wassergefährdender Stoffe zu Abwasseranlagen nicht erfaßt wird.

§ 11   Sachverständige
(zu § 19 i Satz 3 WHG)

Sachverständige im Sinn des § 19 i Satz 3 WHG und dieser Verordnung sind
1. Sachverständige im Sinn des § 16 Abs. 1 der Verordnung über brennbare Flüssigkeiten (VbF) vom 27. Februar 1980 (BGBl I S. 229) in der jeweils geltenden Fassung,

2. die vom Staatsministerium des Innern anerkannten Personen oder Stellen.

11 Sachverständige

11.1   Sachverständige nach § 16 Abs. 1 VbF sind

11.1.1   die Sachverständigen der Technischen Überwachungsvereine (für alle Anlagen),

11.1.2   die vom Bundesminister für das Post- und Fernmeldewesen ernannten Sachverständigen (nur für Anlagen der Deutschen Bundespost),

11.1.3   die vom Staatsministerium für Arbeit und Sozialordnung anerkannten Sachverständigen bestimmter Unternehmen (nur für die im jeweiligen Unternehmen betriebenen Anlagen),

11.1.4   die vom Bundesminister für Verkehr bestimmten Sachverständigen (nur für Anlagen der Wasser- und Schiffahrtsverwaltung des Bundes),

11.1.5   die nach den Gefahrguttransport-Vorschriften anerkannten und bestimmten Sachverständigen (nur für Transportbehälter und Fahrzeuge),

11.1.6   die vom Bundesminister für Verteidigung bestellten Sachverständigen (nur für Anlagen der Bundeswehr),

11.1.7   die vom Bundesminister des Innern bestellten Sachverständigen (nur für Anlagen des Bundesgrenzschutzes).

11.2   Sachverständige nach § 11 Nr. 2 VAwS sind die jeweils gesondert anerkannten Personen und Stellen. Sie werden zu Jahresbeginn im Staatsanzeiger bekanntgemacht.

11.3   Die Kreisverwaltungsbehörden können oberirdische Behälter zur Lagerung von Flüssigkeiten der Gefahrklasse A III (z. B. Heizöl, Dieselkraftstoff) in Schutzgebieten selbst überprüfen, wenn folgende Voraussetzungen gegeben sind:
– Die Behälter müssen in einem Auffangraum aufgestellt sein.
– Das Fassungsvermögen der Behälter darf 2000 Liter nicht übersteigen.
– Es dürfen keine unterirdischen Betriebsrohrleitungen angeschlossen sein.
Die Prüfung ist entsprechend Nummer 18.2 durchzuführen. Die Dichtheit der Anlage (Behälter, Auffangraum) ist durch Sichtprüfung festzustellen.

§ 12   Sachverständigengebühren

(1) Die Sachverständigen nach § 11 erheben für die nach oder auf Grund des Ersten Teils dieser Verordnung vorgeschriebenen oder angeordneten Prüfungen Gebühren in entsprechender Anwendung von Anhang V (Gebühren für die Prüfung von Anlagen zur Lagerung, Abfüllung und Beförderung brennbarer Flüssigkeiten) der Kostenverordnung für die Prüfung überwachungsbedürftiger Anlagen vom 31. Juli 1970 (BGBl I S. 1162) in der jeweils geltenden Fassung.

(2) Bei der Überprüfung von Behältern werden abweichend von den Gebühren nach Anhang V Nr. 1 der Kostenverordnung für Behälter mit einem Rauminhalt bis 3000 Liter nur 50 v. H., für Behälter mit einem Rauminhalt über 3000 Liter bis 6000 Liter nur 75 v. H. der Gebühren für Behälter mit einem Rauminhalt bis 10 000 Liter erhoben. Für mehrere gleichzeitig oder unmittelbar nacheinander durchgeführte Prüfungen an einem oberirdischen Behälter wird nur eine Gebühr erhoben.

Zweiter Abschnitt   Lagern und Abfüllen flüssiger Stoffe

§ 13 Anlagen einfacher oder herkömmlicher Art zum Lagern flüssiger Stoffe

(zu § 19 h Abs. 1 Satz 1 WHG)

(1) Anlagen mit oberirdischen Lagerbehältern für flüssige Stoffe, bei denen der Rauminhalt aller Behälter mehr als 300 Liter in Gebäuden oder 1000 Liter im Freien beträgt, sowie Anlagen mit unterirdischen Lagerbehältern für flüssige Stoffe sind einfacher oder herkömmlicher Art:

   1. hinsichtlich ihres technischen Aufbaus, wenn
      a) die Lagerbehälter doppelwandig sind oder als einwandige Behälter in einem flüssigkeitsdichten Auffangraum stehen und
      b) Undichtheiten der Behälterwände durch ein Leckanzeigegerät selbsttätig angezeigt werden, ausgenommen bei oberirdischen Behältern im Auffangraum, und
      c) Auffangräume nach Buchstabe a so bemessen sind, daß die dem Rauminhalt aller Behälter entsprechende Lagermenge zurückgehalten werden kann. Dient ein Auffangraum für mehrere oberirdische Lagerbehälter, so ist für seine Bemessung nur der Rauminhalt des größten Behälters maßgebend. Abläufe des Auffangraumes sind nur bei oberirdischen Lagerbehältern zulässig; sie müssen absperrbar und gegen unbefugtes Öffnen gesichert sein;
   2. hinsichtlich ihrer Einzelteile, wenn insbesondere zu deren Werkstoff und Bauart technische Vorschriften oder Baubestimmungen eingeführt sind (§ 3 Abs. 2) und die Einzelteile diesen entsprechen oder für Schutzvorkehrungen eine wasserrechtliche oder gewerberechtliche Bauartzulassung oder ein baurechtliches Prüfzeichen erteilt ist (§ 19 h Abs. 1 Sätze 2 und 5 WHG).

(2) Rohrleitungen sind einfacher oder herkömmlicher Art nur, wenn sie
   1. doppelwandig sind und Undichtheiten der Rohrwände durch ein Leckanzeigegerät, das wasserrechtlich oder gewerberechtlich der Bauart nach zugelassen oder mit einem baurechtlichen Prüfzeichen beurteilt ist, selbsttätig angezeigt werden oder
   2. als Saugleitungen ausgebildet sind, in denen die Flüssigkeitssäule bei Undichtheiten abreißt, oder
   3. aus Metall bestehen, das gegen Korrosion so beständig ist, daß Undichtheiten nicht zu besorgen sind; unterirdische Stahlleitungen müssen kathodisch gegen Außenkorrosion geschützt sein, oder

4. mit einem flüssigkeitsdichten Schutzrohr versehen oder in einem dichten Kanal verlegt sind und die auslaufende Flüssigkeit in einer Kontrolleinrichtung sichtbar wird; in diesem Fall dürfen die Rohrleitungen keine brennbaren Flüssigkeiten im Sinn der Verordnung über brennbare Flüssigkeiten mit einem Flammpunkt unter 55 °C führen.

(3) Anlagen zum Lagern flüssiger Stoffe, die nur in erwärmtem Zustand pumpfähig sind, sind einfacher oder herkömmlicher Art.

(4) Kleinere als die in Absatz 1 genannten oberirdischen Anlagen sind einfacher oder herkömmlicher Art, sofern für sie technische Vorschriften und Baubestimmungen eingeführt sind (§ 3 Abs. 2) und sie diesen entsprechen.

13   Anlagen einfacher oder herkömmlicher Art zum Lagern

13.1   Anlagen mit ober- oder unterirdischen Lagerbehältern sind nur dann einfacher oder herkömmlicher Art, wenn sie den Voraussetzungen des § 13 Abs. 1 Nrn. 1 und 2 VAwS entsprechen. Insbesondere folgende Anlagetypen sind einfacher oder herkömmlicher Art

13.1.1   doppelwandige DIN-Stahlbehälter zur unterirdischen oder oberirdischen Lagerung von brennbaren Flüssigkeiten mit gewerberechtlich der Bauart nach zugelassenen Leckanzeigegeräten (Leckanzeiger) und Grenzwertgebern sowie Rohrleitungen nach § 13 Abs. 2 VAwS,

13.1.2   einwandige DIN-Stahlbehälter zur unterirdischen oder oberirdischen Lagerung von brennbaren Flüssigkeiten mit gewerberechtlich der Bauart nach zugelassenen Leckanzeigegeräten (Leckschutzauskleidung, Leckanzeiger) und Grenzwertgebern sowie Rohrleitungen gemäß § 13 Abs. 2 VAwS,

13.1.3   einwandige DIN-Stahlbehälter zur oberirdischen Lagerung von brennbaren Flüssigkeiten mit gewerberechtlich der Bauart nach zugelassenen Grenzwertgebern und mit Rohrleitungen gemäß § 13 Abs. 2 VAwS, aufgestellt im Auffangraum, der mit einem Mittel beschichtet ist, das ein baurechtliches Prüfzeichen hat.

13.2   Werden in den in Nummer 13.1 genannten Anlagen andere wassergefährdende Stoffe als brennbare Flüssigkeiten gelagert, bedürfen sie der Eignungsfeststellung oder wasserrechtlichen Bauartzulassung.

13.3   Rohrleitungen

13.3.1   Bei oberirdisch verlegten Heizölleitungen aus Kupfer sind Undichtheiten durch Innen- und Außenkorrosion nicht zu besorgen. Werden sie unterirdisch oder in Bauteilen verlegt, müssen die Anforderungen nach Nummer 3.2.3.7 erfüllt sein.

13.3.2   Unterirdische Stahlleitungen sind auch dann einfach und herkömmlich, wenn durch Gutachten eines Sachverständigen nach § 11 Nr. 1 VAwS gemäß TRbF 408 Nummer 8.2 nachgewiesen ist und die Aussage des Sachverständigen mindestens alle drei Jahre wiederkehrend gemäß TRbF 408 Nummer 8.22 überprüft wird, daß ein kathodischer Korrosionsschutz nicht erforderlich ist. Jede zweite Überprüfung kann mit der allgemein wiederkehrenden Prüfung nach § 18 Abs. 1 Nr. 3 VAwS verbunden werden.

13.3.3   Die Funktion einer Kontrolleinrichtung erfüllt auch der Auslauf aus einem Schutzrohr in einen gesicherten Schacht.

13.4   Nur im erwärmten Zustand pumpfähige flüssige Stoffe sind in nur eingeschränktem Maße wassergefährdend. Die üblichen technischen Vorrichtungen zur Lagerung dieser Stoffe sind deshalb unter dem Gesichtspunkt des Besorgnisgrundsatzes nach § 19 g Abs. 1 WHG ausreichend.

§ 14   Besondere Anforderungen an Abfüllplätze
(zu § 19 g WHG)

Werden wassergefährdende flüssige Stoffe in Betriebsstätten regelmäßig abgefüllt, so muß der Abfüllplatz so beschaffen sein, daß auslaufende Stoffe nicht in ein oberirdisches Gewässer, eine Abwasseranlage oder in den Boden gelangen können.

14   Abfüllplätze

14.1   Der Boden im Bereich von Abfüllplätzen muß ausreichend fest und undurchlässig und so beschaffen sein, daß auslaufende wassergefährdende flüssige Stoffe erkannt und beseitigt werden können. Auch kleine Flüssigkeitsmengen dürfen nicht durch Niederschlagswasser in ein oberirdisches Gewässer oder in das Grundwasser gelangen können. Abläufe müssen mit Abscheidevorrichtungen versehen werden, es sei denn, sie führen in einem dichten Ableitungssystem in eine betriebseigene Abwasserbeseitigungsanlage (Abscheideanlage, Kläranlage, sonstiges Rückhaltesystem), die zum Auffangen der wassergefährdenden Stoffe ausreichend bemessen sein muß. Bei Tankstellen, die ausschließlich Ottokraftstoffe über selbsttätig schließende Zapfventile abgeben, kann auf den Einbau von Abscheideanlagen in die Abläufe verzichtet werden, wenn auslaufende kleinere Flüssigkeitsmengen auf dem befestigten Abfüllplatz verdunsten oder unschädlich entfernt werden können, bevor sie den Ablauf erreichen. Dies kann regelmäßig angenommen werden, wenn sich der Ablauf außerhalb des Abfüllbereichs (vgl. Nr. 14.4) befindet. Anforderungen an die innerbetriebliche Abwasserbeseitigung bleiben unberührt.

14.2   Der Boden von Abfüllplätzen ist in der Regel als undurchlässig anzusehen, wenn der Untergrund in Straßenbauweise hergestellt ist und eine Decke aus versiegeltem Bitumen, Beton oder Pflaster mit Fugenverguß oder aus im Sandbett verlegtem Pflaster aus Kunststein mit Sand verfüllten Fugen von im Mittel nicht mehr als 3 mm Breite hat.

14.3   Im Abfüllbereich (vgl. Nr. 14.4) dürfen keine Abläufe und keine Öffnungen zu tiefer gelegenen Räumen, Kellern, Gruben, Schächten und Kanälen für Kabel oder Rohrleitungen vorhanden sein. Die besonderen Vorschriften der VbF Nummern 111 und 112 des Anhangs II zu § 4 Abs. 1 VbF sowie der TRbF 111 und 112 bleiben auch für den Bereich wassergefährdender nicht brennbarer Flüssigkeiten unberührt.

14.4   Abfüllbereich ist bei Tankstellen der betriebsmäßig mit der Fülleinrichtung in Arbeitshöhe horizontal bestrichene Bereich zuzüglich 1 m (vgl. TRbF 112 Nr. 4.119), bei anderen Anlagen der Wirkbereich der Fülleinrichtung zuzüglich 2 m (vgl. TRbF 111 Nr. 2.34 Abs. 4).

§ 15   Anlagen in Schutzgebieten

(1) Im Fassungsbereich und in der engeren Zone von Schutzgebieten ist das Lagern wassergefährdender flüssiger Stoffe unzulässig. Die Kreisverwaltungsbehörde kann für standortgebundene Anlagen mit oberirdischen Behältern und oberirdischen Rohrleitungen Ausnahmen zulassen, wenn dies überwiegende Gründe des Wohls der Allgemeinheit erfordern. Sie kann die Erteilung der Ausnahme von besonderen Schutzvorkehrungen und Maßnahmen abhängig machen.

(2) In der weiteren Zone von Schutzgebieten dürfen Anlagen nur verwendet werden, wenn sie in ihrem technischen Aufbau den Anlagen nach § 13 Abs. 1 Nr. 1 entsprechen; Rohrleitungen dürfen nur verwendet werden, wenn sie § 13 Abs. 2 entsprechen. Der Rauminhalt einer Anlage mit unterirdischen Lagerbehältern darf 40 000 Liter, mit oberirdischen Lagerbehältern 100 000 Liter nicht übersteigen. Auf die Bemessung des Auffangraumes findet § 13 Abs. 1 Nr. 1 Buchst. c vorletzter Satz keine Anwendung. Abläufe des Auffangraumes sind auch bei oberirdischen Behältern nicht zulässig.

(3) Weitergehende Anforderungen oder Beschränkungen und Ausnahmen für das Lagern wassergefährdender Stoffe in Schutzgebieten durch Anordnungen oder Verordnungen nach § 19 WHG, Art. 35, 40 BayWG bleiben unberührt.

(4) Schutzgebiete im Sinn dieser Vorschrift sind
1. Wasserschutzgebiete nach § 19 Abs. 1 Nrn. 1 und 2 WHG,
2. Heilquellenschutzgebiete nach Art. 40 BayWG,
3. Gebiete, für die eine Veränderungssperre zur Sicherung von Planungen für Vorhaben der Wassergewinnung nach § 36 a Abs. 1 WHG erlassen ist.
Ist die weitere Zone eines Schutzgebiets unterteilt, so gilt als Schutzgebiet nur deren innerer Bereich.

15   Schutzgebiete

15.1   Standortgebundene Anlagen sind ausschließlich solche Anlagen, die der Versorgung der Wassergewinnungsanlage oder der Heilstätten mit den notwendigen Betriebsmitteln zu dienen bestimmt sind. Soweit wie möglich sollen jedoch auch bei diesen Anlagen andere Betriebsmittel verwendet werden.

15.2   Folgende Ausnahmen nach § 15 Abs. 3 VAwS kommen in der engeren Schutzzone insbesondere in Betracht
- in Wasserschutzgebieten für Trinkwassertalsperren ortsfeste Anlagen mit oberirdischen Behältern und oberirdischen Rohrleitungen zum Lagern von Heizöl und Dieselkraftstoff für den haus- und landwirtschaftlichen Gebrauch; die Anlagen müssen mindestens § 13 Abs. 1 und 2 VAwS entsprechen.
- Anlagen zum Lagern landwirtschaftlicher Betriebsmittel (Pflanzenbehandlungsmittel, Düngemittel) bei flüssigen Stoffen in Anlagen, die in ihrem technischen Aufbau § 13 Abs. 1 Nr. 1 entsprechen.
Soweit im Einzelfall aus Gründen des Gewässerschutzes veranlaßt, ist die Ausnahme

von besonderen Schutzvorkehrungen und Maßnahmen abhängig zu machen und die Lagermenge zu begrenzen.

15.3   Für Anlagen, zu denen sowohl unterirdische als auch oberirdische Behälter gehören, gelten die Beschränkungen für Anlagen mit unterirdischen Lagerbehältern.

§ 16   Kennzeichnungspflicht; Merkblatt

(1) Serienmäßig hergestellte Anlagen oder Anlagenteile sind vom Hersteller mit einer deutlich lesbaren Kennzeichnung zu versehen, aus der sich ergibt, welche flüssigen Stoffe in der Anlage gelagert oder abgefüllt werden dürfen.

(2) Der Betreiber von Anlagen zum Lagern wassergefährdender flüssiger Stoffe hat das Merkblatt „Betriebs- und Verhaltensvorschriften für das Lagern wassergefährdender flüssiger Stoffe" (Anlage) an gut sichtbarer Stelle in der Nähe der Anlage dauerhaft anzubringen und das Bedienungspersonal über dessen Inhalt zu unterrichten.

16   Merkblatt

Das Merkblatt ist jedem Betreiber bei der Anzeige seiner Lagerungsanlage oder Erteilung der Baugenehmigung oder Eignungsfeststellung oder auf Verlangen auszuhändigen bzw. zuzusenden.

§ 17   Befüllen und Entleeren
(zu § 19 k WHG)

(1) Zum Befüllen und Entleeren müssen die Rohre und Schläuche dicht und tropfsicher verbunden sein; bewegliche Leitungen müssen in ihrer gesamten Länge dauernd einsehbar und bei Dunkelheit ausreichend beleuchtet sein.

(2) Behälter in Anlagen zum Lagern von Heizöl EL, Dieselkraftstoff, Ottokraftstoffen und anderen flüssigen Stoffen dürfen nur mit festen Leitungsanschlüssen und unter Verwendung einer Überfüllsicherung, die rechtzeitig vor Erreichen des zulässigen Flüssigkeitsstandes den Füllvorgang unterbricht oder akustischen Alarm auslöst, befüllt werden, wenn dafür technische Vorschriften (§ 3 Abs. 2) eingeführt sind. Behälter in Anlagen zum Lagern von Heizöl EL, Dieselkraftstoff und Ottokraftstoffen dürfen aus Straßentankwagen und Aufsetztanks nur unter Verwendung einer selbsttätig schließenden Abfüll- oder Überfüllsicherung befüllt werden. Die Sätze 1 und 2 gelten nicht für einzeln benutzte oberirdische Behälter mit einem Rauminhalt von nicht mehr als 1000 Liter zum Lagern von Heizöl EL und Dieselkraftstoffen.

(3) Auf Lagerbehältern, die mit festen Leitungsanschlüssen befüllt oder entleert werden können, muß der zulässige Betriebsüberdruck angegeben sein.

§ 18   Überprüfung von Anlagen für flüssige Stoffe
(zu § 19 i Satz 3 WHG)

(1) Der Betreiber hat nach Maßgabe des § 19 i Satz 3 Nrn. 1, 2 und 3 WHG durch Sachverständige (§ 11) überprüfen zu lassen:

1. Anlagen mit unterirdischen Lagerbehältern,
2. Anlagen mit oberirdischen Lagerbehältern mit einem Gesamtrauminhalt über 40 000 Liter,
3. unterirdische Rohrleitungen, auch wenn sie nicht Teile einer prüfpflichtigen Anlage sind,
4. Anlagen, für welche Prüfungen in einer Eignungsfeststellung oder Bauartzulassung nach § 19 h Abs. 1 Satz 1 oder Satz 2 WHG, in einer gewerberechtlichen Bauartzulassung oder in einem Bescheid über ein baurechtliches Prüfzeichen vorgeschrieben sind; sind darin kürzere Prüffristen festgelegt, gelten diese.

Satz 1 gilt nicht für Anlagen zum Lagern flüssiger Stoffe, die nur in erwärmtem Zustand pumpfähig sind.

(2) In Schutzgebieten (§ 15) sind Anlagen mit oberirdischen Lagerbehältern mit einem Gesamtrauminhalt über 1000 Liter nach Maßgabe des § 19 i Satz 3 Nrn. 1, 2 und 3 WHG überprüfen zu lassen. Anlagen mit oberirdischen Lagerbehältern zum Lagern von Heizöl EL und Dieselkraftstoff mit einem Gesamtrauminhalt von mehr als 1000 bis 5000 Liter sind in Schutzgebieten (§ 15) nach Maßgabe des § 19 i Satz 3 Nrn. 1 und 3 WHG überprüfen zu lassen.

(3) Die Kreisverwaltungsbehörde kann wegen der Besorgnis einer Wassergefährdung (§ 19 i Satz 3 Nr. 4 WHG) kürzere Prüffristen bestimmen. Sie kann im Einzelfall Anlagen nach Absatz 1 von der Prüfpflicht befreien, wenn auf Grund der örtlichen Verhältnisse und der Art der gelagerten Stoffe gewährleistet ist, daß eine von der Anlage ausgehende Wassergefährdung ebenso rechtzeitig erkannt wird wie bei Bestehen der allgemeinen Prüfpflicht.

(4) Die Prüfungen nach den Absätzen 1, 2 und 3 entfallen, soweit die Anlage zu denselben Zeitpunkten oder innerhalb gleicher oder kürzerer Zeiträume nach anderen Rechtsvorschriften zu prüfen ist und der Kreisverwaltungsbehörde ein Prüfbericht vorgelegt wird, aus dem sich der ordnungsgemäße Zustand der Anlage im Sinn dieser Verordnung und der §§ 19 g und 19 h WHG ergibt.

(5) Der Betreiber hat dem Sachverständigen vor der Prüfung die für die Anlage erteilten behördlichen Bescheide sowie die vom Hersteller ausgehändigten Bescheinigungen vorzulegen. Der Sachverständige hat über jede durchgeführte Prüfung der Kreisverwaltungsbehörde und dem Betreiber unverzüglich einen Prüfbericht vorzulegen.

(6) Die wiederkehrenden Prüfungen nach den Absätzen 1 und 2 entfallen, wenn der Betreiber der Kreisverwaltungsbehörde die Stillegung der Anlage schriftlich anzeigt und eine Bescheinigung eines Fachbetriebs (§ 19 l WHG) über die ordnungsgemäße Entleerung und Reinigung vorlegt. Maßgeblich ist der Zeitpunkt des Eingangs der Anzeige bei der Kreisverwaltungsbehörde.

18   Überprüfung und Überwachung von Anlagen für flüssige Stoffe

18.1   Überwachung durch den Betreiber

Der Anlagenbetreiber hat gemäß § 19 i WHG
– die Dichtheit der Anlage und
– die Funktionsfähigkeit der Sicherheitseinrichtungen
ständig zu überwachen.

Leckanzeigegeräte sind mindestens einmal jährlich einer Funktionskontrolle zu unterziehen. Ist der Betreiber nicht sachkundig oder verfügt er nicht über sachkundiges Personal, hat er den Abschluß eines Überwachungsvertrags mit einem zugelassenen Fachbetrieb (§ 19 i Satz 2 WHG) nachzuweisen. Erforderlichenfalls ist von der Kreisverwaltungsbehörde der Abschluß eines Überwachungsvertrags nach § 19 i Satz 2 WHG anzuordnen.

18.2 Prüfung durch Sachverständige

Vom Sachverständigen sind mindestens folgende Prüfungen durchführen zu lassen

18.2.1 bei Anlagen mit unterirdischen und oberirdischen Lagerbehältern

18.2.1.1 vor der erstmaligen Inbetriebnahme,
nach einer wesentlichen Änderung,
vor der Wiederinbetriebnahme einer länger als ein Jahr stillgelegten Anlage (§ 19 i Satz 3 Nrn. 1 und 3 WHG in Verbindung mit § 18 Abs. 1 VAwS)
– die Übereinstimmung der Anlage mit den Vorschriften der Verordnung, mit den eingeführten technischen Vorschriften und technischen Baubestimmungen (§ 3 Abs. 2 VAwS), mit den Festsetzungen der Eignungsfeststellungen, der Bauartzulassungen oder Prüfzeichenbescheide sowie mit weitergehenden Anforderungen gemäß § 8 VAwS,
– die Dichtheit der Anlage,
und soweit erforderlich
– die Dichtheit und Größe des Auffangraums. Kann der Sachverständige die Eignung und Dichtheit von Auffangräumen besonderer Größe und Bauart nicht durch Augenschein oder anhand der vom Betreiber vorzulegenden Unterlagen beurteilen, hat er dies im Prüfbericht zu vermerken. Erforderlichenfalls hat der Betreiber auf Verlangen der Kreisverwaltungsbehörde einen Bausachverständigen oder einen Sachverständigen auf dem Gebiet der Bodenmechanik oder des Erdbaus zu beauftragen (§ 8 VAwS).
Wesentliche Änderungen einer Anlage sind insbesondere Erneuerungs-, Instandsetzungs- und Umrüstungsmaßnahmen, durch welche eine Wassergefährdung zu besorgen ist (z. B. nachträglicher Einbau eines Leckanzeigegeräts [Leckschutzauskleidung, Leckanzeiger], Austausch von Behältern und Rohrleitungen);

18.2.1.2 bei der wiederkehrenden Prüfung (§ 19 i Satz 3 Nr. 2 WHG in Verbindung mit § 18 Abs. 1 VAwS)
– die Übereinstimmung der Anlage mit den Vorschriften der Verordnung,
– die Dichtheit der Anlage,
und soweit erforderlich
– die Dichtheit des Auffangraums; Nummer 18.2.1.1 gilt entsprechend;

18.2.2 bei unterirdischen Rohrleitungen, die nicht Teil einer prüfpflichtigen Lagerungsanlage sind,

18.2.2.1 vor der erstmaligen Inbetriebnahme,
nach einer wesentlichen Änderung,
vor Wiederinbetriebnahme einer länger als ein Jahr stillgelegten Anlage (§ 19 i Satz 3 Nrn. 1 und 3 WHG in Verbindung mit § 18 Abs. 1 Satz 1 Nr. 3 VAwS)
– die Übereinstimmung der Rohrleitungen mit den Vorschriften der Verordnung, mit den eingeführten technischen Vorschriften und technischen Baubestimmungen

und den Festsetzungen der Eignungsfeststellungen oder Bauartzulassungen sowie mit weitergehenden Anforderungen gemäß § 8 VAwS,
– die Dichtheit der Rohrleitungen,
– die Wirksamkeit und Funktionsfähigkeit der Sicherheitseinrichtungen für die Rohrleitungen,
– die Anordnung der Rohrleitungen; insbesondere, ob durch äußere Einwirkungen (Überfahren) die Sicherheit der Rohrleitungen gefährdet werden kann;

18.2.2.2 bei der wiederkehrenden Prüfung (§ 19 i Satz 3 Nr. 2 WHG in Verbindung mit § 18 Abs. 1 Satz 1 Nr. 3 der VAwS)
– die Übereinstimmung der Rohrleitungen mit den Vorschriften der Verordnung,
– die Dichtheit der Rohrleitungen,
– die Funktionsfähigkeit der Sicherheitseinrichtungen für die Rohrleitungen.

18.2.3 Durchführung der Prüfungen

18.2.3.1 Die Prüfungen sind bei Anlagen, die auch nach der Verordnung über brennbare Flüssigkeiten zu prüfen sind, nach der „Richtlinie für die Prüfung von Anlagen zur Lagerung, Abfüllung und Beförderung brennbarer Flüssigkeiten zu Lande (Prüfrichtlinie – TRbF 501)", bei sonstigen Anlagen sinngemäß nach dieser Prüfrichtlinie durchzuführen. In Eignungsfeststellungen, Bauartzulassungen und Prüfzeichenbescheiden vorgeschriebene besondere Anforderungen an die Prüfung bleiben unberührt.

18.2.3.2 Im Rahmen der Ordnungsprüfung gemäß TRbF 501 Nummer 2.1 (Prüfung vor Inbetriebnahme) hat sich der Sachverständige vom Betreiber alle die Anlage betreffenden behördlichen Bescheide, Bescheinigungen und Zeugnisse, soweit sie ihm auszuhändigen waren und die vom Hersteller ausgehändigten Bescheinigungen vorlegen zu lassen. Bei Prüfungen gemäß TRbF 501 Nummer 2.2 (wiederkehrende Prüfung, Prüfung nach einer wesentlichen Änderung, Prüfung nach Wiederinbetriebnahme nach § 19 i Satz 3 Nrn. 1 bis 3 WHG) hat sich der Sachverständige mindestens die wasserrechtliche Eignungsfeststellung oder Bauartzulassung sowie die gewerberechtlichen Bauartzulassungen oder baurechtlichen Prüfzeichenbescheide, die eine wasserrechtliche Eignungsfeststellung oder Bauartzulassung nach § 19 h Abs. 1 Satz 5 WHG ersetzen und die Sachverständigenprüfberichte der vorangegangenen Prüfungen vorlegen zu lassen. Gleiches gilt, soweit eine Prüfung gemäß § 19 i Satz 3 Nr. 4 WHG in Verbindung mit § 8 Satz 2 VAwS angeordnet worden ist.

18.2.4 Für die erstmalige Prüfung einer bestehenden Anlage oder von unterirdischen Rohrleitungen (§ 27 Abs. 3 VAwS) gelten die Nummern 18.2.1.1, 18.2.2.1, 18.2.3.1 und 18.2.3.2 entsprechend.

18.2.5 Kürzere Prüffristen können insbesondere bei Anlagen in der unmittelbaren Nähe oberirdischer Gewässer oder bei Anlagen im Grundwasser in Betracht kommen.
Längere Prüffristen können z. B. gestattet werden, wenn eine sachkundige Überprüfung in regelmäßigen Zeitabständen (z. B. im Rahmen eines Überwachungsvertrags) gewährleistet ist oder wenn Anlagen über die Anforderungen der Verordnung hinaus mit wirksamen, von einem Sachverständigen nach § 11 Nr. 1 VAwS geprüften Schutzvorkehrungen (z. B. Innenbeschichtung und kathodischer Korrosionsschutz

bei doppelwandigen unterirdischen Stahlbehältern) ausgestattet sind, die ein Undichtwerden innerhalb der verlängerten Prüffrist nicht befürchten lassen.

18.2.6 Prüfberichte

Über jede Prüfung stellt der Sachverständige unverzüglich nach Abschluß der Prüfung dem Betreiber einen Prüfbericht aus und übersendet eine Durchschrift des Berichts an die Kreisverwaltungsbehörde. Soweit Unterlagen vom Betreiber nicht vorgelegt werden oder technische Prüfungen noch nicht vorgenommen werden konnten oder aufgrund von Mängeln der Sachverständige eine Nachprüfung der Anlage für erforderlich hält, vermerkt dies der Sachverständige auf dem Prüfbericht und schlägt der Kreisverwaltungsbehörde die zu treffenden Anordnungen vor. Die Kreisverwaltungsbehörde ist an den Vorschlag des Sachverständigen nicht gebunden. Über jede Prüfung ist ein gesonderter Prüfbericht zu erstellen; der Prüfbericht ist entsprechend zu bezeichnen (z. B. 1. Nachprüfung zur Prüfung vom …).

18.3   Überwachungskartei

18.3.1   Die Kreisverwaltungsbehörde hat alle Anlagen mit unterirdischen Lagerbehältern, alle Anlagen mit oberirdischen Lagerbehältern mit einem Rauminhalt von mehr als 1000 l und alle unterirdischen Rohrleitungen, die nicht Teile einer prüfpflichtigen Anlage sind, in einer Kartei (Überwachungskartei) zu führen. Dies gilt auch für den Fall, daß die Kreisverwaltungsbehörde einen Dritten (z. B. TÜV) mit der Fristenkontrolle beauftragt. Die Überwachung kann – in sinnentsprechender Anwendung nachfolgender Maßgaben – auch durch ein Lochkartensystem, ein System der Randlochkarte oder andere Systeme der automatisierten Datenverarbeitung (ADV) erfolgen.

18.3.2   Die Karteiblätter haben dem Muster der Anlage zu entsprechen. Bereits bestehende Überwachungskarteien, die im wesentlichen die Angaben dieses Musters enthalten, können weitergeführt werden, wenn die ordnungsgemäße Überwachung der Prüftermine und etwa erforderlicher Nachprüfungen sichergestellt ist.

18.3.2.1   Für die Karteiblätter sind folgende Farben zu verwenden:

Rot   für Anlagen mit unterirdischen Lagerbehältern,

Blau   für Anlagen mit oberirdischen Lagerbehältern mit einem Rauminhalt von insgesamt mehr als 40 000 l und Anlagen mit oberirdischen Lagerbehältern in Schutzgebieten mit insgesamt mehr als 1000 l Rauminhalt (prüfpflichtige oberirdische Anlagen),

Grün   für Anlagen mit oberirdischen Lagerbehältern außerhalb von Schutzgebieten mit einem Rauminhalt von mehr als 1000 l bis einschließlich 40 000 l,

Weiß   für unterirdische Rohrleitungen, die nicht Teile einer prüfpflichtigen Anlage sind.

18.3.2.2   Karteiblätter für Anlagen in Schutzgebieten (§ 15 VAwS) sind in der rechten oberen Ecke mit einem „S" zu kennzeichnen. Anlagen zum Lagern von Heizöl und Dieselkraftstoff mit oberirdischen Lagerbehältern mit einem Rauminhalt von mehr als 1000 bis 5000 l in Schutzgebieten sind zusätzlich mit einem „H" oder „D" zu versehen.

18.3.2.3   Für jede Anlage ist ein eigenes Karteiblatt anzulegen. Mehrere Anlagen können ausnahmsweise auf einem Karteiblatt geführt werden, wenn sie an einem Lagerort eingebaut oder aufgestellt sind, einheitliche Schutzvorkehrungen haben und wenn diese Anlagen gleichzeitig und einheitlich nach § 18 VAwS oder nach sonstigen Vorschriften, insbesondere nach der Verordnung über brennbare Flüssigkeiten überprüft werden; gesonderte Karteiblätter sind jedoch anzulegen, wenn auf einem einzigen Karteiblatt die Zahl der Anlagen, deren Sicherheitszustand und die Prüfungsergebnisse nicht übersichtlich vermerkt werden können.

18.3.2.4   Die Karteiblätter sind getrennt nach Farben, innerhalb der gleichen Farbe nach Gemeinden zu ordnen.

18.3.3   „Andere Rechtsvorschriften" nach § 18 Abs. 4 VAwS sind in erster Linie die Verordnung über brennbare Flüssigkeiten (VbF). In dem der Kreisverwaltungsbehörde vorzulegenden Prüfungsbericht nach den anderen Rechtsvorschriften muß festgestellt sein, ob die Anlage ordnungsgemäß auch im Sinn der VAwS ist.

18.3.4   Anlagen in Betriebsanlagen der Deutschen Bundesbahn sind wegen § 38 des Bundesbahngesetzes nicht in die Überwachungskartei aufzunehmen. Als Betriebsanlagen gelten jedoch nur die Anlagen, die der Abwicklung und Sicherung des äußeren Eisenbahndienstes dienen, nicht aber Nebenbetriebe, Verwaltungsgebäude, Siedlungsbauten usw. Ebenso sind Lagerbehälter in bundeseigenen Bau- und Schirrhöfen der Wasser- und Schiffahrtsverwaltung des Bundes, die der Unterhaltung der Bundeswasserstraßen dienen, wegen § 48 des Bundeswasserstraßengesetzes nicht in die Überwachungskartei aufzunehmen.

§ 19   Erweiterte Anwendung der Verordnung über brennbare Flüssigkeiten

Die §§ 2 bis 24, 26 und 28 VbF sind in ihrer jeweils geltenden Fassung auf Anlagen zum Lagern und Abfüllen brennbarer Flüssigkeiten im Sinn der Verordnung über brennbare Flüssigkeiten auch dann anzuwenden, wenn diese Anlagen nicht in den Geltungsbereich der Verordnung über brennbare Flüssigkeiten fallen. Dies gilt nicht für die in § 1 Abs. 3 und 4 VbF bezeichneten Anlagen. Für die Zuständigkeit gelten die Vorschriften des Gewerberechts entsprechend.

19   **Erweiterte Anwendung der Verordnung über brennbare Flüssigkeiten**

19.1   Nach ihrem § 1 Abs. 1 gilt die Verordnung über brennbare Flüssigkeiten für die Errichtung und den Betrieb von Anlagen zur Lagerung, Abfüllung oder Beförderung brennbarer Flüssigkeiten zu Lande, sofern diese Anlagen gewerblichen Zwecken dienen oder im Rahmen wirtschaftlicher Unternehmungen Verwendung finden oder soweit es der Arbeitsschutz erfordert.
§ 19 VAwS bestimmt, daß die Verordnung über brennbare Flüssigkeiten über ihren eigenen Anwendungsbereich hinaus insbesondere auch auf Anlagen im privaten Bereich anzuwenden ist.

19.2   Von der erweiterten Anwendung der Verordnung über brennbare Flüssigkeiten werden nicht erfaßt
– Anlagen zum Lagern und Abfüllen im Bereich der Deutschen Bundesbahn und der Nebenbetriebe, die den Bedürfnissen des Eisenbahn- und Schiffahrtsbetriebs der Deutschen Bundesbahn zu dienen bestimmt sind,

– Anlagen zum Lagern und Abfüllen im Bereich der Bundeswehr, soweit keine Arbeitnehmer oder nur vorübergehend Arbeitnehmer anstelle von Soldaten beschäftigt werden,
– Anlagen zum Lagern und Abfüllen in Unternehmen des Bergwesens,
– Anlagen und Behälter nach § 2 VbF.

19.3   Die Zuständigkeiten für den Vollzug der über § 19 VAwS anzuwendenden gewerberechtlichen Vorschriften richten sich nach der Verordnung über Zuständigkeiten auf dem Gebiet des Arbeitsschutzes und des Sprengwesens (ArbSprV), derzeit vom 21. Oktober 1980 (GVBl S. 535), in der jeweils geltenden Fassung.
Anordnungen und Entscheidungen im Hinblick auf Anlagen, die sowohl gewerberechtlichen oder bergrechtlichen als auch wasserrechtlichen Vorschriften unterliegen, sind, soweit ein Einvernehmen nicht erforderlich ist, von den Gewerbeaufsichts- bzw. Bergämtern und den Kreisverwaltungsbehörden im gegenseitigen Benehmen zu treffen. Gewerbeaufsichtsämter, Bergämter und Kreisverwaltungsbehörden haben sich unverzüglich gegenseitig zu unterrichten. Die Zusammenarbeit zwischen Gewerbeaufsichtsämtern, Bergämtern und Kreisverwaltungsbehörden wird in einer gesonderten Bekanntmachung näher geregelt.

§ 20   Anforderungen an Lagerräume in Gebäuden für Heizöl oder Dieselkraftstoff

(1) Werden mehr als 5000 Liter Heizöl oder Dieselkraftstoff in Gebäuden gelagert, so ist ein besonderer Lagerraum erforderlich, der nicht anderweitig genutzt werden darf. Die Lagermenge darf 100 000 Liter je Lagerraum nicht überschreiten.

(2) Wände und Stützen der Lagerräume sowie Decken über und unter den Lagerräumen müssen feuerbeständig sein und aus nichtbrennbaren Baustoffen bestehen. Zugänge in diesen Wänden müssen mit mindestens feuerhemmenden und selbstschließenden Türen oder entsprechenden Klappen versehen sein; dies gilt nicht für Zugänge vom Freien. Fußböden müssen ölundurchlässig sein; sie, sowie Einbauten und Unterteilungen, müssen aus nichtbrennbaren Baustoffen bestehen. Die Räume müssen gelüftet und von der Feuerwehr vom Freien beschäumt werden können. Ausnahmen können gestattet werden, wenn keine Bedenken wegen des Brandschutzes bestehen.

(3) An den Zugängen zu den Lagerräumen muß ein gut sichtbarer, dauerhafter Anschlag mit der Aufschrift „Heizöllagerung" oder „Dieselkraftstofflagerung" vorhanden sein.

(4) Die Lagerräume müssen eine Anlage zur elektrischen Beleuchtung haben.

(5) Lüftungsleitungen, die der Lüftung anderer Räume dienen, müssen, soweit sie durch die Lagerräume führen, eine Feuerwiderstandsdauer von mindestens 90 Minuten haben.

§ 21   Anforderungen für das Lagern von Heizöl oder Dieselkraftstoff in Gebäuden außerhalb eigener Lagerräume

(1) In Wohnungen darf Heizöl oder Dieselkraftstoff
  1. in ortsfesten Behältern bis zu 100 Liter und
  2. in Kanistern bis zu 40 Liter
gelagert werden.

(2) Außerhalb von Wohnungen dürfen Heizöl oder Dieselkraftstoff bis zu 5000 Liter je Gebäude, bei Unterteilung in Brandabschnitte je Abschnitt, in Räumen ohne Feuerstätten gelagert werden, wenn bei Lagerung von mehr als 1000 Liter Heizöl oder Dieselkraftstoff die Räume mindestens feuerhemmende Wände und Decken haben; die Räume müssen gelüftet werden können. In Gebäuden mit mehr als zwei Vollgeschossen müssen die Räume mit mindestens feuerhemmenden und selbstschließenden Türen gegen den Treppenraum versehen sein.

(3) Außerhalb von Wohnungen darf Heizöl in ortsfesten Behältern bis zu 5000 Liter in Räumen mit Feuerstätten gelagert werden, wenn
  1. der Raum die Anforderungen des § 20 Abs. 2 Sätze 3 bis 5, Abs. 4 und 5 erfüllt und nicht anderweitig genutzt wird,
  2. die Feuerstätten außerhalb eines Auffangraumes für auslaufendes Heizöl stehen und
  3. die Behälter von der Feuerungsanlage einen Abstand von mindestens 1 m haben; ein geringerer Abstand kann gestattet werden, wenn ein Strahlungsschutz vorhanden ist.

(4) In Einfamilienhäusern darf Heizöl bis zu 5000 Liter in Räumen mit Feuerstätten gelagert werden, wenn
  1. die Feuerstätten außerhalb eines Auffangraumes für auslaufendes Heizöl stehen und
  2. die Behälter von der Feuerungsanlage einen Abstand von mindestens 1 m haben; ein geringerer Abstand kann gestattet werden, wenn ein Strahlungsschutz vorhanden ist.

(5) In Nebengebäuden darf Heizöl oder Dieselkraftstoff bis zu 5000 Liter in Räumen ohne Feuerstätten gelagert werden, wenn
  1. in diesen Gebäuden zusätzlich keine leicht entflammbaren Stoffe gelagert werden und
  2. bei Lagerung von mehr als 1000 Liter Heizöl oder Dieselkraftstoff der Raum die Anforderungen nach Absatz 2 erfüllt oder die Gebäude von einem Hauptgebäude einen Abstand von mindestens 10 m haben oder von diesem durch feuerhemmende Wände mit feuerhemmenden und selbstschließenden Türen oder Klappen getrennt sind.

(6) Werden mehr als 1000 Liter Heizöl oder Dieselkraftstoff im Gebäude außerhalb von Wohnungen oder in Nebengebäuden gelagert, so müssen für die Brandklassen A, B und C geeignete Feuerlöscher mit mindestens 6 kg Löschmittelinhalt in der Nähe der Lagerbehälter griffbereit vorhanden sein.

§ 22   Lagern von Heizöl oder Dieselkraftstoff im Freien

Wird Heizöl oder Dieselkraftstoff im Freien oberirdisch gelagert, so müssen die Anlagen von Bauteilen aus brennbaren Baustoffen mindestens 10 m und von den Grenzen der Nachbargrundstücke mindestens 2,50 m entfernt sein. Die Anlagen dürfen mit Ausnahme von Tankstellen nicht dem allgemeinen Verkehr zugänglich sein.

Dritter Abschnitt   Lagern fester Stoffe; Umschlagen fester und flüssiger Stoffe

§ 23   Anlagen einfacher oder herkömmlicher Art zum Lagern fester Stoffe
(zu § 19 h Abs. 1 WHG)

Anlagen zum Lagern fester Stoffe sind einfacher oder herkömmlicher Art, wenn die Anlagen eine gegen die gelagerten Stoffe unter allen Betriebs- und Witterungsbedingungen beständige und undurchlässige Bodenfläche haben und die Stoffe
1. in dauernd dicht verschlossenen, gegen nichtbeabsichtigte Beschädigung geschützten und gegen Witterungseinflüsse und das Lagergut beständigen Behältern oder Verpackungen oder
2. in geschlossenen Lagerräumen
gelagert werden. Geschlossenen Lagerräumen stehen überdachte Lagerplätze gleich, die gegen Witterungseinflüsse durch Überdachung und seitlichen Abschluß so geschützt sind, daß das Lagergut nicht austreten kann.

23   Anlagen einfacher oder herkömmlicher Art zum Lagern fester Stoffe

23.1   Von festen Stoffen gehen Gefahren für Gewässer dann aus, wenn sie direkt oder in flüssiger Phase, d. h. in Wasser gelöst wie eine Flüssigkeit, in Gewässer gelangen können. Zu den wassergefährdenden festen Stoffen sind insbesondere Beizsalze, Härtesalze, Chromate, Metallsalze, pulverförmige Gifte u. a. zu zählen; aber auch Kunstdünger, Phosphate und Waschmittel können Gewässer nachhaltig nachteilig verändern.

23.2   Hinsichtlich der Anforderungen an die Bodenfläche vgl. Nummer 14.2.

23.3   § 23 Nr. 1 VAwS ist regelmäßig erfüllt, wenn die wassergefährdenden festen Stoffe in bruchsicheren Behältern gelagert werden. Eine Verpackung in Plastiksäcken reicht nur dann aus, wenn sichergestellt ist, daß ein Anfahren der Plastiksäcke mit Lademaschinen oder dergleichen nicht möglich ist.

23.4   Soweit wassergefährdende feste Stoffe auf überdachten Lagerplätzen in loser Schüttung gelagert werden, muß durch allseitigen Abschluß sichergestellt sein, daß das Lagergut nicht außerhalb des überdachten Bereichs gelangen kann.

§ 24   Anlagen einfacher oder herkömmlicher Art zum Umschlagen fester und flüssiger Stoffe
(zu § 19 h Abs. 1 Satz 1 WHG)

Anlagen zum Umschlagen fester und flüssiger Stoffe sind einfacher oder herkömmlicher Art, wenn

1. der Platz, auf dem umgeschlagen wird, eine gegen die Stoffe unter allen Betriebs- und Witterungsbedingungen beständige und undurchlässige Bodenfläche hat,
2. die Bodenfläche durch ein Gefälle, Bordschwellen oder andere technische Schutzvorkehrungen zu einem Auffangraum ausgebildet ist, der über ein dichtes Ableitungssystem an eine Sammel-, Abscheide- oder Aufbereitungsanlage angeschlossen ist, und
3. beim Umschlag von flüssigen Stoffen und Schüttgut die Anlage zusätzlich mit Einrichtungen ausgestattet ist oder Vorkehrungen getroffen sind, durch die ein Austreten der festen oder flüssigen Stoffe vermieden wird, und wenn für die Einrichtungen oder Vorkehrungen eine wasserrechtliche oder gewerberechtliche Bauartzulassung oder ein baurechtliches Prüfzeichen erteilt ist (§ 19 h Abs. 1 Sätze 2 und 5 WHG).

24   Anlagen einfacher oder herkömmlicher Art zum Umschlagen fester und flüssiger Stoffe

24.1   Hinsichtlich der Anforderungen an die Bodenfläche vgl. Nummer 14.2.

24.2   Als Einrichtungen oder Vorkehrungen, durch die ein Austreten vermieden wird, kommen selbsttätige Abfüll- oder Überfüllsicherungen (z. B. vom Gewicht abhängige Steuereinrichtungen) in Betracht, durch die rechtzeitig vor Erreichen des zulässigen Füllstandes der Umschlagvorgang unterbrochen oder akustischer Alarm ausgelöst wird.

Vierter Abschnitt   Verhältnis zu anderen Regelungen

§ 25   Eignungsfeststellungen und andere behördliche Entscheidungen

(1) Wird für ein Vorhaben, mit dem die Verwendung einer Anlage zum Lagern, Abfüllen oder Umschlagen wassergefährdender Stoffe verbunden ist, ein Verfahren zur Erteilung einer anderen behördlichen Entscheidung nach gewerbe-, berg- oder baurechtlichen Vorschriften durchgeführt, so entscheidet die hierfür zuständige Behörde über die Erteilung einer Eignungsfeststellung im Einvernehmen mit der Kreisverwaltungsbehörde.

(2) Wären nach Absatz 1 mehrere Behörden zuständig, so entscheidet über die Eignungsfeststellung die für den Vollzug des Gewerberechts zuständige Behörde im Einvernehmen mit der Kreisverwaltungsbehörde.

25   Eignungsfeststellungen und andere behördliche Entscheidungen

Als Anlagen zum Lagern und Abfüllen gasförmiger Stoffe kommen in Betracht:
Druckbehälter, Druckgasbehälter und Füllanlagen im Sinn des § 3 Abs. 1, 3, 5 und 6 der Druckbehälterverordnung vom 27. Februar 1980 (BGBl I S. 184).
Die Errichtung und der Betrieb einer Füllanlage, in der Druckgase in Druckgasbehälter zur Abgabe an andere abgefüllt werden, bedürfen nach § 26 Abs. 1 der Druckbehälterverordnung einer Erlaubnis.

Dritter Teil   Bußgeldvorschrift

§ 33 Ordnungswidrigkeiten

(1) Nach Art. 95 Abs. 2 Nr. 1 Buchst. b BayWG kann mit Geldbuße bis zu einhunderttausend Deutsche Mark belegt werden, wer vorsätzlich oder fahrlässig

1. entgegen § 3 Abs. 1 hinsichtlich der Beschaffenheit von Anlagen, insbesondere technischem Aufbau, Werkstoff oder Korrosionsschutz, die allgemein anerkannten Regeln der Technik nicht einhält,
2. eine Auflage nicht erfüllt, die in einer Bauartzulassung nach § 5 festgesetzt ist,
3. entgegen § 9 eine Anlage, Teile einer Anlage oder technische Schutzvorkehrungen einbaut oder aufstellt, deren Eignung nicht festgestellt ist,
4. entgegen § 10 Abs. 1 bei Schadensfällen oder Betriebsstörungen eine Anlage nicht unverzüglich außer Betrieb nimmt oder entleert,
5. entgegen § 10 Abs. 2 oder Abs. 3 das Austreten oder den Verdacht des Austretens wassergefährdender Stoffe nicht unverzüglich anzeigt,
6. entgegen § 15 Abs. 1 und 2 in Schutzgebieten eine Anlage, Anlagenteile oder Schutzvorkehrungen einbaut, aufstellt oder verwendet,
7. entgegen § 16 Abs. 1 die Kennzeichnung nicht oder nicht richtig anbringt,
8. entgegen § 17 Abs. 1 Rohre und Schläuche verwendet, die nicht dicht und tropfsicher verbunden sind,
9. entgegen § 17 Abs. 2 Lagerbehälter ohne selbsttätig schließende Abfüll- oder Überfüllsicherungen befüllt oder befüllen läßt,
10. entgegen § 31 den Übergang des Betriebs auf einen anderen Inhaber oder das Ausscheiden der für die technische Leitung des Betriebs bestellten Personen nicht unverzüglich anzeigt.

(2) Nach Art. 38 Abs. 4 des Landesstraf- und Verordnungsgesetzes kann mit Geldbuße belegt werden, wer vorsätzlich oder fahrlässig in den Fällen der erweiterten Anwendung der Verordnung über brennbare Flüssigkeiten gemäß § 19

1. eine Anlage ohne Erlaubnis nach § 9 Abs. 3 VbF errichtet oder betreibt oder entgegen § 10 VbF wesentlich ändert oder nach einer wesentlichen Änderung betreibt,
2. entgegen § 4 Abs. 1 VbF in Verbindung mit Nummer 320 des Anhangs II VbF eine erfahrene und fachkundige Person für die Erprobung nicht bestellt,
3. entgegen § 11 VbF brennbare Flüssigkeiten lagert,
4. entgegen § 12 Abs. 2 VbF eine nicht zugelassene Einrichtung verwendet,
5. entgegen § 17 VbF eine nach der Verordnung über brennbare Flüssigkeiten vorgeschriebene Prüfung nicht oder nicht rechtzeitig veranlaßt,
6. entgegen § 18 Abs. 2 VbF eine Bescheinigung oder deren Zweitschrift nicht bei der Anlage aufbewahrt,

7. entgegen § 19 Abs. 1 VbF eine Anlage vor Erteilung der Bescheinigung in Betrieb nimmt oder wieder in Betrieb nimmt,
8. entgegen § 20 Abs. 2 Satz 1 VbF eine Anlage nicht unverzüglich entleert,
9. entgegen § 21 Abs. 2 Satz 1 VbF eine Anlage betreibt,
10. eine Anzeige nach § 8 Abs. 4 Satz 1, § 22 oder § 23 Abs. 1 Satz 1 VbF nicht richtig, nicht vollständig oder nicht rechtzeitig erstattet.

33   Ordnungswidrigkeiten

Für die Bemessung der Geldbußen in Ordnungswidrigkeitenverfahren nach § 33 VAwS wird auf den Bußgeldkatalog Gewässerschutz (vgl. Bek vom 5. 10. 1977, MABl S. 688) in der jeweils geltenden Fassung hingewiesen.

Vierter Teil   Übergangs- und Schlußvorschriften

§ 34   Bestehende Anlagen; frühere Eignungsfeststellungen

(1) Die Vorschriften dieser Verordnung gelten mit Ausnahme der §§ 20 bis 22 auch für Anlagen, die bei Inkrafttreten dieser Vorschriften bereits eingebaut oder aufgestellt waren (bestehende Anlagen).

(2) Für bestehende Anlagen gilt die Eignungsfeststellung als erteilt, wenn die Verwendung am 1. Oktober 1976 nach bisherigem Recht zulässig war. Die Kreisverwaltungsbehörde kann an die Anlage zusätzliche Anforderungen stellen, wenn das zur Erfüllung des § 19 g Abs. 1 oder Abs. 2 WHG erforderlich ist.

(3) Die Feststellung der Eignung mit allgemeiner Wirkung nach den §§ 4 und 10 der Verordnung über das Lagern wassergefährdender und brennbarer Flüssigkeiten (Lagerverordnung – VLwF) in der Fassung der Bekanntmachung vom 11. Juni 1975 (GVBl S. 161)[1] gilt als für den Geltungsbereich dieser Verordnung wirksame allgemeine Eignungsfeststellung bis zum Ablauf ihrer Geltungsdauer fort.

34   Bestehende Anlagen, frühere Eignungsfeststellungen

34.1   § 34 Abs. 2 VAwS betrifft nur Anlagen, die bereits vor dem 1. Oktober 1976 eingebaut oder aufgestellt waren.
Die Eignungsfeststellung gilt als erteilt, wenn diese Anlagen den Vorschriften der Lagerverordnung bzw. des Bau-, Gewerbe-, Berg- und Immissionsschutzrechts und den Vorschriften für den Transport gefährlicher Güter entsprachen.

34.2   Zusätzliche Anforderungen an die in Nummer 34.1 genannten Anlagen sind dann zu stellen, wenn die VAwS dies für Neuanlagen nunmehr vorsieht (z. B. einfache oder herkömmliche Rohrleitungen im Sinn des § 13 Abs. 2 VAwS bei Lagerungsanlagen in Schutzgebieten).

---

[1] Die Lagerverordnung in der Fassung der Bekanntmachung vom 11. Juni 1975 (GVBl S. 161) trat nach § 28 Satz 2 der Anlagenverordnung vom 1. Dezember 1981 (GVBl S. 514) am 1. Januar 1982 außer Kraft.

34.2.1 Läßt die VAwS gleichzeitig Ausnahmen von diesen Anforderungen zu (z. B. § 15 Abs. 3 VAwS), so ist im Einzelfall zu prüfen, ob die bestehende Anlage unverändert weiterbetrieben werden kann. Maßstab dafür ist, ob die Erfüllung der zusätzlichen Anforderungen für den Betreiber der Anlage eine unbillige Härte darstellen würde und das Wohl der Allgemeinheit, insbesondere der Besorgnisgrundsatz des § 19 g Abs. 1 WHG, der Beibehaltung des bestehenden Zustands nicht entgegensteht.

34.2.2 Einwandige Behälter mit Leckanzeige- und Sicherungsgerät
Anlagen zum Lagern mit einwandigen Behältern, die mit einem Leckanzeige- und Sicherungsgerät ausgerüstet sind, erfüllen die Anforderungen des § 19 g Abs. 1 WHG. Gleiches gilt für die dazugehörigen Rohrleitungen, soweit sie vom Leckanzeige- und Sicherungsgerät mit überwacht werden.

34.2.3 Einwandige unterirdische Stahlbehälter
34.2.3.1 Einwandige unterirdische Stahlbehälter zum Lagern von wassergefährdenden brennbaren Flüssigkeiten der Gefahrklassen A I, A II und B (§ 3 Abs. 1 VbF) erfüllen, soweit sie entsprechend Nummer 17 – 4 der Bekanntmachung zum Vollzug der Verordnung über das Lagern wassergefährdender Flüssigkeiten vom 7. Oktober 1965 (MABl S. 529), zuletzt geändert durch Bekanntmachung vom 27. März 1975 (MABl S. 382), umgerüstet sind, die Anforderungen des § 19 g Abs. 1 WHG. Danach müssen folgende Voraussetzungen erfüllt sein:

34.2.3.1.1 Einwandige unterirdische Stahlbehälter müssen durch eine kathodische Korrosionsschutzanlage (KKS-Anlage) nach der „Richtlinie für den kathodischen Korrosionsschutz von unterirdischen Tanks und Betriebsrohrleitungen aus Stahl (TRbF 408)" gegen Außenkorrosion geschützt sein. Auf den Einbau einer KKS-Anlage kann nur verzichtet werden, wenn der Sachverständige nach § 16 Abs. 1 Nr. 1 VbF aufgrund der Prüfungen nach TRbF 408 bestätigt hat, daß eine die Dichtheit des Behälters beeinflussende Außenkorrosion nicht zu besorgen ist.
Die KKS-Anlage ist wiederkehrend alle drei Jahre vom Sachverständigen nach § 16 Abs. 1 Nr. 1 VbF zu prüfen. Ist eine KKS-Anlage aufgrund der Bestätigung des Sachverständigen nicht eingebaut worden, ist in der gleichen Frist nachzuprüfen, ob auf den Einbau eine KKS-Anlage auch weiterhin verzichtet werden kann.

34.2.3.1.2 Zum Schutz gegen Innenkorrosion muß der Behälter nach der „Richtlinie für Innenbeschichtungen von Tanks zur Lagerung brennbarer Flüssigkeiten der Gefahrklasse A I, A II und B (TRbF 401)" innenbeschichtet sein. Der Beschichtungswerkstoff und das Beschichten müssen TRbF 401 entsprechen. Die Innenbeschichtung darf nur mit einem Mittel und in einer Art und Weise vorgenommen werden, die gemäß § 11 a VbF in der Fassung vom 5. Juni 1970 (BGBl I S. 689) oder § 12 VbF vom 27. Februar 1980 (BGBl I S. 229) für das jeweilige Lagergut der Bauart nach zugelassen worden sind und nur von einem Unternehmen aufgebracht werden, das dafür eine Zulassung nach § 11 a VbF in der Fassung vom 5. Juni 1970 (BGBl I S. 689) oder nach § 12 VbF vom 27. Februar 1980 (BGBl I S. 229) besitzt.

34.2.3.1.3 Bestehende Lagerbehälter, die diesen Anforderungen nicht entsprechen, sind unverzüglich entsprechend umzurüsten oder entsprechend Nummer 13.1.2 auszurüsten. Von einer Umrüstung kann jedoch abgesehen werden, wenn der Behälter innerhalb der nächsten drei Jahre stillgelegt werden soll. Für die Verwendung des

Behälters über diesen Zeitraum hinaus kann eine Eignungsfeststellung unter folgenden Voraussetzungen erteilt werden
– der Behälter muß durch einen Sachverständigen nach § 16 Abs. 1 Nr. 1 VbF innenbesichtigt werden,
– der Sachverständige muß aufgrund der Innenbesichtigung zu dem Ergebnis kommen, daß eine Innenkorrosion für die weitere Verwendungsdauer nicht zu besorgen ist,
– im Hinblick auf die Außenkorrosion muß vom Betreiber der tatsächliche Einbau einer KKS-Anlage nachgewiesen sein oder ein Gutachten vorgelegt werden, daß aufgrund einer Sachverständigenbeurteilung gemäß TRbF 408 auf den Einbau einer KKS-Anlage verzichtet werden kann.

Die Eignungsfeststellung ist bis zum vorgesehenen Termin der Stillegung des Behälters, längstens jedoch auf drei Jahre, zu befristen. In der Eignungsfeststellung ist für die Zeit nach dem vorgesehenen Zeitpunkt der Stillegung des Behälters die Stillegung des Behälters anzuordnen. Der Behälter ist unverzüglich stillzulegen, wenn der Sachverständige bei der Innenbesichtigung Korrosionsstellen mit Tiefen von 50 v. H. der Wanddicke oder mehr feststellt. Soll der Behälter länger als drei Jahre betrieben werden, kann er unter den Voraussetzungen der Nummern 34.2.3.1.1 und 34.2.3.1.2 der Eignung nach festgestellt werden.

34.2.3.2   Einwandige unterirdische Stahlbehälter zur Lagerung wassergefährdender brennbarer Flüssigkeiten der Gefahrklasse A III erfüllen die Anforderungen des § 19 g Abs. 1 WHG, wenn sie zum Schutz gegen Außenkorrosion den Anforderungen der Nummer 34.2.3.1.1 entsprechen und zum Schutz gegen Innenkorrosion nach der „Richtlinie für Innenbeschichtungen von Tanks zur Lagerung brennbarer Flüssigkeiten der Gefahrklasse A III (TRbF 402)" innenbeschichtet sind. Der Beschichtungswerkstoff und das Beschichten müssen TRbF 402 entsprechen.
Im übrigen gelten die Nummern 34.2.3.1.2 und 34.2.3.1.3 entsprechend.

34.2.3.3   Einwandige unterirdische Mehrkammerbehälter aus Stahl zur Lagerung wassergefährdender und brennbarer Flüssigkeiten der Gefahrklassen A I und A III erfüllen, soweit sie entsprechend Nummer 17–5 der Bekanntmachung zum Vollzug der Verordnung über das Lagern wassergefährdender Flüssigkeiten vom 7. Oktober 1965 (MABl S. 529), zuletzt geändert durch Bekanntmachung vom 27. März 1975 (MABl S. 382), umgerüstet sind, die Anforderungen des § 19 g Abs. 1 WHG. Danach müssen folgende Voraussetzungen erfüllt sein:

34.2.3.3.1   Der gesamte Lagerbehälter muß gegen Außenkorrosion entsprechend Nummer 34.2.3.1.1 geschützt sein.

34.2.3.3.2   Die Abteile zur Lagerung von Flüssigkeiten mit Gefahrklasse A I müssen gegen Innenkorrosion entsprechend Nummer 34.2.3.1.2, die Abteile zur Lagerung von Flüssigkeiten mit Gefahrklasse A III entsprechend Nummer 34.2.3.2 geschützt sein.

34.2.4   Einwandige unterirdische Behälter aus glasfaserverstärktem Kunststoff (GFK-Behälter)
Einwandige unterirdische GFK-Behälter zur Lagerung von Heizöl EL nach DIN 51603 und Dieselkraftstoff nach DIN 51601 erfüllen die Anforderungen des § 19 g Abs. 1 WHG, wenn sie den Anforderungen der Bekanntmachung über die Eignungsfeststellung für einwandige Lagerbehälter aus glasfaserverstärktem Kunststoff

(GFK) vom 26. November 1976 (MABl S. 959) entsprechen. Danach müssen folgende Voraussetzungen erfüllt sein:

34.2.4.1   Behälter, für die **keine** Freistellung vom Auffangraum durch das Staatsministerium des Innern erteilt worden ist
– Die Behälter müssen gemäß § 11 a VbF in der Fassung vom 5. Juni 1970 (BGBl I S. 689) gewerberechtlich der Bauart nach zugelassen worden sein.
– Für die Behälter muß von der obersten für den Vollzug der Vorschriften über das Lagern wassergefährdender Flüssigkeiten zuständigen Behörde eines anderen Landes eine entsprechende wasserrechtliche Eignungsbescheinigung erteilt worden sein.
– Die Behälter dürfen unter dem möglichen Flüssigkeitsspiegel keine Anschlüsse oder verschließbaren Öffnungen haben.
– Die Behälter dürfen nicht zum Lagern in Schutzgebieten im Sinn des § 15 Abs. 4 VAwS verwendet werden, soweit sie nach dem 23. September 1974 eingebaut worden sind. An Behälter, die vor dem 23. September 1974 in Schutzgebieten im Sinn des § 15 Abs. 4 VAwS eingebaut worden sind, sind keine zusätzlichen Anforderungen nach § 34 Abs. 2 VAwS zu stellen. Besondere Anforderungen im Einzelfall nach § 19 g Abs. 1 WHG in Verbindung mit Art. 68 Abs. 3 BayWG oder Maßnahmen nach § 19 WHG in Verbindung mit Art. 35, 36 und 40 BayWG bleiben unberührt.

34.2.4.2   Behälter, für die eine Freistellung vom Auffangraum durch das Staatsministerium des Innern erteilt worden ist
– Die Behälter müssen den jeweiligen Bedingungen und Auflagen der Freistellung vom Auffangraum entsprechen. Dabei ist zu beachten, daß seit September 1974 diese Freistellungen vom Auffangraum nicht mehr für das Lagern in Schutzgebieten im Sinn des § 15 Abs. 4 VAwS gelten. An vorher aufgrund der Bescheide in Schutzgebieten eingebaute Behälter sind keine zusätzlichen Anforderungen nach § 34 Abs. 2 VAwS zu stellen. Besondere Anforderungen im Einzelfall nach § 19 g WHG in Verbindung mit Art. 68 Abs. 3 BayWG oder Maßnahmen nach § 19 WHG in Verbindung mit Art. 36, 37 und 40 BayWG bleiben unberührt.

34.2.5   Unterirdische einwandige Rohrleitungen aus Kupfer
Zusätzliche Anforderungen an unterirdisch verlegte einwandige Rohrleitungen aus Kupfer sind generell nicht zu stellen. Anordnungen im Einzelfall nach § 19 g Abs. 1 WHG in Verbindung mit Art. 68 Abs. 3 BayWG bleiben unberührt.

34.3   Bestehende Anlagen, die aufgrund der VAwS einer erstmaligen Prüfung zu unterziehen sind, sind unterirdische Rohrleitungen von Anlagen mit oberirdischen Lagerbehältern mit weniger als 40 000 l Gesamtrauminhalt.

§ 36   Inkrafttreten

Diese Verordnung tritt am 1. April 1984 in Kraft. Gleichzeitig tritt die Verordnung über Anlagen zum Lagern, Abfüllen und Umschlagen wassergefährdender Stoffe (Anlagenverordnung-VAwS) vom 1. Dezember 1981 (GVBl S. 514, BayRS 753-1-4-I), geändert durch Verordnung vom 7. März 1983 (GVBl S. 105), außer Kraft.

2.1.3 Verordnung über Anlagen zum Lagern, Abfüllen und Umschlagen wassergefährdender Stoffe mit Zuordnung der Verwaltungsvorschriften zum Vollzug der Verordnung über Anlagen zum Lagern, Abfüllen und Umschlagen wassergefährdender Stoffe – Hessen

Verordnung über Anlagen zum Lagern, Abfüllen und Umschlagen wassergefährdender Stoffe und die Zulassung von Fachbetrieben (Anlagenverordnung – VAwS)[1]

Vom 23. März 1982 (GVBl. I S. 74)

Auf Grund des § 26 Abs. 2 und des § 126 Abs. 1 des Hessischen Wassergesetzes in der Fassung vom 12. Mai 1981 (GVBl. I S. 154) wird im Einvernehmen mit dem Minister des Innern, dem Sozialminister und dem Minister für Wirtschaft und Technik verordnet:

Inhaltsübersicht

Erster Teil   Allgemeine Vorschriften
§ 1   Anwendungsbereich
§ 2   Lagerbehälter und Rohrleitungen
§ 3   Allgemein anerkannte Regeln der Technik
§ 4   Anforderungen an Rohrleitungen
§ 5   Zuständigkeit für Eignungsfeststellung und Bauartzulassung
§ 6   Umfang von Eignungsfeststellung und Bauartzulassung
§ 7   Voraussetzungen für Eignungsfeststellung und Bauartzulassung
§ 8   Eignungsfeststellung und andere öffentlich-rechtliche Entscheidungen
§ 9   Weitergehende Anforderungen
§ 10   Allgemeine Betriebs- und Verhaltensvorschriften
§ 11   Einbau und Aufstellung von Anlagen
§ 12   Sachverständige

Zweiter Teil   Lagern und Abfüllen flüssiger Stoffe
§ 13   Anlagen einfacher oder herkömmlicher Art
§ 14   Abfüllplätze
§ 15   Anlagen in Schutzgebieten
§ 16   Kennzeichnungspflicht, Merkblatt
§ 17   Befüllen und Entleeren
§ 18   Prüfung von Anlagen

Dritter Teil   Lagern fester Stoffe; Umschlagen fester und flüssiger Stoffe
§ 19   Anlagen einfacher oder herkömmlicher Art zum Lagern fester Stoffe
§ 20   Anlagen einfacher oder herkömmlicher Art zum Umschlagen fester und flüssiger Stoffe

Vierter Teil   Zulassung von Fachbetrieben
§ 21   Fachbetriebe
§ 22   Anlagenarten und Tätigkeitsgruppen
§ 23   Voraussetzungen für die Zulassung und deren Widerruf
§ 24   Fachliche Eignung und ausreichende betriebliche Ausstattung
§ 25   Nachweis der fachlichen Eignung und der ausreichenden betrieblichen Ausstattung
§ 26   Betriebliche Veränderungen
§ 27   Wiederkehrende Prüfungen
§ 28   Vorläufig zugelassene Betriebe

---

[1] hier ohne Abdruck der Anlagen und der Regelungen über die Zulassung von Fachbetrieben

Fünfter Teil   Bußgeldbestimmungen
§ 29   Ordnungswidrigkeiten

Sechster Teil   Übergangs- und Schlußvorschriften
§ 30   Bestehende Anlagen, frühere Eignungsfeststellungen
§ 31   Anzeigen nach § 26 Hessisches Wassergesetz
§ 32   Inkrafttreten

Verwaltungsvorschriften zum Vollzug der Verordnung über Anlagen zum Lagern, Abfüllen und Umschlagen wassergefährdender Stoffe und die Zulassung von Fachbetrieben (VVAwS) vom 23. März 1982 (GVBl. I S. 74)[1]

Gem. RdErl. v. 26. 3. 1982 (StAnz. S. 808)

Gemeinsamer Runderlaß, zugleich im Namen des Sozialministers, des Ministers für Wirtschaft und Technik und des Ministers des Innern

I.   Die VAwS füllt die bundes- und landesgesetzlichen Regelungen über den Umgang mit wassergefährdenden Stoffen, die §§ 19 g bis k WHG und 26 HWG, aus; gemeinsam mit den genannten Bestimmungen regelt sie die Anforderungen an die von ihr erfaßten Anlagen.

II.   Die VAwS wird entsprechend den wasserrechtlichen Zuständigkeiten der §§ 90 ff HWG vollzogen. Sonderzuständigkeiten werden in ihr lediglich für Eignungsfeststellungen (obere Wasserbehörde), Bauartzulassungen (oberste Wasserbehörde) und die Anerkennung von Fachbetrieben (untere Wasserbehörde) geschaffen.

Zur Gewährleistung eines optimalen Gewässerschutzes ist eine enge Zusammenarbeit aller Fachbehörden geboten, die für Anlagen zum Umgang mit wassergefährdenden Stoffen auf Grund verschiedener Rechtsvorschriften zuständig sind; dies gilt insbesondere für die Gewerbe-, Berg- und Bauaufsichtsbehörden. Soweit diese im Rahmen ihrer Zuständigkeiten Kenntnis von Tatsachen erlangen, die wasserrechtlich von Bedeutung sein können, haben sie umgehend die zuständigen Wasserbehörden zu informieren, soweit nicht zwingende gesetzliche Vorschriften dem entgegenstehen.

Die VAwS steht als wasserrechtliche Vorschrift selbständig neben den Bestimmungen des Bau-, Gewerbe- und Abfallbeseitigungsrechts. Bei Bauartzulassungen und sonstigen Genehmigungen von Anlagen nach anderen Rechtsvorschriften ist jedoch eine frühzeitige Abstimmung mit den Wasserbehörden anzustreben, um dem Antragsteller ein zweites aufwendiges Verfahren zu ersparen (siehe § 8).

III.   Zum Vollzug der Verordnung werden die nachstehenden Verwaltungsvorschriften erlassen (die fortlaufende Numerierung entspricht der Paragraphenfolge der Verordnung):

Erster Teil   Allgemeine Vorschriften

§ 1   Anwendungsbereich

(1) Die Verordnung gilt für Anlagen zum Lagern, Abfüllen und Umschlagen wassergefährdender Stoffe nach § 19 g Abs. 1 und 2 Wasserhaushaltsgesetz

---

[1] hier ohne Abdruck der Anlagen und der Regelungen über die Zulassung von Fachbetrieben

– WHG – in der Fassung vom 16. Oktober 1976 (BGBl. I S. 3018), zuletzt geändert durch Gesetz vom 28. März 1980 (BGBl. I S. 373) soweit sie nicht für die in § 19 h Abs. 2 Wasserhaushaltsgesetz genannten Zwecke verwendet werden, sowie für Rohrleitungen, die dem Befördern wassergefährdender Stoffe innerhalb eines Werksgeländes dienen.

(2) Sofern nichts anderes bestimmt ist, gelten die nachfolgenden Vorschriften auch für einzelne Anlagenteile, insbesondere Sicherheitseinrichtungen und sonstige technische Schutzvorkehrungen.

1 Anwendungsbereich

1.1 Anlagen sind selbständige ortsfest genutzte Funktionseinheiten, unabhängig von den Eigentumsverhältnissen und dem Aufstellungsort. Daher können sich auf einem Grundstück mehrere getrennt zu beurteilende Anlagen befinden, wenn sie keine gemeinsamen Anlagenteile haben.

1.2 Abfüllanlagen sind Einrichtungen, die dem Befüllen von ortsfesten oder ortsbeweglichen Behältern, Fahrzeugen oder Geräten dienen, in denen der wassergefährdende Stoff nicht nur kurzfristig verbleiben soll. Demgegenüber dienen Umschlagsanlagen dem Verbringen der wassergefährdenden Stoffe von einem Transportmittel auf ein anderes oder dem Laden und Löschen von Schiffen. Zu den Umschlagsanlagen gehören weder die zu befüllenden oder zu entleerenden Behältnisse noch dabei benutzte Anlagen zum Lagern.
Eine strenge begriffliche Trennung der verschiedenen Anlagenarten untereinander ist wegen der oft gleichartigen Anforderungen meist nicht erforderlich.

1.3 Die wassergefährdenden Stoffe können nicht abschließend aufgezählt werden. Einen Anhaltspunkt bietet der mit Erlaß vom 23. Dezember 1980 eingeführte Katalog (StAnz. 1981 S. 229). In Zweifelsfällen haben die zuständigen Wasserbehörden ein Gutachten der Landesanstalt für Umwelt einzuholen.

1.4 Werksleitungen sind Rohrleitungen, die innerhalb eines Betriebsgeländes, unabhängig von den jeweiligen Grundstücksgrenzen, der Beförderung wassergefährdender Stoffe dienen. Nicht erfaßt sind Fernleitungen, die nach § 19 a Abs. 1 WHG genehmigungspflichtig sind.

1.5 Für Anlagen, die dem Umgang mit Abwasser, Jauche, Gülle oder mit radioaktiven Stoffen dienen, gilt gemäß § 19 g Abs. 6 WHG diese Verordnung nicht; hier sind vielmehr die spezialgesetzlichen Bestimmungen sowie die §§ 1 a, 26 Abs. 2 und 34 Abs. 2 WHG anzuwenden.

1.6 Anlagen, die den in § 19 h Abs. 2 WHG genannten Zwecken dienen, bedürfen keiner Eignungsfeststellung, die Anforderungen des § 19 g Abs. 1 und 2 WHG sind aber dennoch einzuhalten. Diese Voraussetzungen liegen in der Regel vor, wenn die einschlägigen verkehrs-, immissionsschutz- oder gewerberechtlichen Spezialbestimmungen erfüllt werden.

1.6.1 Ein vorübergehendes Lagern in Transportbehältern oder ein kurzfristiges Bereitstellen oder Aufbewahren in Verbindung mit dem Transport ist dann nicht mehr gegeben, wenn die Behälter oder Verpackungen regelmäßig über den eigentlichen

Zweck hinaus eingesetzt werden, für den sie nach den Vorschriften und Anforderungen für den Transport im öffentlichen Verkehr zugelassen sind. In solchen Fällen braucht allerdings die Eignungsfeststellung für die Anlage nur eine Auflage vorzusehen, daß nur bestimmte, den verkehrsrechtlichen Vorschriften entsprechende Behälter verwendet werden dürfen.

1.6.2 Im Arbeitsgang befinden sich wassergefährdende Stoffe, wenn sie selbst be- oder verarbeitet werden oder der Herstellung, der Be- oder Verarbeitung anderer Produkte dienen, nicht aber, wenn sie in Behältern gelagert werden, um demnächst der Be- oder Verarbeitung zugeführt zu werden. Die für den Fortgang der Arbeiten erforderliche Menge darf in der Regel den Bedarf für eine Tagesproduktion oder Charge nicht überschreiten.

1.6.3 Wassergefährdende Stoffe dürfen als Zwischenprodukte kurzfristig nur so lange abgestellt werden, als es sich aus dem Fortgang des Produktionsprozesses zwingend ergibt. Für Fertigprodukte darf der Zeitraum in der Regel einen Tag nicht überschreiten.

§ 2 Lagerbehälter und Rohrleitungen

(1) Lagerbehälter sind ortsfeste oder zum Lagern aufgestellte ortsbewegliche Behälter. Kommunizierende Behälter gelten als ein Behälter.

(2) Unterirdische Lagerbehälter sind Behälter, die ganz oder teilweise im Erdreich eingebettet sind; ihnen werden oberirdische Behälter gleichgestellt, die so aufgestellt sind, daß Undichtheiten nicht schnell und zuverlässig erkennbar sind.

(3) Für Rohrleitungen gilt Abs. 2 entsprechend.

2 Lagerbehälter und Rohrleitungen

2.1 Kommunizierende Behälter sind Behälter, deren Flüssigkeitsräume betriebsmäßig in ständiger Verbindung miteinander stehen.

2.2 Undichtheiten sind zuverlässig und schnell erkennbar, wenn sie durch geeignete Vorrichtungen angezeigt werden oder die Lagerbehälter so aufgestellt sind, daß sie allseitig auf ihre Dichtheit beobachtet werden können. Danach gelten auch Lagerbehälter in unterirdischen Keller- oder Auffangräumen als oberirdische Lagerbehälter, wenn die Behälter in diesen Räumen so zugänglich sind, daß Undichtheiten jederzeit durch Augenschein festgestellt werden können.
Bei Kunststoffbehältern, die ohne Bodenabstand und bei Batteriebehältern, die ohne Abstand zueinander aufgestellt werden dürfen, sind Undichtheiten in der Regel wegen der Anforderungen an den Aufstellungsraum zuverlässig und schnell erkennbar.
Bei Flachbodentanks nach DIN 4119 sind Undichtheiten schnell und zuverlässig erkennbar, wenn sie einen leckgeüberwachten doppelten Boden haben oder der Tankunterbau so ausgestaltet ist, daß Undichtheiten im Bodenbereich durch das Austreten der Lagerflüssigkeit in den Auffangraum erkennbar werden.

§ 3 Allgemein anerkannte Regeln der Technik

(1) Anlagen nach § 1 müssen in Einbau, Aufstellung, Unterhaltung und Betrieb sowie in ihrer Beschaffenheit, insbesondere technischem Aufbau, Werkstoff und Korrosionsschutz mindestens den allgemein anerkannten Regeln der Technik entsprechen.

(2) Als allgemein anerkannte Regeln der Technik im Sinne des Abs. 1 und des § 19 g Abs. 3 Wasserhaushaltsgesetz gelten insbesondere die technischen Bestimmungen, die der Minister für Landesentwicklung, Umwelt, Landwirtschaft und Forsten nach § 43 Abs. 2 Hessisches Wassergesetz eingeführt hat.

3 Allgemein anerkannte Regeln der Technik

3.1 Als allgemein anerkannt sind die auf wissenschaftlicher Grundlage oder fachlichen Erkenntnissen beruhenden Regeln anzusehen, die in der praktischen Anwendung erprobt worden und Gedankengut der auf dem betreffenden Fachgebiet tätigen Personen geworden sind.

3.2 Allgemein anerkannte Regeln der Technik sind insbesondere die vom Minister des Innern eingeführten technischen Baubestimmungen:

DIN 6608 Bl. 1–3	Liegende Stahlbehälter für unterirdische Lagerung flüssiger Mineralölprodukte
DIN 6616, 6624	Liegende Stahlbehälter für oberirdische Lagerung flüssiger Mineralölprodukte
DIN 6617	Liegende Stahlbehälter für teilweise oberirdische Lagerung flüssiger Mineralölprodukte
DIN 6618, 6623	Stehende Stahlbehälter für oberirdische Lagerung flüssiger Mineralölprodukte
DIN 6619	Stehende Stahlbehälter für teilweise oberirdische Lagerung flüssiger Mineralölprodukte
DIN 6620 Bl. 1 u. 2	Stahlbatteriebehälter und Verbindungsrohrleitungen
DIN 6622 Bl. 1 u. 2	Stahlhaushaltsbehälter für oberirdische Lagerung von Heizöl
DIN 6625 Bl. 1	Standortgefertigte Stahlbehälter für oberirdische Lagerung flüssiger Mineralölprodukte

3.3 Die technischen Regeln für brennbare Flüssigkeiten (TRbF), veröffentlicht als Bekanntmachung des Bundesministers für Arbeit und Sozialordnung im Bundesarbeitsblatt, Fachteil Arbeitsschutz, gelten für den Bereich der brennbaren wassergefährdenden Flüssigkeiten als eingeführte technische Bestimmungen, soweit nicht die Verordnung, diese Verwaltungsvorschriften oder andere der oben genannten eingeführten technischen Vorschriften oder technischen Baubestimmungen etwas anderes vorsehen. Darüber hinaus sind die TRbF nicht nur für brennbare Flüssigkeiten von Bedeutung, sondern können auch als Erkenntnisquelle für Anlagen mit nicht brennbaren Flüssigkeiten herangezogen werden (z. B. Dichtheitsanforderungen an Behälter, Schutz gegen Korrosion, Sicherung der Behälter gegen Auftrieb, Inbetriebnahme und Außerbetriebnahme der Behälter).

3.4 Nach § 3 Abs. 2 der Verordnung werden folgende technische Vorschriften für Anlagen zum Lagern und Abfüllen flüssiger wassergefährdender Stoffe eingeführt:

3.4.1 Domschächte von unterirdischen Lagerbehältern im Erdreich müssen flüssigkeitsdicht ausgebildet sein, damit auch geringe Verlustmengen erkannt und beseitigt werden können; dies gilt nicht für Domschächte von unterirdischen Lagerbehältern, in denen brennbare wassergefährdende Flüssigkeiten mit einem Flammpunkt unter 55 Grad Celsius gelagert werden. Anschlüsse an Entwässerungsanlagen sind nicht zulässig.

3.4.2 Füll- und Entnahmestellen von Behältern im Auffangraum, die nicht unter Verwendung einer selbsttätig schließenden Abfüll- oder Überfüllsicherung befüllt zu werden brauchen, müssen sich innerhalb des Auffangraums befinden. Die Verbindungsleitungen von kommunizierenden Behältern müssen sich stets im Auffangraum befinden.

3.4.3 Ausbildung von Auffangräumen beim Lagern in Räumen von Gebäuden:
Der Auffangraum muß flüssigkeitsundurchlässig und gegen die gelagerten Stoffe ausreichend beständig sein. Auffangvorrichtungen aus nicht metallischen Werkstoffen und Abdichtungsmittel müssen ein baurechtliches Prüfzeichen haben. Nicht korrosionsbeständige Werkstoffe sind gegen Korrosion durch Anstrich oder dergleichen zu schützen. Der Auffangraum darf keine Bodenabläufe oder sonstige Öffnungen haben, es sei denn, diese führen in einem dichten Ableitungssystem in eine betriebseigene Abwasserbeseitigungsanlage (Abscheideanlage, Kläranlage, sonstiges Rückhaltesystem), die zum Auffangen wassergefährdender Stoffe geeignet und ausreichend bemessen sein muß. Anforderungen an die innerbetriebliche Abwasserbeseitigung bleiben unberührt.

3.4.4 Ausbildung von Auffangräumen beim Lagern im Freien:
Der Auffangraum muß so ausgebildet sein, daß auslaufende Lagerflüssigkeit auf unschädliche Weise aufgefangen werden kann. Dies ist dann der Fall, wenn

3.4.4.1 der Auffangraum wasserundurchlässig und gegen das Lagergut ausreichend beständig ist. Nicht korrosionsbeständige Werkstoffe sind gegen Korrosion durch Anstrich oder dergleichen zu schützen; oder

3.4.4.2 Sohle und Wälle des Auffangraumes aus einer mindestens 30 cm dicken Schicht aus bindigem Boden bestehen. Dieser muß so verdichtet sein, daß auslaufende Lagerflüssigkeit innerhalb von drei Tagen nicht tiefer als 20 cm eindringen kann. Soweit zur Abdichtung des Auffangraumes Kunststoffbahnen verwendet werden, müssen diese ein baurechtliches Prüfzeichen haben. Erforderlichenfalls ist die Eignung der beabsichtigten Maßnahme zur Herstellung und Unterhaltung des Auffangraumes durch einen Sachverständigen auf dem Gebiet der Bodenmechanik und des Erdbaues nachzuweisen; und

3.4.4.3 Niederschlagswasser aus Auffangräumen beseitigt werden kann. Entleerungsleitungen müssen eine Absperrvorrichtung haben, die gegen unbefugtes Öffnen gesichert ist. Die Einrichtungen zur Beseitigung von Wasser dürfen nicht zum Ableiten von Lagerflüssigkeiten benutzt werden, es sei denn, diese Einrichtungen führen in einem dichten Ableitungssystem in eine betriebseigene Abwasserbeseitigungsanlage (Abscheideanlage, Kläranlage, sonstiges Rückhaltesystem), die zum Auffangen wassergefährdender Stoffe ausreichend bemessen sein muß. Anforderungen an die innerbetriebliche Abwasserbeseitigung bleiben unberührt.

3.4.5 Unterirdische Lagerbehälter im Erdreich sind gegen Außenkorrosion zu sichern. Werden verschiedene Metalle verwendet (z. B. für den Behälter und die Rohrleitungen), müssen Vorkehrungen zur metallenen Trennung getroffen werden.

3.5 Als eingeführte Vorschriften sind ferner folgende Richtlinien zu beachten:

3.5.1 Richtlinien des Minister des Innern:
Lagerplatz-Richtlinien vom 8. Mai 1978 (StAnz. S. 1078)
Ausführungsanweisung zur Feuerungsverordnung vom 13. Oktober 1978 (StAnz. S. 2198) und vom 2. Mai 1979 (StAnz. S. 1167)
Heizölbehälter-Richtlinien vom 20. Juli 1972 (StAnz. S. 1372) und vom 23. November 1977 (StAnz. S. 2418)

3.5.2 Richtlinien des Ministers für Landesentwicklung, Umwelt, Landwirtschaft und Forsten:
Richtlinien für Anforderungen an Anlagen zum Umschlag gefährlicher Flüssigkeiten im Bereich von Wasserstraßen vom 30. Juli 1976 (StAnz. S. 1513; 1978 S. 640)

3.6 Beim Zusammenfügen von Anlagenteilen einfacher oder herkömmlicher Art untereinander oder mit eignungsfestgestellten oder der Bauart nach zugelassenen Anlagenteilen sind neben den Maßgaben der Eignungsfeststellung oder der Bauartzulassung auch die für das Zusammenfügen geltenden allgemein anerkannten Regeln der Technik einzuhalten (u. a. die Regeln der Technik für Fügeverfahren, z. B. mittels Schweißen).

§ 4 Anforderungen und Rohrleitungen

(1) Rohrleitungen müssen so gebaut sein, daß Undichtheiten bei normalem Betrieb ausgeschlossen und im Schadensfall leicht und zuverlässig feststellbar sind. Die Wirksamkeit von Sicherheitseinrichtungen muß leicht überprüfbar sein. Alle Rohrleitungen sind so anzuordnen, daß sie gegen Beschädigung geschützt sind.

(2) Die Wasserbehörde kann vom Betreiber einer Rohrleitung den Nachweis der Sicherheit der Anlage durch geeignete Gutachten verlangen.

4 Anforderungen an Rohrleitungen

4.1 Rohrleitungen müssen dicht und dauerhaft ausgebildet sein. Diese Anforderungen sind regelmäßig dann erfüllt, wenn die Leitungen den Bestimmungen des § 13 Abs. 2 entsprechen. In besonderen Fällen, in denen von den Rohrleitungen eine weit überdurchschnittliche Gefahr für Gewässer ausgeht, können zusätzliche Anforderungen gestellt werden.

4.2 Undichtheiten an Rohrleitungen sind leicht und zuverlässig erkennbar, wenn die Leitungen
– oberirdisch verlegt sind und die Voraussetzungen der Ziff. 2.2 erfüllen oder
– unterirdisch verlegt sind und sich in einem flüssigkeitsdichten, leicht kontrollierbaren Kanal befinden oder

– unterirdisch verlegt sind und durch geeignete automatische Leckanzeigevorrichtungen auftretende Flüssigkeitsverluste anzeigen (z. B. Doppelwandsysteme mit Vakuum).

4.3   Bei allen Leitungen muß neben den Anforderungen des § 13 Abs. 2 bzw. der Bauartzulassung oder der Eignungsfeststellung eine sichere räumliche Anordnung gewährleistet sein.

4.4   Ein Sicherheitsgutachten kann bei Vorliegen risikoerhöhender äußerer Faktoren (z. B. Bodenbeschaffenheit, Produktionsverhältnisse, Grundwasserstand) auch bei solchen Anlagen gefordert werden, die den Voraussetzungen des § 13 Abs. 2 entsprechen oder bauartzugelassen bzw. eignungsfestgestellt sind.

§ 5   Zuständigkeit für Eignungsfeststellung und Bauartzulassung
(Zu § 19 h Abs. 1 Satz 1 und 2 WHG)

(1) Die Eignungsfeststellung nach § 19 h Abs. 1 Satz 1 Wasserhaushaltsgesetz wird auf Antrag des Betreibers für eine einzelne Anlage, die Bauartzulassung nach § 19 h Abs. 1 Satz 2 Wasserhaushaltsgesetz auf Antrag des Herstellers oder Einfuhrunternehmers für serienmäßig hergestellte Anlagen erteilt. Dem Antrag sind die zur Beurteilung der Anlage erforderlichen Unterlagen und Pläne, insbesondere bau- oder gewerberechtliche Zulassungen und Prüfzeichenbescheide beizufügen.

(2) Über Eignungsfeststellungen entscheidet die obere Wasserbehörde, über Bauartzulassungen entscheidet die oberste Wasserbehörde.

(3) Einer wasserrechtlichen Bauartzulassung bedarf es nicht, soweit für eine Anlage oder Anlagenteile
– im Einvernehmen mit der obersten Wasserbehörde eine verkehrs- oder gewerberechtliche Bauartzulassung oder eine bergrechtliche Bauartprüfung, oder
– eine allgemeine bauaufsichtliche Zulassung oder ein baurechtliches Prüfzeichen erteilt worden ist.

5   Zuständigkeit für Eignungsfeststellung und Bauartzulassung

5.1   Dem Antrag auf Eignungsfeststellung oder Bauartzulassung sind neben den zur Beurteilung erforderlichen Plänen und Erläuterungen insbesondere beizufügen:
– gewerberechtliche Bauartzulassung nach § 12 VbF einschließlich gegebenenfalls erteilter gewerberechtlicher Ausnahmegenehmigungen nach § 6 Abs. 2 VbF
– das baurechtliche Prüfzeichen nach § 29 HBO bzw. die Allgemeine bauaufsichtliche Zulassung nach § 28 HBO bzw. die bauaufsichtliche Zustimmung im Einzelfall nach § 27 HBO
einschließlich der ihnen zugrunde liegenden Gutachten, Prüfungsscheine und Stellungnahmen der Bundesanstalt für Materialprüfung, der physikalisch-technischen Bundesanstalt, der Materialprüfungsanstalten, der technischen Überwachungsorganisationen sowie sonstiger Sachverständiger, soweit diese Unterlagen Bestandteile der genannten Bescheide sind.

Sind, solche Entscheidungen nicht erforderlich, hat der Betreiber ein besonderes Gutachten über die Eignung der Anlage vorzulegen. Auf dieses Gutachten kann verzichtet werden, wenn die Behörde auch ohne das Gutachten den Antrag auf Grund eigener Kenntnisse und Erfahrungen abschließend beurteilen kann.

5.2 Werden dem Eignungsfeststellungsbescheid andere Entscheidungen zugrunde gelegt, sind sie in der Eignungsfeststellung einzeln aufzuführen. Die in der Anlage jeweils verwendeten wassergefährdenden Stoffe sind genau anzugeben, gegebenenfalls unter Bezeichnung der für diese Stoffe bestehenden Normen oder der chemischen Formel.

5.3 Eine Bauartzulassung ist gemäß § 19 h S. 1 WHG für Schutzvorkehrungen nicht erforderlich, die eine gewerberechtliche Bauartzulassung oder ein baurechtliches Prüfzeichen haben.

§ 6   Umfang von Eignungsfeststellung und Bauartzulassung

(1) Bauartzugelassene Anlagen bedürfen keiner Eignungsfeststellung.

(2) Sind nur Teile einer Anlage nicht einfacher oder herkömmlicher Art, so bedürfen nur sie einer Eignungsfeststellung oder Bauartzulassung.

6   Umfang von Eignungsfeststellung und Bauartzulassung

6.1 Eignungsfeststellung und Bauartzulassung sind nur für diejenigen Anlagenteile erforderlich, die nicht einfacher oder herkömmlicher Art oder bereits bauartzugelassen oder eignungsfestgestellt sind. Anlagen, die sich vollständig aus Teilen zusammensetzen, die jeweils für sich einfacher oder herkömmlicher Art sind oder bauartzugelassen oder eignungsfestgestellt sind, bedürfen keiner zusätzlichen Gesamtprüfung. Im Bescheid ist jeweils anzuführen, auf welche Teile sich die Prüfung erstreckt hat.

6.2 Bei gewerberechtlichen Bauartzulassungen soll das Einvernehmen mit der obersten Wasserbehörde hergestellt und im Bescheid ausdrücklich vermerkt werden.

6.3 Eine Liste der jeweils erteilten wasserrechtlichen Bauartzulassungen wird in unregelmäßigen Abstanden im Staatsanzeiger veröffentlicht.

§ 7   Voraussetzungen für Eignungsfeststellung und Bauartzulassung
(Zu § 19 h Abs. 1 Satz 1 und 2 WHG)

(1) Eine Eignungsfeststellung oder Bauartzulassung darf nur erteilt werden, wenn der Antragsteller den Nachweis führt, daß mindestens ein den Bestimmungen der §§ 13, 19 und 20 vergleichbarer Sicherheitsgrad gewährleistet ist.

(2) In Ausnahmefällen kann eine Eignungsfeststellung auch dann erteilt werden, wenn auf Grund der örtlichen Verhältnisse, insbesondere im Zusammenhang mit der Art der gelagerten Stoffe, die Anforderungen des § 19 g Abs. 1 und 2 Wasserhaushaltsgesetz erfüllt sind, obwohl die Voraussetzungen des Abs. 1 nicht vorliegen.

7   Voraussetzungen für Eignungsfeststellung und Bauartzulassung

7.1   Die Erteilung einer Eignungsfeststellung oder Bauartzulassung setzt voraus, daß der Genehmigungsbehörde die in Ziff. 5.1 aufgeführten Antragsunterlagen vorliegen.

7.2   Die Einhaltung eines den §§ 13, 19 und 20 entsprechenden Sicherheitsgrades in Aufbau, Konstruktion und Material der Anlage ist in der Regel durch geeignete Fachgutachten nachzuweisen.

7.3   Bei ausnahmsweise geringeren Anforderungen ist im Feststellungsbescheid aufzuführen, welche Umstände die Ausnahme rechtfertigen und welche Folgen sich hieraus für Verwendung und Betrieb der Anlage ergeben.

§ 8   Eignungsfeststellung und andere öffentlich-rechtliche Entscheidungen

Wird für ein Vorhaben, mit dem die Verwendung einer Anlage nach § 1 Abs. 1 verbunden ist, ein Verfahren zur Erteilung einer anderen öffentlich-rechtlichen Entscheidung durchgeführt, so bedarf es einer wasserrechtlichen Eignungsfeststellung nicht, wenn die andere öffentlich-rechtliche Entscheidung im Einvernehmen mit der Wasserbehörde ergangen ist.

8   Eignungsfeststellung und andere öffentlich-rechtliche Entscheidungen

8.1   Die wasserrechtliche Einzelzulassung einer Anlage soll, soweit möglich, im Rahmen anderer Verfahren mit erteilt werden, um parallele Verfahren und unterschiedliche Ergebnisse zu vermeiden. Die Ersetzungswirkung tritt jedoch nur bei vollem Einvernehmen mit der Wasserbehörde ein, so daß die Wasserbehörde den wasserrechtlichen Teil der Entscheidung vollständig vorzubereiten hat.

8.2   Soweit aus wasserrechtlichen Gründen Auflagen oder weitergehende Einzelanforderungen notwendig sind, sind diese in den Bescheid nach dem anderen öffentlich-rechtlichen Verfahren aufzunehmen. Das Einvernehmen mit der Wasserbehörde und die wasserrechtliche Ersetzungswirkung sind im Bescheid zu vermerken.

8.3   Die Ziff. 1 und 2 gelten nicht für immissionsschutzrechtliche Verfahren (§ 13 BImSchG). Auch in diesen Verfahren soll aber eine frühzeitige Abstimmung der zuständigen Behörden zur Vermeidung sich widersprechender Entscheidungen erfolgen.

§ 9   Weitergehende Anforderungen

Die Wasserbehörde kann an die Verwendung von Anlagen, die einfacher oder herkömmlicher Art sind oder für die eine Bauartzulassung erteilt ist, weitergehende Anforderungen stellen, wenn dies zum Schutze der Gewässer vor Verunreinigung oder sonstiger nachteiliger Veränderung auf Grund besonderer Umstände erforderlich ist.

9   Weitergehende Anforderungen

9.1   Weitergehende Anforderungen können z. B. in folgenden Fällen gestellt werden:
- Besondere Gefährlichkeit des zu lagernden, abzufüllenden oder umzuschlagenden Stoffes
- Nähe der Anlage zu Gewässern und Trinkwassergewinnungsanlagen
- besondere Untergrundverhältnisse
- besonders große Menge der von der Anlage erfaßten wassergefährdenden Stoffe

9.2   Prüfungen nach § 19 i Satz 3 Nr. 4 WHG sind insbesondere anzuordnen, wenn der dringende Verdacht einer Gewässerverunreinigung durch bestimmte Anlagen besteht. Dies kann sich aus Ermittlungen gegenwärtiger oder Erkenntnissen früherer Schadensereignisse ergeben.

9.3   Die weitergehenden Anforderungen des § 9 können über die allgemein anerkannten Regeln der Technik hinausgehen, wenn die Umstände des Einzelfalls dies zum Schutz der Gewässer erfordern.

§ 10   Allgemeine Betriebs- und Verhaltensvorschriften
(Zu § 26 Abs. 6 WHG)

Bei Schadensfällen und Betriebsstörungen sind Anlagen unverzüglich außer Betrieb zu nehmen und zu entleeren. Dies gilt nicht, wenn eine Gefährdung von Gewässern nicht zu besorgen ist oder auf andere Weise zuverlässig verhindert werden kann.

10   Allgemeine Betriebs- und Verhaltensvorschriften

10.1   Die Verordnung ergänzt die Verhaltensvorschriften des § 26 Abs. 6 WHG, wobei die bestimmungsgemäße Zuführung wassergefährdender Stoffe in Abwasserbeseitigungsanlagen nicht erfaßt wird. Der Begriff der Abwasseranlagen ist weit zu fassen und schließt private Anlagen ein.

10.2   Wird das Austreten wassergefährdender Stoffe bekannt, hat die Wasserbehörde das nach Maßgabe der Gewässerschutz-Alarmrichtlinien (Gemeinsamer Erlaß vom 19. Februar 1974, StAnz. S. 643; geändert durch Erlaß vom 29. Dezember 1980, StAnz. 1981 S. 250) Erforderliche zu veranlassen. Der Betreiber der Anlage hat selbst unverzüglich Maßnahmen zur Verhinderung einer Gewässerverunreinigung und zur Abwehr sonstiger Gefahren zu treffen.

10.3   Bei Anlagen für gasförmige Stoffe kann eine Entleerung bei Schadensfällen unterbleiben, wenn dies zur Leckerkennung erforderlich ist.

§ 11   Einbau und Aufstellung von Anlagen

Anlagen, deren Verwendung nach § 19 h Wasserhaushaltsgesetz nur nach Eignungsfeststellung oder Bauartzulassung zulässig ist, dürfen vor deren Erteilung nicht eingebaut oder aufgestellt werden.

11 Einbau und Aufstellung von Anlagen

11.1 Erlangt die für die Eignungsfeststellung zuständige Wasserbehörde davon Kenntnis, daß eine Anlage eingebaut oder aufgestellt worden ist, deren Verwendung nur nach Eignungsfeststellung oder Bauartzulassung zulässig ist, ordnet sie an, die Anlage zu entleeren und außer Betrieb zu nehmen. Soweit andere Behörden diese Kenntnis erhalten, teilen sie dies unverzüglich der zuständigen Wasserbehörde mit. Ergibt die Prüfung anhand der vom Betreiber vorzulegenden Unterlagen und auf Grund eigener Ermittlungen, daß eine Eignungsfeststellung nicht erteilt werden kann, ist die endgültige Stillegung der Anlage anzuordnen.

11.2 Der Probebetrieb einer Anlage im Herstellerwerk bedarf keiner Eignungsfeststellung, wenn durch geeignete Vorkehrungen eine Wassergefährdung ausgeschlossen wird.

§ 12 Sachverständige
(Zu § 19 i Satz 3 WHG)

Sachverständige im Sinne des § 19 i Satz 3 Wasserhaushaltsgesetz und dieser Verordnung sind die Sachverständigen nach § 16 Abs. 1 der Verordnung über brennbare Flüssigkeiten vom 27. Februar 1980 (BGBl. I S. 173, 229). Anerkennungen nach § 11 Abs. 1 Nr. 2 der Verordnung über das Lagern wassergefährdender Flüssigkeiten (VLwF) vom 7. September 1967 (GVBl. I S. 155), zuletzt geändert durch Verordnung vom 1. Oktober 1973 (GVBl. I S. 392), gelten fort.

12 Sachverständige

12.1 Sachverständige im Sinne des § 16 der Verordnung über brennbare Flüssigkeiten sind:
- die Sachverständigen der technischen Überwachung.
- die von den Gewerbeaufsichtsbehörden anerkannten Prüfer (nur für die im jeweiligen Unternehmen betriebenen Anlagen),
- die vom Bundesminister für Verkehr bestimmten Sachverständigen (nur für Anlagen der Wasser- und Schiffahrtsverwaltung des Bundes),
- die nach den Gefahrgut-Transportvorschriften anerkannten Sachverständigen (nur für Transportbehälter und Fahrzeuge),
- die vom Bundesminister für Verteidigung bestellten Sachverständigen (nur für Anlagen der Bundeswehr),
- die vom Bundesminister des Innern bestellten Sachverständigen (nur für Anlagen des Bundesgrenzschutzes),
- die vom Bundesminister für das Post- und Fernmeldewesen ernannten Sachverständigen (nur für Anlagen der Deutschen Bundespost).

12.2 Die vor Inkrafttreten der Verordnung vom Sozialminister ausgesprochenen Anerkennungen nach § 11 Abs. 1 Nr. 2 VLwF gelten im Umfang der Anerkennung fort.

12.3 Die Gebühren der Sachverständigen sollen sich an Anhang V der Kostenverordnung für die Prüfung überwachungsbedürftiger Anlagen vom 31. Juli 1970

(BGBl. I S. 1162), zuletzt geändert durch Verordnung vom 14. August 1980 (BGBl. I S. 1463), in der jeweils geltenden Fassung orientieren.
Bei Behältern bis 3000 l sollen nur 50 v. H., bei Behältern bis 6000 l nur 75 v. H. der Gebühren für Behälter bis 10 000 l erhoben werden. Bei der gleichzeitigen Durchführung mehrerer Prüfungen an einem oberirdischen Behälter soll nur eine Gebühr erhoben werden.

Zweiter Teil   Lagern und Abfüllen flüssiger Stoffe

§ 13   Anlagen einfacher oder herkömmlicher Art
(Zu § 19 h Abs. 1 Satz 1 WHG)

(1) Anlagen mit oberirdischen Lagerbehältern für flüssige Stoffe, deren gesamter Rauminhalt in Gebäuden 300 Liter oder im Freien 1000 Liter übersteigt, sowie alle Anlagen mit unterirdischen Lagerbehältern sind einfacher oder herkömmlicher Art:

1. hinsichtlich ihres technischen Aufbaus, wenn
   a) die Lagerbehälter doppelwandig sind oder als einwandige Behälter in einem flüssigkeitsdichten Auffangraum stehen und
   b) Undichtheiten der Behälterwände durch ein Leckanzeigegerät selbsttätig angezeigt werden, ausgenommen bei oberirdischen Behältern im Auffangraum, und
   c) Auffangräume nach Buchst. (a) so bemessen sind, daß die dem Rauminhalt des Behälters, bei mehreren Behältern des größten Behälters, entsprechende Lagermenge zurückgehalten werden kann. Abläufe des Auffangraumes sind nur bei oberirdischen Lagerbehältern zulässig; sie müssen durch Absperrventile gegen unbeabsichtigtes und unbefugtes Öffnen gesichert sein;
2. hinsichtlich ihrer Einzelteile, insbesondere bezüglich deren Werkstoff und Bauart, wenn sie den dafür eingeführten technischen Vorschriften und Baubestimmungen entsprechen oder nach § 5 Abs. 3 eine Bauartzulassung oder ein Prüfzeichen erteilt wurde;
3. hinsichtlich ihrer baulichen Ausgestaltung, wenn sie gegen das Eindringen von Oberflächen- oder Niederschlagswasser ausreichend geschützt sind.

(2) Rohrleitungen sind einfacher oder herkömmlicher Art, wenn sie den Voraussetzungen des Abs. 1 Nr. 2 entsprechen und

1. doppelwandig sind und Undichtheiten der Rohrwände durch einen zugelassenen Leckanzeiger selbsttätig angezeigt werden, oder
2. als Saugleitungen ausgebildet sind, in denen die Flüssigkeitssäule bei Undichtheiten abreißt, oder
3. aus einem Metall bestehen, bei dem Undichtheiten durch Korrosion nicht zu besorgen sind, oder
4. aus Stahl bestehen und durch kathodischen Korrosionsschutz und eine geeignete Isolierung eine der Nr. 3 vergleichbare Sicherheit vor Undichtheiten durch Korrosion bieten, oder
5. mit einem flüssigkeitsdichten Schutzrohr versehen oder in einem dich-

ten Kanal verlegt sind und die auslaufende Flüssigkeit in einer Kontrolleinrichtung sichtbar wird; in diesem Fall dürfen die Rohrleitungen keine
brennbaren Flüssigkeiten im Sinne der Verordnung über brennbare
Flüssigkeiten mit einem Flammpunkt unter 55 °C führen.

(3) Anlagen zum Lagern flüssiger Stoffe, die nur in erwärmtem Zustand pumpfähig sind, sind Anlagen einfacher oder herkömmlicher Art.

(4) Kleinere als die in Abs. 1 genannten oberirdischen Anlagen gelten als Anlagen einfacher oder herkömmlicher Art, sofern sie den hinsichtlich ihrer Einzel-
heiten eingeführten technischen Vorschriften und Baubestimmungen entsprechen.

13   Anlagen einfacher oder herkömmlicher Art

13.1   Anlagen mit ober- oder unterirdischen Lagerbehältern sind nur dann einfacher
oder herkömmlicher Art, wenn sie den Voraussetzungen des § 13 Abs. 1 Nr. 1 bis 3 entsprechen. Folgende Anlagetypen sind einfacher oder herkömmlicher Art:

13.1.1   Doppelwandige DIN-Stahlbehälter zur unterirdischen oder oberirdischen
Lagerung von brennbaren Flüssigkeiten mit gewerberechtlich bauartzugelassenen
Leckanzeigern und Grenzwertgebern sowie Rohrleitungen nach § 13 Abs. 2

13.1.2   Einwandige DIN-Stahlbehälter zur unterirdischen oder oberirdischen Lagerung von brennbaren Flüssigkeiten mit gewerberechtlich bauartzugelassenen Grenzwertgebern und Leckanzeigegeräten (Leckschutzauskleidung, Leckanzeiger) sowie
Rohrleitungen nach § 13 Abs. 2

13.1.3   Einwandige DIN-Stahlbehälter zur oberirdischen Lagerung von brennbaren
Flüssigkeiten mit gewerberechtlich bauartzugelassenen Grenzwertgebern sowie
Rohrleitungen nach § 13 Abs. 2, aufgestellt im Auffangraum, der mit einem Mittel be-
schichtet ist, das ein baurechtliches Prüfzeichen hat

13.2   Werden in den in Ziff. 13.1 genannten Anlagen andere wassergefährdende
Stoffe als brennbare Flüssigkeiten gelagert, bedürfen diese Anlagen der Eignungsfeststellung oder wasserrechtlichen Bauartzulassung.

13.3   Rohrleitungen

13.3.1   Bei oberirdisch verlegten Heizölleitungen aus Kupfer sind Undichtheiten
durch Innen- und Außenkorrosion nicht zu besorgen. Dies gilt auch für unterirdisch
oder in Bauteilen verlegte Heizölleitungen aus Kupfer in Schutzrohren.

13.3.2   Die Funktion einer Kontrolleinrichtung erfüllt auch der Auslauf aus einem
Schutzrohr oder Kanal in einen gesicherten Schacht.

13.3.3   Unterirdisch verlegte Stahlrohre sind einfacher oder herkömmlicher Art nur,
wenn sie kathodisch geschützt sind und durch eine geeignete Isolierung (in der Regel
aus Kunststoff) eine Korrosionssicherheit wie nicht korrodierendes Metall gewährleisten.
Hinsichtlich des kathodischen Korrosionsschutzes ist die TRbF 408, mit Ausnahme
der Ziff. 8.2, anzuwenden. Danach ist die kathodische Korrosionsschutzanlage mindestens jährlich durch Sachverständige zu prüfen; darüber hinaus hat der Betreiber
einen Wartungsvertrag nach § 19 i S. 2 WHG nachzuweisen.

13.3.4   Rohrleitungen müssen wie Behälter in Werkstoff und Bauart den allgemein
anerkannten Regeln der Technik entsprechen.

§ 14   Abfüllplätze
(Zu § 19 g WHG)

Werden wassergefährdende flüssige Stoffe in Betriebsstätten regelmäßig abgefüllt, muß der Abfüllplatz so beschaffen sein, daß auslaufende Stoffe nicht in ein oberirdisches Gewässer, eine Abwasseranlage oder in den Boden gelangen können.

14   Abfüllplätze

14.1   Die besonderen Vorschriften der VbF Anhang II und der TRbF, insbesondere die Nr. 211 und 212, sind auch für den Bereich nicht brennbarer wassergefährdender Stoffe sinngemäß anzuwenden. Darüber hinaus sind die Lagerplatz-Richtlinien des Ministers des Innern vom 8. Mai 1978 (StAnz. S. 1078) zu beachten.

14.2   Der Boden im Bereich von Abfüllplätzen muß ausreichend fest und undurchlässig und so beschaffen sein, daß auslaufende wassergefährdende flüssige Stoffe erkannt und beseitigt werden können. Auch kleine Flüssigkeitsmengen dürfen nicht durch Niederschlagswasser in ein oberirdisches Gewässer oder in das Grundwasser gelangen können. Abläufe müssen mit Abscheidevorrichtungen versehen werden, es sei denn sie führen in einem dichten Ableitungssystem in eine betriebseigene Abwasserbeseitigungsanlage (Abscheideanlage, Kläranlage, sonstiges Rückhaltesystem), die zum Auffangen der wassergefährdenden Stoffe zugelassen und ausreichend bemessen sein muß.
Bei Tankstellen, die ausschließlich Vergaserkraftstoffe über selbständig schließende Zapfventile abgeben, kann auf den Einbau von Abscheideanlagen in die Abläufe verzichtet werden, wenn auslaufende kleinere Flüssigkeitsmengen auf dem Abfüllplatz verdunsten können, bevor sie den Ablauf erreichen. Anforderungen an die innerbetriebliche Abwasserbeseitigung bleiben unberührt.

§ 15   Anlagen in Schutzgebieten

(1) Im Fassungsbereich und in der engeren Zone von Schutzgebieten ist das Lagern und Umschlagen wassergefährdender flüssiger Stoffe unzulässig. Die obere Wasserbehörde kann für standortgebundene Anlagen mit oberirdischen Behältern und oberirdischen Rohrleitungen Ausnahmen zulassen, wenn überwiegende Gründe des Wohls der Allgemeinheit dies erfordern.

(2) In der weiteren Zone von Schutzgebieten dürfen Anlagen nur verwendet werden, wenn sie in ihrem technischen Aufbau den Vorschriften des § 13 Abs. 1, 2 und 4 entsprechen. Der Rauminhalt einer Anlage mit unterirdischen Lagerbehältern darf 40 000 Liter, mit ausschließlich oberirdischen Lagerbehältern 100 000 Liter nicht übersteigen. Abweichend von § 13 Abs. 1 Nr. 1 Buchst. c müssen Auffangräume dem gesamten Rauminhalt der Anlage entsprechen; Abläufe des Auffangraumes sind auch bei oberirdischen Behältern nicht zulässig.

(3) Weitergehende Anforderungen, Beschränkungen oder Ausnahmen durch Anordnungen oder Verordnungen nach § 19 Wasserhaushaltsgesetz in Verbindung mit §§ 25, 41 und § 70 Hessisches Wassergesetz bleiben unberührt.

(4) Schutzgebiete im Sinne dieser Vorschrift sind
1. Wasserschutzgebiete nach § 19 Abs. 1 Nr. 1 und 2 Wasserhaushaltsgesetz,
2. Heilquellenschutzgebiete nach § 41 Hessisches Wassergesetz,
3. Überschwemmungsgebiete nach § 70 Hessisches Wassergesetz,
4. Gebiete, für die eine vorläufige Anordnung nach § 98 Abs. 1 Hessisches Wassergesetz oder eine Veränderungssperre nach § 36 a Abs. 1 Wasserhaushaltsgesetz erlassen ist.

Ist die weitere Zone eines Schutzgebietes unterteilt, so gilt als Schutzgebiet nur deren innerer Bereich.

15   Anlagen in Schutzgebieten

15.1   Für bestehende Anlagen in Wasserschutzgebieten, für die bereits die VLwF galt, bringt die Verordnung keine Veränderungen gegenüber der bisherigen VLwF. Für Anlagen, zu denen sowohl unterirdische als auch oberirdische Behälter gehören, gelten die Beschränkungen für Anlagen mit unterirdischen Lagerbehältern. Standortgebundene Anlagen sind ausschließlich solche Anlagen, die der Versorgung der Wassergewinnungsanlage oder der Heilquelle mit den notwendigen Betriebsmitteln zu dienen bestimmt sind. Soweit möglich, sollen jedoch auch bei diesen Anlagen andere Betriebsmittel verwendet werden.

15.2   In der Planung oder im Festsetzungsverfahren befindliche Schutzgebiete sind gemäß §§ 98 Abs. 1 HWG bzw. 36 a Abs. 1 WHG zu schützen, falls die Anwendung der Verordnung auch zu diesem Zeitpunkt schon geboten ist.

15.3   Bei Inkrafttreten dieser Verordnung oder einer Schutzgebietsfestsetzung rechtmäßig bestehende Anlagen sind bis spätestens 31. Dezember 1989 den Vorschriften der Verordnung anzupassen.

§ 16   Kennzeichnungspflicht, Merkblatt

(1) Serienmäßig hergestellte Anlagen und Anlagenteile sind vom Hersteller mit einer deutlich lesbaren, dauerhaften Kennzeichnung zu versehen, aus der sich ergibt, welche Art wassergefährdender Stoffe in der Anlage gelagert oder abgefüllt werden darf.

(2) Der Betreiber von Anlagen zum Lagern wassergefährdender flüssiger Stoffe hat das Merkblatt „Betriebs- und Verhaltensvorschriften für das Lagern wassergefährdender flüssiger Stoffe" (Anhang zu dieser Verordnung) an gut sichtbarer Stelle in der Nähe der Anlage dauerhaft anzubringen und das Bedienungspersonal über dessen Inhalt zu unterrichten.

16   Kennzeichnungspflicht, Merkblatt

16.1   Die Kennzeichnung muß die Art der wassergefährdenden Stoffe, die in der Anlage verwendet werden dürfen, ihrer Art nach so genau beschreiben, daß der Verwender jederzeit in der Lage ist, die Eignung der Anlage für einen bestimmten Stoff festzustellen.

16.2 Das in der Anlage zu der Verordnung bekanntgemachte Merkblatt ist von der zuständigen Behörde zusammen mit der Eignungsfeststellung dem Betreiber zu übersenden. Das Merkblatt ist auffällig und witterungsgeschützt in unmittelbarer Nähe der Anlage anzubringen.

§ 17   Befüllen und Entleeren
(Zu § 19 k WHG)

(1) Zum Befüllen und Entleeren müssen Rohre und Schläuche dicht und tropfsicher verbunden sein; bewegliche Leitungen müssen in ihrer gesamten Länge dauernd einsehbar und bei Dunkelheit ausreichend beleuchtet sein.

(2) Behälter in Anlagen zum Lagern von Heizöl EL, Dieselkraftstoff und Vergaserkraftstoffen dürfen aus Straßentankwagen und Aufsetztanks nur unter Verwendung einer selbsttätig schließenden Überfüllsicherung befüllt werden. Dies gilt nicht für oberirdische Behälter mit einem Rauminhalt von weniger als 1000 Liter zum Lagern von Heizöl EL und Dieselkraftstoff.

(3) Behälter zum Lagern anderer wassergefährdender Flüssigkeiten dürfen nur mit festen Leitungsanschlüssen befüllt werden; dabei ist eine zugelassene Überfüllsicherung zu verwenden, die rechtzeitig vor Erreichen des zulässigen Flüssigkeitsstandes den Füllvorgang unterbricht oder akustischen Alarm auslöst.

(4) Auf Lagerbehältern, die mit festen Leitungsanschlüssen befüllt oder entleert werden können, muß der zulässige Betriebsüberdruck angegeben sein.

17   Befüllen und Entleeren

Weitergehende gewerbe- oder verkehrsrechtliche Verhaltens- und Betriebsvorschriften für das Befüllen und Entleeren bleiben unberührt. Die ordnungsgemäße Verwendung einer Überfüllsicherung setzt voraus, daß die Abfüllsicherung des Tankfahrzeugs oder Absetztanks mit dem Grenzwertgeber des Tanks verbunden wird.

§ 18   Prüfung von Anlagen
(Zu § 19 i Satz 3 WHG)

(1) Der Betreiber hat nach Maßgabe des § 19 i Satz 3 Nr. 1 bis 3 Wasserhaushaltsgesetz prüfen zu lassen:
   1. Anlagen mit unterirdischen Lagerbehältern,
   2. Anlagen mit oberirdischen Lagerbehältern mit einem Gesamtrauminhalt von mehr als 40 000 Liter,
   3. unterirdische Rohrleitungen.
Dies gilt nicht für Anlagen zum Lagern flüssiger Stoffe, die nur in erwärmtem Zustand pumpfähig sind.

(2) In Schutzgebieten müssen Anlagen mit oberirdischen Lagerbehältern mit einem Gesamtrauminhalt von über 1000 Litern nach § 19 i Satz 3 Nr. 1 bis 3 Wasserhaushaltsgesetz geprüft werden.

(3) Die Wasserbehörde kann wegen der Besorgnis einer Gewässergefährdung kürzere Prüffristen bestimmen oder die Prüfung auch für andere als in Abs. 1 und 2 genannten Anlagen vorschreiben; dies gilt auch für Anlagen, deren Eignung festgestellt ist. Sie kann im Einzelfall Anlagen nach Abs. 1 von der Prüfpflicht befreien, wenn auf Grund der örtlichen Verhältnisse und der Art der gelagerten Stoffe gewährleistet ist, daß eine von der Anlage ausgehende Gewässergefährdung ebenso rechtzeitig erkannt wird wie bei Bestehen der allgemeinen Prüfpflicht.

(4) Die Prüfungen nach den Abs. 1 und 2 entfallen, soweit die Anlage zu denselben Zeitpunkten oder innerhalb gleicher oder kürzerer Zeiträume nach anderen Rechtsvorschriften zu prüfen ist und der unteren Wasserbehörde ein Prüfbericht vorgelegt wird, aus dem sich der ordnungsgemäße Zustand der Anlage im Sinne dieser Verordnung und der §§ 19 g und h Wasserhaushaltsgesetz ergibt.

(5) Der Betreiber hat dem Sachverständigen vor der Prüfung die für die Anlage erteilten behördlichen Bescheide sowie die vom Hersteller ausgehändigten Bescheinigungen vorzulegen. Der Sachverständige hat über jede durchgeführte Prüfung der unteren Wasserbehörde und dem Betreiber unverzüglich einen Prüfbericht vorzulegen.

(6) Die wiederkehrenden Prüfungen nach den Abs. 1 und 2 entfallen, wenn der Betreiber der unteren Wasserbehörde die Stillegung der Anlage unter Vorlage der Bescheinigung eines Fachbetriebes über ihre ordnungsgemäße Entleerung und Reinigung anzeigt.

18   Prüfung von Anlagen

18.1   Der Anlagenbetreiber hat die Dichtheit der Anlage und die Funktionsfähigkeit der Sicherheitseinrichtungen ständig zu überwachen. Leckanzeigegeräte sind mindestens einmal jährlich einer Funktionskontrolle zu unterziehen. Ist der Betreiber selbst nicht sachkundig oder verfügt er nicht über sachkundiges Personal, hat er den Abschluß eines Überwachungsvertrages mit einem zugelassenen Fachbetrieb nachzuweisen.

18.2   Anlagen mit unterirdischen und prüfpflichtigen oberirdischen Lagerbehältern sind durch Sachverständige wie folgt zu prüfen:

18.2.1   Vor der erstmaligen Inbetriebnahme, nach einer wesentlichen Änderung und vor der Wiederinbetriebnahme einer länger als ein Jahr stillgelegten Anlage:
– die Übereinstimmung der Anlage mit den Vorschriften der Verordnung, mit den eingeführten technischen Vorschriften und technischen Baubestimmungen, mit den Festsetzungen der Eignungsfeststellungen, der Bauartzulassungen oder Prüfzeichenbescheide sowie mit weitergehenden Anforderungen nach § 9,
– die Dichtheit der Anlage und, soweit erforderlich,
– die Dichtheit und Größe des Auffangraumes.
Kann der Sachverständige die Eignung und Dichtheit von Auffangräumen besonderer Größe und Bauart nicht durch Augenschein oder anhand der vom Betreiber vorzulegenden Unterlagen beurteilen, hat er dies im Prüfbericht zu vermerken. Erforderli-

chenfalls hat der Betreiber einen Bausachverständigen oder einen Sachverständigen auf dem Gebiet der Bodenmechanik oder des Erdbaus zu beauftragen.

Wesentliche Änderungen einer Anlage sind insbesondere Erneuerungs-, Instandsetzungs- und Umrüstungsmaßnahmen, durch welche eine Wassergefährdung zu besorgen ist, zum Beispiel nachträglicher Einbau einer Lecksicherungseinrichtung, Austausch von Behältern und Rohrleitungen.

18.2.2   Bei der wiederkehrenden Prüfung die Übereinstimmung der Anlage mit den Vorschriften der Verordnung, die Dichtheit der Anlage und, soweit erforderlich, die Dichtheit des Auffangraumes. Ziff. 18.2.1 gilt entsprechend.

Bei einwandigen Behältern mit einem Rauminhalt von über 40 000 l, in Schutzgebieten über 1000 l, ist, soweit der Sachverständige nicht im Einzelfall hierauf verzichtet, eine innere Untersuchung vorzunehmen, der eine Reinigung durch Fachpersonal vorangehen muß.

18.2.3   Bei unterirdischen Rohrleitungen, die nicht Teil einer prüfpflichtigen Lagerungsanlage sind, ist die Wirksamkeit und Funktionsfähigkeit der Sicherungseinrichtungen für die Rohranlage sowie die Anordnung der Rohranlage, insbesondere ihre Sicherheit gegenüber äußeren Einwirkungen, zu prüfen. Die Ziff. 18.2.1 und 18.2.2 gelten sinngemäß. Bei doppelwandigen Leitungen ist eine wiederkehrende Prüfung entbehrlich.

18.2.4   Durchführung der Prüfung

18.2.4.1   Die Prüfungen sind bei Anlagen, die auch nach der VbF zu prüfen sind, nach den Richtlinien für die Prüfung von Anlagen zur Lagerung, Abfüllung und Beförderung brennbarer Flüssigkeiten zu Lande (Prüfrichtlinien) – TRbF 501 –, bei sonstigen Anlagen sinngemäß nach diesen Prüfrichtlinien durchzuführen.

In Eignungsfeststellungen und Bauartzulassungen vorgeschriebene besondere Anforderungen an die Prüfungen bleiben unberührt.

18.2.4.2   Im Rahmen der Ordnungsprüfung gem. Nr. 2.1 TRbF 501 (Prüfung vor Inbetriebnahme) hat sich der Sachverständige vom Betreiber alle die Anlage betreffenden behördlichen Bescheide, Bescheinigungen und Zeugnisse, soweit sie ihm auszuhändigen waren, und die vom Hersteller ausgehändigten Bescheinigungen vorlegen zu lassen. Bei Prüfungen gem. Nr. 2.2 TRbF 501 (wiederkehrende Prüfung, Prüfung nach einer wesentlichen Änderung, Prüfung nach Wiederinbetriebnahme) hat sich der Sachverständige mindestens die wasserrechtliche Eignungsfeststellung oder Bauartzulassung sowie die gewerberechtlichen Bauartzulassungen oder baurechtlichen Prüfzeichenbescheide, die eine wasserrechtliche Eignungsfeststellung oder Bauartzulassung ersetzen und die Sachverständigenprüfberichte der vorangegangenen Prüfungen vorlegen zu lassen. Gleiches gilt, soweit eine Prüfung gem. § 19 i Satz 3 Nr. 4 WHG in Verbindung mit § 9 Absatz 2 der Verordnung angeordnet worden ist.

18.2.4.3   Für die erstmalige Prüfung einer bestehenden Anlage oder von unterirdischen Rohrleitungen gelten die vorstehenden Absätze entsprechend.

18.2.4.4   Kürzere Prüffristen können insbesondere bei Anlagen in unmittelbarer Nähe oberirdischer Gewässer oder bei Anlagen im Grundwasser in Betracht kommen.

Längere Prüffristen können z. B. gestattet werden, wenn eine sachkundige Überprüfung in regelmäßigen Zeitabständen (z. B. im Rahmen eines Überwachungsvertrages)

gewährleistet ist oder wenn Anlagen über die Anforderungen der Verordnung hinaus
mit wirksamen, von einem Sachverständigen nach § 12 der Verordnung geprüften
Schutzvorkehrungen (z. B. Innenbeschichtung und kathodischer Korrosionsschutz
bei doppelwandigen unterirdischen Stahlbehältern) ausgestattet sind, die ein Undichtwerden innerhalb der verlängerten Prüffrist nicht besorgen lassen.

18.2.5   Über jede Prüfung stellt der Sachverständige unverzüglich nach der Prüfung
dem Betreiber einen Prüfbericht aus und übersendet eine Durchschrift des Berichts an
die zuständige Wasserbehörde. Soweit Unterlagen vom Betreiber nicht vorgelegt
werden oder technische Prüfungen noch nicht vorgenommen werden konnten oder
auf Grund von Mängeln vom Sachverständigen eine Nachprüfung der Anlage für erforderlich gehalten wird, vermerkt der Sachverständige dies auf dem Prüfbericht und
schlägt der zuständigen Wasserbehörde die zu treffenden Anordnungen vor.
Über jede Prüfung ist ein gesonderter Prüfbericht zu erstellen; der Prüfbericht ist
entsprechend zu bezeichnen.

18.3   Überwachungskartei

18.3.1   Die nach § 26 HWG zuständige Wasserbehörde hat alle prüfpflichtigen Anlagen einschließlich der Werksleitungen in einer Kartei oder Datei zu erfassen. Die
Karteiblätter haben dem in der Anlage dargestellten Muster zu entsprechen. Für ein-
zurichtende EDV-Dateien werden noch besondere Aufstellungsrichtlinien erlassen.
Bereits bestehende Überwachungskarteien können weitergeführt werden, wenn die
ordnungsgemäße Überwachung der Prüftermine und etwa erforderlicher Nachprüfungen sichergstellt ist.

18.3.2   Für die Karteiblätter sind folgende Farben zu verwenden
Rot   für Anlagen mit unterirdischen Lagerbehältern mit über 300 l Rauminhalt,
Blau   für Anlagen mit oberirdischen Lagerbehältern mit einem Rauminhalt von
insgesamt mehr als 40 000 l und Anlagen mit oberirdischen Lagerbehältern in
Schutzgebieten mit insgesamt mehr als 1000 l Rauminhalt.
Weiß   für unterirdische Rohrleitungen sowie für oberirdische Rohrleitungen von
über 500 m Länge soweit sie nicht Teil einer prüfpflichtigen Anlage sind,
Grün   für oberirdische Behälter zwischen 300 l und 40 000 l Rauminhalt außerhalb
von Schutzgebieten.

18.3.3   Karteiblätter für Anlagen in Schutzgebieten sind in der rechten oberen Ecke
mit einem „S" zu kennzeichnen.

18.3.4   Für jede Anlage ist ein eigenes Karteiblatt anzulegen. Mehrere Anlagen können ausnahmsweise auf einem Karteiblatt geführt werden, wenn sie an einem Lagerort eingebaut oder aufgestellt sind und diese Anlagen gleichzeitig und einheitlich
nach § 18 oder nach sonstigen Vorschriften, insbesondere nach der VbF, überprüft
werden; gesonderte Karteiblätter sind anzulegen, wenn auf einem einzigen Karteiblatt die Zahl der Lageranlagen, deren Sicherheitszustand und die Prüfungsergebnisse nicht übersichtlich vermerkt werden können.

18.3.5   Die Karteiblätter sind nach Farben getrennt innerhalb der gleichen Farben
nach Gemeinden zu ordnen.

18.4   Andere Rechtsvorschriften nach § 18 Absatz 4 sind in erster Linie die Verordnung über brennbare Flüssigkeiten (VbF). In dem der zuständigen Wasserbehörde

vorzulegenden Prüfungsbericht nach den anderen Rechtsvorschriften muß festgestellt sein, ob die Anlage ordnungsgemäß auch im Sinne dieser Verordnung ist.

18.5   Anlagen in Betriebsanlagen der Deutschen Bundesbahn sind wegen § 38 des Bundesbahngesetzes nicht in die Überwachungskartei aufzunehmen. Als Betriebsanlagen gelten jedoch nur Anlagen, die der Abwicklung und Sicherung des äußeren Eisenbahndienstes dienen, nicht aber Nebenbetriebe, Verwaltungsgebäude, Siedlungsbauten usw. Ebenso sind Lagerbehälter in bundeseigenen Bau- und Schirrhöfen der Wasser- und Schiffahrtsverwaltung des Bundes, die der Unterhaltung der Bundeswasserstraßen dienen, wegen § 48 des Bundeswasserstraßengesetzes nicht in die Überwachungskartei aufzunehmen.

Dritter Teil   Lagern fester Stoffe; Umschlagen fester und flüssiger Stoffe

§ 19   Anlagen einfacher oder herkömmlicher Art zum Lagern fester Stoffe
(Zu § 19 h Abs. 1 WHG)

Anlagen zum Lagern fester wassergefährdender Stoffe sind einfacher oder herkömmlicher Art, wenn die Anlagen eine gegen die gelagerten Stoffe unter allen Betriebs- und Witterungsbedingungen beständige und undurchlässige Bodenfläche haben und die Stoffe in
1. dauernd dicht verschlossenen, gegen Beschädigung geschützten und gegen Witterungseinflüsse und das Lagergut beständigen Behältern oder Verpackungen oder
2. in geschlossenen Lagerräumen gelagert werden. Geschlossenen Lagerräumen stehen überdachte Lagerplätze gleich, die gegen Witterungseinflüsse durch Überdachung und seitlichen Abschluß so geschützt sind, daß das Lagergut nicht austreten kann.

19   Anlagen einfacher oder herkömmlicher Art zum Lagern fester Stoffe

19.1   Von festen Stoffen gehen Gefahren für Gewässer dann aus, wenn sie direkt oder in Wasser gelöst in Gewässer gelangen können. Zu den wassergefährdenden Stoffen sind insbesondere Beizsalze, Härtesalze, Chromate, Metallsalze, pulverförmige Gifte und andere zu zählen.
Darüber hinaus können auch Kunstdünger, Phosphate und Waschmittel Gewässer nachteilig verändern.

19.2   Hinsichtlich der Anforderungen an die Bodenfläche vgl. Ziff. 14.2.

19.3   § 19 Nr. 1 VAwS ist regelmäßig erfüllt, wenn die wassergefährdenden festen Stoffe in bruchsicheren Behältern gelagert werden. Eine Verpackung in Plastiksäcken genügt nur dann, wenn sichergestellt ist, daß ein Anfahren der Plastiksäcke mit Lademaschinen oder ähnlichem nicht möglich ist.

19.4   Werden wassergefährdende feste Stoffe auf überdachten Lagerplätzen in loser Schüttung gelagert, muß durch allseitigen Abschluß sichergestellt sein, daß das Lagergut nicht außerhalb des überdachten Bereichs gelangen kann.

§ 20   Anlagen einfacher oder herkömmlicher Art zum Umschlagen fester und flüssiger Stoffe

(Zu § 19 h Abs. 1 Satz 1 WHG)

Anlagen zum Umschlagen fester und flüssiger wassergefährdender Stoffe sind einfacher oder herkömmlicher Art, wenn

1. der Platz, auf dem umgeschlagen wird, eine gegen die Stoffe unter allen Betriebs-und Witterungsbedingungen beständige und undurchlässige Bodenfläche hat,
2. die Bodenfläche durch ein Gefälle, Bordschwellen oder andere technische Schutzvorkehrungen zu einem Auffangraum ausgebildet ist, der über ein dichtes Ableitungssystem an eine Sammel-, Abscheide- oder Aufbereitungsanlage angeschlossen ist, und
3. beim Umschlagen von flüssigen Stoffen und Schüttgut die Anlage zusätzlich mit Einrichtungen ausgestattet ist oder Vorkehrungen getroffen sind, durch die ein Austreten der Stoffe vermieden wird und
4. für die Einrichtungen und Schutzvorkehrungen eine Bauartzulassung oder ein Prüfzeichen erteilt worden ist.

20   Anlagen einfacher oder herkömmlicher Art zum Umschlagen fester und flüssiger Stoffe

20.1   Hinsichtlich der Anforderungen an die Bodenflächen vgl. Ziff. 14.2

20.2   Als Einrichtungen oder Vorkehrungen, durch die ein Austreten vermieden wird, kommen selbsttätige Abfüll- oder Überfüllsicherungen (z. B. vom Gewicht abhängige Steuereinrichtungen) in Betracht, durch die rechtzeitig vor Erreichen des zulässigen Füllstandes der Umschlagvorgang unterbrochen oder akustischer Alarm ausgelöst wird. Bei Anlagen an Wasserstraßen sind die Richtlinien vom 30. Juli 1976 (StAnz. S. 1513) zu beachten.

Fünfter Teil   Bußgeldbestimmungen

§ 29   Ordnungswidrigkeiten

Ordnungswidrig nach § 116 Abs. 1 Nr. 20 Hessisches Wassergesetz handelt, wer vorsätzlich oder fahrlässig

1. Auflagen in Entscheidungen nach §§ 5, 7, 8 oder § 15 Abs. 1 Satz 2 nicht oder nicht fristgemäß nachkommt oder einer vollziehbaren Anordnung nach § 9 zuwiderhandelt,
2. in Schutzgebieten entgegen § 15 Abs. 1 Satz 1 und Abs. 2 wassergefährdende flüssige Stoffe lagert oder umschlägt,
3. Anlagen entgegen § 16 Abs. 1 nicht ausreichend kennzeichnet,
4. beim Befüllen und Entleeren von Anlagen entgegen § 17 Abs. 1 Rohre und Schläuche verwendet, die nicht dicht und tropfsicher verbunden sind,
5. Lagerbehälter ohne die nach § 17 Abs. 2 Satz 1 erforderlichen Abfüll- oder Überfüllsicherungen befüllt oder befüllen läßt,
6. eine Anlage entgegen § 18 oder § 30 Abs. 3 Satz 1 nicht oder nicht fristgemäß prüfen läßt,

7. Anlagen ohne die nach § 21 erforderliche Zulassung als Fachbetrieb gewerbsmäßig einbaut, aufstellt, instandhält, instandsetzt oder reinigt,
8. den Betriebsübergang oder das Ausscheiden der für die technische Leitung des Betriebes bestellten Personen entgegen § 26 nicht unverzüglich anzeigt,
9. eine Anlage vor Ablauf der Frist nach § 26 Abs. 3 Hessisches Wassergesetz entgegen § 31 Abs. 5 in Betrieb nimmt.

29   Ordnungswidrigkeiten

Für die Bemessung von Geldbußen wird auf den Musterkatalog der Länderarbeitsgemeinschaft Wasser (Schreiben des Vorsitzenden vom 31. Januar 1980. Nr. 15.10.5–3.80) hingewiesen, der einen gewissen Anhaltspunkt für durchschnittliche Fallgestaltungen bieten kann.

Sechster Teil   Übergangs- und Schlußvorschriften

§ 30   Bestehende Anlagen, frühere Eignungsfeststellungen

(1) Diese Verordnung gilt auch für Anlagen, die bei Inkrafttreten dieser Vorschriften bereits eingebaut oder aufgestellt waren (bestehende Anlagen).

(2) Für Anlagen, die am 1. Oktober 1976 bestanden haben, gilt die Eignungsfeststellung als erteilt, wenn die Anlage dem damals geltenden Recht entsprach. Die Wasserbehörde kann auch an solche Anlagen zusätzliche Anforderungen stellen, wenn dies nach § 19 g Abs. 1 oder 2 Wasserhaushaltsgesetz erforderlich ist.

(3) Der Betreiber hat bestehende Anlagen, die auf Grund dieser Verordnung erstmals einer Prüfung im Sinne des § 18 bedürfen, spätestens bis zum 31. Dezember 1982 durch einen Sachverständigen prüfen zu lassen. Dies gilt nicht, wenn in einer Eignungsfeststellung oder Bauartzulassung eine Ausnahme von der Prüfpflicht erteilt oder eine andere Frist für die erstmalige Prüfung bestimmt wird.

(4) Die Feststellung der Eignung mit allgemeiner Wirkung nach § 4 Abs. 1, § 5 Abs. 3 und § 6 Abs. 5 der Verordnung über das Lagern wassergefährdender Flüssigkeiten gilt als für den Geltungsbereich dieser Verordnung wirksame allgemeine Eignungsfeststellung bis zum Ablauf ihrer Geltungsdauer, längstens bis zum 31. Dezember 1989, für alle Anlagen fort, die bis zum 30. Juni 1983 eingebaut, aufgestellt oder umgerüstet werden.

(5) Anlagen, die nach § 26 Abs. 1 Hessisches Wassergesetz erstmals anzeigepflichtig geworden sind, müssen bis spätestens 30. September 1982 bei der unteren Wasserbehörde angezeigt werden.

30   Bestehende Anlagen, frühere Eignungsfeststellungen

30.1   Bestehende Anlagen, die nicht eignungsfestgestellt oder bauartzugelassen sind und den Anforderungen der VLwF für Anlagen einfacher oder herkömmlicher Art nicht entsprochen haben, sind bis spätestens 31. Dezember 1983 den Vorschriften dieser Verordnung anzupassen oder stillzulegen, soweit nicht aus Gründen des Gewässerschutzes ein früherer Termin geboten ist.

30.2   Anlagen, die eignungsfestgestellt oder bauartzugelassen sind, müssen den Bestimmungen dieser Verordnung nur angepaßt werden, wenn dies aus Gründen des Gewässerschutzes geboten erscheint. Dabei kann zur Vermeidung von Härten eine vertretbare Übergangsfrist eingeräumt werden.

30.3   Bei Allgemeinen Eignungsfeststellungen nach den Vorschriften der VLwF ist zu prüfen, ob die Eignungsfeststellung mittlerweile aufgehoben worden ist (vgl. Erlaß vom 2. Juni 1980, StAnz. S. 1132). Ist dies der Fall, gilt Ziff. 30.1.

30.4   Nach der VLwF allgemein eignungsfestgestellte Anlagen dürfen noch bis zum 30. Juni 1983 neu eingebaut oder aufgestellt werden. Diese Eignungsfeststellungen erlöschen spätestens am 31. Dezember 1989.

§ 31   Anzeigen nach § 26 Hessisches Wassergesetz

(1) Rohrleitungen innerhalb eines Werksgeländes sowie Anlagen zum Lagern, Abfüllen und Umschlagen wassergefährdender Stoffe sind nach § 26 Hessisches Wassergesetz anzuzeigen.

(2) Von der Anzeigepflicht ausgenommen sind:
1. Anlagen mit einem Rauminhalt bis zu 300 l bei flüssigen und 5000 l bei gasförmigen Stoffen,
2. Anlagen für feste Stoffe,
3. Oberirdische Rohrleitungen zur Beförderung wassergefährdender Stoffe mit einer Gesamtlänge bis zu 500 m.

(3) Die Anzeige nach Abs. 1 muß mindestens folgende Angaben über die Anlage enthalten:
1. Gemeinde/Gemeindeteil, Straße und Hausnummer, Flur und Flurstücksnummer, ober- oder unterirdisch,
2. Eigentümer und Betreiber,
3. Lagergut,
4. Art der Anlage, betriebliche Ausstattung, Schutzvorkehrungen und Zubehör (wie Rohrleitungen, Verbindungsstücke), Prüfzeichen, Zulassungen,
5. a) bei Behältern: Art und Zahl der Behälter, Rauminhalte, Werkstoffe, bauliche Ausführung des Auffangraumes,
   b) bei Rohrleitungen: Gesamtlänge, Rauminhalt, Betriebsdruck, Werkstoffe, Art und Umfang von Entnahmestellen, mittlere Durchsatzmenge,
6. Verwendungszweck,
7. Zeitpunkt der Inbetriebnahme bzw. Stillegung oder Umwidmung.

(4) Die Wasserbehörde kann zusätzliche Unterlagen anfordern, wenn dies zur Beurteilung des Vorhabens erforderlich ist.

(5) Die Inbetriebnahme anzeigepflichtiger Anlagen darf erst erfolgen, wenn die Wasserbehörde dem Vorhaben nicht innerhalb der Frist des § 26 Abs. 3 Hessisches Wassergesetz widersprochen hat.

31   Anzeigen nach § 26 Abs. 1 HWG

31.1   Auch solche Anlagen, an die nach § 1 Abs. 1 der Verordnung keine Anforderungen gestellt werden, weil sie den in § 19 h Abs. 2 WHG genannten Zwecken dienen, . sind der unteren Wasserbehörde anzuzeigen.

31.2   Die nicht anzeigepflichtigen Anlagen müssen den materiellen Anforderungen der Verordnung in vollem Umfang genügen. Stellt die Wasserbehörde fest, daß dies nicht der Fall ist, hat sie die gemäß § 74 HWG erforderlichen Maßnahmen zu ergreifen, um Gefahren von Gewässern abzuwenden.

31.3   Anzeigen nach § 26 Abs. 1 HWG sind in dreifacher Ausfertigung vorzulegen. Sie müssen mindestens enthalten:

31.3.1   Die Angaben nach § 31 Abs. 3 Nr. 1 und 2 der Verordnung. Fallen Eigentümer der Anlage und des Grundstücks auseinander, sind immer beide Eigentümer anzugeben.

31.3.2   Lageplan in geeignetem Maßstab, aus dem die zur Beurteilung der Anzeige erforderlichen Bauwerke und Lageranlagen des Betriebs oder der Betriebsabteilung und ihre Lage zu ersehen sind.

31.3.3   Angabe des Lagergutes mit genauer Stoffbezeichnung und – falls vorhanden – der laufenden Nummer des mit Erlaß vom 23. Dezember 1980 (StAnz. 1981 S. 229) eingeführten Katalogs wassergefährdender Stoffe.
Zu den jeweiligen Stoffen sind folgende Angaben zu machen:

31.3.4   Für Behälter:
Anzahl, Größe, Baujahr, Lagerungsart, Werkstoffe, Sicherheitseinrichtungen, Schutzvorkehrungen, Überwachung und Prüfung

31.3.5   Für Rohrleitungen, die nicht Zubehör eines Behälters sind:
Gesamtlänge und Gesamtrauminhalt, höchster und mittlerer Betriebsdruck, Werkstoffe, Zahl und Art der Entnahmestellen, Baujahr, Schutzvorkehrungen, Überwachung, Prüfung und Sicherheitsplan.

31.4   Die Wasserbehörde kann weitere Unterlagen und Erläuterungen anfordern, wenn dies aus Gründen des Gewässerschutzes erforderlich ist. Sie kann auf Angaben und Unterlagen verzichten, soweit sie über die zur Beurteilung notwendigen Grundlagen bereits verfügt; insbesondere genügt für mehrere gleichartige Anlagen auf einem Betriebsgrundstück ein Sammelantrag.

31.5   Vor Ablauf der Vierwochenfrist des § 26 Abs. 3 HWG darf die Herstellung, Inbetriebnahme oder Umwidmung anzeigebedürftiger Anlagen nur erfolgen, wenn eine schriftliche Genehmigung durch die Wasserbehörde erfolgt ist.

31.6   Soweit die Anzeige nach § 26 HWG durch andere Anzeigen, Genehmigungen oder Zulassungen ersetzt wird, haben die hierfür zuständigen Behörden der Wasserbehörde die nach § 31 Abs. 3 erforderlichen Informationen zu überlassen und ihr Gelegenheit zu geben, vor Erteilung der Genehmigung oder Erlaubnis dem Vorhaben zu widersprechen.

31.7   Die Wasserbehörden führen die nach der VLwF aufgestellten Karteien zur Erfassung aller anzeigepflichtigen Anlagen weiter.

§ 32   Inkrafttreten

(1) Aufgehoben werden:
1. die Verordnung über das Lagern wassergefährdender Flüssigkeiten,
2. die Verordnung über Ausnahmen von der Anzeigepflicht nach § 26 Abs. 1 des Hessischen Wassergesetzes vom 19. Juni 1961 (GVBl. S. 86),
3. § 2 Abs. 1 der Verordnung über Zuständigkeiten nach dem Wasserhaushaltsgesetz vom 22. Februar 1978 (GVBl. I S. 148).

(2) Diese Verordnung tritt am 1. April 1982 in Kraft.

V. Diese Verwaltungsvorschriften treten zusammen mit der Verordnung am 1. April 1982 in Kraft. Mit ihrem Inkrafttreten werden folgende Verwaltungsvorschriften, Richtlinien und Erlasse aufgehoben:

– Verwaltungsvorschrift und Richtlinie über das Lagern wassergefährdender Flüssigkeiten vom 10. April 1968 (StAnz. S. 753), neu in Kraft gesetzt durch Erlaß vom 12. Oktober 1978 (StAnz. S. 2168)
– Erlaß vom 11. April 1978 (StAnz. S. 862) betreffend die Übergangsregelung bis zum Inkrafttreten einer neuen Verordnung über das Lagern, Abfüllen und Umschlagen wassergefährdender Stoffe
– Prüfrichtlinien für Behälter und ihr Zubehör nach § 7 der Verordnung über das Lagern wassergefährdender Flüssigkeiten; hier: Wiederkehrende Prüfungen von Lagerbehältern, vom 26. März 1979 (StAnz. S. 999)
– Erlaß vom 15. September 1975 (StAnz. S. 1893) betreffend Anlagen der Chemischen Industrie.

2.1.4   Verordnung über Anlagen zum Lagern, Abfüllen und Umschlagen wassergefährdender Stoffe mit Zuordnung der Verwaltungsvorschriften zum Vollzug der Verordnung über Anlagen zum Lagern, Abfüllen und Umschlagen wassergefährdender Stoffe – Niedersachsen

Verordnung über Anlagen zum Lagern, Abfüllen und Umschlagen wassergefährdender Stoffe (Anlagenverordnung – VAwS)[1]

Vom 17. April 1985 (Nieders. GVBl. S. 83)

Auf Grund des § 167 des Niedersächsischen Wassergesetzes (NWG) in der Fassung vom 28. Oktober 1982 (Nieders. GVBl. S. 425), zuletzt geändert durch Artikel 22 des Gesetzes zur Bereinigung des niedersächsischen Straf- und Ordnungswidrigkeitenrechts vom 5. Dezember 1983 (Nieders. GVBl. S. 281), wird verordnet:

Inhaltsübersicht

Erster Teil   Allgemeine Vorschriften
§ 1   Anwendungsbereich
§ 2   Lagerbehälter und Rohrleitungen
§ 3   Allgemein anerkannte Regeln der Technik
§ 4   Anforderungen an Rohrleitungen
§ 5   Anzeige

---

[1] hier ohne Abdruck der Anlagen

§ 6   Eignungsfeststellung
§ 7   Bauartzulassung
§ 8   Voraussetzungen für Eignungsfeststellung und Bauartzulassung
§ 9   Weitergehende Anforderungen
§ 10   Schadensfälle und Betriebsstörungen
§ 11   Sachverständige
§ 12   Sachverständigengebühren

Zweiter Teil   Anlagen zum Lagern und Abfüllen flüssiger Stoffe
§ 13   Anlagen einfacher oder herkömmlicher Art
§ 14   Besondere Anforderungen an Abfüllplätze
§ 15   Anlagen in Schutzgebieten
§ 16   Anlagen in Überschwemmungsgebieten
§ 17   Kennzeichnungspflicht, Merkblatt
§ 18   Befüllen und Entleeren
§ 19   Überwachung, Überprüfung und Stillegung von Anlagen

Dritter Teil   Anlagen zum Lagern und Abfüllen fester Stoffe sowie zum Umschlagen fester und flüssiger Stoffe
§ 20   Anlagen einfacher oder herkömmlicher Art zum Lagern und Abfüllen fester Stoffe
§ 21   Anlagen einfacher oder herkömmlicher Art zum Umschlagen fester und flüssiger Stoffe
§ 22   Anlagen in Schutzgebieten
§ 23   Anlagen in Überschwemmungsgebieten
§ 24   Überprüfung durch Sachverständige

Vierter Teil   Bußgeldvorschrift
§ 25   Ordnungswidrigkeiten

Fünfter Teil   Übergangs- und Schlußvorschriften
§ 26   Bestehende Anlagen, frühere Eignungsfeststellungen, Sachverständige
§ 27   Inkrafttreten

Verwaltungsvorschrift zur Verordnung über Anlagen zum Lagern, Abfüllen und Umschlagen wassergefährdender Stoffe (Verwaltungsvorschrift Anlagenverordnung – VVAwS)[1]

Gem. RdErl. d. ML, d. MS, d. MB u. d. MW v. 17. 3. 1985 (Nieders. MBl. S. 422)

I.   Die Verordnung über Anlagen zum Lagern, Abfüllen und Umschlagen wassergefährdender Stoffe (VAwS) vom 17. 4. 1985 (Nds. GVBl. S. 83) dient der Ausfüllung und Ergänzung der §§ 161 bis 164 NWG, die einheitlich und unmittelbar als Bundesrecht (§§ 19 g bis 19 k WHG) bereits seit dem 1. 10. 1976 gelten.

II.   Der landesrechtliche Vollzug der vorgenannten bundesrechtlichen Vorschriften erfolgte mit Hilfe von Übergangsregelungen. Hierzu gehörte die durch das Vierte Gesetz zur Änderung des Niedersächsischen Wassergesetzes vom 3. 6. 1982 (Nds. GVBl. S. 159) aufgehobene Verordnung über die zuständigen Behörden nach §§ 19 h, 19 i und 19 l des Wasserhaushaltsgesetzes (WHG) vom 16. 8. 1978 (Nds. GVBl. S. 623) und die gleichfalls dadurch aufgehobene Verordnung über das Lagern wassergefährdender Flüssigkeiten (Lagerverordnung – VLwF –) vom 21. 1. 1971 (Nds. GVBl. S. 5), geändert durch Verordnung vom 29. 9. 1975 (Nds. GVBl. S. 326). Die VAwS konnte deshalb ohne eine Aufhebungsvorschrift ergehen.

---

[1] hier ohne Abdruck der Anlagen

III.   Die für die Übergangszeit herausgegebenen Verwaltungsvorschriften sind weitgehend gegenstandslos geworden. Es werden aufgehoben:
– Bek. des MS vom 10. 5. 1971 (Nds. MBl. S. 701 – GültL 322/772),
– RdErl. des MS vom 20. 7. 1976 (Nds. MBl. S. 1341 – GültL 90/143), geändert durch RdErl. vom 30. 9. 1976 (Nds. MBl. S. 1939 – GültL 90/144),
– Gem. RdErl. des ML, des MS und des MW vom 13. 3. 1979 (Nds. MBl. S. 400 – GültL ML 76/57), ausgenommen Nr. 6 (Zulassung von Fachbetrieben),
– Gem. RdErl. des ML, des MS und des MW vom 11. 5. 1982 (Nds. MBl. S. 529 – GültL ML 74/115).

IV.   Zum Vollzug der VAwS wird die als Anlage abgedruckte Verwaltungsvorschrift erlassen[1].

Erster Teil   Allgemeine Vorschriften

§ 1   Anwendungsbereich

(1) Diese Verordnung gilt für Anlagen nach § 161 Abs. 1 und 2 NWG zum Lagern, Abfüllen und Umschlagen wassergefährdender Stoffe. Sie gilt nicht, soweit die Anlagen für die Zwecke nach § 162 Abs. 2 NWG verwendet werden. Die Verordnung gilt ferner nicht für Anlagen zur unterirdischen behälterlosen Lagerung (Tiefspeicherung) wassergefährdender Stoffe.

(2) Sofern nichts anderes bestimmt ist, gelten die nachfolgenden Vorschriften für Anlagen auch für einzelne Anlagenteile, insbesondere Lagerbehälter, Rohrleitungen, Sicherheitseinrichtungen und technische Schutzvorkehrungen.

I.   Allgemeine Vorschriften (§§ 1 bis 12 VAwS)

1   Anwendungsbereich

1.1   Die Verordnung über Anlagen zum Lagern, Abfüllen und Umschlagen wassergefährdender Stoffe (Anlagenverordnung – VAwS) vom 17. 4. 1985 (Nds. GVBl. S. 83) enthält zusammen mit den §§ 161 bis 166 des Niedersächsischen Wassergesetzes (NWG) i. d. F. vom 28. 10. 1982 (Nds. GVBl. S. 425), zuletzt geändert durch Art. 22 des Gesetzes vom 5. 12. 1983 (Nds. GVBl. S. 281), die dem Gewässerschutz dienenden maßgeblichen Vorschriften für Anlagen zum Lagern und Abfüllen wassergefährdender Stoffe (§ 161 Abs. 1 NWG) und für Anlagen zum Umschlagen wassergefährdender Stoffe (§ 161 Abs. 2 NWG). Die nach § 161 Abs. 1 und 2 NWG unterschiedlichen Anforderungen sind in der VAwS berücksichtigt.

1.2   Verhältnis zu anderen Vorschriften

1.2.1   Gewerbe-, Berg-, Immissionsschutz- und Bauordnungsrecht
Die wasserrechtlichen Vorschriften über das Lagern, Abfüllen und Umschlagen wassergefährdender Stoffe stehen gleichrangig neben dem Gewerbe-, dem Berg-, dem Im-

---

[1] Die Hauptnummern der Verwaltungsvorschrift entsprechen den Paragraphen der VAwS.

missionsschutz- und dem Bauordnungsrecht. Anlagen zum Lagern, Abfüllen und Umschlagen wassergefährdender Stoffe müssen daher auch diesen Vorschriften genügen. Nach § 166 NWG entscheidet die Bergbehörde über die Feststellung der Eignung und über die Anordnung, daß der Betreiber einen Überwachungsvertrag abzuschließen hat, jedoch nur soweit diese Anlagen im Rahmen eines bergrechtlichen Betriebsplanes errichtet und betrieben werden.

1.2.2 Abfallbeseitigungsgesetz

Die Vorschriften des Abfallbeseitigungsgesetzes (AbfG) gehen, soweit sie Anlagen zum Lagern, Abfüllen und Umschlagen wassergefährdender Stoffe erfassen, den §§ 161 bis 166 NWG nicht als die spezielleren Bestimmungen vor. Eine Planfeststellung nach § 7 Abs. 1 AbfG ersetzt jedoch die nach § 162 NWG und nach der VAwS erforderliche Eignungsfeststellung oder Bauartzulassung. Die materiellen Anforderungen des Wasserrechts sind dabei zu berücksichtigen.

1.3 Begriffsbestimmungen

1.3.1 Anlagen zum Lagern sind Funktionseinheiten, in denen wassergefährdende Stoffe zur unmittelbaren oder mittelbaren Verwendung oder zur späteren Beseitigung – auch vorübergehend – aufbewahrt werden. Sie umfassen nur technische Einrichtungen, die ortsfest sind oder ortsfest benutzt werden. Das Aufbewahren von wassergefährdenden Stoffen in kleinen transportablen Gefäßen für Haushaltungen sowie in Verkaufsräumen von Tankstellen und in Einzelhandelsgeschäften zur Abgabe an Haushaltungen ist kein Lagern i. S. der VAwS.
Einheiten, die keine gemeinsamen Anlagenteile haben, sind selbständige Anlagen, auch wenn sie auf demselben Grundstück errichtet sind oder übereinstimmenden betrieblichen oder wirtschaftlichen Zwecken dienen.

1.3.2 Anlagen zum Abfüllen sind Einrichtungen, die zum Befüllen von ortsfesten Behältern und ortsbeweglichen Behältern und Gefäßen sowie von Geräten und Fahrzeugen, in denen wassergefährdende Stoffe als Betriebsmittel dienen, bestimmt sind (z. B. Flugfeldbetankungsanlagen).
Ortsbewegliche Behälter und Gefäße sind z. B. Eisenbahnkesselwagen, Tankkesselwagen, Container, Aufsetztanks, Kanister, Fässer, Flaschen und Dosen.
Sowohl Anlagen zum Lagern als auch Anlagen zum Abfüllen unterliegen den Anforderungen des § 161 Abs. 1 NWG. Auf eine strenge begriffliche Trennung beider Anlagearten kommt es daher nicht an.

1.3.3 Anlagen zum Umschlagen sind Einrichtungen zum
– Laden und Löschen von Schiffen.
– Umladen von einem Transportmittel auf ein anderes, ggf. in Verbindung mit einer Zwischenlagerung an der Umschlagstelle.
Zu den Anlagen zum Umschlagen gehören nicht die zu befüllenden oder zu entleerenden Behältnisse.
Beim Umschlagen benutzte ortsfeste Behälter oder Lagerplätze bleiben Anlagen oder Anlagenteile zum Lagern.

1.3.4 Wassergefährdende Stoffe

1.3.4.1 § 161 Abs. 5 NWG enthält eine gesonderte Definition der wassergefährdenden Stoffe und grenzt damit den Geltungsbereich der §§ 161 bis 166 NWG und der

VAwS ab. Neben allgemeinen Definitionen enthält § 161 Abs. 5 NWG eine beispielhafte Aufzählung wassergefährdender Stoffgruppen. Eine abschließende Aufzählung wassergefährdender Stoffe ist z. Z. nicht möglich. Für die Einteilung wassergefährdender Stoffe in Wassergefährdungsklassen (WGK) sind der „Katalog wassergefährdender Stoffe" – Bek. des BMI vom 1. 3. 1985 (GMBl. S. 175) – und dessen Fortschreibungen maßgeblich. Zur Orientierung über bisher noch nicht erfaßte Stoffe können herangezogen werden:

- die Verordnung über wassergefährdende Stoffe bei der Beförderung in Rohrleitungsanlagen vom 19. 12. 1973 (BGBl. I S. 1946), geändert durch Verordnung vom 5. 4. 1976 (BGBl. I S. 915),
- die Allgemeine Verwaltungsvorschrift zu § 41 der Straßenverkehrs-Ordnung, Zeichen 269, vom 24. 11. 1970 (BAnz. Nr. 228), zuletzt geändert durch Verwaltungsvorschrift vom 21. 7. 1980 (BAnz. Nr. 137).

Ist zweifelhaft, ob ein Stoff wassergefährdend i. S. des § 161 NWG ist, so hat die zuständige Wasserbehörde das Niedersächsische Landesamt für Wasserwirtschaft zu hören.

1.3.4.2   In § 161 Abs. 6 NWG sind Abwasser, Jauche und Gülle sowie Stoffe, die hinsichtlich der Radioaktivität die Freigrenzen des Strahlenschutzrechts überschreiten, vom Geltungsbereich der §§ 161 bis 166 NWG und dadurch auch vom Geltungsbereich der VAwS ausgenommen. Hierzu gehören beispielsweise Flüssigmist und Silosickersaft (= Abwasser).

1.3.4.3   Für die Stoffe nach Nr. 1.3.4.2 gelten jedoch § 2 Abs. 2, § 95 Abs. 2, §§ 131 und 137 Abs. 2 NWG.

1.3.4.4   Für kontaminierte Stoffe, für die gemäß §§ 4, 9 und 13 der Strahlenschutzverordnung keine Genehmigung oder Anzeige erforderlich ist, gilt die VAwS, soweit sie wegen anderer Gründe als ihrer unbedeutenden Kontamination wassergefährdend sind.

1.4   Die VAwS gilt nach § 1 Abs. 1 Satz 2 VAwS nicht für Anlagen, die für Zwecke nach § 162 Abs. 2 NWG verwendet werden. Sie ist daher nicht anzuwenden und auf das vorübergehende Lagern im Zusammenhang mit bestimmten Vorgängen beim Transport oder auf wassergefährdende Stoffe, die sich im Arbeitsgang befinden. Die Geltung des § 161 NWG für diese Anlagen bleibt hiervon unberührt.

1.4.1   Ein vorübergehendes Lagern in Transportbehältern oder ein kurzfristiges Bereitstellen oder Aufbewahren in Verbindung mit dem Transport ist dann nicht mehr gegeben, wenn die Behälter oder Verpackungen über den eigentlichen Zweck hinaus regelmäßig zum Lagern eingesetzt werden. In solchen Fällen ist die VAwS anzuwenden und eine Eignungsfeststellung erforderlich, für die mindestens nachgewiesen werden muß, daß die verwendeten Behälter den verkehrsrechtlichen Vorschriften, z. B. der Gefahrgutverordnung Straße, entsprechen.
Anlagenteile i. S. des § 1 Abs. 2 VAwS sind insbesondere die nachstehend aufgeführten Einrichtungen und Bauteile:

- Auffangräume
  sind flüssigkeitsdichte Räume in Gebäuden oder im Freien oder Wannen, die dazu bestimmt sind, aus Behältern oder Rohrleitungen auslaufende Flüssigkeiten aufzunehmen.

– Auffangvorrichtungen
sind flüssigkeitsdichte Bauteile, in denen Behälter aufgestellt werden und die dazu
bestimmt sind, aus Behältern oder Rohrleitungen ausgelaufene Flüssigkeiten aufzunehmen.
– Auffangtassen
sind flüssigkeitsdichte Bauteile, in denen Behälter aufgestellt werden und die dazu
bestimmt sind, kleinere Mengen ausgelaufener Flüssigkeiten (Tropfmengen) aufzunehmen.
– Abdichtungsmittel
sind Werkstoffe oder Bauteile, die dazu bestimmt sind, Auffangräume oder Behälter abzudichten.
– Beschichtungen
sind auf Wandungen von Behältern oder Auffangräumen gleichmäßig aufgetra-
gene flüssige oder pastenförmige Abdichtungsmittel, die nach der Trocknung und
Härtung fest auf dem Untergrund haften. Sie können aus einer oder mehreren
Schichten bestehen und sind zur Abdichtung oder zum Korrosionsschutz bestimmt.
– Auskleidungen
sind vorgefertigte Hüllen, Tafeln oder Bahnen sowie bei der Herstellung von Ver-
bundwandungen integrierte Schichten, die zur Abdichtung oder zum Korrosionsschutz von Behältern oder Auffangräumen bestimmt sind. Leckschutzauskleidungen (s. dort) sind keine Auskleidungen i. S. dieser Begriffsbestimmung.
– Leckanzeigegeräte
sind Einrichtungen, die Undichtheiten (Lecks) der Wandungen von Behältern
ober- oder unterhalb des Flüssigkeitsspiegels oder von Rohrleitungen selbsttätig
anzeigen. Leckanzeigegeräte sind auch solche Einrichtungen, die zur ausschließlichen Überwachung der Dichtheit von Böden bei Flachbodenbehältern dienen.
Das Leckanzeigegerät ist die Gesamtheit der zur Leckerkennung erforderlichen
Anlagenteile. Dazu gehören der Überwachungsraum von Doppelwandsyste-
men, die Leckanzeiger und ggf. die Leckschutzauskleidungen sowie die Leckan-
zeigemedien.
– Leckschutzauskleidungen
sind flexible oder steife, der Behälterform angepaßte Einlagen zur Herstellung
eines Überwachungsraumes bei einwandigen Behältern zur Leckerkennung.
– Leckanzeiger
sind apparative Einrichtungen von Leckanzeigegeräten, die durch Undichtheiten
(Lecks) bedingte Änderungen im Überwachungsraum optisch und/oder akustisch
anzeigen.
– Überwachungsraum
ist der Raum zwischen äußerer und innerer Wand oder zwischen äußerer Wand und
Leckschutzauskleidung von Behältern oder Rohrleitungen, der in Verbindung mit
dem Leckanzeigemedium und dem Leckanzeiger der Lecküberwachung dient.
– Lecksonden
sind Einrichtungen, die das Auslaufen von wassergefährdenden Flüssigkeiten oder
das Eindringen von Wasser in einen Kontrollraum, Überwachungsraum oder Auffangraum selbsttätig anzeigen.
– Überfüllsicherungen
sind Einrichtungen, die rechtzeitig vor Erreichen des höchsten zulässigen Flüssig-

keitsstandes des Behälters den Füllvorgang selbsttätig unterbrechen oder Alarm geben.
– Be- und Entlüftungseinrichtungen
sind bauliche Vorkehrungen, die das Entstehen gefährlicher Über- oder Unterdrücke in Behältern verhindern.
– Flüssigkeitsstandanzeiger
sind Einrichtungen zur Feststellung des jeweils vorhandenen Flüssigkeitsstandes in Behältern.
– Schutzrohre
sind bauliche Vorkehrungen bei im Erdreich oder in Bauteilen verlegten einwandigen Rohrleitungen, die das unkontrollierte Austreten von Flüssigkeiten verhindern sollen. Bei Ausmündung in einen Kontrollschacht oder Kontrollraum sind Undichtheiten der Rohrleitungen leicht und zuverlässig feststellbar.
Liegt ein vorübergehendes Lagern in Transportbehältern oder ein kurzfristiges Bereitstellen oder Aufbewahren in Verbindung mit dem Transport vor, ohne daß die materiellen Anforderungen des Verkehrsrechts eingehalten werden, ist die VAwS ebenfalls anzuwenden und eine Eignungsfeststellung erforderlich.
Die materiellen Anforderungen des Verkehrsrechts sind dann erfüllt, wenn die verkehrsrechtlichen Zulassungen vorhanden sind.

1.4.2   Im Arbeitsgang befinden sich wassergefährdende Stoffe, wenn sie selbst be- oder verarbeitet werden oder wenn sie der Herstellung, der Be- oder Verarbeitung anderer Produkte dienen, nicht aber, wenn sie in Behältern gelagert werden, um demnächst der Be- oder Verarbeitung zugeführt zu werden.

1.4.3   Als die für den Fortgang der Arbeiten erforderliche Menge ist in der Regel höchstens der Bedarf für eine Tagesproduktion oder eine Charge anzusehen.

1.4.4   Wassergefährdende Stoffe als Zwischenprodukte gelten nur so lange als kurzfristig abgestellt, wie es sich aus dem Fortgang des Produktionsprozesses zwingend ergibt. Für Fertigprodukte darf der Zeitraum in der Regel einen Tag nicht überschreiten.

1.4.5   Für Anlagen nach § 162 Abs. 2 NWG gilt § 161 Abs. 1 bis 4 NWG ggf. i. V. m. § 2 Abs. 2, § 95 Abs. 2, §§ 131 oder 137 Abs. 2 NWG, auch wenn diese Anlagen keiner gesonderten Eignungsfeststellung oder Bauartzulassung bedürfen. Bei Einbau, Aufstellung, Unterhaltung und Betrieb derartiger Anlagen sind daher mindestens die allgemein anerkannten Regeln der Technik einzuhalten (§ 162 Abs. 3 NWG).

1.5   Für den Umgang mit wassergefährdenden Stoffen außerhalb des Regelungsbereichs der §§ 161 bis 166 NWG und damit außerhalb des Geltungsbereichs der VAwS gelten § 2 Abs. 2, § 95 Abs. 2, §§ 131 oder 137 Abs. 2 NWG. Ist die Besorgnis einer Gewässerverunreinigung in diesen Fällen gegeben, so sind Maßnahmen auf Grund der vorgenannten Vorschriften zu veranlassen.

1.6   Die unterirdische behälterlose Lagerung (Tiefspeicherung) wassergefährdender Stoffe unterliegt gemäß § 2 Abs. 2 des Bundesberggesetzes vom 13. 8. 1980 (BGBl. I S. 1310) dem Bergrecht.
Bei Lagerung dieser Stoffe in Behältern im Rahmen eines bergrechtlichen Betriebsplanes gilt die VAwS i. V. m. § 166 NWG.

§ 2 Lagerbehälter und Rohrleitungen

(1) Lagerbehälter sind ortsfeste oder zum Lagern aufgestellte ortsbewegliche Behälter. Kommunizierende Behälter gelten als ein Behälter.

(2) Unterirdische Lagerbehälter sind Behälter, die ganz oder teilweise im Erdreich eingebettet sind. Oberirdische Behälter, die so aufgestellt sind, daß Undichtheiten nicht zuverlässig und schnell erkennbar sind, stehen unterirdischen Behältern gleich.

(3) Rohrleitungen im Sinne dieser Verordnung sind nur solche, die Bestandteil einer Anlage zum Lagern, Abfüllen und Umschlagen wassergefährdender Stoffe sind. Unterirdische Rohrleitungen sind Rohrleitungen, die vollständig im Erdreich verlegt sind. Rohrleitungen, die in Bauteilen oder abschnittsweise im Erdreich verlegt sind, gelten insoweit als unterirdische Rohrleitungen.

2 Lagerbehälter und Rohrleitungen

2.1 Ortsfeste Behälter sind Behälter, die ihrer Bauart nach dazu bestimmt sind, ihren Standort betriebsmäßig nicht zu wechseln (vgl. Nr. 120.1 Abs. 1 und Nr. 220.1 Abs. 1 des Anhangs II zu § 4 Abs. 1 der Verordnung über brennbare Flüssigkeiten – VbF –). Kommunizierende Behälter sind Behälter, deren Flüssigkeitsräume betriebsmäßig in ständiger Verbindung miteinander stehen (vgl. Technische Regel für brennbare Flüssigkeiten – TRbF – 110 Nr. 7.43 Abs. 2).

2.2 Die Abgrenzung der oberirdischen und unterirdischen Lagerbehälter deckt sich mit der in der VbF (vgl. Nr. 120.1 Abs. 2 und Nr. 220.1 Abs. 2 des Anhangs II zur VbF).

2.3 Undichtheiten sind bei der Eigenüberwachung und bei der Prüfung zuverlässig und schnell erkennbar, wenn sie durch geeignete Vorrichtungen angezeigt werden oder die Lagerbehälter so aufgestellt sind, daß sie allseitig auf ihre Dichtheit beobachtet werden können. Danach gelten auch Lagerbehälter in unterirdischen Räumen als oberirdische Lagerbehälter, wenn die Behälter so zugänglich sind, daß Undichtheiten jederzeit durch Inaugenscheinnahme festgestellt werden können. Bei Kunststoffbehältern, die ohne Bodenabstand, und bei Batteriebehältern, die ohne Abstand zueinander aufgestellt werden dürfen, sind Undichtheiten in der Regel wegen der Anforderungen an den Aufstellungsraum zuverlässig und schnell erkennbar.
Bei Flachbodentanks nach DIN 4119 sind Undichtheiten zuverlässig und schnell erkennbar, wenn sie einen lecküberwachten doppelten Boden besitzen oder der Tankunterbau so ausgestaltet ist, daß Undichtheiten im Bodenbereich durch das Austreten der Lagerflüssigkeit in den Auffangraum oder auf eine befestigte Fläche erkennbar werden.

2.4 Bauteile i. S. des § 2 Abs. 3 Satz 3 VAwS sind insbesondere auf dem Erdreich aufliegende Kellerfußböden. Böden von Tiefgaragen und Erdgeschossen in Gebäuden ohne Kellergeschoß.

§ 3 Allgemein anerkannte Regeln der Technik
(zu § 161 NWG)

Anlagen nach § 1 müssen neben den Anforderungen des § 161 Abs. 3 NWG auch in ihrer Beschaffenheit, insbesondere technischem Aufbau, Werkstoff und Korrosionsschutz, mindestens den allgemein anerkannten Regeln der Technik entsprechen.

3   Allgemein anerkannte Regeln der Technik

3.1   Unter allgemein anerkannten Regeln der Technik sind in Anlehnung an die Rechtsprechung zu den allgemein anerkannten Regeln der Baukunst die auf wissenschaftlicher Grundlage oder fachlichen Erkenntnissen beruhenden Regeln anzusehen, die in der praktischen Anwendung eine Erprobung gefunden haben und Gedankengut der auf dem betreffenden Fachgebiet tätigen Personen geworden sind.

3.2   Allgemein anerkannte Regeln der Technik

3.2.1   Allgemein anerkannte Regeln der Technik sind insbesondere die TRbF i. S. von § 4 Abs. 1 VbF, veröffentlicht als Bekanntmachungen des BMA im Bundesarbeitsblatt, Fachteil Arbeitsschutz, für den Bereich der brennbaren wassergefährdenden Flüssigkeiten, soweit nicht die VAwS, diese Verwaltungsvorschrift oder nach § 167 Nr. 2 Buchst. a NWG eingeführte technische Vorschriften und Baubestimmungen etwas anderes vorsehen.

3.2.2   Nach § 167 Nr. 2 Buchst. a NWG werden folgende technische Bestimmungen, die damit als allgemein anerkannte Regeln der Technik gelten, für Anlagen zum Lagern und Abfüllen flüssiger wassergefährdender Stoffe hiermit eingeführt:

3.2.2.1   Domschächte müssen flüssigkeitsdicht sein. Diese Anforderung kann entfallen, wenn die Behälter unter Verwendung einer Überfüllsicherung befüllt werden und bereits geringe Verlustmengen erkannt und beseitigt werden können. Anschlüsse an Entwässerungsanlagen sind nicht zulässig, es sei denn, ausgelaufene Flüssigkeiten werden durch Abscheider zurückgehalten.

3.2.2.2   Füll- und Entnahmestellen von Behältern im Auffangraum, die nicht unter Verwendung einer selbsttätig schließenden Überfüllsicherung befüllt zu werden brauchen (§ 18 Abs. 2 Satz 3 VAwS), müssen sich innerhalb des Auffangraumes befinden. Die Verbindungsleitungen von kommunizierenden Behältern müssen sich stets innerhalb des Auffangraumes befinden.

3.2.2.3   Einwandige oberirdische Behälter ohne Leckanzeigegerät dürfen nur bei Erfüllung nachstehender Bedingungen ohne Auffangvorrichtung oder außerhalb von Auffangräumen aufgestellt werden, wobei die Festsetzungen für Schutzgebiete (§§ 15, 22 VAwS) und Überschwemmungsgebiete (§§ 16, 23 VAwS) unberührt bleiben:

– Es müssen bauartzugelassene oder mit Prüfzeichen versehene Behälter sein, deren Aufstellung ohne Auffangraum oder Auffangvorrichtung nach diesen Bescheiden zugelassen ist.

– Die Behälter müssen so aufgestellt oder durch bauliche Einrichtungen (Anfahrschutz) so geschützt sein, daß eine unbeabsichtigte Beschädigung ausgeschlossen ist: dabei müssen sie allseitig gut zugänglich sein, um Undichtheiten schnell zu erkennen.

– Die Behälter müssen auf einer flüssigkeitsdicht befestigten Fläche aufgestellt werden, in deren unmittelbarer Nähe keine Abläufe (Schächte, Kanäle) vorhanden sind.

– Die Behälter dürfen unterhalb des zulässigen Flüssigkeitsspiegels keine lösbaren

Anschlüsse oder Verschlüsse (z. B. Rohrleitungsanschluß, Einsteigeöffnungen, Besichtigungsöffnung) aufweisen.

3.2.2.4 Behälter müssen von Wänden von Auffangräumen oder Auffangvorrichtungen einen solchen Abstand haben, daß eine Kontrolle der Dichtheit der Behälter und Rohrleitungen sowie der Auffangräume und Auffangvorrichtungen durch Inaugenscheinnahme jederzeit möglich ist. Dieses ist in der Regel bei folgenden Abständen der Fall:

Behälter bis 10 m³ Fassungsvermögen

von einer Stirn- und Breitseite   mindestens 40 cm

von den anderen Seiten und untereinander

– bei Kunststoffbehältern   mindestens 5 cm

– bei Behältern aus metallischen Werkstoffen   mindestens 25 cm

– bei zylindrischen Flachbodenbehältern jedoch in einer Achse   mindestens 40 cm

Behälter größer 10 bis 100 m³ Fassungsvermögen

allseits   mindestens 40 cm

Behälter größer 100 m³ Fassungsvermögen

allseits   mindestens 150 cm

jedoch bei stehenden zylindrischen Behältern in

rechteckigen Auffangräumen bis 2000 m³   mindestens 100 cm.

3.2.2.5 Einzelne Behälter mit mehr als 500 m³ Fassungsvermögen oder Behältergruppen im Freien müssen zu benachbarten Behältern oder Behältergruppen oder zu anderen Bauwerken und Anlageteilen einen Abstand von mindestens 3.00 m aufweisen, um ungehindert Maßnahmen zur Brandbekämpfung und Schadensbeseitigung durchführen zu können.

Bei brennbaren wassergefährdenden Flüssigkeiten sind außerdem die Festsetzungen der TRbF 110 bzw. 210 maßgebend.

3.2.2.6 Behälter mit wassergefährdenden Stoffen unterschiedlicher Zusammensetzung und Beschaffenheit dürfen nur dann in einem gemeinsamen Auffangraum aufgestellt werden, wenn feststeht, daß diese Stoffe im Falle ihres Austretens keine gefährlichen Reaktionen hervorrufen.

3.2.2.7 Ausbildung von Auffangräumen und Auffangvorrichtungen in Gebäuden
Der Auffangraum muß flüssigkeitsundurchlässig und im Falle des Austretens für einen Zeitraum von in der Regel 3 Monaten gegen die gelagerten flüssigen Stoffe beständig sein. Auffangvorrichtungen aus nichtmetallischen Werkstoffen und Abdichtungsmittel aus Kunststoff müssen ein baurechtliches Prüfzeichen haben.
Nicht korrosionsbeständige Werkstoffe sind gegen Korrosion durch Beschichtungen, Kunststoffolien oder dergleichen zu schützen. Der Auffangraum darf nur dann Bodenabläufe oder sonstige Öffnungen haben, wenn diese absperrbar sind und zulässigerweise in einem dichten Ableitungssystem in eine betriebseigene Abwasseranlage (Abscheideanlage, Kläranlage, sonstiges Rückhaltesystem) führen, die zum Auffangen der wassergefährdenden Stoffe ausreichend bemessen und geeignet sein muß. Sowohl das o. g. Ableitungssystem, als auch die Teile der betriebseigenen Abwasseranlage, die dem Auffangen der wassergefährdenden Stoffe dienen, sind Bestandteil der Lageranlage. Anforderungen an die innerbetriebliche Abwasserbeseitigung bleiben unberührt.

3.2.2.8 Ausbildung von Auffangräumen im Freien

3.2.2.8.1   Der Auffangraum muß so ausgebildet sein, daß auslaufende Lagerflüssigkeit auf unschädliche Weise aufgefangen werden kann. Das ist dann der Fall, wenn er flüssigkeitsundurchlässig und im Falle des Austretens gegen das Lagermedium für einen Zeitraum von in der Regel 3 Monaten beständig ist (durch geeignete Baustoffe oder Bauteile, erforderlichenfalls mit Abdichtungsmitteln aus Kunststoff, die ein baurechtliches Prüfzeichen haben). Nicht korrosionsbeständige Werkstoffe sind gegen Korrosio n durch Beschichtungen, Kunststoffolien oder dergleichen zu schützen.

3.2.2.8.2   Abhängig von den örtlichen Gegebenheiten (Grundwasser, Geologie usw.) und von der Art der zu lagernden Flüssigkeit können Sohle und Wälle des Auffangraumes auch aus einer mindestens 30 cm dicken Schicht aus bindigem Boden bestehen. Dieser muß so verdichtet sein, daß auslaufende Lagerflüssigkeit innerhalb von drei Tagen nicht tiefer als 20 cm eindringen kann. Die Eignung des Bodens und die Eindringtiefe von auslaufenden Flüssigkeiten sind erforderlichenfalls durch ein Gutachten eines Sachverständigen auf dem Gebiet der Bodenmechanik und des Erdbaues nachzuweisen.

3.2.2.8.3   Das Niederschlagswasser muß aus dem Auffangraum beseitigt werden können. Entleerungsleitungen müssen eine Absperrvorrichtung haben und gegen unbefugtes und unbeabsichtigtes Öffnen gesichert sein. Die Einrichtungen zur Beseitigung des Niederschlagswassers dürfen nicht zum Ableiten von Lagerflüssigkeit benutzt werden, es sei denn, sie führen zulässigerweise in einem dichten Ableitungssystem in eine betriebseigene Abwasseranlage (Abscheideanlage, Kläranlage, sonstiges Rückhaltesystem), die zum Auffangen der wassergefährdenden Stoffe ausreichend bemessen und geeignet sein muß. Sowohl das o. g. Ableitungssystem als auch die Teile der betriebseigenen Abwasseranlage, die dem Auffangen der wassergefährdenden Stoffe dienen, sind Bestandteile der Lageranlage. Anforderungen an die innerbetriebliche Abwasserbeseitigung bleiben unberührt.

3.2.2.9   Einwandige unterirdische Lagerbehälter aus Stahl sind gegen elektrochemische Korrosion durch kathodischen Korrosionsschutz nach den Grundsätzen der TRbF 521 (KKS-Richtlinie) zu sichern. Auf die Möglichkeit des Entfallens des kathodischen Korrosionsschutzes gemäß TRbF 521 Nr. 9.2 wird hingewiesen.

3.2.2.10   Unterirdische im Erdreich oder in Bauteilen verlegte Rohrleitungen aus Kupfer oder Aluminium müssen entweder in Schutzrohren verlegt oder mit einer Kunststoffumhüllung versehen sein, deren Eignung nach § 162 Abs. 1 NWG festgestellt ist oder für die eine Bauartenzulassung erteilt wurde. Wegen der nicht ausreichenden mechanischen Festigkeit dürfen Aluminiumrohre für die unterirdische Verlegung erst ab Nennweiten über DN 25 verwendet werden.
Rohrleitungen, die brennbare Flüssigkeiten mit einem Flammpunkt von 55 °C oder weniger führen, dürfen nicht in Schutzrohren verlegt sein.

3.2.2.11   Behälter, die in Bereichen eingebaut werden sollen, in denen mit einer Veränderung ihrer Lage durch Grundwasser, Staunässe oder Überschwemmung zu rechnen ist, müssen verankert oder durch entsprechende Belastung gegen Aufschwimmen gesichert sein. Die Verankerung oder Belastung muß mindestens eine 1,3fache Sicherheit gegen den Auftrieb des leeren Behälters, bezogen auf den höchsten Wasserstand, haben.

3.2.2.12 Folgende DIN-Normen werden als technische Bestimmungen gemäß § 167 Nr. 2 Buchst. a NWG eingeführt:

DIN 6608 Teil 1	– liegende Behälter aus Stahl, einwandig, für unterirdische Lagerung brennbarer Flüssigkeiten
DIN 6608 Teil 2	– liegende Behälter aus Stahl, doppelwandig, für unterirdische Lagerung brennbarer Flüssigkeiten
DIN 6616	– liegende Behälter aus Stahl, einwandig und doppelwandig, für oberirdische Lagerung brennbarer Flüssigkeiten
DIN 6618 Teil 1	– stehende Behälter aus Stahl, einwandig, für oberirdische Lagerung brennbarer Flüssigkeiten
DIN 6618 Teil 2	– stehende Behälter aus Stahl, doppelwandig, für oberirdische Lagerung brennbarer Flüssigkeiten
DIN 6618 Teil 3	– stehende Behälter aus Stahl, doppelwandig, mit Leckanzeigeflüssigkeit für oberirdische Lagerung brennbarer Flüssigkeiten
DIN 6619 Teil 1	– stehende Behälter aus Stahl, einwandig, für unterirdische Lagerung brennbarer Flüssigkeiten
DIN 6619 Teil 2	– stehende Behälter aus Stahl, doppelwandig, für unterirdische Lagerung brennbarer Flüssigkeiten
DIN 6620 Teil 1	– Batteriebehälter aus Stahl für oberirdische Lagerung brennbarer Flüssigkeiten der Gefahrklasse A III
DIN 6622 Teil 1	– Haushaltsbehälter aus Stahl, 620 Liter Inhalt, für oberirdische Lagerung von Heizöl
DIN 6622 Teil 2	– Haushaltsbehälter aus Stahl, 1000 Liter Inhalt, für oberirdische Lagerung von Heizöl
DIN 6623 Teil 1	– stehende Behälter aus Stahl, mit weniger als 1000 Liter Inhalt, für oberirdische Lagerung brennbarer Flüssigkeiten, einwandig
DIN 6623 Teil 2	– stehende Behälter aus Stahl, mit weniger als 1000 Liter Inhalt, für oberirdische Lagerung brennbarer Flüssigkeiten, doppelwandig
DIN 6624 Teil 1 und Teil 2	– liegende Behälter aus Stahl, von 1000 bis 5000 Liter Inhalt, einwandig und doppelwandig, für oberirdische Lagerung brennbarer Flüssigkeiten der Gefahrklasse A III
DIN 6625 Teil 1	– standortgefertigte Behälter aus Stahl für oberirdische Lagerung von Heizöl und Dieselkraftstoff (Bau- und Prüfgrundsätze)

3.3 Die TRbF sind nicht ausschließlich für brennbare Flüssigkeiten von Bedeutung, sondern können auch als Erkenntnisquelle für Anlagen mit nicht brennbaren Flüssigkeiten herangezogen werden (z. B. Dichtheitsanforderungen an Behälter, Schutz gegen Korrosion, Sicherung der Behälter gegen Auftrieb, Inbetriebnahme und Außerbetriebnahme der Behälter).

3.4 Zu beachten sind ferner die Richtlinien des BMV für Anforderungen an Anlagen zum Umschlag gefährdender flüssiger Stoffe im Bereich von Wasserstraßen und in Häfen vom 23. 7. 1975 (VkBl. S. 485).

3.5 Sowohl bei Anlagen zur Lagerung brennbarer als auch bei solchen zur Lagerung nicht brennbarer wassergefährdender Flüssigkeiten sollen bei Brandereignissen in der Anlage selbst oder in deren Nachbarschaft wassergefährdende Flüssigkeiten

nicht austreten. Möglichkeiten hierzu bieten Werkstoffe für Behälter oder Auffangvorrichtungen, die einer Brandeinwirkung solange standhalten, bis Brandbekämp-
fungsmaßnahmen eingeleitet oder die gefährdeten Behälter entleert worden sind. Als
Anhalt kann ein Zeitraum von 30 Minuten bis zur Einleitung der vorgenannten Maßnahmen dienen. Erfüllen die Behälter diese Anforderungen nicht, so sind geeignete
Maßnahmen zu ergreifen, um eine Brandübertragung aus der Nachbarschaft oder
eine Entstehung von Bränden in der Anlage selbst zu verhindern. Hierzu zählen:
– Verringerung der Brandlast in der Anlage,
– ausreichend große Abstände zu Anlagen mit brennbaren Flüssigkeiten und zu Gebäuden und Betriebsteilen mit hohen Brandlasten (als Anhalt: $\geq 10\,\mathrm{m}$),
– Brandschutzwände, Sprinkleranlagen oder ähnliche Maßnahmen,
– brandschutztechnische Bemessung der Gebäude oder der Umschließungsbauteile
  der Anlage nach DIN 18 230 (bei Anlagen in Gebäuden).
Bei Anlagen zur Lagerung brennbarer wassergefährdender Flüssigkeiten sind die
dem Brandschutz dienenden Bestimmungen der TRbF maßgebend.

§ 4   Anforderungen an Rohrleitungen
(zu § 161 NWG)

Undichtheiten von Rohrleitungen müssen leicht und zuverlässig feststellbar
sein. Die Wirksamkeit von Sicherheitseinrichtungen muß leicht überprüfbar
sein. Alle Rohrleitungen sind so anzuordnen, daß sie gegen nicht beabsichtigte Beschädigung geschützt sind.

4   Anforderungen an Rohrleitungen

4.1   Undichtheiten von Rohrleitungen sind leicht und zuverlässig erkennbar, wenn
die Rohrleitungen
– oberirdisch verlegt sind und allseitig auf ihre Dichtheit beobachtet werden können oder
– bei unterirdischer Verlegung doppelwandig sind und Undichtheiten der Rohrwände durch ein Leckanzeigegerät selbsttätig angezeigt werden oder
– mit einem flüssigkeitsdichten Schutzrohr versehen oder in einem dichten Kanal
  verlegt sind und die auslaufende Flüssigkeit in einer Kontrolleinrichtung sichtbar
  wird.

4.2   § 4 Satz 3 VAwS enthält eine zusätzliche Vorschrift für die Anordnung der
Rohrleitungen. Bei Rohrleitungen einfacher oder herkömmlicher Art und bei der
Bauart nach zugelassenen Rohrleitungen ist § 4 Satz 3 VAwS über die Regelungen des
§ 13 Abs. 2 VAwS und über die Maßgaben der Bauartzulassung hinaus zu beachten.

§ 5   Anzeige

Wer Anlagen zum Lagern, Abfüllen und Umschlagen wassergefährdender
Stoffe einbauen, aufstellen, betreiben, wieder in Betrieb nehmen oder wesentlich ändern will, hat dies der unteren Wasserbehörde unter Verwendung
eines Formblattes (Anlage 1) anzuzeigen. Die Anzeigepflicht besteht nicht

1. bei Anlagen mit oberirdischen Lagerbehältern für Heizöl EL, Dieselkraftstoff und Ottokraftstoffe mit einem Gesamtrauminhalt von nicht mehr als
1000 Litern außerhalb von Schutzgebieten,
2. wenn die Anlage einer Genehmigung, Zulassung oder Erlaubnis nach ge-
werbe-, immissions-, berg- oder baurechtlichen Vorschriften bedarf.

5 Anzeige

5.1 Der Anzeige nach § 5 Satz 1 VAwS oder dem Antrag für eines der in § 5 Satz 2
Nr. 2 VAwS genannten Verfahren sind die für die Entscheidung nach § 6 Abs. 1 Satz 2
VAwS erforderlichen Pläne, Beilagen und – soweit sie zu erteilen waren – die nachstehenden Bescheide beizufügen:
– gewerberechtliche und wasserrechtliche Bauartzulassungen einschließlich erteilter allgemeiner gewerberechtlicher Ausnahmegenehmigungen nach der VbF,
– baurechtliche Prüfbescheide nach der Prüfzeichenverordnung (PrüfzVO),
– allgemeine bauaufsichtliche Zulassungen nach der Niedersächsischen Bauordnung – NBauO –,
– bauaufsichtliche Zustimmungen im Einzelfall nach der NBauO.
Die ihnen zugrunde liegenden Gutachten, Prüfungsscheine und Stellungnahmen der
Bundesanstalt für Materialprüfung (BAM), der Physikalisch-Technischen Bundesanstalt (PTB), der Materialprüfanstalten (MPA), der Technischen Überwachungs-
Vereine (TÜV) sowie sonstiger Sachverständiger, sind, soweit sie Bestandteile der genannten Bescheide sind, ebenfalls beizufügen.

5.2 Bei Baumaßnahmen des Bundes und des Landes obliegt die Anzeigepflicht der
durchführenden Bauverwaltung.

5.3 Die nach § 5 Satz 2 Nr. 1 VAwS von der Pflicht zur Anzeige (§ 5 VAwS) und vom
Erfordernis einer Eignungsfeststellung (§ 6 VAwS) freigestellten Anlagen müssen im
übrigen den materiellen Anforderungen der VAwS entsprechen.

5.4 In den Fällen des § 5 Satz 2 Nr. 2 VAwS haben die zuständigen Behörden die
untere Wasserbehörde durch Übersendung einer vollständigen Ausfertigung der
Antragsunterlagen zu beteiligen, sofern dieses nicht bereits auf Grund anderer ver-
fahrensrechtlicher Vorschriften erfolgt. Hiervon ausgenommen sind Anlagen im
Rahmen eines bergrechtlichen Betriebsplanverfahrens (§ 166 NWG).

§ 6 Eignungsfeststellung
(zu § 162 Abs. 1 Satz 1 NWG)

(1) Anlagen, ausgenommen die in § 5 Satz 2 Nr. 1 genannten Anlagen, dürfen
nur eingebaut, aufgestellt oder wesentlich geändert werden, wenn
1. die Anlage einfacher oder herkömmlicher Art ist oder
2. ihre Eignung festgestellt worden ist.
Die Entscheidung, ob die Anlage einer Eignungsfeststellung bedarf, trifft die
untere Wasserbehörde. Ist seit dem Eingang der Anzeige (§ 5) einschließlich
der erforderlichen Unterlagen eine Frist von einem Monat verstrichen, ohne
daß die untere Wasserbehörde gegenüber dem Anzeigepflichtigen die Entscheidung getroffen hat, kann mit dem Vorhaben begonnen werden.

(2) Genehmigungen oder Erlaubnisse nach gewerbe- oder baurechtlichen Vorschriften schließen die Entscheidung der unteren Wasserbehörde ein.

6   Eignungsfeststellung

6.1   Erhält die untere Wasserbehörde auf Grund des § 5 VAwS Kenntnis von einer Anlage zum Lagern, Abfüllen oder Umschlagen wassergefährdender Stoffe, so ist an Hand des § 162 Abs. 1 NWG und der §§ 13, 20, 21 oder 26 Abs. 2 VAwS zu prüfen, ob eine Eignungsfeststellung erforderlich ist oder nicht. Ist eine Eignungsfeststellung erforderlich, so ist wie folgt zu verfahren:

6.1.1   Im Falle einer Anzeige (§ 5 Satz 1 VAwS) dient das dafür verwendete Formblatt (Anlage 1 zur VAwS) auch als Antrag auf Eignungsfeststellung, wenn Feld 12 angekreuzt ist. Anderenfalls ist der Anzeigende innerhalb eines Monats unter Mitteilung der Entscheidung nach § 6 Abs. 1 Satz 2 VAwS zur Antragstellung aufzufordern.

6.1.2   Im Falle eines Antrages auf Erteilung einer Genehmigung oder Erlaubnis nach gewerbe- oder baurechtlichen Vorschriften (§ 6 Abs. 2 VAwS) schließt dieser Antrag den Antrag auf Eignungsfeststellung ein.

6.1.3   Im Falle eines Antrages auf Erteilung einer Genehmigung nach immissionsrechtlichen Vorschriften ist der Antragsteller von der unteren Wasserbehörde unter Mitteilung der Entscheidung nach § 6 Abs. 1 Satz 2 VAwS zur Stellung eines Antrages auf Eignungsfeststellung aufzufordern. Das Formblatt Anlage 1 zur VAwS ist der Aufforderung beizufügen.

6.1.4   Im Falle eines bergrechtlichen Betriebsplanes (§ 166 NWG) schließt der Betriebsplan den Antrag auf Eignungsfeststellung ein.

6.2   In den Fällen nach Nrn. 6.1.1 und 6.1.3 erläßt die untere Wasserbehörde einen gesonderten Eignungsfeststellungsbescheid. In den Fällen nach Nr. 6.1.2 teilt die untere Wasserbehörde den zuständigen Behörden das Ergebnis der Eignungsfeststellung mit und formuliert die darauf bezogenen Festsetzungen des Bescheides. Der Nachweis der Standsicherheit von Behältern ist Bestandteil der Eignungsfeststellung.

6.3   Die in § 6 Abs. 1 Satz 3 VAwS genannte Entscheidung betrifft nur die Frage, ob die Anlage einfacher oder herkömmlicher Art ist oder ob sie einer Eignungsfeststellung bedarf, jedoch nicht die Eignungsfeststellung selbst. Um zu verhindern, daß wegen Fristablaufs mit dem Vorhaben begonnen wird, bevor die Eignungsfeststellung erteilt wurde, muß die untere Wasserbehörde in jedem Falle die vorgenannte Entscheidung innerhalb eines Monats dem Anzeigenden mitteilen. Dies ist insbesondere in den Fällen zu beachten, in denen die Anzeige mit dem Antrag auf Eignungsfeststellung verbunden wurde (vgl. Nr. 6.1.1 Satz 1).
Die vorstehenden Regelungen gelten nur im Falle einer Anzeige nach § 5 Satz 1 VAwS.

6.4   Kann der Antragsteller keine der in Nr. 5.1 genannten Unterlagen vorlegen oder reichen diese zur Feststellung der Eignung nicht aus, so können von ihm besondere Gutachten über die Eignung der Anlage oder einzelner Anlagenteile (vgl. Nr. 6.7.3) angefordert werden. Hierauf soll verzichtet werden, wenn die Behörde auf Grund vorliegender Erfahrungen ohne diese Gutachten den Antrag abschließend beurteilen kann.

6.5   Die unteren Wasserbehörden – in den Fällen des § 166 NWG die Bergbehörde – haben in den in der nachstehenden Tabelle gekennzeichneten Fällen vor der Eignungsfeststellung eine Stellungnahme der Bezirksregierung Braunschweig einzuholen: ausgenommen hiervon ist die Lagerung von Heizöl und Dieselkraftstoff.

Lagerungsart	Anlagengröße (Gesamtlagermenge) m^3	Wassergefährdungsklasse (WGK)			
		WGK 0	WGK 1	WGK 2	WGK 3
oberirdisch	≤ 1	nein	nein	nein	ja
	> 1–100	nein	nein	ja	ja
	> 100	nein	ja	ja	ja
unterirdisch	≤ 5	nein	nein	ja	ja
	> 5–40	nein	ja	ja	ja
	> 40	nein	ja	ja	ja

Eine Stellungnahme der Bezirksregierung Braunschweig ist auch bei noch nicht eingestuften Stoffen erforderlich.
Bei Anlagen zum Abfüllen und Umschlagen ist entsprechend zu verfahren.
Soweit der Eignungsfeststellung andere Zulassungen, Erlaubnisse und Genehmigungen (vgl. Nr. 5.1) zugrunde gelegt werden, sind diese im Bescheid einzeln aufzuführen.
Die in der Anlage jeweils verwendeten wassergefährdenden Stoffe sind genau anzugeben, ggf. unter Hinzufügung der für diese Stoffe bestehenden Normen oder der chemischen Formeln.

6.6   Werden in einfachen oder herkömmlichen, eignungsfestgestellten oder der Bauart nach zugelassenen Anlagen Schutzvorkehrungen eingebaut, die gewerberechtlich der Bauart nach zugelassen sind, eine allgemeine gewerberechtliche Ausnahmegenehmigung oder ein baurechtliches Prüfzeichen haben, so ist wegen § 162 Abs. 1 Satz 5 NWG für diese Schutzvorkehrungen eine Eignungsfeststellung nicht erforderlich.

6.7   Umfang der Eignungsfeststellung

6.7.1   Grundsätzlich ist die gesamte Anlage auf ihre Vereinbarkeit mit den Vorschriften des § 161 Abs. 1 oder Abs. 2 NWG zu überprüfen und ihre Eignung für den Verwendungszweck festzustellen.

6.7.2   Eine Eignungsfeststellung der gesamten Anlage ist nicht erforderlich, wenn diese in ihrer Gesamtheit
– einfach oder herkömmlich oder
– der Bauart nach zugelassen ist.

6.7.3   Sind einzelne Teile der Anlage
– einfach oder herkömmlich oder
– gemäß § 162 Abs. 1 Satz 2 NWG der Bauart nach zugelassen oder wird die Bauart-

zulassung gemäß § 162 Abs. 1 Satz 5 NWG durch die gewerberechtliche Bauartzulassung oder durch das Prüfzeichen ersetzt,
so erstreckt sich die Prüfung der Eignung nur auf die übrigen Teile der Anlage. Im
Eignungsfeststellungsbescheid ist anzuführen, auf welche Teile der Anlage sich die
Prüfung der Eignung erstreckt hat.

6.7.4 Sind alle Teile der Anlage
– einfach oder herkömmlich oder
– gemäß § 162 Abs. 1 Satz 2 NWG der Bauart nach zugelassen,
so bedarf es keiner zusätzlichen Eignungsfeststellung für das Zusammenfügen der
Anlage.

6.8 Einbauen und Aufstellen von Anlagen ohne Eignungsfeststellung

Erhält die untere Wasserbehörde – in den Fällen des § 166 NWG die Bergbehörde –
davon Kenntnis, daß eine Anlage, deren Verwendung nur nach Eignungsfeststellung
zulässig ist und für die auch keine Bauartzulassung vorliegt, vor deren Erteilung eingebaut oder aufgestellt wird bzw. worden ist, ordnet sie an, die Anlage nicht in Betrieb zu nehmen bzw. zu entleeren und außer Betrieb zu nehmen. Soweit andere Behörden diese Kenntnis erhalten, unterrichten sie unverzüglich die untere Wasserbehörde bzw. die Bergbehörde. In beiden Fällen wirkt die untere Wasserbehörde/die
Bergbehörde auf die nach der VAwS erforderliche Antragstellung hin.
Eine Entleerung der Anlage ist zunächst nicht anzuordnen, wenn feststeht, daß eine
unmittelbare Gefahr einer Gewässerverunreinigung nicht besteht und für die Anlage
die Erteilung einer Eignungsfeststellung möglich erscheint. Ergibt die weitere Prüfung an Hand der vom Betreiber vorzulegenden Unterlagen und auf Grund eigener
Ermittlungen, daß eine Eignungsfeststellung nicht erteilt werden kann, ist die Entlee-
rung und endgültige Stillegung der Anlage anzuordnen. Ein Verstoß gegen § 19 h
Abs. 1 Satz 1 WHG (§ 162 Abs. 1 Satz 1 NWG) ist nach § 41 Abs. 1 Nr. 6 Buchst. b
WHG bußgeldbewehrt.

§ 7 Bauartzulassung
(zu § 162 Abs. 1 Satz 2 bis 5 NWG)

Bei serienmäßig hergestellten Anlagen und Anlagenteilen, für die eine Bauartzulassung nach § 12 der Verordnung über brennbare Flüssigkeiten vom
27. Februar 1980 (Bundesgesetzbl. I S. 173, 229), geändert durch Verordnung
vom 3. Mai 1982 (Bundesgesetzbl. I S. 569), vorliegt, kann eine Bauartzulassung ohne erneute behördliche Prüfung erteilt werden, wenn die materiellen
wasserrechtlichen Vorschriften berücksichtigt sind. Im übrigen gilt § 162
Abs. 1 Satz 5 NWG.

7 Bauartzulassung

Der Antrag auf Bauartzulassung ist bei der gemäß § 162 Abs. 1 Satz 4 NWG zuständigen oberen Wasserbehörde zu stellen. Diese entscheidet über den Antrag, nachdem
der Inhalt der Entscheidung intern durch die Bezirksregierung Braunschweig festgelegt worden ist.

§ 8   Voraussetzungen für Eignungsfeststellung und Bauartzulassung
(zu § 162 Abs. 1 Satz 1 und 2 NWG)

(1) Eine Eignungsfeststellung oder Bauartzulassung darf nur erteilt werden, wenn die Anlagen zumindest ebenso sicher sind wie die in den §§ 13, 20 und 21 beschriebenen Anlagen einfacher oder herkömmlicher Art.

(2) Eine Eignungsfeststellung kann ausnahmsweise auch dann erteilt werden, wenn trotz geringeren baulichen Aufwandes oder geringerer Sicherheits- und Schutzmaßnahmen auf Grund der örtlichen Verhältnisse, insbesondere im Hinblick auf die Art der zu lagernden Stoffe, feststeht, daß der in § 161 Abs. 1 oder 2 NWG geforderte Schutz der Gewässer gewährleistet ist.

8   Voraussetzungen für Eignungsfeststellung und Bauartzulassung

8.1   Die vom Antragsteller vorzulegenden Unterlagen sind daraufhin zu überprüfen, ob bei Errichtung und Betrieb der Anlagen die Voraussetzungen des § 161 Abs. 1 oder Abs. 2 NWG erfüllt sind. Über die Art, wie der Nachweis zu führen ist, vgl. Nr. 6. Der Nachweis erstreckt sich auf den Aufbau der Anlage sowie auf die verwendeten Werkstoffe und die Schutzvorkehrungen oder Sicherheitseinrichtungen. Dabei können beispielsweise an den Aufbau der Anlage geringere Anforderungen gestellt werden, wenn statt dessen Werkstoff und Bauart der Einzelteile höhere Anforderungen erfüllen.

8.2   Bei Anlagen, die einer Eignungsfeststellung bedürfen oder eine Bauartzulassung erhalten (§ 162 Abs. 1 Satz 1 und Satz 2 NWG), muß der Auffangraum – soweit er gefordert wird – mindestens fassen können:
- den Rauminhalt des in ihm aufgestellten Behälters, bei mehreren Behältern den Rauminhalt des größten in ihm aufgestellten Behälters: § 15 Abs. 1 Satz 3 VAwS bleibt unberührt; kommunizierende Behälter (§ 2 Abs. 1 Satz 2 VAwS) gelten als ein Behälter,
- 10 v. H. des Rauminhalts aller in ihm gelagerten ortsbeweglichen Gefäße (Kanister, Kannen, Fässer, Dosen), bei ortsbeweglichen Behältern (Eisenbahnkesselwagen, Container, Aufsetztanks) jedoch den Rauminhalt des größten dieser Behälter.

8.3   Die Ausnahme gemäß § 8 Abs. 2 VAwS ist nur dann zulässig, wenn wassergefährdende Stoffe der WGK 0 bis 1 (s. Nr. 1.3.4.1) in geringer Menge – unterirdisch bis zu 5 m³, oberirdisch bis zu 100 m³ – und außerhalb von Schutzgebieten gelagert werden sollen.
Dabei dürfen bei geringerem baulichem Aufwand nicht gleichzeitig auch geringere Sicherheits- und Schutzmaßnahmen zugelassen werden.
Bei allen Ausnahmeentscheidungen nach dieser Vorschrift muß für die entscheidende Behörde zweifelsfrei feststehen, daß der in § 161 Abs. 1 und 2 NWG geforderte Gewässerschutz gewährleistet ist.
Im Interesse des Gewässerschutzes wird eine behutsame Handhabung dieser Vorschrift empfohlen.

§ 9   Weitergehende Anforderungen

Die untere Wasserbehörde hat an die Verwendung von Anlagen, die einfacher oder herkömmlicher Art sind oder für die eine Bauartzulassung oder ein baurechtliches Prüfzeichen erteilt ist, weitergehende Anforderungen zu stellen oder deren Verwendung zu beschränken oder zu untersagen, wenn wegen besonderer Umstände des Einzelfalls die Voraussetzungen des § 161 Abs. 1 oder 2 NWG sonst nicht erfüllt sind.

9   Weitergehende Anforderungen

Bei Anlagen einfacher oder herkömmlicher Art oder bei bauartzugelassenen Anlagen sind besondere Umstände des Einzelfalles i. S. des § 9 VAwS:
– die Nähe der Anlage zu Gewässern,
– besondere Untergrundverhältnisse (z. B. Erdfallgefahr),
– die Größe der Anlage.
Bei Anlagen einfacher oder herkömmlicher Art kann zusätzlich die besondere Gefährlichkeit oder die besonders große Menge des zu lagernden, abzufüllenden oder umzuschlagenden Stoffes zu weitergehenden Anforderungen führen. Soweit auch hierdurch der Gewässerschutz i. S. des § 161 Abs. 1 oder 2 NWG nicht gewährleistet ist, muß die Verwendung der betreffenden Anlagen beschränkt oder untersagt werden.

§ 10   Schadensfälle und Betriebsstörungen

Bei Schadensfällen und Betriebsstörungen hat der Betreiber die Anlage unverzüglich außer Betrieb zu nehmen, wenn eine Gefährdung oder Schädigung der Gewässer nicht auf andere Weise verhindert oder unterbunden werden kann. Soweit erforderlich, ist die Anlage zu entleeren.

10   Schadensfälle und Betriebsstörungen

10.1   § 10 VAwS gilt in den Fällen, in denen das Austreten wassergefährdender Stoffe und eine Verunreinigung des Wassers oder des Bodens oder das Abfließen in Abwasseranlagen befürchtet werden müssen. Die bestimmungsgemäße Zuführung wassergefährdender Stoffe zu Abwasseranlagen wird nicht erfaßt. Abwasseranlagen sind im wesentlichen Kanalisationen und Kläranlagen. Der Begriff ist umfassend zu sehen und schließt private Abwasseranlagen mit ein.

10.2   Wird das Austreten wassergefährdender Stoffe bekannt, ist das Erforderliche nach Maßgabe der „Richtlinien für Maßnahmen bei Unfällen mit Mineralölen oder sonstigen wassergefährdenden Stoffen" vom 29. 6. 1978 (Nds. MBl. S. 965 – GültL ML 74/98) bzw. nach Maßgabe des auf Grund dieser Richtlinien erlassenen Gewässerschutz-Alarmplanes zu veranlassen. Der Betreiber der Anlage hat selbst unverzüglich Maßnahmen zur Verhinderung einer Gewässerverunreinigung und zur Abwehr sonstiger Gefahren zu treffen.

10.3   Zusätzlich zu den in § 10 VAwS genannten Maßnahmen ist die Anzeigepflicht gemäß § 172 NWG zu erfüllen.

§ 11 Sachverständige

(zu § 163 Satz 3 NWG)

Sachverständige im Sinne des § 163 Satz 3 NWG und dieser Verordnung sind
1. Sachverständige im Sinne des § 16 Abs. 1 der Verordnung über brennbare Flüssigkeiten,
2. die durch den Minister für Ernährung, Landwirtschaft und Forsten zugelassenen Sachverständigen.

11 Sachverständige

11.1 Sachverständige nach § 16 Abs. 1 VbF sind:

11.1.1 die Sachverständigen der Technischen Überwachungs-Vereine – vgl. § 24 c Abs. 1 GewO (für alle Anlagen) –,

11.1.2 die vom BMP ernannten Sachverständigen – vgl. § 24 c Abs. 2 GewO (nur für Anlagen der Deutschen Bundespost) –,

11.1.3 die vom BMV bestimmten Sachverständigen (nur für Anlagen der Wasser- und Schiffahrtsverwaltung des Bundes),

11.1.4 die vom BMVg bestellten Sachverständigen (nur für Anlagen der Bundeswehr),

11.1.5 die vom BMI bestellten Sachverständigen (nur für Anlagen des Bundesgrenzschutzes),

11.1.6 die nach den Gefahrguttransport-Vorschriften anerkannten und bestimmten Sachverständigen (nur für Transportbehälter),

11.1.7 die von der für die Gewerbeaufsicht zuständigen obersten Landesbehörde anerkannten Sachverständigen bestimmter Unternehmen (nur für die im jeweiligen Unternehmen betriebenen Anlagen).

11.2 Sonstige Sachverständige gemäß § 11 Nr. 2 VAwS sind:
die durch das Oberbergamt nach § 180 der Tiefbohrverordnung vom 15. 12. 1981 (Nds. MBl. S. 1385) anerkannten Sachverständigen (nur für Anlagen in Betrieben im Geltungsbereich der Tiefbohrverordnung).
Weitere Sachverständige wird der ML bei Bedarf zulassen.

§ 12 Sachverständigengebühren

(1) Die Sachverständigen erheben für die nach dieser Verordnung vorgeschriebenen oder angeordneten Prüfungen Gebühren in entsprechender Anwendung der Kostenverordnung für die Prüfung überwachungsbedürftiger Anlagen (Anhang V – Gebühren für die Prüfung von Anlagen zur Lagerung, Abfüllung und Beförderung brennbarer Flüssigkeiten) vom 31. Juli 1970 (Bundesgesetzbl. I S. 1162), zuletzt geändert durch Verordnung vom 9. August 1983 (Bundesgesetzbl. I S. 1105), in der jeweils geltenden Fassung.

(2) Für die Überprüfung der in Anhang V Nr. 1 der Kostenverordnung für die Prüfung überwachungsbedürftiger Anlagen genannten Behälter und Anlagen

werden abweichend von den dort geforderten Gebühren für Behälter mit einem Rauminhalt bis 3000 Liter nur 50 v. H., für Behälter mit einem Rauminhalt über 3000 Liter bis 6000 Liter nur 75 v. H. der Gebühren für Behälter mit einem Rauminhalt bis 10 000 Liter erhoben. Für mehrere gleichzeitig oder unmittelbar nacheinander durchgeführte Prüfungen an einem oberirdischen Behälter wird nur eine Gebühr erhoben.

12   Sachverständigengebühren

§ 12 VAwS regelt ausschließlich die Gebühren für Sachverständige, die Überprüfungen gemäß §§ 19, 24 und 26 VAwS durchführen. Kosten für Amtshandlungen der Wasserbehörden beim Vollzug der VAwS werden nach den Bestimmungen des Verwaltungskostenrechts erhoben. Die Kosten für Gutachten im Rahmen von Eignungsfeststellungen und Bauartzulassungen richten sich nach den Gebühren- und Kostenordnungen der Gutachter.

Zweiter Teil   Anlagen zum Lagern und Abfüllen flüssiger Stoffe

§ 13   Anlagen einfacher oder herkömmlicher Art
(zu § 162 Abs. 1 Satz 1 NWG)

(1) Anlagen mit oberirdischen Lagerbehältern für flüssige Stoffe, bei denen der Rauminhalt aller Behälter mehr als 300 Liter in Gebäuden oder mehr als 1000 Liter im Freien beträgt, sowie alle Anlagen mit unterirdischen Lagerbehältern für flüssige Stoffe sind einfacher oder herkömmlicher Art
    1. hinsichtlich ihres technischen Aufbaus, wenn die Lagerbehälter
        a) doppelwandig sind und Undichtheiten der Behälterwände durch ein Leckanzeigegerät selbsttätig angezeigt werden, oder
        b) als einwandige Behälter in einem flüssigkeitsdichten Auffangraum stehen und der Auffangraum so bemessen ist, daß die dem Rauminhalt des Behälters entsprechende Lagermenge zurückgehalten werden kann. Dient ein Auffangraum für mehrere oberirdische Lagerbehälter, so ist für seine Bemessung nur der Rauminhalt des größten Behälters maßgebend. Dient er zum Lagern oder Abfüllen von wassergefährdenden Stoffen in ortsbeweglichen Behältern oder Gefäßen, so genügt es, wenn sein Fassungsvermögen den gewerberechtlichen Anforderungen entspricht.
        Abläufe des Auffangraumes sind nur bei oberirdischen Lagerbehältern zulässig; sie müssen absperrbar und gegen unbeabsichtigtes und unbefugtes Öffnen gesichert sein;
    2. hinsichtlich ihrer Einzelteile, wenn insbesondere zu deren Werkstoff und Bauart technische Bestimmungen eingeführt sind (§ 167 Nr. 2 Buchst. a NWG) und die Einzelteile diesen entsprechen oder für Schutzvorkehrungen eine Bauartzulassung oder ein baurechtliches Prüfzeichen erteilt ist (§ 162 Abs. 1 Satz 2 und 5 NWG). Rohrleitungen müssen dem Absatz 2 entsprechen.

(2) Rohrleitungen sind einfacher oder herkömmlicher Art, wenn sie

1. doppelwandig sind und Undichtheiten der Rohrwände durch ein Leckanzeigegerät selbsttätig angezeigt werden, für das eine Bauartzulassung oder ein baurechtliches Prüfzeichen erteilt wurde, oder

2. als Saugleitungen ausgebildet sind, in denen die Flüssigkeitssäule bei Undichtheiten abreißt, oder

3. aus Metall bestehen, das gegen die darin zu befördernde wassergefährdende Flüssigkeit und gegen Korrosion so beständig ist, daß Undichtheiten nicht zu besorgen sind; unterirdische Stahlrohrleitungen müssen durch eine geeignete Isolierung und entsprechend den gewerberechtlichen Regelungen kathodisch gegen Außenkorrosion geschützt sein; oder

4. mit einem flüssigkeitsdichten und gegen die Lagerflüssigkeit ausreichend beständigen Schutzrohr versehen oder in einem flüssigkeitsdichten Kanal verlegt sind und die auslaufende Flüssigkeit in einer Kontrolleinrichtung sichtbar wird; in diesem Fall dürfen die Rohrleitungen keine brennbaren Flüssigkeiten im Sinne der Verordnung über brennbare Flüssigkeiten mit einem Flammpunkt von 55 °C oder weniger führen. Das Schutzrohr oder der Kanal müssen durch Sichtprüfung oder andere geeignete Prüfverfahren auf Dichtheit und freien Durchgang geprüft werden können.

(3) Anlagen für flüssige Stoffe, die nur in erwärmtem Zustand pumpfähig sind, sind einfacher oder herkömmlicher Art.

(4) Anlagen mit kleineren als den in Absatz 1 genannten oberirdischen Lagerbehältern sind einfacher oder herkömmlicher Art, sofern für diese technische Vorschriften und Baubestimmungen eingeführt sind (§ 167 Nr. 2 Buchst. a NWG) und sie diesen entsprechen.

II.   Anlagen zum Lagern und Abfüllen flüssiger Stoffe (§§ 13 bis 19 VAwS)

13   Anlagen einfacher oder herkömmlicher Art

13.1   Anlagen mit ober- oder unterirdischen Lagerbehältern sind nur dann einfacher oder herkömmlicher Art, wenn sie den Voraussetzungen des § 13 Abs. 1 Nrn. 1 und 2 VAwS entsprechen. Auf Nr. 3.2.2 dieser Verwaltungsvorschrift wird hingewiesen. Derzeit sind nur folgende Anlagetypen (gesamte Anlage i. S. von Nr. 6.7.2) einfacher oder herkömmlicher Art:

13.1.1   doppelwandige DIN-Stahlbehälter zur unterirdischen oder oberirdischen Lagerung von brennbaren Flüssigkeiten mit gewerberechtlich der Bauart nach zugelassenen Leckanzeigegeräten (innere Behälterwand, Leckanzeiger) und Überfüllsicherungen (z. B. Grenzwertgeber) sowie Rohrleitungen nach § 13 Abs. 2 VAwS,

13.1.2   einwandige DIN-Stahlbehälter zur unterirdischen oder oberirdischen Lagerung von brennbaren Flüssigkeiten mit gewerberechtlich der Bauart nach zugelassenen Leckanzeigegeräten (Leckschutzauskleidung, Leckanzeiger) und Überfüllsicherungen sowie Rohrleitungen gemäß § 13 Abs. 2 VAwS,

13.1.3   einwandige DIN-Stahlbehälter zur oberirdischen Lagerung von brennbaren Flüssigkeiten mit gewerberechtlich der Bauart nach zugelassenen Überfüllsicherungen und mit Rohrleitungen gemäß § 13 Abs. 2 VAwS, aufgestellt im Auffangraum, der mit einem Mittel beschichtet oder ausgekleidet ist, das ein baurechtliches Prüfzeichen hat.

13.2 Werden in den in Nr. 13.1 genannten Anlagen andere wassergefährdende Stoffe als brennbare Flüssigkeiten gelagert, bedürfen sie der Eignungsfeststellung oder wasserrechtlichen Bauartzulassung.

13.3 Bei der Aufstellung kommunizierender Behälter gemäß § 2 Abs. 1 Satz 2 VAwS ist der Auffangraum für die Gesamtlagermenge aller Behälter zu bemessen.

13.4 Rohrleitungen

13.4.1 Bei oberirdisch verlegten Heizölleitungen aus Kupfer sind Undichtheiten durch Innen- und Außenkorrosion nicht zu besorgen. Werden sie unterirdisch im Erdreich oder in Bauteilen verlegt, müssen die Anforderungen nach Nr. 3.2.2.10 erfüllt sein.

13.4.2 Hinsichtlich des kathodischen Korrosionsschutzes für unterirdische Stahlrohrleitungen ist die TRbF 521 (KKS-Richtlinie) anzuwenden. Auf die Möglichkeit des Entfallens des kathodischen Korrosionsschutzes gemäß TRbF 521 Nr. 9.2 wird hingewiesen.

13.4.3 Die Funktion einer Kontrolleinrichtung gemäß § 13 Abs. 2 Nr. 4 VAwS erfüllt auch der Auslauf aus einem Schutzrohr oder aus einem Kanal in einen flüssigkeitsdichten Schacht. Das Schutzrohr muß aus gegen die Lagerflüssigkeit für mindestens 3 Monate beständigem Material bestehen. Das gilt auch für die Rohrverbindungen. Der Zwischenraum zwischen Schutzrohr und Rohrleitung muß so gestaltet sein, daß auslaufende Flüssigkeit ungehindert in die Kontrolleinrichtung austreten kann. Das Schutzrohr muß zudem gegen Außenkorrosion geschützt sein (vgl. TRbF 231 Teil 1 Nr. 4.4).

13.5 Nur im erwärmten Zustand pumpfähige flüssige Stoffe sind eingeschränkt wassergefährdend. Die üblichen technischen Vorrichtungen zur Lagerung usw. dieser Stoffe sind deshalb unter dem Gesichtspunkt des Besorgnisgrundsatzes nach § 161 Abs. 1 NWG im allgemeinen ausreichend.

§ 14 Besondere Anforderungen an Abfüllplätze
(zu § 161 NWG)

Werden wassergefährdende flüssige Stoffe in Betriebsstätten regelmäßig abgefüllt, so muß der Abfüllplatz so beschaffen sein, daß auslaufende Stoffe nicht in ein oberirdisches Gewässer, eine Abwasseranlage oder in den Boden gelangen können.

14 Besondere Anforderungen an Abfüllplätze

14.1 Der Boden im Bereich von Abfüllplätzen muß ausreichend fest und undurchlässig und so beschaffen sein, daß auslaufende wassergefährdende flüssige Stoffe erkannt und beseitigt werden können. Auch kleine Flüssigkeitsmengen dürfen weder von selbst noch durch Niederschlagswasser in ein oberirdisches Gewässer oder in das

Grundwasser gelangen können. Abläufe in Anlagen zum Abfüllen von Mineralöl- und Teerölprodukten müssen mit Abscheidevorrichtungen versehen werden, es sei denn, sie führen zulässigerweise in einem dichten Ableitungssystem in eine betriebseigene Abwasserbeseitigungsanlage (Abscheideanlage, Kläranlage, sonstiges Rückhaltesystem), die zum Auffangen der wassergefährdenden Stoffe ausreichend bemessen sein muß. Bei Tankstellen, die ausschließlich Ottokraftstoffe über selbsttätig schließende Zapfventile abgeben, kann auf den Einbau von Abscheideanlagen in die Abläufe verzichtet werden, wenn auslaufende Flüssigkeitsmengen auf dem befestigten Abfüllplatz verdunsten oder unschädlich entfernt werden können, bevor sie den Ablauf erreichen. Dies kann regelmäßig angenommen werden, wenn sich der Ablauf außerhalb des Abfüllbereiches (vgl. Nr. 14.4) befindet. Anforderungen an die innerbetriebliche Abwasserbeseitigung bleiben unberührt.

14.2 Der Boden von Abfüllplätzen ist in der Regel als undurchlässig anzusehen, wenn der Untergrund in Straßenbauweise hergestellt ist und eine Decke aus versiegeltem Bitumen, Beton oder Pflaster mit Fugenverguß hat. Bei Tankstellen, die ausschließlich Ottokraftstoffe abgeben, kann der Boden auch aus im Sandbett verlegtem Pflaster aus Kunststein mit sandverfüllten Fugen von im Mittel nicht mehr als 3 mm Breite bestehen.

14.3 Im Abfüllbereich (vgl. Nr. 14.4) dürfen keine Abläufe oder Öffnungen zu tiefer gelegenen Räumen, Kellern, Gruben, Schächten und Kanälen, z. B. für Kabel oder Rohrleitungen, vorhanden sein. Die besonderen Vorschriften der Nrn. 111 und 112 des Anhangs II zu § 4 Abs.§ 1 VbF sowie TRbF 111 und 112 sind sinngemäß auch für den Bereich wassergefährdender nicht brennbarer Flüssigkeiten anzuwenden.

14.4 Abfüllbereich ist bei Tankstellen der betriebsmäßig mit der Fülleinrichtung in Arbeitshöhe horizontal bestrichene Bereich zuzüglich 1 m (vgl. TRbF 112 Nr. 4.119), bei allen anderen Anlagen der betriebsmäßig mit der Fülleinrichtung bestrichene Bereich zuzüglich 2 m.

§ 15 Anlagen in Schutzgebieten

(1) Soweit Anlagen zum Lagern und Abfüllen wassergefährdender flüssiger Stoffe in Schutzgebieten eingebaut, aufgestellt und betrieben werden dürfen, müssen sie in ihrem technischen Aufbau den Anlagen nach § 13 Abs. 1 Nr. 1 entsprechen; Rohrleitungen dürfen nur eingebaut und betrieben werden, wenn sie § 13 Abs. 2 entsprechen. In der weiteren Zone von Schutzgebieten darf der Rauminhalt einer Anlage mit unterirdischen Lagerbehältern 40 000 Liter, mit oberirdischen Lagerbehältern 100 000 Liter nicht übersteigen. Abweichend von § 13 Abs. 1 Nr. 1 Buchst. b Satz 2 ist der Auffangraum für den Rauminhalt aller darin aufgestellten Behälter zu bemessen. In Auffangräumen sind Abläufe nicht zulässig.

(2) Weitergehende Anforderungen oder Beschränkungen und Ausnahmen für das Lagern und Abfüllen wassergefährdender flüssiger Stoffe in Schutzgebieten durch Anordnungen oder Verordnungen nach den §§ 48 bis 50 NWG bleiben unberührt.

(3) Schutzgebiete im Sinne dieser Verordnung sind

  1. Wasserschutzgebiete nach § 48 Abs. 1 Nrn. 1 und 2 NWG,
  2. Heilquellenschutzgebiete nach § 142 NWG und
  3. Gebiete, für die eine vorläufige Anordnung nach § 50 NWG oder eine Veränderungssperre zur Sicherung von Planungen für Vorhaben der Wassergewinnung nach § 183 NWG erlassen worden ist.

Ist die weitere Zone eines Schutzgebietes unterteilt, so gilt als Schutzgebiet nur deren innerer Bereich.

(4) Die Bestimmungen der Absätze 1 bis 3 gelten auch für Gebiete, für die ein Verfahren auf Festsetzung als Wasserschutz- oder Heilquellenschutzgebiet eingeleitet ist, wenn seit der Einleitung des Verfahrens noch keine vier Jahre vergangen sind. Das Verfahren gilt als eingeleitet, wenn eine zumindest vorläufige Planung zu jedermanns Einsicht offengelegt ist.

15   Anlagen in Schutzgebieten

15.1   Abweichend von der bisherigen Regelung in den §§ 10 und 11 der aufgehobenen Lagerverordnung (VLwF) ist für die Ermittlung der nach § 15 Abs. 1 Satz 2 VAwS zulässigen Lagermenge nicht mehr der Rauminhalt des einzelnen Lagerbehälters maßgebend, sondern der (Gesamt-)Rauminhalt der Anlage. Diese Anlage kann aus einem oder mehreren Behältern bestehen.

15.2   Die im Fassungsbereich und in der engeren Zone von Schutzgebieten (§ 15 Abs. 3 VAwS) erforderlichen Beschränkungen oder Verbote für Anlagen zum Lagern und Abfüllen wassergefährdender flüssiger Stoffe sind in der jeweiligen Schutzgebietsverordnung festzulegen. Es wird empfohlen, das Einbauen, Aufstellen und Betreiben dieser Anlagen grundsätzlich nicht zuzulassen. Ausnahmen kann die obere Wasserbehörde jedoch im Einzelfall für standortgebundene Anlagen mit oberirdischen Behältern und oberirdischen Rohrleitungen zulassen. Standortgebundene Anlagen sind ausschließlich solche, die dem Betrieb der Wasser- oder der Heilquellengewinnungsanlagen dienen. Dabei sollte Anlagen mit nicht wassergefährdenden Betriebsmitteln der Vorzug gegeben werden. Als Ausnahmen für die engere Schutzzone kommen insbesondere in Betracht:

— in Wasserschutzgebieten für Trinkwassertalsperren ortsfeste Anlagen mit oberirdischen Behältern und oberirdischen Rohrleitungen zum Lagern von Heizöl und Dieselkraftstoff für den haus- und landwirtschaftlichen Gebrauch; die Anlagen müssen mindestens § 13 Abs. 1 und 2 VAwS entsprechen.

— Anlagen zum Lagern von Düngemitteln; bei flüssigen Stoffen müssen die Anlagen in ihrem technischen Aufbau § 13 Abs. 1 Nr. 1 VAwS entsprechen.

Ausnahmen können von besonderen Schutzvorkehrungen und Maßnahmen abhängig gemacht werden; die Lagermenge kann begrenzt werden.

15.3   Für Anlagen, zu denen sowohl unterirdische als auch oberirdische Behälter gehören, gelten die Beschränkungen für Anlagen mit unterirdischen Lagerbehältern (§ 15 Abs. 1 Satz 2 VAwS).

15.4   Die Bemessung der Auffangräume für oberirdische Anlagen in Schutzgebieten richtet sich nach Nr. 8.2 mit Ausnahme der Bemessung von Auffangräumen für mehrere Behälter. Hier muß der Auffangraum dem Gesamtrauminhalt aller in ihm aufgestellten Behälter entsprechen.

§ 16 Anlagen in Überschwemmungsgebieten

Anlagen zum Lagern und Abfüllen wassergefährdender flüssiger Stoffe in Überschwemmungsgebieten müssen so aufgestellt oder eingebaut sein, daß sie nicht aufschwimmen oder anderweitig durch Hochwasser beschädigt werden können. Dies gilt auch für Gebiete mit hohen Grundwasserständen.

16 Anlagen in Überschwemmungsgebieten

16.1 Behälter müssen durch geeignete Verankerungen so gesichert werden, daß sie bei den maximal möglichen Hochwasserständen ihre Lage nicht verändern oder aufschwimmen. Hierzu müssen sie mit mindestens 1,3facher Sicherheit gegen den Auftrieb des leeren Tanks, bezogen auf den höchstmöglichen Wasserstand, gesichert werden. Sie dürfen nur so aufgestellt werden, daß in Entlüftungs-, Befüll- oder sonstige Öffnungen kein Wasser eindringen kann.

16.2 Wegen der sachlichen Zuständigkeiten wird auf Nr. 23 verwiesen.

§ 17 Kennzeichnungspflicht, Merkblatt

(1) Anlagen zum Lagern und Abfüllen wassergefährdender flüssiger Stoffe sind vom Hersteller mit einer deutlich lesbaren Kennzeichnung zu versehen, aus der sich ergibt, welche flüssigen Stoffe in der Anlage gelagert oder abgefüllt werden dürfen.

(2) Der Betreiber von Anlagen zum Lagern und Abfüllen wassergefährdender flüssiger Stoffe hat das Merkblatt „Betriebs- und Verhaltensvorschriften für das Lagern wassergefährdender flüssiger Stoffe" (Anlage 2) an gut sichtbarer Stelle in der Nähe der Anlage dauerhaft anzubringen und das Bedienungspersonal über dessen Inhalt zu unterrichten.

17 Kennzeichnungspflicht, Merkblatt

17.1 Soweit serienmäßig hergestellte Lagerbehälter nach dem Inhalt der Bauartzulassung oder des Prüfbescheides für mehrere wassergefährdende Flüssigkeiten zugelassen sind, muß die Kennzeichnung durch den Hersteller einen Hinweis darauf enthalten, daß Gemische der zugelassenen wassergefährdenden Flüssigkeiten nicht gelagert oder abgefüllt werden dürfen.

17.2 Das Merkblatt ist jedem Betreiber von der unteren Wasserbehörde – in den Fällen des § 166 NWG von der Bergbehörde – bei der Anzeige seiner Anlage oder Erteilung der Eignungsfeststellung oder auf Verlangen auszuhändigen bzw. zuzusenden.

§ 18   Befüllen und Entleeren
(zu § 164 NWG)

(1) Zum Befüllen und Entleeren müssen die Rohre und Schläuche dicht und tropfsicher verbunden sein; sie müssen in ihrer gesamten Länge dauernd einsehbar und ausreichend beleuchtet sein.

(2) Behälter in Anlagen zum Lagern und Abfüllen wassergefährdender flüssiger Stoffe dürfen nur mit festen Leitungsanschlüssen und nur unter Verwendung einer Überfüllsicherung, die rechtzeitig vor Erreichen des zulässigen Flüssigkeitsstandes den Füllvorgang selbsttätig unterbricht oder akustischen Alarm auslöst, befüllt werden. Behälter in Anlagen zum Lagern von Heizöl EL, Dieselkraftstoff und Ottokraftstoffen dürfen abweichend von Satz 1 aus Straßentankwagen und Aufsetztanks nur unter Verwendung einer selbsttätig schließenden Abfüllsicherung befüllt werden. Die Sätze 1 und 2 gelten nicht für einzeln benutzte oberirdische Behälter mit einem Rauminhalt von nicht mehr als 1000 Liter in Anlagen zum Lagern von Heizöl EL, Dieselkraftstoff oder Altöl.

(3) Auf Lagerbehältern, die mit festen Leitungsanschlüssen befüllt oder entleert werden können, muß der zulässige Betriebsüberdruck angegeben sein.

18   Befüllen und Entleeren

Überfüllsicherungen müssen abhängig vom zulässigen Flüssigkeitsstand im Behälter und unter Berücksichtigung der zu erwartenden Nachlaufmenge eingestellt sein. Bei den bauartzugelassenen oder mit Prüfzeichen versehenen Überfüllsicherungen wird dies bereits berücksichtigt oder es werden entsprechende Einstellhinweise im Bauartzulassungs- oder Prüfbescheid gegeben. Bei Überfüllsicherungen, die einer Eignungsfeststellung bedürfen, müssen diese Werte im Einzelfall ermittelt werden. Die Bemessung des zulässigen Füllungsgrades bei brennbaren Flüssigkeiten gemäß TRbF 180 Nr. 2.2 kann sinngemäß auch bei nicht brennbaren Flüssigkeiten herangezogen werden.

§ 19   Überwachung, Überprüfung und Stillegung von Anlagen
(zu § 163 NWG)

(1) Bei Anlagen, für die ein Eignungsfeststellungs-, Bauartzulassungs- oder Prüfbescheid erteilt wird, richten sich Umfang und Häufigkeit der Überwachung durch den Betreiber (Eigenüberwachung) nach diesem Bescheid. Bei Anlagen einfacher oder herkömmlicher Art sind mindestens die Leckanzeigegeräte einmal jährlich einer Funktionskontrolle zu unterziehen.

(2) Der Betreiber hat die nachfolgend in Satz 2 bezeichneten Anlagen durch einen zugelassenen Sachverständigen überprüfen zu lassen, und zwar
    1. vor Inbetriebnahme oder nach einer wesentlichen Änderung,
    2. spätestens alle fünf Jahre, Anlagen mit unterirdischen Lagerbehältern in Schutzgebieten spätestens alle zweieinhalb Jahre,
    3. vor Wiederinbetriebnahme, wenn die Anlage länger als ein Jahr stillgelegt war.
Zu überprüfen sind
    1. alle Anlagen mit unterirdischen Lagerbehältern,

2. Anlagen mit oberirdischen Lagerbehältern mit einem Gesamtrauminhalt von mehr als 40 000 Litern, in Schutzgebieten (§ 15) mit einem Gesamtrauminhalt von mehr als 1000 Litern,
3. unterirdische Rohrleitungen, auch wenn sie Teile einer nicht prüfpflichtigen Anlage sind,
4. Anlagen, für die Prüfungen in einer Eignungsfeststellung, Bauartzulassung oder in einem baurechtlichen Prüfbescheid vorgeschrieben sind; sind darin kürzere Prüffristen angeordnet, gelten diese.

Satz 2 gilt nicht für Anlagen zum Lagern flüssiger Stoffe, die nur in erwärmtem Zustand pumpfähig sind.

(3) In festgestellten Überschwemmungsgebieten (§ 16) hat der Betreiber Anlagen mit oberirdischen Lagerbehältern bereits mit einem Gesamtrauminhalt von mehr als 1000 Litern vor Inbetriebnahme oder nach einer wesentlichen Änderung überprüfen zu lassen.

(4) Die untere Wasserbehörde kann wegen der Besorgnis einer Wassergefährdung kürzere Prüffristen als in § 163 Satz 3 Nr. 2 NWG bestimmen oder die Überprüfung auch für andere als in den Absätzen 2 und 3 genannte Anlagen anordnen.

(5) Die Prüfungen nach den Absätzen 2 und 3 entfallen, soweit die Anlage zu denselben Zeitpunkten oder innerhalb gleicher oder kürzerer Zeiträume nach anderen Rechtsvorschriften zu prüfen ist und der unteren Wasserbehörde ein Prüfbericht vorgelegt wird, aus dem sich der ordnungsgemäße Zustand der Anlage im Sinne dieser Verordnung und der §§ 161 und 162 NWG ergibt.

(6) Der Betreiber hat dem Sachverständigen vor der Prüfung die für die Anlage erteilten behördlichen Bescheide sowie die vom Hersteller ausgehändigten Bescheinigungen vorzulegen. Der Sachverständige hat über jede durchgeführte Prüfung der unteren Wasserbehörde und dem Betreiber unverzüglich einen Prüfbericht vorzulegen.

(7) Die wiederkehrenden Prüfungen nach Absatz 2 entfallen, wenn der Betreiber der unteren Wasserbehörde die Stillegung der Anlage schriftlich anzeigt und – soweit er nicht selbst sachkundig ist – eine Bescheinigung eines Fachbetriebs (§ 165 NWG) über die ordnungsgemäße Entleerung und Reinigung der Anlage vorlegt.

19 Überwachung, Überprüfung und Stillegung von Anlagen

19.1 Überwachung durch den Betreiber (Eigenüberwachung)
Der Anlagenbetreiber hat gemäß § 163 Satz 1 NWG
– die Dichtheit der Anlage und
– die Funktionsfähigkeit der Sicherheitseinrichtungen
ständig zu überwachen. Die ständige Überwachung der Dichtheit kann sowohl durch regelmäßige Inaugenscheinnahme von Aufstellungsort, Behältern und Rohrleitungen als auch durch Einsatz von Anzeige-, Prüf- und Warngeräten erfolgen. Sicherheitseinrichtungen sind technische Schutzvorkehrungen wie Leckanzeiger und Überfüllsicherung.
Auch die Überwachung (Wartung) durch einen hierfür zugelassenen Betrieb (Fachbetrieb nach § 165 NWG) nach § 163 Satz 2 NWG ist Eigenüberwachung.

Die Regelungen der TRbF 180 und 280 über die Überwachung sind auch außerhalb ihres Geltungsbereichs anzuwenden.

19.2   Prüfung durch Sachverständige
Der Betreiber hat mindestens folgende Prüfungen von einem Sachverständigen durchführen zu lassen:

19.2.1   bei Anlagen mit unterirdischen und/oder oberirdischen Lagerbehältern

19.2.1.1   vor der erstmaligen Inbetriebnahme, nach einer wesentlichen Änderung, vor Wiederinbetriebnahme einer länger als 1 Jahr stillgelegten Anlage:
– die Übereinstimmung der Anlage mit den Vorschriften der VAwS, mit den eingeführten technischen Bestimmungen (vgl. Nr. 3.2.2), mit den Festsetzungen der Eignungsfeststellungen, der Bauartzulassungen oder Prüfbescheide sowie mit weitergehenden Anforderungen gemäß § 9 VAwS,
– die Dichtheit der Anlage,
– die Funktionsfähigkeit der Sicherheitseinrichtungen
und, soweit ein Auffangraum vorhanden,
– die Dichtheit und Größe des Auffangraumes. Kann der Sachverständige die Eignung und Dichtheit von Auffangräumen besonderer Größe oder Bauart nicht durch Inaugenscheinnahme oder an Hand der vom Betreiber vorzulegenden Unterlagen beurteilen, hat er dies im Prüfbericht zu vermerken. Erforderlichenfalls hat der Betreiber auf Verlangen der unteren Wasserbehörde – in den Fällen des § 166 NWG der Bergbehörde – einen Bausachverständigen oder einen Sachverständigen auf dem Gebiet der Bodenmechanik oder des Erdbaus zu beauftragen (vgl. Nr. 3.2.2.8.2).
Wesentliche Änderungen einer Anlage sind insbesondere Erneuerungs-, Instandsetzungs- und Umrüstungsmaßnahmen, wie z. B. nachträglicher Einbau eines Leckanzeigegerätes (Leckschutzauskleidung, Leckanzeiger), Austausch von Behältern oder Rohrleitungen;

19.2.1.2   bei der wiederkehrenden Prüfung
– die Übereinstimmung der Anlage mit den Vorschriften der VAwS,
– die Dichtheit der Anlage,
– die Funktionsfähigkeit der Sicherheitseinrichtungen
und, soweit ein Auffangraum vorhanden,
– die Dichtheit des Auffangraumes: Nr. 19.2.1.1 gilt entsprechend;

19.2.2   bei unterirdischen Rohrleitungen, auch wenn sie nicht Teile einer prüfpflichtigen Anlage sind,

19.2.2.1   vor der erstmaligen Inbetriebnahme, nach einer wesentlichen Änderung, vor Wiederinbetriebnahme einer länger als 1 Jahr stillgelegten Anlage:
– die Übereinstimmung der Rohrleitungen mit den Vorschriften der VAwS, mit den eingeführten technischen Bestimmungen (vgl. Nr. 3.2.2), mit den Festsetzungen der Eignungsfeststellungen, Bauartzulassungen oder Prüfbescheide sowie mit weitergehenden Anforderungen gemäß § 9 VAwS,
– die Dichtheit der Rohrleitungen,
– die Wirksamkeit und Funktionsfähigkeit der Sicherheitseinrichtungen für die Rohrleitungen,

– die Anordnung der Rohrleitungen, insbesondere, ob durch äußere Einwirkungen (Überfahren) die Sicherheit der Rohrleitungen gefährdet werden kann;

19.2.2.2 bei der wiederkehrenden Prüfung:
– die Übereinstimmung der Rohrleitungen mit den Vorschriften der VAwS,
– die Dichtheit der Rohrleitungen,
– die Funktionsfähigkeit der Sicherheitseinrichtungen für die Rohrleitungen.

19.2.3 Durchführung der Prüfungen

19.2.3.1 Die Prüfungen sind bei Anlagen, die auch nach der VbF zu prüfen sind, nach der Prüfrichtlinie (TRbF 600, 610 und 620), bei sonstigen Anlagen sinngemäß nach dieser Prüfrichtlinie, durchzuführen. In Eignungsfeststellungen, Bauartzulassungen und Prüfbescheiden vorgeschriebene besondere Anforderungen an die Prüfung bleiben unberührt. Eine Prüfung vor Inbetriebnahme oder nach einer wesentlichen Änderung kann erst nach Vorliegen des Eignungsfeststellungs-, Bauartzulassungs- oder Prüfbescheides abgeschlossen werden.

19.2.3.2 Bei der Prüfung vor Inbetriebnahme hat sich der Sachverständige vom Betreiber alle die Anlage betreffenden behördlichen Bescheide, Bescheinigungen und Zeugnisse, soweit sie ihm auszuhändigen waren, und die vom Hersteller ausgehändigten Bescheinigungen vorlegen zu lassen (Ordnungsprüfung gemäß TRbF 600 Nr. 2). Bei wiederkehrenden Prüfungen, Prüfungen nach wesentlichen Änderungen, Prüfungen nach Wiederinbetriebnahme und Prüfungen, die gemäß § 163 Satz 3 Nr. 4 NWG angeordnet worden sind, hat sich der Sachverständige mindestens die wasserrechtlichen Eignungsfeststellungen oder Bauartzulassungen sowie die gewerberechtlichen Bauartzulassungen oder baurechtlichen Prüfbescheide, die eine wasserrechtliche Eignungsfeststellung oder Bauartzulassung nach § 162 Abs. 1 Satz 5 NWG ersetzen, und die Sachverständigenprüfberichte der vorangegangenen Prüfungen vorlegen zu lassen (Ordnungsprüfung gemäß TRbF 600 Nr. 2 Abs. 3).

19.2.4 Für die erstmalige Prüfung einer bestehenden Anlage (§ 26 Abs. 3 VAwS) gelten die Nrn. 19.2.1.1, 19.2.2.1, 19.2.3.1 und 19.2.3.2 entsprechend.

19.2.5 Kürzere Prüffristen (§ 19 Abs. 4 VAwS) können insbesondere bei Anlagen in der unmittelbaren Nähe oberirdischer Gewässer und bei Anlagen, die lagebedingt häufig oder ständig mit Grundwasser in Berührung kommen, angeordnet werden.

19.2.6 Prüfberichte (§ 19 Abs. 6 Satz 2 VAwS)
Über jede Prüfung stellt der Sachverständige unverzüglich nach Abschluß der Prüfung dem Betreiber einen gesonderten Prüfbericht aus und übersendet eine Durchschrift des Berichts an die untere Wasserbehörde. Soweit Unterlagen vom Betreiber nicht vorgelegt werden oder technische Prüfungen noch nicht vorgenommen werden konnten oder auf Grund von Mängeln der Sachverständige eine Nachprüfung der Anlage für erforderlich hält, vermerkt dies der Sachverständige auf dem Prüfbericht und schlägt der unteren Wasserbehörde – in den Fällen des § 166 NWG der Bergbehörde – die zu treffenden Anordnungen vor. Die untere Wasserbehörde bzw. die Bergbehörde ist an den Vorschlag des Sachverständigen nicht gebunden. Prüfberichte über Nachprüfungen sind entsprechend zu kennzeichnen.
In den Prüfberichten ist auch auf die Einhaltung der Anforderungen der Fachbetriebsverordnung einzugehen.

19.3 Überwachungskartei

19.3.1   Die untere Wasserbehörde – in den Fällen des § 166 NWG die Bergbehörde – hat alle Anlagen zum Lagern und Abfüllen wassergefährdender flüssiger Stoffe mit unterirdischen Lagerbehältern unabhängig von deren Rauminhalt und mit oberirdischen Lagerbehältern mit einem Gesamtrauminhalt von mehr als 1000 Litern sowie alle unterirdischen Rohrleitungen, die nicht Teile einer prüfpflichtigen Anlage sind, in einer Kartei (Überwachungskartei) zu führen. Dies gilt auch für den Fall, daß die untere Wasserbehörde bzw. die Bergbehörde einen Dritten (z. B. TÜV) mit der Fristenkontrolle beauftragt. Die Überwachung kann – in sinngemäßer Anwendung nachfolgender Maßgaben – auch mit Hilfe eines Lochkartensystems, eines Systems der Randlochkarte oder anderer Systeme der automatisierten Datenverarbeitung (ADV) erfolgen.

19.3.2   Die Karteiblätter haben dem Muster der Anlage zu dieser Verwaltungsvorschrift zu entsprechen. Bereits bestehende Überwachungskarteien, die im wesentlichen die Angaben dieses Musters enthalten, können weitergeführt werden, wenn die ordnungsgemäße Überwachung der Prüftermine und etwa erforderlicher Nachprüfungen sichergestellt ist.

19.3.2.1   Für die Karteiblätter sind folgende Farben zu verwenden:

Rot   für Anlagen mit unterirdischen Lagerbehältern (unterirdische Anlagen),

Blau   für Anlagen mit oberirdischen Lagerbehältern mit einem Gesamtrauminhalt von mehr als 40 000 Litern und für Anlagen mit oberirdischen Lagerbehältern in Schutzgebieten und in festgestellten Überschwemmungsgebieten mit mehr als 1000 Litern Gesamtrauminhalt (prüfpflichtige oberirdische Anlagen),

Weiß   für unterirdische Rohrleitungen, die nicht Teile einer prüfpflichtigen Anlage sind (prüfpflichtige unterirdische Rohrleitungen),

Grün   für Anlagen mit oberirdischen Lagerbehältern außerhalb von Schutzgebieten oder Überschwemmungsgebieten mit einem Gesamtrauminhalt von mehr als 1000 Litern bis einschließlich 40 000 Liter (nicht prüfpflichtige oberirdische Anlagen),

19.3.2.2   Karteiblätter für Anlagen in Schutzgebieten (§ 15 VAwS) oder in festgestellten Überschwemmungsgebieten (§ 16 VAwS) sind in der rechten oberen Ecke mit einem „S" oder einem „Ü" zu kennzeichnen.

19.3.2.3   Für jede Anlage ist ein eigenes Karteiblatt anzulegen. Mehrere Anlagen können ausnahmsweise auf einem Karteiblatt geführt werden, wenn sie an einem Lagerort eingebaut oder aufgestellt sind, einheitliche Schutzvorkehrungen haben und wenn diese Anlagen gleichzeitig und einheitlich nach § 19 VAwS oder nach sonstigen Vorschriften, insbesondere nach der VbF, überprüft werden: gesonderte Karteiblätter sind jedoch anzulegen, wenn auf einem einzigen Karteiblatt die Zahl der Anlagen, deren Sicherheitszustand und die Prüfergebnisse nicht übersichtlich vermerkt werden können.

19.3.2.4   Die Karteiblätter sind getrennt nach Farben, innerhalb der gleichen Farbe nach Gemeinden, zu ordnen. Die Einhaltung der unterschiedlichen Prüffristen muß ordnungsgemäß zu überwachen sein.

19.3.3   „Andere Rechtsvorschriften" nach § 19 Abs. 5 VAwS ist in erster Linie die VbF. In dem der unteren Wasserbehörde – in den Fällen des § 166 NWG der Bergbehörde – vorzulegenden Prüfbericht nach den anderen Rechtsvorschriften muß festgestellt sein, ob die Anlage ordnungsgemäß auch i. S. der VAwS ist.

19.3.4 Anlagen in Betriebsanlagen der Deutschen Bundesbahn sind wegen § 38 des Bundesbahngesetzes nicht in die Überwachungskartei aufzunehmen. Als Betriebsanlagen gelten jedoch nur die Anlagen, die der Abwicklung und Sicherung des äußeren Eisenbahndienstes dienen, nicht aber Nebenbetriebe, Verwaltungsgebäude, Siedlungsbauten usw. Ebenso sind Lagerbehälter in bundeseigenen Bau- und Schirrhöfen der Wasser- und Schiffahrtsverwaltung des Bundes, die der Unterhaltung der Bundeswasserstraßen dienen, wegen § 48 des Bundeswasserstraßengesetzes nicht in die Überwachungskartei aufzunehmen.

19.4 Stillegung von Anlagen

19.4.1 Es ist zu unterscheiden zwischen vorübergehender und endgültiger Stillegung. In beiden Fällen erfolgt die Anzeige nach § 19 Abs. 7 VAwS formlos gegenüber der unteren Wasserbehörde – in den Fällen des § 166 NWG gegenüber der Bergbehörde – Der Betreiber hat die Anlage, soweit er nicht selbst sachkundig ist, durch einen nach § 191 WHG (§ 165 NWG) hierfür zugelassenen Fachbetrieb vollständig entleeren und reinigen zu lassen. Dieses ist durch eine Bescheinigung des Fachbetriebes oder durch eine Erklärung des sachkundigen Betreibers der unteren Wasserbehörde bzw. der Bergbehörde gegenüber nachzuweisen.

19.4.2 Bei der vorübergehenden Stillegung ist darüber hinaus wie folgt zu verfahren:
– Eine ggf. vorhandene und nach den Vorschriften erforderliche kathodische Korrosionsschutzanlage ist in Betrieb zu halten. Wartung und Prüfung dieser Anlage sind entsprechend der TRbF 521 (KKS-Richtlinie) weiterhin durchzuführen und der unteren Wasserbehörde bzw. der Bergbehörde nachzuweisen.
– Die Anlage ist weiterhin in der Lagerkartei zu führen. Auf der Karteikarte ist die vorübergehende Stillegung zu vermerken. Der Sachverständige ist von dieser Stillegung durch die untere Wasserbehörde bzw. die Bergbehörde zu unterrichten.
– Der Betreiber ist jeweils zu dem Termin, an dem eine wiederkehrende Prüfung fällig wäre, durch die untere Wasserbehörde bzw. die Bergbehörde aufzufordern, sich über die Fortdauer der vorübergehenden Stillegung zu äußern.

19.4.3 Eine Anlage gilt als endgültig stillgelegt, wenn der Betreiber der unteren Wasserbehörde bzw. der Bergbehörde eine entsprechende Mitteilung macht, spätestens jedoch zehn Jahre nach Beginn der vorübergehenden Stillegung. Die Vorschriften des Baurechts bleiben unberührt.

Dritter Teil   Anlagen zum Lagern und Abfüllen fester Stoffe sowie zum Umschlagen fester und flüssiger Stoffe

§ 20 Anlagen einfacher oder herkömmlicher Art zum Lagern und Abfüllen fester Stoffe
(zu § 162 Abs. 1 Satz 1 NWG)

Anlagen zum Lagern und Abfüllen fester Stoffe sind einfacher oder herkömmlicher Art, wenn die Anlagen eine gegen die gelagerten oder abzufüllenden Stoffe unter allen Betriebs- und Witterungsbedingungen beständige und undurchlässige Bodenfläche haben und die Stoffe

1. in dauernd dicht verschlossenen, gegen nicht beabsichtigte Beschädigung geschützten und gegen Witterungseinflüsse und das Lagergut beständigen Behältern oder Verpackungen oder
2. in geschlossenen Räumen gelagert oder abgefüllt werden. Geschlossenen Räumen stehen überdachte Plätze gleich, die gegen Witterungseinflüsse durch Überdachung und seitlichen Abschluß so geschützt sind, daß das Lagergut nicht austreten kann.

III.   Anlagen zum Lagern und Abfüllen fester Stoffe sowie zum Umschlagen fester und flüssiger Stoffe (§§ 20 bis 24 VAwS)

20   Anlagen einfacher oder herkömmlicher Art zum Lagern und Abfüllen fester Stoffe

20.1   Von festen Stoffen gehen Gefahren für Gewässer dann aus, wenn sie direkt oder in flüssiger Phase, d. h. in Wasser gelöst wie eine Flüssigkeit, in Gewässer gelangen können. Zu den wassergefährdenden festen Stoffen sind insbesondere Beizsalze, Härtesalze, Chromate, Metallsalze, pulverförmige Gifte u. a. zu zählen; auch Mineraldünger, Phosphate, Pflanzenschutzmittel und Waschmittel können Gewässer nachteilig verändern.

20.2   Hinsichtlich der Anforderungen an die Bodenfläche vgl. Nr. 14.2.

20.3   § 20 Nr. 1 VAwS ist regelmäßig erfüllt, wenn für die wassergefährdenden festen Stoffe bruchsichere Behälter verwendet werden. Eine Verpackung in Plastiksäcken reicht nur dann aus, wenn sichergestellt ist, daß ein Anfahren der Plastiksäcke mit Lademaschinen oder dergleichen nicht möglich ist.

20.4   Soweit wassergefährdende feste Stoffe auf überdachten Plätzen in loser Schüttung gelagert oder abgefüllt werden, muß durch allseitigen Abschluß sichergestellt sein, daß das Lagergut nicht nach außerhalb des überdachten Bereichs gelangen kann (z. B. durch Verwehung).

§ 21   Anlagen einfacher oder herkömmlicher Art zum Umschlagen fester und flüssiger Stoffe
(zu § 162 Abs. 1 Satz 1 NWG)

Anlagen zum Umschlagen fester und flüssiger Stoffe sind einfacher oder herkömmlicher Art, wenn
1. der Platz, auf dem umgeschlagen wird, eine gegen die Stoffe unter allen Betriebs- und Witterungsbedingungen beständige und undurchlässige Bodenfläche hat und diese Bodenfläche durch ein Gefälle, Bordschwellen oder andere technische Schutzvorkehrungen zu einem Auffangraum ausgebildet ist, der über ein dichtes Ableitungssystem an eine Sammel-, Abscheide- oder Aufbereitungsanlage angeschlossen ist, und
2. die Anlage zusätzlich mit Einrichtungen ausgestattet ist oder Vorkehrungen getroffen sind, durch die ein Austreten der festen oder flüssigen Stoffe vermieden wird und für diese Einrichtungen oder Vorkehrungen eine Bauartzulassung oder ein baurechtliches Prüfzeichen erteilt ist.

21   Anlagen einfacher oder herkömmlicher Art zum Umschlagen fester und flüssiger Stoffe

21.1   Zum Begriff der Umschlaganlage vgl. Nr. 1.3.3.

21.2   Hinsichtlich der Anforderungen an die Bodenfläche vgl. Nr. 14.2.

21.3   Als Einrichtungen oder Vorkehrungen, durch die ein Austreten wassergefährdender Stoffe vermieden wird, kommen selbsttätige Abfüll- oder Überfüllsicherungen (z. B. vom Gewicht abhängige Steuereinrichtungen) in Betracht, durch die rechtzeitig vor Erreichen des zulässigen Füllstandes der Umschlagvorgang unterbrochen oder akustischer Alarm ausgelöst wird.

§ 22   Anlagen in Schutzgebieten

Soweit Anlagen zum Lagern und Abfüllen fester Stoffe und zum Umschlagen fester und flüssiger Stoffe in Schutzgebieten (§ 15) nach der jeweiligen Schutzgebietsverordnung zulässig sind, müssen sie in ihrem technischen Aufbau § 20 oder § 21 entsprechen.

22   Anlagen in Schutzgebieten

Die Bestimmung macht deutlich, daß in Schutzgebieten nur Anlagen verwendet werden dürfen, die mindestens Anlagen einfacher oder herkömmlicher Art entsprechen. Da § 22 VAwS keine dem § 15 Abs. 1 VAwS entsprechende Regeln enthält, ist über die Zulässigkeit oder Unzulässigkeit solcher Anlagen, bezogen auf die einzelnen Schutzgebietszonen, in der Schutzgebietsverordnung eine Entscheidung zu treffen.

§ 23   Anlagen in Überschwemmungsgebieten

Werden Anlagen zum Lagern und Abfüllen fester Stoffe und zum Umschlagen fester und flüssiger Stoffe nach § 93 Abs. 2 NWG in festgestellten Überschwemmungsgebieten genehmigt, müssen sie so errichtet und betrieben werden, daß wassergefährdende Stoffe durch Hochwasser nicht abgeschwemmt oder freigesetzt werden können. Dies gilt auch für Anlagen in sonstigen Überschwemmungsgebieten.

23   Anlagen in Überschwemmungsgebieten

Die Zuständigkeit für Entscheidungen nach § 93 Abs. 2 NWG richtet sich nach § 170 NWG. Im Einzelfall können sich daher unterschiedliche Zuständigkeiten für die Genehmigung nach § 93 NWG und für Entscheidungen nach der VAwS ergeben.

§ 24   Überprüfung durch Sachverständige
(zu § 163 Satz 3 Nrn. 1 bis 3 NWG)

Die in den §§ 20 bis 23 genannten Anlagen unterliegen einer Überprüfung durch Sachverständige nur, wenn dies im Einzelfall wegen der Besorgnis einer Wassergefährdung angeordnet wird.

24   Überprüfung durch Sachverständige

Prüfungen wegen der Besorgnis einer Gewässergefährdung (§ 163 Satz 3 Nr. 4 NWG) sind auch bei den hier betroffenen Anlagen im Bedarfsfall anzuordnen. Die Pflichten des Betreibers zur Eigenüberwachung (§ 163 Satz 1 und 2 NWG) gelten uneingeschränkt.

Vierter Teil   Bußgeldvorschrift

§ 25   Ordnungswidrigkeiten

Ordnungswidrig nach § 190 Abs. 2 Nr. 2 NWG handelt, wer vorsätzlich oder fahrlässig

1. entgegen § 3 hinsichtlich der Beschaffenheit von Anlagen, insbesondere ihres technischen Aufbaus, Werkstoffes oder Korrosionsschutzes die allgemein anerkannten Regeln der Technik nicht einhält,
2. entgegen § 5 Anlagen nicht oder nicht rechtzeitig anzeigt,
3. entgegen § 10 bei Schadensfällen oder Betriebsstörungen eine Anlage nicht unverzüglich außer Betrieb nimmt und entleert,
4. in Schutzgebieten eine Anlage oder Anlagenteile einbaut oder aufstellt, die nicht § 15 Abs. 1 oder § 22 entsprechen,
5. entgegen § 16 oder § 23 Anlagen oder Anlagenteile in Überschwemmungsgebieten nicht oder nicht ausreichend gegen Aufschwimmen oder Beschädigungen sowie gegen das Abschwemmen von wassergefährdenden Stoffen durch Hochwasser sichert,
6. entgegen § 17 Abs. 1 Anlagen oder Anlagenteile nicht oder nicht richtig mit einer Kennzeichnung versieht,
7. entgegen § 18 Abs. 1 Rohre und Schläuche verwendet, die nicht dicht und tropfsicher verbunden sind,
8. entgegen § 18 Abs. 2 Lagerbehälter ohne die vorgeschriebenen Abfülloder Überfüllsicherungen befüllt oder befüllen läßt oder
9. entgegen § 19 Abs. 2 bis 4 oder § 26 Abs. 3 Anlagen nicht oder nicht fristgemäß überprüfen läßt.

IV.   Bußgeldvorschrift (§ 25 VAwS)

25   Ordnungswidrigkeiten

Die Bemessung der Geldbußen in Ordnungswidrigkeitsverfahren auf Grund von Verstößen nach § 25 VAwS richtet sich nach der folgenden Tabelle:

───▶

Bemerkung zu Tabelle auf S. 161

zu Nrn. 1 bis 10:
Die Bemessung des Bußgeldes ist nach dem Fassungsvermögen der Anlage und der Wassergefährdungsklasse zu staffeln (s. Nr. 1.3.4.1 VVAwS).

zu Nr. 4.1:
Verstoß gegen Bau- und Gewerberecht (VbF) prüfen.

Nr.	Tatbestand	Geldbuße in DM
1	Nichteinhaltung der allgemein anerkannten Regeln der Technik bei Einbau, Aufstellung, Unterhaltung und Betrieb von Anlagen (§ 41 Abs. 1 Nr. 6 Buchst. a WHG) sowie hinsichtlich der Beschaffenheit von Anlagen, insbesondere technischem Aufbau, Werkstoff oder Korrosionsschutz (§ 25 Nr. 1 VAwS)	50 bis 1 000
2	Nichteinhaltung der Anzeigepflicht (§ 25 Nr. 2 VAwS)	50 bis 1 000
3.1	Unterlassene Außerbetriebnahme und Entleerung einer Anlage bei Schadensfällen und Betriebsstörungen (§ 25 Nr. 3 VAwS)	100 bis 5 000
3.2	Unterlassene Anzeige von wassergefährdenden Vorfällen bei Anlagen zum Lagern, Abfüllen und Umschlagen (§ 190 Abs. 1 Nr. 9 NWG)	50 bis 1 000
4	Verwenden von Anlagen, Anlagenteilen oder Schutzvorkehrungen ohne Eignungsfeststellung (§ 41 Abs. 1 Nr. 6 Buchst. b WHG):	
4.1	Behälter oder Betriebsrohrleitungen	100 bis 5 000
4.2	Schutzvorkehrungen	100 bis 3 000
4.3	Sonstige Anlagenteile	50 bis 1 500
5	Einbau oder Aufstellung von Anlagen oder Anlagenteilen entgegen den besonderen Schutzvorschriften in Schutzgebieten (§ 25 Nr. 4 VAwS)	200 bis 10 000
6	Nichteinhaltung der besonderen Sicherungsmaßnahmen in festgestellten Überschwemmungsgebieten (§ 25 Nr. 5 VAwS)	100 bis 5 000
7	Unterlassene oder falsche Kennzeichnung von Anlagen oder Anlagenteilen (§ 25 Nr. 6 VAwS)	50 bis 1 000
8	Verstöße beim Befüllen und Entleeren von Anlagen:	
8.1	Mangelhafte Überwachung (§ 41 Abs. 1 Nr. 6 Buchst. d. WHG)	50 bis 500
8.2	Nichtüberprüfen des ordnungsgemäßen Zustandes der Sicherheitseinrichtungen (§ 41 Abs. 1 Nr. 6 Buchst. d WHG)	50 bis 500
8.3	Überschreiten der Belastungsgrenze der Anlage oder Sicherheitseinrichtungen (§ 41 Abs. 1 Nr. 6 Buchst. d WHG)	100 bis 1 000
8.4	Verwenden von Rohren oder Schläuchen, die nicht dicht und tropfsicher verbunden sind (§ 25 Nr. 7 VAwS)	100 bis 1 000
8.5	Befüllen oder Befüllenlassen von Lagerbehältern ohne die vorgeschriebenen Abfüll- oder Überfüllsicherungen (§ 25 Nr. 8 VAwS)	100 bis 1 000
9	Nichterfüllung der vorgeschriebenen Eigenüberwachung einer Anlage oder Nichtabschließen eines Überwachungsvertrages (§ 41 Abs. 1 Nr. 6 Buchst. c WHG)	50 bis 1 000
10	Unterlassene oder nicht rechtzeitige Veranlassung der Überprüfung einer Anlage (§ 25 Nr. 9 VAwS)	50 bis 2 000

Fünfter Teil   Übergangs- und Schlußvorschriften

§ 26 Bestehende Anlagen, frühere Eignungsfeststellungen, Sachverständige

(1) Diese Verordnung gilt auch für Anlagen, die bei Inkrafttreten dieser Vorschriften bereits eingebaut oder aufgestellt waren (bestehende Anlagen).

(2) Für bestehende Anlagen gilt die Eignungsfeststellung als erteilt, wenn die Verwendung am 1. Oktober 1976 nach dem bis dahin geltenden Recht zulässig war. Die untere Wasserbehörde hat an die Anlagen zusätzliche Anforderungen zu stellen, wenn dies zur Erfüllung des § 161 Abs. 1 oder 2 NWG erforderlich ist; jedoch kann auf Grund dieser Verordnung nicht verlangt werden, daß rechtmäßig bestehende oder begonnene Anlagen stillgelegt oder beseitigt werden.

(3) Der Betreiber hat bestehende Anlagen, die nach § 19 prüfpflichtig sind und bisher nicht geprüft wurden, spätestens bis zum 15. November 1986 erstmalig überprüfen zu lassen. Dies gilt nicht, wenn in einer Eignungsfeststellung oder Bauartzulassung eine andere Frist für die erstmalige Prüfung bestimmt worden ist.

(4) Die Feststellung der Eignung mit allgemeiner Wirkung (Eignungsbescheinigung) nach den §§ 3 und 12 der Lagerverordnung vom 21. Januar 1971 (Nieders. GVBl. S. 5), geändert durch Verordnung vom 29. September 1975 (Nieders. GVBl. S. 326)[1], gilt bis zum Ablauf ihrer Geltungsdauer fort.

(5) Die bei Inkrafttreten dieser Verordnung beim Technischen Überwachungs-Verein Norddeutschland e. V. und beim Technischen Überwachungs-Verein Hannover e. V. nach § 8 Abs. 1 Nr. 1 der Lagerverordnung[1] eingesetzten Sachverständigen gelten für die Dauer ihres Beschäftigungsverhältnisses als Sachverständige nach § 163 Satz 3 NWG für die Prüfung von Heizölverbrauchertankanlagen.

V.   Übergangs- und Schlußvorschriften (§§ 26 und 27 VAwS)

26   Bestehende Anlagen, frühere Eignungsfeststellungen, Sachverständige

26.1   Bestehende Anlagen zum Lagern von Roherdöl, Mineralölen und Teerölen sowie deren Produkten, insbesondere Benzin, Dieselöl, Heizöl, Schmieröl, Benzol und deren Mischungen, ausgenommen solche Flüssigkeiten, die nur nach Erwärmung pumpfähig sind, wie schwerflüssige Heiz- und Teeröle, unterlagen der mit Wirkung vom 1. 7. 1982 aufgehobenen VLwF (Art. V des Vierten Gesetzes zur Änderung des Niedersächsischen Wassergesetzes vom 3. 6. 1982. – Nds. GVBl. S. 159).
Die VLwF erfaßte nicht:
– Anlagen für feste und gasförmige wassergefährdende Stoffe.
– Anlagen für nicht brennbare flüssige wassergefährdende Stoffe.

---

[1] Die Lagerverordnung vom 21. Januar 1971 (Nieders. GVBl. S. 5), geändert durch Verordnung vom 29. September 1975 (Nieders. GVBl. S. 326), trat nach Artikel V Nr. 1 des Vierten Gesetzes zur Änderung des Niedersächsischen Wassergesetzes vom 3. Juni 1982 (Nieders. GVBl. S. 159) am 1. Juli 1982 außer Kraft.

– Anlagen für brennbare flüssige wassergefährdende Stoffe, die nicht zu den Mineralölen, Teerölen oder deren Produkten gehören.

§ 26 Abs. 1 VAwS geht davon aus, daß bestehende Anlagen, die unter den Geltungsbereich der VLwF fielen, in den Überwachungskarteien bereits enthalten sind. Die nicht von der VLwF erfaßten Anlagen bedurften der Zulassung nach anderen Rechtsvorschriften, z. B. NBauO, BImSchG, VbF. Deshalb konnte bei diesen Anlagen auf eine Anzeigepflicht verzichtet werden. Die unteren Wasserbehörden bzw. die Bergbehörden haben die Möglichkeit, ihre Überwachungskarteien (vgl. Nr. 19.3) mit Hilfe der Genehmigungsbehörden zu vervollständigen.

Die Wiederinbetriebnahme oder wesentliche Änderung einer bestehenden Anlage bedarf dagegen einer Anzeige nach § 5 Satz 1 VAwS.

26.2 § 26 Abs. 2 VAwS betrifft nur Anlagen, die bereits vor dem 1. 10. 1976 eingebaut oder aufgestellt waren.

Die Eignungsfeststellung gilt als erteilt, wenn diese Anlagen den Vorschriften der VLwF, des Bau-, Gewerbe-, Berg- und Immissionsschutzrechts und den Vorschriften für den Transport gefährlicher Güter entsprachen. Diese Vorschriften sind auch beim Bestandsschutz (§ 26 Abs. 2 Satz 2 VAwS) zugrunde zu legen.

26.3 Maßstab für zusätzliche Anforderungen nach § 26 Abs. 2 Satz 2 VAwS ist der Besorgnisgrundsatz (§ 161 Abs. 1 NWG) bzw. der bestmögliche Schutz der Gewässer (§ 161 Abs. 2 NWG) vor Verunreinigungen. Dabei soll sich die untere Wasserbehörde – in den Fällen des § 166 NWG die Bergbehörde – inhaltlich an der VAwS orientieren. Eine generelle Anpassungspflicht an die VAwS ist daraus nicht herzuleiten.

26.4 Bestehende Anlagen zum Lagern mit einwandigen Behältern, die mit einem Leckanzeigegerät ausgerüstet sind, erfüllen die Anforderungen des § 161 Abs. 1 NWG. Gleiches gilt für die dazugehörigen Rohrleitungen, soweit sie vom Leckanzeigegerät mit überwacht werden.

26.5 Die Prüfpflicht für Anlagen zum Lagern und Abfüllen flüssiger Stoffe ist in § 19 Abs. 2 bis 4 VAwS geregelt. Bestehende Anlagen, die auf Grund des § 26 Abs. 3 VAwS einer erstmaligen Prüfung bedürfen, sind der nachstehenden Tabelle zu entnehmen:

wassergefährdende flüssige Stoffe	außerhalb von Schutz- und Überschwemmungsgebieten		in Schutzgebieten		in Überschwemmungsgebieten	
	unterirdisch	oberirdisch über 40 000 l (2)	unterirdisch	oberirdisch über 1 000 l (2)	unterirdisch	oberirdisch über 1 000 l (2)
nicht brennbar	x	x	x	x	x	x
brennbar (VLwF) (1)	(3)	(3)	(3)	(3)	(3)	x
brennbar (sonstige)	x (4)	x (4)	x (4)	x (4)	x (4)	x (4)

(1) Mineral- und Teeröle sowie deren Produkte (§1 VLwF).
(2) Unterirdische Rohrleitungen von oberirdischen Anlagen sind erstmalig prüfpflichtig bei Anlagen mit weniger als 40 000 Litern Gesamtrauminhalt.
(3) Diese Anlagen waren bereits nach der VLwF und bleiben auch nach der VAwS prüfpflichtig.
(4) Soweit nicht bereits prüfpflichtig nach VbF.
x   = erstmalig prüfpflichtig nach VAwS.

26.6   Sachverständige i. S. des § 26 Abs. 5 VAwS sind nur die von den beiden Technischen Überwachungs-Vereinen dem ML namentlich genannten Personen. Eine Veröffentlichung dieser Namen im Niedersächsischen Ministerialblatt bleibt vorbehalten.

§ 27   Inkrafttreten

Diese Verordnung tritt am 15. Mai 1985 in Kraft.

2.2   Erläuterungen zur Verordnung über Anlagen zum Lagern, Abfüllen und Umschlagen wassergefährdender Stoffe

Die Erläuterungen in den nachfolgenden Kapiteln (2.2.1–2.2.15) beziehen sich auf die VAwS NW unter Hinweisen auf Regelungen in den Bundesländern Bayern, Hessen und Niedersachsen. Vereinfachend wird im Erläuterungstext für die Verordnungen und Verwaltungsvorschriften einheitlich nur die Abkürzung VAwS bzw. VV-VAwS benutzt. Lediglich bei den konkreten Hinweisen werden die unterschiedlichen Abkürzungen der Ländervorschriften verwendet.

2.2.1   Anwendungsbereich

Beim Anwendungsbereich im Umgang mit wassergefährdenden Stoffen müssen zwei Teilaspekte berücksichtigt werden. Einerseits die Frage, welche Stoffe fallen unter die VAwS und andererseits, welche Anlagen werden durch die VAwS erfaßt? Grundsätzlich können vom Anwendungsbereich der VAwS die in Tabelle Nr. 1 zusammengefaßten Anlagen und Stoffe ausgenommen werden.

Tabelle 1. Ausschlußkatalog

Vom Anwendungsbereich der VAwS ausgenommen	Regelung u. a. nach
– für behälterlose Tiefenspeicherung,	BBergG
– für Stoffe, die sich im Arbeitsgang befinden oder	BImSchG
– für den Fortgang der Arbeiten erforderlich sind, z. B. geringe Mengen für eine Tagesproduktion (Zwischenprodukte),	ArbStättV
– für vorübergehendes Lagern in Transportbehältern, wenn die verkehrsrechtlichen Vorschriften eingehalten werden (z. B. innerhalb des Werkgeländes),	StVO VbF GGVS
– für kontaminierte Stoffe, die hinsichtlich der Radioaktivität die Freigrenzen des Strahlenschutzrechts überschreiten,	StrlSchV
– für Stoffe wie Abwasser, Jauche, Gülle, Stallmist bzw. Flüssigmist und Silosaft,	WHG (§ 7a) AbfG WHG (§§ 1a, 26 und 34)
– für Prozeßanlagen	WHG (§ 1a) BImSchG

Diese Erstellung eines Ausschlußkataloges vom Geltungsbereich der VAwS und damit natürlich auch der §§ 19 g–k WHG ist möglich und darauf zurückzuführen, daß die rechtliche Erfassung und Regelung der genannten Vorgänge durch andere Rechtsvorschriften ausreichend und zum Teil noch strenger erfaßt worden ist. Insbesondere gilt dies für den Rechtsbereich des Strahlenschutzrechtes.

Für sämtliche in der Tabelle aufgeführten Teilbereiche gelten unabhängig von den speziellen Regelungen der §§ 19 g–k WHG und der VAwS nach wie vor aber die wasserrechtlichen Generalklauseln der §§ 1 a, 26 und 34 WHG. Zu der Frage, welche Stoffe fallen unter die VAwS, sagt § 19 g Abs. 5 WHG eindeutig, daß wassergefährdende Stoffe im Sinne des WHG alle festen, flüssigen und gasförmigen Stoffe sind, die geeignet sind, nachhaltig die physikalische, chemische oder biologische Beschaffenheit des Wassers nachteilig zu verändern[1]. Ausgenommen von dieser pauschalen Beschreibung des Anwendungsbereiches sind solche Stoffe, die in o. g. Tabelle 1 zusammengefaßt wurden, daneben werden sie verbal im vorhandenen wasserrechtlichen Instrumentarium genannt.

Definitionsschwierigkeiten werden sich insbesondere hinsichtlich der für den Fortgang der Arbeiten erforderlichen Menge ergeben. Die Verwaltungsvorschriften zur VAwS (VV-VAwS) zieht die Grenze beim Bedarf für eine *Tagesproduktion* oder *Charge.*

Eindeutig dagegen ist, daß Stoffe in Maschinen oder Geräten, die dazu dienen, die Funktionsfähigkeit sicherzustellen, nicht den Bestimmungen der VAwS unterliegen. Neben der Problematik, daß in einigen Teilbereichen Auslegungsschwierigkeiten nicht zu vermeiden sind, existieren auch verfahrensrechtliche Abgrenzungsprobleme. So im Zusammenhang mit Abwasseranlagen; denn z. B. im Bereich von Abwasservorbehandlungsanlagen müssen z. T. zur Erzielung des notwendigen Reinigungseffektes wassergefährdende Stoffe verwendet werden.

Konkretes Beispiel ist eine Neutralisationsanlage zur Neutralisation von gewerblichen Abwässern, hier werden Laugen und Säuren, je nach pH-Wert des Abwassers eingesetzt. Die dabei zum Einsatz kommenden wassergefährdenden Stoffe sind mengenmäßig mehr als eine Tagesproduktion, da die Abwasseranlagen in der Regel kontinuierlich betrieben werden. Für das formelle Verfahren, also entweder Anlage für wassergefährdende Stoffe und/oder Genehmigung von Abwasseranlagen nach § 58 Abs. 2 LWG NW, sollte lediglich das Verfahren durchgeführt werden, das die größere Außenwirkung hat, insbesondere auch deshalb, weil die Abgrenzungsfrage, Abwasser oder wassergefährdende Stoffe, bei gleich zu fordernden materiellen Anforderungen uninteressant ist.

Der zweite Teilaspekt befaßt sich mit den Anlagen für den Umgang mit wassergefährdenden Stoffen.

Dazu zählen Lager-, Abfüll- und Umschlaganlagen aus der Sicht der Anlagenkategorie und daneben die dazugehörenden Vorgänge wie das Einbauen, Aufstellen, Unterhalten und Betreiben einmal der Anlagen selbst und ebenfalls ihres Zubehörs wie Leitungen, Anschlüsse und Sicherheitseinrichtungen. In Hessen wird in § 1 der VAwS der Anwendungsbereich auch für Werkleitungen definiert.

Dabei ist die Frage des Einbauzeitpunktes der Anlagen nicht relevant, da die Verord-

---

[1] Wasserhaushaltsgesetz vom 16. 10. 76, abgedruckt unter 1.1

nung auch für *Altanlagen* gilt, die vor dem 1. 10. 1976 installiert wurden. Die Begründung für die in die Vergangenheit reichende Regelung liegt darin, daß nicht nur ein in der Vergangenheit abgeschlossener Tatbestand erfaßt werden soll, sondern auch die gegenwärtig und in die Zukunft reichende Vorgänge des Lagerns und Abfüllens[1].

Das WHG unterscheidet zwischen zwei Anlagentypen hinsichtlich der Anforderungen an den Gewässerschutz. *Umschlaganlagen* müssen nur den bestmöglichen Schutz der Gewässer vor Verunreinigungen oder sonstigen nachteiligen Veränderungen gewährleisten, dagegen müssen die *Lager- und Abfüllanlagen* so beschaffen sein, daß eine Gewässerverunreinigung nicht zu besorgen ist.

Da beim Umschlag wassergefährdender Stoffe eine Besorgnis der Gewässerverunreinigung oft nicht gänzlich ausgeschlossen werden kann, selbst dann nicht, wenn mit der technisch und menschlich möglichen Sorgfalt gearbeitet wird, wurde wohl diese Anforderungsdifferenzierung vorgenommen. Trotzdem müssen beide Anlagenkategorien gemäß § 19 g Abs. 3 WHG bei Einbau, Aufstellung, Unterhaltung und Betrieb mindestens die allgemein anerkannten Regeln der Technik (a. a. RdT) einhalten.

Auffällig ist, daß hier abweichend von Absätzen 1 und 2 des § 19 g WHG die Anwendung der a. a. RdT nur auf die oben erwähnten Bereiche beschränkt wird; denn in § 19 g Abs. 1 und 2 ist zusätzlich noch die Beschaffenheit der Anlagen zum Umgang mit wassergefährdenden Stoffen mitgenannt worden.

Ob im Rahmengesetz die Beschaffenheit vergessen oder bewußt nicht genannt worden ist, ist nur von sekundärer Bedeutung, da auf Länderebene die Anforderung durch § 3 VAwS auch auf diesen Bereich (insbesondere technischer Aufbau, Werkstoff und Korrosionsschutz) ausgedehnt worden ist.

Nach § 19 g Abs. 3 WHG sind die a. a. RdT eine Mindestanforderung an die Anlagen, die durch höhere Anforderungen (z. B. Stand der Technik) erfüllt sind.

Als a. a. RdT für den gesamten Bereich gelten die technischen Vorschriften und die technischen Baubestimmungen, die von den zuständigen Ministerien eingeführt werden. Für die Einführung sind zuständig in:

NW	§ 3 VAwS	Minister für Umwelt, Raumordnung und Landwirtschaft oder Minister für Stadtentwicklung, Wohnen und Verkehr
Bayern	§ 3 VAwSF	Staatsminister des Innern
Hessen	§ 3 VAwS	Minister für Landesentwicklung, Umwelt, Landwirtschaft und Forsten
Nds.	§ 167 Nr. 2 a NWG	Fachminister

Gleichzeitig können im Einzelfall durch die zuständige Behörde weitergehende Anforderungen gefordert werden (vgl. § 8 VAwS), die z. B. das Niveau der a. a. RdT übersteigen.

1) Weitergehende Anforderungen für einfache oder herkömmliche Anlagen und für Anlagen mit Bauartzulassung

---

[1] Gieseke, Wiedemann, Czychowski: Kommentar Wasserhaushaltsgesetz, § 19 g Anm. 3, 4. neubearbeitete Auflage 1985, Verlag C. Beck

2) Prüfung wegen Besorgnis einer Wassergefährdung

	1) ja, nach	2) ja, nach
NW	§ 8 VAwS	§ 8 VAwS
Bayern	§ 8 VAwSF	§ 8 VAwSF
Hessen	§ 9 VAwS	Ziffer 9.2 VVAwS
Nds.	§ 9 VAwS[1,2]	§ 9 VAwS i. V. m. § 161 Abs. 1 NWG

[1] In allen VAwS-Vorschriften ist die Formulierung von weitergehenden Anforderungen eine „Kann-Regelung", in Nds. eine „Hat-Regelung".
[2] § 9 VAwS-Nds. geht sogar so weit, daß die Verwendung einer Anlage beschränkt oder sogar verboten werden kann.

Allgemein betrachtet können die a. a. RdT nach herrschender Meinung und in Anlehnung an die Rechtsprechung verglichen werden mit den allgemein anerkannten Regeln der Baukunst. Damit erlaubt diese Vorschrift eine dynamische Anpassung an die technische Entwicklung.

Die Verwaltungsvorschrift zur VAwS nennt unter Ziffer 3 für die zuständige Behörde, was insbesondere als a. a. RdT für den Umgang mit wassergefährdenden Stoffen anzusehen ist.

2.2.2 Wassergefährdende Stoffe

(Definition und Orientierungshilfe)

Neben der globalen Umschreibung des Begriffes *wassergefährdender Stoff* und der groben Gruppeneinteilung in § 19 g Abs. 5 des Wasserhaushaltsgesetzes werden für die praktische Arbeit der Vollzugsbehörden Orientierungshilfen gebraucht, die die einzelnen Stoffe erfassen und bewerten, so daß die Handhabung des wasserrechtlichen Instrumentariums auch für Behörden leicht und überschaubar ist, die nicht mit Spezialisten auf dem chemischen Sektor versehen sind. Nach dem WHG sind, wie in Kapitel 2.2.1 erläutert, wassergefährdende Stoffe im Sinne des Wasserrechtes alle festen, flüssigen und gasförmigen Stoffe, die in der Lage sind, nachhaltig die physikalische, chemische oder biologische Beschaffenheit des Wassers nachteilig zu verändern.

Eine für die zuständigen Behörden vorhandene vollständige Liste oder eine mehr oder weniger umfassende gruppierende Auflistung und somit eine abschließende Aufzählung der Stoffe existiert bisher noch nicht. Die Zusammenstellung in einer annähernd abschließenden Form ist sehr problematisch, wenn nicht sogar unmöglich, da die Vielzahl und Verschiedenartigkeit der in Betracht kommenden chemischen Verbindungen mit der großen Anzahl der möglichen Wassergefährdungen dieses Unterfangen stark erschwert. Dazu kommt die Problematik, daß die ständige Entwicklung neuer Stoffe die vorhandene Unübersichtlichkeit verstärkt.

Zur Zeit können zur Prüfung des Gefährdungspotentials nur eine Reihe von Informationsquellen und -systemen herangezogen werden, die allerdings nur Teilbereiche abdecken. Eine Differenzierung des Gefährdungspotentials einzelner Stoffe in seine verschiedenen Aggregatzustände kann allerdings entfallen, da das wasserrechtliche Instrumentarium für alle drei Aggregatzustände gilt.

In Kapitel 5.3 (Erläuterungen zu den Öl- und Giftalarmrichtlinien) werden die am häufigsten gebrauchten Orientierungshilfen genannt.

Auf eine nähere Beschreibung der einzelnen Orientierungshilfen wird verzichtet, da ihre Handhabung kaum Probleme aufwirft. Der Katalog wassergefährdender Stoffe, der vom Beirat „Lagerung und Transport wassergefährdender Stoffe" erarbeitet worden ist, wird in Kapitel 3.3 ausführlich erläutert, da die Differenzierung der Stoffe in einzelne Wassergefährdungsklassen der zuständigen Behörde die beste Voraussetzung liefert, entsprechend dem Gefährdungspotential abgestufte Anforderungen zu formulieren.

Die Datenbank für wassergefährdende Stoffe (DABAWAS) vom Institut für Wasserforschung GmbH umfaßt im Augenblick ca. 20 000 Stoffbezeichnungen und 32 000 Synonyme. Zugang können sich alle Dienststellen verschaffen, die Informationen für den Umgang mit wassergefährdenden Stoffen benötigen.

Die Verwaltungsvorschriften zu den Verordnungen bringen in:

NW   unter Ziffer 1.3.4.1

Bayern   1.2.4.1

Hessen   1.3

Nds.   1.3.4.1

klar zum Ausdruck, daß die genannten Listen und Tabellen nur Orientierungscharakter haben. Sollte deshalb ein Stoff zu beurteilen sein, bei dem es zweifelhaft ist, ob er wassergefährdend ist, so sind in:

NW   die StÄWA (Staatlichen Ämter für Wasser und Abfallwirtschaft)

Bayern   die Wasserwirtschaftsämter

Hessen   die Landesanstalt für Umwelt

Nds.   das Niedersächsische Landesamt für Wasserwirtschaft

zu hören.

Diese wiederum schalten in grundsätzlichen Fragen in NW das Landesamt für Wasser und Abfall (LWA) und in Bayern das Landesamt für Wasserwirtschaft ein.

2.2.3   Zuständige Behörde

Die Landeswassergesetze sowie die VAwS in Hessen und Bayern regeln die Zuständigkeit für den Vollzug des wasserrechtlichen Instrumentariums für den Umgang mit wassergefährdenden Stoffen.

NW   § 18 Abs. 3 LWG

Bayern   Art. 37 und 75 Bayerisches Wassergesetz, § 5 Abs. 2 VAwSF

Hessen   §§ 90 ff Hessisches Wassergesetz, § 5 Abs. 2 VAwS

Nds.   §§ 162, 166 Niedersächsisches Wassergesetz

Daneben greifen für andere Hoheitsträger (z. B. Deutsche Bundesbahn, Wasser- und Schiffahrtsverwaltung) die für ihren Bereich geltenden Zuständigkeitsregelungen, da diese Hoheitsträger von der Beachtung einiger formeller Vorschriften befreit sind, aufgrund besonderer gesetzlicher Regelung.

Bei der gesamten Betrachtung des Vollzugs der Bestimmungen ist die Schwierigkeit, daß die Rechtsvorschriften auf diesem Gebiet vielgestaltig und differenziert sind, ständig zu berücksichtigen. Insbesondere, da mehrere Rechtsbereiche gleichrangig nebeneinanderstehen. Dies sind neben dem Wasserrecht das Gewerbe-, Immissionsschutz- und das Baurecht. Durch Verknüpfungen dieser Rechtsbereiche, d. h. Verweisungen innerhalb des rechtlichen Instrumentariums, ist die Materie schwer zu handhaben und zu überschauen. Die zuständigen Behörden sollten im Verfahren selbst prüfen, ob nicht zweckmäßigerweise auch andere Dienststellen oder Behörden zu beteiligen sind, auch wenn keine ausdrückliche Regelung dies vorsieht. So könnte es aus der Sicht der Wasserbehörden zweckmäßig sein, im Verfahren das Gewerbeaufsichtsamt, Abwasserverbände, Wasserversorgungsunternehmen oder andere Ämter (z. B. Feuerwehr, Ordnungsamt oder Gesundheitsamt) zu beteiligen. Ist die zuständige Behörde nicht die untere Wasserbehörde, so sollte diese Beteiligung auch umgekehrt vorgenommen werden.

Die tabellarische Zusammenfassung der zuständigen Behörden für NW sind in Abb. 1 dargestellt.

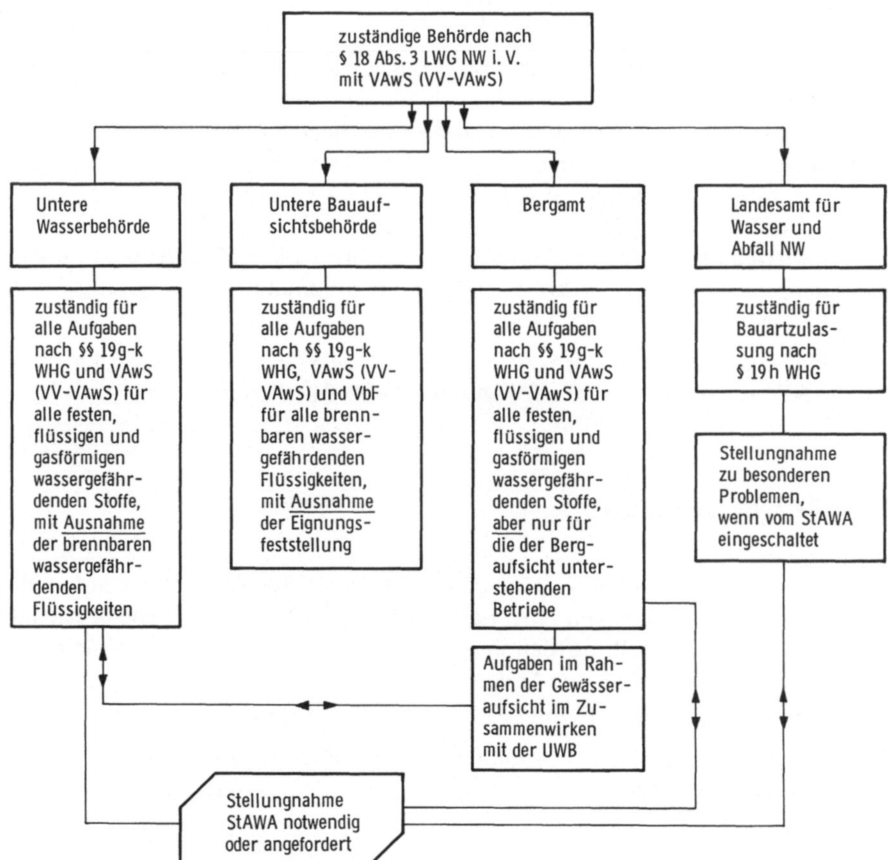

Abb. 1. Zuständigkeiten in NW

Für die anderen Bundesländer gelten in groben Zügen folgende Zuständigkeiten:

Niedersachsen
- Untere Wasserbehörde für alle Aufgaben nach §§ 19 g–k WHG und VAwS (VVAwS) ohne die nachfolgenden Besonderheiten
- Obere Wasserbehörde für Bauartzulassung nach § 19 h WHG und für Stellungnahmen in bestimmten Fällen gemäß Ziffer 6.5 VVAwS
- Bergbehörde für die Anlagen, die im Rahmen eines bergrechtlichen Betriebsplanes errichtet und betrieben werden, gemäß § 166 NWG,
- Niedersächsisches Landesamt für Wasserwirtschaft für die Festlegung, ob ein Stoff wassergefährdend ist (in Zweifelsfällen) Ziffer 1.3.4.1 VVAwS
- Bezirksregierung Braunschweig, Beteiligung bei Bauartzulassungen und bestimmten Eignungsfeststellungen

Hessen
- Vollzug entspricht den wasserrechtlichen Zuständigkeiten nach §§ 90 ff HWG, davon abweichend
- Obere Wasserbehörde für Eignungsfeststellungen
- Oberste Wasserbehörde für Bauartzulassungen

Bayern
- Kreisverwaltungsbehörde für alle Aufgaben nach §§ 19 g–k WHG und VAwSF (VVAwSF)
- Staatsminister des Innern für Bauartzulassungen nach § 19 h WHG
- Landesamt für Wasserwirtschaft bei grundsätzlichen Fällen der Festlegung, ob ein Stoff wassergefährdend ist Ziffer 1.2.4.1 VVAwSF und für Stellungnahmen nach Ziffer 5.2.3 VVAwSF
- Wasserwirtschaftsamt für Festlegung, ob ein Stoff wassergefährdend ist (in Zweifelsfällen) Ziffer 1.2.4.1 VVAwSF und für Stellungnahmen zu Eignungsfeststellungsanträgen Ziffer 5.2.2 VVAwSF

Der Ablauf des Bearbeitungsprozesses einer unteren Wasserbehörde wird exemplarisch für NW anhand eines Ablaufdiagramms (Abb. 2) erläutert.

2.2.4 Bestehende Anlagen

Die Regelungen, die in den einzelnen VAwS-Vorschriften festgelegt worden sind, gelten nicht nur für Anlagen, die nach dem Inkrafttreten der entsprechenden Ländervorschrift aufgestellt worden sind und betrieben werden, sondern auch für sogenannte *Altanlagen* (bestehende Anlagen).

Die Regelungen über Anforderungen und erstmalige Prüfung sind in

NW	in § 23 VAwS	(erstmalige Prüfung bis zum : 30. 6. 1983
Bayern	in § 34 VAwSF	: keine Fristsetzung
Hessen	in § 30 VAwS	: 31. 12. 1982
Nds.	in § 26 VAwS	: 15. 11. 1986)

zu finden.

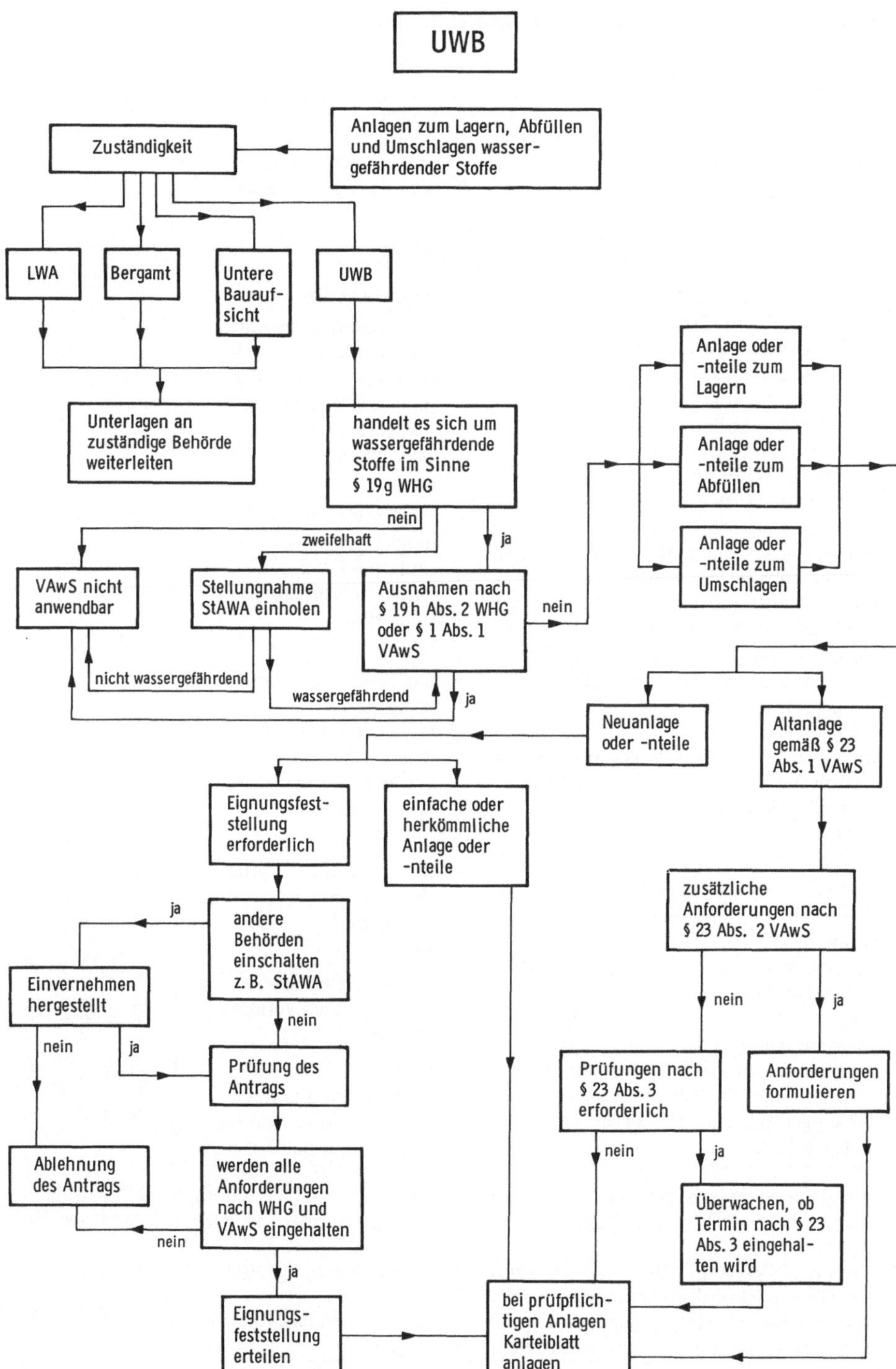

Abb. 2. Ablaufdiagramm für Bearbeitungsprozeß

Anlagen einfacher oder herkömmlicher Art nach §§ 13, 20 und 21 VAwS[1]

Lagern und Abfüllen flüssiger Stoffe[2]

Lagerbehälter[3]	Rohrleitungen
Lagerbehälter sind einfacher oder herkömmlicher Art,	Rohrleitungen sind einfacher oder herkömmlicher Art
1. wenn der Rauminhalt aller Behälter bei **oberirdischen** Anlagen > 300 l im Gebäude oder > 1.000 l im Freien beträgt sowie bei **unterirdischen Anlagen** der technische Aufbau	wenn sie
– doppelwandig oder einwandig mit flüssigkeitsdichtem Auffangraum ist und	– doppelwandig,
– ein Leckanzeigegerät (ausgenommen oberirdische Behälter im Auffangraum) und	– mit Leckanzeigegerät, sofern es eine wasser- oder gewerberechtliche Bauartzulassung oder baurechtliches Prüfzeichen hat
– Auffangräume (= dem Inhalt aller Behälter kommunizierende; bei mehreren oberirdischen Lagerbehältern – Auffangraum = größter Behälter) vorsieht;	oder
– keine Abläufe aus dem Auffangraum vorsieht; sie sind nur bei oberirdischen Behältern zulässig (dann müssen sie aber absperrbar und gegen Unbefugte gesichert sein).	– mit Saugleitungen, in denen die Flüssigkeitssäule bei Undichtigkeiten abreißt, ausgeführt sind
2. wenn die Einzelteile, deren Werkstoffe, Bauart, technische Vorschriften u.a. gemäß § 3 eingeführt sind und ihnen entsprechen oder für Schutzvorkehrungen eine wasser- oder gewerberechtliche Bauartzulassung oder baurechtliches Prüfzeichen erteilt ist	oder – aus Metall bestehen, das gegen Korrosion beständig ist (unterirdische Stahlleitungen – kathodischer Außenkorrosionsschutz) oder
3. wenn flüssige Stoffe nur im erwärmten Zustand pumpfähig sind	– mit einem flüssigkeitsdichten Schutzrohr versehen sind oder
4. wenn kleinere Anlagen als unter 1 verwendet werden, sofern für sie technische Vorschriften oder Baubestimmungen gemäß § 3 eingeführt sind und sie diesen entsprechen.	– in einem flüssigkeitsdichten Kanal verlegt werden und – auslaufende Flüssigkeiten in einer Kontrolleinrichtung sichtbar wird.

in diesen Fällen dürfen nur brennbare Flüssigkeiten mit einem Flammpunkt unter 55 ° C gem. VbF gefördert werden.

[1] Die §§ der anderen Bundesländer sind eingangs des Kapitels 2.2.5 zusammengefaßt worden, für Nds. gilt nach § 20 VAwS die Regelung nicht nur für Lager- sondern auch für Abfüllanlagen fester Stoffe

[2] Nach der VV-VAwS Ziffer 13.2 nur gültig für brennbare Flüssigkeiten.

[3] Für Hessen ist noch zu ergänzen
   5. Wenn ihre bauliche Ausgestaltung so ist, daß sie gegen das Eindringen von Oberflächen- und Niederschlagswasser ausreichen geschützt sind.

Lagern fester Stoffe	Umschlagen fester und flüssiger Stoffe
Anlagen sind einfacher oder herkömmlicher Art,	Anlagen sind einfacher oder herkömmlicher Art,

wenn **die Bodenfläche** – gegen die gelagerten Stoffe beständig bei allen Betriebs- und Witterungsbedingungen betriebs- und witterungsbeständig und – undurchlässig ist; die Stoffe in **Behältern** oder **Verpackungen** die – dauernd dicht verschlossen, – geschützt vor Beschädigung, – bessändig gegen Witterungseinflüsse – Lagergutbeständig sind oder in **geschlossenen Lagerräumen oder überdachten Lagerplätzen** (Überdachung und seitlicher Abschluß gegen Witterungseinflüsse) – geschützt gegen Witterungseinflüsse sind.	wenn **die Bodenfläche** – gegen die gelagerten Stoffe beständig bei allen Betriebs- und Witterungsbedingungen betriebs- und witterungsbeständig und – undurchlässig ist, – durch Gefälle, Bordschwellen oder andere Schutzvorkehrungen zu einem Auffangraum ausgebildet ist, der über ein dichtes Ableitungssystem an eine Sammel-, Abscheide- oder Aufbereitungsanlage angeschlossen ist und **die Anlage** – zusätzliche Einrichtungen oder Vorkehrungen hat, durch die ein Austreten fester oder flüssiger Stoffe vermieden wird, und für die Einrichtungen oder Vorkehrungen eine wasser- oder gewerberechtliche Bauartzulassung oder baurechtliche Prüfzeichen erteilt ist.

Abb. 3. Einfache oder herkömmliche Anlagen

Differenziert wird dabei noch einmal nach Anlagen, die bis zum 1. 10. 1976 und solchen, die danach aufgestellt wurden. Für die ersten gilt die Eignungsfeststellung als erteilt, wenn die Verwendung am 1. 10. 1976 nach dem bis dahin geltenden Recht (z. B. Vorschriften der VLwF, für den Transport gefährlicher Güter bzw. dem Bau-, Gewerbe- und Immissionsschutzrecht) zulässig war. Die zuständige Verwaltungsbehörde kann (in Nds. hat) an diese Anlagen weitergehende Anforderungen (zu) stellen, wenn dies zur Erfüllung des § 19 g Abs. 1 oder 2 WHG erforderlich ist. Anlagen, die nach dem 1. 10. 1976 aufgestellt wurden und betrieben werden, bedürfen in der Regel den wasserrechtlichen Brauchbarkeitsnachweis der Eignungsfeststellung oder der Bauartzulassung, wenn sie nicht einfacher oder herkömmlicher Art sind.

2.2.5 Anlagen einfacher oder herkömmlicher Art

Neben den beiden wasserrechtlichen Brauchbarkeitsnachweisen (Eignungsfeststellung und Bauartzulassung, vgl. § 19 h WHG) gibt es einfache oder herkömmliche Anlagen. Erfüllen Anlagen eines dieser Kriterien, so bedürfen sie keines anderen wasserlagen. Erfüllen Anlagen eines dieser Kriterien, so bedürfen sie keines anderen wasserrechtlichen Brauchbarkeitsnachweises. Somit muß die untere Wasserbehörde prüfen, ob diese Kriterien erfüllt sind.

Die als einfach oder herkömmlich einzustufenden Anlagen werden in:

NW   in §§ 13, 20, 21 VAwS

Bayern   in §§ 13, 23, 24 VAwSF

Hessen   in §§ 13, 19, 20 VAwS

Nds.   in §§ 13, 20, 21 VAwS

beschrieben.

In Abb. 3 sind sie in Form einer Tabelle dargestellt. Werden allerdings in den Anlagen, die in § 13 VAwS bzw. unter Ziffer 13.1 VV-VAwS beschrieben werden, nicht brennbare wassergefährdende Flüssigkeiten gelagert, sondern andere wassergefährdende Stoffe, so erfüllen diese Anlagen nicht mehr die Kriterien einfach oder herkömmlich, und sie bedürfen der Eignungsfeststellung oder der Bauartzulassung. Dies gilt für alle Verordnungen bzw. den den dazu erlassenen Verwaltungsvorschriften.

2.2.6   Eignungsfeststellung

Hauptaufgabe der unteren Wasserbehörde ist die Eignungsfeststellung von Anlagen, da z. Z. kaum Bauartzulassungen[1] existieren, einfache oder herkömmliche Anlagen nur begrenzt definiert sind und nur in einer Eignungsfeststellung Standortgegebenheiten konkret einfließen können. Zur Erlangung einer Eignungsfeststellung, die vom Betreiber beantragt werden muß, sind alle nach § 5 VAwS notwendigen Unterlagen der zuständigen Behörde vorzulegen, insbesondere Zulassungen nach anderen Rechtsvorschriften, die eine Ersetzungswirkung im Sinne des WHG haben. Setzt sich die Anlage nur aus Teilen zusammen, für die keine Ersetzungswirkung greift, so hat der Antragsteller ein Gutachten vorzulegen, das die Eignung der Anlage bescheinigt. Besitzt die zuständige Behörde aufgrund vorhandener Erfahrungen die notwendige Sachkenntnis, so kann auf das Erfordernis eines Gutachtens verzichtet werden.
Folgende Ersetzungswirkungen gelten:
Eine gewerberechtliche Bauartzulassung oder ein baurechtliches Prüfzeichen für Schutzvorkehrungen ersetzt eine Bauartzulassung und damit auch die Eignungsfeststellung.
In Hessen § 8 VAwS bedarf es darüber hinaus keiner gesonderten Eignungsfeststellung, wenn in einem Verfahren zur Erteilung einer anderen öffentlich-rechtlichen Entscheidung diese Entscheidung im Einvernehmen mit der Wasserbehörde ergangen ist.
Im Verfahren muß die untere Wasserbehörde in NW bzw. das Bergamt das Staatl. Amt für Wasser- und Abfallwirtschaft den Antrag zur fachlichen Stellungnahme vorlegen (vgl. auch Abb. 2).
Bei der Eignungsfeststellung sind drei Anforderungsblöcke zu unterscheiden:

---

[1] Zusammenstellung der Bauartzulassungen nach § 19 h Abs. 1 Satz 2 WHG vom 4. 2. 1986 (MBl. NW S. 243), die Zusammenstellung wird in unregelmäßigen Abständen neu aufgestellt.

– primäre Sicherheit

– sekundäre Sicherheit und

– Eigenüberwachung/wiederkehrende Prüfungen.

Die genaue Ausformulierung der Anforderungsblöcke ist abhängig vom Lagermedium, -menge und -ort, da die Eignungsfeststellung eine Einzelfallentscheidung ist. Allgemein muß allerdings die primäre Sicherheit einer Anlage (z. B. Resistenz des Lagerbehälters gegenüber dem Lagermedium) immer gegeben sein.

Bei der zusätzlich erforderlichen sekundären Sicherheit und der Eigenüberwachung/ den wiederkehrenden Prüfungen ist die Ausformulierung abhängig von der Frage, welcher Bestandteil schwerpunktmäßig vorgesehen werden soll. Denkbar wäre z. B. ein reduzierter sekundärer Sicherheitsanteil, dafür aber ständige Überwachung des Behälters. Beispiele für sekundäre Sicherheit sind Auffangwanne oder Doppelwandigkeit.
Die Summe der Anforderungsblöcke muß aber jeweils auf das Gefahrenpotential der Anlage abgestellt und erfüllt sein.

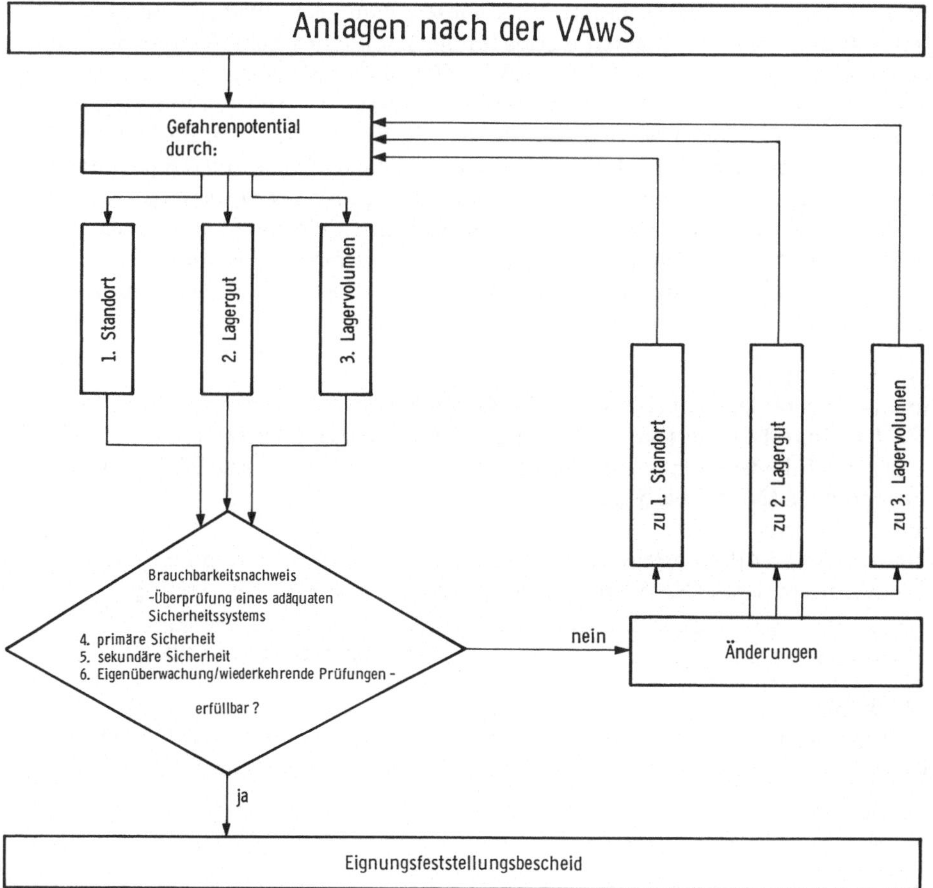

Abb. 4. Gefahrenpotential und Sicherheitssystem

Die vorseitig abgedruckte Abbildung 4 soll verdeutlichen, daß beim Brauchbarkeitsnachweis einer Anlage dem ermittelten Gefahrenpotential der Nrn. 1 bis 3 ein adäquates Sicherheitssystem beschrieben durch die Anforderungsblöcke der Nrn. 4 bis 6 gegenüberstehen muß. Deckt die Summe der Anforderungsblöcke das jeweilige Gefahrenpotential nicht ab, sind Änderungen in der Art erforderlich, daß

zu 1. ein neuer Standort und/oder

zu 2. ein anderes Lagergut und/oder

zu 3. ein geringeres Lagervolumen

zu wählen ist. Die behördliche Vorkontrolle wird anhand des geänderten Gefahrenpotentials erneut durchgeführt.

Die der Abbildung 4 zugeordnete Tabelle Nr. 2 beschreibt im einzelnen das Gefährdungspotential und die Anforderungsblöcke.

Beispiel eines Eignungsfeststellungsbescheids

1   Hiermit wird Ihnen aufgrund der §§ 19 g bis 19 k der Neufassung des Gesetzes zur Ordnung des Wasserhaushalts (Wasserhaushaltsgesetz – WHG) vom 16. 10. 1976 (BGBl. I S. 3017), zuletzt geändert durch Gesetz vom 28. 3. 1980 (BGBl. I S. 373) in Verbindung mit § 18 des Wassergesetzes für das Land Nordrhein-Westfalen (Landeswassergesetz – LWG) vom 4. 7. 1979 (GV. NW. S. 488), zuletzt geändert durch Gesetz vom 6. 11. 1984 (GV. NW. S. 663) und der Verordnung über Anlagen zum Lagern, Abfüllen und Umschlagen wassergefährdender Stoffe (VAwS) vom 30. 7. 1981 (GV. NW. S. 489), mit den dazugehörigen Verwaltungsvorschriften zum Vollzug der Verordnung über Anlagen zum Lagern, Abfüllen und Umschlagen wassergefährdender Stoffe „VV-VAwS“, Gem. Rd. Erl. des Ministers für Ernährung, Landwirtschaft und Forsten – III A 2 – 602/2 – 28859 – und des Ministers für Landes- und Stadtentwicklung – VA 4 – 322 32 – vom 10. 8. 1981 (MBl. NW. S. 1708) – in den jeweils zur Zeit gültigen Fassungen – die jederzeit widerrufliche

1.1   Eignung

für eine Lageranlage mit (Nr. 1.1 bis 1.3.4)[1] liegendem ein/doppelwandigen Behälter (Nr. 4.1.1 bis 4.1.5)[1] aus (Nr. 4.2.1 bis 4.2.5)[1], entsprechend der DIN __________, mit ______ m^3 Inhaltsvolumen zur Lagerung (Nr. 2)[1], sowie für die zugehörigen Schutzeinrichtungen (Nr. 5.1 bis 5.2.4)[1]

und

(Nr. 1.1 bis 1.3.4)[1] Rohrleitungen aus (Nr. 4.2.1 bis 4.2.5)[1] sowie den zugehörigen Schutzeinrichtungen (Nr. 5.1 bis 5.2.4)[1] auf dem Grundstück Gemarkung

_________________________________, Flur ________________________________,

Flurstück ________________________________, im einzelnen festgestellt.

1.2   Frist

Die Eignungsfeststellung wird für den Zeitraum von .... Jahren erteilt. Nach Ablauf der Frist werde ich über die weitere Gebrauchseignung erneut entscheiden.

(Fortsetzung des Beispiels auf S. 180)

---

[1] Beispiel zur Erarbeitung eines Eignungsfeststellungsbescheides nach Angaben der Tabellen Nr. 2 und 3.

Tabelle 2. Angaben zur Anlage (Lager/Rohrleitungen)

1. Standort Hydrologische Verhältnisse		2. Lagergut Stoffeigen- schaft		3. Lagervolumen		4. primäre Sicherheit Lagerbauart, Werkstoffe		5.[1] sekundäre Sicherheit Schutzeinrichtung		6.[1] Eigenüber- wachung/wieder- kehrende Prüfung	
1.1	unterirdisch	2.1	WGK 0	3.1	oberirdisch	4.1	Konstruktion und Standsicherheit	5.1	baulicher Art	6.1	Eigen-überwachung
1.2	oberirdisch	2.2	WGK 1	3.1.1.	$\leq 1\ m^3$			5.1.1	Aufstellungsfläche		
1.2.1	in Gebäuden	2.3	WGK 2	3.1.2	$> 1 \leq 40\ m^3$	4.1.1	zylindrisch liegend	5.1.2	Auffangeinrichtungen	6.1.1	Meßwarte/Störmeldungen
1.2.2	im Freien	2.4	WGK 3	3.1.3	$> 40 \leq 100\ m^3$	4.1.2	Kugeltank	5.1.3	Schutzrohr	6.1.2	personelle und materielle Aus-stattung
1.3	Schutzgebiete			3.1.4	$> 100\ m^3$	4.1.3	standortgefertigt	5.2	apparativer Art		
1.3.1	Wasserschutzgebiet			3.2	unterirdisch	4.1.4	Batterietanks	5.2.1	Leckanzeigegerät	6.1.3	Überwachungsplan
1.3.2	Heilquellen-schutzgebiet			3.2.1	$\leq 5\ m^3$	4.1.5	sonstige	5.2.2	Innenbeschichtungen	6.1.4	infrastrukturelle Einrichtung
1.3.3	Überschwemmungs-gebiet			3.2.2	$> 5 \leq 40\ m^3$	4.2	Korrosionsbeständigkeit u. Verträglichkeit	5.2.3	kathodischer Korrosionsschutz – KKS	6.2	wiederkehrende Prüfung
1.3.4	sonstiges Plangebiet			3.2.3	$> 40\ m^3$	4.2.1	Stahl				
						4.2.2	GFK	5.2.4	Grenzwertgeber – GWG		
						4.2.3	Thermoplast PH, PE				
						4.2.4	Beton/Kunststoff				
						4.2.5	sonstiger				

[1] siehe Tabelle Nr. 3

Tabelle 3. Sekundäre Sicherheit / Eigenüberwachung / Wiederkehrende Prüfung

5. sekundäre Sicherheit		6. Eigenüberwachung/ wiederkehrende Prüfung
5.1 baulicher Art	**5.2 apparativer Art**	**6.1 Eigenüberwachung**
5.1.1. Aufstellungsfläche (Erkennen von Undichtheiten)	5.2.1 Leckanzeigegerät bei Einwandigen mit Innenhülle oder bei Doppelwandigen	6.1.1 Meßwarte/Störmeldungen
– E 1 über Sperrschicht aus bindigem Boden mit Eignungsnachweis		– I 1 ständig besetzte Meßwarte oder vergleichbare Betriebsstätte i.V.m. selbsttätigen Störmeldeeinrichtungen
– E 2 aus Asphalt oder Beton, ggf. zusätzliche Beschichtung (z.B. Asphaltfeinbeton, Bitumenschlämme) oder Abdichtungen (z.B. Dichtungsbahnen) je nach Lagergut	5.2.2 Innenbeschichtung 5.2.3 kathodischer Korrosionsschutz – KKS 5.2.4 Grenzwertgeber – GWG	6.1.2 personelle und materielle Ausstattung
– E 3 wie E 1 oder E 2, bei vollflächiger Aufstellung Kontrolldrän oder Doppelboden mit Kontrollöffnungen		– I 2 sachliche und personelle Voraussetzungen zur Vermeidung von Gewässerschäden bei Störungen (z.B. Umfüllmöglichkeiten, Werksfeuerwehr)
– E 4 auf Raster aus Betonstreifen oder Stahlträgern, auf Fuß- oder Sattelfundamenten über Fläche wie E 1 oder E 2 je nach Lagergut		6.1.3 Überwachungsplan
– E 5 als Doppelboden mit Leckanzeige		– I 3 wie I 2, jedoch muß ein mit der Wasserbehörde abgestimmter und regelmäßig aktualisierter Alarm- und Maßnahmenplan vorhanden sein
– E 6 **nur bestehende Anlagen;** bei Einlagerung im Erdreich mit darunterliegender Betontasse, Kontrollschacht und Lecksonde		6.1.4 infrastrukturelle Einrichtung
5.1.2 Auffangeinrichtungen		– I 4 flüssigkeitsdichte Anlagenflächen mit Entwässerung über ein dichtes Ableitungssystem in ein hierfür geeignetes betriebseigenes Rückhaltesystem (z.B. Kläranlage, Abscheideanlage)
– AT fl.-undurchlässige Fläche mit Gefälle und Aufkantungen oder fl.-undurchlässige Fläche mit angeschlossener Auffanggrube oder Auffangbehälter oder Auffangtasse zum Zurückhalten von Teilvolumen		6.2 wiederkehrende Prüfung gemäß § 19i WHG i.V. m. § 18 VAwS[1]
– A Auffangraum		
– Au **nur für bestehende Anlagen;** bei unterirdischem Auffangraum (nicht begehbar) mit Lecksonde		
5.1.3 Schutzrohr		

[1] Nds. § 19 VAwS

Tabelle 4. Anlage zum Anforderungskatalog[1]

Lagerung	Anlagen mit Behältern der Größe m^3	WGK 0	WGK 1	WGK 2	WGK 3
oberirdisch	≤ 1	–	E 1	E 1	A/L
	> 1–40	–	(E2 + I4) / (E2 + I1 + I2)	(AT + I1) / (AT + I4) / (E2 + I4) / (E3 + I4)	A/L
	> 40–100	E 1	(E3 + I1 + I2) / (AT + I1) / AT + I4 / (E2 + I4)	(AT + I1 + I3) / (AT + I1 + I4) / (E4 + I4) / (E5 + I4)	A/L
	> 100	(E2 + I1) / (E2 + I4)	(E3 + I1 + I3) / (E4 + I4) / (E5 + I4) / (AT + I1 + I3) / (AT + I1 + I4)	A/L / (AT + I1 + I4)	(A + I3) / (L + I3)
unterirdisch	≤ 5	–	L/ [E6 + I1]/[*]	L/ [Au]/[E6 + I1]/[**]	L/ [Au + I1]
	> 5–40	L/ [*]	L/ [E6 + I1]/[*]	L/ [Au + I1]/ [E6 + I1 + I2]/[**]	(L + I1)/[L] [Au + I1 + I2]
	> 40	L/ [*]	L/ [E6 + I1 + I3] / [*]	(L + I1) / [L] / [Au + I1 + I2] / [E6 + I1 + I3] / [**]	(L + I1 + I3) / [Au + I1 + I3]

Erläuterungen: – keine besonderen Schutzmaßnahmen
/ wahlweise (alternativ)
+ zusätzliche (kumulativ)
( ) Summenzeichen
[ ] Anforderungen gelten nur für bestehende Anlagen
* Einwandige Behälter mit wiederkehrenden Prüfungen durch zugelassene Sachverständige mit Innenbesichtigung
** Einwandige Behälter mit wiederkehrenden Prüfungen durch zugelassene Sachverständige mit Innenbesichtigung, aber nur zulässig für Behälter mit Bauartzulassung und für Behälter mit zugelassener Innenbesichtigung gemäß den Beschichtungserlassen der Länder

Die Tabelle Nr. 4 kann als Richtschnur für Eignungsfeststellungen herangezogen werden. Dabei ist aber zu beachten, daß eine bloße Erklärung der Antragsteller, daß die „katalogisierten" Anforderungen erfüllt sind, nicht genügt, sondern daß das Vorhandensein und die funktionelle Realisation der vorgesehenen Sicherheitsmaßnahmen nachgewiesen werden müssen.

---

[1] Katalog der im Rahmen von Eignungsfeststellungen an Anlagen zum Lagern wassergefährdender flüssiger Stoffe zu stellenden Anforderungen (Anforderungskatalog), Rd. Erl. d. MELF NW vom 12. 2. 1985 (MBl. NW S. 214)

2.   Dieser Eignungsfeststellung liegen zugrunde:

2.1   Antrag vom   Nr.

2.2   Lageplan M 1:   Nr.

2.3   Auffangeinrichtung für Behälter, Abfüll-/Umschlagsplatz
(zeichnerische Darstellung) M 1:   Nr.

2.4   Behälterbeschreibung und -zeichnungen (Grundriß, Quer-
schnitt, Ansicht) M 1:   Nr.

2.5   Schemazeichnung, Aufstellungsplan und Fließbild der
Rohrleitungen   Nr.

2.6   Prüfzeugnis(se) des Behälters und der Rohrleitungen
(aus Nr. 4.2.1 bis 4.2.5)[1] mit Gütezeichen

vom   Nr.

2.7   Einbau- und Prüfbescheinigung – und/oder Referenzliste –
der eingebauten Schutzeinrichtungen (Nr. 5)[1]

vom   Nr.

2.8   Prüfbericht (Datenblätter) des Sachverständigen über den
ordnungsgemäßen Einbau der Schutzeinrichtungen (Nr. 5)[1]
– Funktionsprüfung –) vom   Nr.

usw.

3   Die Eignungsfeststellung wird unter folgenden Nebenbestimmungen erteilt:

3.1   Wartungs- und Unterhaltungsarbeiten an korrosionsgefährdeten Teilen der
Anlage sind entsprechend der Vorgabe zu Nr. 2.6 durchzuführen.

3.2   Der aus Beton, B II nach DIN 1045, herzustellende Auffangraum ist zusätzlich
unter der gemäß Referenzliste zu Nr. 2.7 lagerguterprobten Beschichtungsschicht mit
einer elastischen Zwischenschicht zur Überbrückung von Rissen im Beton z. B. aus
Polyurethan zu versehen.

3.3   Geplante wesentliche Änderungen der Anlage, insbesondere Erneuerungs-,
Instandsetzungs- und Umrüstungsmaßnahmen, sind 3 Monate vorher anzuzeigen
(siehe Hinweis zu Nr. 4.1).

3.4   Das Volumen des Auffangraumes ist auf die maximale Größe eines Einzelbe-
hälters von _______ m³ auszulegen.

3.5   Das Befüllen und Umschlagen der Stoffe (Nr. 2)[1] ist auf die in Nr. 2.3 dargestellten Bereiche zu beschränken.

3.6   Das beigefügte Merkblatt (Anlage 1)[2] über Betriebs- und Verhaltensvorschriften
über das Lagern wassergefährdender Stoffe ist zu beachten und an gut sichtbarer
Stelle in der Nähe der Anlage dauerhaft anzubringen. Das Bedienungspersonal ist
über dessen Inhalt zu unterrichten.

3.7   Für die Eigenüberwachung ist mit einem zugelassenen Fachbetrieb ein Überwachungsvertrag abzuschließen. Der Fachbetrieb ist der unteren Wasserbehörde schriftlich mitzuteilen.

---

[1] Beispiel zur Erarbeitung eines Eignungsfeststellungsbescheides nach Angaben der Tabellen
Nr. 2 und 3.

[2] abgedruckt unter 2.1.1

3.8 Im Rahmen der Eigenüberwachung sind gemäß Merkblatt (Anlage 1)[1] Nr. 3 die Lagerungsanlage auf ihre Dichtheit und die Funktionsfähigkeit der Sicherheitseinrichtungen ständig zu überwachen, darüber hinaus sind Leckanzeigegeräte mindestens einmal jährlich einer Funktionskontrolle zu unterziehen, und unterirdische Ableitungssysteme zur betriebseigenen Abwasserbeseitigungsanlage sind jährlich durch Spiegelung/Fernsehaufnahmen auf ihre Dichtheit in Augenschein zu nehmen.

3.9 Vorschriften und Anweisungen des Anlagenbauers/Herstellers, die die betriebssichere Bedienung und Wartung betreffen, sind zu beachten.

3.10 Die Anlage ist erstmalig vor Inbetriebnahme und danach wiederkehrend alle ________________________ durch zugelassene Sachverständige nach der VAwS auf ihren ordnungsgemäßen Zustand überprüfen zu lassen.
Die Prüfberichte sind der unteren Wasserbehörde zu übersenden.

3.11 Über das Befüllen, Reinigen, Instandsetzen und Instandhalten ist ein Betriebstagebuch zu führen, sorgfältig aufzubewahren und auf Verlangen vorzuzeigen.

3.12 Betriebsstörungen oder sonstige Vorkommnisse, die erwarten lassen, daß das Lagergut in den Untergrund bzw. in das Gewässer gelangt, sind unverzüglich – notfalls fernmündlich – der unteren Wasserbehörde anzuzeigen. Dabei sind Art, Umfang, Dauer und Ort des Schadensereignisses anzugeben.

3.13 Vor Inbetriebnahme ist bei der unteren Wasserbehörde eine Abnahme zu beantragen.

usw.

4 Zu der Eignungsfeststellung werden noch folgende Hinweise gegeben:

4.1 Wesentliche Änderungen oder Ergänzungen der Anlage wie eine Änderung des Lagermediums bedürfen einer zusätzlichen bzw. erneuten Eignungsfeststellung.

4.2 Weitere Auflagen aus Gründen des Gewässerschutzes bleiben ausdrücklich vorbehalten.

4.3 Weitere Prüfungen können bei Besorgnis einer Wassergefährdung angeordnet werden.

4.4 Durch diesen Eignungsfeststellungsbescheid werden die aus anderen Rechtsgründen erforderlichen Genehmigungen, Zustimmungen oder Anzeigen (z. B. Baugenehmigung) nicht berührt oder ersetzt. Rechte Dritter werden durch diesen Bescheid nicht berührt.

4.5 Die Eignungsfeststellung und die hierzu gehörenden Unterlagen sind dem zuständigen Sachverständigen zur Einsichtnahme auszuhändigen.

4.6 Der Betreiber hat nach § 21 WHG i. V. mit § 118 LWG zu dulden, daß die Bediensteten und die mit Berechtigungsausweis versehenen Beauftragten der zuständigen Wasserbehörde zur Durchführung der Gewässeraufsicht das Grundstück betreten. Die Eigentümer und Nutzungsberechtigten haben ihnen die zu überwachenden Anlagen und die damit zusammenhängenden Einrichtungen zugänglich zu machen, die erforderlichen Arbeitskräfte, Unterlagen und Werkzeuge zur Verfügung zu stellen und die technischen Ernmittlungen und Prüfungen zu dulden.

---

[1] abgedruckt unter 2.1.1

4.7 Ordnungswidrig im Sinne des § 161 Abs. 1 Nr. 4 und 5 des Landeswassergesetzes handelt,

– wer vorsätzlich oder fahrlässig eine vollziehbare Auflage nicht oder nicht rechtzeitig erfüllt,

– wer entgegen § 10 der VAwS eine Anlage oder Anlagenteile einbaut oder aufstellt, deren Eignung nicht festgestellt ist,

– wer entgegen § 17 Abs. 2 Lagerbehälter ohne selbsttätig schließende Abfüll- oder Überfüllsicherung befüllt oder befüllen läßt,

– wer entgegen §§ 18 oder 23 Abs. 3 eine Anlage nicht oder nicht rechtzeitig überprüfen läßt und

– wer entgegen § 18 Abs. 4 seiner Anzeigenpflicht nicht nachkommt.

usw.

5 Verwaltungsgebühr

Für die Eignungsfeststellung ist nach dem Gebührengesetz für das Land Nordrhein-Westfalen (GebG NW) vom 23. 11. 1971 (GV NW S. 354) in Verbindung mit der Allgemeinen Verwaltungsgebührenordnung (AVwGebO) in der Fassung der Bekanntmachung vom 5. 8. 1980 (GV NW S. 924) – jeweils in den zur Zeit gültigen Fassungen – eine Verwaltungsgebühr zu entrichten.

Die Gebühr beträgt nach Tarifstelle 28.1.4.1 des Allgemeinen Gebührentarifs _____________ DM (in Worten: _____________________ Deutsche Mark). Die Verwaltungsgebühr ist unter Angabe des Kassenzeichens ____________ spätestens innerhalb von _______ Tagen nach Zustellung dieses Bescheides auf eines der Konten der ____ einzuzahlen.

6 Rechtsbehelfsbelehrung

Gegen diesen Bescheid kann innerhalb eines Monats nach Bekanntgabe Widerspruch erhoben werden. Der Widerspruch kann schriftlich oder mündlich zur Niederschrift

____

____

eingelegt werden.

Falls die Frist durch das Verschulden eines von Ihnen Bevollmächtigten versäumt werden sollte, so würde dessen Verschulden Ihnen zugerechnet werden.

7 Begründung

7.1 Sachverhalt

7.1.1 Antrag

7.1.2 Kurze Beschreibung der Anlage

7.2 Rechtliche Würdigung

7.2.1 Zuständigkeit der unteren Wasserbehörde

7.2.2 Feststellung, daß die Anlage unter dem Gesichtspunkt des § 19 g Abs. 1 WHG geeignet ist.

2.2.7 Bauartzulassung

Für das Landesamt für Wasser und Abfall NW ergibt sich aus der Zuständigkeitsregelung des § 18 Abs. 3 LWG die Aufgabe, Bauartzulassungen[1] für Anlagen zum Lagern, Abfüllen und Umschlagen wassergefährdender Stoffe durchzuführen.

In den anderen Bundesländern wird die Aufgabe von folgenden Institutionen übernommen:

Bayern   Staatsminister des Innern

Hessen   Oberste Wasserbehörde = Minister für Landesentwicklung, Umwelt, Landwirtschaft und Forsten

Nds.   Obere Wasserbehörde = Bezirksregierung (unter Einschaltung der Bezirksregierung Braunschweig)

Für die Beurteilung der Bauartzulassung müssen analog zur Eignungsfeststellung die erforderlichen Pläne und Erläuterungen vorgelegt werden. Desgleichen auch die nach anderen Rechtsvorschriften etwaig notwendigen Prüfbescheide und Zulassungen.

Bei Bauartzulassungen können Standortgegebenheiten, die u. U. eine Reduzierung einzelner Sicherheitsanforderungen auslösen können, nicht mitberücksichtigt werden.

Über die allgemeine Ersetzungswirkung einer wasserrechtlichen Bauartzulassung durch gewerberechtliche Bauartzulassungen oder baurechtliche Prüfzeichen für Schutzvorkehrungen nach § 19 h Abs. 1 WHG gibt es noch andere Regelungen in den Ausführungsbestimmungen der Länder.

In Nds. regelt der § 7 VAwS eine Ersetzungswirkung für Bauartzulassungen derart, daß bei serienmäßig hergestellten Anlagen und Anlagenteilen, für die eine Bauartzulassung nach § 12 VbF vorliegt, eine Bauartzulassung ohne erneute behördliche Prüfung erteilt werden kann, wenn die materiellen wasserrechtlichen Vorschriften berücksichtigt sind.

Soweit im Einvernehmen mit der obersten Wasserbehörde eine verkehrs- oder gewerberechtliche Bauartzulassung oder eine bergrechtliche Bauartprüfung oder eine allgemeine bauaufsichtliche Zulassung oder ein baurechtliches Prüfzeichen erteilt worden ist, bedarf es in Hessen gemäß § 5 Abs. 3 VAwS keiner wasserrechtlichen Bauartzulassung.

2.2.8 Schutzgebiete

Die §§ 19 g–k WHG treffen keine näheren Aussagen zu den konkurrierenden Nutzungen, Umgang mit wassergefährdenden Stoffen einerseits und Schutzgebietsausweisung andererseits. Sie verweisen nur in § 19 g Abs. 4 WHG, daß die landesrechtlichen Vorschriften von den Regelungen der §§ 19 g–k WHG unberührt bleiben.

---

[1] Zusammenstellung der Bauartzulassungen nach § 19 h Abs. 1 Satz 2 WHG v. 4. 2. 1986 (MBl. NW. S. 243), die Zusammenstellung wird in unregelmäßigen Abständen neu aufgestellt

Neben den entsprechenden Landeswassergesetzen, die die grundlegenden Aussagen über die einzelnen Schutzgebiete, vor allem hinsichtlich Definition und förmlichen Verfahren regeln, wird in der VAwS die Zulässigkeit von Anlagen mit wassergefährdenden Stoffen formuliert.

Die grundlegenden Aussagen befinden sich in

NW   im Dritten Teil, Abschnitt I des Landeswassergesetzes

Bayern im Dritten Teil, Abschnitt IV } des Bayerischen WG
        im Fünften Teil, Abschnitt II }

Hessen im Dritten Teil, Erster Abschnitt }
        im Dritten Teil, Vierter Abschnitt } des Hessischen WG
        im Fünften Teil, Zweiter Abschnitt }

Nds.   im Ersten Teil, Kapitel II }
        im Zweiten Teil, Kapitel IV } des Niedersächsischen WG
        im Vierten Teil, Kapitel II }

Die näheren Regelungen in der VAwS sind in allen Vorschriften in dem § 15 aufgenommen.

Schutzgebiete im Sinne der VAwS sind in

NW   a) Wasserschutzgebiete,
        b) Heilquellenschutzgebiete,
        c) Gebiete, für die eine Veränderungssperre nach § 36 a Abs. 1 WHG erlassen ist,
        d) Gebiete, für die ein Verfahren auf Festsetzung nach a) oder b) eingeleitet ist

Bayern a) Wasserschutzgebiete,
        b) Heilquellenschutzgebiete,
        c) wie c) NW

Hessen a) Wasserschutzgebiete,
        b) Heilquellenschutzgebiete,
        c) Überschwemmungsgebiete,
        d) wie c) NW oder Gebiete, für die eine vorläufige Anordnung nach § 98 Abs. 1 HWG erlassen ist

Nds.   a) Wasserschutzgebiete,
        b) Heilquellenschutzgebiete,
        c) Gebiete, für die eine vorläufige Anordnung nach § 50 NWG oder eine Veränderungssperre nach § 183 NWG erlassen ist,
        d) wie d) NW

Danach sind in der Zone I (Fassungsbereich) und Zone II (engere Schutzzone), wenn die normale Unterteilung von Wasserschutzgebieten in drei Zonen zugrunde gelegt wird, Anlagen zum Lagern flüssiger wassergefährdender Stoffe unzulässig. Diese Regelungen gelten für NW, Bayern und Hessen. In Nds. wird nur in Ziffer 15.2 VVAwS ein Aufstellungsverbot empfohlen. Andere Ausnahmen aufgrund von Anordnungen oder Verordnungen nach § 19 WHG i. V. m. den jeweiligen Ausführungsbestimmungen der Länder bleiben hiervon unberührt.

Von der pauschalen Verbotsregelung können Ausnahmen im Interesse des Wohls der Allgemeinheit zugelassen werden.

Zuständig dafür ist in

NW   die nach § 18 Abs. 3 LWG zuständige Behörde

Bayern   die nach Art. 75 Bay. WG zuständige Behörde

Hessen   die nach § 5 Abs. 2 VAwS zuständige Behörde

Nds.   die nach Ziffer 15.2 VVAwS zuständige Behörde

Die Ausnahmen beschränken sich in der Regel aber auf standortgebundene oberirdische Behälter und oberirdische Rohrleitungen. Unter standortgebunden werden in der VV-VAwS solche Anlagen definiert, die der Versorgung der Wassergewinnungsanlage oder der Heilstätte mit den notwendigen Betriebsmitteln dienen. Bei der Ausnahmeregelung sollte immer geprüft werden, ob für die Versorgung nicht andere Betriebsmittel verwendet werden können.

Die Definition befindet sich in

NW   unter Ziffer 15.3 VV-VAwS

Bayern   unter Ziffer 15.1 VVAwSF

Hessen   unter Ziffer 15.1 VVAwS

Nds.   unter Ziffer 15.2 VVAwS

2.2.9 Überprüfung

Im Zusammenhang mit der Überwachung der Anlagen legt die untere Wasserbehörde im Rahmen der Eignungsfeststellung fest (soweit sie nicht generell geregelt sind), welche Prüffristen vorgenommen werden müssen, und daneben muß die zuständige Behörde die Einhaltung der Überwachung kontrollieren.

Nach § 19 i WHG sind die Betreiber verpflichtet, ihre Anlagen ständig zu überwachen und sie nach Maßgabe der gesetzlichen Bestimmungen überprüfen zu lassen.

Welche Anlagen für flüssige Stoffe in welchen Fristen zu überprüfen sind, gibt Abb. 5 wieder.

Die Abb. 5 erfaßt nur Anlagen für flüssige Stoffe. Dies ergibt sich aus § 18 VAwS bzw. § 19 VAwS (Nds.) Prüffristen für Anlagen für gasförmige und feste wassergefährdende Stoffe sind in der VAwS nicht explizit gefordert. Werden Anlagen für feste Stoffe betrieben, so wird eine Überprüfung auf Einzelfälle beschränkt bleiben, da von diesen Anlagen die geringste Gefahr einer Gewässerverunreinigung ausgeht. Daneben gibt es für Anlagen für gasförmige Stoffe eine Vielzahl von Verordnungen (z. B. Druckbehälterverordnung oder Acetylenverordnung), deren Erlaß auf die Ermächtigungsgrundlage der Gewerbeverordnung[1] zugeht, und diese Spezialvorschriften regeln im allgemeinen ausreichende Prüfanforderungen.

Die Verwaltungsvorschriften fordern unter Ziffer 18.3 bzw. 19.3 (Nds.) für prüfpflichtige Anlagen und Rohrleitungen, daß eine Überwachungskartei anzulegen ist,

---

[1] Gewerbeordnung v. 1. 1. 1978, abgedruckt unter 6.4

<table>
<tr><td colspan="3" align="center">Anlagen für flüssige Stoffe[1]
Prüfzeiten[2,3,4] und Ausbaugrößen</td></tr>
<tr><td>Anlagen nach VbF
gemäß §§ 13 und 15</td><td colspan="2">Anlagen[5] nach VAwS
gemäß § 19i Satz 3 WHG i.V.m. § 18 LWG, §§ 15 und 18 VAwS</td></tr>
<tr><td>1. Vor Inbetriebnahme</td><td colspan="2">Außerhalb von Schutzgebieten[8]:</td></tr>
<tr><td>2. Bei wesentlicher Änderung</td><td>1. alle unterirdischen Anlagen[5]</td><td>1. Vor Inbetriebnahme oder nach wesentlicher Änderung</td></tr>
<tr><td>3. Wiederinbetriebnahme
(> 1 Jahr Stillstandszeit)</td><td>2. oberirdische Anlagen[5,9]
> 40.000 l</td><td>2. Wiederinbetriebnahme (> 1 Jahr Stillstandszeit)
3. Wiederkehrende Prüfung:
5 Jahre</td></tr>
<tr><td>4. Wiederkehrende Prüfungen
– erlaubnispflichtige Anlagen = 5 Jahre
– Verbindungs- und Fernleitungen = 2 Jahre
– elektrische Einrichtungen kathodischer Korrosionsschutz = 3 Jahre</td><td>Innerhalb von Schutzgebieten[8]:
1. alle unterirdischen Anlagen[5]
Ausbaubegrenzung
≤ 40.000 l</td><td>1. Wiederkehrende Prüfung:
2,5 Jahre</td></tr>
<tr><td></td><td>2. alle oberirdischen Anlagen[5]
> 1.000 l
Ausbaubegrenzung
≤ 100.000 l</td><td>1. Wiederkehrende Prüfung:
5 Jahre
2. Vor Inbetriebnahme oder nach wesentlicher Änderung
3. Wiederinbetriebnahme
(> 1 Jahr Stillstandszeit)</td></tr>
<tr><td></td><td>3. alle oberirdischen Anlagen[5]
< 1.000 l ·/. ≤ 5.000 l
für Heizöl EL und Dieselkraftstoff</td><td>1. Vor Inbetriebnahme oder nach wesentlicher Änderung
2. Wiederinbetriebnahme
(> 1 Jahr Stillstandzeit)</td></tr>
</table>

[1] Überprüfen von Anlagen für flüssige Stoffe
NW, Bayern und Hessen nach § 18 VAwS und in Nds. nach § 19 VAwS

[2] Kürzere Prüffristen bei Besorgnis einer Wassergefährdung möglich

[3] Prüfpflicht entfällt mit Eingang der Stillegungsanzeige und einer ordnungsgemäßen Entleerung durch zugelassenen Fachbetrieb

[4] Prüfpflichten nach VAwS entfallen, sofern Prüfungen zu denselben oder innerhalb gleicher oder kürzerer Zeiträume nach anderen Rechtsvorschriften durchgeführt und der zuständigen Behörde vorgelegt werden

[5] **Anlagen:** – Anlagen mit unterirdischen Lagerbehältern,
– Anlagen mit oberirdischen Lagerbehältern mit einem Gesamtrauminhalt über 40.000 Liter, in Schutzgebieten über 1000 Liter
– unterirdische Rohrleitungen, auch wenn sie nicht Teile einer prüfpflichtigen Anlage sind,
– Anlagen, für welche Prüfungen in einer Eignungsfeststellung oder Bauartzulassung nach § 19h Abs. 1 Satz 1 oder 2 des Wasserhaushaltsgesetzes, in einer gewerberechtlichen Bauartzulassung[6] oder in einem Bescheid über ein baurechtliches Prüfzeichen vorgeschrieben sind; sind darin kürzere Prüffristen festgelegt, gelten diese.[7]

Abb. 5. Prüfungen

und zwar nicht nur für Anlagen, die nach dem 1. 10. 1976 gebaut wurden, sondern auch für *Altanlagen* (s. Kapitel 2.2.4).

Dabei bietet sich die Karteiführung (und zugleich Überwachung) der Anlagen aufgrund der Anzahl mittels EDV an. Diese *Altanlagen* sind bei der Führung der Überwachungskartei der problematischste Bereich, da ihre Erfassung ungemein schwierig ist. Bestünde eine Anzeigepflicht wie z. B. in § 9 Abfallbeseitigungsgesetz oder in Art. 37 Bay. WG, § 5 VAwS (Nds.) oder in § 26 Hess. WG, ließe sich die Kartei erheblich leichter anlegen. So muß die zuständige Behörde unter Beachtung des Datenschutzes versuchen, über andere in diesem Sachbereich tätige Stellen (z. B. Gewerbeaufsichtsämter, Industrie- und Handelskammer, Bezirksschornsteinfegermeister, Bauordnungsämter, TÜVs) oder durch eigene Kenntnisse der Mitarbeiter die Anlagen zu erfassen, und falls sie prüfungspflichtig sind, ein Karteiblatt anzulegen.

Alle selbst mit diesem aufwendigen Verfahren nicht erfaßten Anlagen bleiben bis zu einer stichprobenhaften Kontrolle, einem Zufall oder einem Unfall der zuständigen Behörde unbekannt. Bekannt werden kann eine solche Anlage z. B. durch die regelmäßigen Rohwasseruntersuchungen nach § 50 LWG NW für Wassergewinnungsanlagen. Treten dort bestimmte Stoffe auf, so kann versucht werden, die Quelle herauszufinden, um damit dann u. U. eine unbekannte Anlage für den Umgang mit wassergefährdenden Stoffen gefunden zu haben. Da die unteren Wasserbehörden bei Unfällen, bei denen eine Beeinträchtigung eines Gewässers nicht auszuschließen ist, nach den Öl- und Giftalarmrichtlinien NW als Sonderordnungsbehörde zuständig sind, ist dies eine weitere zufallbedingte Möglichkeit zur Erfassung einer Anlage.

Die Beteiligung der UWB durch die örtliche Ordnungsbehörde erfolgt nach den Meldekriterien gemäß Anlage 1 der Öl- und Giftalarmrichtlinien[1].

2.2.10   Sachverständige

Die Verordnung sieht vor, daß Anlagen durch nach Landesrecht zugelassene Sachverständige (§ 11 VAwS bzw. § 12 VAwS (Hessen)) in folgenden Fällen nach § 19 i Satz 3 WHG zu überprüfen sind:

Nr. 1: vor Inbetriebnahme oder nach einer wesentlichen Änderung,

Nr. 2: spätestens 5 Jahre, bei unterirdischer Lagerung in Wasser- und Quellenschutzgebieten spätestens 2,5 Jahre nach der letzten Überprüfung,

---

[1] Maßnahmen beim Austreten von Mineralölen und sonstigen wassergefährdenden Stoffen (Öl- und Giftalarmrichtlinien) v. 30. 1. 1981, abgedruckt unter 5.1

[6] Gilt nicht für Nds.

[7] Abweichende Regelung in Hessen nach § 18 Abs. 3 VAwS

[8] **Schutzgebiete:** Definitionen im Sinne der Verordnungen siehe Kapitel 2.2.8

[9] In Nds. in Überschwemmungsgebieten bereits bei Gesamtrauminhalt größer als 1000 Liter nach § 19 Abs. 3 VAwS gemäß § 19 Abs. 2 Satz 1 Nr. 1 VAwS.

Gruppe	Sachverständige	Anerkennung, Bestellung bzw. Bestimmung durch (nach)	Anlagenarten
1	Sachverständige der Technischen Überwachungsvereine		für alle Anlagen
2	Sachverständige bestimmter Unternehmen	Regierungspräsident[1]	nur für die im jeweiligen Unternehmen betriebenen Anlagen
3	Sachverständige	Bundesminister für Verkehr	nur für Anlagen der Wasser- u. Schiffahrtsverwaltung des Bundes
	Sachverständige	Gefahrgut-Transportvorschriften	nur für Transportbehälter u. Fahrzeuge
	Sachverständige	Bundesminister für Verteidigung	nur für Anlagen der Bundeswehr
	Sachverständige	Bundesminister des Innern	nur für Anlagen des Bundesgrenzschutzes
	Sachverständge	Bundesminister für das Post- u. Fernmeldewesen	nur für Anlagen der Deutschen Bundespost

[1] in Bayern: Staatsministerium für Arbeit und Sozialordnung – in Hessen: Gewerbeaufsichtsbehörden – in Nds.: Oberste Landesbehörde für Gewerbeaufsicht

Abb. 6. Sachverständige

Aus der Übersicht der Abbildung 6 lassen sich 3 Gruppen zusammenfassen:

zu 1.: Für alle Anlagen sind die TÜVs zuständig.

zu 2.: Betriebs- bzw. Werkssachverständige nach Anerkennung durch den Regierungspräsidenten (siehe Fußnote unter Abbildung 6) für die im jeweiligen Unternehmen betriebenen Anlagen

zu 3.: Im Rahmen der Ersetzungswirkung aufgrund bestimmter Rechtsvorschriften erlassene Zuständigkeit für Sachverständige im jeweiligen Hoheitsbereich.

Nr. 3: vor der Wiederinbetriebnahme einer länger als 1 Jahr stillgelegten Anlage
sowie für Anlagen nach Maßgabe § 8 VAwS bzw. § 9 VAwS (Hessen) nach § 19 i Satz 3 WHG
Nr. 4: wegen Besorgnis einer Wassergefährdung.

Aufgrund des engen sachlichen Zusammenhanges und der Überschneidungen – Erweiterung des Anwendungsbereiches § 19 VAwS, Überprüfungen nach anderen Rechtsvorschriften § 18 Abs. 4 VAwS bzw. § 19 Abs. 5 VAwS (Nds.) – erfolgte die Bestimmung der Sachverständigentätigkeit unter dem Hinweis auf die Regelung des § 16 Abs. 1 VbF[1]. Daraus folgt, daß die Prüfungen nach § 19 i Satz 3 WHG in Verbindung mit § 18 VAwS bzw. § 19 VAwS (Nds.) von keinen anderen Sachverständigen als der in § 16 VbF[1] genannten durchgeführt werden dürfen, unabhängig davon, ob es

[1] Verordnung über brennbare Flüssigkeiten v. 27. 2. 1980, abgedruckt unter 6.1

sich um wassergefährdende brennbare Flüssigkeiten oder andere wassergefährdende Stoffe handelt. Ein eigenes Anerkennungsverfahren für Sachverständige nach der VAwS ist in NW somit nicht vorgesehen.

Die Durchführung der Prüfungen von überwachungspflichtigen Anlagen (§§ 8 bzw. 9 und 18 bzw. 19 sowie Altanlagen nach Kapitel 2.2.4) richtet sich nach den TRbF 600, 610 und 620, die anstelle der bisherigen TRbF 501 getreten sind. Die Prüftätigkeiten der Sachverständigen können für den technischen Bereich, der in weitem Umfang außerhalb des allgemeinen Aufgabengebietes der im Kapitel 2.2.3 aufgeführten zuständigen Behörden liegt, eine unverzichtbare Mitwirkung beim Vollzug der VAwS darstellen. Der Umfang der Überprüfung durch Sachverständige nach § 18 VAwS bzw. § 19 VAwS (Nds.) erfaßt abweichend in Hessen nach 18. 2.2 VVAwS bei einwandigen Behältern im Einzelfall auch die innere Untersuchung.

2.2.11 Bußgeldvorschriften

Nach WHG, LWG NW und VAwS ist die untere Wasserbehörde zuständig für die Ahndung von Ordnungswidrigkeiten, ausgenommen hiervon ist der Vollzug für Anlagen mit brennbaren wassergefährdenden Flüssigkeiten, und wenn die Aufgaben von der Bergbehörde nach LWG i. V. mit der VAwS wahrgenommen werden.

Die Ordnungswidrigkeiten sind in den Vorschriften aufgelistet und können mit einer Geldbuße bis zu 100 000 DM belegt werden. Als Anhaltspunkt für die Festlegung der Höhe der Geldbuße kann in NW der Buß- und Verwarnungsgeldkatalog (siehe Kapitel 8.2) der durch RdErl. eingeführt worden ist, angesehen werden.

In Niedersachsen enthält die VVAwS unter Ziffer 25 Hinweise über die Höhe des Bußgeldes für Verstöße gegen die VAwS, und in Bayern gibt ebenfalls die Ziffer 33 der VVAwSF (Bußgeldkatalog Gewässerschutz) Orientierungshilfen.

Ziffer 29 VVAwS Hessen verweist für die Bemessung von Geldbußen auf den Musterkatalog der Länderarbeitsgemeinschaft Wasser.

Verstöße gegen das wasserrechtliche Instrumentarium, die eine Ordnungswidrigkeit darstellen und die durch die zuständige Behörde geahndet werden, ersetzen nicht eine Bestrafung nach anderen Rechtsvorschriften, insbesondere Umweltstraftaten im Sinne des StGB (siehe Kapitel 8.1).

2.2.12 Gebühren

Zur Gewährleistung eines landeseinheitlichen Gebührenaufkommens nach der Gebührenordnung NW kann die untere Wasserbehörde für die Eignungsfeststellung für Anlagen, Anlagenteile und techn. Schutzvorkehrungen, die nicht einfacher und herkömmlicher Art sind, nach § 19 h Abs. 1 Satz WHG gem. Tarifstelle 28. 1.4.1[1] eine Gebühr von 60 DM – 600 DM erheben.

---

[1] Allgemeine Verwaltungsgebührenordnung (AVwGebO NW) i. d. Bek. v. 5. 8. 1980 (GV. NW. S. 924), zuletzt geändert am 14. 5. 1985 (GV. NW. S. 436)

Tabelle 5   Gebührenstaffelung

Gebühren für Eignungsfeststellungen

Anlage(n)/-teile/Standort jeweils in Bedeutung zur Gesamtanlage			Wassergefährdende Stoffe der Wassergefährdungsklasse[2]			
überwiegend: primäre Sicherheits- einrichtungen	überwiegend: sekundäre Sicherheits- einrichtungen	Schutzgebiete[1]				
			WGK 0	WGK 1	WGK 2	WGK 3
m^3	m^3	m^3	DM	DM	DM	DM
≤ 5			60	90	120	150
≤ 10	≤ 5		120	150	180	210
≤ 25	≤ 10	≤ 5	180	210	240	270
≤ 50	≤ 25	≤ 10	240	270	300	330
≤ 100	≤ 50	≤ 25	300	330	360	390
	≤ 100	≤ 50	360	390	420	450
		≤ 100	420	450	480	510

1. Anlagen $> 100\ m^3$
2. Besondere Mühewaltung
   (z. B. besondere Untergrundverhält-   bis zu 90 DM zusätzlich
   nisse, Nähe der Anlage zum Gewässer)

Bemerkungen
[1] Maximale Ausbaugröße in Schutzgebieten unterirdisch 40 m^3, oberirdisch 100 m^3
[2] Stoffe die noch keiner WGK zugeordnet sind, sind nach ihrer Gefährdungswahrscheinlichkeit
   einzustufen

Da die Anlagen, Anlagenteile und techn. Schutzvorkehrungen sehr verschieden sein können, wäre bei dem vorgegebenen Rahmen der Gebührenordnung eine Staffelung, beispielsweise anhand der Wassergefährdungsklassen, wobei in begründeten Fällen Ausnahmen zulässig sein könnten, zu empfehlen.

Die Einstufung der Gebühren für Eignungsfeststellungen ausgehend von der Rahmenfestsetzung könnte z. B. anhand der Tabelle Nr. 5 für NW vorgenommen werden.

2.2.13 Bauaufsichtsbehörden

Vollzugsaufgaben für den Bereich der Anlagen für brennbare Flüssigkeiten obliegen den Bauaufsichtsbehörden nach verschiedenen Rechtsbereichen:

1. bauordnungsrechtliche
2. wasserrechtliche   Bestimmungen
3. gewerberechtliche

Für die Anwendung der verschiedenen Bestimmungen sind Überschneidungen und

Ersetzungswirkungen zu berücksichtigen. Des weiteren ist zu unterscheiden nach Lagermenge, Lagerart, Gefahrklasse, ortsfeste und ortsbewegliche Behälter sowie Anlagen einfacher oder herkömmlicher Art. Die Verknüpfung der Rechtsbereiche ist in Abb. 7 dargestellt.

zu 1   BauO NW

Gemäß § 60 Abs. 1 BauO NW bedürfen die Errichtung, die Änderung, die Nutzungsänderung und der Abbruch baulicher Anlagen sowie anderer Anlagen und Einrichtungen der Baugenehmigung.

Für ortsfeste Behälter für brennbare oder schädliche Flüssigkeiten bis zu 5 m^3 Fassungsvermögen ist gemäß § 60 Abs. 2 Nr. 4 BauO NW nur eine Benutzungsgenehmigung erforderlich, die jedoch entfällt, wenn vor der Benutzung durch eine Bescheinigung des Fachunternehmers oder eines Sachverständigen nachgewiesen wird, daß die Anlage den öffentlich-rechtlichen Vorschriften entspricht (§ 55 Abs. 2 BauO NW). Sofern vor der Benutzung die ordnungsgemäße Bauausführung und die sichere Benutzbarkeit von haustechnischen Anlagen nicht durch eine entsprechende Bescheinigung nachgewiesen oder die Benutzungsgenehmigung nicht beantragt wird, ist die Bauzustandsbesichtigung nach § 60 Abs. 2 i. V. mit § 77 BauO NW von Amts wegen durchzuführen.

Nach der neuen BauO NW ist somit die Errichtung, Änderung ode Nutzungsänderung aller ortsfester Behälter für brennbare oder schädliche Flüssigkeiten genehmigungs- bzw. benutzungsgenehmigungspflichtig. Je nach Fassungsvermögen wird nur in der Genehmigungsart eine Unterscheidung getroffen:

1. Baugenehmigung > 5 m^3,

2. Benutzungsgenehmigung ≤ 5 m^3 (Bescheinigung oder Bauzustandsbesichtigung).

Die Ausnahme von der Genehmigungsfreiheit für die ortsfesten Behälter für brennbare oder schädliche Flüssigkeiten oder für verflüssigte oder nicht verflüssigte Gase unabhängig vom Fassungsvermögen wird in § 62 Abs. 1 Nr. 20 BauO NW nochmals bestätigt.

Der Abbruch (Beseitigung) von ortsfesten Behältern bis zu 300 m^3 Fassungsvermögen, von Feuerstätten sowie von Anlagen nach § 60 Abs. 2 BauO NW (also auch ortsfeste Behälter für brennbare oder schädliche Flüssigkeiten oder für verflüssigte oder nicht verflüssigte Gase bis zu 5 m^3 Fassungsvermögen) ist genehmigungsfrei gemäß § 62 Abs. 3 Nr. 2 BauO NW.

Die Genehmigungsfreiheit entbindet nicht von der Verpflichtung zur Einhaltung der Anforderungen, die in diesem Gesetz oder in anderen öffentlich-rechtlichen Vorschriften gestellt werden.

In diesem Zusammenhang wird auf die wasserrechtlichen und gewerberechtlichen Vorschriften der §§ 19 g bis 19 l WHG, § 18 Abs. 3 LWG und die VAwS, VV-VAwS, die §§ 20 ff der Feuerungsverordnung und der Gewerbeordnung (§ 24) in Verbindung mit der VbF hingewiesen.

zu 2   VAwS

Die Vorschriften der VAwS gelten für Anlagen zum Lagern, Abfüllen und Umschlagen wassergefährdender Stoffe und sind für alle derartigen baulichen Anlagen für den

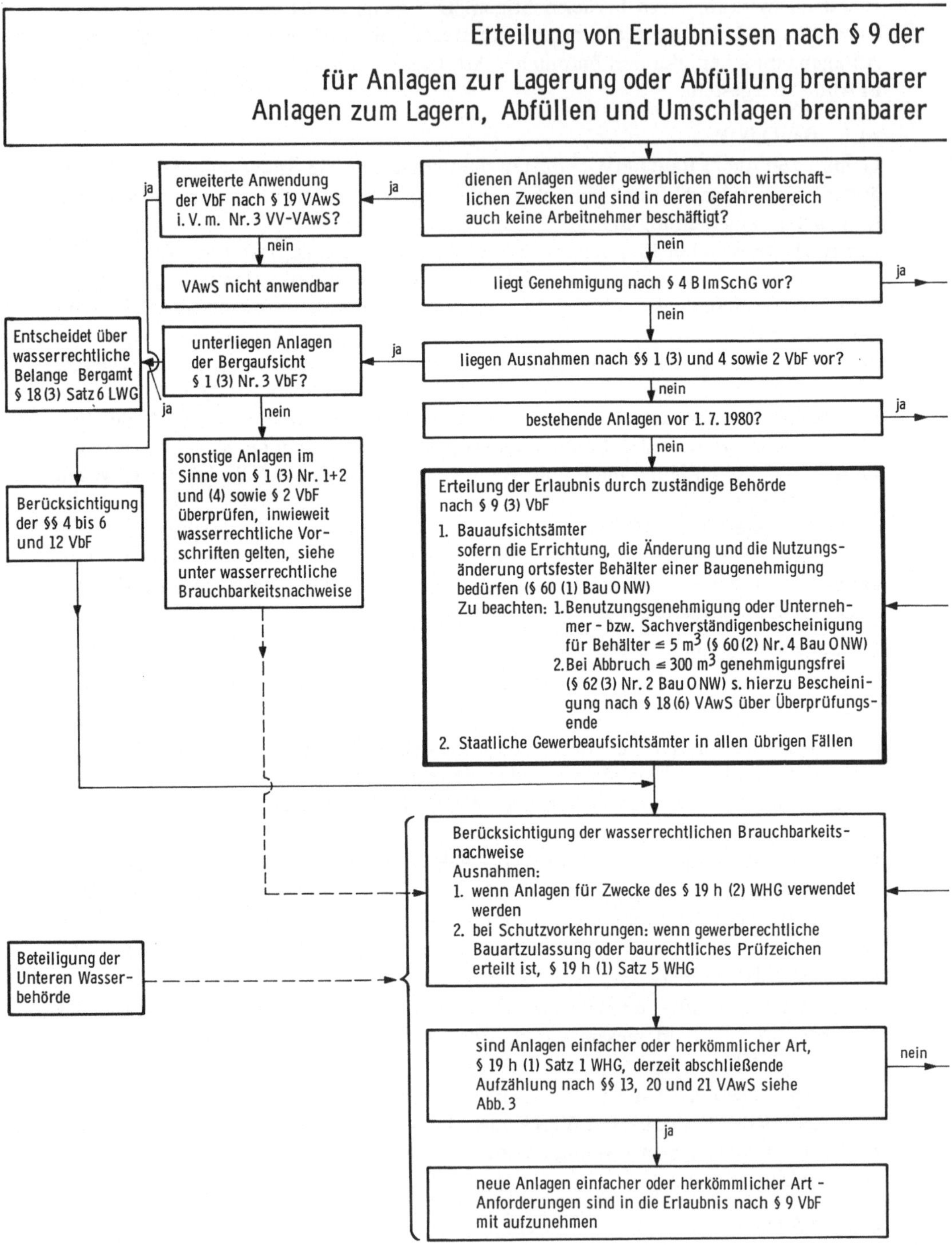

Erteilung von Erlaubnissen nach § 9 der
für Anlagen zur Lagerung oder Abfüllung brennbarer
Anlagen zum Lagern, Abfüllen und Umschlagen brennbarer

dienen Anlagen weder gewerblichen noch wirtschaftlichen Zwecken und sind in deren Gefahrenbereich auch keine Arbeitnehmer beschäftigt?

— ja → erweiterte Anwendung der VbF nach § 19 VAwS i. V. m. Nr. 3 VV-VAwS?

ja → (oben)

nein → liegt Genehmigung nach § 4 BImSchG vor? → ja →

nein → VAwS nicht anwendbar

Entscheidet über wasserrechtliche Belange Bergamt § 18 (3) Satz 6 LWG

unterliegen Anlagen der Bergaufsicht § 1 (3) Nr. 3 VbF?

ja ← liegen Ausnahmen nach §§ 1 (3) und 4 sowie 2 VbF vor?

nein → bestehende Anlagen vor 1. 7. 1980? → ja →

nein

Berücksichtigung der §§ 4 bis 6 und 12 VbF

sonstige Anlagen im Sinne von § 1 (3) Nr. 1+2 und (4) sowie § 2 VbF überprüfen, inwieweit wasserrechtliche Vorschriften gelten, siehe unter wasserrechtliche Brauchbarkeitsnachweise

Erteilung der Erlaubnis durch zuständige Behörde nach § 9 (3) VbF

1. Bauaufsichtsämter
sofern die Errichtung, die Änderung und die Nutzungsänderung ortsfester Behälter einer Baugenehmigung bedürfen (§ 60 (1) Bau O NW)
Zu beachten: 1. Benutzungsgenehmigung oder Unternehmer - bzw. Sachverständigenbescheinigung für Behälter ≤ 5 m^3 (§ 60 (2) Nr. 4 Bau O NW)
2. Bei Abbruch ≤ 300 m^3 genehmigungsfrei (§ 62 (3) Nr. 2 Bau O NW) s. hierzu Bescheinigung nach § 18 (6) VAwS über Überprüfungsende
2. Staatliche Gewerbeaufsichtsämter in allen übrigen Fällen

Berücksichtigung der wasserrechtlichen Brauchbarkeitsnachweise
Ausnahmen:
1. wenn Anlagen für Zwecke des § 19 h (2) WHG verwendet werden
2. bei Schutzvorkehrungen: wenn gewerberechtliche Bauartzulassung oder baurechtliches Prüfzeichen erteilt ist, § 19 h (1) Satz 5 WHG

Beteiligung der Unteren Wasserbehörde

sind Anlagen einfacher oder herkömmlicher Art, § 19 h (1) Satz 1 WHG, derzeit abschließende Aufzählung nach §§ 13, 20 und 21 VAwS siehe Abb. 3 → nein →

ja

neue Anlagen einfacher oder herkömmlicher Art - Anforderungen sind in die Erlaubnis nach § 9 VbF mit aufzunehmen

Abb. 7. Erlaubniserteilung nach § 9 VbF

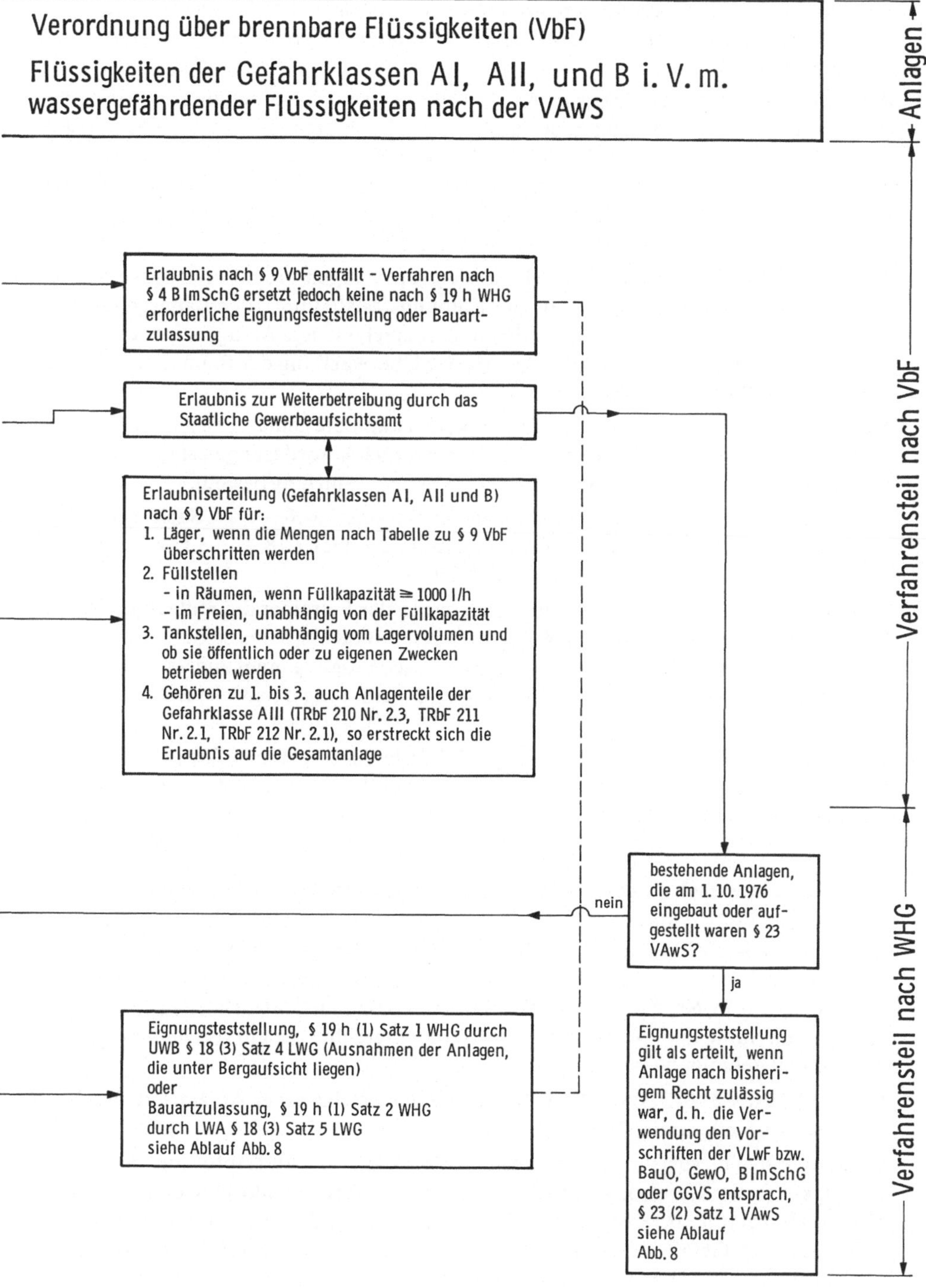
Verordnung über brennbare Flüssigkeiten (VbF)
Flüssigkeiten der Gefahrklassen A I, A II, und B i. V. m. wassergefährdender Flüssigkeiten nach der VAwS

Anlagen

Verfahrensteil nach VbF

Verfahrensteil nach WHG

Erlaubnis nach § 9 VbF entfällt – Verfahren nach § 4 BImSchG ersetzt jedoch keine nach § 19 h WHG erforderliche Eignungsfeststellung oder Bauartzulassung

Erlaubnis zur Weiterbetreibung durch das Staatliche Gewerbeaufsichtsamt

Erlaubniserteilung (Gefahrklassen A I, A II und B) nach § 9 VbF für:
1. Läger, wenn die Mengen nach Tabelle zu § 9 VbF überschritten werden
2. Füllstellen
 - in Räumen, wenn Füllkapazität ≧ 1000 l/h
 - im Freien, unabhängig von der Füllkapazität
3. Tankstellen, unabhängig vom Lagervolumen und ob sie öffentlich oder zu eigenen Zwecken betrieben werden
4. Gehören zu 1. bis 3. auch Anlagenteile der Gefahrklasse A III (TRbF 210 Nr. 2.3, TRbF 211 Nr. 2.1, TRbF 212 Nr. 2.1), so erstreckt sich die Erlaubnis auf die Gesamtanlage

bestehende Anlagen, die am 1. 10. 1976 eingebaut oder aufgestellt waren § 23 VAwS?

nein

ja

Eignungsteststellung, § 19 h (1) Satz 1 WHG durch UWB § 18 (3) Satz 4 LWG (Ausnahmen der Anlagen, die unter Bergaufsicht liegen)
oder
Bauartzulassung, § 19 h (1) Satz 2 WHG durch LWA § 18 (3) Satz 5 LWG
siehe Ablauf Abb. 8

Eignungsteststellung gilt als erteilt, wenn Anlage nach bisherigem Recht zulässig war, d. h. die Verwendung den Vorschriften der VLwF bzw. BauO, GewO, BImSchG oder GGVS entsprach, § 23 (2) Satz 1 VAwS siehe Ablauf Abb. 8

Bereich brennbarer Flüssigkeiten durch die Bauaufsichtsbehörden anzuwenden (§ 18 Abs. 3 LWG), auch wenn für diese baulichen Anlagen Genehmigungsfreiheit besteht (§ 62 Abs. 4 BauO NW).

Zum Unterschied der baurechtlichen Vorschriften sind Lagerbehälter im Sinne der VAwS ortsfeste oder zum Lagern aufgestellte ortsbewegliche Behälter. Kommunizierende Behälter gelten als ein Behälter (§ 2 Abs. 1 VAwS). Unterirdische Rohrleitungen sind Rohrleitungen, die vollständig oder teilweise im Erdreich oder in Bauteilen verlegt sind. Abfüllplätze für wassergefährdende flüssige Stoffe sind erforderlich, wenn regelmäßig in Betriebsstätten abgefüllt wird.

Die Zuständigkeit der Bauaufsichtsbehörden für Anlagen brennbarer wassergefährdender Flüssigkeiten umfaßt nicht die Eignungsfeststellung oder Bauartzulassung. Werden in eignungsfestgestellten oder bauartzugelassenen Anlagen jedoch brennbare Flüssigkeiten gelagert, so obliegen sie der Überwachung der Bauaufsichtsbehörden gemäß § 18 Abs. 3 LWG.

Für brennbare wassergefährdende Flüssigkeiten kann die gemäß § 18 Abs. 3 LWG zuständige untere Bauaufsichtsbehörde weitergehende Anforderungen stellen und Prüfungen anordnen, wenn eine Besorgnis der Wassergefährdung besteht.

Der Betreiber hat nachstehende Anlagen für flüssige Stoffe durch Sachverständige überprüfen zu lassen und den Prüfungsnachweis der nach § 18 Abs. 3 LWG zuständigen Behörde vorzulegen (Abb. 5, Kapitel 2.2.9).

Die wiederkehrenden Prüfungen entfallen, wenn der Betreiber die Stillegung der Anlage (beachte hier Abbruch nach § 62 Abs. 3 Nr. 2 BauO NW bis zu 300 m^3 genehmigungsfrei) schriftlich anzeigt und durch eine Bescheinigung eines zugelassenen Fachbetriebes die ordnungsgemäße Entleerung und Reinigung nachweist (Abb. 11, Kapitel 4.3).

Die nach § 18 Abs. 3 LWG zuständige Behörde (untere Bauaufsichtsbehörde für brennbare wassergefährdende Flüssigkeiten) hat alle prüfpflichtigen Anlagen sowie alle prüfpflichtigen Rohrleitungen in einer entsprechenden Überwachungskartei zu führen.

zu 3   Erlaubnis nach § 9 der Verordnung über brennbare Flüssigkeiten (VbF)

Neben dem Vollzug der wasserrechtlichen Vorschriften haben die Bauaufsichtsbehörden die Vorschriften der VbF in Verbindung mit der BauO NW zu beachten. Nach der Zust. VOItG vom 6. 2. 1973 (GV. NW. S. 66), zuletzt geändert am 25. 2. 1986 (GV. NW. S. 97), ist in Nr. 2.63 die Zuständigkeit der Bauaufsichtsbehörden hinsichtlich Anlagen im Sinne des § 9 Abs. 1 Nrn. 1–3 VbF eingeschränkt auf solche Anlagen, die einer Baugenehmigung bedürfen.

Gemäß § 9 Abs. 3 VbF ist die Errichtung und der Betrieb einer Anlage entsprechend § 9 Abs. 1 VbF erlaubnispflichtig.

Es handelt sich hierbei um folgende Anlagen zur Lagerung und Abfüllung brennbarer Flüssigkeiten der Gefahrklassen AI = Benzin u. ä., AII = Chlorbenzol u. ä., AIII = Diesel, Heizöl u. ä., B = Methanol, Dioxan u. ä., wenn die Lagerung, Füllstelle oder Tankstelle der Gefahrklasse AIII in Verbindung mit brennbaren Flüssigkeiten der Gefahrklasse AI, AII oder B betrieben wird:

Läger, wenn die Lagermenge nach der Tabelle[1] zu § 9 VbF überschritten wird,
Füllstellen mit einer entsprechenden Abfüllmenge in umschlossenen Räumen sowie
im Freien unabhängig von der Abfüllkapazität,
Tankstellen unabhängig von der Menge des gelagerten Kraftstoffs und unabhängig
davon, ob die Tankstelle öffentlich oder nur für den Eigenbedarf betrieben wird.

Alleinige Flüssigkeiten der Gefahrklasse AIII (Diesel, Heizöl u. ä.) sind nach § 9 VbF
nicht erlaubnispflichtig, jedoch gemäß § 60 BauO NW unter Umständen genehmi-
gungs- bzw. benutzungsgenehmigungspflichtig.

Gehören zu einer erlaubnispflichtigen Anlage (Gefahrklasse AI, AII oder B) auch
Anlageteile für brennbare Flüssigkeiten der Gefahrklasse AIII, sind diese Anlageteile
in die Erlaubnis gemäß § 9 VbF mit einzuziehen. Bei Anlagen einfacher oder herkömmlicher Art im Sinne vom § 19 h Abs. 1 WHG haben die unteren Bauaufsichtsbehörden die wasserrechtlichen Belange im Erlaubnisverfahren nach § 9 VbF mit zu berücksichtigen (§ 18 Abs. 3 LWG).

Eine Erlaubnis nach § 9 VbF schließt gemäß § 60 Abs. 3 BauO NW die Baugenehmi-
gung/Benutzungsgenehmigung ein, ersetzt jedoch nicht eine nach § 19 h Wasserhaushaltsgesetz erforderliche Eignungsfeststellung oder Bauartzulassung.

Bauliche Anlagen, die nicht notwendige Bestandteile der Anlage zur Lagerung oder
Abfüllung brennbarer Flüssigkeiten sind, werden von der Erlaubnis nicht erfaßt.

Zuständig für die Erteilung der Erlaubnis nach § 9 VbF sind die Bauaufsichtsbehörden, wenn die Errichtung oder Änderung der Lagerbehälter einer Baugenehmigung/
Benutzungsgenehmigung bedürfen, in allen anderen Fällen die Staatlichen Gewerbeaufsichtsämter.

Die Erlaubnisbehörde leitet eine Ausfertigung der Antragsunterlagen dem Staatlichen Gewerbeaufsichtsamt, sofern dieses selbst Erlaubnisbehörde ist, der unteren
Bauaufsichtsbehörde zur Stellungnahme zu. Weiter sind die untere Wasserbehörde
gemäß § 19 h WHG und § 18 Abs. 3 LWG sowie andere Behörden (z. B. Straßenbaubehörde), deren Belange berührt werden, zu beteiligen. Bei Tankstellen an öffentlichen Straßen sind u. a. die Richtlinien für die Anlage von Tankstellen an Straßen –
RAT – (Ausgabe 1977) zu beachten. Die Vorschriften der VbF sind gemäß § 19 VAwS
auch für Anlagen im privaten Bereich anzuwenden (Abb. 7).

2.2.14 Betreiber

Für den Betreiber von Anlagen zum Lagern, Abfüllen und Umschlagen wassergefährdender Stoffe ist seit Einführung der 4. Novelle zum WHG, spätestens aber durch
Erlaß der VAwS eine große Mitverantwortung festgeschrieben worden, die insbesondere in das Wechselspiel zwischen Verwaltungsbehörde und Anlagennutzer für ein
besorgnisfreies Umweltbewußtsein einzubeziehen ist.

Der Betreiber muß sich mit dem Problem auseinandersetzen, ob seine Anlagen den
heute geltenden Vorschriften entsprechen. Wobei auch hier die verschiedenen
Rechtsbereiche Wasserrecht, Baurecht, Gewerberecht und Immissionsschutzrecht
gleichrangig nebeneinander zu stellen sind.

---

[1] abgedruckt unter 6.1

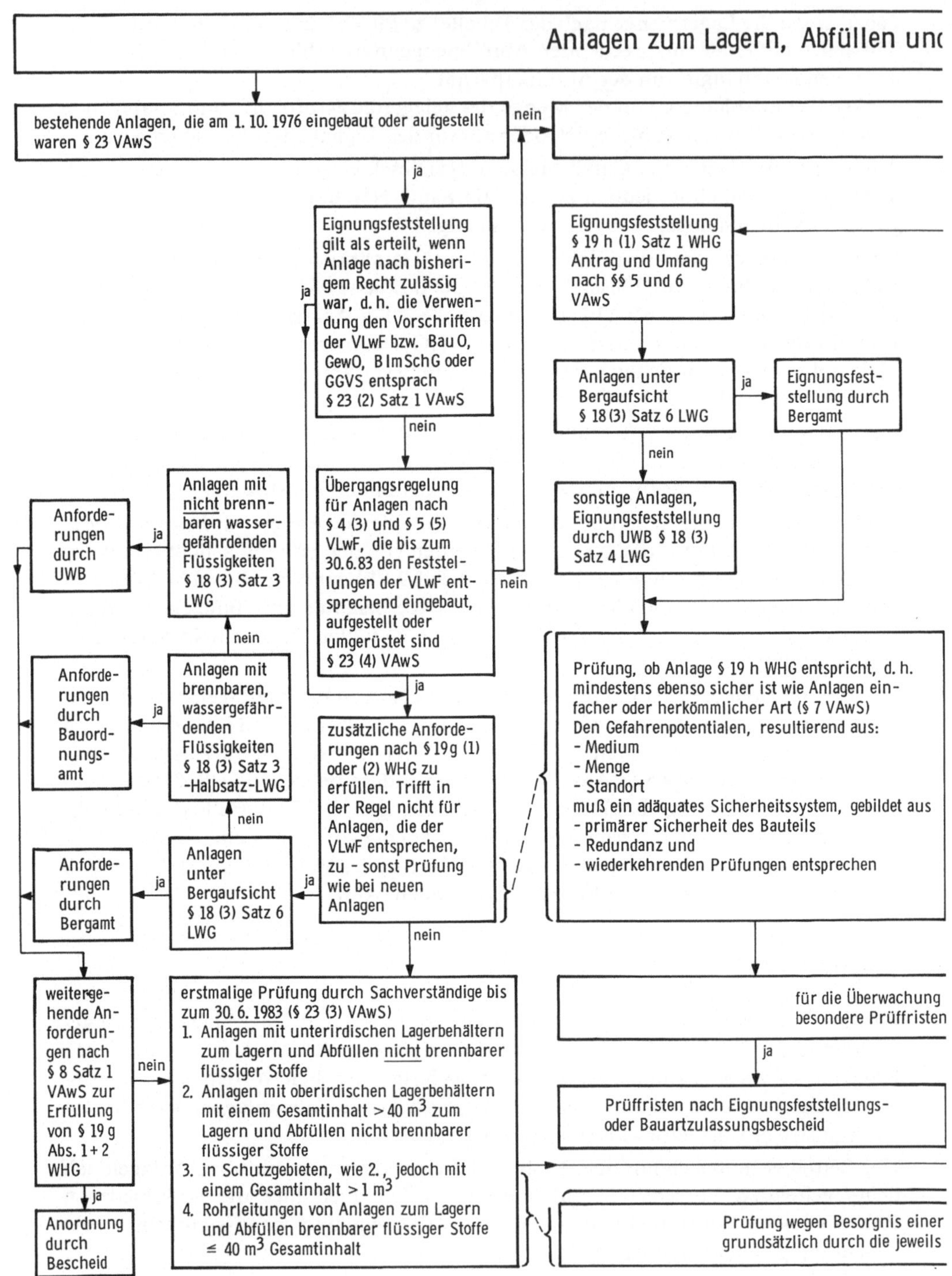

Abb. 8. Orientierungsschema für Betreiber

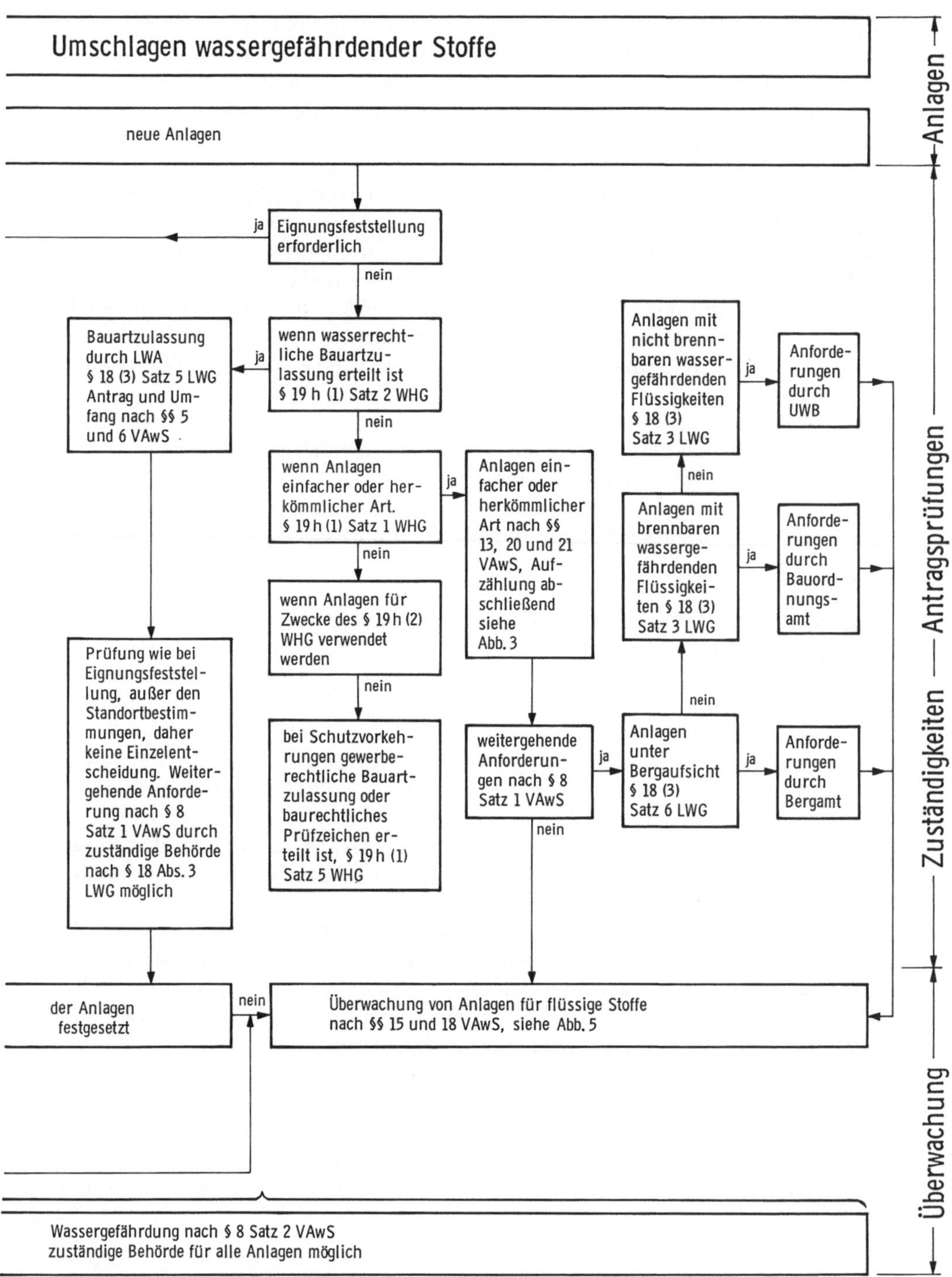
Umschlagen wassergefährdender Stoffe
neue Anlagen
Anlagen
ja
Eignungsfeststellung erforderlich
nein
Bauartzulassung durch LWA § 18 (3) Satz 5 LWG Antrag und Umfang nach §§ 5 und 6 VAwS
ja
wenn wasserrechtliche Bauartzulassung erteilt ist § 19 h (1) Satz 2 WHG
nein
wenn Anlagen einfacher oder herkömmlicher Art. § 19 h (1) Satz 1 WHG
ja
Anlagen einfacher oder herkömmlicher Art nach §§ 13, 20 und 21 VAwS, Aufzählung abschließend siehe Abb. 3
nein
wenn Anlagen für Zwecke des § 19 h (2) WHG verwendet werden
nein
Prüfung wie bei Eignungsfeststellung, außer den Standortbestimmungen, daher keine Einzelentscheidung. Weitergehende Anforderung nach § 8 Satz 1 VAwS durch zuständige Behörde nach § 18 Abs. 3 LWG möglich
bei Schutzvorkehrungen gewerberechtliche Bauartzulassung oder baurechtliches Prüfzeichen erteilt ist, § 19 h (1) Satz 5 WHG
weitergehende Anforderungen nach § 8 Satz 1 VAwS
ja
nein
Anlagen mit nicht brennbaren wassergefährdenden Flüssigkeiten § 18 (3) Satz 3 LWG
ja
Anforderungen durch UWB
nein
Anlagen mit brennbaren wassergefährdenden Flüssigkeiten § 18 (3) Satz 3 LWG
ja
Anforderungen durch Bauordnungsamt
nein
Anlagen unter Bergaufsicht § 18 (3) Satz 6 LWG
ja
Anforderungen durch Bergamt
Antragsprüfungen
Zuständigkeiten
der Anlagen festgesetzt
nein
Überwachung von Anlagen für flüssige Stoffe nach §§ 15 und 18 VAwS, siehe Abb. 5
Überwachung
Wassergefährdung nach § 8 Satz 2 VAwS zuständige Behörde für alle Anlagen möglich

Der Einstieg in diese Problematik beginnt mit dem Zeitpunkt der Aufstellung der Anlage. Auf der einen Seite solche Anlagen, die vor dem 1. 10. 1976 installiert wurden (Kapitel 2.2.4), auf der anderen Seite solche, die seit diesem Stichtag eingebaut wurden und betrieben werden. Die Abbildung 8 stellt die beiden denkbaren Anlagenblöcke mit den notwendigen Prüffragen gegenüber.

Neben der Notwendigkeit, einen wasserrechtlichen Brauchbarkeitsnachweis (Eignungsfeststellung, Bauartzulassung) für die Anlage zu haben, ausgenommen die einfachen oder herkömmlichen Anlagen, ist der Betreiber im Bereich der Eigenüberwachung ein wichtiges Glied in der Kette der besorgungsfreien Anforderung an die Anlage. Ist er dabei selbst nicht in der Lage, die Eigenüberwachung sicherzustellen und verfügt er nicht über sachkundiges Personal dafür, so kann der Betreiber sich mittels eines Überwachungsvertrages (§ 19 i WHG) dahingehend absichern, daß dann die Eigenüberwachung von einem zugelassenen Fachbetrieb (Kapitel 4) vorgenommen wird.

Neben der kontinuierlichen Eigenüberwachung besteht natürlich auch eine Meldepflicht der Betreiber bei Unfällen mit wassergefährdenden Stoffen. Dies ist z. B. in NW in § 18 Abs. 4 LWG festgelegt worden.

2.2.15   Erweiterte Vorschriften zum Umgang mit wassergefährdenden Stoffen

1.   Allgemeines

Im Rahmen der Altlastenerfassung anhand von Altablagerungen und Altstandorten ist erkennbar geworden, daß u. a. im Umgang mit wassergefährdenden Stoffen Belastungen des Bodens und des Grundwassers entstanden sind. Der Themenbereich wassergefährdende Stoffe ist zwar erst mit der letzten Novellierung des Wasserhaushaltsgesetzes[1] und mit den Ausführungsbestimmungen der Länder ab 1981[2] neu aufgenommen worden, dennoch zeigt sich, daß die geltenden Vorschriften nicht ausreichen. Regelungen, die einen verbesserten Schutz, insbesondere des Grundwassers, beinhalten, sind unabdingbar. Zielsetzung der 5. Novelle zum Wasserhaushaltsgesetz[3] ist es, die Vorschriften so zu ergänzen und zu verstärken, daß sich durch rechtzeitige Vorsorgemaßnahmen Gefahren für die Umwelt bereits im Ansatz unterbinden lassen.

Bei Redaktionsschluß war das Gesetzgebungsverfahren noch nicht abgeschlossen. Es konnte lediglich der Entwurf zur 5. Novelle[3] zugrunde gelegt werden. Die Erläuterungen (Kapitel 2.2.1–2.2.14) sind im Hinblick auf den Gesetzgebungsstand unter Berücksichtigung der nachstehenden Ausführungen anzuwenden, wenn das verabschiedete Gesetz dem hier berücksichtigten Entwurf entspricht.

2.   Produktionsanlagen

Gefahrenschwerpunkte lassen sich beim Umgang mit wassergefährdenden Stoffen nicht nur im Lagern und Abfüllen, sondern auch beim Herstellen, Behandeln und Verwenden dieser Stoffe ausmachen. Kontaminationen des Bodens und des Grund-

---

[1] Wasserhaushaltsgesetz vom 16. 10. 1976, abgedruckt unter 1.1
[2] Verordnungen über Anlagen zum Lagern, Abfüllen und Umschlagen wassergefährdender Stoffe, z. B. abgedruckt unter 2.1.1–2.1.4
[3] Gesetzentwurf der Bundesregierung, Entwurf eines 5. Gesetzes zur Änderung des Wasserhaushaltsgesetzes, Drucksache 10/3973 vom 7. 10. 1985

wassers im Zusammenhang mit Produktionsvorgängen können durch folgende Ursachen auftreten:

- beim Beschicken der Produktionsanlagen,
- beim Betrieb der Produktionsanlagen durch Undichtigkeiten oder Betriebsfehler,
- durch unsachgemäßes Bereitstellen der Einsatzstoffe,
- durch unsachgemäßes Abstellen der Zwischen- und Fertigprodukte.

Die Meinung, daß die Gefahrenmöglichkeiten im Bereich von Produktionsvorgängen gering seien, weil es sich häufig nur um geringe Mengen handelt oder produktionsbezogene Schutzvorkehrungen ausreichen, kann nicht in jedem Fall als richtig gelten. So sind beispielsweise Schadensfälle mit Chlorkohlenwasserstoffen unter Fundamenten von Produktionsanlagen bekannt geworden.

Eine Abwägung im Falle einer möglichen Erschwernis der Arbeitsvorgänge gegenüber Vorsorgemaßnahmen muß zugunsten des Gewässerschutzes ausfallen. Damit entfallen die bisherigen Auslegungsschwierigkeiten, bei welcher *Stoffmenge*, die für den Arbeitsprozeß benötigt oder bereitgestellt wird, der Ausschluß vom Anwendungsbereich der VAwS (s. Tabelle Nr. 1) vorliegt. Der erweiterte Anwendungsbereich erfaßt nunmehr insbesondere Prozeß- und Produktionsvorgänge, in denen wassergefährdende Stoffe in Anlagen hergestellt, behandelt oder verwendet werden.

Als *Behandeln* im Sinne der Neuregelung sind solche Arbeitsvorgänge zu verstehen, bei denen bereits produzierte wassergefährdende Stoffe weiterverarbeitet werden. Derartige Vorgänge werden weder durch den Begriff *Herstellen* noch durch den Begriff *Verwenden* abgedeckt.

Bei Anlagen zum *Verwenden* wassergefährdender Stoffe beschränkt sich die Anwendung des § 19 g Abs. 1 und 3 Entwurf WHG auf Anlagen im Bereich der gewerblichen Wirtschaft, d. h. gewerbliche und industrielle Anlagen und im Bereich öffentlicher Einrichtungen wie Tierkörperbeseitigungsanstalten, Kliniken, Forschungseinrichtungen u. ä. Damit ist der Bereich der Landbewirtschaftung ausgeklammert.

Um den erweiterten Anwendungsbereich der VAwS sowohl aus Sicht der zuständigen Wasserbehörde als auch aus Sicht des Anlagenbetreibers besser bearbeiten zu können, wäre es hilfreich, soweit möglich, vorhandene branchenspezifische Merkblätter, Hinweise oder sonstige Informationsschriften um wasserrechtliche Belange zu ergänzen. Diese Aufgaben könnten berufsbezogene Verbände im Zusammenwirken z. B. mit Arbeitsgruppen der Länderarbeitsgemeinschaft Wasser übernehmen. Der Vollzug kann sich zum besseren Verständnis auf diese erarbeitete Grundlage stützen.

3. Rohrleitungen im Werksbereich

Die bisherigen Bestimmungen nach §§ 19 a und 19 g WHG haben Rohrleitungen unter einem Genehmigungsvorbehalt gestellt, die entweder außerhalb des Bereiches eines Werkgeländes lagen oder als Zubehör einer Anlage zum Lagern, Abfüllen und Umschlagen wassergefährdender Stoffe anzusehen waren. In § 19 g Abs. 1 Entwurf WHG werden für Rohrleitungsanlagen, die den Bereich eines Werkgeländes nicht überschreiten, die gleichen Anforderungen gestellt, wie sie für Anlagen zum Umgang mit wassergefährdenden Stoffen gelten.

4. Jauche, Gülle und Silagesickersäfte

Anforderungen aus dem bisherigen Geltungsbereich für Anlagen zum Lagern, Abfüllen und Umschlagen wassergefährdender Stoffe treffen u. a. für Jauche und Gülle nicht zu. Die Vorschriften der §§ 19 g bis 19 l WHG gelten nach § 19 g Abs. 6 WHG nicht für die vorgenannten Stoffe. Es waren bisher lediglich die wasserrechtlichen Generalklauseln (§§ 1 a, 26 und 34 WHG) zu beachten.

Der Entwurf zur Novellierung sieht zwar eine Einstufung der Stoffe als wassergefährdende Stoffe vor, unterwirft sie aber nicht dem Besorgnisgrundsatz nach Abs. 1 (bzw. den Vorschriften nach §§ 19 h bis 19 l), sondern läßt es ausreichen, daß gemäß § 19 g Abs. 2 der bestmögliche Schutz der Gewässer vor Verunreinigung erreicht werden muß. Damit würden diese Anlagen auch weiterhin einer notwendigen Eignungsfeststellung entzogen sein und ein Eingreifen der Wasserbehörde bliebe nur auf bekannt gewordene Mißstände beschränkt.

5. Technische Vorschriften und Baubestimmungen

Der Entwurf zur Novellierung stellt darauf ab, daß die Anlagen i. S. von § 19 g Abs. 1 und 2 die einhaltung der allgemein anerkannten Regeln der Technik bei Einbau, Aufstellung, Unterhaltung und Betrieb auch für ihre Beschaffenheit, insbesondere technischem Aufbau, Werkstoff und Korrosionsschutz, erfüllen muß. Das Anforderungsmerkmal Beschaffenheit ist im Rahmen eines verbesserten Grundwasserschutzes ein wesentliches Kriterium, aus dem sich Auswirkungen an Herstellung und Errichtung von Anlagen ergeben können. In den Ausführungsbestimmungen der Länder sind Anforderungen an die Beschaffenheit von Anlagen bereits mit erfaßt (s. Kapitel 2.2.1).

6. Wassergefährdende Stoffe

Die bisherige Aufzählung der wassergefährdenden Stoffe und Stoffgruppen kann nur als beispielhaft gelten. Eine abschließende Aufzählung ist zwar wegen der Vielzahl und Verschiedenartigkeit der Stoffarten und -verbindungen nicht möglich, dennoch ist aus Gründen der Rechtssicherheit und zur Vereinfachung des Verwaltungsvollzugs eine nähere Gefährdungsbestimmung der einzelnen wassergefährdenden Stoffe im Sinne der §§ 19 g bis 19 l WHG notwendig. Die Einführung des Katalogs wassergefährdender Stoffe durch eine Verwaltungsvorschrift ist im Gesetzgebungsverfahren strittig. Mit dieser Neuregelung wäre praktisch keine Änderung des derzeit bereits praktizierten Verfahrens zur Festlegung von Wassergefährdungsklassen für wassergefährdende Stoffe vorgesehen. Das Bestimmungsverfahren zur Einstufung wassergefährdender Stoffe kann auf Antrag nach dem bereits veröffentlichten Merkblatt[1] durchgeführt werden. Für eine große Anzahl von wassergefährdenden Stoffen ist im Katalog wassergefährdender Stoffe[2] eine Einstufung in Wassergefährdungsklassen festgelegt worden.

7. Ersetzungswirkung

Die bisherigen wasserrechtlichen Bestimmungen nach § 19 h Abs. 1 Satz 5 WHG sahen eine Ersetzungswirkung durch eine gewerberechtliche Bauartzulassung oder durch ein baurechtliches Prüfzeichen lediglich bei Schutzvorkehrungen wie z. B. Überfüllsicherungen, Leckanzeigegeräten, Auffangvorrichtungen vor. Ansonsten

---

[1] Merkblatt für Anträge zur Einstufung wassergefährdender Stoffe i. S. des § 19 g WHG v. 20. 4. 1983, abgedruckt unter 3.2
[2] Katalog wassergefährdender Stoffe v. 1. 3. 1985, abgedruckt unter 3.1

sind die Anlagen bzw. Anlagenteile immer einer wasserrechtlichen Entscheidung (wasserrechtliche Bauartzulassung, Eignungsfeststellung) zu unterziehen, soweit sie nicht einfacher oder herkömmlicher Art sind. Die nach Wasserrecht nur teilweise bestehende Ersetzungswirkung machte es erforderlich, daß möglicherweise darüber hinaus eine gewerberechtliche Bauartzulassung oder ein baurechtliches Prüfzeichen beantragt werden müßte.

Die nunmehr volle Ersetzungswirkung ermöglicht, daß bei Beachtung wasserrechtlicher Belange bei der Erteilung einer gewerberechtlichen Bauartzulassung oder eines baurechtlichen Prüfzeichens ein doppeltes Genehmigungserfordernis entfällt. Darüberhinaus ist ein ausnahmsloser Vorrang der gewerberechtlichen Bauartzulassung und des baurechtlichen Prüfzeichens gegenüber den wasserrechtlichen Brauchbarkeitsnachweisen vorgesehen.

Zur Sicherstellung dieser Regelungen nach Wasserrecht bedarf es einerseits der Änderung der Verordnung über brennbare Flüssigkeiten und des Bundesimmissionsschutzrechtes durch den Bund, um die Konzentrationswirkung dieser Genehmigungsverfahren an der gesetzessystematisch richtigen Stelle zu regeln und andererseits eine Anpassung der Prüfzeichenverordnungen durch die Länder, indem in diesen Vorschriften durch die Beteiligung der zuständigen Wasserbehörden die Beachtung wasserrechtlicher Belange verankert werden.

Dabei sind im Einzelfall aus wasserwirtschaftlicher Sicht besondere Standortgegebenheiten, wie z. B. hoher Grundwasserstand, Nähe zu einem Vorfluter u. a., zu berücksichtigen oder sind gesondert zu behandeln, wenn Standorte in Wasserschutzgebieten, Überschwemmungsgebieten oder sonstigen Plangebieten eigene Genehmigungsverfahren bedingen.

Diese Regelung zur vollen Ersetzungswirkung beinhaltet einerseits für den Antragsteller die Bestrebungen zur Entbürokratisierung und zur Verwaltungsvereinfachung und andererseits führt eine Beteiligungsregelung der zuständigen Behörden bei fast gleichbleibendem Arbeitsaufwand zu einer besseren Koordination und Information.

8. Gewässerschutzbeauftragter

Die Bestellung eines Gewässerschutzbeauftragten für Anlagen zum Umgang mit wassergefährdenden Stoffen kann nach dem Entwurf zur 5. Novelle zum WHG gemäß § 19 i Satz 5 von der zuständigen Behörde gefordert werden. Der sachliche Hintergrund liegt darin, daß viele Gewässerverunreinigungen ihren Ausgang durch den Umgang mit wassergefährdenden Stoffen aus diesen Bereichen genommen haben und daß das Gefährdungspotential bestimmter Anlagen nach § 19 g Abs. 1 und 2 WHG die Bestellung eines Gewässerschutzbeauftragten notwendig macht, um die Eigenverantwortung der Betreiber solcher Anlagen zu stärken und darüber hinaus die Selbstüberwachung zu verbessern.

Von seiner Einrichtung her ist der Gewässerschutzbeauftragte ein Funktionsträger besonderer Art, dem die Durchsetzung der Belange des vorbeugenden Gewässerschutzes anvertraut werden soll. Seine Stellung sollte weisungsunabhängig und nicht weisungsbefugt sein.

Seine Aufgaben lassen sich wie folgt grob umschreiben:

a) Überwachung der Einhaltung der Bestimmungen des WHG, LWG und der darauf beruhenden Verordnungen

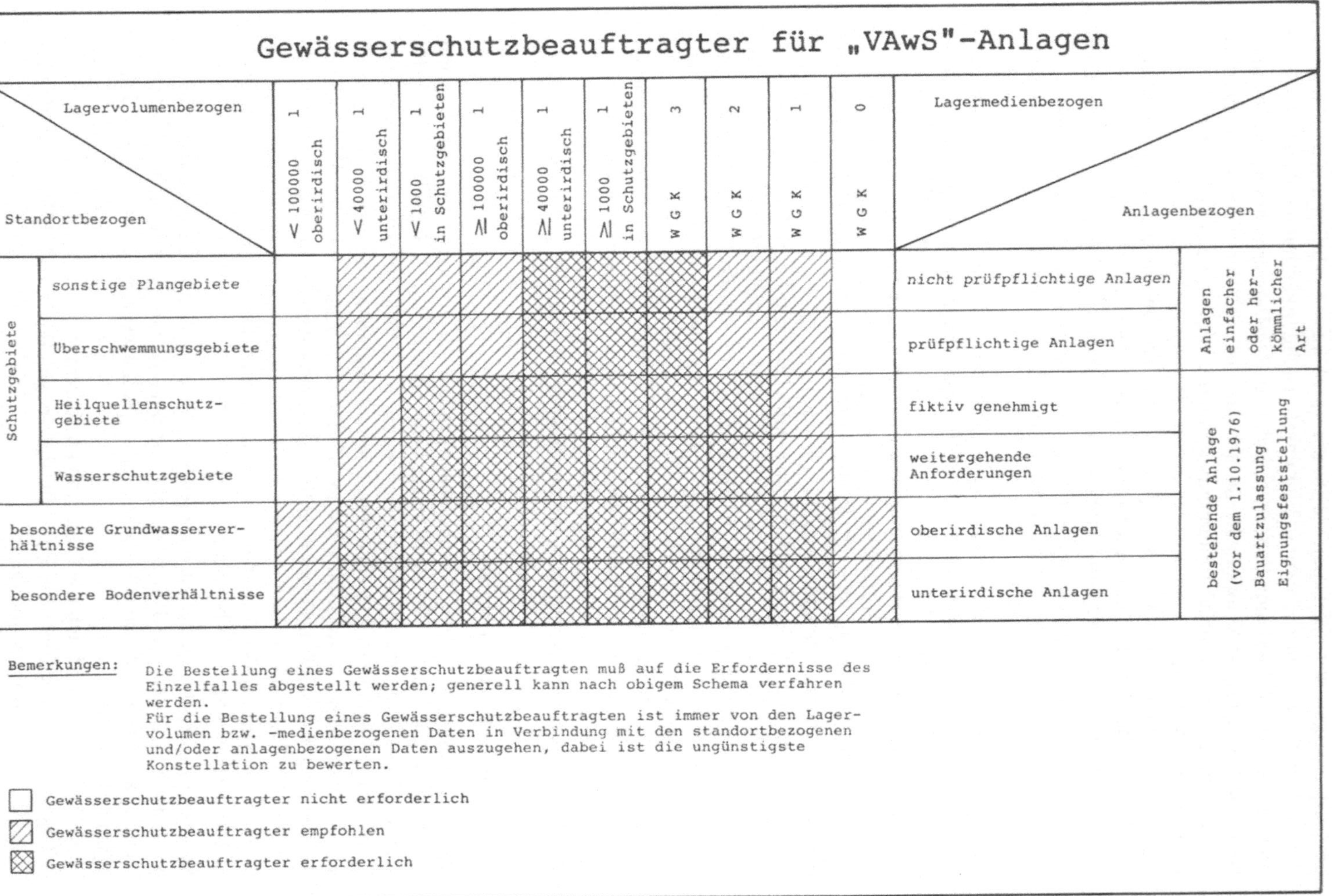

Abb. 9. Entscheidungshilfe für die Forderung eines Gewässerschutzbeauftragten

b) Überwachung der Einhaltung der Verwaltungsvorschriften, Einzelanordnungen der zuständigen Behörde, Bedingungen und Auflagen von Eignungsfeststellungen und Bauartzulassungen
c) Regelmäßige örtliche Kontrolle durch Einsichtnahme in die Betriebsaufzeichnungen, Bauwerke, Anlagen usw.
d) Regelmäßige Überprüfung der Einhaltung der verschiedenen Wartungs- und Betriebsanleitungen für die Anlagen und der Überwachungsfristen
e) Festgestellte Mängel unverzüglich aufgreifen, Vorschläge zur Beseitigung der Mängel machen und die getroffene Abhilfemaßnahmen überwachen.

Der § 19 i Satz 4 Entwurf WHG schreibt die sinngemäße Anwendung der §§ 21 b–21 g WHG vor. Danach darf zum Gewässerschutzbeauftragten nur bestellt werden, wer die zur Erfüllung seiner Aufgaben erforderliche Fachkunde und Zuverlässigkeit besitzt.

Aus der Ableitung obigen Aufgabenkomplexes dürfte daher diese Voraussetzung nur erfüllen, wer

– über eine Hoch- bzw. Fachhochschulausbildung verfügt und einschlägige Erfahrung auf dem Gebiet des Umgangs mit wassergefährdenden Stoffen nachweisen kann oder
– nach § 19 i Satz 2 WHG die Befugnis zur Überwachung nachweisen kann oder
– nach § 19 i Satz 3 WHG i. V. m. § 11 VAwS bzw. § 16 Abs. 1 VbF als Sachverständiger zugelassen ist oder
– vergleichbare Kenntnisse und Fertigkeiten nachweisen kann.

Warum die Forderung nach Bestellung eines Gewässerschutzbeauftragten durch die zuständige Behörde erhoben werden soll, kann an den Grundsätzen für die zusätzlichen Maßnahmen nach § 19 i Satz 4 Entwurf WHG orientiert werden.

Darüber hinaus kann die Notwendigkeit eines Gewässerschutzbeauftragten in Abhängigkeit zu

– dem Aufstellungsort der Anlage und/oder
– dem Gefährdungspotential des Stoffes und/oder
– dem Lagervolumen

gebracht werden.

9. Untersuchungen

Zukünftig kann die zuständige Behörde im Rahmen der Pflichtaufgaben für den Anlagenbetreiber besondere Maßnahmen zur Beobachtung der Gewässer und des Bodens auferlegen, soweit dies zur Erkennung von Verunreinigungen erforderlich ist.
Diese zusätzlichen Maßnahmen (z. B. Analysen von Wasser- und Bodenproben) sollen über die allgemeine Überwachung und Überprüfung hinaus sicherstellen, daß Grundwasserverunreinigungen und Bodenkontaminationen frühzeitig erkannt und beseitigt werden können. Besonders wichtig wird dies bei unterirdischen Anlagen sein.
Bei der Festlegung der Maßnahmen ist der Verhältnismäßigkeitsgrundsatz zu beachten. Notwendigkeit und Umfang sind dabei von verschiedenen Einflußfaktoren abhängig.
Zur Handhabung der Entscheidungshilfe (Abb. 10) ist zunächst die Lagerart (ober-/

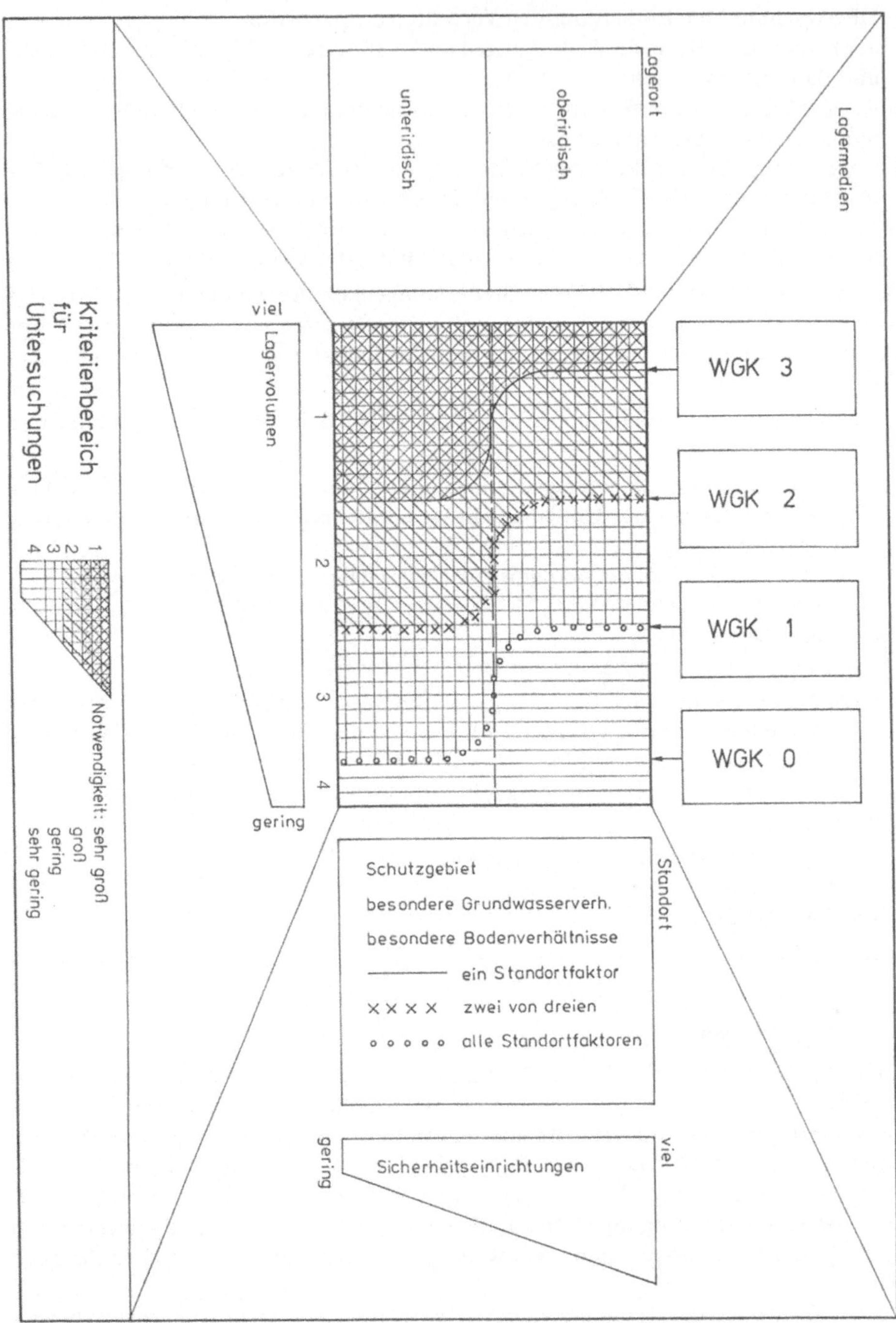

Abb. 10. Entscheidungshilfe für die Forderung von zusätzlichen Maßnahmen

unterirdisch) zu betrachten. Bei oberirdischer Anlage den oberirdischen Bereich be-
nutzen, andernfalls den unteren. Die Abfrage bei Sicherheitseinrichtungen (gering
bis viel) ist für beide Bereiche analog anzuwenden. Die Abfrage Lagervolumen (gering bis viel) ist auf den jeweils einer WGK-Klasse zugeordneten Standortfaktorbereich zu beziehen. Dabei ist bei unterirdischen Anlagen der Standortfaktorbereich gegenüber oberirdischen Anlagen immer eine WGK-Klasse höher festgelegt. Danach
wird mittels Standortfaktoren (kein/ein, zwei oder alle) der Bereich aufgesucht, der
einer WGK-Klasse zugeordnet ist. Grundsätzlich können jetzt drei Unterfälle auftreten:

Unterfall 1

Das Lagermedium in der zu betrachtenden Anlage hat eine größere WGK-Klasse als
diejenige, die sich aus der Zuordnung bei der Standortfaktorbestimmung ergeben hat.
Dann ist auf den der größeren WGK-Klasse zugeordneten Standortfaktorbereich zurückzugreifen.

Unterfall 2

Das Lagermedium in der zu betrachtenden Anlage hat eine geringere WGK-Klasse
als diejenige, die sich aus der Zuordnung bei der Standortfaktorbestimmung ergeben
hat. Dann ist auf den der geringeren WGK-Klasse zugeordneten Standortfaktorbereich zurückzugreifen.

Unterfall 3

Das Lagermedium in der zu betrachtenden Anlage hat die gleiche WGK-Klasse wie
diejenige, die sich aus der Zuordnung bei der Standortfaktorbestimmung ergeben hat.
Dann ist die Entscheidung in diesem Bereich zu fällen.

(Beispiel s. S. 206)

Beispiel		1	2	3
Vorgaben	① Lagerart	oberirdisch	unterirdisch	oberirdisch
	② Standort	1 Standortfaktor	2 Standortfaktoren	3 Standortfaktoren
	③ Lagermedien	WGK 2	WGK 1	WGK 3
	④ Lagervolumen	viel	gering	gering
	⑤ Sicherheits-einrichtungen	gering	viel	gering
Anwendung von Abb. 10	aus ① folgt	oberer Teil	unterer Teil	oberer Teil
	aus ② folgt	WGK-Bereich 3	WGK-Bereich 1	WGK-Bereich 1
	aus ③ folgt	WGK-Bereich 2	WGK-Bereich 1	WGK-Bereich 3
	zu betrachtender WGK-Bereich	2	1	3
	gemäß Unterfall	2	3	1
	aus ④ folgt Kriterienbereich	2	3	2
	aus ⑤ folgt Kriterienbereich	2	3	1
	aus ① bis ⑤ folgt Notwendigkeit von zusätzlichen Maßnahmen	groß	gering	sehr groß

3 Katalog wassergefährdender Stoffe

3.1 Katalog wassergefährdender Stoffe

Bek. d. BMI v. 1. 3. 1985 (GMBl. S. 175)

1 Einführung

Die aktualisierte und erweiterte Fassung des Kataloges wassergefährdender Stoffe wird hiermit bekanntgegeben. Sie wurde von der „Kommission Bewertung wassergefährdender Stoffe" (KBwS) erarbeitet und vom Beirat „Lagerung und Transport wassergefährdender Stoffe" beim BMI (LTwS) sowie der Länderarbeitsgemeinschaft Wasser (LAWA) gebilligt. Gleichzeitig wird der Katalog wassergefährdender Stoffe in der Fassung der Bekanntmachung vom 11. September 1980 (GMBl. S. 430) aufgehoben. Der Katalog wird fortgeschrieben.

2 Vorwort

Der Begriff „wassergefährdende Stoffe" ist in wasserrechtlichen Bestimmungen nur allgemein umschrieben (vgl. §§ 19 a und 19 g Wasserhaushaltsgesetz – WHG –). Die für den Vollzug des Wasserrechts zuständigen obersten Landesbehörden haben deshalb bereits 1970 einen Katalog wassergefährdender Flüssigkeiten zusammengestellt und bekanntgemacht. Dieser Katalog wurde 1980 durch einen „Katalog wassergefährdender Stoffe" ersetzt, den der Beirat „Lagerung und Transport wassergefährdender Stoffe" (LTwS) beim Bundesminister des Innern unter Mitwirkung der Länderarbeitsgemeinschaft Wasser (LAWA) erarbeitet hatte. Für die Einstufung der Stoffe und die Fortschreibung des Kataloges ist beim Beirat LTwS ein Ausschuß „Kommission Bewertung wassergefährdender Stoffe" eingerichtet worden, in dem Bund, Länder und Industrie vertreten sind.

Der Katalog wassergefährdender Stoffe soll beim Vollzug wasserrechtlicher Vorschriften Berücksichtigung finden.

Der Katalog erfaßt eine Reihe von Stoffen, die vornehmlich im Verkehr sind. Die Stoffe sind nach ihrem Wassergefährdungspotential in vier Wassergefährdungsklassen (WGK) eingeteilt:

WGK 3: stark wassergefährdende Stoffe

WGK 2: wassergefährdende Stoffe

WGK 1: schwach wassergefährdende Stoffe

WGK 0: im allgemeinen nicht wassergefährdende Stoffe.

Zur Bewertung des Wassergefährdungspotentials werden ausschließlich Stoffeigenschaften herangezogen. In erster Linie sind dies die akute Toxizität insbesondere gegenüber Säugetieren, Bakterien und Fischen, das Abbauverhalten sowie Langzeitwirkungen und physikalisch-chemische Merkmale. (Siehe „Bewertung wassergefährdender Stoffe", Umweltbundesamt [Hrsg.], LTwS-Nr. 10, Berlin 1979 und „Merkblatt für Anträge zur Einstufung wassergefährdender Stoffe im Sinne des § 19 g WHG", Bekanntmachung des Bundesministers des Innern vom 20. 4. 1983 [GMBl. vom 31. Mai 1983, S. 263].)

Die Einteilung der Stoffe in Wassergefährdungsklassen ermöglicht angemessene Sicherheitsvorkehrungen zum Schutz der Gewässer beim Lagern, Abfüllen, Umschlagen und Befördern wassergefährdender Stoffe. Diese Sicherheitsvorkehrungen können in allgemein differenzierenden Regelanforderungen, z. B. an Behältnisse, Lagervolumen, Anlagenausstattung, Überwachungs- und Anzeigepflichten, zum Ausdruck kommen. Die Einteilung in einzelne WGK kann darüber hinaus auch wichtige Anhaltspunkte für Maßnahmen nach Schadensfällen mit wassergefährdenden Stoffen geben.

Es ist offenkundig, daß bei der Bewertung des Wassergefährdungspotentials eines Stoffes der Vielschichtigkeit möglicher Wirkungen auf Gewässer nur begrenzt Rechnung getragen werden kann. Im Einzelfall sind deshalb bei der Beurteilung der Wassergefährdung über die WGK hinaus noch weitere Gesichtspunkte zu berücksichtigen. Stoffe, die im Katalog z. B. als allgemein nicht wassergefährdend (WGK 0) bezeichnet sind, können u. U. bei besonderen örtlichen Verhältnissen dennoch besondere Sicherheitsmaßnahmen erfordern.

Noch nicht im Katalog aufgenommene Stoffe sind vorsorglich als wassergefährdend anzusehen, solange über die Einstufung noch nicht entschieden ist.

Für Anträge auf Einstufung von Stoffen in eine Wassergefährdungsklasse ist im GMBl. vom 31. 5. 1983, S. 263 das o. a. Merkblatt bekanntgemacht worden. Entsprechende Anträge können über die obersten Wasserbehörden an die Geschäftsstelle des Beirates LTwS oder gegebenenfalls an das Institut für Bautechnik gerichtet werden.

Anträge, die in unmittelbarem Zusammenhang mit einem wasserrechtlichen Zulassungsverfahren stehen, werden mit Vorrang bearbeitet, insbesondere wenn sie von allgemeinem Interesse sind.

Lebensmittel werden als im allgemeinen nicht wassergefährdend angesehen.

3 Aufbau des Katalogs

Der Katalog ist in folgende Abschnitte unterteilt:

3.1 Gruppentabellen (Tab. 1–4)

In den Gruppentabellen werden die Stoffe alphabetisch geordnet nach Wassergefährdungsklassen zusammengefaßt. Außerdem werden die Bewertungszahlen für die akuten Toxizitäten gegenüber Säugetieren, Fischen und Bakterien vermerkt. Hohe Bewertungszahlen weisen auf eine hohe Toxizität hin. Wenn die biologische Abbaubarkeit oder sonstige Kriterien für die Klassifizierung des Stoffes maßgeblich waren, ist dies durch ein Plus- (Bonus) bzw. Minuszeichen (Malus) angegeben. Als sonstige Kriterien kommen u. a. in Betracht:

– physikalisch-chemische Eigenschaften (Dichte, Flüchtigkeit, Löslichkeit etc.)
– abiotische Abbaubarkeit
– organoleptische Eigenschaften (z. B. Geruch)
– Eliminations- und Verteilungsmechanismen
– hohe bekannte bzw. zu vermutende Bioakkumulierbarkeit
– chronisch-toxische Wirkungen (z. B. Kanzerogenität)
– akute Toxizität gegenüber anderen Wasserorganismen, insbesondere Algen und
  Daphnien
– allgemeine Erfahrungen und Kenntnisse über die Gefährlichkeit des Stoffes.

Die Einstufung insbesondere einiger Ionenverbindungen erfolgte in Analogie zur
Bewertung von Modellverbindungen. Bei diesen Stoffen ist auf die für die Einstufung
maßgebende Modellverbindung verwiesen.

3.2 Änderung von Klassifizierungen und Stoffbezeichnungen (Tab. 5)

In dieser Tabelle sind die Stoffe verzeichnet, deren Klassifizierung oder Stoffbezeichnung sich gegenüber dem Katalog in der zuletzt gültigen Fassung geändert hat.

3.3 Auflistung klassifizierter Stoffe zu UN-Nummern (Tab. 6)

In dieser Auflistung sind im Katalog verzeichnete Stoffe in der Reihenfolge ihrer
UN-Nummern und unter Angabe ihrer WGK aufgeführt. Auf diese Weise ist bei Unfällen mit wassergefährdenden Stoffen anhand der UN-Nummer eine rasche Information über das Wassergefährdungspotential möglich.

3.4 Auflistung der VbF- und GGVS-Klassifizierungen
der in Wassergefährdungsklassen eingestuften Stoffe (Tab. 7)

In dieser Tabelle sind die klassifizierten Stoffe in der Reihenfolge ihrer Kennummern
aufgelistet. Neben der Wassergefährdungsklasse (WGK) werden als Hinweise auf
weitere Gefährdungsmerkmale die Klassifizierungen entsprechend der Verordnung
über brennbare Flüssigkeiten (VbF) und der Gefahrgutverordnung Straße (GGVS)
nach Angaben der Physikalisch-Technischen Bundesanstalt und des Staatl. Material-
prüfungsamts Nordrhein-Westfalen aufgeführt.

3.5 Stoffindex (Tab. 8)[1]

Die im Katalog verzeichneten Stoffe sind unter ihren verschiedenen Bezeichnungen
alphabetisch aufgeführt und mit einer Kennummer versehen. Bei Synonymen wird
auf die in den Gruppentabellen verwendete Stoffbezeichnung verwiesen. Es folgt die
Angabe der Wassergefährdungsklasse (WGK).

4 Zuordnung der WGK bei Gemischen

4.1   Bei Gemischen richtet sich die Wassergefährdungsklasse nach den am Gemisch
selbst ermittelten Daten. Solange solche Daten nicht vorliegen, ist die Teilkompo-

---

[1] Synonymliste hier nicht abgedruckt

nente mit der höchsten WGK für die Einstufung maßgebend. Dabei sind auch die Massenanteile und Löslichkeiten der Bestandteile des Gemisches zu beachten.

4.2 Bei der Bewertung sind Fachleute beizuziehen. Im Zweifelsfall entscheidet die „Kommission Bewertung wassergefährdender Stoffe" (KBwS).

4.3 Beispiele

4.3.1 Zubereitung (z. B. Holzschutzmittel XY)

Einzelkomponenten: X (WGK 1), Y (WGK 2)
Mischungsverhältnis: X : Y = 3 : 1
Holzschutzmittel XY kann in WGK 2 einzustufen sein.

4.3.2 Wäßrige Lösung (z. B. leicht wasserlösliches Gas Z)

Gesättigte Lösung des Gases Z hat WGK 2.
Stark verdünnte Lösung kann unter Beiziehung von Fachleuten in WGK 1 einzustufen sein.

4.3.3 Wirkstoff (z. B. Herbizid A)

Herbizid A (WGK 1) mit 0,1–1% Verunreinigung B (WGK 3)
Herbizid A kann WGK 1 bis 3 bekommen; Kommission ist einzuschalten.

Tab. 1   Stark wassergefährdende Stoffe (WGK 3)

Kenn-nummer	Stoffbezeichnung	Aggregat-zustand [1]	Wasser-löslich-keit [2] [mg/l]	Bewertungszahlen für die akute Toxizität gegenüber			Biologische Abbau-barkeit [3]	Sonstige Kriterien [3]	Wasser-gefähr-dungs-klasse WGK
				Säuge-tieren	Fischen	Bakterien			
7	Acetoncyanhydrin	flüssig	m.	7	5,8		O	O	3
10	Acrylnitril	flüssig	50 000	5	4,6		O	–	3
438	Altöle	flüssig	s. l.				O	–	3
289	Ammoniumarsenat	fest	l.	Entsprechend Natriumarsenat				O	3
290	Ammoniumdichromat	fest	360 000	Entsprechend Natriumdichromat				O	3
299	Arsen(III)-oxid	fest	21 000	Entsprechend Natriumarsenat				O	3
300	Arsen(V)-oxid	fest	l. l.	Entsprechend Natriumarsenat				O	3
301	Arsensäure	fest	l. l.	Entsprechend Natriumarsenat				O	3
214	Arsenwasserstoff	gasförmig	700	5,7			O	–	3
303	Bariumcyanid	fest	80 000	Entsprechend Natriumcyanid				O	3
29	Benzol	flüssig	1 800	1	4,5	4,0	O	–	3
309	Blausäure	flüssig	m.	Entsprechend Natriumcyanid				O	3
310	Blei(II)-arsenat	fest	s. l.	Entsprechend Natriumarsenat				O	3
311	Blei(II)-arsenit	fest	s. l.	Entsprechend Natriumarsenat				O	3
312	Blei(II)-cyanid	fest	l.	Entsprechend Natriumcyanid				O	3
35	Bleitetraethyl	flüssig	300						3
49	Cadmiumnitrat	fest	1 100 000	3	3,8	6,8	O	–	3
360	Calciumarsenat	fest	130	Entsprechend Natriumarsenat				O	3
316	Calciumarsenit	fest	s. l.	Entsprechend Natriumarsenat				O	3
319	Calciumcyanid	fest	l. l.	Entsprechend Natriumcyanid				O	3
229	2-Chlorethanol	flüssig	m.	5		2,6	O	–	3
327	Chromschwefelsäure	flüssig	m.	Entsprechend Natriumdichromat				O	3
328	Chromtrioxid (Chromsäure)	fest	617 000	Entsprechend Natriumdichromat				O	3
329	Chromylchlorid	flüssig	hydr.	Entsprechend Natriumdichromat				O	3
239	Crotonaldehyd	flüssig	181 000	3	5,7	4,8	O	–	3
70	p,p'-DDT	fest	$1{,}2{.}10^{-3}$	5	6,7		O	–	3
241	1,2-Dibromethan	flüssig	4 000	5	4,8	3,7	–	–	3
102	1,2-Dichlorethan	flüssig	8 690	3	3,5	3,2	–	–	3
244	2,4-Dichlorphenol	fest	4 500	3	5,3	5,2	–	–	3
245	1,3-Dichlorpropen (cis u. trans)	flüssig	1 000	5	5,0		–	–	3
246	2,3-Dichlorpropen	flüssig	s. l.	3	5,0		O	–	3
249	Dimethoat	fest	25 000	3	5,0		–	–	3
251	2,4-Dinitrotoluol	fest	300	3	5,1	4,4	–	–	3
92	Epichlorhydrin	flüssig	60 000	5	4,6	4,3	O	–	3
108	Ethylenimin	flüssig	m.	7	5,7	5,3	O	–	3
130	Hydrazin	flüssig	m.	7	6,3	7,9	O	–	3
335	Kaliumarsenat	fest	l. l.	Entsprechend Natriumarsenat				O	3
336	Kaliumarsenit	fest	l. l.	Entsprechend Natriumarsenat				O	3
338	Kaliumcyanid	fest	630 000	Entsprechend Natriumcyanid				O	3
339	Kaliumdichromat	fest	125 000	Entsprechend Natriumdichromat				O	3
351	Kaliumtetracyanomercurat(II)	fest	l.	Entsprechend Quecksilber(II)-chlorid				O	3
352	Kaliumtetrajodomercurat(II)	fest	l.	Entsprechend Quecksilber(II)-chlorid				O	3
355	Kupfer(II)-arsenit	fest	s. l.	Entsprechend Natriumarsenat				O	3
356	Kupfer(II)-arsenitacetat	fest	s. l.	Entsprechend Natriumarsenat				O	3
143	Lindan	fest	10	5	6,6		O	–	3
361	Magnesiumarsenat	fest	l.	Entsprechend Natriumarsenat				O	3
144	Mercaptane								3
264	Methylbromid	gasförmig	17 500	5	5,0		O	–	3
266	Methylisothiocyanat	fest	7 600	5	6,4	6,5	O	–	3
267	Methylmercaptan	gasförmig	23 300		>6,0		O	–	3
23	Natriumarsenat	fest	l. l.	3	4,0	4,6	O	–	3
368	Natriumarsenit	fest	l. l.	Entsprechend Natriumarsenat				O	3
60	Natriumcyanid	fest	583 000	7	7,2	8,7	O	O	3
56	Natriumdichromat	fest	1 800 000	5	3,2	6,0	O	–	3
381	Natriumpentachlorphenolat	fest	l.	Entsprechend Pentachlorphenol				O	3
273	Omethoat	fest	l.	5	4,6	2,6	–	–	3

[1]) im allgemeinen bei 25° C und 1 bar
[2]) im allgemeinen bei 20° C oder Angabe: m. (mischbar); l. l. (leicht löslich); l. (löslich); s. l. (schwer löslich); hydr. (rasche Hydrolyse)
[3]) Es bedeuten: – = Malus; + = Bonus; O = nicht berücksichtigt

Tab. 1   (Fortsetzung) Stark wassergefährdende Stoffe (WGK 3)

Kenn-nummer	Stoffbezeichnung	Aggregatzustand [1]	Wasserlöslichkeit [2] [mg/l]	Bewertungszahlen für die akute Toxizität gegenüber			Biologische Abbaubarkeit [3]	Sonstige Kriterien [3]	Wassergefährdungsklasse WGK
				Säugetieren	Fischen	Bakterien			
167	Parathionethyl	fest	24	7	6,3		O	O	3
274	Parathionmethyl	fest	50	7	6,2		–	–	3
275	Pentachlorphenol	fest	20	5	7,0		–	–	3
393	Quecksilber	flüssig	s. l.	Entsprechend Quecksilber(II)-chlorid				O	3
394	Quecksilber(II)-acetat	fest	l. l.	Entsprechend Quecksilber(II)-chlorid				O	3
395	Quecksilber(II)-arsenat	fest	s. l.	Entsprechend Quecksilber(II)-chlorid				O	3
396	Quecksilber(II)-benzoat	fest	l.	Entsprechend Quecksilber(II)-chlorid				O	3
397	Quecksilber(I)-bromid	fest	s. l.	Entsprechend Quecksilber(II)-chlorid				O	3
398	Quecksilber(II)-bromid	fest	6 000	Entsprechend Quecksilber(II)-chlorid				O	3
399	Quecksilber(I)-chlorid	fest	s. l.	Entsprechend Quecksilber(II)-chlorid				O	3
180	Quecksilber(II)-chlorid	fest	62 000	5	6,2	7,9	O	O	3
400	Quecksilber(II)-cyanid	fest	l. l.	Entsprechend Quecksilber(II)-chlorid				O	3.
401	Quecksilber(II)-diamminchlorid	fest	s. l.	Entsprechend Quecksilber(II)-chlorid				O	3
402	Quecksilber(II)-disulfat	fest	l.	Entsprechend Quecksilber(II)-chlorid				O	3
403	Quecksilber(II)-gluconat	fest	l.	Entsprechend Quecksilber(II)-chlorid				O	3
404	Quecksilber(II)-jodid	fest	s. l.	Entsprechend Quecksilber(II)-chlorid				O	3
405	Quecksilber(I)-nitrat	fest	l.	Entsprechend Quecksilber(II)-chlorid				O	3
406	Quecksilber(II)-nitrat	fest	l. l.	Entsprechend Quecksilber(II)-chlorid				O	3
407	Quecksilber(II)-oleat	fest	l.	Entsprechend Quecksilber(II)-chlorid				O	3
408	Quecksilber(II)-oxid	fest	50	Entsprechend Quecksilber(II)-chlorid				O	3
409	Quecksilber(II)-oxidcyanid	fest	12 500	Entsprechend Quecksilber(II)-chlorid				O	3
410	Quecksilber(II)-salicylat	fest	l.	Entsprechend Quecksilber(II)-chlorid				O	3
411	Quecksilber(I)-sulfat	fest	s. l.	Entsprechend Quecksilber(II)-chlorid				O	3
412	Quecksilber(II)-sulfat	fest	600 000	Entsprechend Quecksilber(II)-chlorid				O	3
413	Quecksilber(II)-thiocyanat	fest	s. l.	Entsprechend Quecksilber(II)-chlorid				O	3
333	Säureteer	flüssig/fest	s. l.				–	–	3
437	Schmieröle (emulgierbare)	flüssig	emulg.				O	–	3
284	Selenwasserstoff	gasförmig	9 800				O	–	3
421	Silberarsenit	fest	s. l.	Entsprechend Natriumarsenat				O	3
185	Silbernitrat	fest	2 192 000	5	6,4	8,2	O	O	3
287	Tetrachlorethen	flüssig	160	1	3,9	4,3	–	–	3
189	Tetrachlorkohlenstoff	flüssig	800	1	4,9	4,5	–	–	3
198	1,1,1-Trichlorethan	flüssig	1 300	1	3,9	4,0	–	–	3
199	Trichlorethen	flüssig	1 100	1	3,9	4,2	–	–	3
425	Zinkarsenat	fest	s. l.	Entsprechend Natriumarsenat				O	3
426	Zinkarsenit	fest	s. l.	Entsprechend Natriumarsenat				O	3
428	Zinkcyanid	fest	5	Entsprechend Natriumcyanid				O	3

[1] im allgemeinen bei 25° C und 1 bar
[2] im allgemeinen bei 20° C oder Angabe: m. (mischbar); l. l. (leicht löslich); l. (löslich); s. l. (schwer löslich); hydr. (rasche Hydrolyse)
[3] Es bedeuten: – = Malus; + = Bonus; O = nicht berücksichtigt

Tab. 2   Wassergefährdende Stoffe (WGK 2)

Kenn-nummer	Stoffbezeichnung	Aggregat-zustand [1]	Wasser-löslich-keit [2] [mg/l]	Bewertungszahlen für die akute Toxizität gegenüber			Biologische Abbau-barkeit [3]	Son-stige Krite-rien [3]	Was-ser-gefähr-dungs-klasse WGK
				Säuge-tieren	Fischen	Bakterien			
1	Acetaldehyd	flüssig	m.	3	3,9		O	–	2
5	Acetessigsäuremethylester	flüssig	350 000						2
8	Acetonitril	flüssig	m.	1	2,2	3,2	O	–	2
9	Acrolein	flüssig	265 000	5	5,6	6,7	O	O	2
208	Acrylsäureethylester	flüssig	15 000	3	4,5	3,6	O	–	2
147	Acrylsäuremethylester	flüssig	60 000	5	5,1	4,3	O	O	2
14	Allylamin	flüssig	m.	5	4,2	3,2	O	O	2
211	Ammoniak	gasförmig	541 000	3	5,8		O	–	2
295	Ammoniumpikrat	fest	l.		Entsprechend Pikrinsäure			O	2
297	Ammoniumsulfid	fest	1 280 000		Entsprechend Natriumsulfid			O	2
20	Anilin	flüssig	34 000	3	4,2	3,9	O	–	2
298	Anilinhydrochlorid	fest	107 000		Entsprechend Anilin			O	2
21	Anisol	flüssig	l.	5	3,9		O	O	2
24	Atrazin	fest	70	1	4,5		O	–	2
302	Bariumchlorat	fest	256 000		Entsprechend Kaliumchlorat			O	2
31	Benzonitril	flüssig	s. l.	5	4,0	5,0	O	O	2
33	Benzylchlorid	flüssig	460	3	5,5	5,3	O	O	2
34	Berrylliumnitrat	fest	l. l.	3	3,9	6,5	O	O	2
36	Blei(II)-acetat	fest	456 000	1	3,1	5,5	O	–	2
313	Blei(II)-nitrat	fest	343 000		Entsprechend Blei(II)-acetat			O	2
314	Blei(II)-perchlorat	fest	l. l.		Entsprechend Blei(II)-acetat			O	2
318	Calciumchlorat	fest	1 780 000		Entsprechend Kaliumchlorat			O	2
50	Carbaryl	fest	s. l.	3	4,7		O	–	2
223	Chlor	gasförmig	7 300		6,4		O	+	2
51	Chloralhydrat	flüssig	m.	3	2,8	5,8	O	–	2
224	4-Chloranilin	fest	3 000	3	4,6	4,0	–	–	2
225	2-Chlorbenzoesäure	fest	2 100	1	3,7		–	O	2
226	4-Chlorbenzoesäure	fest	77	1	3,3		–	O	2
53	Chlorbenzol	flüssig	490	1	4,7	4,8	O	–	2
227	Chloressigsäure	fest	> 800 000	5	4,4	2,3	O	–	2
228	Chloressigsäuremethylester	flüssig	50 000	5	5,0	4,5	+	–	2
231	4-Chlor-3-methylphenol	fest	8 000	3	5,0	5,0	O	O	2
232	1-Chlornaphtalin	flüssig	s. l.	3	5,4		O	O	2
233	4-Chlornitrobenzol	fest	s. l.	3	4,7	4,3	–	O	2
54	Chloroform	flüssig	8 200	1	3,8	3,9	O	–	2
234	2-Chlorphenol	flüssig	28 500	3	5,0	4,5	O	O	2
55	2-Chlortoluol	flüssig	s. l.	1	4,1	4,8	O	–	2
237	4-Chlortoluol	flüssig	s. l.	1	5,0		O	–	2
59	Cumolhydroperoxid	flüssig	l.	3	4,9		O	–	2
67	Cyclohexylamin	flüssig	m.	5	3,7	3,4	O	O	2
242	2,3-Dibrompropanol-1	flüssig	l.	5	3,6		–	O	2
73	Di-n-butylether	flüssig	300		4,2		O	–	2
74	1,2-Dichlorbenzol	flüssig	150	3	4,5	4,8	O	O	2
149	Dichlormethan	flüssig	20 000	1	3,3	3,3	O	–	2
75	2,3-Dichlorphenol	fest	l.						2
76	Dieselkraftstoff	flüssig	ca. 10	1	3,9	6,1 [4]	O	–	2
248	Diethylamin	flüssig	m.	3	3,3	2,2	O	–	2
78	1,2-Diethylbenzol	flüssig	200	3	4,5		O	–	2
250	Dimethylamin	gasförmig	l. l.	3	3,3	4,5	+	–	2
82	2,4-Dimenthylanilin	flüssig	l.	3	3,7	5,1	O	–	2
84	1,3-Dinitrobenzol	fest	650	5	5,0	4,9	O	O	2
85	Dinoseb	fest	50	5	5,7		O	–	2
331	Dischwefelsäure (Oleum)	flüssig	hydr.		Entsprechend Schwefelsäure			–	2
146	Essigsäuremethylester	flüssig	292 000						2
171	Essigsäurephenylester	flüssig	l.	3	4,9	3,9	O	–	2

[1]) im allgemeinen bei 25° C und 1 bar
[2]) im allgemeinen bei 20° C oder Angabe: m. (mischbar); l. l. (leicht löslich); l. (löslich); s. l. (schwer löslich); hydr. (rasche Hydrolyse)
[3]) Es bedeuten: − = Malus; + = Bonus; O = nicht berücksichtigt
[4]) Toxizität bezogen auf den wäßrigen Extrakt
[5]) Kinem. Viskosität bei 20°C kleiner 30 cSt

Tab. 2   (Fortsetzung) Wassergefährdende Stoffe (WGK 2)

Kenn-nummer	Stoffbezeichnung	Aggregat-zustand [1]	Wasser-löslich-keit [2] [mg/l]	Bewertungszahlen für die akute Toxizität gegenüber			Biologische Abbau-barkeit [3]	Son-stige Krite-rien [3]	Was-ser-gefähr-dungs-klasse WGK
				Säuge-tieren	Fischen	Bakterien			
203	Essigsäurevinylester	flüssig	20 000	1	4,6	5,2	O	−	2
252	N-Ethylanilin	flüssig	l.	3	4,0	3,8	+	−	2
103	Ethylendiamin	flüssig	m.	3	3,4	6,1	O	O	2
253	Ethylenoxid	gasförmig	l. l.	3	4,0		O	−	2
134	2-Ethylhexanol-1	flüssig	1 000		4,6	4,2	O	−	2
109	2-Ethylhexylamin-1	flüssig	2 500	3	4,8	4,1	O	O	2
156	Fluoressigsäure	fest	l. l.	7	3,6	4,2	O	O	2
112	Formaldehyd	gasförmig	l. l.	3	4,3	4,9	O	O	2
113	Furfural	flüssig	83 000	5	4,5	4,8	O	O	2
117	Glycolsäure-n-butylester	flüssig	46 000						2
119	Heizöl EL	flüssig	ca. 10	1	3,6	6,1 [4]	O	−	2
123	Hexachlorbutadien	flüssig	500	3			O	−	2.
128	Hydrochinon	fest	72 000	3	6,8	4,2	O	O	2
132	Isobuttersäurenitril	flüssig	l.	5	3,6		O	O	2
334	Kaliumantimonyltartrat	fest	59 000	3	4,7	5,1	O	O	2
52	Kaliumchlorat	fest	70 000	3	2,5	2,7	O	−	2
340	Kaliumfluoracetat	fest	l. l.	Entsprechend Fluoressigsäure				O	2
344	Kaliumhydrogensulfid	fest	l. l.	Entsprechend Natriumsulfid				O	2
347	Kaliumnitrit	fest	290 000	Entsprechend Natriumnitrit				O	2
350	Kaliumsulfid	fest	l. l.	Entsprechend Natriumsulfid				O	2
353	Königswasser	flüssig	m.	Entsprechend Chlor und Nitrosylchlorid				O	2
140	m-Kresol	flüssig	31 000	3	4,7	4,3	O	O	2
357	Kupfer(II)-chlorat	fest	207 000	Entsprechend Kupfer(II)-sulfat				O	2
358	Kupfer(I)-chlorid	fest	120	Entsprechend Kupfer(II)-sulfat				O	2
359	Kupfer(II)-chlorid	fest	427 000	Entsprechend Kupfer(II)-sulfat				O	2
141	Kupfer(II)-sulfat	fest	l. l.	3	5,7	7,1	O	O	2
258	Linuron	fest	75	3	4,9		O	−	2
362	Magnesiumchlorat	fest	l. l.	Entsprechend Kaliumchlorat				O	2
263	Methylamin	gasförmig	l. l.	5	4,7		O	O	2
265	Methylchlorid	gasförmig	5 000		3,3	3,3	O	−	2
157	Monolinuron	fest	580	1	4,1	5,0	O	−	2
269	Naphthalin	fest	300	3	5,0		O	O	2
369	Natriumchloracetat	fest	l. l.	Entsprechend Chloressigsäure				O	2
370	Natriumchlorat	fest	916 000	Entsprechend Kaliumchlorat·				O	2
372	Natriumfluoracetat	fest	l. l.	Entsprechend Fluoressigsäure				O	2
377	Natriumhydrogensulfid	fest	500 000	Entsprechend Natriumsulfid				O	2
161	Natriumnitrit	fest	82 000	7	3,5	3,7	O	O	2
384	Natriumphenolat	fest	l.	Entsprechend Phenol				O	2
385	Natriumselenat	fest	l.	Entsprechend Natriumselenit				O	2
184	Natriumselenit	fest	l.	7	4,0	4,6	O	O	2
188	Natriumsulfid	fest	188 000	7	4,6	5,4	O	O	2
159	Nickel(II)-chlorid	fest	553 000	3	3,5	8,3	O	O	2
387	Nickel(II)-nitrat	fest	940 000	Entsprechend Nickel(II)-chlorid				O	2
388	Nickel(II)-nitrit	fest	l. l.	Entsprechend Nickel(II)-chlorid				O	2
389	Nitriersäure	flüssig	m.	Entsprechend Schwefelsäure				−	2
162	4-Nitroanilin	fest	600	3	4,5	5,4	O	O	2
163	Nitrobenzol	flüssig	1 900	3	4,2	5,2	O	O	2
271	Nitrosylchlorid	gasförmig	hydr.				O	−	2
164	2-Nitrotoluol	flüssig	40	3	4,5	4,7	O	O	2
272	4-Nonylphenol (Gemisch verzweigter Isomerer)	flüssig	s. l.	1	5,9		O	−	2
204	Ottokraftstoffe	flüssig	ca. 120	1	4,4—5,7	4,6—5,4 [4]	O	−	2
170	Phenol	fest	82 000	3	4,6	4,2	O	O	2
277	Phosphorwasserstoff	gasförmig	330	7	5,4		O	+	2
278	Phthalsäurebenzyl-n-butylester	flüssig	100	1	4,8	5,0	+	−	2

[1]) im allgemeinen bei 25° C und 1 bar
[2]) im allgemeinen bei 20° C oder Angabe: m. (mischbar); l. l. (leicht löslich); l. (löslich); s. l. (schwer löslich); hydr. (rasche Hydrolyse)
[3]) Es bedeuten: − = Malus; + = Bonus; O = nicht berücksichtigt
[4]) Toxizität bezogen auf den wäßrigen Extrakt
[5]) Kinem. Viskosität bei 20°C kleiner 30 cSt

Tab. 2 (Fortsetzung) Wassergefährdende Stoffe (WGK 2)

Kenn-nummer	Stoffbezeichnung	Aggregat-zustand [1]	Wasser-löslich-keit [2] [mg/l]	Bewertungszahlen für die akute Toxizität gegenüber			Biologische Abbau-barkeit [3]	Son-stige Krite-rien [3]	Was-ser-gefähr-dungs-klasse WGK
				Säuge-tieren	Fischen	Bakterien			
173	Phthalsäurediallylester	flüssig	100	3	6,4	4,0	O	O	2
174	Phthalsäurediethylester	flüssig	400	3	4,3		O	–	2
175	Pikrinsäure	fest	14 000	5	3,5	3,0	O	–	2
177	Propargylalkohol	flüssig	m.	5	5,7	3,8	O	O	2
179	Pyridin	flüssig	m.	3	3,6	3,5	O	–	2
440	Rohöle (leichtflüssige) [5]	flüssig	ca. 40	1	5,0	5,7 [4]	O	–	2
181	Salicylaldehyd	flüssig	l.	3	5,4	5,0	O	O	2
415	Salpetersäure (rauchende)	flüssig	m.		Entsprechend Schwefelsäure			–	2
436	Schmieröle (legierte, nicht emulgierbare)	flüssig	ca. 3	1		5,0 [4]	O	–	2
183	Schwefelkohlenstoff	flüssig	2 200	3	4,0		O	–	2
417	Schwefeltrioxid	fest	hydr.		Entsprechend Schwefelsäure			–	2
283	Schwefelwasserstoff	gasförmig	6 720	7	6,3	5,8	O	+	2
419	Selendioxid	fest	384 000		Entsprechend Natriumselenit			O	2
420	Selensäure	fest	l. l.		Entsprechend Natriumselenit			O	2
187	Styrol	flüssig	320	1	4,8	4,1	O	–	2
422	Thallium(I)-chlorat	fest	l. l.		Entsprechend Thallium(I)-nitrat			O	2
192	Thallium(I)-nitrat	fest	96 000	7	3,6	4,3	O	O	2
423	Thallium(III)-nitrat	fest	l. l.		Entsprechend Thallium(I)-nitrat			O	2
195	o-Toluidin	flüssig	15 000	3	3,9	4,8	O	–	2
194	Toluol	flüssig	470	1	4,2	4,5	O	–	2
200	2,4,5-Trichlorphenoxyessigsäure	fest	278	3	3,3		–	–	2
139	Turbinenkraftstoffe	flüssig	5—40	1	3,9	4,9—6,0 [4]	O	–	2
206	Xylol (alle Isomere)	flüssig	200	3	4,1		O	–	2
427	Zinkchlorat	fest	2 620 000		Entsprechend Kaliumchlorat			O	2
431	Zinkphosphid	fest	hydr.		Entsprechend Phosphorwasserstoff			O	2

[1] im allgemeinen bei 25° C und 1 bar
[2] im allgemeinen bei 20° C oder Angabe: m. (mischbar); l. l. (leicht löslich); l. (löslich); s. l. (schwer löslich); hydr. (rasche Hydrolyse)
[3] Es bedeuten: – = Malus; + = Bonus; O = nicht berücksichtigt
[4] Toxizität bezogen auf den wäßrigen Extrakt
[5] Kinem. Viskosität bei 20°C kleiner 30 cSt

Tab. 3   Schwach wassergefährdende Stoffe (WGK 1)

Kenn-nummer	Stoffbezeichnung	Aggregat-zustand [1]	Wasser-löslich-keit [2] [mg/l]	Bewertungszahlen für die akute Toxizität gegenüber			Biologische Abbau-barkeit [3]	Sonstige Kriterien [3]	Wasser-gefähr-dungs-klasse WGK
				Säugetieren	Fischen	Bakterien			
2	Acetamid	fest	2 200	1	<2,0	<2,0	O	−	1
3	Acetanhydrid	flüssig	hydr.	3	3,6	2,9	O	O	1
4	Acetessigsäureethylester	flüssig	125 000	1	3,3	4,5	O	O	1
11	Acrylsäure	flüssig	m.	1	3,5	4,5	O	O	1
12	Acrylsäure-n-butylester	flüssig	1 400	1	4,6	4,1	O	O	1
13	Acrylsäure-2-ethylhexylester	flüssig	100	1	4,6		O	O	1
209	Adipinsäuredinitril	flüssig	40 000	3	3,4	4,6	O	O	1
15	Allylchlorid	flüssig	3 000	3	4,2	3,9	O	−	1
16	N-Allylthioharnstoff	fest	l.		2,4	3,9	O	−	1
210	Ameisensäure	flüssig	m.	3	3,4	2,4	+	O	1
213	Ammoniumchlorid	fest	376 000	Entsprechend Ammoniumnitrat				O	1
291	Ammoniumfluorid	fest	45 000	Entsprechend Natriumfluorid				O	1
292	Ammoniumhydrogenfluorid	fest	630 000	Entsprechend Natriumfluorid				O	1
293	Ammoniumhydrogensulfat	fest	l. l.	Entsprechend Ammoniumnitrat				O	1
212	Ammoniumnitrat	fest	650 000		3,1		O	−	1
294	Ammoniumperchlorat	fest	234 000	Entsprechend Kaliumperchlorat				O	1
296	Ammoniumsulfat	fest	730 000	Entsprechend Ammoniumnitrat				O	1
193	Ammoniumthiosulfat	fest	l. l.						1
18	n-Amylalkohol	flüssig	27 000	3	3,3	3,7	O	O	1
19	tert.-Amylalkohol	flüssig	12 500	3	2,6	3,4	O	O	1
25	Bariumchlorid	fest	357 000	5	2,9	1,5	O	O	1
304	Bariumnitrat	fest	90 600	Entsprechend Bariumchlorid				O	1
305	Bariumoxid	fest	hydr.	Entsprechend Bariumchlorid				O	1
306	Bariumperchlorat	fest	l. l.	Entsprechend Bariumchlorid				O	1
307	Bariumperoxid	fest	hydr.	Entsprechend Bariumchlorid				O	1
26	Benzaldehyd	flüssig	3 000	1	4,2	3,9	O	O	1
30	Benzoesäure	fest	3 700	3	3,3	3,3	O	O	1
215	Benzolsulfonylchlorid	flüssig	10 000	3	4,7		+	O	1
32	Benzotrichlorid	flüssig	250	1	2,4		O	−	1
216	Benzylalkohol	flüssig	39 000	3	3,2		+	−	1
315	Borsäure	fest	300 000	Entsprechend Natriumtetraborat				O	1
217	Bromwasserstoff	gasförmig	700 000	Entsprechend Natriumbromid				O	1
218	1,3-Butadien	gasförmig	500	3	4,1		O	O	1
39	n-Butanol	flüssig	90 000	1	2,9	3,2	O	O	1
40	sek.-Butanol	flüssig	90 000	1	2,5	3,3	O	O	1
219	tert.-Butanol	fest	m.	1	<3,0	2,6	−	O	1
41	n-Buttersäure	flüssig	m.	1	3,3	3,1	O	O	1
100	n-Buttersäureethylester	flüssig	6 200	1	4,1	3,8	O	O	1
48	n-Butylaldehyd	flüssig	37 000	1	3,9	4,0	O	O	1
44	n-Butylamin	flüssig	m.	3	3,6	3,1	O	O	1
45	tert.-Butylbenzol	flüssig	s. l.	1	4,2		O		1
320	Calciumhydroxid	fest	1 700	Entsprechend Natriumhydroxid				O	1
321	Calciumnitrat	fest	l. l.	Entsprechend Kaliumnitrat				O	1
322	Calciumoxid	fest	hydr.	Entsprechend Natriumhydroxid				O	1
323	Calciumperchlorat	fest	l. l.	Entsprechend Kaliumperchlorat				O	1
324	Calciumperoxid	fest	hydr.	Entsprechend Natriumhydroxid				O	1
221	ε-Caprolactam	fest	820 000	3	2,8	2,5	+	O	1
235	3-Chlorpropionsäure	fest	l. l.	3	2,4	3,3	O	O	1
236	Chlorsulfonsäure	flüssig	hydr.	Entsprechend Schwefelsäure				O	1
238	Chlorwasserstoff	gasförmig	720 000		3,1		O	O	1
58	Cumol	flüssig	200	1	4,3		O	O	1
61	Cycloheptan	flüssig	50	1			O	−	1
62	Cyclohepten	flüssig	50			4,3	O	+	1
63	Cyclohexan	flüssig	50	1			O	−	1

[1]) im allgemeinen bei 25° C und 1 bar
[2]) im allgemeinen bei 20° C oder Angabe: m. (mischbar); l. l. (leicht löslich); l. (löslich); s. l. (schwer löslich); hydr. (rasche Hydrolyse)
[3]) Es bedeuten: − = Malus; + = Bonus; O = nicht berücksichtigt
[4]) Harnstoff (fest) siehe Tabelle 4
[5]) Polyethylenglycole (fest) siehe Tabelle 4
[6]) Toxizität bezogen auf den wäßrigen Extrakt
[7]) Kinem. Viskosität bei 20°C größer 30 cSt

Tab. 3   (Fortsetzung) Schwach wassergefährdende Stoffe (WGK 1)

Kenn-nummer	Stoffbezeichnung	Aggregat-zustand [1]	Wasser-löslich-keit [2] [mg/l]	Bewertungszahlen für die akute Toxizität gegenüber			Biologische Abbau-barkeit [3]	Son-stige Krite-rien [3]	Wasser-gefähr-dungs-klasse WGK
				Säuge-tieren	Fischen	Bakterien			
240	Cyclohexanol	flüssig	56 700	1	4,0	3,3	+	O	1
64	Cyclohexanon	flüssig	24 000	1	3,3	3,7	O	O	1
65	Cyclohexen	flüssig	50	1	4,4	4,8	O	O	1
68	Cyclopentanol	flüssig	l.		2,8	3,6	O	O	1
69	Cyclopentanon	flüssig	l.	3	2,5	3,8	O	O	1
71	n-Decanol	flüssig	s. l.	1	6,4		O	O	1
72	Diacetonalkohol	flüssig	m.	1	2,1	3,1	O	O	1
243	Dichloressigsäure	flüssig	m.	1	3,9	1,9	O	O	1
247	Dicyandiamid	fest	33 000	1	2,1		O	−	1
77	Diethanolamin	flüssig	m.	3	2,7	<2,0	O	O	1
79	Diethylenglycol	flüssig	m.	1	<2,0	2,1	O	−	1
46	Diethylenglycolmono-n-butylether	flüssig	m.		2,7	3,6	O	O	1
101	Diethylenglycolmonoethylether	flüssig	m.						1
80	Diethylether	flüssig	75 000	1	2,6		O	−	1
83	Dimethylformamid	flüssig	m.						1
330	Dinatriumhydrogenphosphat	fest	77 000		Entsprechend Trinatriumphosphat			O		1
86	1,4-Dioxan	flüssig	m.	1	2,1	2,6	O	−	1
87	Dipenten	flüssig	s. l.	1	4,5		O	O	1
88	Diphenylether	fest	s. l.	1	5,5		O	O	1
89	Diphenylmethan	fest	s. l.	1	5,1		O	O	1
90	n-Dodecylbenzol	flüssig	s. l.	1	3,1		O	O	1
91	n-Dodecylhydrogensulfat, Natriumsalz	fest	l.	3	4,7	3,5	O	O	1
93	Essigsäure	flüssig	m.	1	3,4	2,6	O	O	1
17	Essigsäure-n-amylester	flüssig	1 800	1	3,9	3,8	O	O	1
42	Essigsäure-n-butylester	flüssig	10 000		3,9	3,9	O	O	1
43	Essigsäure-tert.-butylester	flüssig	1 000		3,4	4,1	O	O	1
66	Essigsäurecyclohexylester	flüssig	2 000	1	4,1	4,1	O	O	1
106	Essigsäure-2-ethoxyethylester	flüssig	230 000	1	3,9	4,0	+	O	1
95	Essigsäureethylester	flüssig	86 000	1	3,5	3,2	O	O	1
133	Essigsäureisobutylester	flüssig	53 000	1	3,9	3,7	O	O	1
136	Essigsäureisopropylester	flüssig	18 900	1	3,4	3,7	O	O	1
178	Essigsäure-n-propylester	flüssig	18 900	1	3,7	3,8	O	O	1
94	Ethanolamin	flüssig	m.	1	3,3	2,2	O	O	1
97	Ethylamin	gasförmig	l. l.	3	3,6	4,5	+	O	1
98	Ethyl-n-amylketon	flüssig	3 000	1	4,1	4,6	O	O	1
99	Ethylbenzol	flüssig	140	1	4,4	4,9	O	O	1
104	Ethylendiamintetraessigsäure und Natriumsalze	fest	200		2,7	4,0	O	O	1
105	Ethylenglycol	flüssig	m.	1	<2,0	<2,0	O	−	1
47	Ethylenglycolmono-n-butylether	flüssig	m.		2,8	3,2	O	O	1
107	Ethylenglycolmonomethylether	flüssig	m.	1	<2,0	<2,0	O	−	1
254	Fluorwasserstoff	gasförmig	m.		Entsprechend Natriumfluorid			O		1
114	Furfurylalkohol	flüssig	m.	3	2,9	3,7	O	O	1
118	Harnstoff (gelöst)[4]	Lösung	800 000	1	<2,0	<2,0	O	−	1
443	Heizöl, schwer	flüssig	ca. 4	1	2,8	5,9[6]	O	O	1
120	n-Heptan	flüssig	50	1			O	−	1
121	n-Heptanol-1	flüssig	1 000	3	4,4	4,2	O	O	1
122	n-Hepten-1	flüssig	50	1			O	−	1
124	n-Hexan	flüssig	50	1			O	−	1
125	n-Hexanol-1	flüssig	6 000	1	3,9	4,2	O	O	1
126	n-Hexanol-2	flüssig	15 000		3,9	4,2	O	+	1
127	n-Hexanol-3	flüssig	17 500		3,5	4,2	O	O	1
129	Hydrochinonmonomethylether	fest	l.	3	4,5		O	O	1
131	Isobutanol	flüssig	95 000	3	2,8	3,6	O	O	1

[1]) im allgemeinen bei 25° C und 1 bar
[2]) im allgemeinen bei 20° C oder Angabe: m. (mischbar); l. l. (leicht löslich); l. (löslich); s. l. (schwer löslich); hydr. (rasche Hydrolyse)
[3]) Es bedeuten: − = Malus; + = Bonus; O = nicht berücksichtigt
[4]) Harnstoff (fest) siehe Tabelle 4
[5]) Polyethylenglycole (fest) siehe Tabelle 4
[6]) Toxizität bezogen auf den wäßrigen Extrakt
[7]) Kinem. Viskosität bei 20° C größer 30 cSt

Tab. 3 (Fortsetzung) **Schwach wassergefährdende Stoffe (WGK 1)**

Kenn-nummer	Stoffbezeichnung	Aggregat-zustand [1]	Wasser-löslich-keit [2] [mg/l]	Bewertungszahlen für die akute Toxizität gegenüber Säuge-tieren	Fischen	Bakterien	Biologische Abbau-barkeit [3]	Sonstige Kriterien [3]	Wasser-gefähr-dungs-klasse WGK
135	Isopropanol	flüssig	m.	1	2,1	3,0	○	○	1
332	Jodwasserstoff	gasförmig	425 000	Entsprechend Natriumjodid				○	1
22	Kaliumantimonat	fest	28 000	3	2,8	<2,7	○	○	1
337	Kaliumcarbonat	fest	525 000	Entsprechend Natriumhydroxid				○	1
341	Kaliumfluorid	fest	485 000	Entsprechend Natriumfluorid				○	1
342	Kaliumhydrogenfluorid	fest	276 000	Entsprechend Natriumfluorid				○	1
343	Kaliumhydrogensulfat	fest	l. l.	Entsprechend Schwefelsäure				○	1
345	Kaliumhydroxid	fest	1 120 000	Entsprechend Natriumhydroxid				○	1
346	Kaliumnitrat	fest	320 000	1	2,3		○	−	1
348	Kaliumoxid	fest	hydr.	Entsprechend Natriumhydroxid				○	1
169	Kaliumperchlorat	fest	18 000		2,6	2,6	○	○	1
349	Kaliumperoxid	fest	hydr.	Entsprechend Natriumhydroxid				○	1
363	Magnesiumnitrat	fest	l. l.	Entsprechend Kaliumnitrat				○	1
364	Magnesiumperchlorat	fest	l. l.	Entsprechend Kaliumperchlorat				○	1
260	Maleinsäure	fest	788 000	3	4,0	1,8	+	○	1
261	Maleinsäureanhydrid	fest	hydr.	3	3,9	1,9	+	○	1
262	Mesityloxid	flüssig	30 000	3	3,7	3,8	+	○	1
154	Methacrylsäuremethylester	flüssig	15 900	1	3,5	4,0	○	○	1
145	Methanol	flüssig	m.	1	<2,0	2,2	○	−	1
148	2-Methylcyclohexanon	flüssig	15 000	3	3,3	4,2	○	○	1
150	Methylethylketon	flüssig	353 000	1	2,3	2,9	○	○	1
151	2-Methylfuran	flüssig	139 000	3	3,6	4,1	○	○	1
152	Methylisoamylketon	flüssig	4 500		3,8	3,9	○	○	1
137	Methylisobutylketon	flüssig	20 000	1	3,2	3,4	○	○	1
158	Morpholin	flüssig	m.	3	3,6	3,5	○	○	1
441	Naphtha auf Mineralölbasis (180/210)	flüssig	ca. 15	1			○	○	1
367	Natriumacetat	fest	123 000	Entsprechend Essigsäure				○	1
38	Natriumbromid	fest	905 000	1	<2,0	2,6	○	−	1
222	Natriumcarbonat	fest	216 600	Entsprechend Natriumhydroxid				○	1
371	Natriumdihydrogenphosphat	fest	852 000	Entsprechend Trinatriumphosphat				○	1
111	Natriumfluorid	fest	42 200	5	3,2	3,2	○	○	1
373	Natriumformiat	fest	l. l.	Entsprechend Ameisensäure				○	1
375	Natriumhydrogenfluorid	fest	32 500	Entsprechend Natriumfluorid				○	1
376	Natriumhydrogensulfat	fest	l. l.	Entsprechend Schwefelsäure				○	1
142	Natriumhydroxid	fest	1 260 000		3,7		○	○	1
138	Natriumjodid	fest	1 793 000	3	<2,0	3,1	○	○	1
378	Natriumnitrat	fest	883 000	Entsprechend Kaliumnitrat				○	1
379	Natriumoxalat	fest	l.	Entsprechend Oxalsäure				○	1
380	Natriumoxid	fest	hydr.	Entsprechend Natriumhydroxid				○	1
382	Natriumperchlorat	fest	l. l.	Entsprechend Kaliumperchlorat				○	1
383	Natriumperoxid	fest	hydr.	Entsprechend Natriumhydroxid				○	1
282	Natriumsulfit	fest	209 000		2,4	3,1	○	+	1
37	Natriumtetraborat	fest	l.	3	3,1	2,9	○	○	1
386	Natriumthiosulfat	fest	l. l.						1
160	Nitrilotriessigsäure und Natriumsalze	fest	1 300	3	3,3		○	○	1
165	n-Octanol-1	flüssig	s. l.		4,7		○	+	1
166	Oxalsäure	fest	95 000	3	3,5	2,8	○	○	1
81	Oxalsäurediethylester	flüssig	l.		3,5	<2,0	○	○	1
276	Pentaerythrit	fest	50 000	1	<2,3	1,7	−		1
168	2,4-Pentandion	flüssig	125 000	3	3,9	4,2	○	○	1
390	Perchlorsäure	flüssig	m.	Entsprechend Kaliumperchlorat				○	1
27	Petrolether	flüssig	ca. 20	1	3,8		○	○	1
442	Petroleum (130/290)	flüssig	ca. 7	1			○	○	1
391	Phosphorpentoxid	fest	hydr.	Entsprechend Schwefelsäure				○	1

[1]) im allgemeinen bei 25° C und 1 bar
[2]) im allgemeinen bei 20° C oder Angabe: m. (mischbar); l. l. (leicht löslich); l. (löslich); s. l. (schwer löslich); hydr. (rasche Hydrolyse)
[3]) Es bedeuten: − = Malus; + = Bonus; ○ = nicht berücksichtigt
[4]) Harnstoff (fest) siehe Tabelle 4
[5]) Polyethylenglycole (fest) siehe Tabelle 4
[6]) Toxizität bezogen auf den wäßrigen Extrakt
[7]) Kinem. Viskosität bei 20°C größer 30 cSt

Tab. 3 (Fortsetzung) Schwach wassergefährdende Stoffe (WGK 1)

Kenn-nummer	Stoffbezeichnung	Aggregat-zustand [1]	Wasser-löslich-keit [2] [mg/l]	Bewertungszahlen für die akute Toxizität gegenüber			Biologische Abbau-barkeit [3]	Son-stige Krite-rien [3]	Was-ser-gefähr-dungs-klasse WGK
				Säuge-tieren	Fischen	Bakterien			
392	Phosphorsäure	fest	m.	Entsprechend Schwefelsäure				O	1
196	Phosphorsäuretri-n-butylester	flüssig	6 000	1	5,1	< 4,0	O	O	1
279	Polyethylenglycole (flüssig)[5]	flüssig	l. l.	1	< 2,3		O	–	1
176	n-Propanol	flüssig	m.	3	2,3	2,6	O	O	1
110	Propionsäureethylester	flüssig	22 000		3,9	3,6	O	O	1
153	Propionsäuremethylester	flüssig	72 000		3,7	3,5	O	O	1
280	1,2-Propylenglycol	flüssig	m.	1	1,3	< 1,7	O	–	1
439	Rohöle (zähflüssige und feste)[7]	flüssig	< 10—40	1	4,0	5,7 [6]	O	O	1
281	Salicylsäure	fest	1 800	3	4,0	3,0	+	O	1
414	Salpetersäure (außer rauchende)	flüssig	m.	Entsprechend Schwefelsäure				O	1
435	Schmieröle (Grundöle, unlegierte)	flüssig	ca. 2	1		< 6,1 [6]	O	O	1
416	Schwefeldioxid	gasförmig	l.	Entsprechend Natriumsulfit				O	1
182	Schwefelsäure	flüssig	m.		3,1		O	O	1
418	Schweflige Säure	flüssig	m.	Entsprechend Natriumsulfit				O	1
285	Stickoxide (Stickstoffmonoxid und Stickstoffdioxid)	gasförmig	l./hydr.	Entsprechend Natriumnitrit				+	1
190	Tetrahydrofuran	flüssig	m.	1	2,6	3,2	O	O	1
191	1,2,4,5-Tetramethylbenzol	fest	s. l.	1	4,5		O	O	1
197	Trichloressigsäure	fest	1 200 000	1	< 2,0	< 3,0	O	–	1
202	Triethylenglycol	flüssig	m.	1	< 2,0	3,5	O	O	1
172	Trinatriumphosphat	fest	121 000	3	2,8		O	O	1
424	Zinkammoniumnitrat	fest	l.	Entsprechend Zinkchlorid				O	1
207	Zinkchlorid	fest	4 300 000	3	4,4		O	O	1
429	Zinknitrat	fest	l. l.	Entsprechend Zinkchlorid				O	1
430	Zinkperoxid	fest	hydr.	Entsprechend Zinkchlorid				O	1
432	Zinksulfat	fest	l. l.	Entsprechend Zinkchlorid				O	1

[1]) im allgemeinen bei 25° C und 1 bar
[2]) im allgemeinen bei 20° C oder Angabe: m. (mischbar); l. l. (leicht löslich); l. (löslich); s. l. (schwer löslich); hydr. (rasche Hydrolyse)
[3]) Es bedeuten: − = Malus; + = Bonus; O = nicht berücksichtigt
[4]) Harnstoff (fest) siehe Tabelle 4
[5]) Polyethylenglycole (fest) siehe Tabelle 4
[6]) Toxizität bezogen auf den wäßrigen Extrakt
[7]) Kinem. Viskosität bei 20°C größer 30 cSt

Tab. 4   Im allgemeinen nicht wassergefährdende Stoffe (WGK 0)

Kenn-nummer	Stoffbezeichnung	Aggregat-zustand [1]	Wasser-löslich-keit [2] [mg/l]	Bewertungszahlen für die akute Toxizität gegenüber			Biologische Abbau-barkeit [3]	Son-stige Krite-rien [3]	Was-ser-gefähr-dungs-klasse WGK
				Säuge-tieren	Fischen	Bakterien			
6	Aceton	flüssig	m.	1	2,0	2,8	O	O	0
308	Bariumsulfat	fest	2,5	Entsprechend Bariumchlorid				+	0
326	Bitumen	fest	< 1	1			O	O	0
317	Calciumcarbonat	fest	1,4	Entsprechend Natriumcarbonat				+	0
220	Calciumchlorid	fest	593 000						0
325	Calciumsulfat	fest	250						0
57	Citronensäure (fest)	fest	771 000	1	2,6	< 2,0	+	+	0
96	Ethanol	flüssig	m.	1	1,8	2,2	+	O	0
116	Glycerin	flüssig	m.	1	< 2,0	< 2,0	O	O	0
118	Harnstoff (fest) [4]	fest	800 000	1	< 2,0	< 2,0	O	O	0
230	Kaliumchlorid	fest	330 000						0
255	Kaliumsulfat	fest	111 000						0
354	Kohlensäure	flüssig	m.	Entsprechend Kohlenstoffdioxid				O	0
256	Kohlenstoffdioxid	gasförmig	l.				O	+	0
257	Kohlenstoffmonoxid	gasförmig	28		5,9		O	+	0
259	Magnesiumchlorid	fest	546 000						0
365	Magnesiumperoxid	fest	hydr.						0
366	Magnesiumsulfat	fest	300 000						0
270	Natriumchlorid	fest	359 000						0
374	Natriumhydrogencarbonat	fest	l. l.	Entsprechend Natriumcarbonat				+	0
286	Natriumsulfat	fest	170 000						0
268	Paraffine (Wachse)	fest	ca. 1	1			O	+	0
433	Petrolkoks	fest	< 1	1			O	+	0
279	Polyethylenglycole (fest) [5]	fest	l.	1	< 2,3		O	+	0
201	Triethanolamin	flüssig	1 500	1	< 2,0	< 2,0	O	O	0
288	Wasserstoffperoxid	flüssig	m.	3	4,5	6,0	+	+	0
434	Weißöle	flüssig	ca. 2	1			O	+	0

[1] im allgemeinen bei 25° C und 1 bar
[2] im allgemeinen bei 20° C oder Angabe: m. (mischbar); l. l. (leicht löslich); l. (löslich); s. l. (schwer löslich); hydr. (rasche Hydrolyse)
[3] Es bedeuten: — = Malus; + = Bonus; O = nicht berücksichtigt
[4] Harnstoff (gelöst) siehe Tabelle 3
[5] Polyethylenglycole (flüssig) siehe Tabelle 3

Tab. 5 Änderung von Klassifizierungen und Stoffbezeichnungen gegenüber dem Katalog i. d. Fassung vom 11. September 1980

5.1   *Änderung von Klassifizierungen*

Kenn-Nr.	Stoffbezeichnung	WGK alt	WGK neu
52	Kaliumchlorat	1	2
56	Natriumdichromat	2	3
57	Citronensäure (fest)	1	0
118	Harnstoff (gelöst)	0	1
174	Phthalsäurediethylester	1	2
189	Tetrachlorkohlenstoff	2	3
198	1,1,1-Trichlorethan	2	3
199	Trichlorethen	2	3
200	2,4,5-Trichlorphenoxyessigsäure	1	2

Tab. 5 (Fortsetzung) Änderung von Klassifizierungen und Stoffbezeichnungen gegenüber dem Katalog i. d. Fassung vom 11. September 1980

5.2   *Präzisierung von Stoffbezeichnungen*

Kenn-Nr.	Bisherige Stoffbezeichnung	Neue Stoffbezeichnung
12	Acrylsäurebutylester	Acrylsäure-n-butylester
17	Amylacetat	Essigsäure-n-amylester
18	Amylalkohol	n-Amylalkohol
22	Antimonate, hier Kaliumantimonat	Kaliumantimonat
23	Arsenate, hier Dinatriumhydrogenarsenat	Natriumarsenat
25	Bariumverb., hier Bariumchlorid	Bariumchlorid
27	Benzin (40/71)	Petrolether
34	Berylliumverb., hier Berylliumnitrat	Berylliumnitrat
36	Blei(II)-verb., hier Blei(II)-acetat	Blei(II)-acetat
37	Borate, hier Natriumborat	Natriumtetraborat
38	Bromide, hier Natriumbromid	Natriumbromid
42	n-Butylacetat	Essigsäure-n-butylester
43	tert.-Butylacetat	Essigsäure-tert.-butylester
46	Butyldiglycol	Diethylenglycolmono-n-butylether
47	Butylglycol	Ethylenglycolmono-n-butylether
49	Cadmiumverb., hier Cadmiumnitrat	Cadmiumnitrat
52	Chlorate, hier Kaliumchlorat	Kaliumchlorat
56	Chromate, hier Natriumdichromat	Natriumdichromat

Tab. 5 (Fortsetzung) Änderung von Klassifizierungen und Stoffbezeichnungen gegenüber dem Katalog i. d. Fassung vom 11. September 1980

5.2   *Präzisierung von Stoffbezeichnungen*

Kenn-Nr.	Bisherige Stoffbezeichnung	Neue Stoffbezeichnung
57	Citronensäure	Citronensäure (fest)
60	Cyanide, hier Natriumcyanid	Natriumcyanid
66	Cyclohexylacetat	Essigsäurecyclohexylester
76	Dieselöl (161/334)	Dieselkraftstoff
81	Diethyloxalat	Oxalsäurediethylester
86	Dioxan	1,4-Dioxan
90	Dodecylbenzol	n-Dodecylbenzol
91	Dodecylhydrogensulfat, Natriumsalz	n-Dodecylhydrogensulfat, Natriumsalz
95	Ethylacetat	Essigsäureethylester
96	Ethylalkohol	Ethanol
97	Ethylamin, 70%ige Lsg.	Ethylamin
98	Ethylamylketon	Ethyl-n-amylketon
100	Ethylbutyrat	n-Buttersäureethylester
101	Ethyldiglycol	Diethylenglycolmonoethylether
102	Ethylenchlorid	1,2-Dichlorethan
104	Ethylendiamintetraessigsäure, Natriumsalz	Ethylendiamintetraessigsäure und Natriumsalze
106	Ethylglycolacetat	Essigsäure-2-ethoxyethylester
110	Ethylpropionat	Propionsäureethylester
111	Fluoride, hier Natriumfluorid	Natriumfluorid
112	Formalin, 35%ige Lsg.	Formaldehyd
117	Glycolsäurebutylester	Glycolsäure-n-butylester
118	Harnstoff	Harnstoff (fest) / Harnstoff (gelöst)
119	Heizöl (163/345)	Heizöl EL
121	Heptanol-(1)	n-Heptanol-1
122	Hepten-(1)	n-Hepten-1
125	Hexanol-(1)	n-Hexanol-1
126	Hexanol-(2)	n-Hexanol-2
127	Hexanol-(3)	n-Hexanol-3
130	Hydraziniumhydroxid	Hydrazin
133	Isobutylacetat	Essigsäureisobutylester
134	Isooctanol	2-Ethylhexanol-1
136	Isopropylacetat	Essigsäureisopropylester
137	Isopropylaceton	Methylisobutylketon

Tab. 5   (Fortsetzung) Änderung von Klassifizierungen und Stoffbezeichnungen gegenüber dem Katalog i. d. Fassung vom 11. September 1980

5.2   *Präzisierung von Stoffbezeichnungen*

Kenn-Nr.	Bisherige Stoffbezeichnung	Neue Stoffbezeichnung
138	Jodide, hier Natriumjodid	Natriumjodid
139	Kerosin (158/246)	Turbinenkraftstoffe
141	Kupfer(II)-verb., hier Kupfer(II)-sulfat	Kupfer(II)-sulfat
142	Laugen wie Natron-, Kali-, Bleich-, Sodal-, Ammoniakwasser	Natriumhydroxid
146	Methylacetat	Essigsäuremethylester
147	Methylacrylat	Acrylsäuremethylester
149	Methylenchlorid	Dichlormethan
151	Methylfuran	2-Methylfuran
153	Methylpropionat	Propionsäuremethylester
154	Methylmethacrylat	Methacrylsäuremethylester
156	Monofluoressigsäure	Fluoressigsäure
159	Nickelverb., hier Nickelchlorid	Nickel(II)-chlorid
160	Nitrilotriessigsäure	Nitrilotriessigsäure und Natriumsalze
161	Nitrite, hier Natriumnitrit	Natriumnitrit
165	n-Octanol	n-Octanol-1
169	Perchlorate, hier Kaliumperchlorat	Kaliumperchlorat
171	Phenylacetat	Essigsäurephenylester
172	Phosphate, hier Natriumphosphat	Trinatriumphosphat
175	Pikrinsäure, 50%ig	Pikrinsäure
176	Propanol	n-Propanol
178	Propylacetat	Essigsäure-n-propylester
180	Quecksilber(II)-verb., hier Quecksilber(II)-chlorid	Quecksilber(II)-chlorid
182	Säuren wie Salzsäure, Salpetersäure, Schwefelsäure, Phosphorsäure	Schwefelsäure
184	Selenite, hier Natriumselenit	Natriumselenit
185	Silberverb., hier Silbernitrat	Silbernitrat
188	Sulfide, hier Natriumsulfid	Natriumsulfid
192	Thallium(I)-verb., hier Thallium(I)-nitrat	Thallium(I)-nitrat
193	Thiosulfate, hier Ammoniumthiosulfat	Ammoniumthiosulfat
196	Tri-n-butylphosphat	Phosphorsäuretri-n-butylester
199	Trichlorethylen	Trichlorethen
203	Vinylacetat	Essigsäurevinylester
204	VK-Normal	Ottokraftstoffe
206	Xylol	Xylol (alle Isomere)
207	Zinkverb., hier Zinkchlorid	Zinkchlorid

Tab. 5   (Fortsetzung) Änderung von Klassifizierungen und Stoffbezeichnungen gegenüber dem Katalog i. d. Fassung vom 11. September 1980

5.3   *Entfallende Kenn-Nummern*

Kenn-Nr.	Bisherige Stoffbezeichnung
28	Benzin (61/135)
115	Gasöl (172/323)
155	Mineralterpentin (153/185)
186	Solventnaphtha (186/210)
205	VK Super

Tab. 6   Auflistung klassifizierter Stoffe zu UN-Nummern (Stand: Juli 1984)

Diese Auflistung beruht auf der vom Bundesministerium für Verkehr zur Verfügung gestellten „List of dangerous goods most commonly carried". Sie erhebt keinen Anspruch auf Vollständigkeit. Auf eine Aufführung der UN-Nummern wird vor allem dann verzichtet, wenn die angegebene Stoffbezeichnung der Zuordnung einer Wassergefährdungsklasse nicht zuläßt.

UN-Nr.	Bezeichnung in der UN-Liste	Bezeichnung in den Gruppentabellen	WGK
0004	Ammoniumpikrat, trocken oder mit weniger als 10% Wasser angefeuchtet	Ammoniumpikrat	2
0154	Trinitrophenol (Pikrinsäure), trocken oder mit weniger als 30% Wasser angefeuchtet	Pikrinsäure	2
0402	Ammoniumperchlorat, mittlere Teilchengröße kleiner als 45 μm	Ammoniumperchlorat	1
1005	Ammoniak, wasserfrei, verflüssigt und Lösungen mit einer Dichte <0,88 bei 15° C mit mehr als 50% Ammoniak	Ammoniak	2
1010	Butadien, stabilisiert	1,3-Butadien	1
1013	Kohlendioxid	Kohlenstoffdioxid	0
1014*	Kohlendioxid und Sauerstoff, Gemische	Kohlenstoffdioxid	0
1016	Kohlenmonoxid	Kohlenstoffmonoxid	0
1017	Chlor	Chlor	2
1032	Dimethylamin, wasserfrei	Dimethylamin	2
1036	Äthylamin	Ethylamin	1
1040*	Äthylenoxid, rein oder mit Stickstoff	Ethylenoxid	2
1041*	Äthylenoxid/Kohlendioxid-Gemische mit mehr als 6% Äthylenoxid	Ethylenoxid, Kohlenstoffdioxid	2
1048	Bromwasserstoff, wasserfrei	Bromwasserstoff	1
1050	Chlorwasserstoff, wasserfrei	Chlorwasserstoff	1
1051	Cyanwasserstoff, wasserfrei, stabilisiert	Blausäure	3
1052	Fluorwasserstoff, wasserfrei	Fluorwasserstoff	1
1053	Schwefelwasserstoff, verflüssigt	Schwefelwasserstoff	2
1061	Methylamin, wasserfrei	Methylamin	2
1062	Methylbromid	Methylbromid	3
1063	Methylchlorid	Methylchlorid	2
1064	Methylmercaptan	Methylmercaptan	3
1067	Stickstoffdioxid, verflüssigt	Stickoxide	1
1069	Nitrosylchlorid	Nitrosylchlorid	2
1079	Schwefeldioxid, verflüssigt	Schwefeldioxid	1
1089	Acetaldehyd	Acetaldehyd	2
1090	Aceton	Aceton	0
1092	Acrolein, stabilisiert	Acrolein	2
1093	Acrylnitril, stabilisiert	Acrylnitril	3
1100	Allylchlorid	Allylchlorid	1
1104**	Amylacetate	Essigsäure-n-amylester	1
1105**	Amylalkohole	n-Amylalkohol	1
1110**	Methylamylketon	Methylisoamylketon	1
1111	Amylmercaptan	Mercaptane	3
1114	Benzol	Benzol	3
1120**	Butanole	n-Butanol	1
		sek.-Butanol	1
		tert.-Butanol	1
1123**	Butylacetate	Essigsäure-n-butylester	1
		Essigsäure-tert.-butylester	1
1125	n-Butylamin	n-Butylamin	1
1129	Butyraldehyd	n-Butylaldehyd	1
1131	Kohlenstoffdisulfid	Schwefelkohlenstoff	2
1134	Chlorbenzol	Chlorbenzol	2
1135	Äthylenchlorhydrin	2-Chlorethanol	3
1143	Crotonaldehyd, stabilisiert	Crotonaldehyd	3
1145	Cyclohexan	Cyclohexan	1
1148	Diacetonalkohol	Diacetonalkohol	1
1149**	Dibutyläther	Di-n-butylether	2
1154	Diäthylamin	Diethylamin	2
1155	Diäthyläther	Diethylether	1
1160	Dimethylamin, Lösung	Dimethylamin	2
1165	Dioxan	1,4-Dioxan	1
1170	Äthanol (Äthylalkohol) oder Lösungen, incl. alkohol. Getränke	Ethanol	0
1172	Äthylenglykolmonoäthylätheracetat	Essigsäure-2-ethoxyethylester	1
1173	Äthylacetat	Essigsäureethylester	1
1175	Äthylbenzol	Ethylbenzol	1
1180	Äthylbutyrat	n-Buttersäureethylester	1

* Mit dieser UN-Nummer sind Gemische gekennzeichnet. Entsprechend der in Abschnitt 4 genannten Regeln ist die WGK der Teilkomponente mit dem höchsten Gefährdungspotential genannt.

** Mit dieser UN-Nummer sind Stoffgruppen gekennzeichnet. Nur die in der rechten Spalte angegebenen Stoffe sind klassifiziert.

Tab. 6 (Fortsetzung) Auflistung klassifizierter Stoffe zu UN-Nummern

UN-Nr.	Bezeichnung in der UN-Liste	Bezeichnung in den Gruppentabellen	WGK
1184	Äthylendichlorid	1,2-Dichlorethan	3
1185	Äthylenimin, stabilisiert	Ethylenimin	3
1188	Äthylenglykolmonomethyläther	Ethylenglycolmonomethylether	1
1193	Äthylmethylketon (Methyläthylketon)	Methylethylketon	1
1195	Äthylpropionat	Propionsäureethylester	1
1198	Formaldehyd-Lösungen, brennbar	Formaldehyd	2
1199	Furfural	Furfural	2
1202**	Gasöl	Dieselkraftstoff	2
		Heizöl EL	2
1203	Motorkraftstoff, einschließlich Normal oder Super	Ottokraftstoffe	2
1206**	Heptane	n-Heptan	1
1208**	Hexane	n-Hexan	1
1212	iso-Butanol (iso-Butylalkohol)	Isobutanol	1
1213	iso-Butylacetat	Essigsäureisobutylester	1
1219	iso-Propanol (iso-Propylalkohol)	Isopropanol	1
1220	iso-Propylacetat	Essigsäureisopropylester	1
1223**	Kerosin	Petroleum (130/290)	1
		Turbinenkraftstoffe	2
1228	Mercaptane flüssig oder Mischungen flüssig, n. a. g.	Mercaptane	3
1229	Mesityloxid	Mesityloxid	1
1230	Methanol (Methylalkohol)	Methanol	1
1231	Methylacetat	Essigsäuremethylester	2
1235	Methylamin, wäßrige Lösung	Methylamin	2
1245	Methylisobutylketon	Methylisobutylketon	1
1247	Methylmethacrylat, monomer, stabilisiert	Methacrylsäuremethylester	1
1248	Methylpropionat	Propionsäuremethylester	1
1255	Naphtha auf Erdölbasis	Naphtha auf Mineralölbasis (180/210)	1
1267**	Petroleumrohöl	Rohöle (leichtflüssige)	2
		Rohöle (zähflüssige und feste)	1
1270**	Petroleumöl	Petroleum (130/290)	1
		Turbinenkraftstoffe	2
1271**	Petroläther	Petrolether	1
1274	Propanol (Propylalkohol)	n-Propanol	1
1276	n-Propylacetat	Essigsäure-n-propylester	1
1282	Pyridin	Pyridin	2
1294	Toluol	Toluol	2
1301	Vinylacetat, stabilisiert	Essigsäurevinylester	2
1307	Xylole	Xylol	2
1310	Ammoniumpikrat, angefeuchtet mit mind. 10% Wasser	Ammoniumpikrat	2
1334	Naphthalin, roh oder gereinigt	Naphthalin	2
1344	Trinitrophenol, angefeuchtet	Pikrinsäure	2
1382	Kaliumsulfid, wasserfrei oder mit weniger als 30% Kristallwasser	Kaliumsulfid	2
1385	Natriumsulfid, wasserfrei oder mit weniger als 30% Kristallwasser	Natriumsulfid	2
1439	Ammoniumdichromat	Ammoniumdichromat	3
1442	Ammoniumperchlorat	Ammoniumperchlorat	1
1445	Bariumchlorat	Bariumchlorat	2
1446	Bariumnitrat	Bariumnitrat	1
1447	Bariumperchlorat	Bariumperchlorat	1
1449	Bariumperoxid	Bariumperoxid	1
1452	Calciumchlorat	Calciumchlorat	2
1454	Calciumnitrat	Calciumnitrat	1
1455	Calciumperchlorat	Calciumperchlorat	1
1457	Calciumperoxid	Calciumperoxid	1
1463	Chromtrioxid, wasserfrei	Chromtrioxid (Chromsäure)	3
1469	Bleinitrat	Blei(II)-nitrat	2
1470	Bleiperchlorat	Blei(II)-perchlorat	2
1474	Magnesiumnitrat	Magnesiumnitrat	1
1475	Magnesiumperchlorat	Magnesiumperchlorat	1
1476	Magnesiumperoxid	Magnesiumperoxid	0
1485	Kaliumchlorat	Kaliumchlorat	2
1486	Kaliumnitrat	Kaliumnitrat	1
1487*	Kaliumnitrat und Natriumnitrit, Mischungen	Natriumnitrit, Kaliumnitrat	2
1488	Kaliumnitrit	Kaliumnitrit	2
1489	Kaliumperchlorat	Kaliumperchlorat	1

* Mit dieser UN-Nummer sind Gemische gekennzeichnet. Entsprechend der in Abschnitt 4 genannten Regeln ist die WGK der Teilkomponente mit dem höchsten Gefährdungspotential genannt.
** Mit dieser UN-Nummer sind Stoffgruppen gekennzeichnet. Nur die in der rechten Spalte angegebenen Stoffe sind klassifiziert.

Tab. 6 (Fortsetzung) Auflistung klassifizierter Stoffe zu UN-Nummern

UN-Nr.	Bezeichnung in der UN-Liste	Bezeichnung in den Gruppentabellen	WGK
1491	Kaliumperoxid	Kaliumperoxid	1
1493	Silbernitrat	Silbernitrat	3
1495	Natriumchlorat	Natriumchlorat	2
1498	Natriumnitrat	Natriumnitrat	1
1499*	Natriumnitrat und Kaliumnitrat, Mischungen	Natriumnitrat, Kaliumnitrat	1
1500	Natriumnitrit	Natriumnitrit	2
1502	Natriumperchlorat	Natriumperchlorat	1
1504	Natriumperoxid	Natriumperoxid	1
1513	Zinkchlorat	Zinkchlorat	2
1514	Zinknitrat	Zinknitrat	1
1516	Zinkperoxid	Zinkperoxid	1
1541	Acetoncyanhydrin	Acetoncyanhydrin	3
1546	Ammoniumarsenat	Ammoniumarsenat	3
1547	Anilin	Anilin	2
1548	Anilinhydrochlorid	Anilinhydrochlorid	2
1551	Antimonylkaliumtartrat	Kaliumantimonyltartrat	2
1553	Arsensäure, flüssig	Arsensäure	3
1554	Arsensäure, fest	Arsensäure	3
1559	Arsenpentoxid	Arsen(V)-oxid	3
1561	Arsentrioxid	Arsen(III)-oxid	3
1565	Bariumcyanid	Bariumcyanid	3
1573	Calciumarsenat	Calciumarsenat	3
1574*	Calciumarsenat und Calciumarsenit, feste Mischungen	Calciumarsenit, Calciumarsenat	3
1575	Calciumcyanid	Calciumcyanid	3
1578**	Chlornitrobenzole	4-Chlornitrobenzol	2
1585	Kupferacetoarsenit	Kupfer(II)-arsenitacetat	3
1586	Kupferarsenit	Kupfer(II)-arsenit	3
1591	o-Dichlorbenzol	1,2-Dichlorbenzol	2
1593	Dichlormethan	Dichlormethan	2
1597**	Dinitrobenzole	1,3-Dinitrobenzol	2
1600**	Dinitrotoluole, geschmolzen	2,4-Dinitrotoluol	3
1604	Äthylendiamin	Ethylendiamin	2
1605	Äthylendibromid	1,2-Dibromethan	3
1613	Cyanwasserstoffsäure, wäßr. Lösung mit höchstens 20 % Cyanwasserstoff	Blausäure	3
1616	Bleiacetat	Blei(II)-acetat	2
1617	Bleiarsenate	Blei(II)-arsenat	3
1618	Bleiarsenite	Blei(II)-arsenit	3
1620	Bleicyanid	Blei(II)-cyanid	3
1622	Magnesiumarsenat	Magnesiumarsenat	3
1623	Quecksilberarsenat	Quecksilber(II)-arsenat	3
1624	Quecksilber(II)-chlorid	Quecksilber(II)-chlorid	3
1625	Quecksilber(II)-nitrat	Quecksilber(II)-nitrat	3
1626	Quecksilber(II)-kaliumcyanid	Kaliumtetracyanomercurat(II)	3
1627	Quecksilber(I)-nitrat	Quecksilber(I)-nitrat	3
1628	Quecksilber(I)-sulfat	Quecksilber(I)-sulfat	3
1629	Quecksilberacetat	Quecksilber(II)-acetat	3
1630	Quecksilberammoniumchlorid	Quecksilber(II)-diamminchlorid	3
1631	Quecksilberbenzoat	Quecksilber(II)-benzoat	3
1633	Quecksilberbisulfat	Quecksilber(II)-disulfat	3
1634**	Quecksilberbromide	Quecksilber(I)-bromid	3
		Quecksilber(II)-bromid	3
1636	Quecksilbercyanid	Quecksilber(II)-cyanid	3
1637	Quecksilbergluconat	Quecksilber(II)-gluconat	3
1638	Quecksilberjodid	Quecksilber(II)-jodid	3
1640	Quecksilberoleat	Quecksilber(II)-oleat	3
1641	Quecksilberoxid	Quecksilber(II)-oxid	3
1642	Quecksilberoxycyanid, desensibilisiert	Quecksilber(II)-oxidcyanid	3
1643	Quecksilberkaliumjodid	Kaliumtetrajodomercurat(II)	3
1644	Quecksilbersalicylat	Quecksilber(II)-salicylat	3
1645	Quecksilber(II)-sulfat	Quecksilber(II)-sulfat	3
1646	Quecksilberthiocyanat	Quecksilber(II)-thiocyanat	3
1647*	Methylbromid und Äthylendibromid, flüssige Mischungen	Methylbromid, 1,2-Dibromethan	3
1648	Methylcyanid	Acetonitril	2
1649**	Motor-Treibstoff-Antiklopf-Mischungen	Bleitetraethyl	3
1660	Stickoxid	Stickoxide	1
1661**	Nitroaniline (ortho-, meta-, para-)	4-Nitroanilin	2

* Mit dieser UN-Nummer sind Gemische gekennzeichnet. Entsprechend der in Abschnitt 4 genannten Regeln ist die WGK der Teilkomponente mit dem höchsten Gefährdungspotential genannt.

** Mit dieser UN-Nummer sind Stoffgruppen gekennzeichnet. Nur die in der rechten Spalte angegebenen Stoffe sind klassifiziert.

Tab. 6 (Fortsetzung) Auflistung klassifizierter Stoffe zu UN-Nummern

UN-Nr.	Bezeichnung in der UN-Liste	Bezeichnung in den Gruppentabellen	WGK
1662	Nitrobenzol	Nitrobenzol	2
1664**	Nitrotoluole (ortho-, meta-, para-)	2-Nitrotoluol	2
1670	Perchlormethylmercaptan	Mercaptane	3
1671	Phenol, fest	Phenol	2
1677	Kaliumarsenat	Kaliumarsenat	3
1678	Kaliumarsenit	Kaliumarsenit	3
1680	Kaliumcyanid	Kaliumcyanid	3
1683	Silberarsenit	Silberarsenit	3
1685	Natriumarsenat	Natriumarsenat	3
1686	Natriumarsenit, wäßrige Lösungen	Natriumarsenit	3
1689	Natriumcyanid	Natriumcyanid	3
1690	Natriumfluorid	Natriumfluorid	1
1708**	Toluidine	o-Toluidin	2
1710	Trichloräthylen	Trichlorethen	3
1711**	Xylidine	2,4-Dimethylanilin	2
1712**	Zinkarsenat oder Zinkarsenit	Zinkarsenat	3
		Zinkarsenit	3
1713	Zinkcyanid	Zinkcyanid	3
1714	Zinkphosphid	Zinkphosphid	2
1715	Essigsäureanhydrid	Acetanhydrid	1
1718	Phosphorsäurebutylester	Phosphorsäuretri-n-butylester	1
1727	Ammoniumhydrogenfluorid, fest	Ammoniumhydrogenfluorid	1
1738	Benzylchlorid	Benzylchlorid	2
1750	Chloressigsäure, flüssig	Chloressigsäure	2
1751	Chloressigsäure, fest	Chloressigsäure	2
1754*	Chlorsulfonsäure (mit oder ohne Schwefeltrioxid)	Chlorsulfonsäure, (Schwefeltrioxid)	1
1755	Chromsäure, Lösung	Chromtrioxid (Chromsäure)	3
1758	Chromoxychlorid	Chromylchlorid	3
1764	Dichloressigsäure	Dichloressigsäure	1
1779	Ameisensäure	Ameisensäure	1
1786*	Mischungen von Schwefelsäure und Fluorwasserstoffsäure	Schwefelsäure, Fluorwasserstoff	1
1787	Jodwasserstoffsäure, Lösung	Jodwasserstoff	1
1788	Bromwasserstoffsäure, Lösung	Bromwasserstoff	1
1789	Chlorwasserstoffsäure, Lösung	Chlorwasserstoff	1
1790	Fluorwasserstoffsäure, Lösung	Fluorwasserstoff	1
1796*	Nitriersäure, Mischungen	Nitriersäure	2
1798*	Mischungen von Salzsäure und Salpetersäure	Königswasser	2
1802	Perchlorsäure mit höchstens 50% Säure	Perchlorsäure	1
1805	Phosphorsäure	Phosphorsäure	1
1807	Phosphorpentoxid	Phosphorpentoxid	1
1811	Kaliumbifluorid	Kaliumhydrogenfluorid	1
1812	Kaliumfluorid	Kaliumfluorid	1
1813	Kaliumhydroxid, fest	Kaliumhydroxid	1
1814	Kaliumhydroxid, Lösung	Kaliumhydroxid	1
1821	Natriumhydrogensulfat, fest	Natriumhydrogensulfat	1
1823	Natriumhydroxid, fest	Natriumhydroxid	1
1824	Natriumhydroxid, Lösung	Natriumhydroxid	1
1825	Natriummonoxid	Natriumoxid	1
1829	Schwefeltrioxid, stabilisiert	Schwefeltrioxid	2
1830	Schwefelsäure	Schwefelsäure	1
1831	Schwefelsäure, rauchend	Dischwefelsäure (Oleum)	2
1833	Schweflige Säure	Schweflige Säure	1
1839	Trichloressigsäure	Trichloressigsäure	1
1840	Zinkchlorid, Lösung	Zinkchlorid	1
1845	Kohlendioxid, fest	Kohlenstoffdioxid	0
1846	Tetrachlorkohlenstoff	Tetrachlorkohlenstoff	3
1847	Kaliumsulfid, fest, mit mindestens 30% Kristallwasser	Kaliumsulfid	2
1849	Natriumsulfid, fest, mit mindestens 30% Kristallwasser	Natriumsulfid	2
1863	Flugzeugtreibstoff für Turbinenaggregate	Turbinenkraftstoffe	2
1873	Perchlorsäure mit mehr als 50% aber höchstens 72% Säure	Perchlorsäure	1
1884	Bariumoxid	Bariumoxid	1
1888	Chloroform	Chloroform	2
1897	Tetrachloräthylen	Tetrachlorethen	3
1905	Selensäure	Selensäure	2

* Mit dieser UN-Nummer sind Gemische gekennzeichnet. Entsprechend der in Abschnitt 4 genannten Regeln ist die WGK der Teilkomponente mit dem höchsten Gefährdungspotential genannt.

** Mit dieser UN-Nummer sind Stoffgruppen gekennzeichnet. Nur die in der rechten Spalte angegebenen Stoffe sind klassifiziert.

Tab. 6 (Fortsetzung) Auflistung klassifizierter Stoffe zu UN-Nummern

UN-Nr.	Bezeichnung in der UN-Liste	Bezeichnung in den Gruppentabellen	WGK
1907*	Natronkalk, mit mehr als 4% Natriumhydroxid	Natriumhydroxid, Calciumoxid	1
1910	Calciumoxid	Calciumoxid	1
1912*	Methylchlorid- und Methylenchlorid-Gemische	Methylchlorid, Dichlormethan	2
1915	Cyclohexanon	Cyclohexanon	1
1917	Äthylacrylat, stabilisiert	Acrylsäureethylester	2
1918	iso-Propylbenzol	Cumol	1
1919	Methylacrylat, stabilisiert	Acrylsäuremethylester	2
1942	Ammoniumnitrat, mit nicht mehr als 0,2% brennbaren Stoffen einschließlich anderer organischer Substanzen berechnet als Kohlenstoff und frei von sonstigen Zusätzen	Ammoniumnitrat	1
1952*	Äthylenoxid- und Kohlendioxid-Gemische, mit höchstens 6% Äthylenoxid	Ethylenoxid, Kohlenstoffdioxid	2
1975*	Stickstoffmonoxid und Stickstofftetroxid, Gemische	Stickoxide	1
2014	Wasserstoffperoxid, wäßrige Lösung mit mindestens 20% aber nicht mehr als 60% Wasserstoffperoxid, stabilisiert wie erforderlich	Wasserstoffperoxid	0
2015	Wasserstoffperoxid, stabilisiert oder Wasserstoffperoxid, wäßrige Lösung mit mehr als 60% Wasserstoffperoxid, stabilisiert	Wasserstoffperoxid	0
2018**	Chloraniline, fest	4-Chloranilin	2
2019**	Chloraniline, flüssig	4-Chloranilin	2
2020**	Chlorphenole, fest	2,3-Dichlorphenol	2
		2,4-Dichlorphenol	3
		Pentachlorphenol	3
2021**	Chlorphenole, flüssig	2-Chlorphenol	2
		2,3-Dichlorphenol	2
		2,4-Dichlorphenol	3
		Pentachlorphenol	3
2023	Epichlorhydrin	Epichlorhydrin	3
2027	Natriumarsenit, fest	Natriumarsenit	3
2029	Hydrazin, wasserfrei oder Hydrazin-Lösungen mit über 64 Gew. % Hydrazin	Hydrazin	3
2030	Hydrazinhydrat oder Hydrazin, wäßrige Lösungen mit nicht mehr als 64 Gew. % Hydrazin	Hydrazin	3
2031	Salpetersäure, außer rote rauchende	Salpetersäure (außer rauchende)	1
2032	Salpetersäure, rote rauchende	Salpetersäure (rauchende)	2
2033	Kaliumoxid	Kaliumoxid	1
2038**	Dinitrotoluole, fest	2,4-Dinitrotoluol	3
2047**	Dichlorpropen	1,3-Dichlorpropen (cis und trans)	3
		2,3-Dichlorpropen	3
2049**	Diäthylbenzol	1,2-Diethylbenzol	2
2052	Dipenten	Dipenten	1
2054	Morpholin	Morpholin	1
2055	Styrol, monomer, stabilisiert	Styrol	2
2056	Tetrahydrofuran	Tetrahydrofuran	1
2073	Ammoniak-Lösung, Dichte (spez. Gewicht) kleiner als 0,880 bei 15° C in Wasser, mehr als 35% aber nicht mehr als 50% Ammoniak enthaltend	Ammoniak	2
2075	Chloral, wasserfrei, inhibiert	Chloralhydrat	2
2076**	Kresole (ortho-, meta-, para-)	m-Kresol	2
2116	Cumolhydroperoxid, techn. rein	Cumolhydroperoxid	2
2186	Chlorwasserstoff, tiefgekühlt, verflüssigt	Chlorwasserstoff	1
2187	Kohlendioxid, tiefgekühlt, verflüssigt	Kohlenstoffdioxid	0
2188	Arsin	Arsenwasserstoff	3
2197	Jodwasserstoff, wasserfrei	Jodwasserstoff	1
2199	Phosphin	Phosphorwasserstoff	2
2201	Stickstoffoxid, tiefgekühlt, verflüssigt	Stickoxide	1
2202	Selenwasserstoff, wasserfrei	Selenwasserstoff	3
2205	Adiponitril	Adipinsäuredinitril	1
2209	Formaldehyd-Lösungen	Formaldehyd	2
2215	Maleinanhydrid	Maleinsäureanhydrid	1
2218	Acrylsäure, stabilisiert	Acrylsäure	1
2222	Anisol	Anisol	2
2224	Benzonitril	Benzonitril	2
2225	Benzolsulfonylchlorid	Benzolsulfonylchlorid	1
2226	Benzotrichlorid	Benzotrichlorid	1
2238**	Chlortoluole	2-Chlortoluol	2

* Mit dieser UN-Nummer sind Gemische gekennzeichnet. Entsprechend der in Abschnitt 4 genannten Regeln ist die WGK der Teilkomponente mit dem höchsten Gefährdungspotential genannt.

** Mit dieser UN-Nummer sind Stoffgruppen gekennzeichnet. Nur die in der rechten Spalte angegebenen Stoffe sind klassifiziert.

Tab. 6 (Fortsetzung) Auflistung klassifizierter Stoffe zu UN-Nummern

UN-Nr.	Bezeichnung in der UN-Liste	Bezeichnung in den Gruppentabellen	WGK
		4-Chlortoluol	2
2240	Chromschwefelsäure	Chromschwefelsäure	3
2241	Cycloheptan	Cycloheptan	1
2242	Cyclohepten	Cyclohepten	1
2243	Cyclohexylacetat	Essigsäurecyclohexylester	1
2244	Cyclopentanol	Cyclopentanol	1
2245	Cyclopentanon	Cyclopentanon	1
2256	Cyclohexen	Cyclohexen	1
2265	N,N-Dimethylformamid	Dimethylformamid	1
2270	Äthylamin, wäßrige Lösungen mit mindestens 50% aber nicht mehr als 70% Äthylamin	Ethylamin	1
2271**	Äthylamylketon	Ethyl-n-amylketon	1
2272	N-Äthylanilin	N-Ethylanilin	2
2276	2-Äthylhexylamin	2-Ethylhexylamin-1	2
2278	n-Hepten	n-Hepten-1	1
2279	Hexachlorbutadien	Hexachlorbutadien	2
2282**	Hexanole	n-Hexanol-1	1
		n-Hexanol-2	1
		n-Hexanol-3	1
2284	Isobutyronitril	Isobuttersäurenitril	2
2295	Methylchloracetat	Chloressigsäuremethylester	2
2297**	Methylcyclohexanon	2-Methylcyclohexanon	1
2301	2-Methylfuran	2-Methylfuran	1
2304	Naphthalin, geschmolzen	Naphthalin	2
2310	Pentan-2,4-dion	2,4-Pentandion	1
2312	Phenol, geschmolzen	Phenol	2
2318	Natriumhydrogensulfid, mit höchstens 25% Kristallwasser	Natriumhydrogensulfid	2
2331	Zinkchlorid, wasserfrei	Zinkchlorid	1
2334	Allylamin	Allylamin	2
2337	Phenylmercaptan	Mercaptane	3
2347	Butylmercaptan	Mercaptane	3
2348	Butylacrylat	Acrylsäure-n-butylester	1
2357	Cyclohexylamin	Cyclohexylamin	2
2363	Äthylmercaptan	Mercaptane	3
2369	Äthylenglycolmonobutyläther	Ethylenglycolmono-n-butylether	1
2402	Propanthiole	Mercaptane	3
2426	Ammoniumnitrat, flüssig (heiße konzentrierte Lösung)	Ammoniumnitrat	1
2427	Kaliumchlorat, Lösung	Kaliumchlorat	2
2428	Natriumchlorat, Lösung	Natriumchlorat	2
2429	Calciumchlorat, Lösung	Calciumchlorat	2
2439	Natriumhydrogenfluorid	Natriumhydrogenfluorid	1
2464	Berylliumnitrat	Berylliumnitrat	2
2466	Kaliumsuperoxid	Kaliumperoxid	1
2477	Methylisothiocyanat	Methylisothiocyanat	3
2491	Äthanolamin oder Äthanolamin-Lösungen	Ethanolamin	1
2497	Natriumphenolat, fest	Natriumphenolat	2
2505	Ammoniumfluorid	Ammoniumfluorid	1
2506	Ammoniumhydrogensulfat	Ammoniumhydrogensulfat	1
2509	Kaliumhydrogensulfat	Kaliumhydrogensulfat	1
2525	Äthyloxalat	Oxalsäurediethylester	1
2547	Natriumsuperoxid	Natriumperoxid	1
2564	Trichloressigsäure, Lösung	Trichloressigsäure	1
2567	Natriumpentachlorphenolat	Natriumpentachlorphenolat	3
2573	Thalliumchlorat	Thallium(I)-chlorat	2
2600*	Kohlenmonoxid/Wasserstoff-Gemisch	Kohlenstoffmonoxid	0
2628	Kaliumfluoracetat	Kaliumfluoracetat	2
2629	Natriumfluoracetat	Natriumfluoracetat	2
2642	Fluoressigsäure	Fluoressigsäure	2
2659	Natriumchloracetat	Natriumchloracetat	2
2662	Hydrochinon	Hydrochinon	2
2669**	Chlorcresole	4-Chlor-3-methylphenol	2
2672	Ammoniak-Lösungen mit einer Dichte (spez. Gewicht) zwischen 0,880 u. 0,957 bei 15° C in Wasser, mit mehr als 10% aber nicht mehr als 35% Ammoniak	Ammoniak	2
2683	Ammoniumsulfid-Lösung	Ammoniumsulfid	2
2709**	Butylbenzole	tert.-Butylbenzol	1

* Mit dieser UN-Nummer sind Gemische gekennzeichnet. Entsprechend der in Abschnitt 4 genannten Regeln ist die WGK der Teilkomponente mit dem höchsten Gefährdungspotential genannt.

** Mit dieser UN-Nummer sind Stoffgruppen gekennzeichnet. Nur die in der rechten Spalte angegebenen Stoffe sind klassifiziert.

Tab. 6 (Fortsetzung) Auflistung klassifizierter Stoffe zu UN-Nummern

UN-Nr.	Bezeichnung in der UN-Liste	Bezeichnung in den Gruppentabellen	WGK
2721	Kupferchlorat	Kupfer(II)-chlorat	2
2723	Magnesiumchlorat	Magnesiumchlorat	2
2725	Nickelnitrat	Nickel(II)-nitrat	2
2726	Nickelnitrit	Nickel(II)-nitrit	2
2727**	Thalliumnitrat	Thallium(I)-nitrat	2
		Thallium(III)-nitrat	2
2789	Eisessig oder Essigsäure-Lösungen mit mehr als 80% Säure	Essigsäure	1
2790	Essigsäure-Lösung mit mehr als 10% aber nicht mehr als 80% Säure	Essigsäure	1
2802*	Kupferchlorid	Kupfer(I)-chlorid	2
		Kupfer(II)-chlorid	2
2809	Quecksilber	Quecksilber	3
2817	Ammoniumhydrogenfluorid-Lösung	Ammoniumhydrogenfluorid	1
2820	Buttersäure	n-Buttersäure	1
2821	Phenol-Lösungen	Phenol	2
2831	1,1,1-Trichloräthan	1,1,1-Trichlorethan	3
2837	Natriumhydrogensulfat-Lösung	Natriumhydrogensulfat	1
2874	Furfurylalkohol	Furfurylalkohol	1
2949	Natriumhydrogensulfid mit nicht weniger als 25% Kristallwasser	Natriumhydrogensulfid	2
2984	Wasserstoffperoxid, wäßrige Lösungen mit nicht weniger als 8% aber nicht mehr als 20% Wasserstoffperoxid (Stabilisierung nach Bedarf)	Wasserstoffperoxid	0

* Mit dieser UN-Nummer sind Gemische gekennzeichnet. Entsprechend der in Abschnitt 4 genannten Regeln ist die WGK der Teilkomponente mit dem höchsten Gefährdungspotential genannt.

** Mit dieser UN-Nummer sind Stoffgruppen gekennzeichnet. Nur die in der rechten Spalte angegebenen Stoffe sind klassifiziert.

Tab. 7   Auflistung der VbF- und GGVS-Klassifizierungen der in Wassergefährdungsklassen eingestuften Stoffe

Erläuterung zur Spalte „Klassifizierung nach VbF" (Stand April 1984)

Die Eintragungen erfolgten nach Angaben der Physikalisch-Technischen Bundesanstalt (PTB). Ein „—" bedeutet, daß dieser Stoff nicht den Bestimmungen der VbF unterliegt. Der Stoff kann aber dennoch brennbar sein. Er besitzt aber als Flüssigkeit einen Flammpunkt über 100° C. Wenn gasförmige Stoffe brennbar sind, werden sie zusätzlich durch „expl." gekennzeichnet, weil bei der Handhabung dieser Gase — wie bei A I-, A II- und B-Flüssigkeiten — Explosionsschutzmaßnahmen zu treffen sind. Das Gleiche gilt auch für wasserlösliche brennbare Flüssigkeiten mit Flammpunkten zwischen 21° C und 55° C bzw. 55° C und 100° C. Diese Flüssigkeiten unterliegen zwar nicht den Bestimmungen der VbF und sind deshalb mit „—" gekennzeichnet, zusätzlich aber mit „(B II)", bzw. „(B III)" versehen, weil bei deren Anwendung Explosionsschutzmaßnahmen zu beachten sind. Hierdurch ergibt sich indirekt die Aussage, wie wäßrige Lösungen von Flüssigkeiten und Gasen hinsichtlich der Explosionsgefährdung zu behandeln sind.

Erläuterung zur Spalte „Klassifizierung nach GGVS"

Die hier angegebenen Zuordnungen erfolgten nach Angaben des Staatlichen Materialprüfungsamtes Nordrhein-Westfalen. Die Eintragungen in der Spalte „alt" sind der Gefahrgutverordnung Straße (GGVS) in der Fassung von 1969 entnommen. In der Spalte „neu" sind die entsprechenden Angaben der für 1985 vorgesehenen Neufassung aufgelistet. Die Eintragungen in Klammern sind assimiliert, da diese Stoffe im Wortlaut der GGVS nicht eindeutig genannt sind.

Kenn-num-mer	Stoffbezeichnung	WGK	Klassifizierung nach				
			VbF	GGVS			
				alt		neu	
				Kl.	Ziff.	Kl.	Ziff.
1	Acetaldehyd	2	B	3 — 5		3 — 1 a	
2	Acetamid	1	—	—		—	
3	Acetanhydrid	1	AII	8 — 21 e		8 — 32 b	
4	Acetessigsäureethylester	1	AIII	3 — 4		3 — 32 c	
5	Acetessigsäuremethylester	2	AIII	3 — 4		3 — 32 c	
6	Aceton	0	B	3 — 5		3 — 3 b	
7	Acetoncyanhydrin	3	—(BIII)	6.1 — 11 a		6.1 — 11 a	
8	Acetonitril	2	B	6.1 — 2 b		6.1 — 11 b	
9	Acrolein	2	AI	3 — 1 a		3 — 17 a	
10	Acrylnitril	3	AI	6.1 — 2 a		3 — 11 a	
11	Acrylsäure	1	AII	—		8 — 32 b	

Tab. 7   (Fortsetzung) Auflistung der VbF- und GGVS-Klassifizierungen der in Wassergefährdungsklassen eingestuften Stoffe

Kenn-num-mer	Stoffbezeichnung	WGK	Klassifizierung nach				
			VbF	GGVS			
				alt		neu	
				Kl.	Ziff.	Kl.	Ziff.
12	Acrylsäure-n-butylester	1	AII	3 — 3		3 — 31 c	
13	Acrylsäure-2-ethylhexylester	1	AIII	3 — 4		3 — 32 c	
14	Allylamin	2	B	3 — 5		3 — 15 a	
15	Allylchlorid	1	AI	6.1 — 4 a		6.1 — 16 a	
16	N-Allylthioharnstoff	1	—	—		—	
17	Essigsäure-n-amylester	1	AII	3 — 3		3 — 31 c	
18	n-Amylalkohol	1	AII	3 — 3		3 — 31 c	
19	tert.-Amylalkohol	1	AI	3 — 1 a		3 — 3 b	
20	Anilin	2	AIII	6.1 — 11 b		6.1 — 11 b	
21	Anisol	2	AII	3 — 3		3 — 31 c	
22	Kaliumantimonat	1	—	6.1 — 75		6.1 — 59 c	
23	Natriumarsenat	3	—	6.1 — 52		6.1 — 51 b	
24	Atrazin	2	—	—		—	
25	Bariumchlorid	1	—	6.1 — 71		6.1 — 60 c	
26	Benzaldehyd	1	AIII	3 — 4		3 — 32 c	
27	Petrolether	1	AI	3 — 1 a		3 — 3 b	
29	Benzol	3	AI	3 — 1 a		3 — 3 b	
30	Benzoesäure	1	—	—		—	
31	Benzonitril	2	AIII	6.1 — 11		6.1 — 11 b	
32	Benzotrichlorid	1	—	6.1 — 62		6.1 — 66 b	
33	Benzylchlorid	2	AIII	6.1 — 61 k		6.1 — 15 b	
34	Berylliumnitrat	2	—	6.1 — 51		6.1 — 54 b	
35	Bleitetraethyl	3	AIII	6.1 — 14		6.1 — 31 a	
36	Blei(II)-acetat	2	—	6.1 — 72		6.1 — 62 c	
37	Natriumtetraborat	1	—	—		—	
38	Natriumbromid	1	—	—		—	
39	n-Butanol	1	AII	3 — 3		3 — 31 c	
40	sek.-Butanol	1	AII	3 — 3		3 — 31 c	
41	n-Buttersäure	1	—(BIII)	3 — 4		3 — 32 c	
42	Essigsäure-n-butylester	1	AII	3 — 3		3 — 31 c	
43	Essigsäure-tert.-butylester	1	AII	3 — 1 a		3 — 3 b	
44	n-Butylamin	1	B	3 — 5		3 — 22 b	
45	tert.-Butylbenzol	1	AII	3 — 3		3 — 31 c	

Tab. 7 (Fortsetzung) Auflistung der VbF- und GGVS-Klassifizierungen der in Wassergefährdungsklassen eingestuften Stoffe

Kenn-nummer	Stoffbezeichnung	WGK	Klassifizierung nach				
			VbF	GGVS			
				alt		neu	
				Kl.	Ziff.	Kl.	Ziff.
46	Diethylenglycolmono-n-butylether	1	−(BIII)	−		−	
47	Ethylenglycolmono-n-butylether	1	AIII	(6.1)		6.1 − 13 c	
48	n-Butylaldehyd	1	AI	3 − 1 a		3 − 3 b	
49	Cadmiumnitrat	3	−	(6.1 − H)		6.1 − 61 c	
50	Carbaryl	2	−	(6.1 − 83 d)[2]		6.1 − 76 c	
51	Chloralhydrat	2	−	(6.1)		(6.1)	
52	Kaliumchlorat	2	−	5.1 − 4 a		5.1 − 4 a	
53	Chlorbenzol	2	AII	3 − 3		3 − 31 c	
54	Chloroform	2	−	6.1 − 61		6.1 − 15 b	
55	2-Chlortoluol	2	AII	3 − 3		3 − 31 c	
56	Natriumdichromat	3	−	−		−	
57	Citronensäure (fest)	0	−	−		−	
58	Cumol	1	AII	3 − 3		3 − 31 c	
59	Cumolhydroperoxid	2	−[1]	5.2 − 10		5.2 − 10	
60	Natriumcyanid	3	−	6.1 − 31 a		6.1 − 41 a	
61	Cycloheptan	1	AI	3 − 1 a		3 − 3 b	
62	Cyclohepten	1	AI	3 − 1 a		3 − 3 b	
63	Cyclohexan	1	AI	3 − 1 a		3 − 3 b	
64	Cyclohexanon	1	AII	3 − 3		3 − 31 c	
65	Cyclohexen	1	AI	3 − 1 a		3 − 3 b	
66	Essigsäurecyclohexylester	1	AIII	3 − 4		3 − 32 c	
67	Cyclohexylamin	2	AII	8 − 35		8 − 53 b	
68	Cyclopentanol	1	AII	3 − 3		3 − 31 c	
69	Cyclopentanon	1	AII	3 − 3		3 − 31 c	
70	p,p'-DDT	3	−				
	10 − 50 %			6.1 − 82 b) 2			
	> 50 − 100 %			6.1 − 83 b) 2			
	feste Zubereitungen ≥ 20 % und						
	flüssige Zubereitungen ≥ 5 %					6.1 − 72 c	
	sonst kein Gefahrgut						

Tab. 7 (Fortsetzung) Auflistung der VbF- und GGVS-Klassifizierungen der in Wassergefährdungsklassen eingestuften Stoffe

Kenn-nummer	Stoffbezeichnung	WGK	Klassifizierung nach				
			VbF	GGVS			
				alt		neu	
				Kl.	Ziff.	Kl.	Ziff.
71	n-Decanol	1	AIII	3 − 4		3 − 31 c	
72	Diacetonalkohol	1	[3]	−		3 − 31 c	
73	Di-n-butylether	1	AII	3 − 3		3 − 31 c	
74	1,2-Dichlorbenzol	2	AIII	6.1 − 61		6.1 − 15 c	
75	2,3-Dichlorphenol	2	−	6.1 − 62		6.1 − 17 c	
76	Dieselkraftstoff	2	AIII	3 − 4		3 − 32 c	
77	Diethanolamin	1	−	8 − 35		8 − 54 c	
78	1,2-Diethylbenzol	2	AII	3 − 4		3 − 32 c	
79	Diethylenglycol	1	−	−		−	
80	Diethylether	1	AI	3 − 1 a		3 − 2 a	
81	Oxalsäurediethylester	1	AIII	(6.1 − G1)		6.1 − 13 c	
82	2,4-Dimethylanilin	2	AIII	6.1 − 11 b		6.1 − 11 b	
83	Dimethylformamid	1	−(BII)	−		3 − 32 c	
84	1,3-Dinitrobenzol	2	−	6.1 − 21 i		6.1 − 12 c	
85	Dinoseb	2	−				
	> 2,5 − 10 %			6.1 − 83 c) 2			
	> 10 − 50 %			6.1 − 82 c) 1			
	> 50 %			6.1 − 81 c			
	5 − 40 %					6.1 − 75 c	
	> 40 %					6.1 − 75 b	
	sonst kein Gefahrgut						
86	1,4-Dioxan	1	B	3 − 5		3 − 3 b	
87	Dipenten	1	AII	3 − 3		3 − 31 c	
88	Diphenylether	1	−	−		−	
89	Diphenylmethan	1	−	−		−	
90	n-Dodecylbenzol	1	−	−		−	
91	n-Dodecylhydrogensulfat, Natriumsalz	1	−	−		−	
92	Epichlorhydrin	3	AII	6.1 − 12 a		6.1 − 16 b	
93	Essigsäure	1	−(BII)				
	> 80 %			8 − 21 c		8 − 32 b	
	> 50 % − 80 %			−		8 − 32 c	
	sonst kein Gefahrgut						

Tab. 7 (Fortsetzung) Auflistung der VbF- und GGVS-Klassifizierungen der in Wassergefährdungsklassen eingestuften Stoffe

Kenn-nummer	Stoffbezeichnung	WGK	VbF	GGVS alt		GGVS neu	
				Kl.	Ziff.	Kl.	Ziff.
94	Ethanolamin	1	AIII	8 — 35		8 — 54 c	
95	Essigsäureethylester	1	AI	3 — 1 a		3 — 3 b	
96	Ethanol	0	B				
	> 70 %			3 — 5		3 — 3 b	
	24 — 70 %			—		3 — 31 c	
	< 24 % kein Gefahrgut						
97	Ethylamin	1	— expl.				
	gasförmig			2 — 3 bt		2 — 3 bt	
	Lösung, Siedepunkt ≤ 35° C			3 — 5		3 — 22 a	
	Lösung, Siedepunkt > 35° C			3 — 5		3 — 22 b	
98	Ethyl-n-amylketon	1	AII	3 — 3		3 — 31 c	
99	Ethylbenzol	1	AII				
	techn.			3 — 3		3 — 3 b	
	rein			3 — 3		3 — 31 c	
100	n-Buttersäureethylester	1	AII	3 — 3		3 — 31 c	
101	Diethylenglycolmonoethyl-ether	1	— (BIII)	—		3 — 32 c	
102	1,2-Dichlorethan	3	AI	3 — 1 a		3 — 16 b	
103	Ethylendiamin	2	— (BII)	8 — 35		8 — 53 b	
104	Ethylendiamintetraessig-säure und Natriumsalze	1	—	—		—	
105	Ethylenglycol	1	—	—		—	
106	Essigsäure-2-ethoxyethyl-ester	1	AII	3 — 3		3 — 31 c	
107	Ethylenglycolmonomethyl-ether	1	AIII	—		3 — 31 c	
108	Ethylenimin	3	B	6.1 — 3		3 — 12	
109	2-Ethylhexylamin-1	2	A	8 — 35		8 — 53 c	
110	Propionsäureethylester	1	AI	3 — 1 a		3 — 3 b	
111	Natriumfluorid	1	—	(6.1 — H)		6.1 — 65 c	
112	Formaldehyd	2	— expl.	8 — 24		8 — 63 b [4]	
113	Furfural	2	AIII	3 — 4		3 — 32 c	
114	Furfurylalkohol	1	— B(III)	(6.1)		6.1 — 13 c	
116	Glycerin	0	—	—		—	

Tab. 7 (Fortsetzung) Auflistung der VbF- und GGVS-Klassifizierungen der in Wassergefährdungsklassen eingestuften Stoffe

Kenn-nummer	Stoffbezeichnung	WGK	VbF	GGVS alt		GGVS neu	
				Kl.	Ziff.	Kl.	Ziff.
117	Glycolsäure-n-butylester	1	AIII	3 — 4		3 — 32 c	
118	Harnstoff (gelöst)	1	—	—		—	
	Harnstoff (fest)	0	—	—		—	
119	Heizöl EL	2	AIII	3 — 4		3 — 32 c	
120	n-Heptan	1	AI	3 — 1 a		3 — 3 b	
121	n-Heptanol-1	1	AIII	3 — 4		3 — 32 c	
122	n-Hepten-1	1	AI	3 — 1 a		3 — 3 b	
123	Hexachlorbutadien	2	—	6.1 — 62		6.1 — 17 c	
124	n-Hexan	1	AI	3 — 1 a		3 — 3 b	
125	n-Hexanol-1	1	AIII	3 — 4		3 — 32 c	
126	n-Hexanol-2	1	AIII	3 — 4		3 — 32 c	
127	n-Hexanol-3	1	AIII	3 — 4		3 — 32 c	
128	Hydrochinon	2	—	(6.1)		6.1 — 14 c	
129	Hydrochinonmonomethyle-ther	1	—	—		—	
130	Hydrazin	3	— (BII)				
	wasserfrei			4.2 — 3 D		8 — 44 a	
	Lösungen > 72 %			4.2 — 3 D			
	≤ 72 %			8 — 34			
	> 64 %					8 — 44 a	
	≤ 64 %					8 — 44 b	
131	Isobutanol	1	AII	3 — 3		3 — 31 c	
132	Isobuttersäurenitril	2	—	6.1 — 2 c		3 — 11 b	
133	Essigsäureisobutylester	1	AI	3 — 1 a		3 — 3 b	
134	2-Ethylhexanol-1	2	AIII	3 — 4		3 — 32 c	
135	Isopropanol	1	B	3 — 5		3 — 3 b	
136	Essigsäureisopropylester	1	AI	3 — 1 a		3 — 3 b	
137	Methylisobutylketon	1	AI	3 — 1 a		3 — 3 b	
138	Natriumjodid	1	—	—		—	
139	Turbinenkraftstoffe	2		[5]			
	Jet fuel A		AII				
	Jet fuel B		AI				
140	m-Kresol	2	AIII	6.1 — 22 a		6.1 — 14 b	

Tab. 7 (Fortsetzung) Auflistung der VbF- und GGVS-Klassifizierungen der in Wassergefährdungsklassen eingestuften Stoffe

Kenn-nummer	Stoffbezeichnung	WGK	VbF	GGVS alt Kl.	GGVS alt Ziff.	GGVS neu Kl.	GGVS neu Ziff.
141	Kupfer(II)-sulfat	2	—	(6.1 — 83 h)			
	feste Stoffe ≥ 20 % und						
	Lösungen ≥ 10 %					6.1 — 87 c	
	sonst kein Gefahrgut						
142	Natriumhydroxid	1	—				
	fest			8 — 31 a		8 — 41 b	
	Lösung			8 — 32		8 — 42 b	
143	Lindan	3	—				
	> 10 — 50 %			6.1 — 83 b 2)			
	> 50 — 100 %			6.1 — 82 b 2)			
	feste Stoffe 20 — 100 % und						
	flüssige Stoffe 5 — 100 %					6.1 — 72 c	
	sonst kein Gefahrgut						
144	Mercaptane	3	AI				
	Ethylmercaptan			3 — 1 a		3 — 18 b	
	Propyl-, Butyl-, Amylmercaptan			3 — 1 a		3 — 3 b	
145	Methanol	1	B	3 — 1 a		3 — 17 b	
146	Essigsäuremethylester	2	AI	3 — 5		3 — 3 b	
147	Acrylsäuremethylester	2	AI	3 — 1 a		3 — 3 b	
148	2-Methylcyclohexanon	1	AII	3 — 3		3 — 31 c	
149	Dichlormethan	2	— expl.	6.1 — 61		6.1 — 15 c	
150	Methylethylketon	1	AI	3 — 1 a		3 — 3 b	
151	2-Methylfuran	1	AI	3 — 1 a		3 — 3 b	
152	Methylisoamylketon	1	AII	3 — 3		3 — 31 c	
153	Propionsäuremethylester	1	AI	3 — 1 a		3 — 3 b	
154	Methacrylsäuremethylester	1	AI	3 — 1 a		3 — 3 b	
156	Fluoressigsäure	2	—	(6.1 — B)		(6.1 — 16)	
157	Monolinuron	2	—	(6.1 — 83 d)		6)	
158	Morpholin	1	—(BII)	3 — 3		3 — 31 c	
159	Nickel(II)-chlorid	2	—	—		—	
160	Nitrilotriessigsäure und Natriumsalze	1	—	—		—	
161	Natriumnitrit	2	—	5.1 — 8		5.1 — 8	

Tab. 7 (Fortsetzung) Auflistung der VbF- und GGVS-Klassifizierungen der in Wassergefährdungsklassen eingestuften Stoffe

Kenn-nummer	Stoffbezeichnung	WGK	VbF	GGVS alt Kl.	GGVS alt Ziff.	GGVS neu Kl.	GGVS neu Ziff.
162	4-Nitroanilin	2		6.1 — 21 f		6.1 — 12 b	
163	Nitrobenzol	2	AIII	3 — 4		6.1 — 12 b	
164	2-Nitrotoluol	2		6.1 — 21 l		6.1 — 12 b	
165	n-Octanol-l	1	AIII	3 — 4		3 — 32 c	
166	Oxalsäure	1	—	—		—	
167	Parathionethyl	3	—				
	> 0 — 2,5 %			6.1 — 83 a) 3			
	> 2,5 — 10 %			6.1 — 82 a) 2			
	> 10 %			6.1 — 81 a			
	15 — 100 %					6.1 — 71 b	
	feste Zubereitungen 1 — 15 % und						
	flüssige Zubereitungen > 0 — 15 %					6.1 — 71 c	
168	2,4-Pentandion	1	AII	3 — 3		3 — 31 c	
169	Kaliumperchlorat	1	—	5.1 — 4 b		5.1 — 4 b	
170	Phenol	2	7)	6.1 — 13 c		6.1 — 13 b	
171	Essigsäurephenylester	2	—	3 — 4		3 — 32 c	
172	Trinatriumphosphat	1	—	—		—	
173	Phthalsäurediallylester	2	—	—		—	
174	Phthalsäurediethylester	2	—	—		—	
175	Pikrinsäure	2	—	1 a — 7 a		1 a — 7 a	
176	n-Propanol	1	8)	3 — 5		3 — 31 c	
177	Propargylalkohol	2	—	3 — 3		3 — 31 c	
178	Essigsäure-n-propylester	1	AI	3 — 1 a		3 — 3 b	
179	Pyridin	2	B	3 — 5		3 — 15 b	
180	Quecksilber(II)-chlorid	3	—	6.1 — 53		6.1 — 52 b	
	als Wirkstoff:						
	≤ 2,5 %			6.1 — 83 h			
	> 2,5 — 10 %			6.1 — 82 h			
	feste Zubereitungen 7 — 70 % und						
	flüssige Zubereitungen 1,5 — 70 %					6.1 — 86 c	
	> 70 — 100 %					6.1 — 86 b	
	sonst kein Gefahrgut						

Tab. 7 (Fortsetzung) Auflistung der VbF- und GGVS-Klassifizierungen der in Wassergefährdungsklassen eingestuften Stoffe

Kenn-nummer	Stoffbezeichnung	WGK	VbF	GGVS alt Kl.	GGVS alt Ziff.	GGVS neu Kl.	GGVS neu Ziff.
181	Salicylaldehyd	2	—		—		—
182	Schwefelsäure	1	—	8	1 a/b	8	1 b
183	Schwefelkohlenstoff	2	AI	3	1 a	3	18 a
184	Natriumselenit	2	—	(6.1	F)	6.1	55 a
185	Silbernitrat	3	—		—		—
187	Styrol	2	AII	3	3	3	31 c
188	Natriumsulfid	2	—	8	36	8	45 b
189	Tetrachlorkohlenstoff	3	—	6.1	61	6.1	15 b
190	Tetrahydrofuran	1	B	3	5	3	3 b
191	1,2,4,5-Tetramethylbenzol	1	—		—		—
192	Thallium(I)-nitrat	2	—	6.1	54	6.1	53
193	Ammoniumthiosulfat	1	—		—		—
194	Toluol	2	AI	3	1 a	3	3 b
195	o-Toluidin	2	AIII	6.1	21 o	6.1	12 b
196	Phosphorsäuretri-n-butyle-ster	1	—		—	8	38 c
197	Trichloressigsäure	1	—	8	21 a		
	rein					8	31 b
	Lösung					8	32 b
198	1,1,1-Trichlorethan	3	—expl.	6.1	61	6.1	15 c
199	Trichlorethen	3	—	6.1	61	6.1	15 c
200	2,4,5-Trichlorphenoxyessig-säure	2	—	(6.1	83 b)		
	feste Zubereitungen 60–100 % und						
	flüssige Zubereitungen 15–100 %					6.1	73 c
	sonst kein Gefahrgut						
201	Triethanolamin	0	—		—		—
202	Triethylenglycol	1	—		—		—
203	Essigsäurevinylester	2	AI	3	1 a	3	3 b
204	Ottokraftstoffe	2	AI	3	1 a	3	3 b
206	Xylol (alle Isomere)	2	AII	3	3	3	81 c
207	Zinkchlorid	1	—				
	rein					8	22 c
	wässrige Lösung			(8	5)	8	5 c

Tab. 7 (Fortsetzung) Auflistung der VbF- und GGVS-Klassifizierungen der in Wassergefährdungsklassen eingestuften Stoffe

Kenn-nummer	Stoffbezeichnung	WGK	VbF	GGVS alt Kl.	GGVS alt Ziff.	GGVS neu Kl.	GGVS neu Ziff.
208	Acrylsäureethylester	2	AI	3	1 a	3	3 b
209	Adipinsäuredinitril	1	—	6.1	21	6.1	11 b
210	Ameisensäure	1	—(BII)				
	<50 %				—		—
	50–70 %					8	32 c
	>70 %			8	21 b	8	32 b
211	Ammoniak	2	—expl.				
	Gas			2	3 at	2	3 at
	Lösungen <10 %				—		—
	10 %–35 %				—	8	43 c
212	Ammoniumnitrat	1	—	5.1	6 a	5.1	6 a
213	Ammoniumchlorid	1	—		—		—
214	Arsenwasserstoff	3	—expl.	2	3 bt	2	3 bt
215	Benzolsulfonylchlorid	1	—	6.1	62	8	36 c
216	Benzylalkohol	1	—		—		—
217	Bromwasserstoff	1	—				
	Gas			2	3 at	2	3 at
	Lösung			8	5	8	5 b
218	1,3-Butadien	1	—expl.	2	3 c	2	3 c
219	tert.-Butanol	1	B	3	5	3	3 b
220	Calciumchlorid	0	—		—		—
221	ε-Caprolactam	1	—		—		—
222	Natriumcarbonat	1	—		—		—
223	Chlor	2	—	2	3 at	2	3 at
224	4-Chloranilin	2	—	6.1	21 e	6.1	12 b
225	2-Chlorbenzoesäure	2	—		6)		
226	4-Chlorbenzoesäure	2	—		6)		
227	Chloressigsäure	2	—	8	21 a) 1		
	rein					8	31 b
	Lösung					8	32 b
228	Chloressigsäuremethylester	2	AII	6.1	61	6.1	16 b
229	2-Chlorethanol	3	—(BII)	6.1	12 b	6.1	16 b
230	Kaliumchlorid	0	—		—		—
231	4-Chlor-3-methylphenol	2	—	6.1	22	6.1	14 b
232	1-Chlornaphthalin	2	—		—	(6.1	17)

Tab. 7 (Fortsetzung) Auflistung der VbF- und GGVS-Klassifizierungen der in Wassergefährdungsklassen eingestuften Stoffe

Kenn-nummer	Stoffbezeichnung	WGK	VbF	alt		neu	
				Kl.	Ziff.	Kl.	Ziff.
233	4-Chlornitrobenzol	2	–	6.1 – 21 k		6.1 – 12 b	
234	2-Chlorphenol	2	AIII	6.1 – 61		6.1 – 16 c	
235	3-Chlorpropionsäure	1	–	6)			
236	Chlorsulfonsäure	1	–				
	rein			8 – 11 a		8 – 21 a	
	wässrige Lösung			8 – 5		8 – 5 b	
237	4-Chlortoluol	2	AII	3 – 3		3 – 31 c	
238	Chlorwasserstoff	1	–				
	Gas			2 – 5 at		2 – 5 at	
	Lösung			8 – 5		8 – 5 b	
239	Crotonaldehyd	3	AI	3 – 1 a		3 – 3 b	
240	Cyclohexanol	1	AIII	3 – 4		3 – 32	
241	1,2-Dibromethan	3	–	6.1 – 61 a		6.1 – 15 b	
242	2,3-Dibrompropanol-1	2	– 9)	6)			
243	Dichloressigsäure	1	–	8 – 21 a) 2		8 – 32 b	
244	2,4-Dichlorphenol	3	–	6.1 – 62		6.1 – 17 c	
245	1,3-Dichlorpropen (cis u. trans)	3	AII	3 – 3		3 – 31 c	
246	2,3-Dichlorpropen	3	AII	3 – 3		3 – 31 c	
247	Dicyandiamid	1	–	6)			
248	Diethylamin	2	B	3 – 5		3 – 22 b	
249	Dimethoat	3	–				
	> 5 – 100 %			6.1 – 83) 3			
	feste Zubereitungen 30 – 100 % und						
	flüssige Zubereitungen 10 – 100 %					6.1 – 71 c	
	sonst kein Gefahrgut						
250	Dimethylamin	2	– expl.				
	Gas			2 – 3 bt		2 – 3 bt	
	Lösung			3 – 5		3 – 22 a/b	
251	2,4-Dinitrotoluol	3	–	6.1 – 21 m		6.1 – 12 b	
252	N-Ethylanilin	2	AIII	(6.1 – 21)		6.1 – 12 c	
253	Ethylenoxid	2	– expl.	2 – 3 ct		2 – 3 ct	

Tab. 7 (Fortsetzung) Auflistung der VbF- und GGVS-Klassifizierungen der in Wassergefährdungsklassen eingestuften Stoffe

Kenn-nummer	Stoffbezeichnung	WGK	VbF	alt		neu	
				Kl.	Ziff.	Kl.	Ziff.
254	Fluorwasserstoff	1	–				
	rein			8 – 6 a		8 – 6	
	> 85 – 100 %			8 – 6 b		8 – 6	
	> 60 – 85 %			8 – 6 c		8 – 7 a	
	≤ 60 %			8 – 6 d		8 – 7 b	
255	Kaliumsulfat	0	–	–		–	
256	Kohlenstoffdioxid	0	–				
	Gas			2 – 5 a		2 – 5 a	
	tiefkalt			2 – 7 a		2 – 7 a	
257	Kohlenstoffmonoxid	0	– expl.	2 – 1 bt		2 – 1 bt	
258	Linuron	2	–	(6.1 – 83 d)		6)	
259	Magnesiumchlorid	0	–	–		–	
260	Maleinsäure	1	–	–		–	
261	Maleinsäureanhydrid	1	–	–		8 – 31 c	
262	Mesityloxid	1	AII	3 – 3		3 – 31 c	
263	Methylamin	2	– expl.				
	Gas			2 – 3 bt		2 – 3 bt	
	Lösung, Siedepunkt ≤ 35° C			3 – 5		3 – 22 a	
	Lösung, Siedepunkt > 35° C			3 – 5		3 – 22 b	
264	Methylbromid	3	– expl.	2 – 3 at		2 – 3 at	
265	Methylchlorid	2	– expl.	2 – 3 bt		2 – 3 bt	
266	Methylisothiocyanat	3	–	(6.1 – 83 g)			
	feste Zubereitungen 35 – 100 % und						
	flüssige Zubereitungen 8 – 100 %					6.1 – 75 c	
	sonst kein Gefahrgut						
267	Methylmercaptan	3	– expl.	2 – 3 bt		2 – 3 bt	
268	Paraffine (Wachse)	0	–	–		–	
269	Naphthalin	2	–	4.1 – 11		4.1 – 11	
270	Natriumchlorid	0	–	–		–	
271	Nitrosylchlorid	2	–	2 – 3 at		2 – 3 at	

Tab. 7 (Fortsetzung) Auflistung der VbF- und GGVS-Klassifizierungen der in Wassergefährdungsklassen eingestuften Stoffe

Kenn-nummer	Stoffbezeichnung	WGK	VbF	GGVS alt Kl.	GGVS alt Ziff.	GGVS neu Kl.	GGVS neu Ziff.
272	4-Nonylphenol (Gemisch verzweigter Isomerer)	2	–	–		(6.1	– 66)
273	Omethoat	3	–				
	>5–100 %			6.1	– 83 a) 1		
	feste Zubereitungen 10–100 % und						
	flüssige Zubereitungen 3–100 %					6.1	– 71 c
	sonst kein Gefahrgut						
274	Parathionmethyl	3	–				
	> 0 –2,5 %			6.1	– 83 a) 3		
	> 2,5–10 %			6.1	– 82 a) 2		
	>10 %			6.1	– 81 a		
	>15 –100 %					6.1	– 71 b
	feste Zubereitungen 1–15 % und						
	flüssige Zubereitungen > 0 –15 %					6.1	– 71 c
275	Pentachlorphenol	3	–				
	> 5 –20 %			6.1	– 83 b) 1		
	>20 %			6.1	– 82 b) 1		
	>50 %					6.1	– 72 b
	feste Zubereitungen 5–50 % und						
	flüssige Zubereitungen 1–50 %					6.1	– 72 c
	sonst kein Gefahrgut						
276	Pentaerythrit	1	–	–		–	
277	Phosphorwasserstoff	2	–expl.	2	– 5 bt	2	– 5 bt
278	Phthalsäurebenzyl-n-butylester	2	–		6)		
279	Polyethylenglycole (fest)	0	–	–		–	
	Polyethylenglycole (flüssig)	1	–	–		–	
280	1,2-Propylenglycol	1	–(BIII)	–		3	– 32 c

Tab. 7 (Fortsetzung) Auflistung der VbF- und GGVS-Klassifizierungen der in Wassergefährdungsklassen eingestuften Stoffe

Kenn-nummer	Stoffbezeichnung	WGK	VbF	GGVS alt Kl.	GGVS alt Ziff.	GGVS neu Kl.	GGVS neu Ziff.
281	Salicylsäure	1	–	–		–	
282	Natriumsulfit	1	–	–		–	
283	Schwefelwasserstoff	2	–expl.	2	– 3 bt	2	– 3 bt
284	Selenwasserstoff	3	–expl.	2	– 3 bt	2	– 3 bt
285	Stickoxide	1	–				
	Stickstoffmonoxid			2	– 1 ct	2	– 1 ct
	Stickstoffdioxid			2	– 3 at	2	– 3 at
286	Natriumsulfat	0	–	–		–	
287	Tetrachlorethen	3	–	6.1	– 61	6.1	– 15 c
288	Wasserstoffperoxid	0	–				
	>60 %			5.1	– 1	5.1	– 1
	>40–60 %			8	– 41 a		
	> 6–40 %			8	– 41 b		
	20–60 %					8	– 62 c
	8– <20 %					8	– 62 c
289	Ammoniumarsenat	3	–	6.1	– 52	6.1	– 51 b
290	Ammoniumdichromat	3	–	–		–	
291	Ammoniumfluorid	1	–	6.1	– H	6.1	– 65 c
292	Ammoniumhydrogenfluorid	1	–	8	– 15 a	8	– 26 b
293	Ammoniumhydrogensulfat	1	–				
	<3 % H_2SO_4 enthaltend			8	– 13	8	– 23 b
	≥3 % H_2SO_4 enthaltend			8	– 13	8	– 23 c
294	Ammoniumperchlorat	1	–				
	<10 % H_2O enthaltend			1 a	– 14 A	1 a	– 14 A
	≥10 % H_2O enthaltend			5.1	– 5	5.1	– 5
295	Ammoniumpikrat	2	–	(1 a	– 7 a)	(1 a	– 7 a)
296	Ammoniumsulfat	1	–	–		–	
297	Ammoniumsulfid	2	–	–		(8	– 45 b)
298	Anilinhydrochlorid	2	–	–		–	
299	Arsen(III)-oxid	3	–	6.1	– 52 a	6.1	– 51 b
	als Wirkstoff:						
	>0 –2,5 %			6.1	– 83 i		
	>2,5–10 %			6.1	– 82 i		
	>10 – <100 %			6.1	– 81 i		

Tab. 7 (Fortsetzung) Auflistung der VbF- und GGVS-Klassifizierungen der in Wassergefährdungsklassen eingestuften Stoffe

Kenn-nummer	Stoffbezeichnung	WGK	VbF	GGVS alt Kl.	GGVS alt Ziff.	GGVS neu Kl.	GGVS neu Ziff.
	feste Zubereitungen 4–40 % und						
	flüssige Zubereitungen 1–40 %					6.1	— 84 c
	> 40 %					6.1	— 84 b
300	Arsen(V)-oxid	3	—	6.1	— 52 a	6.1	— 51 b
301	Arsensäure	3	—	(6.1	— 52)		
	fest					6.1	— 51 b
	flüssig					6.1	— 51 a
302	Bariumchlorat	2	—	5.1	— 4 a	5.1	— 4 a
303	Bariumcyanid	3	—	6.1	— 31 a	6.1	— 41 a
304	Bariumnitrat	1	—	6.1	— 71	5.1	— 7 c
305	Bariumoxid	1	—	6.1	— 71	6.1	— 60 c
306	Bariumperchlorat	1	—	5.1	— 4 b	5.1	— 4 b
307	Bariumperoxid	1	—	5.1	— 9 b	5.1	— 9 b
308	Bariumsulfat	0	—	—		—	
309	Blausäure [10])	3	— expl.				
	≤ 3 % Wasser enthaltend			6.1	— 1 a	6.1	— 1
	≤ 20 % Salpetersäure enthaltend			6.1	— 1 b	6.1	— 2
310	Blei(II)-arsenat	3	—	6.1	— 52	6.1	— 51 b
311	Blei(II)-arsenit	3	—	6.1	— 72	6.1	— 62
312	Blei(II)-cyanid	3	—	(6.1	— 31 a)	(6.1	— 41 a)
313	Blei(II)-nitrat	2	—	6.1	— 72	5.1	— 7 c
314	Blei(II)-perchlorat	2	—	5.1	— 4 b	5.1	— 4 b
315	Borsäure	1	—	—		—	
316	Calciumarsenit	3	—	6.1	— 52	(6.1	— 51 b)
317	Calciumcarbonat	0	—	—		—	
318	Calciumchlorat	2	—	5.1	— 4 a	5.1	— 4 a
319	Calciumcyanid	3	—	6.1	— 31 a	6.1	— 41 a
320	Calciumhydroxid	1	—	—		—	
321	Calciumnitrat	1	—	—		—	
322	Calciumoxid	1	—	—		—	
323	Calciumperchlorat	1	—	5.1	— 4 b	5.1	— 4 b
324	Calciumperoxid	1	—	5.1	— 9 b	5.1	— 9 b

Tab. 7 (Fortsetzung) Auflistung der VbF- und GGVS-Klassifizierungen der in Wassergefährdungsklassen eingestuften Stoffe

Kenn-nummer	Stoffbezeichnung	WGK	VbF	GGVS alt Kl.	GGVS alt Ziff.	GGVS neu Kl.	GGVS neu Ziff.
325	Calciumsulfat	0	—	—		—	
326	Bitumen	0	—	—		—	
327	Chromschwefelsäure	3	—	(8	— 1)	8	— 1 a
328	Chromtrioxid (Chromsäure)	3	—				
	fest			5.1	— 10	5.1	— 10
	Lösung			(8	— 10 b)	(8	— 11 b)
329	Chromylchlorid	3	—				
	rein			8	— 11 a	8	— 21 a
	Lösung			(8	— 5)	8	— 5 b
330	Dinatriumhydrogenphosphat	1	—	— ·		—	
331	Dischwefelsäure (Oleum)	2	—	8	— 1 a	8	— 1 a
332	Jodwasserstoff	1	—	8	— 5 [11])	8	— 5 b [11])
333	Säureteer	3	—		[12])		
334	Kaliumantimonyltartrat	2	—	6.1	— 75	6.1	— 59 c
335	Kaliumarsenat	3	—	6.1	— 52	6.1	— 51 b
336	Kaliumarsenit	3	—	6.1	— 52	6.1	— 51 b
337	Kaliumcarbonat	1	—	—		—	
338	Kaliumcyanid	3	—	6.1	— 31 a	6.1	— 41 a
339	Kaliumdichromat	3	—	—		—	
340	Kaliumfluoracetat	2	—	—		—	
341	Kaliumfluorid	1	—	(6.1	— H)	6.1	— 65 c
342	Kaliumhydrogenfluorid	1	—	8	— 15 a	8	— 26 b
343	Kaliumhydrogensulfat	1	—	8	— 13		
	< 3 % H_2SO_4 enthaltend					8	— 23 c
	≥ 3 % H_2SO_4 enthaltend					8	— 23 b
344	Kaliumhydrogensulfid	2	—	—		(8	— 45)
345	Kaliumhydroxid	1	—				
	fest			8	— 31 a	8	— 41 b
	Lösung			8	— 32	8	— 42 b
346	Kaliumnitrat	1	—	—		—	
347	Kaliumnitrit	2	—	5.1	— 8	5.1	— 8
348	Kaliumoxid	1	—	8	— 31 a	8	— 41 b
349	Kaliumperoxid	1	—	5.1	— 9 a	5.1	— 9 a
350	Kaliumsulfid	2	—	—		(8	— 45)

Tab. 7 (Fortsetzung) Auflistung der VbF- und GGVS-Klassifizierungen der in Wassergefährdungsklassen eingestuften Stoffe

Kenn-nummer	Stoffbezeichnung	WGK	VbF	GGVS alt Kl.	GGVS alt Ziff.	GGVS neu Kl.	GGVS neu Ziff.
351	Kaliumtetracyanomercurat(II)	3	—	—		—	
352	Kaliumtetrajodomercurat(II)	3	—	—		—	
353	Königswasser	2	—		13)		
354	Kohlensäure	0	—	—		—	
355	Kupfer(II)-arsenit	3	—	6.1 — 52		(6.1 — 51)	
356	Kupfer(II)-arsenitacetat	3	—	6.1 — 52		(6.1 — 51)	
357	Kupfer(II)-chlorat	2	—	5.1 — 4 a		5.1 — 4 a	
358	Kupfer(I)-chlorid	2	—	—		—	
359	Kupfer(II)-chlorid	2	—	—		—	
360	Calciumarsenat	3	—	6.1 — 52		6.1 — 51 b	
361	Magnesiumarsenat	3	—	6.1 — 52		6.1 — 51 b	
362	Magnesiumchlorat	2	—	5.1 — 4 a		5.1 — 4 a	
363	Magnesiumnitrat	1	—	—		—	
364	Magnesiumperchlorat	1	—	5.1 — 4 b		5.1 — 4 b	
365	Magnesiumperoxid	0	—	5.1 — 9 b		5.1 — 9 b	
366	Magnesiumsulfat	0	—	—		—	
367	Natriumacetat	1	—	—		—	
368	Natriumarsenit	3	—	6.1 — 52		6.1 — 51 b	
369	Natriumchloracetat	2	—	—		—	
370	Natriumchlorat	2	—	5.1 — 4 a		5.1 — 4 a	
371	Natriumdihydrogenphosphat	1	—	—		—	
372	Natriumfluoracetat	2	—	—		—	
373	Natriumformiat	1	—	—		—	
374	Natriumhydrogencarbonat	0	—	—		—	
375	Natriumhydrogenfluorid	1	—	8 — 15 a		8 — 26 b	
376	Natriumhydrogensulfat	1	—	8 — 13			
	<3 % H_2SO_4 enthaltend					8 — 23 c	
	≥3 % H_2SO_4 enthaltend					8 — 23 b	
377	Natriumhydrogensulfid	2	—	—		(8 — 45)	
378	Natriumnitrat	1	—	—		—	
379	Natriumoxalat	1	—	(6.1 — H)		6.1 — 67 c	
380	Natriumoxid	1	—	8 — 31 a		8 — 41 b	
381	Natriumpentachlorphenolat	3	—	6.1 — 23		6.1 — 17 b	
382	Natriumperchlorat	1	—	5.1 — 4 b		5.1 — 4 b	
383	Natriumperoxid	1	—	5.1 — 9 a		5.1 — 9 a	

Tab. 7 (Fortsetzung) Auflistung der VbF- und GGVS-Klassifizierungen der in Wassergefährdungsklassen eingestuften Stoffe

Kenn-nummer	Stoffbezeichnung	WGK	VbF	GGVS alt Kl.	GGVS alt Ziff.	GGVS neu Kl.	GGVS neu Ziff.
384	Natriumphenolat	2	—	8 — 32		8 — 42 b	
385	Natriumselenat	2	—	(6.1 — F)		6.1 — 55 a	
386	Natriumthiosulfat	1	—	—		—	
387	Nickel(II)-nitrat	2	—	—		—	
388	Nickel(II)-nitrit	2	—	—		—	
389	Nitriersäure	2	—				
	≤30 % HNO_3 enthaltend			8 — 3 b		8 — 3 b	
	>30 % HNO_3 enthaltend			8 — 3 a		8 — 3 a	
390	Perchlorsäure	1	—				
	≤50 %			8 — 4		8 — 4 b	
	>50 — 72,5 %			5.1 — 3		5.1 — 3	
391	Phosphorpentoxid	1	—	—		8 — 27 b	
392	Phosphorsäure	1	—	—		8 — 11 c	
393	Quecksilber	3	—	—		—	
394	Quecksilber(II)-acetat	3	—	6.1 — 53		6.1 — 52 b	
395	Quecksilber(II)-arsenat	3	—	6.1 — 52		6.1 — 51 b	
396	Quecksilber(II)-benzoat	3	—	6.1 — 53		6.1 — 52 b	
397	Quecksilber(I)-bromid	3	—	6.1 — 53		6.1 — 52 b	
398	Quecksilber(II)-bromid	3	—	6.1 — 53		6.1 — 52 b	
399	Quecksilber(I)-chlorid	3	—	6.1 — 53		6.1 — 52 b	
400	Quecksilber(II)-cyanid	3	—	6.1 — 31 a		6.1 — 41 b	
401	Quecksilber(II)-diamminchlo-rid	3	—	6.1 — 53		6.1 — 52 b	
402	Quecksilber(II)-disulfat	3	—	6.1 — 53		6.1 — 52 b	
403	Quecksilber(II)-gluconat	3	—	6.1 — 53		6.1 — 52 b	
404	Quecksilber(II)-jodid	3	—	6.1 — 53		6.1 — 52 b	
405	Quecksilber(I)-nitrat	3	—	6.1 — 53		6.1 — 52 b	
406	Quecksilber(II)-nitrat	3	—	6.1 — 53		6.1 — 52 b	
407	Quecksilber(II)-oleat	3	—	6.1 — 53		6.1 — 52 b	
408	Quecksilber(II)-oxid	3	—	6.1 — 53		6.1 — 52 b	
	als Wirkstoff:						
	>0 — 2,5 %			6.1 — 83 h			
	>2,5 — 10 %			6.1 — 82 h			
	>10 %			6.1 — 81 h			
	>35 — <100 %					6.1 — 86 b	

Tab. 7 (Fortsetzung) Auflistung der VbF- und GGVS-Klassifizierungen der in Wassergefährdungsklassen eingestuften Stoffe

Kenn-nummer	Stoffbezeichnung	WGK	VbF	GGVS alt Kl.	GGVS alt Ziff.	GGVS neu Kl.	GGVS neu Ziff.
	feste Zubereitungen 5–35 % und flüssige Zubereitungen 0,5–35 % sonst kein Gefahrgut					6.1	86 c
409	Quecksilber(II)-oxidcyanid	3	—	6.1	31 a	6.1	41 b
410	Quecksilber(II)-salicylat	3	—	6.1	53	6.1	52 b
411	Quecksilber(I)-sulfat	3	—	6.1	53	6.1	52 b
412	Quecksilber(II)-sulfat	3	—	6.1	53	6.1	52 b
413	Quecksilber(II)-thiocyanat	3	—	6.1	53	6.1	52 b
414	Salpetersäure (außer rauchende)	1	—				
	> 70 %			8	2 a	8	2 a
	≤ 70 %			8	2 b	8	2 b
415	Salpetersäure (rauchende)	2	—	8	2 a	8	2 a
416	Schwefeldioxid	1	—	2	3 at	2	3 at
417	Schwefeltrioxid	2	—	8	9	8	1 a
418	Schweflige Säure	1	—	2	3 at	2	3 at
419	Selendioxid	2	—	(6.1	F)	6.1	55 b
420	Selensäure	2	—		—	8	11 a
421	Silberarsenit	3	—	6.1	52	6.1	51 b
422	Thallium(I)-chlorat	2	—		14)		
423	Thallium(III)-nitrat	2	—	6.1	54	6.1	53
424	Zinkammoniumnitrat	1	—		—		—
425	Zinkarsenat	3	—	6.1	52	6.1	51 b
426	Zinkarsenit	3	—	6.1	52	6.1	51 b
427	Zinkchlorat	2	—	5.1	4 a	5.1	4 a
428	Zinkcyanid	3	—	6.1	31 a	6.1	41 a
429	Zinknitrat	1	—		—		—
430	Zinkperoxid	1	—		—		—
431	Zinkphosphid	2	—	6.1	33	6.1	43 b
432	Zinksulfat	1	—		—		—
433	Petrolkoks	0	—		—		—

Tab. 7 (Fortsetzung) Auflistung der VbF- und GGVS-Klassifizierungen der in Wassergefährdungsklassen eingestuften Stoffe

Kenn-nummer	Stoffbezeichnung	WGK	VbF	GGVS alt Kl.	GGVS alt Ziff.	GGVS neu Kl.	GGVS neu Ziff.
434	Weißöle	0	—				
435	Schmieröle (Grundöle, unlegierte)	1	—				
436	Schmieröle (legierte, nicht emulgierbare)	2	—				
437	Schmieröle (emulgierbare)	3	—				
438	Altöle	3	AI [15]				
439	Rohöle (zähflüssige und feste)	1	AIII [15]		Klassifizierung nach Flammpunkt (Kl. 3)		
440	Rohöle (leichtflüssige)	2	AI [15]				
441	Naphtha auf Mineralölbasis (180/210)	1	AII [15]				
442	Petroleum (130/290)	1	AII				
443	Heizöl, schwer	1	AIII [15]				

[1] Explodiert beim Erhitzen
[2] Feste Zubereitungen ab 80 %, flüssige ab 20 %, sonst kein Gefahrgut
[3] Als Reinstoff —; als technisches Produkt acetonhaltig, dann VbF-Klasse B
[4] Nur Lösungen ab 5 % in Wasser und mit max. 35 % Methanol
[5] Klassifizierung nach Flammpunkt
[6] Nicht zugeordnet
[7] Nach Wasseraufnahme (Massegehalt ca. 2 %) flüssig; dann VbF-Klasse A III
[8] Rein und wasserfrei: —; als technisches Produkt: VbF-Klasse B
[9] Daten unbekannt
[10] Andere Konzentrationen sind nach der GGVS nicht zugelassen
[11] Lösung
[12] Klassifizierung nach Säuregehalt
[13] Nach GGVS nicht zugelassen
[14] Zuordnung nach GGVS ungeklärt
[15] Sofern im Einzelfall kein höherer Flammpunkt nachgewiesen ist

3.2   Merkblatt für Anträge zur Einstufung wassergefährdender Stoffe i. S. des § 19 g Wasserhaushaltsgesetz (WHG)

Bek. d. BMI v. 20. 4. 1983 (GMBl. S. 263)

Nachstehendes Merkblatt für Anträge zur Einstufung wassergefährdender Stoffe im Sinne des § 19 g WHG wird hiermit bekanntgegeben. Es wurde von der Kommission Bewertung wassergefährdender Stoffe (KBwS) beim BMI-Beirat „Lagerung und Transport wassergefährdender Stoffe" erstellt und vom vorgenannten Beirat gebilligt. Ich bitte ab sofort danach zu verfahren.

Merkblatt für Anträge zur Einstufung wassergefährdender Stoffe i. S. des § 19 g Wasserhaushaltsgesetz (WHG)

1.   Allgemeines

Wassergefährdende Stoffe nach § 19 g WHG sind alle festen, flüssigen und gasförmigen Stoffe, die geeignet sind, nachhaltig die physikalische, chemische und biologische Beschaffenheit von stehenden und fließenden Oberflächengewässern sowie des Grundwassers nachteilig zu verändern. Für abgestufte Sicherheitsanforderungen beim Lagern, Abfüllen und Umschlagen wassergefährdender Stoffe ist eine Unterteilung der Stoffe nach ihrem Wassergefährdungspotential erforderlich.

Die Klassifizierung der wassergefährdenden Stoffe bildet eine der Grundlagen für Bauartzulassungen und Eignungsfeststellungen nach § 19 h WHG sowie für Einzelentscheidungen im wasserrechtlichen Vollzug. Die in der Länderarbeitsgemeinschaft Wasser (LAWA) vertretenen Bundesländer und der Bundesminister des Innern haben auf der Grundlage dieser Konzeption die Einstufung von wassergefährdenden Stoffen in Wassergefährdungsklassen (WGK) durch eine Bewertungskommission in den wasserrechtlichen Vollzug eingeführt[1]. Die „Kommission Bewertung wassergefährdender Stoffe" (KBwS) ist als ständiger Ausschuß im Beirat LTwS seit 1. 7. 1982 eingerichtet worden.

Die von der „Kommission Bewertung wassergefährdender Stoffe" in Wassergefährdungsklassen eingestuften Stoffe werden im Einvernehmen von BMI und LAWA im Gemeinsamen Ministerialblatt des Bundes sowie in den Gesetzblättern der Länder veröffentlicht und eingeführt[2]. Sofern ein Stoff noch nicht im „Katalog wassergefährdender Stoffe" enthalten ist, bedeutet dies keine Aussage über die potentielle Wassergefährdung durch diesen Stoff.

2.   Einschalten der Bewertungskommission (KBwS)

Anträge auf Einstufung wassergefährdender Stoffe in die WGK sind an die zuständigen Wasserbehörden oder die Geschäftsstelle des BMI-Beirats „LTwS" beim Umweltbundesamt oder gegebenenfalls an das Institut für Bautechnik (IfBt) in Berlin zu richten. Anträge, die in unmittelbarem Zusammenhang mit einem wasserrechtlichen Antrag stehen, werden mit Priorität bearbeitet.

---

[1] Siehe Literaturangabe unter Ziffer 6 dieser Vorschrift, [1]
[2] Siehe Literaturangabe unter Ziffer 6 dieser Vorschrift, [2]

3. Beizufügende Unterlagen

Die Bewertungskommission bewertet den Stoff im wesentlichen auf der Basis vorgelegter Unterlagen. Diese Unterlagen (Testergebnisse und weitere Angaben) werden auf Validität und Plausibilität sowie gegebenenfalls im Stichprobenverfahren geprüft.

Folgende Angaben sind bei Reinstoffen mindestens erforderlich: (Bei Stoffgemischen sind sinngemäß Angaben zu machen.)

3.1 Identität des Stoffes

a) Bezeichnung nach dem System der internationalen Union für reine und angewandte Chemie (IUPAC).

b) Weitere Bezeichnungen, insbesondere allgemeine Bezeichnung, Handelsbezeichnung, Abkürzung.

c) Kennziffern, soweit vom Chemical Abstracts Service zugeteilt.

d) Angaben über Reinheit, Verunreinigungen und zugesetzte Hilfsstoffe, soweit möglich.

3.2 Physikalisch-chemische Eigenschaften

a) Aggregatzustand unter Normalbedingungen

b) Dichte

c) Wasserlöslichkeit (in mg/l bei 20 °C bzw. Raumtemperatur)

d) Siedepunkt

e) Verteilungskoeffizient Wasser/n-Octanol, soweit bekannt

f) Chemische Reaktion mit Wasser und Luft

3.3 Testergebnisse

a) Akute orale Säugetiertoxizität, durchgeführt an Ratten nach[1]

b) Akute Fischtoxizität, durchgeführt mit Goldorfen nach[1]

c) Akute Bakterientoxizität, durchgeführt mit Pseudomonas putida nach[1]

d) Biologisches Abbauverhalten, getestet nach[1]

Die Tests sind grundsätzlich mit dem unter Nr. 1 identifizierten Stoff (d. h. einschließlich Verunreinigungen und Zusätzen) durchzuführen. Das jeweilige Testlabor ist zu benennen. Bei Literaturwerten ist die Quelle anzugeben.

3.4 Verfügbare Untersuchungsergebnisse oder Literaturangaben über

a) akute Toxizität gegenüber anderen Wasserorganismen (z. B. Algen und Daphnien)

b) chronische Toxizität (Kanzerogenität, Mutagenität etc.)

c) Persistenz, Bioakkumulation, Metabolismus etc.

3.5 Sonstiges

a) Selbsteinschätzung des Stoffes auf der Grundlage des Bewertungsschemas nach[1]

b) Angabe, ob die Antragsunterlagen zur Bestimmung der Wassergefährdung einer behördlichen Stelle bereits zur Bearbeitung zugesandt wurden (gegebenenfalls Angabe der Behörde)

c) Verwendungsbereich des Stoffes

---

[1] Siehe Literaturangabe unter Ziffer 6 dieser Vorschrift, [1]

4. Beispiel

4.1 Identität des Stoffes

a) IUPAC-Bezeichnung: Benzenemethanol

b) Weitere Namen: Benzylalkohol, d-Hydroxytoluol, Phenylcarbinol, Phenylme-
thanol

c) CAS-Nummer: 100-51-6

d) Reinheit: min. 99% (GC)
Verunreinigungen: Benzaldehyd (max. 0,1 %), Wasser (max. 0,1 %)

4.2 Physikalisch-chemische Eigenschaften

a) Aggregatzustand: flüssig

b) Dichte: 1,04 g/ml

c) Löslichkeit: 39 g/l

d) Siedepunkt: 206 °C

e) wird nachgereicht

f) Reaktionen: wird durch Luftsauerstoff zu Benzaldehyd oxidiert.

4.3 Testergebnisse

a) Rattentoxizität: 1970 mg/kg (oral)

b) Fischtoxizität: 646 mg/l

c) Bakterientoxizität: 100 mg/l

d) Abbauverhalten: 96 % DOC-Abbau nach 21 Tagen

Test a)   wurde im Laboratorium für Pharmakologie und Toxikologie, Professor
Dr. Leuschner, Hamburg, durchgeführt.

Test b)   wurde am Landesamt für Wasser und Abfall Nordrhein-Westfalen durchgeführt.

Test c)   und d) wurden am Institut für Wasser-, Boden-, Lufthygiene des Bundes-
gesundheitsamtes in Berlin durchgeführt.

4.4 Weitere Untersuchungsergebnisse

a) Algentoxizität: 16 mg/l durchgeführt im BGA, Berlin
Daphnientoxizität: 55 mg/l durchgeführt im BGA, Berlin
E. coli-Bakterien vertragen ohne erkennbare Schädigung 1000 mg/l (Bringmann
G., Kühn R.: Gesundheitsingenieur (1959) 80, 115–120)

b) keine chronischen Effekte bekannt

c) Metabolismus: Oxidation zu Benzoesäure, Bindung an Glycin, Ausscheidung
als Hippursäure.

4.5 Sonstiges

a) Selbsteinschätzung: Wassergefährdungsklasse 1

b) Unterlagen zur Bestimmung der Wassergefährdung wurden keiner anderen Behörde zugeleitet.

c) Verwendung (als techn. Produkt): Lösungsmittel in der Lackindustrie, Herstellung von Riechstoffen.

5.   Anschriften

– Vorsitzender der „Kommission Bewertung wassergefährdender Stoffe" (KBwS)
  Chemiedirektor Dr. Amann
  Bayerisches Landesamt für Wasserwirtschaft
  Lazarettstr. 67
  8000 München 19

– Geschäftsstelle des BMI-Beirats
  „Lagerung und Transport wassergefährdender Stoffe"
  Geschäftsführer: Dir. u. Prof. Dr.-Ing. H.-P. Lühr
  Umweltbundesamt
  Bismarckplatz 1
  1000 Berlin 33

– Institut für Bautechnik (IfBT)
  Reichpietschufer 72–76
  1000 Berlin 30

6.   Literatur

[1] Beirat beim Bundesminister des Innern „Lagerung und Transport wassergefährdender Stoffe": Bewertung wassergefährdender Stoffe, Umweltbundesamt
    (Hrsg.), LTwS-Nr. 10, Berlin, 1979

[2] Bekanntmachung des Bundesministers des Innern vom 11.9. 1980 Gemeinsames Ministerialblatt (GMBl) S. 430

3.3   Erläuterungen zum Katalog wassergefährdender Stoffe

1.   Inhalt

Nach einem Bewertungsschema, das unter Federführung des Bundesinnenministers
in seinem Beirat „Lagerung und Transport wassergefährdender Stoffe" erarbeitet
worden ist, sind in der aktualisierten und erweiterten Fassung des Katalogs wassergefährdender Stoffe '85[1] z. Z. 443 Stoffe erfaßt und in Wassergefährdungsklassen
(WGK) eingestuft worden.

Der fortgeschriebene Katalog beginnt nunmehr mit den Gruppentabellen *(Tabellen
1–4),* in denen die Stoffe alphabetisch nach Wassergefährdungsklassen geordnet sind.
In der *Tabelle 5* sind Abweichungen von Stoffen gegenüber dem Katalog '80 aufgeführt, bei denen sich Klassifizierung oder Stoffbezeichnung geändert haben. Zur besseren Handhabung im Falle eines Unfalls sind in der *Tabelle 6* die UN-Nummer den
Wassergefährdungsklassen zugeordnet. Neben dem Gefährdungsmerkmal nach der
Klassifizierung der Verordnung über brennbare Flüssigkeiten (VbF)[2] sind auch Anga-

---

[1] Katalog wassergefährdender Stoffe vom 1. 3. 1985, abgedruckt unter 3.1
[2] Verordnung über Anlagen zur Lagerung, Abfüllung und Beförderung brennbarer Flüssigkeiten
zu Lande (Verordnung über brennbare Flüssigkeiten – VbF – vom 27. 2. 1980), abgedruckt unter
6.1

ben aus der Gefahrgutverordnung Straße (GGVS)[1] aufgenommen worden. Die Auflistung der VbF und GGVS Klassifizierungen ist gesondert in *Tabelle 7* erfolgt. Abschluß bildet die *Tabelle 8* Stoffindex. Diese Synonymliste ist mit Hilfe der Datenbank für wassergefährdende Stoffe – DAWABAS – erstellt worden.

2. Gefährdungsstufen

Das von den Stoffen bzw. Stoffgemischen ausgehende Gefährdungspotential wird anhand ihrer Eigenschaften im Hinblick auf die technischen Maßnahmen zur Abwendung der Gefährdung des Wassers durch Unfälle beim Lagern, Abfüllen, Umschlagen und Befördern für eine Handhabung im wasserrechtlichen Vollzug bewertet. Die in der Länderarbeitsgemeinschaft Wasser (LAWA) vertretenen Bundesländer und der Bundesminister des Innern haben auf der Grundlage dieser Konzeption die Einstufung von wassergefährdenden Stoffen in Wassergefährdungsklassen durch eine Bewertungskommission erarbeitet und in den wasserrechtlichen Vollzug eingeführt.[2]

Die „Kommission Bewertung wassergefährdender Stoffe" (KBwS) ist als ständiger Ausschuß im Beirat LTwS seit 1. 7. 1982 eingerichtet worden. Die Anschriften der Bewertungskommission sind unter Kapitel 3.2 „Merkblatt für Anträge zur Einstufung wassergefährdender Stoffe i. S. des § 19 g WHG" im Abschnitt 5 aufgeführt.

Für abgestufte Sicherheitsanforderungen bei Lagern, Abfüllen und Umschlagen wassergefährdender Stoffe ist für die wasserrechtlichen Verfahren (z. B. Bauartzulassung, Eignungsfeststellung) eine Unterteilung der Stoffe nach ihrem Wassergefährdungspotential erforderlich.

Die Bewertung beruht auf biologischen Testverfahren. Über die quantitative Bestimmung der akuten, oralen Säugetiertoxizität, durchgeführt an Ratten, der akuten Fischtoxizität, durchgeführt mit Goldorfen, der akuten Bakterientoxizität, durchgeführt mit Pseudomones putida, und des biologischen Abbauverhaltens wird eine zusammenfassende zahlenmäßige Bewertung vorgenommen.[3] Darüber hinaus sind verfügbare Informationen[3] über akute Toxizität gegenüber anderen Wasserorganismen (z. B. Algen und Daphnien), chronische Toxizität (Kanzerogenität, Mutagenität, Teratogenität etc.), aber auch spezifische Umweltgefährdungen wie z. B. durch Persistenz, Bioakkumulation, Metabolismus erfolgen, mit zu berücksichtigen. Nach dieser Bewertung teilt der Katalog folgende Wassergefährdungsklassen ein:

WGK 0: im allgemeinen nicht wassergefährdend

WGK 1: schwach wassergefährdend

WGK 2: wassergefährdend

WGK 3: stark wassergefährdend

---

[1] Verordnung über die Beförderung gefährlicher Güter auf der Straße (Gefahrgutverordnung Straße – GGVS) vom 5. 7. 1983 (BGBl. I S. 905).
[2] Beirat beim BMI „Lagerung und Transport wassergefährdender Stoffe", Bewertung wassergefährdender Stoffe, Umweltbundesamt (Hrsg.), LTwS – Nr. 10, Berlin 1979
[3] Merkblatt für Anträge zur Einstufung wassergefährdender Stoffe i. S. des § 19 g Wasserhaushaltsgesetz (WHG) v. 20. 4. 1983, abgedruckt unter 3.2

3. Antrag zur Einstufung

Sofern ein Stoff bzw. Stoffgemisch noch nicht im Katalog wassergefährdender Stoffe enthalten ist, bedeutet dies keine Aussage über die potentielle Wassergefährdung durch diesen Stoff. Bei Gemischen richtet sich die Wassergefährdungsklasse nach den am Gemisch selbst ermittelten Daten. Solange solche Daten nicht vorliegen, ist die Teilkomponente mit der höchsten WGK für die Einstufung maßgebend. Im Zweifelsfall ist entsprechend dem Merkblatt zur Einstufung der Stoffgefährlichkeit eine Entscheidung der Bewertungskommission einzuholen.[1]

---

[1] Merkblatt für Anträge zur Einstufung wassergefährdender Stoffe i. S. des § 19 g Wasserhaushaltsgesetz (WHG) v. 20. 4. 1983, abgedruckt unter 3.2

4 Zulassung von Fachbetrieben (NW)

4.1 Verordnung über die Zulassung von Fachbetrieben für Anlagen zum Lagern, Abfüllen und Umschlagen wassergefährdender Stoffe mit Zuordnung der Verwaltungsvorschriften zum Vollzug der Verordnung über die Zulassung von Fachbetrieben für Anlagen zum Lagern, Abfüllen und Umschlagen wassergefährdender Stoffe

Verordnung über die Zulassung von Fachbetrieben für Anlagen zum Lagern, Abfüllen und Umschlagen wassergefährdender Stoffe (Fachbetriebsverordnung)

Vom 30. Juli 1982 (GV. NW. S. 526/SGV. NW. 77)

Aufgrund des § 18 Abs. 2 des Landeswassergesetzes – LWG – vom 4. Juli 1979 (GV. NW. S. 488) wird im Einvernehmen mit dem Minister für Arbeit, Gesundheit und Soziales und dem Minister für Wirtschaft, Mittelstand und Verkehr verordnet:

Inhaltsverzeichnis

§ 1 Anwendungsbereich
§ 2 Anlagenarten und Tätigkeitsgruppen
§ 3 Voraussetzungen für die Zulassung und deren Widerruf
§ 4 Fachliche Eignung und ausreichende betriebliche Ausstattung
§ 5 Nachweis der fachlichen Eignung und der ausreichenden betrieblichen Ausstattung
§ 6 Pflichten der Fachbetriebe
§ 7 Wiederkehrende Überprüfungen
§ 8 Ordnungswidrigkeiten
§ 9 Vorläufig zugelassene Betriebe
§ 10 Zulassungsbehörde
§ 11 Inkrafttreten

Verwaltungsvorschriften zum Vollzug der Verordnung über die Zulassung von Fachbetrieben für Anlagen zum Lagern, Abfüllen und Umschlagen wassergefährdender Stoffe (VV-FachbetriebsV)

Rd. Erl. des Ministers für Ernährung, Landwirtschaft und Forsten vom 12. August 1982 (MBl. NW. S. 1508/SMBl. NW. 772)

§ 1 Anwendungsbereich

(1) Diese Verordnung gilt für die Zulassung von Betrieben im Sinne von § 19 l des Wasserhaushaltsgesetzes, die gewerbsmäßig Anlagen zum Lagern, Ab-

füllen und Umschlagen wassergefährdender flüssiger Stoffe einbauen, aufstellen, instandhalten, instandsetzen oder reinigen (Fachbetriebe). Die Verordnung gilt nicht für Fachbetriebe, die ausschließlich an Anlagen, die für Zwecke nach § 19 h Abs. 2 des Wasserhaushaltsgesetzes verwendet werden, tätig sind.

(2) Hat ein Unternehmen mehrere Betriebsstätten oder Nebenbetriebe, so bedürfen diese jeweils einer gesonderten Zulassung als Fachbetrieb.

1 Anwendungsbereich

1.1 Zu den Begriffen „Anlage zum Lagern, Abfüllen und Umschlagen" und „Anlage, die für Zwecke nach § 19 h Abs. 2 des Wasserhaushaltsgesetzes – WHG – in der Fassung der Bekanntmachung vom 16. Oktober 1976 (BGBl. I S. 3017), zuletzt geändert durch Gesetz vom 28. März 1980 (BGBl. I S. 373), verwendet wird" vergleiche Ziffer 1.3 bis 1.4 der Verwaltungsvorschrift zur Verordnung über Anlagen zum Lagern, Abfüllen und Umschlagen wassergefährdender Stoffe – VV-VAwS, Gem. Rd. Erl. d. Ministers für Ernährung, Landwirtschaft und Forsten – III A 2 – 28859 und des Ministers für Landes- und Stadtentwicklung – VA – 322.32 – v. 10. 8. 1981 (MBl. NW. S. 1708/SMBl. NW 772).

1.2 Ein Unternehmen hat mehrere Betriebsstätten, wenn diese organisatorisch so getrennt sind, daß sie im Hinblick auf die in § 19 l WHG genannten Arbeiten als selbständige betriebliche Einheit anzusehen sind.

1.3 Ein Nebenbetrieb liegt vor, wenn in ihm Leistungen für Dritte bewirkt werden, es sei denn, daß eine solche Tätigkeit nur in unerheblichem Umfang ausgeübt wird oder daß es sich um einen Hilfsbetrieb handelt. Auf § 1 GewO und die dazu ergangene Rechtsprechung wird verwiesen; vgl. auch § 3 Abs. 1 der Handwerksordnung.

1.4 Der Anwendungsbereich der Verordnung ist nicht eröffnet für Hilfsbetriebe. Hilfsbetriebe sind unselbständige, der wirtschaftlichen Zweckbestimmung des Hauptbetriebes dienende Betriebe, wenn sie

– Arbeiten für den Hauptbetrieb oder für andere dem Inhaber des Hauptbetriebs ganz oder überwiegend gehörende Betriebe ausführen oder
– Leistungen an Dritte bewirken, die in unentgeltlichen Pflege-, Instandhaltungs- oder Instandsetzungsarbeiten bestehen, oder
– in entgeltlichen Pflege-, Instandhaltungs- oder Instandsetzungsarbeiten an solchen Gegenständen bestehen, die in dem Hauptbetrieb selbst erzeugt worden sind, sofern die Übernahme dieser Arbeiten bei der Lieferung vereinbart worden ist, oder
– auf einer vertraglichen oder gesetzlichen Gewährleistungspflicht beruhen.

§ 2 Anlagenarten und Tätigkeitsgruppen

(1) Die Zulassung von Fachbetrieben wird für folgende Anlagenarten in Verbindung mit einer oder mehreren Tätigkeitsgruppen erteilt:

Anlagenart 1:
Heizölverbraucheranlagen,

Anlagenart 2:
Sonstige Anlagen zum Lagern, Abfüllen und Umschlagen brennbarer flüssiger Stoffe mit Behältern
2.1 bis   100 m³
2.2 bis   1000 m³
2.3 über 1000 m³
Rauminhalt je Behälter,

Anlagenart 3:
Anlagen zum Lagern, Abfüllen und Umschlagen nicht brennbarer flüssiger Stoffe mit Behältern
3.1 bis   100 m³
3.2 über 100 m³
Rauminhalt je Behälter.

Die Tätigkeitsgruppen umfassen folgende Arbeiten an
– Behältern,
– Sicherheitseinrichtungen und sonstigen technischen Schutzvorkehrungen, mit Ausnahme der Abdichtung von Auffangräumen für Heizölverbraucheranlagen,
– Rohrleitungen,
– Förderungseinrichtungen:

Tätigkeitsgruppe A: Einbauen, Aufstellen

Tätigkeitsgruppe B: Instandhalten

Tätigkeitsgruppe C: Instandsetzen

Tätigkeitsgruppe D: Reinigen

(2) Die Zulassung kann auf Antrag auf einzelne Anlagenteile der Anlagenarten, insbesondere Lagerbehälter, Rohrleitungen, Sicherheitseinrichtungen und sonstige technische Schutzvorkehrungen, beschränkt werden.

(3) Die Zulassung nach Absatz 1 Tätigkeitsgruppen B und C und Absatz 2 schließt die Zulassung nach § 19 i Satz 2 des Wasserhaushaltsgesetzes zur Überwachung entsprechender Anlagen oder Anlagenteilen ein.

2   Anlagenarten und Tätigkeitsgruppen

2.1   Heizölverbraucheranlagen sind Anlagen mit Behältern, die in Verbindung mit einer oder mehreren Brennstellen stehen und zur Lagerung von Heizöl dienen.

2.2   In § 2 Abs. 1 Satz 2 der Verordnung wird der für den Umfang der Zulassung in Frage kommende Bereich abschließend bestimmt. Betriebe, die die genannten Tätigkeiten ausschließlich an anderen als den aufgeführten Anlageteilen ausführen, bedürfen deshalb keiner Zulassung.

2.3   Das Herstellen von Räumen oder Erdwällen für die spätere Verwendung als Auffangraum ist kein Einbauen oder Aufstellen einer technischen Schutzvorkehrung. Hingegen fällt das Auskleiden oder Beschichten von Auffangräumen der Anlagenarten 2 und 3 unter die Verordnung; ebenso das Innenbeschichten von Behältern.

2.4   Instandhalten ist das Warten und Überwachen einer Anlage oder von Anlagenteilen, um sie in einem ordnungsgemäßen Zustand zu erhalten. Das Instandhalten schließt den Ersatz von Verschleißteilen mit ein.

2.5 Instandsetzen ist das Beheben von Schäden zur Wiederherstellung der Funktionstüchtigkeit von Anlagen oder Anlagenteilen.

§ 3 Voraussetzungen für die Zulassung und deren Widerruf

(1) Fachbetriebe werden auf Antrag zugelassen, wenn

1. der Betriebsinhaber und die zur Leitung des Betriebs bestellten Personen im Hinblick auf die beantragten Tätigkeiten zuverlässig sind,
2. die für die technische Leitung des Betriebs verantwortlichen Personen fachlich geeignet sind und
3. die für die ordnungsgemäße Ausführung der Arbeiten erforderlichen Einrichtungen im Betrieb vorhanden sind.

(2) Ist der Betriebsinhaber keine natürliche Person, müssen die zur Vertretung des Unternehmens befugten Personen zuverlässig sein.

(3) Die Zulassung kann widerrufen werden, wenn Tatsachen festgestellt werden, aus denen sich ergibt, daß die Voraussetzungen des Absatz 1 nicht oder nicht mehr vorliegen.

3 Voraussetzungen für die Zulassung und deren Widerruf

3.1 Die Zuverlässigkeit des Betriebsinhabers und der zur Leitung des Betriebs bestellten Personen ist lediglich im Hinblick auf den Gewässerschutz von Bedeutung. Es dürfen deshalb keine Anhaltspunkte dafür vorliegen, daß die Zuverlässigkeit des Antragstellers gegenüber den Anforderungen des Gewässerschutzes Bedenken unterliegt. Die erforderliche Zuverlässigkeit ist in der Regel nicht gegeben, wenn der Betriebsinhaber

a) wegen Straftaten gegen die Umwelt (§§ 324–330 d Strafgesetzbuch)[1]
mit einer Geld- oder Freiheitsstrafe belegt worden ist,

b) wiederholt oder gröblich gegen eine oder mehrere der unter Buchstabe a genannten Vorschriften verstoßen hat oder seine Verpflichtungen als Fachbetrieb verletzt hat.
Der Nachweis der Zuverlässigkeit durch ein polizeiliches Führungszeugnis ist nur in besonders gelagerten Einzelfällen notwendig.

3.2 Für die technische Leitung des Betriebs verantwortliche Personen nach § 3 Absatz 1 Nr. 2 sind diejenigen Personen, die die ordnungsgemäße technische Ausführung der Arbeiten überprüfen und dafür verantwortlich zeichen.

3.3 Soweit mehrere Personen für die Vertretung einer juristischen Person bestimmt sind, ist die Zuverlässigkeit nur für diejenigen Personen zu prüfen, die im Unternehmen für die Tätigkeit als Fachbetrieb tatsächlich zuständig sind.

---

[1] Strafgesetzbuch (StGB) i. d. F. des 18. Strafrechtsänderungsgesetzes v. 28. 3. 1980, abgedruckt unter 8.1

3.4 In der Zulassung ist darauf hinzuweisen, daß nach anderen Rechtsvorschriften erforderliche Zulassungen und Anforderungen von der Zulassung nach § 19 l WHG unberührt bleiben.

3.5 Der Widerruf der Zulassung erfolgt bei behebbaren Mängeln in der Regel erst dann, wenn eine angemessene Frist zur Schaffung der Zulassungsvoraussetzungen verstrichen ist.

3.6 Die Zulassungsbehörde legt eine Kartei der in ihrem Bezirk zugelassenen Fachbetriebe an, aus der der Umfang der Zulassung, der Inhaber des Betriebs und die verantwortlichen Personen sowie die Durchführung der wiederkehrenden Überprüfungen zu ersehen sind.

§ 4   Fachliche Eignung und ausreichende betriebliche Ausstattung

(1) Die fachliche Eignung muß für die Anlagenarten und Tätigkeitsgruppen vorliegen, für die die Zulassung beantragt worden ist. Sie setzt die notwendigen Kenntnisse und Fertigkeiten nach Maßgabe des Absatzes 2 voraus.

(2) Als fachlich geeignet gelten Personen, die
    a) in einem Handwerk nach Anlage A Nr. 16, 18, 19, 21, 24a, 31, 32, 33 oder 34 der Handwerksordnung in der Fassung vom 28. Dezember 1965 (BGBl. 1966 I S. 2), zuletzt geändert durch Verordnung vom 25. Juni 1981 (BGBl. I S. 572), die Meisterprüfung abgelegt haben oder
    b) eine nach § 7 Abs. 2 der Handwerksordnung und ihrer Ausführungsbestimmungen gleichwertige Prüfung abgelegt haben oder
    c) für die genannten Handwerke eine Ausnahmebewilligung nach § 8 Abs. 1 Handwerksordnung erhalten haben; die Ausnahmebewilligung kann auf in § 2 genannte Anlagenarten und Tätigkeitsgruppen beschränkt sein; oder
    d) vergleichbare Kenntnisse und Fertigkeiten nachweisen.

(3) Die ausreichende betriebliche Ausstattung setzt Werkzeuge, Maschinen und Geräte in solcher Zahl und Beschaffenheit voraus, daß die technisch einwandfreie Ausführung der Arbeiten gewährleistet ist.

4   Fachliche Eignung und ausreichende betriebliche Ausstattung

4.1 Zu den Kenntnissen gehören neben dem Wissen über die Anforderungen nach den Vorschriften des Wasserrechts auch Kenntnisse über die einschlägigen Vorschriften der benachbarten Rechtsbereiche wie Bau-, Gewerbe- und Immissionsschutzrecht sowie Kenntnisse über die allgemein anerkannten Regeln der Technik.

4.2 Die fachliche Eignung gilt bei folgenden Handwerken nach Maßgabe der jeweiligen Berufsbilder als nachgewiesen:

– Kachelofen- und Luftheizungsbauer	Nr. 16)
– Schmied	Nr. 18)
– Schlosser	Nr. 19)
– Maschinenbauer	Nr. 21)
– Kälteanlagenbauer	Nr. 24a)

– Klempner   Nr. 31)
– Gas- und Wasserinstallateur   Nr. 32)
– Zentralheizungs- und Lüftungsbauer   Nr. 33)
– Kupferschmied   Nr. 34)

der Anlage A zur Handwerksordnung.

4.3 Folgende Prüfungen sind im Sinne von § 4 Abs. 2 Buchst. b) der Verordnung zu den genannten Handwerken gleichwertig anerkannt:

Diplomprüfung an einer deutschen Hochschule oder Abschlußprüfung an einer deutschen staatlichen oder staatlich anerkannten Fachhochschule in den Fachrichtungen

– Maschinenbau
– Schiffsmaschinenbau
– Verfahrenstechnik
– Maschinenbau, Produktionstechnik
– Schiffbetriebstechnik
– Versorgungstechnik/Energie- und Wärmetechnik
– Luft- und Raumfahrttechnik

Vgl. Verordnung über die Anerkennung von Prüfungen bei der Eintragung in die Handwerksrolle und bei Ablegung der Meisterprüfung vom 16. 10. 1970 (BGBl. I S. 1401), zuletzt geändert durch Verordnung vom 18. 2. 1976 (BGBl. I S. 373).

4.4 Vergleichbare Kenntnisse und Fertigkeiten können z. B. durch Abschlußprüfungen an staatlichen oder staatlich anerkannten Technikerschulen nachgewiesen oder durch langjährige einschlägige Berufserfahrungen mit Prüfungen bei Gütegemeinschaften, den technischen Überwachungsvereinen, einschlägigen Industriemeisterprüfungen bei den Industrie- und Handelskammern oder anderen geeigneten Institutionen erworben werden. Vergleichbare Kenntnisse sind in der Regel auch bei Personen vorhanden, die aufgrund von Sondervorschriften in die Handwerksrolle für die in § 4 Abs. 2 genannten Handwerke eingetragen worden sind.

Vergleichbare Kenntnisse und Fertigkeiten können auch durch eine dreijährige nicht untergeordnete Tätigkeit in einem Fachbetrieb nachgewiesen werden. Die Tätigkeit muß sich auch auf die beantragten Anlagenarten und Tätigkeitsgruppen bezogen und die erforderlichen Kenntnisse im Sinne von Nr. 4.1 vermittelt haben.

Nicht untergeordnet ist tätig, wer Arbeiten eigenverantwortlich ausführt. Der Tätigkeitsnachweis ist durch ein schriftliches Zeugnis des Betriebes, in dem der Antragsteller tätig gewesen ist, zu führen. Das Zeugnis muß Angaben über Dauer, Art und Umfang der Tätigkeit und über die Stellung im Betrieb enthalten; war der Antragsteller selbst Inhaber des Betriebes, ist der Nachweis in anderer geeigneter Form zu erbringen, z. B. durch Referenzunterlagen oder Protokolle über Prüfungen des amtlichen Sachverständigen nach § 11 VAwS[1] an vom Antragsteller erstellten Anlagen, aus denen sich Dauer, Art und Umfang der Tätigkeit erkennen lassen.

---

[1] VAwS NW, abgedruckt unter 2.1.1

4.5   Die Anforderungen an die betriebliche Ausstattung ergeben sich aus den Musterlisten des Beirates beim Bundesminister des Innern „Lagerung und Transport wassergefährdender Stoffe", die im Gemeinsamen Ministerialblatt (GMBl.)[1] veröffentlicht werden.

§ 5   Nachweis der fachlichen Eignung und der ausreichenden betrieblichen Ausstattung

(1) Die fachliche Eignung und die ausreichende betriebliche Ausstattung sind vom Antragsteller der Zulassungsbehörde durch eine Bescheinigung der Handwerkskammer oder der Industrie- und Handelskammer, in deren Bezirk der zulassungspflichtige Fachbetrieb seinen Sitz hat, nachzuweisen.

(2) Die Bescheinigung wird nach Vorlage der für die Beurteilung der Voraussetzungen nach § 4 erforderlichen Unterlagen erteilt. Vorzulegen sind einschlägige Prüfungsurkunden oder andere geeignete Unterlagen, aus denen sich ergibt, daß der Antragsteller über vergleichbare Kenntnisse und Fertigkeiten verfügt.

(3) Der Nachweis der ausreichenden betrieblichen Ausstattung wird vom Antragsteller durch eine schriftliche Erklärung über die Maschinen-, Geräte- und Werkzeugausstattung des Betriebs entsprechend einem Muster geführt, das der Minister für Ernährung, Landwirtschaft und Forsten im Ministerialblatt (Gliederungsnummer 772 der Sammlung des bereinigten Ministerialblatts)[1] einführt; bei der Bekanntgabe im Ministerialblatt kann hinsichtlich der erforderlichen betrieblichen Ausstattung auf eine andere Fundstelle verwiesen werden.

5   Nachweis der fachlichen Eignung und der ausreichenden betrieblichen Ausstattung

5.1   Der Antrag auf Zulassung als Fachbetrieb ist unter Verwendung anliegenden Musters – Anlage 1 – bei der Zulassungsbehörde zu stellen. Dem Antrag ist die Bescheinigung nach § 5 Abs. 1 Fachbetriebsverordnung beizufügen.

5.2   Die Zulassungsbehörde ist an die Bestätigung der Kammer nicht gebunden. Abweichende Beurteilungen sollen jedoch nur in Ausnahmefällen nach Rücksprache mit der Kammer erfolgen.

5.3   Für die schriftliche Erklärung des Antragstellers über die ausreichende betriebliche Ausstattung gemäß § 5 Abs. 3 der Verordnung wird das als Anlage 2 beigefügte Muster eingeführt.

§ 6   Pflichten der Fachbetriebe

Der Betriebsinhaber hat der Zulassungsbehörde den Übergang des Betriebes auf einen anderen Inhaber sowie das Ausscheiden der für die technische Leitung des Betriebs bestellten Personen unverzüglich schriftlich anzuzeigen. Die gleiche Verpflichtung trifft denjenigen, der einen Fachbetrieb übernimmt.

---

[1] Empfehlung an die betriebliche Ausstattung für die Zulassung von Fachbetrieben gemäß § 19 l Wasserhaushaltsgesetz (WHG) – Werkzeuge, Maschinen, Gerätschaften – v. 21. 6. 1982, abgedruckt unter 4.2

6   Pflichten der Fachbetriebe

Wird mit der Anzeige der Nachweis der fachlichen Eignung von Nachfolgepersonen nicht geführt, hat die Zulassungsbehörde eine angemessene Frist zu setzen, innerhalb derer dieser Nachweis zu erbringen ist. Bei fruchtlosem Ablauf dieser Frist ist die Zulassung in der Regel zu entziehen.

§ 7   Wiederkehrende Überprüfungen

Der Betriebsinhaber hat im Rahmen der wiederkehrenden Prüfung nach § 19 l Abs. 2 des Wasserhaushaltsgesetzes die Fortdauer der Zulassungsvoraussetzungen auf Verlangen der Zulassungsbehörde durch Vorlage einer Bescheinigung der in § 5 Abs. 1 genannten Stellen nachzuweisen. Der Nachweis kann auch durch eine Bescheinigung einer anderen vom Minister für Ernährung, Landwirtschaft und Forsten im Ministerialblatt (Gliederungsnummer 772 der Sammlung des bereinigten Ministerialblatts) benannten Stelle geführt werden.

7   Wiederkehrende Prüfungen

7.1   Bei den wiederkehrenden Überprüfungen ist das weitere Vorhandensein einer ausreichenden betrieblichen Ausstattung sowie der fachlichen Eignung der verantwortlichen Personen festzustellen.

7.2   Bei Beanstandungen hat die Zulassungsbehörde auch außerhalb der wiederkehrenden Überprüfungen Maßnahmen im Sinne von § 21 Abs. 2 WHG zu veranlassen.

§ 8   Ordnungswidrigkeiten

Ordnungswidrig nach § 161 Abs. 1 Nr. 5 des Landeswassergesetzes handelt, wer vorsätzlich oder fahrlässig entgegen § 6
1. den Übergang des Betriebs auf einen anderen Inhaber
2. das Ausscheiden der für die technische Leitung des Betriebs bestellten Personen nicht unverzüglich anzeigt.

§ 9   Vorläufig zugelassene Betriebe

Vorläufig zugelassene Fachbetriebe haben die für die Entscheidung über die Zulassung erforderlichen Unterlagen bis zum 1. Oktober 1983 der Zulassungsbehörde vorzulegen. Werden die Unterlagen bis zu diesem Zeitpunkt nicht vorgelegt, erlischt die vorläufige Zulassung.

§ 10   Zulassungsbehörde

Zulassungsbehörde ist die untere Wasserbehörde.

§ 11   Inkrafttreten

Diese Verordnung tritt am 1. Oktober 1982 in Kraft.

Antrag auf Zulassung als Fachbetrieb   **Anlage 1**

An die untere Wasserbehörde _________________ über _______________________________
                                                    Handwerkskammer/Industrie- und
                                                    Handelskammer

1 Angaben zum Betrieb

1.1 Name und Anschrift des Betriebs ____

1.2 Betriebsinhaber

Name, Geburtsort   _______________________________________

Geburtsdatum   _______________________________________

1.3 Gewerbeanmeldung am   _______________________________________

Gewerbezweck   _______________________________________

1.4 Handwerksrolleneintragung am   _______________________________________

Handwerk   _______________________________________

1.5 Handelsregistereintragung am   _______________________________________

Unternehmenszweck   _______________________________________

2 Umfang der Zulassung

Die Zulassung wird für folgende Anlagenarten und Tätigkeitsgruppen (§ 2 Abs. 1 FachbetriebsV) beantragt:

2.1 Anlagenarten:

Anlagenart 1   ☐

Anlagenart 2   ☐

mit Behälter

bis   100 m^3 ☐

bis   1000 m^3 ☐

über   1000 m^3 ☐

Anlagenart 3   ☐

mit Behälter

bis   100 m^3 ☐

über   100 m^3 ☐

2.2 Tätigkeitsgruppen:

Tätigkeitsgruppe A   ☐

Tätigkeitsgruppe B   ☐

Tätigkeitsgruppe C   ☐

Tätigkeitsgruppe D   ☐

2.3 Der Antrag wird auf folgende Anlagenteile der Anlagenarten beschränkt (§ 2 Abs. 2 FachbetriebsV):

(Angabe der einzelnen Anlagenteile z. B. Lagerbehälter, Innenbeschichtung, Leckanzeigegerät usw.) ____

noch Anlage 1

3 Angaben zur für die technische Leitung des Betriebes verantwortlichen Personen

3.1 Name, Geburtsort _______________________________

Geburtsdatum _______________________________

(nur soweit nicht bereits in 1.2)

3.2 Angaben zur fachlichen Eignung

3.2.1 Meisterprüfung am _______________________________

als
- ☐ Kachelofen-Luftheizungsbauer
- ☐ Schmied
- ☐ Schlosser
- ☐ Maschinenbauer
- ☐ Kälteanlagenbauer
- ☐ Klempner
- ☐ Gas- und Wasserinstallateur
- ☐ Zentralheizungs- und Lüftungsbauer
- ☐ Kupferschmied

3.2.2 Hochschul- oder Fachhochschuldiplom

Prüfung am _______________________________

in der Fachrichtung:
- ☐ Maschinenbau
- ☐ Schiffsmaschinenbau
- ☐ Verfahrenstechnik
- ☐ Schiffsbetriebstechnik
- ☐ Versorgungstechnik/
- ☐ Energie- und Wärmetechnik
- ☐ Luft- und Raumfahrttechnik

3.2.3 Ausnahmebewilligung nach § 8 Abs. 1 HO

am _______________________________

durch _______________________________

für _______________________________

(Angabe der Handwerke)

3.2.4 Sonstiger Eignungsnachweis (vgl. Anlagen, bitte beifügen)

3.2.5 Nachweis der dreijährigen nicht untergeordneten Tätigkeit (vgl. Anlagen, bitte beifügen).

4 Ausreichende betriebliche Ausstattung

Die ausreichende betriebliche Ausstattung habe ich gegenüber der Industrie- und Handelskammer/Handwerkskammer erklärt.

_______________________________   _______________________________

Ort, Datum   Unterschrift

5   Bescheinigung

Hiermit wird bescheinigt, daß der Betriebsinhaber/ _______________________
die für die technische Leitung des Betriebs verantwortliche Person ____________
für den beantragten Zulassungsumfang (vergl. Nr. 2 des Antrags) die notwendige
fachliche Eignung nach § 4 Abs. 1 und 2 FachbetriebsV besitzt und der Betrieb eine
Erklärung über die ausreichend betriebliche Ausstattung nach § 4 Abs. 3 FachbetriebsV abgegeben hat.

_______________________   _______________________
Ort, Datum   Unterschrift

Anlage 2

**Erklärung zum Nachweis der ausreichenden betrieblichen Ausstattung für die Erteilung
der Bescheinigung nach § 5 der Verordnung über die Zulassung von Fachbetrieben für
Anlagen zum Lagern, Abfüllen und Umschlagen wassergefährdender Stoffe (Fachbetriebsverordnung) vom 30. Juli 1982 (GV. NW. S 526)**

Ich/Wir erkläre(n), daß die betriebliche Ausstattung des oben genannten Betriebes
für die beantragte Anlagenart und Tätigkeitsgruppe der mir/uns vorliegenden Mustergeräteliste des Beirates beim Bundesminister des Innern „Lagerung und Transport wassergefährdender Stoffe" entspricht

mit Ausnahme der Positionen____
____
____

(gegebenenfalls eintragen).

Anstelle dieser in der Mustergeräteliste genannten Ausrüstungsgegenstände verfü-
ge(n) ich/wir über die in der Anlage zu dieser Erklärung aufgeführten Ausrüstungsgegenstände.
Ich/Wir erkläre(n), daß es sich dabei um gleichwertige Ausrüstungsgegenstände handelt, die den allgemein anerkannten Regeln der Technik und den Sicherheitsvorschriften entsprechen.

_______________________   _______________________
(Ort, Datum)   (Unterschrift)

4.2 Empfehlung an die betriebliche Ausstattung für die Zulassung von Fachbetrieben gemäß § 19 l Wasserhaushaltsgesetz (WHG) – Werkzeuge, Maschinen, Gerätschaften –

Bek. d. BMI v. 21. Juni 1982 (GMBl. S. 355)

Die Empfehlungen an die betriebliche Ausstattung für die Zulassung von Fachbetrieben gemäß § 19 l WHG – Werkzeuge, Maschinen, Gerätschaften – wird hiermit bekanntgegeben. Sie wurde von einer ad hoc-Arbeitsgruppe des BMI-Beirates „Lagerung und Transport wassergefährdender Stoffe" erstellt und nach Abstimmung mit den Ländern vom vorgenannten Beirat gebilligt.

Empfehlung an die betriebliche Ausstattung für die Zulassung von Fachbetrieben gemäß § 19 l WHG – Werkzeuge, Maschinen, Gerätschaften –

Geltungsbereich

Die Aufstellung über Werkzeuge, Maschinen und Geräte stellt die Mindestanforderungen zum Nachweis der ausreichenden betrieblichen Ausstattung der Antragsteller auf Zulassung als Fachbetrieb für Anlagen zum Lagern, Abfüllen und Umschlagen wassergefährdender Stoffe nach § 19 l des Wasserhaushaltsgesetzes (WHG) dar. Die Mindestanforderungen dienen den Wasserwirtschaftsbehörden der Länder als Grundlage für die Entscheidung über die Zulassung von Fachbetrieben, die gewerbsmäßig Anlagen nach § 19 g Abs. 1 und 2 (WHG) einbauen, aufstellen, instandhalten, instandsetzen oder reinigen. Die Länderarbeitsgemeinschaft Wasser (LAWA) wird den Ländern empfehlen, in den jeweiligen Verwaltungsvorschriften zu den Fachbetriebsverordnungen auf diese Mindestanforderungen Bezug zu nehmen.
Der Nachweis der ausreichenden betrieblichen Ausstattung ist für die beantragten Tätigkeitsgebiete jeweils getrennt nach Anlagenart zu führen. Die angeführten Werkzeuge, Maschinen und Gerätschaften stellen jeweils eine nach Tätigkeitsgebiet und Anlagenart aufgelistete Mindestausstattung für eine Arbeitskolonne dar. Es können auch andere, gleichwertige Ausrüstungsteile, die dem Stand der Technik und den Sicherheitsvorschriften entsprechen, nachgewiesen werden.
Die Mindestanforderungen werden vom BMI-Beirat „LTwS" den jeweils gültigen Vorschriften und dem Stand der Technik angepaßt.

Inhalt

1 Anforderungen nach Anlagenarten und Tätigkeitsgebieten
1.1 Anlagenart 1:   Heizölverbraucheranlagen
1.2 Anlagenart 2:   sonstige Anlagen zum Lagern, Abfüllen und Umschlagen brennbarer flüssiger Stoffe
1.3 Anlagenart 3:   Anlagen zum Lagern, Abfüllung und Umschlagen nichtbrennbarer flüssiger Stoffe

2 Mindestanforderungen an Werkzeuge, Maschinen und Geräte für Anlagenart 1 „Heizölverbraucheranlagen"

3 Mindestanforderungen an Werkzeuge, Maschinen und Geräte für Anlagenart 2 „sonstige Anlagen zum Lagern, Abfüllen und Umschlagen brennbarer flüssiger Stoffe"

1 Anforderungen nach Anlagenarten und Tätigkeitsgebieten

1.1 Anlagenart 1: Heizölverbraucheranlagen

1.1.0 Das Einbauen, Aufstellen, Instandhalten, Instandsetzen, Reinigen und Außerbetriebsetzen von Anlagen der Anlagenart 1 „Heizölverbraucheranlagen" (Ziffer 1.1) darf nur von Fachbetrieben nach § 19 l WHG ausgeführt werden, die auch den Anforderungen der TRbF 180 „Betriebsvorschriften" entsprechen.

1.1.1 Tätigkeitsgruppe A: Einbauen, Aufstellen und

1.1.2 Tätigkeitsgruppe B: Instandhalten

(1) Für das Einbauen, Aufstellen und Instandhalten sind im Hinblick auf die vielseitigen fertigungstechnischen Verfahren keine Nachweise über spezielle Werkzeuge, Maschinen und Geräte erforderlich.

(2) Für Dichtheitsprüfungen, Isolationsprüfungen von Erdtanks und Funktionskontrollen von Leckanzeigegeräten, die mit Arbeiten nach Abs. 1 in Verbindung stehen, ist eine Ausrüstung nach Ziffer 2.3 nachzuweisen.

1.1.3 Tätigkeitsgruppe C: Instandsetzen

(1) Für das Instandsetzen sind im Hinblick auf die vielen technischen Möglichkeiten der Arbeitsausführung keine Nachweise über spezielle Werkzeuge, Maschinen und Geräte erforderlich.

(2) Für Dichtheitsprüfungen und Funktionskontrollen von Leckanzeigegeräten, die mit Arbeiten nach Abs. 1 in Verbindung stehen, ist eine Ausrüstung nach Ziffer 2.3 nachzuweisen.

(3) Das Instandsetzen von Leckanzeigegeräten erfordert eine besondere Sachkunde und eine materielle Ausrüstung, die in den Technischen Regeln für brennbare Flüssigkeiten „TRbF 503" festgelegt sind.

(4) Für Schweißarbeiten in Tanks ist eine Mindestausrüstung nach Ziffer 2.4 erforderlich.

Die Reparaturschweißung von Tanks darf nur von Schweißern mit entsprechender Prüfung nach DIN 8560 ausgeführt werden mit Zustimmung eines Sachverständigen nach § 16 der Verordnung über brennbare Flüssigkeiten (VbF).

1.1.4 Tätigkeitsgruppe D: Reinigen

Für das Reinigen und Entgasen von Heizölverbrauchertanks ist für eine Arbeitskolonne von 2 Mann die Mindestausstattung nach den Ziffern 2.1 und 2.2 erforderlich.

1.2 Anlagenart 2: sonstige Anlagen zum Lagern, Abfüllen und Umschlagen brennbarer flüssiger Stoffe

1.2.0 Das Einbauen, Aufstellen, Instandhalten, Instandsetzen, Reinigen und Außerbetriebsetzen von Anlagen der Anlagenart 2 „sonstige Anlagen zum Lagern, Abfüllen und Umschlagen brennbarer flüssiger Stoffe" (Ziffer 1.2 Kraftstoff- und Lösemitteltankanlagen etc.) darf nur von Fachbetrieben nach § 19 l WHG ausgeführt werden, die auch den gewerberechtlichen Anforderungen der TRbF 180 „Betriebsvorschriften" entsprechen.

1.2.1 Tätigkeitsgruppe A: Einbauen, Aufstellen und

1.2.2 Tätigkeitsgruppe B: Instandhalten

(1) Für das Einbauen, Aufstellen und Instandhalten sind im Hinblick auf die vielseitigen fertigungstechnischen Verfahren keine Nachweise über spezielle Werkzeuge, Maschinen und Geräte erforderlich.

(2) Für Dichtheitsprüfungen, Isolationsprüfungen von Erdtanks und Funktionskontrollen von Leckanzeigegeräten, die mit Arbeiten nach Abs. 1 in Verbindung stehen, ist eine Ausrüstung nach Ziffer 3.4 nachzuweisen.

1.2.3 Tätigkeitsgruppe C: Instandsetzen

(1) Für das Instandsetzen sind im Hinblick auf die vielen technischen Möglichkeiten der Arbeitsausführung keine Nachweise über spezielle Werkzeuge, Maschinen und Geräte erforderlich.

(2) Für Dichtheitsprüfungen und Funktionskontrollen von Leckanzeigegeräten, die mit Arbeiten nach Abs. 1 in Verbindung stehen, ist eine Ausrüstung nach Ziffer 3.4 nachzuweisen.

(3) Das Instandsetzen von Leckanzeigegeräten erfordert eine besondere Sachkunde und eine materielle Ausrüstung, die in den Technischen Regeln für brennbare Flüssigkeiten „TRbF 503" festgelegt sind.

(4) Für Schweißarbeiten in Tanks ist eine Mindestausrüstung nach Ziffer 3.5 erforderlich.

Die Reparaturschweißung von Tanks darf nur von Schweißern mit entsprechender Prüfung nach DIN 8560 ausgeführt werden mit Zustimmung eines Sachverständigen nach § 16 der Verordnung über brennbare Flüssigkeiten (VbF).

1.2.4 Tätigkeitsgruppe D: Reinigen

(1) Für das Reinigen und Entgasen von Kraftstoff- und Lösemitteltanks und anderen Tankanlagen für wassergefährdende brennbare Flüssigkeiten der Gefahrklassen A I–A III und B nach VbF – mit Ausnahme von Heizölverbraucheranlagen – ist für eine Arbeitskolonne von 3 Mann die Mindestausstattung nach den Ziffern 3.1 und 3.2 erforderlich.

(2) Für das Reinigen und Entgasen von Flachbodentankbauwerken nach DIN 4119 mit einem Inhalt von über 5000 m^3 oder mit einem Durchmesser von über 20 m sind zusätzlich zu Abs. 1 die Werkzeuge, Maschinen und Geräte nach Ziffer 3.3 nachzuweisen.

1.3 Anlagenart 3: Anlagen zum Lagern, Abfüllen und Umschlagen nichtbrennbarer flüssiger Stoffe

(1) Für die Tätigkeitsgruppen A–D werden für die Anlagenart 3 die gleichen Anforderungen über eine Mindestausstattung an Werkzeugen, Maschinen und Geräten gestellt wie in Ziffer 1.1 für die Anlagenart 1 „Heizölverbraucheranlagen".

(2) Bei Arbeiten an Anlagen der Anlagenart 3 müssen die persönlichen Schutzausrüstungen für das jeweilige Lagergut geeignet sein.

(3) Werden nichtbrennbare wassergefährdende Stoffe im Gefahrbereich brennbarer Flüssigkeiten der Gefahrklassen A I, A II oder B gelagert, abgefüllt oder umgeschlagen, sind die Arbeiten nach den Tätigkeitsgruppen A–D unter Verwendung von Werkzeugen, Maschinen und Geräten auszuführen, wie diese für die Anlagenart 2 in Ziffer 3 vorgeschrieben sind.

2 Mindestanforderungen an Werkzeuge, Maschinen und Gerätschaften für Anlagenart 1 „Heizölverbraucheranlagen" und Anlagenart 3 „Anlagen zum Lagern, Abfüllen und Umschlagen nichtbrennbarer flüssiger Stoffe"

2.1 Ausrüstung einer Arbeitskolonne von 2 Mann für Reinigung und Entgasen von Heizölverbraucheranlagen sowie Arbeiten an Anlagen der Anlagenart 3

Pos.	Stückzahl	Gegenstand
1	1	von der Umgebungsluft unabhängiges Atemschutzgerät nach UVV im Druckschlauch- oder Saugschlauchsystem mit Panorama-Atemschutzmaske, lagergutresistenten Luftzuführungsschläuchen in verschiedenen Längen, etwa 25 m
1a	1	alternativ: Preßluftatmer-Einsteigegerät komplett
2	2	Paar Stulphandschuhe aus lagergut-resistentem Material
3	2	Paar lagergut-resistente Stiefel
4	4 (je Pers. 2)	Garnituren Arbeitsanzüge (einteilig, Baumwolle)
5	2	imprägnierte Stoffmützen (möglichst mit Nackenschutz)
6	2	Schutzhelme
7	1	Sicherheitsgurt nach UVV mit 2 Schulterriemen sowie im Nacken Befestigungsring für Sicherheitsseil
8	1	Sicherheitsseil $^1\!/_2''$, etwa 25 m lang, mit Karabinerhaken
9	1	Sicherheitsseil $^1\!/_2''$ wie vor, etwa 12 m lang
10	1	Gaswarngerät komplett mit Zubehör zusätzlich hierzu Verlängerungsschlauch 3 m
11	1	Stromspannungsprüfer
12	1	Schublehre mit Tiefenmaß
13	1	Schweißerspiegel
14	1	Grenzwertgeber-Prüfgerät
15	1	Kabeltrommel mit eingebautem Schutzkleinspannungstransformator 24 V und tragbarer, explosionsgeschützter Weichgummihandleuchte, Schutzart: DIN 50014/0170/0171 (ex) e T 4 Anschlußspannung 220 Volt, Sekundärspannung 24 Volt, Leistungsaufnahme 100 VA, Glühlampe 60 Watt/24 V Kabellänge 25 m, ölbeständig, 2 Ersatzbirnen
16	1	Kabeltrommel mit etwa 30 m ölbeständigem Kabel mit Lichtstromstekker
17	1	Schlagschrauber mit Preßluft- oder Elektroantrieb
18	1	Handbohrmaschine 220 Volt
19	1	Trenntransformator 220 Volt, 1500 VA
20	1	transportabler Ventilator zum Saugen und Drücken mit Elektromotor 220 Volt Wechselstrom oder 380 Volt Drehstrom, einschließlich dem erforderlichen elektrischen Zubehör, Förderrate etwa 1000 m³/h, statischer Druck 5,0 m bar, das ganze auf Grundrahmen montiert
21		Spiralschläuche passend zu Pos. 33 in verschiedenen Längen (15, 10 und 6 m)

Pos.	Stückzahl	Gegenstand
22		**Werkzeuge**
22.1	1	Schraubenschlüssel 19 × 22
22.2	1	Schraubenschlüssel 24 × 27
22.3	1	Schraubenschlüssel 32
22.4	1	Ringschlüssel 19 × 22
22.5	1	Ringschlüssel 24 × 27
22.6	1	Ringschlüssel 32
22.7	2	Entrostungshammer
22.8	1	Handschaufel
22.9	1	Schöpfkelle
22.10	1	Stahlbürste
22.11	1	Spachtel
22.12	1	Flachschaber
22.13	1	Dreikantschaber
22.14	1	Reißnadel
23	2	Eimer je 10 l Inhalt mit Bügel
24	1	Zugseil für Eimer, etwa 6 m lang, mit Karabinerhaken
25	1	Wasserzapfpumpe mit Saugrohr in entsprechender Länge
26	1	Prüfgerät zur Feststellung von Wasser am Behälterboden
26a		alternativ: Wassernachweispaste
27	2	Handfeger
28	2	Werkstattbesen
29	1	Regenschutzzelt für Domschacht
30	1	Bodenplane oder Teppich, etwa 3 × 3 m, mit Domschachtausschnitt
31	1	Baustellenabsperrung mit mindestens 20 m Ketten oder Bänder nebst Pfosten
32	2	Warnschilder ca. 40 × 50 cm mit Ständer Aufschrift: „**Tankrevision**" Feuer, offenes Licht und Rauchen verboten!
33	1	Saugrohr aus metallischem Werkstoff in entsprechender Länge mit TW-Anschluß 150 l
34	2	Saug- und Druckschläuche NW 50 (oder NW 40) in verschiedenen Längen, etwa 20 m, aus lagergut-resistentem Material, ausgestattet mit Kupplungen TW 1500
35		**Kupplungs- und Übergangsstücke**
35.1	1	Vaterteilkupplung VK 50 × R $2\frac{1}{2}$
35.2	1	Vaterteilkupplung VK 50 × MK 80
35.3	1	Reduzierkupplung MK 50 × MK 80
35.4	1	Zapfrohr ZR 38
36	1	selbstansaugende Schmutzwasserpumpe mit Benzin-, Diesel- oder Elektromotor, empfohlene Förderrate nicht unter 150 l/min bei 20 m Gesamtförderhöhe, zulässige Lautstärke nicht über 40–50 dBA und geeigneter Filtereinrichtung, das ganze auf einem trag- oder fahrbaren Grundrahmen montiert
36a		alternativ:
	1	1 Tauchpumpe mit Elektromotor und Zubehör, Förderrate wie bei Pos. 36

Pos.	Stückzahl	Gegenstand
36b		alternativ: Auslagerung über Pumpe eines Tankfahrzeuges, das für den Transport von A III-Produkten zugelassen ist
37	1	Faltbehälter nach TRbF 461 oder Tanks zur Zwischenlagerung der ausgepumpten Restmengen von mindestens 3000 l
37a	1	alternativ: nach GGVS zugelassener, mit der Fahrzeugpritsche verbundener Aufsetztank für Stoffe der Klasse 3
37b	1	alternativ: nach GGVS zugelassener Tankcontainer für Stoffe der Klasse 3
37c	1	alternativ: nach GGVS zugelassener Ein- oder Mehrkammertankwagen für Stoffe derKlasse 3 mit den erforderlichen Einrichtungen
37d	1	alternativ: nach GGVS zugelassener Saug- und Drucktankwagen für Stoffe der Klasse 3 mit speziellen Einrichtungen für Tankreinigung und Tankspülung
38	1	LKW mit behördlich vorgeschriebener Bordausrüstung (Kennzeichnungsschilder, Gefahrensymbole, Blinkanlage, Warnlampe, Warndreieck, Verbandskasten, Trockenfeuerlöscher)

2.2 Zusätzliche Ausrüstung für die Revision von Tanks mit nichtmetallischer Innenbeschichtung oder Auskleidung

Pos.	Stückzahl	Gegenstand
61	1	Holzleiter etwa 3,5 m lang, mit breiter, weicher Aufstellfläche
61a	1	alternativ: freitragende Metalleiter zum Anschrauben am Domflansch
62	2	Schaufeln aus lagergut-resistentem beschichtungsschonendem Weichmaterial
63	2	Schaber aus lagergut-resistentem, beschichtungsschonendem Weichmaterial
64	2	Ringpinsel
65	2	Deckenbürsten
66	1	Heizkörperpinsel
67	1	Paar Filzsocken
68	1	Lupe

2.3 Ausrüstung für Dichtheitsprüfungen

Pos.	Stückzahl	Gegenstand
		für Druckprüfung mit inertem Gas (Stickstoff)
91	1	Stickstoff-Reduzierventil mit Doppelmanometer
92	1	Anschlußgerät passend an Peil- oder Füllrohr mit Manometer (0–4 bar, etwa 100 mm Durchmesser), zusätzlicher Kontrollflansch für Prüfmanometer, Druckablaßventil, Absperrventil mit Schlauchfixkupplung, Überdruckventil eingestellt auf 1,5fachen Überdruck
93	1	Verbindungs-Hochdruckschlauch, etwa 10 m, einerseits Stecknippel, andererseits Anschluß passend an Reduzierventil der Stickstoff-Flasche

Pos.	Stückzahl	Gegenstand
94	1	John-Prüfgerät komplett mit Zusatzgerät
95	1	Vakuummeter mit Anschlußstück
		für Wasserdruckprüfung
96	1	Wasserdruckprüfpumpe mit Manometer und Behälter, zusätzlicher Kontrollflansch für Prüfmanometer, Absperrventil mit Schlauchanschlußstück
97	1	Wasserdruckschlauch, etwa 5 m, einerseits Anschluß an Wasserdruckprüfpumpe, andererseits Anschluß passend an einen Domdeckelanschluß
98		Wasserschläuche in entsprechender Länge und Dimension
99	1	selbstansaugende Wasserpumpe oder eine Tauchpumpe Förderrate mindestens 200 l/min
		für Kupferrohrdruckprüfung mit Luft
100	1	Abpreßvorrichtung „Wirco-Blitz" oder gleichwertiges zur Druckprüfung mit Luft von Saug- und Rücklaufleitungen aus Kupferrohr
		für Prüfung der Außenisolierung von Erdtanks
*101	1	Hochspannungsprüfgerät, z. B. mit Gleichstrom 2–15 KV regelbar, mit optischer und akustischer Durchschlagsanzeige, einschließlich Kabel, Elektrode und Zubehör
		für Prüfung von Leckanzeigegeräten mit Unterdruck im Überwachungsraum
102	1	Prüfgerät „Vacuscop" zur Prüfung vakuummetrischer Leckanzeigesicherungsgeräte (oder gleichwertiges)
103		Original-Zubehör und -Ersatzteile, die der Bauartzulassung der vertriebenen oder instandzusetzenden Leckanzeigegeräte entsprechen

2.4 Ausrüstung für Schweißarbeiten in Tanks

Pos.	Stückzahl	Gegenstand
111	1	elektrisches Schweißgerät 220/380 Volt, komplett mit Anschlußkabel
112	1	Trenntransformator hierzu passend
113	2	Schweißkabelverlängerungen, 1 × 10 m und 1 × 20 m komplett
114	1	Schweißplatzzubehör komplett, bestehend aus Elektrodenhalter, Polzwinge, Schlackenhammer, Drahtbürsten, Schutzschild und Gasanzünder
115	1	Autogen-Schweißgerät einschließlich kompletter Schweiß- und Schneidbrennergarnitur
116	1	Sauerstoff-Reduzierventil mit Doppelmanometer
117	1	Acetylen-Reduzierventil mit Doppelmanometer
118	20	Meter Gartenschlauch
119	2	Schutzbrillen
120	2	Paar Schweißerhandschuhe
121	2	Lederschürzen
122	2	Isoliermatten

*nur bei Tätigkeitsgruppe A: Einbauen, Aufstellen erforderlich

3 Mindestanforderungen an Werkzeuge, Maschinen und Geräte für Anlagenart 2 „sonstige Anlagen zum Lagern, Abfüllen und Umschlagen brennbarer flüssiger Stoffe" und Anlagenart 3 „Anlagen zum Lagern, Abfüllen und Umschlagen nichtbrennbarer flüssiger Stoffe"

3.1 Sicherheitsausrüstung einer Arbeitskolonne von 3 Mann für Reinigen und Entgasen von Kraftstoff- und Lösemitteltankanlagen und anderen Tankanlagen für wassergefährdende brennbare Flüssigkeiten der Gefahrklassen A I–A III und B nach VbF – mit Ausnahme von Heizölverbraucheranlagen – sowie Anlagen der Anlagenart 3

Pos.	Stückzahl	Gegenstand
1	1	Von der Umgebungsluft unabhängiges Druckschlauchatemschutzgerät komplett, bestehend aus: a) 1 Frischluftgebläse kombiniert für Motor- und Handbetrieb b) 2 Grundgarnituren c) 2 Panorama-Atemschutzmasken d) 1 Luftmengenmesser e) 2 Luftzuführungsschläuche à 10 m lang, lagergut-resistent, elektrisch leitfähig f) 1 Luftzuführungsschlauch wie vor 15 m lang g) 1 Atembeutel mit Schutzhülle h) 1 Gabelstück zum Anschluß der 2. Atemschutzmaske i) 1 Verschlußstück für Gabelstück
2	1	Preßluftatmer-Einsteigegerät (für Rettungszwecke)
2a		alternativ: (nur bei Arbeiten außerhalb von Tanks)
	1	Filteratemschutzgerät mit Filterbüchse A a) 1 Rückentragegestell b) 1 Atemschlauch c) 2 Filterbüchsen d) 1 Panoramamaske
3	6 (je Pers. 2)	Garnituren Arbeitsanzüge (einteilig), elektrisch leitfähig (Baumwolle)
4	3	Paar Stulphandschuhe aus Lagergut-resistentem Material, elektrisch leitfähig
5	3	Paar lagergut-resistente Stiefel, elektrisch leitfähig
6	3	Baumwollmützen (möglichst mit Nackenschutz) elektrisch leitfähig
6a		alternativ:
	3	imprägnierte Stoffkapuzen, elektrisch leitfähig
7	3	Schutzhelme, elektrisch leitfähig
8	6 (je Pers. 2)	Garnituren Unterwäsche, sowie Oberhemden und Socken aus Baumwolle
9	1	Sicherheitsgurt aus Leder mit 2 Schulterriemen sowie im Nacken Befestigungsring für Sicherheitsseil
10	1	Sicherheits-Hanfseil $\frac{1}{2}''$ etwa 25 m lang mit Karabinerhaken
11	1	Sicherheits-Hanfseil $\frac{1}{2}''$ wie vor etwa 12 m lang
12	1	geprüftes Gaswarngerät komplett mit Zubehör und Verlängerungsschlauch 3 m
13	1	Ohmmesser zur Prüfung der elektrischen Leitfähigkeit
14	1	Stromspannungsprüfer
15	1	Schublehre mit Tiefenmaß

Pos.	Stückzahl	Gegenstand
16	1	Schweißerspiegel
17	1	Grenzwertgeber-Prüfgerät, explosionsgeschützt
18	1	magnet-elektrische Leuchte mit Druckluftantrieb und Quecksilberdampfhochdrucklampe mit Bauartzulassung für Zone 0
18a		alternativ:
	2	Stableuchten mit Bauartzulassung für Zone 0
18b		alternativ:
	1	Kopfleuchte, zugelassen für Zone 0 komplett einschließlich einem hierzu passenden Ladegerät
19	1	Kabeltrommel mit eingebautem Schutzkleinspannungstransformator 24 V und tragbarer, explosionsgeschützter Weichgummihandleuchte, Schutzart: DIN 50014/0170/0171 (ex) e T 4 Anschlußspannung 220 Volt, Sekundärspannung 24 Volt Leistungsaufnahme 100 VA, Glühlampe 60 Watt/24 V Kabellänge 25 m, ölbeständig, 2 Ersatzbirnen (nicht zugelassen in Zone 0)
20	1	Kabeltrommel mit etwa 30 m Verlängerungskabel mit Lichtstromstecker
21	1–2	transportable explosionsgeschützte Ventilatoren zum Saugen und Drükken aus nicht funkenreißendem Material mit explosionsgeschütztem Motor, Temperaturklasse T 4, 220 Volt Wechselstrom oder 380 Volt Drehstrommotor mit dem erforderlichen Zubehör, Förderrate etwa 1000 m^3 pro Stunde, statischer Druck 5 m bar, das ganze auf Grundrahmen montiert, mit Bauartzulassung für Tankentgasung Zone 0
22		Spiralschläuche als Bestandteil zu Pos. 20, elektrisch leitfähig (Ableitwiderstand nicht größer als 10° Ohm) in verschiedenen Längen (15, 10 und 5 m) (Stahlwendel müssen mit dem Ventilator leitend verbunden werden können)
23	1	Staberder mit Kabel und Klemme
24	1	preßluftbetriebener Schlagschrauber zur Verwendung im Domschacht Zone 1 bei technischer Belüftung
25	1	Handbohrmaschine 220 Volt
26	1	Trenntransformator 220 Volt, 1500 VA
27		**Werkzeuge aus funkenarmem Material**
27.1	1	Schraubenschlüssel 19 × 22
27.2	1	Schraubenschlüssel 24 × 27
27.3	1	Ringschlüssel 19 × 22
27.4	1	Ringschlüssel 24 × 27
27.5	1	Flachmeißel ca. 560 g
27.6	1	Schlosserhammer 1 kg (Bronze)
27.7	1	Handschaufel (Messingblech)
27.8	1	Schöpfkelle (Messingblech)
27.9	1	Bronze-Flachschaber
27.10	1	Bronze-Spachtel schmal
27.11	1	Bronze-Spachtel breit
27.12	1	Bronze-Bürste
27.13	1	Reißnagel aus Messing
28	2	Eimer, Inhalt etwa 10 l aus Messingblech mit Bügel
29	1	Hanf-Zugseil für Eimer, etwa 6 m lang mit Karabinerhaken

Pos.	Stückzahl	Gegenstand
30	1	Wasserzapfpumpe mit Saugrohr in entsprechender Länge
31		Wassernachweispaste
32	2	Handfeger mit Naturborsten
33	2	Werkstattbesen mit Naturborsten
34	1	schmale Holzleiter etwa 3,5 m lang
35	1	Regenschutzzelt für Domschacht
36	1	Bodenplane oder Teppich etwa 3 × 3 m mit Domschachtausschnitt
37	1	Baustellen-Absperrung mit mindestens 20 m Ketten oder Bänder nebst Pfosten
38	2	Warnschilder ca. 40 × 50 cm mit Ständer Aufschrift: **„Tankrevision" Explosionsgefahr** Feuer, offenes Licht und Rauchen verboten
39	1	Saugrohr 2″ aus metallischem Werkstoff (kein Leichtmetall) in entsprechender Länge, einerseits mit Saugtasse und Fußventil, andererseits mit TW-Anschluß 1501 hierzu passend: 1 Saugrohrführung mit Feststellschraube und Halterung zur Befestigung am Domflansch
40		lagergut-resistente Saug- und Druckschläuche NW 50 (oder NW 40) in verschiedenen Längen, etwa 20 m, elektrisch leitfähig, ausgestattet mit Kupplungen TW 1500
41		**Kupplungs- und Übergangsstücke**
41.1	1	Vaterteilkupplung VK 50 × R 2 $\frac{1}{2}$
41.2	1	Vaterteilkupplung VK 50 × MK 80
41.3	1	Reduzierkupplung MK 50 × MK 80
41.4	1	Zapfrohr ZR 38
42	1	explosionsgeschützte, selbstansaugende Pumpe direkt gekoppelt mit ex-geschütztem Elektromotor, Temperaturklasse T 4 (bisher nur mit Drehstrommotor erhältlich) (empfehlenswerte Förderrate 200 l pro Minute) auf trag- oder fahrbarem Grundrahmen montiert einschließlich ex-geschütztem Schalter und geeigneter Filtereinrichtung
42b		alternativ: Auslagerung über Pumpe eines Tankfahrzeuges, das für den Transport von A-I-Produkten zugelassen ist
43		Ortsbewegliche Gefäße wie Rollreifenfässer, Rollsickenfässer usw. in entsprechender Anzahl für die Zwischenlagerung während der Tankreinigung
43a	1	alternativ: nach GGVS zugelassener, mit der Fahrzeugpritsche verbundener Aufsetztank für Stoffe der Klasse 3 mit allem Zubehör
43b	1	alternativ: nach GGVS zugelassener Tankcontainer für Stoffe der Klasse 3
43c	1	alternativ: nach GGVS zugelassener Ein- oder Mehrkammertankwagen für Stoffe der Klasse 3 mit allen für die Aus- und Einlagerung und den Transport erforderlichen Einrichtungen

Pos.	Stückzahl	Gegenstand
43d		alternativ:
	1	nach GGVS zugelassener Saug-Drucktankwagen für Stoffe der Klasse 3 mit speziellen Einrichtungen für Tankreinigung und Tankspülung
44	1	LKW mit behördlich vorgeschriebener Bordausrüstung (Kennzeichnungsschilder, Gefahrensymbole, Blinkanlage, Warnlampe, Warndreieck, Verbandskasten, Trockenfeuerlöscher)
45	1	Verbandskasten mit Ergänzung für Brandwunden (Brandsalbe)
46	2	oder mehr 6-kg-Feuerlöscher (Trocken- oder Kohlensäurelöscher), die für die Brandklasse B zugelassen sind
47	1	Feuerlöschdecke
48	1	automatisches Wiederbelebungsgerät (empfohlen, aber keine zwingende Anschaffung)

3.2 Zusätzliche Ausrüstung für die Revision von Tanks mit nichtmetallischer Innenbeschichtung oder Auskleidung

Pos.	Stückzahl	Gegenstand
61	1	Holzleiter etwa 3,5 m lang, mit breiter, weicher Aufstellfläche aus elektrisch leitfähigem Gummi
61a		alternativ:
	1	freitragende Metalleiter (kein Leichtmetall) zum Anschrauben am Domflansch
62	2	Schaufeln aus lagergut-resistentem, beschichtungsschonendem, elektrisch leitfähigem Weichmaterial
63	2	Schaber aus lagergut-resistentem, beschichtungsschonendem, elektrisch leitfähigem Weichmaterial
64	2	Ringpinsel mit Naturborsten
65	2	Deckenbürsten mit Naturborsten
66	1	Heizkörperpinsel mit Naturborsten
67	1	Paar Filzsocken, elektrisch leitfähig
68	1	Lupe

3.3 Zusätzliche Mindestausrüstung für Reinigen und Entgasen großer Flachbodentanks nach DIN 4119 gemäß Ziffer 1.2.4 Abs. 2

Pos.	Stückzahl	Gegenstand
71	2	Schutzanzüge aus Neopren oder PVC imprägniertem Gewebe, lagergut-resistent, elektrisch leitfähig
72	2	Preßluftatmer-Einsteigegeräte
73	2	Filteratemschutzgeräte mit Filterbüchse A (für Arbeiten außerhalb der Tanks, z. B. in Auffangräumen) bestehend aus: a) 1 Rückentragegestell b) 1 Atemschlauch c) 2 Filterbüchsen d) 1 Panoramamaske

Pos.	Stückzahl	Gegenstand
74	1	transportabler Ventilator zur Druckbelüftung aus nicht funkenreißendem Material, mit explosionsgeschütztem Elektromotor, Temperaturklasse T 4, 380 Volt, z. B. mit Förderrate ca. 7000 m³/h, statischer Druck 5,3 m bar auf Grundrahmen montiert, einschließlich ex-geschütztem Schalter, hergestellt nach den Richtlinien der PTB
75		Segeltuchschläuche, elektrisch leitfähig, in verschiedenen Längen, passend zu Pos. 74
76	1	Tankentlüfter für Dampfstrahl- oder Druckluftbetrieb
77		Biegsame Absaugrohre, elektrisch leitfähig, etwa DN 200 in verschiedenen Längen
78	1	Windsegel komplett
79	1	Windrichtungsanzeiger (Windsack)
80		**Werkzeuge aus funkenarmem Material**
80.1	2	Schraubenschlüssel 32 mm
80.2	1	Entrostungshammer
80.3	2	Spaten oder Randschaufeln
81	1	geeignetes Hochdruckwasserstrahlgerät z. B. mit aufgebauter Haspel und ca. 100 m Hochdruckschlauch einschließlich Druckregelautomatik, Hochdruckstrahlpistole, komplett mit Antriebsmotor, Förderrate etwa 50 l/min, Betriebsdruck ca. 250 bar
81a		alternativ:
	1	geeignetes Dampfstrahlreinigungsgerät, z. B. Hochleistungstype zur Erzeugung eines Reinigungsstrahles aus einem Heißwasser-Dampfgemisch, Heiß- oder Kaltwasser, mit ölbeheiztem Wärmeaustauscher und elektrischem Antrieb durch Drehstrommotor 380 Volt, einschl. allem Zubehör, rollenfahrbar oder auf Einachsenanhänger Leistungsdaten: Im Dampfsprühstrahl etwa 600 l/h bei 5–9 bar und etwa 140 °C Im Hochdruckspritzstrahl etwa 1200 l/h bei 20 bar und 70–80 °C
82		Erdungskabel in verschiedenen Längen mit Staberder und Klemme
83		Lagergut-resistente Saug- und Druckschläuche NW 80 in verschiedenen Längen, mindestens 30 m, elektrisch leitfähig, ausgestattet mit Kupplungen TW 500

3.4 Ausrüstung für Dichtheitsprüfungen

Pos.	Stückzahl	Gegenstand
		für Druckprüfungen mit inertem Gas (Stickstoff)
91	1	Stickstoff-Reduzierventil mit Doppelmanometer
92	1	Anschlußgerät passend an Peil- oder Füllrohr mit Manometer (0–4 bar, etwa 100 mm Durchmesser), zusätzlicher Kontrollflansch für Prüfmanometer, Druckablaßventil, Absperrventil mit Schlauchfixkupplung, Überdruckventil eingestellt auf 1,5fachen Überdruck
93	1	Verbindungs-Hochdruckschlauch, etwa 10 m, einerseits Stecknippel, andererseits Anschluß passend an Reduzierventil der Stickstoff-Flasche
94	1	John-Prüfgerät komplett mit Zusatzgerät
95	1	Vakuummeter mit Anschlußstück

Pos.	Stückzahl	Gegenstand
		für Wasserdruckprüfung
96	1	Wasserdruckprüfpumpe mit Manometer und Behälter, zusätzlicher Kontrollflansch für Prüfmanometer, Absperrventil mit Schlauchanschlußstück
97	1	Wasserdruckschlauch, etwa 5 m, einerseits Anschluß an Wasserdruckprüfpumpe, andererseits Anschluß passend an einen Domdeckelanschluß
98		Wasserschläuche in entsprechender Länge und Dimension
99	1	selbstansaugende Wasserpumpe oder eine Tauchpumpe Förderrate mindestens 200 l/min
		für Prüfung der Außenisolierung von Erdtanks
*100	1	Hochspannungsprüfgerät, z. B. mit Gleichspannung von 2 bis 15 KV regelbar, mit optischer und akustischer Durchschlagsanzeige, einschließlich Kabel, Elektrode und Zubehör
		für Schweißnahtprüfung von Flachbodentanks
101	1	Vakuum-Prüfgerät mit Vakuumpumpe und Prüfrahmen nebst Zubehör
		für Prüfung von Leckanzeigegeräten mit Unterdruck im Überwachungsraum
102	1	Prüfgerät »Vacuscop" zur Prüfung vakuummetrischer Leckanzeigesicherungsgeräte (oder gleichwertiges)
103		Original-Zubehör und -Ersatzteile, die der Bauartzulassung der vertriebenen oder instandzusetzenden Leckanzeigegeräte entsprechen

3.5 Ausrüstung für Schweißarbeiten in Tanks

Pos.	Stückzahl	Gegenstand
111	1	elektrisches Schweißgerät 220/380 Volt, komplett mit Anschlußkabel
112	1	Trenntransformator hierzu passend
113	2	Schweißkabelverlängerungen, 1 x 10 m und 1 x 20 m komplett
114	1	Schweißplatzzubehör komplett, bestehend aus Elektrodenhalter, Polzwinge, Schlackenhammer, Drahtbürsten, Schutzschild und Gasanzünder
115	1	Autogen-Schweißgerät einschließlich kompletter Schweiß- und Schneidbrennergarnitur
116	1	Sauerstoff-Reduzierventil mit Doppelmanometer
117	1	Acetylen-Reduzierventil mit Doppelmanometer
118	20	Meter Doppelschlauch
119	2	Schutzbrillen
120	2	Paar Schweißerhandschuhe
121	2	Lederschürzen
122	2	Isoliermatten

---

*nur bei Tätigkeitsgruppe A: Einbauen, Aufstellen erforderlich

4.3   Erläuterungen zur Zulassung von Fachbetrieben

1.   Die Fachbetriebszulassung

Mit dem Begriff des Fachbetriebes wurde durch Bundesrecht die Pflicht zur Fachbetriebszulassung in das Wasserrecht eingeführt. Die aufgrund des § 19 l WHG i. V. m. § 18 Abs. 2 LWG erlassene Verordnung regelt die Zulassung für Betriebe, die gewerbsmäßig Anlagen zum Lagern, Abfüllen und Umschlagen wassergefährdender flüssiger Stoffe nach § 19 g Abs. 1 und 2 WHG einbauen, aufstellen, instandhalten, instandsetzen oder reinigen[1] (*§ 1*).

Von der Zulassungspflicht werden Fachbetriebe nicht erfaßt,

– die Tätigkeiten an Anlagen zum Lagern, Abfüllen und Umschlagen wassergefährdender fester und wassergefährdender gasförmiger Stoffe ausüben sowie

– die ausschließlich an Anlagen, die für Zwecke nach § 19 h Abs. 2 WHG verwendet werden, tätig sind.

– Weiterhin ist die Errichtung von eigenen Anlagen (Eigenbauten), von Auffangwannen oder von Kellern, in denen Lagerbehälter aufgestellt werden sollen, vom Anwendungsbereich ausgenommen.

Hingegen fällt das Auskleiden oder Beschichten von Auffangräumen der Anlagenarten 2 und 3[2] unter die Verordnung: ebenso das Innenbeschichten von Behältern.

Die Zulassung eines Fachbetriebes gilt im gesamten Bundesgebiet (§ 19 l Abs. 1 Satz 3 WHG), auch wenn die einzelnen landesrechtlichen Vorschriften unterschiedliche Bestimmungen aufweisen sollten.

Die Fachbetriebszulassung kann durch die unteren Wasserbehörden differenziert *– 3 Anlagenarten/4 Tätigkeitsgruppen –* erteilt werden (*§ 2 Abs. 1*). Die Anlagenarten umfassen Heizölverbraucheranlagen, sonstige Anlagen zum Lagern, Abfüllen und Umschlagen brennbarer bzw. nicht brennbarer flüssiger Stoffe mit Behältern bis zu bestimmten Rauminhalten je Behälter. Die Zulassung kann auf Antrag auf einzelne Anlagenteile, insbesondere Lagerbehälter, Rohrleitungen, Schutzvorkehrungen und technische Sicherheitseinrichtungen, beschränkt werden (*§ 2 Abs. 2*). Des weiteren schließt die Zulassung für die Tätigkeitsgruppen B und C (Instandhalten und Instandsetzen) für bestimmte Anlagen oder Anlagenteile auch die Zulassung zur Überwachung dieser Anlagen oder Anlagenteile nach § 19 i Satz 2 WHG ein (*§ 2 Abs. 3*). Zur Erfüllung einer ordnungsgemäßen Überwachung kann die zuständige Behörde nach dieser Vorschrift im Einzelfall anordnen, daß der Betreiber einer Anlage einen Überwachungsvertrag mit einem nach Landesrecht zugelassenen Betrieb abschließt, wenn er selbst nicht die erforderliche Sachkunde besitzt oder nicht über sachkundiges Personal verfügt.

Die Anerkennung als Fachbetrieb erfolgt auf Antrag (*§ 3*). Die Zulassungsvoraussetzungen (*§ 4, 5*) werden von der örtlich zuständigen Handwerkskammer bzw. Indu-

---

[1] siehe § 18 Abs. 6 VAwS, abgedruckt unter 2.1.1
[2] siehe § 2 FachbetriebsVO, abgedruckt unter 4.1

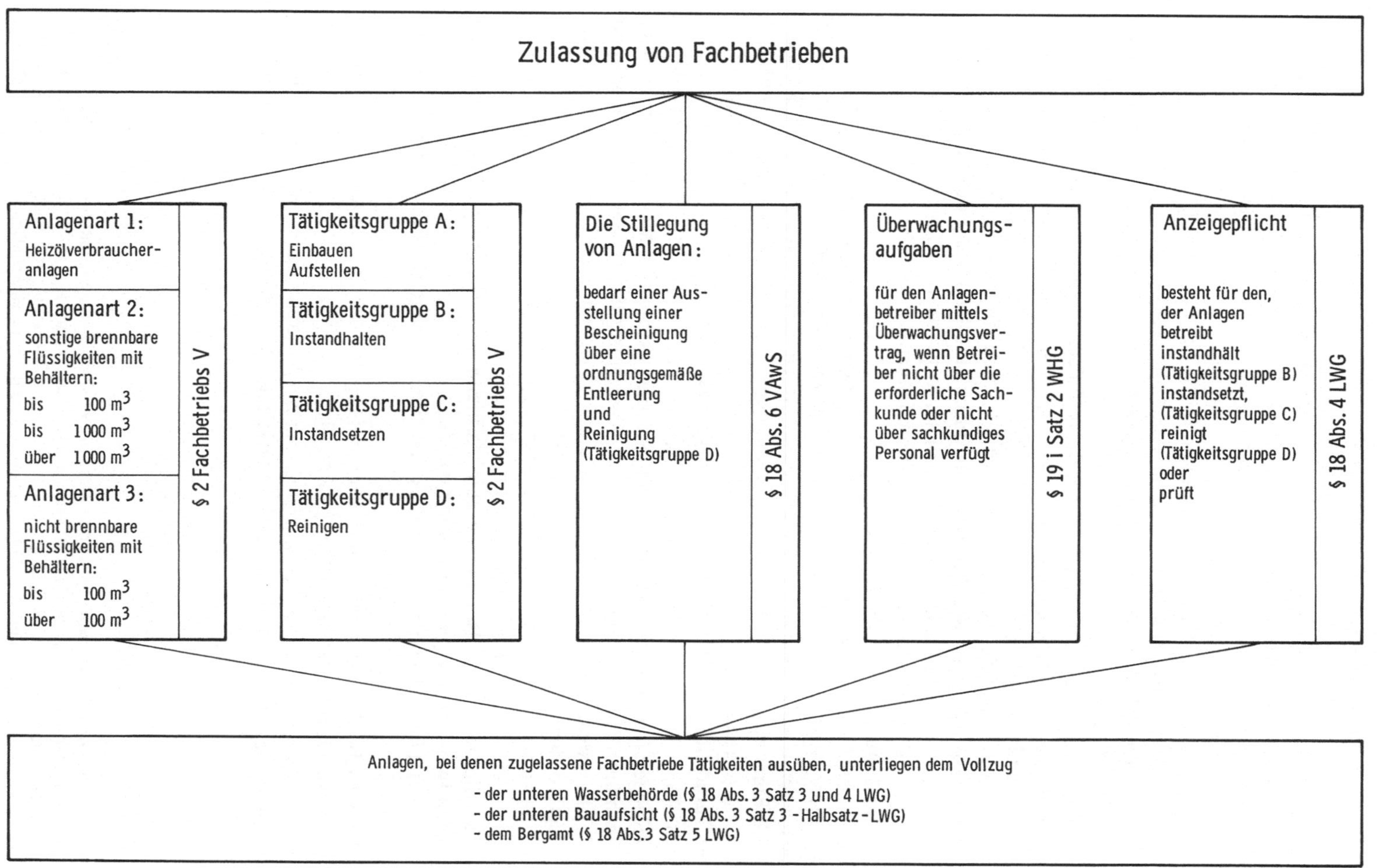

Abb. 11. Aufgaben zugelassener Fachbetriebe

strie- und Handelskammer geprüft und dem Fachbetrieb bescheinigt.[1] Aufgrund dieser, die Wasserbehörden allerdings nicht bindenden Bescheinigung, wird dann die Zulassung erteilt oder versagt. Im Einzelnen erfordert die Fachbetriebszulassung die Erfüllung folgender Voraussetzungen:

- Zuverlässigkeit des Betriebsinhabers und der zur Leitung des Betriebes bestellten Personen; sie wird im Regelfall, wenn nicht Anhaltspunkte für eine Unzuverlässigkeit im Bereich des Gewässerschutzes[2] gegeben sind, unterstellt werden können (*§ 3 Abs. 1 Nr. 1*);
- Ausreichende Fachkenntnisse der für die technische Leitung des Betriebes verantwortlichen Personen. Qualifikationsnachweise sind in *§ 5* aufgeführt (*§ 3 Abs. 1 Nr. 2*) und
- Vorhandensein einer ausreichenden betrieblichen Ausstattung für eine ordnungsgemäße Ausführung der Arbeiten, die durch eine Erklärung des Fachbetriebes[1] nachgewiesen werden muß. Die betriebliche Ausstattung bezieht sich auf eine Mustergeräteliste des Beirats „Lagerung und Transport wassergefährdender Stoffe" beim Bundesminister des Innern[3].

Die fachliche Eignung muß je nach den beantragten Anlagenarten und Tätigkeitsgruppen vorliegen. Da es an einem gesetzlich verankerten Berufsbild für Personen bisher fehlt, welche die in § 19 l WHG genannte Tätigkeiten ausüben, wird die fachliche Eignung als nachgewiesen angesehen und damit die notwendigen Kenntnisse und Fertigkeiten (vergleichbar mit einer mindestens dreijährigen nicht untergeordneten Tätigkeit in einem Fachbetrieb) vorausgesetzt, wenn

- in einem Handwerk nach Anlage A Nrn. 16, 18, 19, 21, 24a, 31, 32, 33 oder 34 (Kachelofen- und Luftheizungsbauer, Schmied, Schlosser, Maschinenbauer, Kälteanlagenbauer, Klempner, Gas- oder Wasserinstallateur, Zentralheizungs- und Lüftungsbauer, Kupferschmied) der Handwerksordnung die Meisterprüfung abgelegt worden ist oder
- eine nach § 7 Abs. 2 der Handwerksordnung i. V. m. den Ausführungsbestimmungen gleichwertige Prüfung abgelegt worden ist oder
- für die genannten Handwerke eine Ausnahmebewilligung nach § 8 Abs. 1 der Handwerksordnung erteilt worden ist oder
- vergleichbare Kenntnisse und Fertigkeiten nachgewiesen worden sind (*§ 4 Abs. 2*).

Die betriebliche Ausstattung muß den Umfang der Arbeiten in technisch einwandfreier Ausführung gewährleisten (*§ 4 Abs. 3*).

Der Nachweis der fachlichen Eignung und der Voraussetzung einer ausreichenden betrieblichen Ausstattung nach der Werkzeug-, Maschinen- und Geräteliste[3] (*§ 5*

---

[1] siehe Antrag auf Zulassung als Fachbetrieb (§ 19 l WHG), abgedruckt unter 4.3 Nr. 2
[2] Strafgesetzbuch i. d. F. des 18. Strafänderungsgesetzes vom 28. 3. 1980, abgedruckt unter 8.1
[3] Empfehlung an die betriebliche Ausstattung für die Zulassung von Fachbetrieben gem. § 19 l Wasserhaushaltsgesetz (WHG) – Werkzeuge, Maschinen, Gerätschaften vom 21. 6. 1982, abgedruckt unter 4.2

Abs. 3) wird gegenüber der Zulassungsbehörde durch eine Bescheinigung der für den Sitz des Betriebes zuständigen Handwerkskammer bzw. Industrie- und Handelskammer erbracht (*§ 5 Abs. 1*).

Die Betriebsinhaber sind verpflichtet, der Zulassungsbehörde den Übergang des Betriebes auf einen anderen Inhaber sowie das Ausscheiden der für die technische Leitung des Betriebes bestellten Personen schriftlich anzuzeigen (*§ 6*).

Die nach § 19 l Abs. 2 WHG mindestens alle 2 Jahre durchzuführende Überprüfung der Fachbetriebe erfolgt in der Weise, daß die Zulassungsbehörde vom Inhaber die Vorlage einer Prüfbescheinigung von der für den Sitz des Betriebes zuständigen Handwerkskammer bzw. Industrie- und Handelskammer (vgl. Zulassungsvoraussetzung nach *§ 5 Abs. 1*) über das Fortbestehen der Zulassungsvoraussetzungen verlangen kann (*§ 7*). Neben den Kammern ist der Minister für Ernährung, Landwirtschaft und Forsten ermächtigt, andere Stellen zu benennen, derer sich die Betriebe bedienen können, um nachzuweisen, daß die Zulassungsvoraussetzungen weiterhin vorliegen (*§ 7*).

Ordnungswidrigkeiten nach § 161 Abs. 1 Nr. 4 LWG liegen vor, wer vorsätzlich oder fahrlässig entgegen *§ 6*

– den Übergang des Betriebes auf einen anderen Inhaber,
– das Ausscheiden der für die technische Leitung des Betriebes bestellten Personen

nicht unverzüglich anzeigt (*§ 8*).

Die nach § 19 l Abs. 3 WHG vorläufig zugelassenen Fachbetriebe hatten die Unterlagen für die Entscheidung über die endgültige Zulassung bis zum 1. 10. 1983 der Zulassungsbehörde vorzulegen. Wer dies bis zum Ende der Übergangsfrist unterließ, verlor die vorläufige Zulassung, ohne im Besitz der endgültigen Zulassung zu sein (*§ 9*).

Die zuständige Behörde für den Vollzug des § 19 l WHG und der Fachbetriebsverordnung ist die untere Wasserbehörde (*§ 10*). Die Zuständigkeiten nach § 18 Abs. 3 Satz 6 LWG für die Bergämter schließen die Fachbetriebszulassung nicht ein. Der Zuständigkeitsbereich der unteren Bauaufsichtsbehörde nach § 18 Abs. 3 LWG schließt die Zulassung von Fachbetrieben auch nicht ein. Sie läßt sich aber den Nachweis vorlegen, ob die Anlagen gemäß § 55 Abs. 2 BauO NW[1] durch zugelassene Fachbetriebe errichtet worden sind. Die Zulassung der Fachbetriebe unterliegt allein dem Vollzug der unteren Wasserbehörde.

Die Verordnung ist am 1. 10. 1982 in Kraft getreten.

Die Erhebung der Verwaltungsgebühren erfolgt nach der allgemeinen Verwaltungsgebührenordnung[2], Tarifstelle 28.1.4.3. Der Gebührenrahmen beträgt 200 bis 2000 DM. Zur Ausfüllung dieser Gebührenstelle ist eine Empfehlung des Ministers für Ernährung, Landwirtschaft und Forsten ergangen[3].

---

[1] Bauordnung für das Land Nordrhein-Westfalen (Landesbauordnung – BauO NW) vom 26. 6. 1984, abgedruckt unter 7.1

[2] Allgemeine Verwaltungsgebührenordnung (AVwGebO NW) i. d. Bek. v. 5. 8. 1980 (GV. NW S. 924), zuletzt geändert am 14. 5. 1985 (GV. NW S. 436)

[3] Empfehlung zur Ausfüllung der Gebührenstelle Nr. 28.1.4.3 der Verwaltungsgebührenordnung für die Zulassung von Fachbetrieben durch den MELF vom 25. 3. 1983 – III A 2 – 602/2 – 29859 –, abgedruckt unter 4.3 Nr. 4

2. Antrag auf Zulassung als Fachbetrieb

Antrag auf Zulassung als Fachbetrieb (§ 19 I WHG)[1]

Absender / Antragsteller

____

____

____________ ___________________________

⌐   ¬

____

____

____________ ___________________________

∟   ⌐

1. Angaben zum Betrieb

1.1 Name und Anschrift des Betriebes

____
____
____

1.2 Betriebsinhaber.
Name, Geburtsort_______________________
Geburtsdatum________________ 19___

1.3 Gewerbeanmeldung am______________ 19___
Gewerbezweck _________________________

1.4 Handwerksrolleneintragung am________ 19___
Handwerk______________________________

1.5 Handelsregistereintragung am_________ 19___
Unternehmenszweck____________________

2. Umfang der Zulassung

Die Zulassung wird für folgende Anlagenarten und Tätigkeitsgruppen (§ 2 Abs. 1 FachbetriebsV) beantragt:

2.1 Anlagenarten:

Anlagenart 1 ☐	Anlagenart 2 ☐	Anlagenart 3 ☐
Heizölverbraucher-anlagen	Anlagen mit sonstigen brennbaren Flüssigkeiten mit Behältern	Anlagen mit nichtbrennbaren Flüssigkeiten mit Behältern
	bis 100 m³ ☐	bis 100 m³ ☐
	bis 1000 m³ ☐	über 100 m³ ☐
über 1000 m³ ☐		

Erklärung gegenüber der Handwerkskammer

Erklärung zum Nachweis der ausreichenden betrieblichen Ausstattung nach § 5 der Fachbetriebsverordnung

Ich/Wir erkläre(n), daß die betriebliche Ausstattung des oben genannten Betriebes für die beantragte Anlagenart und Tätigkeitsgruppe der mir/uns vorliegenden Mustergeräteliste des Beirates beim Bundesminister des Inneren „Lagerung und Transport wassergefährdender Stoffe" entspricht: ☐

mit Ausnahme der Position _________________

____

(gegebenenfalls eintragen).
Anstelle dieser in der Mustergeräteliste genannten Ausrüstungsgegenstände verfüge(n) ich/wir über die in der Anlage zu dieser Erklärung aufgeführten Ausrüstungsgegenstände.   ☐

Ich/Wir erkläre(n), daß es sich dabei um gleichwertige Ausrüstungsgegenstände handelt, die den allgemein anerkannten Regeln der Technik und den Sicherheitsvorschriften entsprechen.   ☐

Ich/Wir versichere(n), daß ich/wir die Angaben in dieser Erklärung und in der Anlage wahrheitsgemäß nach bestem Wissen und Gewissen gemacht habe(n).

_________________________   _________________________
Ort, Datum   Unterschrift Fachbetrieb

2.2 Tätigkeitsgruppen:

⌐ Tätigkeitsgruppe A (Einbauen, Aufstellen) ☐
∟ Tätigkeitsgruppe B (Instandhalten) ☐

Tätigkeitsgruppe C (Instandsetzen) ☐
Tätigkeitsgruppe D (Reinigen) ☐

2.3 Der Antrag wird auf folgende Anlagenteile der Anlagenarten beschränkt (§ 2 Abs. 2 FachbetriebsV): (Angabe der einzelnen Anlagenteile, z.B. Lagerbehälter, Innenbeschichtung, Leckanzeigegerät usw.) - siehe auch Ziffer 3.23

____

____

3. Angaben zur, für die technische Leitung des Betriebs, verantwortlichen Person

3.1 Name, Geburtsort__________________________

Geburtsdatum________________ 19___ (nur soweit nicht bereits in 1.2)

3.2 Angaben zur fachlichen Eignung

3.21 Meisterprüfung am _____________ 19___
als

☐ **Zentralheizungs- und Lüftungsbauer**	☐ **Kachelofen- und Luftheizungsbauer**
☐ **Gas- und Wasserinstallateur**	☐ Schmied
☐ **Klempner**	☐ Schlosser
☐ **Kupferschmied**	☐ Maschinenbauer
	☐ Kälteanlagenbauer

3.22 Hochschul- oder Fachhochschuldiplom
Prüfung am _____________ 19___
in der Fachrichtung:

☐ Maschinenbau	☐ Schiffsmaschinenbau
☐ Verfahrenstechnik	☐ Schiffsbetriebstechnik
☐ Versorgungstechnik/	☐ Energie- und Wärmetechnik
☐ Luft- und Raumfahrttechnik	

3.23 Ausnahmebewilligung nach § 8 Abs. 1 HwO (Handwerksordnung)
am_____________ 19___
durch Handwerkskammer____________________
für___________________________________
(Angabe der Handwerke, Teileintragung)

3.24 Sonstige Eignungsnachweise (vgl. Anlagen, bitte beifügen)

3.25 Nachweis der dreijährigen nicht untergeordneten Tätigkeit (vgl. Anlagen, bitte beifügen)

4. Ausreichende betriebliche Ausstattung

Die ausreichende betriebliche Ausstattung habe ich gegenüber der Handwerkskammer erklärt.

_________________________   _________________________
Ort, Datum   Unterschrift Fachbetrieb

5. Bescheinigung der Handwerkskammer

Hiermit wird bescheinigt, daß der Betriebsinhaber/

____

die für die technische Leitung des Betriebs verantwortliche Person

____

für den beantragten Zulassungsumfang (vgl. Nr. 2 des Antrags) die notwendige fachliche Eignung nach § 4 Abs. 1 und 2 FachbetriebsV besitzt und der Betrieb eine Erklärung über die ausreichende betriebliche Ausstattung nach § 4 Abs. 3 FachbetriebsV abgegeben hat.

_________________________   _________________________
Ort, Datum   Unterschrift Handwerkskammer

Blatt 1 = untere Wasserbehörde
Blatt 2 = Handwerkskammer
Blatt 3 = Antragsteller

[1] Antragsvordruck erstellt durch den Zweckverband Sanitär-Heizung-Klima Nordrhein-Westfalen in Zusammenarbeit mit dem Minister für Ernährung, Landwirtschaft und Forsten NW.

3. Beispiel eines Bescheides über die Zulassung als Fachbetrieb

Betr.: Zulassung als Fachbetrieb für Anlagen zum Lagern, Abfüllen und Umschlagen wassergefährdender Stoffe

Bezug: Ihr Antrag[1] vom ____

Sehr geehrte ____

Auf Ihren o. a. Antrag lasse ich Sie hiermit gemäß § 19 l des Gesetzes zur Ordnung des Wasserhaushalts (Wasserhaushaltsgesetz – WHG) vom 27. 7. 1957 (BGBl. I S. 1110) in der Fassung der Bekanntmachung vom 16. 10. 1976 (BGBl. I S. 3017), zuletzt geändert durch Gesetz vom 28. 3. 1980 (BGBl. I S. 373) in Verbindung mit § 18 Abs. 3 des Wassergesetzes für das Land Nordrhein-Westfalen (Landeswassergesetz – LWG) vom 4. 7. 1979 (GV. NW S. 488), zuletzt geändert durch Gesetz vom 6. 11. 1984 (GV. NW S. 663) – in den jeweils geltenden Fassungen – sowie der Verordnung über die Zulassung von Fachbetrieben für Anlagen zum Lagern, Abfüllen und Umschlagen wassergefährdender Stoffe (Fachbetriebsverordnung) vom 30. 7. 1982 (GV. NW S. 526) widerruflich als Fachbetrieb zu.

1. Zulassung:

Die Zulassung erstreckt sich auf folgende Anlageart(en):

Anlageart 1 ☐	Anlageart 2 ☐	Anlageart 3 ☐
Heizölverbraucheranlagen	für sonstige brennbare flüssige Stoffe mit Behältern	für nicht brennbare flüssige Stoffe mit Behältern
	bis 100 m³ ☐	bis 100 m³ ☐
	bis 1000 m³ ☐	über 100 m³ ☐
	über 1000 m³ ☐	

und Tätigkeitsgruppe(n):

Tätigkeitsgruppe (Einbauen, Aufstellen) A   ☐
Tätigkeitsgruppe (Instandhalten) B   ☐
Tätigkeitsgruppe (Instandsetzen) C   ☐
Tätigkeitsgruppe (Reinigen) D   ☐

Die Zulassung wird entsprechend Ihrem Antrag auf folgende Anlagenteile der vorgenannten Anlagenarten beschränkt:

Lagerbehälter   ☐

Sicherheitseinrichtungen und sonstige technische Schutzvorkehrungen mit Ausnahme der Abdichtung von Auffangräumen für Heizölverbraucheranlagen   ☐

Rohrleitungen   ☐

Fördereinrichtungen   ☐

Die Zulassung gilt für die Betriebsstätte / den Nebenbetrieb in _________________

---

[1] Antragstellung abgedruckt unter 4.3 Nr. 2

Haben Sie mehrere Betriebsstätten oder Nebenbetriebe, bedürfen diese jeweils einer gesonderten Zulassung als Fachbetrieb.

Für die technische Leitung der Betriebsstätte / des Nebenbetriebes ist verantwortlich:

____

Der Zulassung liegt die Bescheinigung der Handwerkskammer / Industrie- und Handelskammer ____ vom ____________________________ über die fachliche Eignung und die ausreichende betriebliche Ausstattung zugrunde.

2. Hinweise:

Gemäß § 6 der Fachbetriebsverordnung haben Sie mir den Übergang des Betriebes auf einen anderen Inhaber sowie das Ausscheiden der für die technische Leitung des Betriebes bestellten Personen unverzüglich schriftlich anzuzeigen. Die gleiche Verpflichtung hat derjenige, der einen Fachbetrieb übernimmt. Das Zuwiderhandeln ist eine mit Geldbuße bedrohte Ordnungswidrigkeit.

Für die Tätigkeiten der Gruppe D, insbesondere bei der Stillegung von Anlagen, sind für die anfallenden Reststoffe die abfallrechtlichen Vorschriften zu beachten.

Nach anderen Rechtsvorschriften erforderliche Zulassungen und Anforderungen bleiben von dieser Zulassung nach § 19 l WHG unberührt.

3. Verwaltungsgebühren[1]:

Über die Höhe der Verwaltungsgebühr ergeht ein besonderer Bescheid.

4. Rechtsbehelfsbelehrung:

Gegen diesen Bescheid kann innerhalb eines Monats nach Zustellung Widerspruch erhoben werden. Der Widerspruch ist schriftlich oder mündlich zur Niederschrift beim Oberstadt/ – Kreisdirektor der/des ____________________________ – Untere Wasserbehörde – in ____________, einzulegen.

Falls die Frist durch das Verschulden eines von Ihnen Bevollmächtigten versäumt werden sollte, würde dessen Verschulden Ihnen zugerechnet werden.

____

[1] Gebühren nach Berechnungsmaßstab, Empfehlung des MELF v. 25.3. 1983 – III A 2 – 602/2 – 29859; abgedruckt unte 4.3 Nr. 4

4. Beispiel eines Berechnungsmaßstabes zur Erhebung einer Verwaltungsgebühr bei der Zulassung als Fachbetrieb gemäß § 19 l Wasserhaushaltsgesetz[1]

(Tarifstelle 28.1.4.3 der Verwaltungsgebührenordnung[1])

Tabelle[2]

Verwaltungsgebühr \ Betriebe mit	bis zu 30 Beschäftigten[1]	31 bis 100 Beschäftigten[1]	über 100 Beschäftigten[1]
Grundgebühr	50 DM	100 DM	250 DM
Gebühr je zugelassene Anlagenart	50 DM	100 DM	250 DM
Gebühr je zugelassene Tätigkeitsgruppe	50 DM	100 DM	250 DM
Verwaltungsgebühr insgesamt[2]	... DM	... DM	... DM

[1] Bei Betrieben mit Beschäftigten auch in anderen Bereichen als § 19 l WHG sind nur die Beschäftigten des Bereichs zugrunde zu legen, für den die Zulassung beantragt wird.
Maßgebend ist die Beschäftigtenzahl im Zeitpunkt der Antragstellung. Die Verbände der Fachbetriebe werden ihre Mitglieder bitten, über die Anzahl der Beschäftigten eine Erklärung abzugeben. Bei bereits eingereichten Anträgen wird in der Regel eine telefonische Auskunftseinholung ausreichen.
[2] Mindestens 200 DM

---

[1] Allgemeine Verwaltungsgebührenordnung (AVwGebO NW) i. d. Bek. v. 5. 8. 1980 (GV NW S. 924), zuletzt geändert am 14. 5. 1985 (GV. NW S. 436)
[2] Empfehlung zur Ausfüllung der Gebührenstelle Nr. 28.1.4.3 der Verwaltungsgebührenordnung für die Zulassung von Fachbetrieben durch den MELF v. 25. 3. 1983 – III A 2 – 602/2 – 29859

5 Öl- und Giftalarmrichtlinien (NW)

5.1 Maßnahmen beim Austreten von Mineralölen und sonstigen wassergefährdenden Stoffen (Öl- und Giftalarmrichtlinien)

Gem. Rd.Erl. d. Ministers für Ernährung, Landwirtschaft und Forsten – III C 7 – 8800/1 – 19620 – u. d. Innenministers – V B I – 2.181 – 5. v. 30. 1. 1981 (MBl. NW S. 218)

1 Allgemeines

Die Unfälle beim Umgang mit Mineralölen und sonstigen wassergefährdenden Stoffen (kurz: Öl- und Giftunfälle) können zu erheblichen wasserwirtschaftlichen Problemen führen. Eine Reihe von wassergfährdenden Stoffen ist im Katalog wassergefährdender Stoffe aufgenommen, den der Bundesminister des Innern im Gemeinsamen Ministerialblatt Nr. 26 vom 18. Sept. 1980 auf Seite 430 veröffentlicht hat und der vom Umweltbundesamt herausgegeben wird.[1] Die Richtlinien gelten auch für die übrigen, nicht im Katalog aufgeführten wassergefährdenden Stoffe. Zum Schutz des Grundwassers, der oberirdischen Gewässer und zur Abwehr der sonstigen Gefahren für die Allgemeinheit müssen bei Unfällen mit wassergefährdenden Stoffen unverzüglich Gegenmaßnahmen getroffen werden. Es ergeht deshalb an die Wasserbehörden aufgrund des § 171 Satz 1 Landeswassergesetz (LWG) und an die Ordnungsbehörden aufgrund des § 9 Abs. 2 Buchst. a Ordnungsbehördengesetz (OBG) folgende allgemeine Weisung:

2 Meldung „Öl- und Giftalarm"

2.1 Meldepflicht

Öl- und Giftunfälle sind gemäß § 18 Abs. 4 LWG unverzüglich der nächsten örtlichen Ordnungsbehörde (kreisfreie Stadt, Gemeinde) anzuzeigen. Bei Öl- oder Giftunfällen auf und an dem Rhein, der Weser, der Ruhr sowie den westdeutschen Kanälen unterrichten die örtlichen Ordnungsbehörden unverzüglich die Wasserschutzpolizei.
Erlangen Polizei, Feuerwehr oder untere Wasserbehörde von einem Unfall als erste Kenntnis, so haben sie die örtlichen Ordnungsbehörden, bei Öl- oder Giftunfällen auf und an dem Rhein, der Weser, der Ruhr sowie den westdeutschen Kanälen außerdem die Wasserschutzpolizei unverzüglich zu unterrichten.

---

[1] Katalog wassergefährdender Stoffe v. 1. 3. 1985, abgedruckt unter 3.1

3   Weitergabe der Meldung „Öl- und Giftalarm"

3.1   Der örtlichen Ordnungsbehörde – bei Öl- oder Giftunfällen auf und an dem Rhein, der Weser, der Ruhr sowie den westdeutschen Kanälen der Wasserschutzpolizei – obliegt die Weitergabe der Meldung. Die Weitergabe der Meldung hat entsprechend der Anlage 1 und 2 zu erfolgen. Je nach Sachlage sind sofort von dem Öl- oder Giftunfall in Kenntnis zu setzen bzw. zu beteiligen:

3.1.1   die untere Wasserbehörde,

3.1.2   das Staatliche Amt für Wasser- und Abfallwirtschaft,

3.1.3   die Kreispolizeibehörde,

3.1.4   die Kreisordnungsbehörde,

3.1.5   das Staatliche Gewerbeaufsichtsamt,

3.1.6   das Bergamt (bei Öl- oder Giftunfällen in Betrieben, die der Aufsicht der Bergbehörde unterstehen),

3.1.7   das Straßenbauamt,

3.1.8   das Tiefbauamt,

3.1.9   der Wasser- oder Bodenverband,

3.1.10   der Talsperreneigentümer (bei Öl- oder Giftunfällen im Einzugsgebiet seiner Talsperre),

3.1.11   das Wasserwerk (bei Öl- oder Giftunfällen im Einzugsgebiet seiner Wasserversorgungsanlagen),

3.1.12   die Landesanstalt für Fischerei Nordrhein-Westfalen (wenn ein Fischsterben vorliegt),

3.1.13   der nächste Bahnhof (wenn Bahnanlagen gefährdet sind),

3.1.14   das nächste Postamt (wenn Anlagen der Deutschen Bundespost gefährdet sind),

3.1.15   die nächste Dienststelle der Bundeswehr (wenn Anlagen der Bundeswehr gefährdet sind oder die Bundeswehr am Öl- oder Giftunfall beteiligt ist),

3.1.16   der zuständige Verbindungsoffizier und das Amt für Verteidigungslasten (wenn Anlagen der Stationierungsstreitkräfte gefährdet oder Stationierungsstreitkräfte am Öl- oder Giftunfall beteiligt sind).

3.2   Bei Öl- oder Giftunfällen auf und an dem Rhein, der Weser, der Ruhr sowie den westdeutschen Kanälen sind zusätzlich sofort zu benachrichtigen:

3.2.1   der Regierungspräsident,

3.2.2   das Landesamt für Wasser und Abfall Nordrhein-Westfalen,

3.2.3   die Wasser- und Schiffahrtsdirektion,

3.2.4   der Ruhrverband in Essen (bei Öl- oder Giftunfällen auf und an der Ruhr),

3.2.5   der Wasserverband Westdeutsche Kanäle (bei Öl- oder Giftunfällen auf und an den westdeutschen Kanälen).

3.3 Bei Öl- oder Giftunfällen auf und an oberirdischen Gewässern im Einzugsgebiet des Rheins und der Weser, die für den Rhein oder die Weser von Bedeutung sein können, sind zusätzlich sofort zu benachrichtigen:

3.3.1 der Regierungspräsident, der erforderlichenfalls die Nachricht an die Regierungspräsidenten Düsseldorf (für den Rhein) und Detmold (für die Weser) weitergibt,

3.3.2 das Landesamt für Wasser und Abfall Nordrhein-Westfalen.

3.4 Beim Leck einer Mineralölfernleitung oder einer Produktenfernleitung ist zusätzlich sofort die Betriebszentrale der Fernleitung zu benachrichtigen.

4   Inhalt der Meldung „Öl- und Giftalarm"

Die Meldung soll die in der Anlage 2 aufgeführten Daten enthalten.

5   Sofortmeldung

Sobald eines der in Anlage 1 aufgeführten Meldekriterien (M) erfüllt ist, muß unverzüglich der Regierungspräsident und der Minister für Ernährung, Landwirtschaft und Forsten informiert werden.

6   Katastrophenschutz

Für die Katastrophenbekämpfung gilt das Katastrophenschutzgesetz Nordrhein-Westfalen (KatSGNW) vom 20. Dezember 1977 (GV. NW S. 392), geändert durch Gesetz vom 18. September 1979 (GV. NW S. 552) – SGV NW 215 –[1]
Ferner ist zu beachten der Gem. RdErl. d. Innenministers. d. Ministers für Ernährung, Landwirtschaft und Forsten u. d. Ministers für Arbeit, Gesundheit und Soziales v. 20. 6. 1973 (MBl. NW S. 1157/SMBl. NW 770) über „Vorbereitende Maßnahmen für die Abwehr von Katastrophen aus Schäden an Mineralölfernleitungen".

7   Vorsorgemaßnahmen

Die Vorsorgemaßnahmen haben das Ziel, bei Eintritt eines Schadens eine schnelle Information und eine zügige und sichere Schadensabwehr zu garantieren.

7.1 Vorsorgemaßnahmen sind insbesondere:

7.1.1 Aufstellen von Öl- und Giftalarmplänen,

7.1.2 Festlegung von Stellen, an denen Mittel und Geräte für die Bekämpfung von Öl- und Giftunfällen, wie z. B. ölaufsaugende Mittel, Gewässersperren, Ölschöpfgeräte, Falttanks vorgehalten werden,

7.1.3 Vorbereitung von Gewässersperren, insbesondere Festlegung geeigneter Sperrstellen und ggf. dort Vorhaltung von Geräten (Depots),

7.1.4 Anlegen von Karten mit Eintragung, insbesondere von Wasserschutzgebieten, von geeigneten Stellen für Gewässersperren, der Fließzeit zwischen den einzelnen Sperrstellen, von Fernleitungen für wassergefährdende Stoffe,

---

[1] Katastrophenschutzgesetz Nordrhein-Westfalen (KatSGNW), zuletzt geändert durch Gesetz v. 21. 12. 1982 (GV. NW S. 799)

7.1.5 Absprachen mit anderen Aufgabenträgern über den zweckmäßigsten Einsatz von Geräten und Personal,

7.1.6 Durchführung von Ausbildungsveranstaltungen und Übungen.

8 Sofortmaßnahmen

Sofortmaßnahmen sollen das Austreten, Ausbreiten und Versickern wassergefährdender Stoffe sowie das Entstehen weiterer Schäden verhindern. Die wirksame Durchführung der Maßnahmen erfordert eine enge Zusammenarbeit der beteiligten Behörden und Stellen.

8.1 Sofortmaßnahmen sind insbesondere:

8.1.1 Beurteilung des wassergefährdenden Stoffes (z. B. nach Handbuch der gefährlichen Güter (Hommel), Datenbank wassergefährdender Stoffe),

8.1.2 Beteiligung von Sachverständigen[1], insbesondere: Landesamt für Wasser und Abfall, Staatliches Amt für Wasser- und Abfallwirtschaft, Geologisches Landesamt, Landesanstalt für Fischerei,

8.1.3 Festlegung der wirksamsten Bekämpfungsart (z. B. Verdünnen, Neutralisieren von Säuren und Laugen),

8.1.4 Warnung der Bevölkerung, Absperrmaßnahmen und entsprechende Verkehrsregelung (z. B. bei Brand-, Explosions-, Vergiftungs- oder Rutschgefahr),

8.1.5 Verhindern weiteren Austretens (z. B. Sperren von Füll- und Entleerungsvorrichtungen, Schließen von Lüftungs- und sonstigen Öffnungen, behelfsmäßiges Abdichten von Lecks, Auffangen in Gefäßen, Umpumpen in andere Behälter, Aufrichten umgestürzter Behälter, Abschalten von Stromverbrauchern, Beseitigen von Zündquellen),

8.1.6 Verhindern weiteren Ausbreitens (z. B. Aufstauen durch Dämme aus Erde, Sand und Zement, Strohballen, Verschließen von Kanalisationseinläufen, Kabelkanälen, Schächten oder sonstigen Öffnungen),

8.1.7 Verhindern weiteren Versickerns (z. B. Binden der ausgelaufenen Stoffe durch spezielle Ölbinder, Sägemehl, Torf, Zement, Sand oder andere aufsaugende Mittel),

8.1.8 Ermitteln und Einschalten des Verursachers,

8.1.9 Probenahme zur Beweissicherung (Boden- und/oder Wasserproben).

8.2 Sofortmaßnahmen bei Ölunfällen auf und an stehenden oder langsam fließenden Gewässern sind insbesondere:

8.2.1 das Errichten von Sperren, so daß der auslaufende Stoff entfernt werden kann,

8.2.2 das Einkreisen mit Ölschlängeln, Preßluftsperren usw., Zusammenziehen, Abschöpfen oder Absaugen der ausgelaufenen Stoffe,

8.2.3 das Verwenden von ölaufsaugenden Mitteln (spezielle Ölbinder, ersatzweise auch Torf) zum Binden und Abschöpfen der ausgelaufenen Stoffe aus dem Gewässer;

---

[1] Öl- und Giftunfälle, Einschaltung von Sachverständigen v. 27. 3. 1974, abgedruckt unter 5.2

das Zwischenlagern der aufgefangenen Stoffe so, daß ein Versickern in den Boden oder ein Abschwemmen in ein oberirdisches Gewässer verhindert wird.
Sinkstoffe oder Mittel, die den ausgelaufenen Stoff emulgieren, dürfen nur mit ausdrücklicher Zustimmung der Wasserbehörde verwendet werden.

8.3 Bei Öl- oder Giftunfällen auf und an schnell fließenden Gewässern werden sich die Sofortmaßnahmen in der Regel darauf beschränken müssen, zu verhindern, daß weitere wassergefährdende Stoffe in das Gewässer gelangen. Es sollte versucht werden, die ausgetretenen Stoffe durch Sperren (z. B. Strohballen, Holzwände) aufzufangen und abzusaugen. Es empfiehlt sich, die Sperren (z. B. mit Luft gefüllte Schläuche) schräg zur Fließrichtung des Gewässers einzubringen, um die Stoffe in Buhnenfelder oder an das Ufer zu lenken und dort zu entfernen.

8.4 Besondere Richtlinien
Besondere fachliche Weisungen bleiben unberührt. Dies gilt insbesondere für die Weisungen über Feuerwehreinsätze bei Unfällen und Bränden von Tankwagen, Kesselwagen und Tankschiffen (RdErl. d. Innenministers v. 24.7. 1962, SMBl. NW 2133).

9   Folgemaßnahmen

9.1 Je nach Sachlage wird es über die Sofortmaßnahmen hinaus notwendig sein, die ausgetretenen Stoffe durch weitere Maßnahmen unschädlich zu machen (Folgenbeseitigung). Diese Maßnahmen sind rechtzeitig, gegebenenfalls zugleich mit den Sofortmaßnahmen einzuleiten. Ihnen vorweg müssen nach Möglichkeit genauere Ermittlungen oder Untersuchungen über den Umfang des Öl- oder Giftunfalles gehen.

9.2 Als Folgemaßnahmen kommen insbesondere in Betracht:

9.2.1 Abbrennen der ausgetretenen Stoffe auf geeignetem Untergrund, wenn nicht Gründe des Explosions-, Brand- oder Immissionsschutzes entgegenstehen,

9.2.2 Wegschaffen des durch den Öl- oder Giftunfall verunreinigten Erdreichs oder Wassers sowie der aufgefangenen Stoffe,

9.2.3 Entfernen der am Gewässerufer haftenden ausgetretenen Stoffe,

9.2.4 Reinigen von Dränagen und Kanälen,

9.2.5 ständiges Abpumpen von geschädigtem Grundwasser,

9.2.6 Auswaschen des Bodens und Auffangen des Spülwassers,

9.2.7 Ablagern des verunreinigten Erdreichs oder Wassers sowie der aufgefangenen Stoffe an einem von der Wasserbehörde bestimmten, für die Gewässer ungefährlichen Ort,

9.2.8 unschädliche Beseitigung der schädlichen Stoffe durch Herausziehen oder Herausdrücken der in das Erdreich gelangten Stoffe, durch Ausglühen des verunreinigten Erdreichs oder durch Verbrennen der in das Wasser gelangten oder aufgefangenen Stoffe,

9.2.9 Niederbringen und Betreiben von Grundwasserbeobachtungs- und Abwehrbrunnen,

9.2.10 Untersuchung der durch den Öl- oder Giftunfall verschmutzten Gewässer auf ihre physikalische, chemische und biologische Beschaffenheit,

9.2.11 Herstellen eines Verbundes mit anderen Wasserversorgungsanlagen oder Einsatz von besonderen Aufbereitungsanlagen, wenn Wasserversorgungsanlagen bedroht sind.

10 Zuständigkeit

Zuständig für die Anordnung und Durchführung der Vorsorge-, Sofort- und Folgemaßnahmen sind, soweit die Beeinträchtigung eines Gewässers (oberirdische Gewässer, Grundwasser) nicht ausgeschlossen ist, die Wasserbehörden (§§ 1 a, 2, 3, 19 g ff, 26, 34, 38[1] Wasserhaushaltsgesetz, §§ 116, 136 bis 138 LWG). In den der Bergaufsicht unterstehenden Betrieben ist das Bergamt zuständig (§ 116 Abs. 2 Satz 4 LWG). Ist weder die Zuständigkeit der Wasserbehörden noch die anderer Sonderordnungsbehörden gegeben, so sind die örtlichen Ordnungsbehörden zuständig. Unberührt bleibt die außerordentliche Zuständigkeit der örtlichen Ordnungsbehörden bei Gefahr im Verzuge im Falle des § 6 Abs. 1 Satz 1 OBG, dessen Voraussetzungen bei Sofortmaßnahmen zumeist gegeben sein werden.

11 Ordnungspflicht

Die Maßnahmen sind gegen die nach §§ 17 ff OBG Verantwortlichen zu richten. Können sie von den Verantwortlichen nicht, nur unvollständig oder nicht rechtzeitig durchgeführt werden, so sind sie unmittelbar von den zuständigen Behörden, gegebenenfalls im Wege der Ersatzvornahme auszuführen (§§ 55 ff Verwaltungsvollstrekkungsgesetz NW).

12 Öl- und Giftalarmplan

Die beteiligten Behörden haben einen Öl- und Giftalarmplan gemäß Nr. 7 aufzustellen, der gewährleistet, daß bei einem Öl- oder Giftunfall unverzüglich Gegenmaßnahmen getroffen werden können. Die Öl- und Giftalarmpläne sind mit den beteiligten Behörden und Stellen, soweit erforderlich auch mit den Behörden und Stellen der benachbarten Gebiete, abzustimmen und auszutauschen. Der Öl- und Giftalarmplan besteht aus Meldeplan und Maßnahmeplan.

12.1 Meldeplan

Dem Meldeplan muß entnommen werden können, wie die unter Nrn. 1 und 2 aufgeführten Behörden und Stellen während und außerhalb der Dienstzeit zu erreichen sind. Dafür ist ein Verzeichnis aller bei einem Öl- und Giftunfall zu unterrichtenden Personen (Anschrift, Fernsprechanschluß) jederzeit greifbar zu halten; das Verzeichnis ist auf dem laufenden zu halten. Der Meldeplan ist auf der Grundlage der Anlagen 1 und 2 zu erarbeiten.

---

[1] aufgehoben durch das Strafgesetzbuch i. d. F. des Einführungsgesetzes v. 2. 3. 1974, geändert durch das Gesetz zur Bekämpfung der Umweltkriminalität (18. StrÄndG) v. 28. 3. 1980, abgedruckt unter 8.1

12.2 Maßnahmeplan

Dem Maßnahmeplan muß entnommen werden können, welche organisatorischen und technischen Maßnahmen bei einem Öl- oder Giftunfall einzuleiten sind. Hierzu gehört insbesondere die Klärung der Fragen, wie die erforderlichen Kräfte und technischen Hilfsmittel einschließlich der Sachverständigen und Unternehmen zur Durchführung der Untersuchungsarbeiten und Abwehrmaßnahmen herangezogen und das verunreinigte Erdreich, Wasser sowie die aufgefangenen Stoffe unschädlich beseitigt werden können. Der Maßnahmeplan kann außerdem die für die Beurteilung von Öl- und Giftunfällen notwendige Literatur bzw. Literaturhinweise enthalten.

Der Maßnahmeplan ist vom Meldeplan unabhängig als selbständiger Plan anzufertigen.

13 Kosten

Die Kosten für die Sofortmaßnahmen und die Folgenbeseitigung tragen die Behörden, die die Maßnahmen angeordnet oder durchgeführt haben, sofern sie nicht nach den gesetzlichen Vorschriften von einem Pflichtigen zu tragen sind. Werden die örtlichen Ordnungsbehörden bei Gefahr im Verzuge gemäß § 6 Abs. 1 Satz 1 OBG tätig, so haben sie die ihnen entstehenden Kosten zu tragen (§ 45 OBG).

14 Der RdErl. d. Ministers für Ernährung, Landwirtschaft und Forsten v. 30. 8. 1968 (SMBl. NW 772) und der Gem. RdErl. d. Ministers für Ernährung, Landwirtschaft und Forsten u. d. Innenministers v. 17. 8. 1970 (SMBl. NW 770) werden aufgehoben.

Im Einvernehmen mit dem Minister für Arbeit, Gesundheit und Soziales, dem Minister für Wirtschaft, Mittelstand und Verkehr und dem Minister für Landes- und Stadtentwicklung.

Anlage 1

Meldung Öl- u. Giftunfall
örtl. Polizei /WSP
örtl. Ordnungsbeh.
Feuerwehr
Sofortmaßnahmen unter möglicher Beteiligung von
Polizei, Feuerwehr, zust. Fachämter, Nachbargemeinden, Spezialfirmen, Wasserwerk, Talsperreneigentümer
Veranlassung notwendig
St AWA beteiligen
Folgemaßnahmen
(M)
untere Wasserbehörde beurteilt den Unfall
bei Zuständigkeit
bei Zuständigkeit
(M)
obere Wasserbehörde
LWA beteiligen Nachbar-RP's melden
MELF
nach Lage beteiligen.
Kreispolizeibehörde
Kreisordnungsbehörde
GAA
Wasserverbände
Talsperreneigentümer
Wasserwerk
LA f. Fischerei
Bahn, Post, BW
Bergamt
WSA
Straßenbauamt
Tiefbauamt
Fernleitungsges.
Nachbargemeinden
Nachbarkreise
Legende
(M)
Meldekriterien
1. Gewässerverunreinigung
2. Aufsehen i. d. Öffentlichkeit
3. Auswirkung a. Nachbarkreise
4. Beteiligung and. Behörden
Meldepflicht
Maßnahmen und Beteiligung

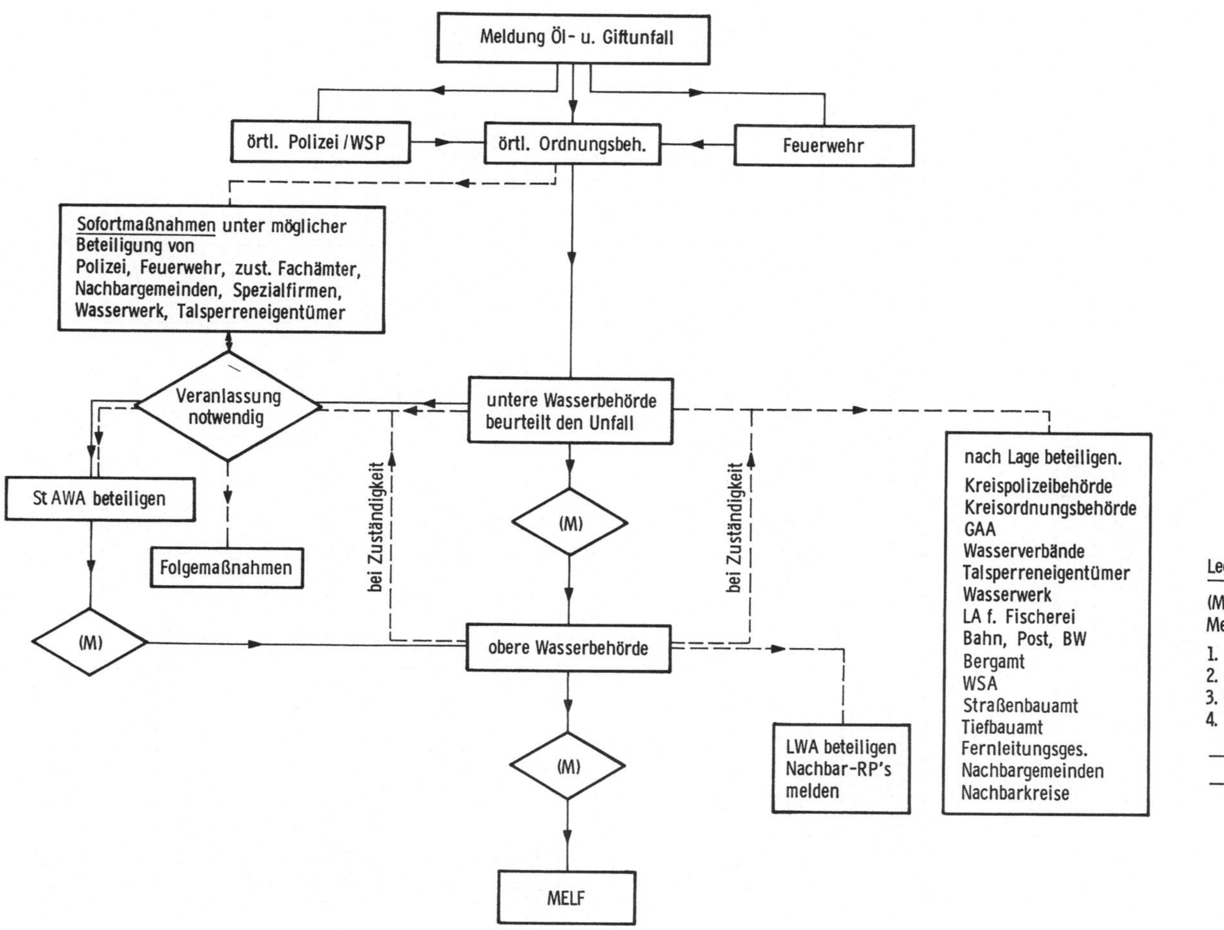

Anlage 2   **Checkliste für Öl- und Giftalarm**

1. Unfall	
1.3 Datum: 1.2 Zeit: 1.3 Ort:	
1.4 Art des Unfalls:	
2. Wassergefährdender Stoff:	
2.1 Art: 2.2 Menge (geschätzt):	
3. Unfall gemeldet von:	
3.1 Unfall angenommen von:	

Weitergabe der Meldung laut Meldeplan:

	Weitergegeben an:	Tel.	Gesprächspartner	Zeit	Bemerkungen
	Ordnungsamt				
	Feuerwehr				
	Polizei				
	WSP				
	U. Wasserbehörde				
	Tiefbauamt				
	Gesundheitsamt·				
	Bauordnungsamt				
	Leit. d. Dienststelle				
	Häfen				
	StAWA				
	Talsperre				
	Wasserwerke				
	Wasserverbände				
	RP (o. Wass.-behörd.)				
	notf. ü. Funkleitst.				
	LWA				
	WSD / WSA				
	Straßenbauverwltg.				
	Bundesbahn				
	Bundespost				
	Bundeswehr				
	GAA				
	LA f. Fischerei				
	Bergamt				
	Fernltg.-Ges.				
	Nachbarkreise				
	Nachbargemeinden				
	Nachbar-RPen				
	Ölwehren				

Raum für Notizen:

5.2 Öl- und Giftunfälle – Einschaltung von Sachverständigen

RdErl. d. Ministers für Ernährung, Landwirtschaft und Forsten v. 27. 3. 1974 – III A 3 – 602/2 – 5855 (MBl. NW S. 533)

Aus gegebenem Anlaß weise ich auf folgendes hin:

1. Nach den Öl- und Giftalarm-Richtlinien, RdErl. v. 17. 8. 1970 (MBl. NW. S. 1502/SMBl. NW. 770), haben die Wasserbehörden – sofern nicht andere Sonderordnungsbehörden oder die örtlichen Ordnungsbehörden zuständig sind – bei Unfällen mit wassergefährdenden Stoffen und bei sonstigen Vorgängen, bei denen die Gefahr einer Gewässerverunreinigung besteht, die notwendigen Maßnahmen anzuordnen und durchzuführen. Welche Anordnungen im Einzelfall notwendig sind, entscheiden die zuständigen Behörden in eigener Verantwortung. Da es sich um komplizierte und oftmals um nicht alltägliche Sachverhalte handelt, die entsprechende Kenntnisse (z. B. Hydrogeologie, Chemie u. a.) voraussetzen, wird es von Fall zu Fall erforderlich sein, vor einer Entscheidung andere Behörden im Wege der Amtshilfe einzuschalten oder Sachverständige hinzuzuziehen. Hierbei kommen folgende Behörden und Einrichtungen in Betracht:

die Landesanstalt für Gewässerkunde und Gewässerschutz Nordrhein-Westfalen[1],
die Staatlichen Ämter für Wasser- und Abfallwirtschaft,
das Geologische Landesamt Nordrhein-Westfalen,
die Staatlichen Gewerbeaufsichtsämter,
die Chemischen Untersuchungsämter,
die Landesanstalt für Fischerei Nordrhein-Westfalen,
die Behörden der Wasser- und Schiffahrtsverwaltung des Bundes,
die Bergämter,
die Bundesbahn, die Bundespost und die Bundeswehr und andere öffentliche Stellen.

Soweit es sich um überwiegend wasserwirtschaftliche Probleme handelt, wovon in der Regel auszugehen ist, sind die Sachverständigen des jeweils örtlich zuständigen Staatlichen Amtes für Wasser- und Abfallwirtschaft zu beteiligen. Bei Fällen von überbezirklicher oder sonst herausragender Bedeutung wenden sich die Staatlichen Ämter für Wasser- und Abfallwirtschaft an die Landesanstalt für Gewässerkunde und Gewässerschutz Nordrhein-Westfalen[1]. Die Landesanstalt[1] entscheidet dann, ob eventuell ein Hochschulinstitut einzuschalten ist oder ob sie selbst tätig wird.

Private Sachverständige sollten von den mit der Abwehr von Öl- und Giftunfällen befaßten Behörden grundsätzlich nicht eingeschaltet werden.

2. Während die zuständigen Behörden Sofortmaßnahmen in der Regel selbst übernehmen, werden ihre Anordnungen an die ordnungspflichtigen Personen (Störer) hinsichtlich der Folgemaßnahmen zumeist nicht von diesen, sondern auf Grund privatrechtlicher Verträge von Dritten ausgeführt. Vertragspartner sind in diesen Fällen der Störer und die von ihm beauftragte Beseitigungsfirma. Die vertraglich vereinbarte Dienst- oder Werkleistung muß dem Inhalt der gegen den Störer gerichteten Ordnungsverfügung entsprechen. Erfahrungsgemäß sind die Verträge oft jedoch so

---

[1] heute: Landesamt für Wasser und Abfall NW

allgemein gefaßt, daß sie später Anlaß zu Meinungsverschiedenheiten namentlich über die Kosten sind. Ich bitte, darauf zu achten, daß die ordnungsbehördlichen Anordnungen gegenüber dem Störer möglichst unmißverständlich sind und die Aufträge der Störer an die Beseitigungsfirmen ebenso klar weitergegeben werden. Entsprechendes gilt, wenn die zuständigen Behörden im Rahmen des sofortigen Vollzugs (§ 55 Abs. 2 VwVG) unmittelbar Aufträge an die Beseitigungsunternehmen erteilen.

Im Einvernehmen mit dem Innenminister, dem Minister für Arbeit, Gesundheit und Soziales und dem Minister für Wirtschaft, Mittelstand und Verkehr.

5.3   Erläuterungen zu den Öl- und Giftalarmrichtlinien

1.   Öl- und Giftalarmplan

Da Unfälle beim Umgang mit Mineralölen und sonstigen wassergefährdenden Stoffen (kurz: Öl- und Giftunfälle) zu erheblichen wasserwirtschaftlichen Problemen führen können, ist zur Schadenseindämmung bzw. -behebung ein melde- und maßnahmenorientierter Öl- und Giftalarmplan gemäß den Öl- und Giftalarmrichtlinien[1] aufzustellen (*Nr. 12*).

Nicht nur die spektakulären Unfälle, sondern auch die Vielzahl der „kleineren" Unfälle, die ebenso nach dem Umweltstatistikgesetz[2] gemäß §§ 9 und 10 erfaßt werden, unterstreichen zum Schutze der Gewässer die Notwendigkeit eines organisierten Melde- und Maßnahmensystems zur sofortigen Schadensabwehr bzw. Schadensbeseitigung (*Nr. 1*).

Zur Anordnung von Einsatzhinweisen entsprechender Maßnahmen nach Unfällen mit wassergefährdenden Stoffen ist eine eindeutige Regelung und Beachtung der Zuständigkeit notwendig. Zur Abwicklung eines eingetretenen Schadensfalles ist auf folgendes zu achten:

Alarmierung:
- strikte Einhaltung der Anzeige- und Meldepflicht
- zweckgerichtete Beschreibung des Unfalles (Inhalt der Meldung)
- Weitergabe der Meldung

Vorsorgemaßnahmen:
- Einsatz von hinreichend geschultem Personal und
- Bereitstellung von Hilfsmitteln im Rahmen der Vorsorge

Sofort- und Folgemaßnahmen:
- Maßnahmenplan zur Unfallsanierung bzw. -beseitigung

Überwachungsmaßnahmen:
- zur Feststellung, Kontrolle und Festsetzung einer unschädlichen Beseitigung ggf. hinnehmbaren Restbelastung

---

[1] Maßnahmen beim Austreten von Mineralölen und sonstigen wassergefährdenden Stoffen (Öl- und Giftalarmrichtlinien) v. 30. 1. 1981, abgedruckt unter 5.1
[2] Gesetz über Umweltstatistiken in der Fassung der Bekanntmachung v. 14. 3. 1980 (BGBl. I S. 311)

2. Zuständigkeit

Bei jedem Unfall, durch den die öffentliche Sicherheit und Ordnung bedroht wird, werden die örtlichen Ordnungsbehörden zunächst einmal tätig (*Nr. 2.1*). Unberührt bleibt die außerordentliche Zuständigkeit der Ordnungsbehörden gegenüber Sonderordnungsbehörden bei Gefahr im Verzuge gemäß § 6 OBG[1], dessen Voraussetzungen bei Sofortmaßnahmen zumeist gegeben sein werden (*Nr. 10*). Die örtlichen Ordnungsbehörden werden unterstützt durch die Polizei, die verpflichtet ist, für die öffentliche Sicherheit und Ordnung notwendige, unaufschiebbare Maßnahmen zu treffen. Diese beiden Dienststellen werden durch die zur Hilfeleistung verpflichtete Feuerwehr unterstützt. Ist die Beeinträchtigung eines Gewässers (oberirdische Gewässer, Grundwasser) nicht auszuschließen, liegt die Zuständigkeit für die Anordnung und Durchführung der Vorsorge-, Sofort- und Folgemaßnahmen jeweils bei der gewässeraufsichtsführenden Wasserbehörde (§§ 1 a, 2, 3, 19 g ff., 26, 34, 38 WHG (*Nr. 10*). In den der Bergaufsicht unterstehenden Betrieben ist das Bergamt zuständig (§ 116 Abs. 2 Satz 4 LWG) (*Nr. 10*).

Die beteiligten Behörden haben einen Öl- und Giftalarmplan gemäß *Nr. 12* der Öl- und Giftalarmrichtlinien aufzustellen, soweit erforderlich mit Behörden und Dienststellen der benachbarten Gebiete abzustimmen und auszutauschen.

Weitet sich ein Öl- und Giftunfall zu einer Katastrophe aus, gilt für die Katastrophenbekämpfung das Katastrophenschutzgesetz NW[2] (*Nr. 6*).

3. Anzeige- und Meldepflicht

Zum Schutz des Grundwassers, der oberirdischen Gewässer und zur Abwehr der sonstigen Gefahren für die Allgemeinheit sind Öl- und Giftunfälle zur sofortigen Einleitung von Gegenmaßnahmen gemäß § 18 Abs. 4 LWG unverzüglich der nächsten örtlichen Ordnungsbehörde (Stadt, Gemeinde) anzuzeigen. Da Meldungen über Unfälle meist bei der Polizei bzw. Feuerwehr auflaufen, haben diese die Ordnungsämter zu informieren (*Nr. 2.1*).

Erlangen andere Dienststellen als erste Kenntnis von einem Öl- und Giftunfall, so haben sie ihn unverzüglich der örtlichen Ordnungsbehörde zu melden.

Bei Öl- und Giftunfällen auf und an dem Rhein, der Weser, der Ruhr sowie den westdeutschen Kanälen ist außerdem die Wasserschutzpolizei unverzüglich zu unterrichten (*Nr. 2.1*).

Anzeigepflichtig ist, wer Anlagen zum Lagern, Abfüllen, Umschlagen, Befördern oder Transportieren betreibt, instandhält, instandsetzt, reinigt oder prüft.

---

[1] Gesetz über Aufbau und Befugnisse der Ordnungsbehörden – Ordnungsbehördengesetz (OBG) – in der Fassung der Bekanntmachung v. 13. 5. 1980 (GV. NW S. 528), zuletzt geändert durch Gesetz v. 26. 6. 1984 (GV. NW S. 370)
[2] Katastrophenschutzgesetz Nordrhein-Westfalen (KatSG NW) v. 20. 12. 1977 (GV. NW S. 492), geändert durch Gesetz v. 21. 12. 1982 (GV. NW S. 799)

Öl- und Giftunfallaufnahme durch ________________________________

| Wann? | Datum: _________________   Uhrzeit: _________________ |

Wo?   Ort: _________________   Gewässer: _________________

Was?   1. Art des Schadstoffes: _________________

                        flüssig   ☐
                        fest   ☐
                        gasförmig ☐

                Menge: _________________

       2. Unfallart: Öl- und Giftunfall
                ☐   auf Straßen, Wegen u. Plätzen
                ☐   auf stehenden u. fließenden Gewässern
                ☐   mit Fischsterben
                ☐   im Einzugsgebiet von Wasserversorgungs-
                    anlagen - Gefährdung von Grundwasser
                ☐   bei denen Kanalisation bzw. Kläranlage
                    betroffen wird
                ☐   bei Bundesbahn-, Bundespost-, Bundes-
                    wehranlagen u. bei Anlagen der Statio-
                    nierungsstreitkräfte
                ☐   bei Produkten- bzw. Fernleitungen
                ☐   bei falscher Ablagerung von Öl- und
                    Giftabfallstoffen
                ☐   in Betrieben, die der Bergaufsicht
                    unterstehen
                ☐   Sonstiges

       3. Ausmaß der Gefahren: ja   nein

              Brand- u. Explosionsgefahr   ☐   ☐
              Gefährdung des Grundwassers   ☐   ☐
              Gefährdung eines oberir-   ☐   ☐
              dischen Gewässers
              Gefährdung der Wasserversorgung   ☐   ☐
              Gefährdung der Kanalisation   ☐   ☐
              bzw. Kläranlage

Wer?   Meldender: Name: _________________________________

                  Dienststelle: ___________________________

                  Telefon: ________________________________

       Verursacher: Name: _________________________________

                    Anschrift: ____________________________

Abb. 12: Beispiel für eine Öl- und Giftunfallaufnahme

Die Meldepflicht besteht für die gemäß der Anlage 1 der Öl- und Giftalarmrichtlinien[1] beteiligten Behörden beim Zutreffen mindestens eines der dort genannten Meldekriterien (M):

1. Gewässerverunreinigung
2. Aufsehen in der Öffentlichkeit
3. Auswirkung auf Nachbarkreise
4. Beteiligung anderer Behörden

Hier ist als Sofortmeldung unverzüglich der Regierungspräsident und der Minister für Ernährung, Landwirtschaft und Forsten zu informieren (*Nr. 5*). Zur Beurteilung des Unfalles auf Gewässergefährdung ist immer eine Meldepflicht der Ordnungsbehörde an die untere Wasserbehörde gegeben.

4. Inhalt und Weitergabe der Meldung

Zur Beurteilung und Einschätzung des Ausmaßes, der Örtlichkeit und der Art des Öl- oder Giftunfalles ist die Abfrage für die eingehende als auch der Inhalt für die weiterzugebende Meldung auf wesentliche Daten zu beschränken. Als Hilfe für die Unfallaufnahme kann nach beiliegendem Muster (Abb. 12) die Abfrage des Unfallanzeigenden erfolgen.

Gleichzeitig soll eine Kontrolle und Hilfe für den einzelnen Bediensteten gegeben sein, um eine Unfallmeldung richtig zu bearbeiten und, soweit es vorab die Kenntnis der Sachlage zuläßt – Unfallart und Gefahrenausmaß – können nach dem Schema (Abb. 13) notwendige Dienststellen benachrichtigt werden (*Nrn. 3.1.1 ff*). Grundsätzlich sind nach Beurteilung der örtlichen Situation alle notwendigen Personen, die in einem aktualisierten Verzeichnis (Anschrift, Fernsprechanschluß) des Meldeplans aufgeführt sind, zu unterrichten (*Nr. 12.1*).

Der Inhalt der Meldung hat bei der Weitergabe entsprechend der Anlage 2[1] „Checkliste für Öl- und Giftalarm" zu erfolgen (*Nr. 4*). Die Weiterleitung der Meldung „Öl- und Giftalarm" hat entsprechend dem Meldeplan zu erfolgen, der auf der Grundlage der Anlagen 1 und 2 der Öl- und Giftalarmrichtlinien[1] zu erarbeiten ist (*Nrn. 3.1, 12.1*). Dieser Meldeplan soll ausdrücklich nur Meldeweg und -pflicht, nicht aber die Handlungspflicht der Behörden aufzeigen.

5. Maßnahmen zur Bekämpfung

5.1 Vorsorgemaßnahmen

Vorsorgemaßnahmen sollten sich nicht in der Aufstellung von Alarmplänen erschöpfen, sondern dazu dienen, Dienststellen und Personal (Einsatzkräfte) für die Bekämpfung eines Unfalls vorzubereiten und zur Durchführung von Ausbildungsveranstaltungen und Übungen zu veranlassen. Nach den Rahmenempfehlungen des BMI/

---

[1] Maßnahmen beim Austreten von Mineralölen und sonstigen wassergefährdenden Stoffen (Öl- und Giftalarmrichtlinien) v. 30. 1. 1981, abgedruckt unter 5.1

3.1....	Örtliche Ordnungsbehörden	StAWA	Kreis – Polizei	Kreis – Ordnungsamt	Gewerbeaufsichtsamt	Bergamt
	0	2	3	4	5	6
a) in jedem Falle und sofort	X	X				
b) je nach Sachlage bei: Öl- und Giftunfällen auf Straßen, Wegen und Plätzen	X	X	X			
c) Öl- und Giftunfällen auf stehenden und fließenden Gewässern	X	X				
d) Öl- und Giftunfällen mit Fisch- sterben	X			X		
e) Öl- und Giftunfällen im Einzugsgebiet von Wasserversorgungsanlagen – Gefähr- dung von Grundwasser	X	X		X		
f) Öl- und Giftunfällen bei denen die Kanalisation bzw. Kläranlage be- troffen wird	X		X			
g) Gefährdung von Bundesbahn-, Bundespost-, Bundeswehranlagen und von Anlagen der Sta- tionierungsstreitkräfte bei Öl- und Gift- unfällen	X					
h) Gefährdung von Anlagen an Fernleitungen bei Öl- und Giftunfällen	X		X	X		
i) Öl- und Giftunfällen bei Erdarbeiten im Bereich von Gasversorgungsleitungen	X					
j) falscher Ablagerung von Öl- und Gift- abfällen	X	X	X	X	X	
k) Öl- und Giftunfällen in Betrieben, die der Bergaufsicht unterstehen	X	X				X

3.6 Bei gemeinde- und kreisüberschreitenden
Öl- und Giftunfällen sind die Nachbargemeinden und Kreise zu benachrichtigen

Nach Beurteilung der örtliche
in Kenntnis zu setzen.

Abb. 13. Schema für Beteiligung betroffener Dienststellen

Straßenbauamt / Straßenmeisterei	Tiefbauamt	Wasser- und Bodenverband	Wasserwerke	Landesamt für Fischerei	Bahn-, Post-, Bundeswehr, Stationierungsstreitkräfte (Verbindungsoffizier)	Regierungspräsident (obere Wasserbehörde)	LWA NW	Betriebszentrale der Fernleitungen	Gasversorgungsunternehmen im Kreisgebiet	Chem. Untersuchungsamt
7	8	9	11	12	13–16	3.3.1	3.3.2	3.4	3.5	weitere Dienststellen
X	X									
	X	X		X						
		X		X						
	X		X			X	X			X
X	X									
					X					
								X		
									X	
										X

Situation sind, unabhängig vom vorgegebenen Schema, die o.g. Dienststellen

LAWA-Fachausschusses „Gerätschaften und Mittel zur Abwehr von Gewässergefährdungen"[1] umfaßt die Ausbildung folgende Merkmale:

– Beurteilung von Gefahrenlagen und Entschlußfassung zur Einleitung erforderlicher Maßnahmen,
– Anwendung einschlägiger Literatur und Auskunftssysteme,
– Erkennung eines Stoffes,
– Kenntnis der örtlich vorhandenen besonderen Schutzbereiche und Gefahren sowie der daraus resultierenden Maßnahmen,
– Kenntnis der notwendigen Sonderausrüstung und Meßgeräte und ihrer Handhabung.

Weiterhin sollten die Wasserbehörden sich durch enge Kontakte mit den jeweils zuständigen Feuerwehren darüber informieren, welche Abwehrmöglichkeiten bei Öl- und Giftunfällen dort bestehen. Um auf dem neuesten Stand der Technik bei der Bekämpfung von Unfällen mit wassergefährdenden Stoffen zu sein, sollte der Rat von Fachfirmen eingeholt werden.

Weitere Hinweise sind unter *Nr. 7 ff* der Öl- und Giftalarmrichtlinien[2] aufgeführt.

5.2 Erkennung des Schadensstoffes

Bei Unfällen mit wassergefährdenden Stoffen ist es bei der Vielzahl der Stoffarten und der unterschiedlichen Gefahrenarten, die durch spezielle Eigenschaften, der Konzentration und/oder der Menge des Stoffes gegeben sein können, zur Festlegung der Maßnahmen eine rasche Stofferkennung vordringlich. Zur Stofferkennung kann ein Befragen von Unfallbeteiligten und für Fahrzeuge oder Anlagen zuständige Personen sowie eine Auswertung von Warntafeln, Frachtbriefen, Gefahrgutzettel, schriftliche Stoffkennzeichnungen und/oder Unfallmerkblätter nützlich sein[1].

Für Einsatzmaßnahmen und für eine Beurteilung möglicher Schäden sind einschlägige Fachbücher bzw. Informationssysteme geeignete Hilfsmittel (*Nr. 8.1.1*) (z. B.):

● Diesel, Lühr:
  Handbuch Lagerung und Transport wassergefährdender Stoffe – LTwS,

● Hommel:
  Handbuch der gefährlichen Güter,

● Kühn-Birett:
  Gefahrgutschlüssel,

● Katalog wassergefährdender Stoffe[3],

● Datenbank wassergefährdender Stoffe
  – DABAWAS,

● Transport-Unfall-Informations- und Hilfeleistungs-System – TUIS.

Fahrzeuge und Eisenbahnwagen sind mit Kennziffern, die das Erkennen der Gefahrenklasse und Art des Stoffes ermöglichen, zu versehen.

---

[1] Rahmenempfehlungen für Einsatzmaßnahmen nach Unfällen mit wassergefährdenden Stoffen, Bek. d. BMI v. 14. 12. 1982 — VII S — 523074/22 — (GMBl. 1983 S. 17)
[2] Maßnahmen beim Austreten von Mineralölen und sonstigen wassergefährdenden Stoffen (Öl- und Giftalarmrichtlinien) v. 30. 1. 1981, abgedruckt unter 5.1
[3] Katalog wassergefährdender Stoffe v. 1. 3. 1985, abgedruckt unter 3.1

Tabelle 6

Gefahrenklassen (Kemlerzahl)

A. Hauptgefahr (1. Ziffer)	B. zusätzliche Gefahr (2. und 3. Ziffer)
2 Gas	0 ohne Bedeutung
3 entzündbarer flüssiger Stoff	1 Explosion
4 entzündbarer fester Stoff	2 Entweichen von Gas
5 entzündend (oxidierend) wirkender Stoff oder organisches Peroxid	3 Entzündbarkeit
	5 entzündende (oxidierende) Eigenschaften
6 giftiger Stoff	6 Giftigkeit
8 ätzender Stoff	8 Ätzbarkeit
	9 Gefahr einer heftigen Reaktion die aus Selbstzersetzung oder Polymerisation entsteht

x bedeutet, daß der Stoff nicht mit Wasser in Berührung kommen darf

Die Nummern zur Kennzeichnung des Stoffes (UN-Nummer) sind aus Tabellenwerken der entsprechenden Fachliteratur zu entnehmen. Sie sind nicht identisch mit den Gefahrennummern (Kemlerzahlen).

Beispiel:

Tafel
x 312	→ Gefahrennummern (Kemler-Zahlen)
1038	→ Stoffkennzeichnung (UN-Nummern)

Gefahrennummern:

$\times$ = Berührung mit Wasser verboten $\left.\right\}$ → Hauptgefahr
3 = entzündbarer flüssiger Stoff

1 = Gefahr der Explosion $\left.\right\}$ → zusätzliche Gefahr
2 = Gefahr der Entwicklung von Gas

Stoffkennzeichnung:
1038 Äthylen, flüssig

5.3 Sofort- und Folgemaßnahmen

Die Sofortmaßnahmen dienen zur Verhinderung des weiteren Auslaufens und Ausbreitens der wassergefährdenden Stoffe (*Nr. 8 ff*). Je nach Sachlage wird es über die Sofortmaßnahmen hinaus notwendig sein, die ausgetretenen Stoffe durch weitere Maßnahmen unschädlich zu machen. Diese Maßnahmen zur Folgebeseitigung sind rechtzeitig, gegebenenfalls zugleich mit Sofortmaßnahmen einzuleiten (*Nr. 9 ff*). Ihnen vorweg müssen nach Möglichkeit genauere Ermittlungen oder Untersuchungen über das Ausmaß des Öl- oder Giftunfalles gehen, ggf. sind bei komplizierten und nicht alltäglichen Sachverhalten für die Beurteilung notwendiger Folgemaßnahmen Sachverständige mit Spezialkenntnissen heranzuziehen[1] (*Nr. 8.1.2*).

---

[1] Öl- und Giftunfälle, Einschaltung von Sachverständigen v. 27. 3. 1974, abgedruckt unter 5.2

Da Maßnahmenbeschreibungen zur Sanierung eines Einzelunfalles den Umfang eines Maßnahmenplanes sprengen würden und für eine praktische Handhabung unübersichtlich sind, bietet sich eine Einteilung der wassergefährdenden Stoffe nach der Definition gemäß § 19 g Abs. 5 WHG an (*Nr. 12.2*).

Der Maßnahmenplan richtet sich dann i. w. nach den Aggregatzuständen – fest, flüssig, gasförmig – der wassergefährdenden Stoffe, wobei einige Stoffe, insbesondere Säuren, Laugen, Mineral- und Teeröle sowie deren Produkte u. a. herausgestellt sind, nach dem Unfallort – an Land, in und/oder an fließenden bzw. stehenden Gewässern – und nach wichtigen physikalischen und chemischen Stoffeigenschaften. Die Auflistung der Maßnahmen erfolgt in gleicher Folge, jeweils differenziert nach dem Aggregatzustand des wassergefährdenden Stoffs und nach dem Unfallort (*Nr. 12.2*).

Im übrigen ist bei den Sofort- wie bei den Folgemaßnahmen auf die Vorschläge der Öl- und Giftalarmrichtlinien zu achten (*Nr. 8 und 9*).

5.4 Überwachungsmaßnahmen

Zur Feststellung, Kontrolle und Festsetzung einer unschädlichen Beseitigung, gesicherten Zwischenlagerung oder ggf. hinnehmbaren Restbelastung sind Überwachungsmaßnahmen anzuordnen. In Frage kommen z. B. Grundwasserbeobachtungsstellen, Entnahme von Wasser- und Bodenproben für Untersuchungszwecke, Vorlage der Nachweisverpflichtung nach dem Abfallbeseitigungsgesetz.

6 Gewerberechtliche Bestimmungen

6.1 Verordnung über Anlagen zur Lagerung, Abfüllung und Beförderung brennbarer Flüssigkeiten zu Lande (Verordnung über brennbare Flüssigkeiten – VbF)

Vom 27. Februar 1980 (BGBl. I S. 173, 229), geändert durch VO vom 3. Mai 1982 (BGBl. I S. 569)

Inhaltsverzeichnis

§ 1 Anwendungsbereich
§ 2 Ausschluß der Anwendung
§ 3 Begriff und Einteilung der brennbaren Flüssigkeiten
§ 4 Allgemeine Anforderungen, Ermächtigung zum Erlaß
       technischer Vorschriften
§ 5 Weitergehende Anforderungen
§ 6 Ausnahmen
§ 7 Anlagen des Bundes
§ 8 Anzeige
§ 9 Erlaubnis
§ 10 Änderungen bei erlaubnisbedürftigen Anlagen
§ 11 Unzulässige Lagerung
§ 12 Bauartzulassung
§ 13 Prüfungen durch Sachverständige
§ 14 Angeordnete Prüfungen
§ 15 Prüffristen
§ 16 Sachverständige
§ 17 Veranlassung der Prüfung
§ 18 Prüfbescheinigungen
§ 19 Inbetriebnahme
§ 20 Ausfuhr, Einfuhr
§ 21 Betrieb
§ 22 Anzeige nach Betriebsunterbrechung
§ 23 Unfall- und Schadensanzeige
§ 24 Aufsicht über Anlagen des Bundes
§ 25 Deutscher Ausschuß für brennbare Flüssigkeiten
§ 26 Übergangsvorschriften
§ 27 Ordnungswidrigkeiten
§ 28 Unberührt bleibende Vorschriften
§ 29 Berlin-Klausel
§ 30 Außerkrafttreten
Anhang I zu § 3 Abs. 2[1]
Anhang II zu § 4 Abs. 1[1]

---

[1] hier nicht abgedruckt

§ 1 Anwendungsbereich

(1) Diese Verordnung gilt für die Errichtung und den Betrieb von Anlagen zur Lagerung, Abfüllung oder Beförderung brennbarer Flüssigkeiten zu Lande.

(2) Diese Verordnung gilt nicht für Anlagen zur Lagerung, Abfüllung oder Beförderung brennbarer Flüssigkeiten, die weder gewerblichen noch wirtschaftlichen Zwecken dienen und in deren Gefahrenbereich auch keine Arbeitnehmer beschäftigt werden.

(3) Diese Verordnung gilt ferner nicht für Anlagen zur Lagerung, Abfüllung oder Beförderung brennbarer Flüssigkeiten zu Lande

1. der Deutschen Bundesbahn und der Nebenbetriebe, die den Bedürfnissen des Eisenbahn- und Schiffahrtsbetriebes und -verkehrs der Deutschen Bundesbahn zu dienen bestimmt sind, sowie des rollenden Materials anderer Eisenbahnunternehmungen, ausgenommen Ladegutbehälter, soweit dieses Material den Bestimmungen der Bau- und Betriebsordnungen des Bundes und der Länder unterliegt,

2. der Bundeswehr, soweit beim Betrieb der Anlagen keine Arbeitnehmer oder nur vorübergehend Arbeitnehmer an Stelle von Soldaten beschäftigt werden,

3. in Unternehmen des Bergwesens.

(4) Diese Verordnung, ausgenommen der Dritte Teil des Anhanges II[1] zu dieser Verordnung, gilt nicht für Anlagen, die entwickelt, zum Zweck der Ausfuhr hergestellt oder im Herstellerwerk erprobt werden. Der Dritte Teil des Anhanges II[1] zu dieser Verordnung gilt für den Betrieb dieser Anlagen bei der Erprobung.

(5) Gehört zu einer Anlage ein Teil, der als überwachungsbedürftige Anlage zugleich einer anderen Verordnung nach § 24 der Gewerbeordnung unterliegt, so sind auf ihn auch die Vorschriften der anderen Verordnung anzuwenden.

§ 2 Ausschluß der Anwendung

(1) Diese Verordnung findet keine Anwendung auf

1. Kraftstoffbehälter, die als zum Betrieb notwendige Bestandteile von
   a) Fahrzeugen,
   b) ortsbeweglichen Betriebsanlagen oder
   c) ortsfesten Betriebsanlagen bis zu einem Rauminhalt bis 300 Liter
   mit diesen fest verbunden sind;

2. ortsbewegliche, geschlossene Behälter zur Lagerung und Beförderung von Cyanwasserstoff;

3. Anlagen zur Lagerung, Abfüllung oder Beförderung von
   a) Gärungsspiritus enthaltenden Fertig- und Zwischenerzeugnissen, die weniger als 82 vom Hundert ihres Gewichtes Alkohol enthalten und für den menschlichen Genuß oder zur Körperpflege bestimmt sind, und
   b) organischen Peroxiden und ihren Lösungen;

4. Behälter, ausgenommen zerbrechliche Gefäße über 1,1 Liter Rauminhalt, zur Lagerung oder Beförderung von Lösungen und homogenen Mischungen, die

---

[1] hier nicht abgedruckt

einen Flammpunkt von 21 °C oder darüber haben, brennbare Flüssigkeiten in der Ruhe nicht ausscheiden und in einem von der Physikalisch-Technischen Bundesanstalt anerkannten Auslaufbecher bei 20 °C

a) eine Auslaufzeit von mindestens 90 Sekunden haben oder

b) eine Auslaufzeit von mindestens 60 Sekunden, aber weniger als 90 Sekunden haben und nicht mehr als 60 vom Hundert ihres Gewichtes brennbare Flüssigkeiten im Sinne dieser Verordnung enthalten, oder

c) eine Auslaufzeit von mindestens 25 Sekunden, aber weniger als 60 Sekunden haben und nicht mehr als 20 vom Hundert ihres Gewichtes brennbare Flüssigkeiten im Sinne dieser Verordnung enthalten;

5. Behälter, die dazu bestimmt sind, nur einmal mit brennbaren Flüssigkeiten gefüllt und zum Zweck der Entleerung mit Druckgasen überlagert zu werden.

(2) Diese Verordnung findet außerdem keine Anwendung, wenn an Arbeitsstätten brennbare Flüssigkeiten

1. sich im Arbeitsgang befinden,

2. in der für den Fortgang der Arbeit erforderlichen Menge bereitgehalten werden,

3. als Fertig- oder Zwischenprodukt kurzfristig abgestellt werden.

Das gleiche gilt, wenn brennbare Flüssigkeiten in Laboratorien in der für den Handgebrauch erforderlichen Menge bereitgehalten werden.

§ 3 Begriff und Einteilung der brennbaren Flüssigkeiten

(1) Brennbare Flüssigkeiten im Sinne dieser Verordnung sind Stoffe mit Flammpunkt, die bei 35 °C weder fest noch salbenförmig sind, bei 50 °C einen Dampfdruck von 3 bar oder weniger haben und zu einer der nachstehenden Gefahrenklasse gehören:

1. Gefahrklasse A:
Flüssigkeiten, die einen Flammpunkt nicht über 100 °C haben und hinsichtlich der Wasserlöslichkeit nicht die Eigenschaften der Gefahrklasse B aufweisen, und zwar

Gefahrklasse A I:
Flüssigkeiten mit einem Flammpunkt unter 21 °C,

Gefahrklasse A II:
Flüssigkeiten mit einem Flammpunkt von 21 °C bis 55 °C,

Gefahrklasse A III:
Flüssigkeiten mit einem Flammpunkt über 55 °C bis 100 °C.

2. Gefahrklasse B:
Flüssigkeiten mit einem Flammpunkt unter 21 °C, die sich bei 15 °C in Wasser lösen oder deren brennbare flüssige Bestandteile sich bei 15 °C in Wasser lösen.
Brennbare Flüssigkeiten der Gefahrklasse A III, die auf ihren Flammpunkt oder darüber erwärmt sind, stehen den brennbaren Flüssigkeiten der Gefahrklasse A I gleich.

(2) Der Betreiber der Anlage und die von ihm beauftragten Personen haben auf Verlangen den Aufsichtsbehörden und den nach § 9 dieser Verordnung zuständigen Behörden den Flammpunkt und bei brennbaren Flüssigkeiten der Gefahrklasse B

außerdem die Wasserlöslichkeit nachzuweisen. Als Nachweis genügt in der Regel die Vorlage einer schriftlichen Versicherung des Herstellers, Lieferers oder des Betreibers. Die Behörde kann verlangen, daß der Nachweis durch die Vorlage einer amtlichen Bescheinigung oder der Bescheinigung eines vereidigten Chemikers erbracht wird. Für die Feststellung des Flammpunktes ist das Prüfverfahren nach Anhang I[1] zu dieser Verordnung anzuwenden. Wird der Nachweis innerhalb einer von der Behörde gesetzten Frist nicht erbracht, so gelten die brennbaren Flüssigkeiten als zur Gefahrklasse A I gehörend.

(3) Absatz 2 gilt nicht für Anlagen der Bundeswehr.

§ 4   Allgemeine Anforderungen, Ermächtigung zum Erlaß technischer Vorschriften

(1) Anlagen zur Lagerung, Abfüllung oder Beförderung brennbarer Flüssigkeiten müssen bei Flüssigkeiten

  1. der Gefahrklasse A I, A II oder B den Vorschriften des Ersten und Dritten Teiles des Anhanges II[1],
  2. der Gefahrklasse A III den Vorschriften des Zweiten und Dritten Teiles des Anhanges II[1],
  3. der Gefahrklasse A III, die auf ihren Flammpunkt oder darüber erwärmt sind, den Vorschriften des Ersten und Dritten Teiles des Anhanges II[1],

sowie einer auf Grund des § 24 Abs. 1 Nr. 3 der Gewerbeordnung in Verbindung mit Absatz 3 erlassenen Rechtsverordnung und im übrigen nach den allgemein anerkannten Regeln der Technik errichtet und betrieben werden.

(2) Für Transportbehälter und Fahrzeuge zur Beförderung brennbarer Flüssigkeiten gelten die Anforderungen nach Absatz 1 als erfüllt, wenn die Behälter und Fahrzeuge den verkehrsrechtlichen Vorschriften für die Beförderung gefährlicher Güter entsprechen.

(3) Die Ermächtigung nach § 24 Abs. 1 Nr. 3 der Gewerbeordnung zum Erlaß technischer Vorschriften für Anlagen zur Lagerung, Abfüllung oder Beförderung brennbarer Flüssigkeiten zu Lande wird auf den Bundesminister für Arbeit und Sozialordnung übertragen, soweit es sich um technische Vorschriften in Ergänzung des Anhanges zu dieser Verordnung handelt.

§ 5   Weitergehende Anforderungen

Anlagen zur Lagerung, Abfüllung oder Beförderung brennbarer Flüssigkeiten müssen ferner den über § 4 Abs. 1 hinausgehenden Anforderungen genügen, die von der zuständigen Behörde im Einzelfall zur Abwendung besonderer Gefahren für Beschäftigte oder Dritte gestellt werden. § 9 Abs. 4 Satz 2 und 3 bleibt unberührt.

§ 6   Ausnahmen

(1) Die zuständige Behörde kann für Anlagen im Einzelfall aus besonderen Gründen Ausnahmen von § 4 Abs. 1 zulassen, wenn die Sicherheit auf andere Weise gewährleistet ist.

---

[1] hier nicht abgedruckt

(2) Die zuständige Behörde kann auf Antrag des Herstellers für Anlagen oder Anlageteile Ausnahmen von § 4 Abs. 1 zulassen, wenn dies dem technischen Fortschritt entspricht und die Sicherheit auf andere Weise gewährleistet ist. § 12 gilt entsprechend.

§ 7   Anlagen des Bundes

(1) Für Anlagen der Deutschen Bundespost, Wasser- und Schiffahrtsverwaltung des Bundes, der Bundeswehr sowie des Bundesgrenzschutzes stehen die Befugnisse nach den §§ 5 und 6 dem zuständigen Bundesminister oder der von ihm bestimmten Behörde zu.

(2) Der Bundesminister der Verteidigung kann für Anlagen der Bundeswehr, die dieser Verordnung unterliegen, Ausnahmen von den Vorschriften dieser Verordnung zulassen, wenn dies zwingende Gründe der Verteidigung oder die Erfüllung zwischenstaatlicher Verpflichtungen der Bundesrepublik erfordern und die Sicherheit auf andere Weise gewährleistet ist.

§ 8   Anzeige

(1) Anzeigebedürftige Anlagen im Sinne dieser Verordnung sind

1. Anlagen zur Lagerung brennbarer Flüssigkeiten, ausgenommen Anlagen zur ausschließlichen Lagerung brennbarer Flüssigkeiten der Gefahrklasse A III, wenn die brennbaren Flüssigkeiten der Gefahrklassen A I, A II oder B an den nachstehend angegebenen Orten in den angegebenen Mengen gelagert werden:

1	2	3	
		Lagermengen in Litern	
Ort der Lagerung	Art der Behälter	A I über ... bis	A II oder B über ... bis
1. Lagerräume über und unter Erdgleiche	zerbrechliche Gefäße	60– 200	200– 1000
	sonstige Gefäße	450– 1000	3000– 5000
2. Läger für oberirdische Behälter im Freien	zerbrechliche Gefäße	–	25– 100
	sonstige Gefäße	450– 1000	3000– 5000
3. Läger für unterirdische Tanks mit weniger als 0,8 m Erddeckung	–	0– 1000	0– 5000
4. Läger für unterirdische Taks mit mindestens 0,8 m Erddeckung	–	0–10000	0–30000

2. Füllstellen in umschlossenen Räumen, in denen je Raum stündlich mehr als insgesamt 200 Liter, jedoch nicht mehr als insgesamt 1000 Liter brennbare Flüssigkeiten der Gefahrklasse A I, A II oder B abgefüllt werden können;

3. Füllstellen für brennbare Flüssigkeiten der Gefahrklasse A III, die sich mit Füllstellen nach Nummer 2 für brennbare Flüssigkeiten der Gefahrklasse A I, A II oder B in einem Raum befinden.

(2) Werden brennbare Flüssigkeiten der Gefahrklasse A II oder B zusammen mit brennbaren Flüssigkeiten der Gefahrklasse A I gelagert, so sind zur Ermittlung der Gesamtlagermenge fünf Liter brennbare Flüssigkeit der Gefahrklasse A II oder B einem Liter brennbare Flüssigkeit der Gefahrklasse A I gleichzusetzen. Die entsprechend ermittelten Lagermengen der brennbaren Flüssigkeiten der Gefahrklasse A II oder B sind dabei der Lagermenge der brennbaren Flüssigkeiten der Gefahrklasse A I hinzuzurechnen.

(3) Bei brennbaren Flüssigkeiten der Gefahrklasse A I mit einer Zündtemperatur unter 125 °C ist bei Anwendung der Tabelle in Absatz 1 nur ein Fünftel der für brennbare Flüssigkeiten der Gefahrklasse A I angegebenen Werte maßgebend.

(4) Wer eine anzeigebedürftige Anlage in Betrieb nimmt, hat dies vor der Inbetriebnahme der Anlage der Aufsichtsbehörde anzuzeigen. Der Anzeige sind alle für die Beurteilung der Anlage erforderlichen Unterlagen beizufügen.

§ 9   Erlaubnis[1]

(1) Erlaubnisbedürftige Anlagen im Sinne dieser Verordnung sind

    1. Anlagen zur Lagerung brennbarer Flüssigkeiten, ausgenommen Anlagen zur ausschließlichen Lagerung brennbarer Flüssigkeiten der Gefahrklasse A III, wenn die brennbaren Flüssigkeiten der Gefahrklasse A I, A II oder B sich an den nachstehend angegebenen Orten befinden und die nachstehenden Lagermengen überschritten werden.

    2. Füllstellen
       a) in umschlossenen Räumen, in denen je Raum stündlich mehr als insgesamt 1000 Liter brennbare Flüssigkeiten der Gefahrklasse A I, A II oder B abgefüllt werden können,

1	2	3	
Ort der Lagerung	Art der Behälter	Lagermengen in Litern	
		A I	A II oder B
1. Lagerräume über und unter Erdgleiche	zerbrechliche Gefäße	200	1000
	sonstige Gefäße	1000	5000
2. Läger für oberirdische Behälter im Freien	zerbrechliche Gefäße	–	100
	sonstige Gefäße	1000	5000
3. Läger für unterirdische Tanks mit weniger als 0,8 m Erddeckung	–	1000	5000
4. Läger für unterirdische Tanks mit mindestens 0,8 m Erddeckung	–	10000	30000

       b) für brennbare Flüssigkeiten der Gefahrklasse A III, die sich mit Füllstellen nach Buchstabe a in einem Raum befinden,

---

[1] Erteilung von Erlaubnissen nach § 9 der Verordnung über brennbare Flüssigkeiten (VbF), abgedruckt unter 6.2

c) im Freien für brennbare Flüssigkeiten der Gefahrklasse A I, A II oder B
   sowie Füllstellen für brennbare Flüssigkeiten der Gefahrklasse A III, die mit
   Füllstellen für brennbare Flüssigkeiten der Gefahrklasse A I, A II oder B in
   Verbindung stehen;
3. Tankstellen, ausgenommen solche, in denen ausschließlich brennbare Flüssigkeiten der Gefahrklasse A III gelagert oder abgegeben werden;
4. Rohrleitungen für brennbare Flüssigkeiten, die den Bereich des Werksgeländes überschreiten und Anlagen verbinden, die im engen räumlichen und betrieblichen Zusammenhang stehen (Verbindungsleitungen);
5. Fernleitungen;
6. ortsfeste Flugfeldbetankungsanlagen einschließlich Rohrleitungen und Hy-
   drantenanlagen.

(2) § 8 Abs. 2 und 3 findet entsprechende Anwendung.

(3) Die Errichtung und der Betrieb einer Anlage nach Absatz 1 bedürfen der Erlaubnis
der zuständigen Behörde (Erlaubnisbehörde). Dem Antrag auf Erteilung der Erlaubnis sind alle für die Beurteilung der Anlage erforderlichen Unterlagen beizufügen.

(4) Die Erlaubnis ist zu erteilen, wenn die in den Antragsunterlagen angegebene
Bauart und Betriebsweise der Anlage den Anforderungen dieser Verordnung entsprechen; andernfalls ist die Erlaubnis zu versagen. Die Erlaubnis kann beschränkt,
befristet, unter Bedingungen erteilt sowie mit Auflagen verbunden werden. Die nachträgliche Aufnahme, Änderung oder Ergänzung von Auflagen ist zulässig. Liegen
über Errichtung, Bauart, Werkstoffe, Ausrüstung oder Betriebsweise der Anlage
keine ausreichenden Erfahrungen vor, so kann die Erlaubnisbehörde über den Antrag auf Erteilung der Erlaubnis zum Betrieb nach der Prüfung vor der Inbetriebnahme (§ 13 Abs. 2 Satz 1 Nr. 1) entscheiden.

(5) Eine Erlaubnis nach Absatz 3 ist nicht erforderlich für Anlagen
1. der Deutschen Bundespost,
2. der Wasser- und Schiffahrtsverwaltung des Bundes,
3. der Bundeswehr.
Die zu den Nummern 1 und 2 genannten Behörden haben jedoch vor der Errichtung
der Anlage der nach Absatz 3 zuständigen Behörde Anzeige zu erstatten.

§ 10   Änderungen bei erlaubnisbedürftigen Anlagen

Wesentliche Änderungen der Beschaffenheit oder des Betriebes einer erlaubnisbedürftigen Anlage bedürfen der Erlaubnis. § 9 Abs. 3 bis 5 findet entsprechende Anwendung. Als wesentlich ist jede Änderung anzusehen, die die Sicherheit der Anlage
beeinträchtigen kann.

§ 11   Unzulässige Lagerung

Unzulässig ist die Lagerung
1. brennbarer Flüssigkeiten
   a) in Durchgängen und Durchfahrten,
   b) in Treppenräumen,

c) in allgemein zugänglichen Fluren,

d) auf Dächern von Wohnhäusern, Krankenhäusern, Bürohäusern und ähnlichen Gebäuden sowie in deren Dachräumen,

e) in Arbeitsräumen,

f) in Gast- und Schankräumen,

2. brennbarer Flüssigkeiten der Gefahrklasse A I, A II oder B an den nachstehend genannten Orten bei Überschreitung der nachstehend angegebenen Lagermengen:

1	2	3	
Ort der Lagerung	Art der Behälter	Lagermengen in Litern	
		A I	A II oder B
1. Wohnungen und Räume, die mit Wohnungen in unmittelbarer, nicht feuerbeständig abschließbarer Verbindung stehen	zerbrechliche Gefäße	1	5
	sonstige Gefäße	1	5
2. Keller von Wohnhäusern (Gesamtkeller)	zerbrechliche Gefäße	1	5
	sonstige Gefäße	20	20
3. Verkaufs- und Vorratsräume des Einzelhandels mit einer Grundfläche	zerbrechliche Gefäße	5	10
	sonstige Gefäße	60	120
3.1 bis 60 m^2			
3.2 über 60 bis 500 m^2	zerbrechliche Gefäße	20	40
	sonstige Gefäße	200	400
3.3 über 500 m^2	zerbrechliche Gefäße	30	60
	sonstige Gefäße	300	600

§ 12 Bauartzulassung

(1) Bauartzulassungsbedürftig im Sinne dieser Verordnung sind die nachstehend genannten Einrichtungen als technische Schutzvorkehrungen:

1. Einrichtungen, die sich beim Betrieb erhitzen oder Funken bilden und zu Zündgefahren Anlaß geben könnten, wenn sie in Zone 0 (Nummer 100.2 des Anhanges II zu dieser Verordnung)[1] eingesetzt werden; hierzu gehören insbesondere

   – Tauchpumpen,

   – Rührwerke,

   – Geräte zur Meßwerterfassung (z. B. Flüssigkeitsstandanzeiger, Niveausteuerungen und -regler, Temperatur-, Druck- und Dichtemeßeinrichtungen),

   – Ventilatoren, die aus Zone 0 explosionsfähige Atmosphäre absaugen sollen,

2. Einrichtungen, durch die verhindert werden soll, daß eine Flamme in den Behälter schlägt (Flammendurchschlagsicherungen, flammendurchschlagsichere Anlageteile),

---

[1] hier nicht abgedruckt

3. Überfüllsicherungen (z. B. Abfüllsicherungen, Grenzwertgeber für Abfüllsicherungen) und selbsttätig schließende Zapfventile,
4. Leckanzeigegeräte,
5. Tanks, deren tragende Wandungen nicht ausschließlich aus Metall bestehen,
mit zugehörigen Füllsystemen,
6. Rohre und Formstücke, deren Wandungen nicht ausschließlich aus Metall
bestehen,
7. nichtmetallische Innenbeschichtungen und -auskleidungen von Tanks sowie
Art und Weise der Anbringung,
8. ortsbewegliche Gefäße für brennbare Flüssigkeiten der Gefahrklassen A I,
A II und B mit einem Rauminhalt von mehr als 1 Liter, deren tragende Wandungen nicht ausschließlich aus Metall bestehen.

(2) Wer eine Anlage zur Lagerung, Abfüllung oder Beförderung brennbarer Flüssigkeiten zu Lande errichtet oder betreibt, darf hierbei die in Absatz 1 genannten Einrichtungen nur verwenden, wenn sie von der zuständigen Behörde (Zulassungsbehörde) der Bauart nach zugelassen sind.

(3) Die Bauartzulassung wird von dem Hersteller beantragt. Dem Antrag sind die für
die Beurteilung der Einrichtung erforderlichen Unterlagen beizufügen. Erforderliche
Musterstücke sind zur Verfügung zu stellen. Vor der Entscheidung ist ein Gutachten
der Physikalisch-Technischen Bundesanstalt oder der Bundesanstalt für Materialprüfung, je nach ihrer Zuständigkeit, einzuholen.

(4) Die Zulassung ist zu erteilen, wenn die Bauart den Anforderungen des § 4 Abs. 1
entspricht; andernfalls ist die Zulassung zu versagen. Stellt eine der Einrichtungen
nach Absatz 1 ein elektrisches Betriebsmittel dar oder gehört zu ihr ein elektrisches
Betriebsmittel, so sind die an das elektrische Betriebsmittel zu stellenden Anforderungen als erfüllt anzusehen, soweit über dieses eine Baumusterprüfbescheinigung
nach § 8 der Verordnung über elektrische Anlagen in explosionsgefährdeten Räumen
vorliegt. Die Zulassung kann beschränkt, befristet, unter Bedingungen erteilt sowie
mit Auflagen verbunden werden. Die Zulassungsbehörde kann insbesondere

1. die Art der Verwendung der Einrichtung bestimmen und
2. bestimmen, daß die Einrichtung nur verwendet werden darf, wenn nach nä-
herer Bestimmung in der Zulassung nachgewiesen ist, daß die Einrichtung der
Zulassung entspricht, insbesondere wenn dem Verwender eine Bescheinigung
des Herstellers oder eines Sachverständigen vorliegt.

Die nachträgliche Aufnahme, Änderung oder Ergänzung von Auflagen ist zulässig.

(5) Die Zulassungsbehörde bestimmt die Kennzeichen, mit denen der Bauart nach
zugelassene Einrichtungen zu versehen sind.

(6) Die Zulassungsbehörde erteilt dem Antragsteller eine Bescheinigung über die Zulassung. In die Bescheinigung sind die wesentlichen Merkmale der Einrichtung sowie
Beschränkungen, Befristungen, Auflagen, Bedingungen und die nach Absatz 5 bestimmten Kennzeichen aufzunehmen. Die Zulassungsbehörde übersendet der Physikalisch-Technischen Bundesanstalt oder der Bundesanstalt für Materialprüfung und
dem Deutschen Ausschuß für brennbare Flüssigkeiten eine Abschrift der Bescheinigung.

(7) Ist die Zulassung zurückgenommen oder widerrufen worden, so dürfen vor der

Rücknahme oder dem Widerruf hergestellte Einrichtungen in den Verkehr gebracht oder verwendet werden, wenn sie der zurückgenommenen oder widerrufenen Bauartzulassung entsprechen und die für die Rücknahme oder den Widerruf zuständige Behörde feststellt, daß Gefahren für Beschäftigte oder Dritte nicht zu befürchten sind.

(8) Eine Bauartzulassung erlischt, wenn

1. eine in ihr gesetzte und nicht verlängerte Frist verstrichen ist, ohne daß der Zulassungsinhaber damit begonnen hat, die zugelassenen Einrichtungen herzustellen,
2. der Zulassungsinhaber von der Zulassung drei Jahre keinen Gebrauch macht oder Einrichtungen seit mehr als drei Jahren nicht mehr herstellt und die Frist nicht verlängert worden ist.

Absatz 7 ist entsprechend anzuwenden, wenn die Bauartzulassung erlischt.

(9) Eine Zulassung nach Absatz 1 ist nicht erforderlich für Transportbehälter sowie für Einrichtungen an Transportbehältern und an Fahrzeugen, für die eine entsprechende Zulassung nach verkehrsrechtlichen Vorschriften für die Beförderung gefährlicher Güter für den nichtgrenzüberschreitenden Verkehr erteilt ist. In den Fällen des Absatzes 1 Nr. 5 und 6 ersetzt ein baurechtliches Prüfzeichen die Bauartzulassung.

(10) Eine Zulassung nach Absatz 1 ist ferner nicht erforderlich, wenn es sich um eine Sonderanfertigung handelt, für die die zuständige Behörde auf Grund eines Gutachtens des Sachverständigen bescheinigt hat, daß die Sonderanfertigung den Anforderungen des § 4 Abs. 1 entspricht. Die Absätze 6 bis 8 sind entsprechend anzuwenden.

§ 13   Prüfungen durch Sachverständige

(1) Folgende Anlagen müssen in den Fällen des Absatzes 2 von einem Sachverständigen auf ihren ordnungsmäßigen Zustand geprüft werden:

1. Erlaubnisbedürftige Anlagen, ausgenommen erlaubnisbedürftige Läger für ortsbewegliche Behälter,
2. Tanks von Tankfahrzeugen, Aufsetztanks, Tankcontainer und Tanks von Eisenbahnkesselwagen, wenn sie ihren Standort im Geltungsbereich dieser Verordnung haben,
3. erlaubnisbedürftige Läger für ortsbewegliche Behälter,
4. anzeigebedürftige Läger für oberirdische Behälter im Freien und für unterirdische Tanks.

(2) Die in Absatz 1 bezeichneten Anlagen müssen geprüft werden,

1. bevor sie in Betrieb genommen werden,
2. wenn sie hinsichtlich ihrer Beschaffenheit oder ihres Betriebes wesentlich geändert werden und bevor sie wieder in Betrieb genommen werden oder
3. nachdem sie länger als ein Jahr außer Betrieb waren und bevor sie wieder in Betrieb genommen werden.

Die in Absatz 1 Nr. 1 und 2 bezeichneten Anlagen müssen außerdem wiederkehrend vor Ablauf der in § 15 genannten Fristen geprüft werden.

(3) Die Aufsichtsbehörde kann im Einzelfall Ausnahmen von den Vorschriften des Absatzes 2 zulassen, wenn die erforderliche Sicherheit gewährleistet ist.

(4) Ist eine in Absatz 1 Nr. 2 genannte Anlage nach den verkehrsrechtlichen Vor-

schriften für die Beförderung gefährlicher Güter geprüft worden, so steht diese Prüfung einer entsprechenden Prüfung nach Absatz 2 gleich.

§ 14 Angeordnete Prüfungen

Die Aufsichtsbehörde kann im Einzelfall eine außerordentliche Prüfung durch einen Sachverständigen anordnen, wenn hierfür ein besonderer Anlaß besteht, insbesondere wenn ein Schadensfall eingetreten ist.

§ 15 Prüffristen

(1) Die Fristen für die wiederkehrenden Prüfungen betragen

    1. für erlaubnisbedürftige Anlagen zur Lagerung oder Abfüllung brennbarer Flüssigkeiten, ausgenommen Läger für ortsbewegliche Behälter   5 Jahre,

    2. für Verbindungsleitungen und Fernleitungen   2 Jahre.

Soweit hierzu elektrische Einrichtungen einschließlich der Einrichtungen für den Blitzschutz, den kathodischen Korrosionsschutz und die Ableitung elektrostatischer Aufladungen gehören, beträgt die Frist für diese Einrichtungen drei Jahre, und zwar unabhängig von den in Satz 1 genannten Fristen.

(2) Für die wiederkehrenden Prüfungen der in § 13 Abs. 1 Nr. 2 genannten Anlagen gelten die Fristen, die für diese in den verkehrsrechtlichen Vorschriften bestimmt sind.

(3) Die Fristen für die wiederkehrenden Prüfungen beginnen mit dem Abschluß der Prüfung vor der Inbetriebnahme. Findet eine Prüfung der Anlage statt, die der wiederkehrenden Prüfung in vollem Umfang entspricht, so rechnen die weiteren Fristen vom Zeitpunkt dieser Prüfung an.

(4) Die Aufsichtsbehörde kann die in Absatz 1 oder Absatz 2 genannten Fristen

    1. verlängern, soweit die Sicherheit auf andere Weise gewährleistet ist, oder

    2. verkürzen, soweit es der Schutz der Beschäftigten oder Dritter erfordert.

§ 16 Sachverständige

(1) Sachverständige für die nach dieser Verordnung vorgesehenen oder angeordneten Prüfungen sind:

    1. die Sachverständigen nach § 24 c Abs. 1 und 2 der Gewerbeordnung,

    2. die Sachverständigen eines Unternehmens, in dem die Prüfung durch Werksangehörige nach der Art der Anlagen für brennbare Flüssigkeiten und der Integration von Anlagen für brennbare Flüssigkeiten in Prozeßanlagen angezeigt ist, soweit sie von der zuständigen Behörde für die Prüfung der in diesem Unternehmen betriebenen Anlagen anerkannt sind,

    3. für Anlagen der Wasser- und Schiffahrtsverwaltung des Bundes die vom Bundesminister für Verkehr bestimmten Beamten und Angestellten des höheren maschinentechnischen Dienstes seines Geschäftsbereiches,

    4. für Transportbehälter und Fahrzeuge, die den verkehrsrechtlichen Vorschriften für die Beförderung gefährlicher Güter unterliegen, die in diesen Vorschriften bestimmten Sachverständigen,

   5. für Anlagen der Bundeswehr die in Nummer 1 bestimmten Sachverständigen sofern nicht der Bundesminister der Verteidigung besondere Sachverständige für diese Aufgaben bestellt hat,

   6. für Anlagen des Bundesgrenzschutzes die in Nummer 1 bestimmten Sachverständigen, sofern nicht der Bundesminister des Innern besondere Sachverständige für diese Aufgaben bestimmt hat.

(2) Im Rahmen der Prüfung vor der Inbetriebnahme darf die Wasserdruckprüfung

   1. bei oberirdischen zylindrischen Tanks mit gewölbten Böden und einem Betriebsüberdruck von höchstens 0,5 bar und

   2. bei unterirdischen zylindrischen Tanks mit gewölbten Böden und einem Betriebsüberdruck von höchstens 1,5 bar

auch von sachverständigen Werksingenieuren des Herstellerwerkes vorgenommen werden, soweit sie von der zuständigen Behörde hierzu anerkannt sind.

(3) In den Fällen des § 14 kann die Aufsichtsbehörde den Sachverständigen bestimmen.

§ 17 Veranlassung der Prüfung

Der Betreiber einer Anlage hat die nach den §§ 13 bis 15 vorgeschriebenen oder vollziehbar angeordneten Prüfungen zu veranlassen.

§ 18 Prüfbescheinigungen

(1) Der Sachverständige hat über das Ergebnis einer nach dieser Verordnung vorgeschriebenen oder angeordneten Prüfung eine Bescheinigung zu erteilen. Hat der Sachverständige bei einer Prüfung Mängel festgestellt, durch die Beschäftigte oder Dritte gefährdet werden, so hat er dies der Aufsichtsbehörde unverzüglich mitzuteilen.

(2) Der Sachverständige hat der Aufsichtsbehörde einen Abdruck der Bescheinigung über das Ergebnis der Prüfung vor der Inbetriebnahme nach § 13 Abs. 2 Nr. 1 zu übersenden.

(3) Die Prüfbescheinigung nach Absatz 1 Satz 1 oder eine Zweitschrift davon ist bei der Anlage aufzubewahren.

§ 19 Inbetriebnahme

(1) Eine in § 13 Abs. 1 bezeichnete Anlage darf in den Fällen des § 13 Abs. 2 Satz 1 erst in Betrieb oder wieder in Betrieb genommen werden, nachdem sie vom Sachverständigen geprüft worden ist und der Sachverständige eine Bescheinigung erteilt hat, daß sich die Anlage in ordnungsmäßigem Zustand befindet.

(2) Hat der Sachverständige eine Bescheinigung erteilt, nach der sich die Anlage nicht in ordnungsmäßigem Zustand befindet, so entscheidet auf Antrag die zuständige Behörde.

§ 20 Ausfuhr, Einfuhr

(1) Die §§ 13 bis 19 gelten nicht für Transportbehälter und Fahrzeuge, die dazu bestimmt sind, aus dem Geltungsbereich dieser Verordnung verbracht zu werden, wenn

sie den verkehrsrechtlichen Vorschriften für die Beförderung gefährlicher Güter im grenzüberschreitenden Verkehr entsprechen.

(2) Ist eine mit brennbaren Flüssigkeiten gefüllte Anlage nach Absatz 1 in den Geltungsbereich dieser Verordnung gelangt, ohne ihr zu entsprechen, ist sie nach Übernahme durch den Empfänger unverzüglich zu entleeren. Dies gilt nicht, wenn die Anlage den verkehrsrechtlichen Vorschriften für die Beförderung gefährlicher Güter im grenzüberschreitenden Verkehr entspricht, die Prüffrist noch nicht abgelaufen ist und die Anlage keine Mängel aufweist, durch die Beschäftigte oder Dritte gefährdet werden können.

§ 21   Betrieb

(1) Wer eine Anlage zur Lagerung, Abfüllung oder Beförderung brennbarer Flüssigkeiten betreibt, hat diese in ordnungsmäßigem Zustand zu erhalten, ordnungsmäßig zu betreiben, ständig zu überwachen, notwendige Instandhaltungs- und Instandsetzungsarbeiten unverzüglich vorzunehmen und die den Umständen nach erforderlichen Sicherheitsmaßnahmen zu treffen.

(2) Eine Anlage darf nicht betrieben werden, wenn sie Mängel aufweist, durch die Beschäftigte oder Dritte gefährdet werden können. Es sind unverzüglich Maßnahmen zur Beseitigung oder Minderung des gefährlichen Zustandes zu ergreifen.

§ 22   Anzeige nach Betriebsunterbrechung

Wer eine erlaubnisbedürftige Anlage länger als sechs Monate außer Betrieb gesetzt hat, hat dies unverzüglich nach Ablauf dieser Frist der Aufsichtsbehörde anzuzeigen. Soll die Anlage wieder in Betrieb genommen werden, so ist dies der Aufsichtsbehörde vorher anzuzeigen; dies gilt nicht, wenn für die Wiederinbetriebnahme eine neue Erlaubnis erforderlich ist.

§ 23   Unfall- und Schadensanzeige

(1) Der Betreiber einer Anlage hat der Aufsichtsbehörde unverzüglich anzuzeigen

- eine Explosion,
- einen Brand,
- das unbeabsichtigte Austreten brennbarer Flüssigkeiten aus Behältern oder Leitungen in einer Menge von mehr als 10 Liter je Stunde,
- einen mit den typischen Gefahren der Anlage zusammenhängenden Unfall, der zu einem Personenschaden geführt hat.

Die Aufsichtsbehörde kann von dem Anzeigepflichtigen verlangen, daß dieser das anzuzeigende Ereignis auf seine Kosten durch einen möglichst im gegenseitigen Einvernehmen bestimmten Sachverständigen sicherheitstechnisch beurteilen läßt und ihr die Beurteilung schriftlich vorlegt. Die sicherheitstechnische Beurteilung hat sich insbesondere auf die Feststellung zu erstrecken,

- worauf das Ereignis zurückzuführen ist,
- ob sich die Anlage nicht in ordnungsmäßigem Zustand befand und ob nach Behebung des Mangels eine Gefahr nicht mehr besteht und
- ob neue Erkenntnisse gewonnen worden sind, die andere oder zusätzliche Schutzvorkehrungen erfordern.

(2) Absatz 1 gilt nicht für Anlagen der Bundeswehr.

§ 24   Aufsicht über Anlagen des Bundes

Aufsichtsbehörde für Anlagen der Deutschen Bundespost, der Wasser- und Schifffahrtsverwaltung des Bundes, der Bundeswehr sowie des Bundesgrenzschutzes ist der zuständige Bundesminister oder die von ihm bestimmte Behörde. Für andere Anlagen, die der Überwachung durch die Bundesverwaltung unterliegen, gilt § 24 d Satz 1 und 2 der Gewerbeordnung.

§ 25   Deutscher Ausschuß für brennbare Flüssigkeiten

(1) Beim Bundesminister für Arbeit und Sozialordnung wird der Deutsche Ausschuß für brennbare Flüssigkeiten gebildet. Der Ausschuß setzt sich aus folgenden sachverständigen Mitgliedern zusammen:

3 Vertreter der obersten Arbeitsbehörden der Länder,
1 Vertreter der obersten Wasserbehörden der Länder,
1 Vertreter der obersten Baubehörden der Länder,
1 Vertreter der Physikalisch-Technischen Bundesanstalt,
1 Vertreter der Bundesanstalt für Materialprüfung,
1 Vertreter der Arbeitsgemeinschaft der Leiter der Berufsfeuerwehren,
3 Vertreter der technischen Überwachungsorganisationen, davon 1 Vertreter der staatlichen technischen Überwachung,
1 Vertreter der Träger der gesetzlichen Unfallversicherung,
4 Vertreter der Wirtschaftsverbände der Mineralölwirtschaft,
2 Vertreter des Verbandes der Chemischen Industrie,
2 Vertreter der Wirtschaftsverbände der Hersteller von Anlagen zur Lagerung, Abfüllung und Beförderung brennbarer Flüssigkeiten,
1 Vertreter der Gewerkschaften,
1 Vertreter des DIN – Deutsches Institut für Normung.

(2) Der Deutsche Ausschuß für brennbare Flüssigkeiten hat die Aufgabe, hinsichtlich der Anlagen für brennbare Flüssigkeiten

    1. den Bundesminister für Arbeit und Sozialordnung insbesondere in technischen Fragen zu beraten und ihm dem jeweiligen Stand von Wissenschaft und Technik entsprechende Vorschriften vorzuschlagen und

    2. die in § 4 Abs. 1 bezeichneten Regeln zu ermitteln.

(3) Die Mitgliedschaft im Deutschen Ausschuß für brennbare Flüssigkeiten ist ehrenamtlich.

(4) Der Bundesminister für Arbeit und Sozialordnung beruft die Mitglieder des Ausschusses und für jedes Mitglied einen Stellvertreter. Der Ausschuß gibt sich eine Geschäftsordnung und wählt den Vorsitzenden aus seiner Mitte. Die Geschäftsordnung und die Wahl des Vorsitzenden bedürfen der Zustimmung des Bundesministers für Arbeit und Sozialordnung.

(5) Die Bundesminister sowie die zuständigen obersten Landesbehörden haben das Recht, zu den Sitzungen des Ausschusses Vertreter zu entsenden. Diesen Vertretern ist auf Verlangen in der Sitzung das Wort zu erteilen.

(6) Die Bundesanstalt für Arbeitsschutz und Unfallforschung führt das Sekretariat des Ausschusses.

§ 26 Übergangsvorschriften

(1) Der Bauartzulassung bedarf es nicht für Einrichtungen, die von den Ausschüssen für brennbare Flüssigkeiten zur allgemeinen Anerkennung begutachtet und dem Gutachten entsprechend hergestellt worden sind, wenn sie bis zum 30. November 1965 beschafft und bis zum 30. November 1966 in Betrieb genommen worden sind. Der Bauartzulassung bedarf es ferner nicht für Einrichtungen, die entsprechend einer Baumusterprüfbescheinigung nach § 7 der Technischen Verordnung über brennbare Flüssigkeiten vom 10. September 1964 (BGBl. I S. 717) hergestellt worden sind, wenn sie bis zum 1. Juli 1971 beschafft und bis zum 1. Juli 1972 in Betrieb genommen worden sind. Bauartzulassungen, die auf Grund des § 6 der Technischen Verordnung über brennbare Flüssigkeiten erteilt worden sind, gelten als Bauartzulassung auf Grund des § 12 dieser Verordnung.

(2) Eine Erlaubnis, die auf Grund der Vorschriften der Länder über den Verkehr mit brennbaren Flüssigkeiten oder eine Erlaubnis, die auf Grund des § 9 der Verordnung über brennbare Flüssigkeiten vom 18. Februar 1960 (BGBl. I S. 83) vor dem 1. Dezember 1964 für den Betrieb einer Anlage erteilt worden ist, gilt als Erlaubnis zur Errichtung und zum Betrieb der Anlage im Sinne des § 9 dieser Verordnung.

(3) Eine Verordnung nach § 3 der Technischen Verordnung über brennbare Flüssigkeiten gilt als eine Anordnung nach § 5 dieser Verordnung. Eine Ausnahme, die nach § 10 Abs. 5 der Technischen Verordnung über brennbare Flüssigkeiten fortgalt oder auf Grund des § 4 oder des § 5 Abs. 2 der Technischen Verordnung über brennbare Flüssigkeiten erteilt worden ist, gilt als eine nach § 6 oder § 7 Abs. 2 dieser Verordnung erteilte Ausnahme.

(4) Eine Erlaubnis nach § 9 dieser Verordnung ist nicht erforderlich für Flugfeldbetankungsanlagen, mit deren Errichtung vor dem 13. Mai 1982 begonnen worden ist. Die Errichtung oder der Betrieb einer solchen Flugfeldbetankungsanlage ist unverzüglich der zuständigen Behörde anzuzeigen. Der Anzeige sind beizufügen:

1. alle für die Beurteilung der Anlage erforderlichen Unterlagen über die Bauart und Betriebsweise,
2. ein Prüfvermerk, der von dem für den Flugplatz zuständigen Sachverständigen nach einer Prüfung der Unterlagen erstellt worden ist und aus dem sich ergibt, welche Maßnahmen getroffen werden müssen, um die Anlage in einen Zustand zu versetzen, der den Anforderungen dieser Verordnung entspricht, und welche Maßnahmen zusätzlich erforderlich sind, um noch verbleibenden Gefahren zu begegnen.

Die zuständige Behörde kann im Einzelfall anordnen, welche Änderungen durchgeführt werden müssen, damit die Anlage den Anforderungen dieser Verordnung entspricht, und welche Änderungen unabhängig hiervon erforderlich sind, um verbleibenden Gefahren zu begegnen. § 10 bleibt unberührt.

§ 27 Ordnungswidrigkeiten

(1) Ordnungswidrig im Sinne des § 143 Abs. 1 Nr. 1 der Gewerbeordnung handelt, wer vorsätzlich oder fahrlässig eine Anlage ohne Erlaubnis entgegen § 9 Abs. 3 errichtet oder betreibt oder entgegen § 10 wesentlich ändert oder nach einer wesentlichen Änderung betreibt.

(2) Ordnungswidrig im Sinne des § 143 Abs. 1 Nr. 2 der Gewerbeordnung handelt, wer vorsätzlich oder fahrlässig

1. entgegen § 4 Abs. 1 in Verbindung mit Nummer 320 des Anhanges II zu dieser Verordnung[1] eine erfahrene und fachkundige Person für die Erprobung nicht bestellt,
2. entgegen § 11 brennbare Flüssigkeiten lagert,
3. entgegen § 12 Abs. 2 eine nicht zugelassene Einrichtung verwendet,
4. entgegen § 17 eine nach dieser Verordnung vorgeschriebene oder vollziehbar angeordnete Prüfung nicht oder nicht rechtzeitig veranlaßt,
5. entgegen § 18 Abs. 3 eine Bescheinigung oder deren Zweitschrift nicht bei der Anlage aufbewahrt,
6. entgegen § 19 Abs. 1 eine Anlage vor Erteilung der Bescheinigung in Betrieb nimmt oder wieder in Betrieb nimmt,
7. entgegen § 20 Abs. 2 Satz 1 eine Anlage nicht unverzüglich entleert oder
8. entgegen § 21 Abs. 2 Satz 1 eine Anlage betreibt.

(3) Ordnungswidrig im Sinne des § 143 Abs. 2 Nr. 1 der Gewerbeordnung handelt, wer vorsätzlich oder fahrlässig eine Anzeige nach § 8 Abs. 4 Satz 1, § 22 oder § 23 Abs. 1 Satz 1 nicht richtig, nicht vollständig oder nicht rechtzeitig erstattet.

§ 28   Unberührt bleibende Vorschriften

Unberührt bleiben die Vorschriften des Bundes und der Länder über Anlagen zur Lagerung, Abfüllung oder Beförderung brennbarer Flüssigkeiten auf Kaianlagen.

§ 29   Berlin-Klausel

Diese Verordnung gilt nach § 14 des Dritten Überleitungsgesetzes in Verbindung mit § 156 der Gewerbeordnung auch im Land Berlin. Sie findet jedoch keine Anwendung auf nichtbundeseigene Eisenbahnen, die nicht der Aufsicht des Landes Berlin unterstehen.

§ 30   Außerkrafttreten

Mit dem Inkrafttreten dieser Verordnung tritt die Verordnung über brennbare Flüssigkeiten in der Fassung der Bekanntmachung vom 5. Juni 1970 (BGBl. I S. 689), geändert durch § 68 Abs. 5 des Gesetzes vom 15. März 1974 (BGBl. I S. 721), außer Kraft.

---

[1] hier nicht abgedruckt

6.2 Erteilung von Erlaubnissen nach § 9 der Verordnung über brennbare Flüssigkeiten (VbF) – (NW)

Gem. RdErl. d. Ministers für Arbeit, Gesundheit und Soziales – III A 2 – 8605 – (III Nr. 1/82) u. d. Ministers für Landes- und Stadtentwicklung – V A 4 – 312.6 – v. 8. 1. 1982 (MBl. NW S. 182/SMBl. NW 23210), geändert durch Gem. RdErl. v. 19. 7. 1982 (MBl. NW S. 1351/SMBl. NW 23210)[1]

1 Gegenstand und Rechtsgrundlagen

1.1 Dieser Runderlaß gilt für erlaubnisbedürftige Anlagen im Sinne von § 9 Abs. 1 Nrn. 1–3 der Verordnung über brennbare Flüssigkeiten (VbF) vom 27. Februar 1980 (BGBl. I S. 173). Das sind folgende Anlagen zur Lagerung oder Abfüllung brennbarer Flüssigkeiten der Gefahrklassen A I, A II oder B:

1.11 Läger (TRbF 110 Nr. 1), wenn die in der Tafel zu § 9 VbF angegebenen Lagermengen überschritten werden.

1.12 Füllstellen (TRbF 111 Nr. 1.1)
– in Räumen, wenn stündlich mehr als 1000 l abgefüllt werden können
– im Freien, und zwar unabhängig von der Abfüllkapazität.

1.13 Tankstellen (TRbF 112 Nr. 1.1), und zwar unabhängig von der Menge des gelagerten Kraftstoffs und davon, ob die Tankstelle öffentlich oder nur für den Eigenbedarf betrieben werden soll.

1.14 Gehören zu einer nach Nr. 1.11, 1.12 oder 1.13 erlaubnisbedürftigen Anlage auch Anlageteile für brennbare Flüssigkeiten der Gefahrklasse A III, sind diese Anlageteile unter den in TRbF 210 Nr. 2.3, in TRbF 211 Nr. 2.1 oder in TRbF 212 Nr. 2.1 genannten Voraussetzungen in die Erlaubnis mit einzubeziehen; d. h., die Erlaubnis erstreckt sich auf die Gesamtanlage.

1.15 Bauliche Anlagen, die nicht notwendige Bestandteile der Anlage zur Lagerung oder Abfüllung brennbarer Flüssigkeiten sind, werden von der Erlaubnis nicht erfaßt.

1.2 Eine Erlaubnis nach § 9 VbF schließt gemäß § 80 Abs. 3 der Landesbauordnung (BauO NW) in der Fassung der Bekanntmachung vom 27. Januar 1970 (GV. NW. S. 96), zuletzt geändert durch Gesetz vom 27. März 1979 (GV. NW. S. 122) – SGV. NW. 232 –, die Baugenehmigung ein. Eine nach § 4 des Bundes-Immissionsschutzgesetzes (BImSchG) vom 15. März 1974 (BGBl. I S. 721), zuletzt geändert durch Gesetz vom 13. August 1980 (BGBl. I S. 1310), erteilte Genehmigung schließt sowohl die Erlaubnis nach der VbF als auch die Baugenehmigung ein (§ 13 BImSchG). Die Erlaubnis nach § 9 VbF oder die Genehmigung nach § 4 BImSchG ersetzt jedoch nicht eine nach § 19 h des Wasserhaushaltsgesetzes (WHG) vom 16. Oktober 1976 (BGBl. I S. 3017), zuletzt geändert durch Gesetz vom 28. März 1980 (BGBl. I S. 373), erforderliche Eignungsfeststellung oder Bauartzulassung. Bei Anlagen einfacher oder herkömmlicher Art im Sinne von § 19 h Abs. 1 WHG haben die unteren Bauaufsichtsbe-

---

[1] der unter 6.2 abgedruckte Erlaß berücksichtigt noch die baurechtlichen Regelungen vor Inkrafttreten der BauO NW vom 26. 6. 1984 (abgedruckt unter 7.1) und der dazu ergangenen Ausführungsbestimmungen

hörden die wasserrechtlichen Belange im Erlaubnisverfahren nach § 9 VbF mit zu berücksichtigen (§ 18 Abs. 3 des Landeswassergesetzes – LWG – vom 4. Juli 1979 – GV. NW. S. 488 –, geändert durch Gesetz vom 16. Dezember 1981 – GV. NW. S. 732 –, – SGV. NW. 77 –). Auf die Vorschriften der Verordnung über Anlagen zum Lagern, Abfüllen und Umschlagen wassergefährdender Stoffe (VAwS) vom 31. Juli 1981 (GV. NW. S. 490/SGV. NW. 77) und die Verwaltungsvorschriften zum Vollzug dieser Verordnung (VV-VAwS), RdErl. v. 10. 8. 1981 (MBl. NW. S. 1708/SMBl. NW. 772), wird hingewiesen.

1.3 Nach § 1 der Verordnung zur Regelung von Zuständigkeiten auf dem Gebiet Arbeits-, Immissions- und technischen Gefahrenschutzes (ZustVO AItG) vom 6. Februar 1973 (GV. NW. S. 66), zuletzt geändert durch Verordnung vom 3. November 1981 (GV. NW. S. 636), – SGV. NW. 28 –[1], in Verbindung mit Nr. 2.631 Buchstabe a der Anlage zu dieser Verordnung wird die Erlaubnis nach § 9 Abs. 3 VbF

– von den für die Baugenehmigung zuständigen unteren Bauaufsichtsbehörden erteilt, sofern – im jeweiligen Erlaubnisfall – die Errichtung oder die Änderung der Lagerbehälter einer Baugenehmigung bedürfen [betrifft nach § 1 Abs. 1 Nr. 4 der Freistellungsverordnung vom 5. September 1978 (GV. NW. S. 526), geändert durch Verordnung vom 30. Juni 1980 (GV. NW. S. 700), – SGV. NW. 232 – nur noch ortsfeste Behälter über 5 m^3 Rauminhalt],

– von den Staatlichen Gewerbeaufsichtsämtern in allen übrigen Fällen erteilt.

Bei bestehenden Anlagen, die mit Inkrafttreten der neuen VbF am 1. 7. 1980 erstmals erlaubnisbedürftig geworden sind, erteilen die erforderliche Erlaubnis zum Weiterbetrieb der Anlagen stets die Staatlichen Gewerbeaufsichtsämter.

Die Staatlichen Gewerbeaufsichtsämter sind auch zuständig für die Stillegung oder Beseitigung einer ohne die erforderliche Erlaubnis errichteten, betriebenen oder geänderten Anlage (§ 25 Abs. 1 GewO, Nr. 1.13 Anl. ZustVO AItG)[1] sowie für erforderliche Anordnungen zur Durchführung von Maßgaben des Erlaubnisbescheids (§ 24 a GewO, Nr. 1.11 Anl. ZustVO AItG)[1].

Anlagen, die nach § 28 des Landeseisenbahngesetzes vom 5. Februar 1957 (GV. NW. S. 11), geändert durch Gesetz vom 23. November 1971 (GV. NW. S. 354) – SGV. NW. 93 –, der Eisenbahnaufsicht unterstehen, sind nicht Gegenstand dieses Runderlasses.

2 Antrag auf Erteilung der Erlaubnis

2.1 Dem in vier Ausfertigungen einzureichenden Antrag sind in gleicher Stückzahl ein Lageplan, eine Beschreibung und – soweit erforderlich – Nachweise über die Eignung der Anlageteile (Bauartzulassungen nach § 12 VbF, Eignungsfeststellungen und Bauartzulassungen nach § 19 h WHG, statische Nachweise) beizufügen. Ist mit der Errichtung oder Änderung baugenehmigungspflichtiger Lagerbehälter auch die Errichtung oder Änderung sonstiger baulicher Anlagen verbunden, so sind hierfür die nach den baurechtlichen Vorschriften erforderlichen Bauvorlagen in gleicher Stückzahl einzureichen. Für Anlagen in Gemeinden, die nicht Baugenehmigungsbehörden sind, wird in der Regel eine zusätzliche Ausfertigung des Lageplans und der Beschreibung nach Satz 1 sowie der Bauvorlagen nach Satz 2 mit Ausnahme der bau-

---

[1] Zuständigkeitsverordnung zuletzt geändert vom 25. 2. 1986 (GV. NW S. 97)

technischen Nachweise im Sinne des § 1 Abs. 1 Nr. 4 der Baulagenverordnung vom 30. Januar 1975 (GV. NW. S. 174/SGV. NW. 232) zu fordern sein.

2.2   Die Antragsunterlagen müssen alle Angaben enthalten, die zur Beurteilung der geplanten Anlagen nach den Vorschriften der VbF und nach den hierzu erlassenen Technischen Regeln (TRbF) sowie nach den sonst in Betracht kommenden öffentlich-rechtlichen Vorschriften, insbesondere des Bau-, Wasser-, Straßen- und Verkehrsrechts, erforderlich sind. Für die Lagepläne und sonstigen Zeichnungen sind Maßstäbe zu wählen, die eine übersichtliche Eintragung und eine zweifelsfreie Beurteilung der erforderlichen Maße und sonstigen Angaben gestatten. In den Antragsunterlagen sind insbesondere anzugeben:

2.21   die Namen und Anschriften des Bauherrn und des Betreibers der Anlage sowie die genaue Lage des Baugrundstückes,

2.22   die Art, Gefahrklasse und Lagermenge der brennbaren Flüssigkeiten für jeden Lagerbehälter,

2.23   die genaue Lage der Behälter und der Abgabeeinrichtungen mit den zugehörigen Rohrleitungen und deren Abstände zu vorhandenen oder geplanten baulichen Anlagen, die Abstände zu anderen Lagerbehältern, zu Bodenabläufen mit oder ohne Abscheider, zu Entwässerungsleitungen, Abwassergruben, Wasser- und Energieversorgungsleitungen sowie zu Brunnen und oberirdischen Gewässern; die genaue Lage der im Wirkbereich von Abgabeeinrichtungen liegenden Öffnungen zu tiefer liegenden Räumen, Kellern, Gruben, Schächten und Kanälen – soweit für erforderliche Schutzstreifen oder sonstige Abstandflächen fremde Baugrundstücke in Anspruch genommen werden sollen, ist zur Sicherstellung, daß auch auf diesen Grundstücken die Anforderungen der VbF/TRbF eingehalten werden, die Eintragung einer Baulast (§§ 99, 100 BauO NW) zu fordern –,

2.24   die Bauart, Größe, Zahl und der Rauminhalt der Lagerbehälter sowie die Anordnung, die Bauart und das Fassungsvermögen etwaiger Auffangräume,

2.25   die sicherheitstechnische und betriebliche Ausrüstung der Anlage einschließlich des kathodischen Korrosionsschutzes, des Blitzschutzes und der Brandschutzeinrichtungen,

2.26   bei Lagerräumen auch die Bauart ihrer Umfassungsbauteile, die Schornsteine mit ihren Öffnungen, die elektrischen Anlagen sowie die Nutzungsart der benachbarten Räume,

2.27   bei Tankstellen an öffentlichen Straßen ein Lageplan mit maßstabgerechter Eintragung der Zu- und Abfahrten, des Stauraumes für wartende Kraftfahrzeuge und der Stellplätze sowie ein Übersichtsplan kleineren Maßstabes, aus dem die Verkehrsführung der öffentlichen Straßen sowie die Brennpunkte und Gefahrenpunkte des Verkehrs im Umkreis von mindestens 250 m, bei Tankstellen außerhalb geschlossener Ortslagen im beiderseitigen Abstand von mindestens 500 m, ersichtlich sind. Hinsichtlich der Standortwahl und der verkehrstechnischen Gestaltung von Tankstellen an öffentlichen Straßen wird auf die von der Forschungsgesellschaft für das Straßenwesen herausgegebenen Richtlinien für die Anlage von Tankstellen an Straßen – RAT – (Ausgabe 1977) hingewiesen.

3 Beteiligung anderer Behörden und Fachdienststellen

3.1 Die Erlaubnisbehörde leitet eine Ausfertigung der Antragsunterlagen dem Staatlichen Gewerbeaufsichtsamt oder – sofern dieses selbst Erlaubnisbehörde ist – der unteren Bauaufsichtsbehörde zur Stellungnahme zu.

3.2 Die Erlaubnisbehörde hat die Unterlagen auch der unteren Wasserbehörde zu übersenden, es sei denn, mit den Antragsunterlagen werden bereits die nach § 19 h WHG erforderlichen Eignungsfeststellungen oder Bauartzulassungen vorgelegt.

Bei brandschutztechnisch schwierigen Anlagen (z. B. überbaute Tankstellen, große Tanklager) sind zusätzlich die für den Brandschutz zuständigen Dienststellen zu hören.

3.3 Sofern bei der Errichtung und dem Betrieb der Anlagen sonstige Belange berührt werden, ist die Stellungnahme, Ausnahme oder Zustimmung auch der dafür zuständigen Behörde (z. B. Straßenbaubehörde) einzuholen.

3.4 Die beteiligten Dienststellen sollen zu dem Vorhaben Stellung nehmen und ihre Forderungen als Bedingungen und Auflagen binnen eines Monats mitteilen.

3.5 Bei einander widersprechenden Forderungen der beteiligten Dienststellen ist, sofern keine Einigung erzielt werden kann, der Antrag dem Regierungspräsidenten zur Entscheidung vorzulegen.

4 Erlaubnis (Form, Inhalt, Verteilung)

4.1 Für die Erlaubnis können die unteren Bauaufsichtsbehörden die üblichen Baugenehmigungsformulare verwenden, wenn sie entsprechend abgeändert sind („Erlaubnis" statt „Baugenehmigung"). Die Erlaubnis soll etwa folgenden Wortlaut haben:

„Der/Dem (Name und Anschrift des Bauherrn) ___________________________________
___________________________________ wird mit Zustimmung der [z. B. Straßenbaubehörde]* ___________________________________ gemäß § 9 Abs. 3 der Verordnung über brennbare Flüssigkeiten (VbF) vom 27. Februar 1980 (BGBl. I S. 229) die Erlaubnis erteilt, nach Maßgabe dieser Urkunde und der mit entsprechenden Prüf- und Zugehörigkeitsvermerken versehenen Antragsunterlagen auf dem Grundstück ___________________________________ (genaue Bezeichnung) ___________________________________ eine ___________________________________ (Bezeichnung der Anlage) ___________________________________, bestehend aus ___________________________________ (wesentliche Anlageteile, die von der Erlaubnis erfaßt sind) ___________________________________, zu errichten und zu betreiben.

Diese Erlaubnis schließt die Baugenehmigung nach den Vorschriften der Landesbauordnung (BauO NW) i. d. F. der Bekanntmachung vom 27. Januar 1970 (GV. NW. S. 96), zuletzt geändert durch Gesetz vom 27. März 1979 (GV. NW. S. 122) – SGV. NW. 232 –, für die vorgenannte Anlage ein (§ 80 Abs. 3 BauO NW)."

---

* Nur soweit erforderlich.

4.2 Bedingungen und Auflagen für die Errichtung der Anlage sollen in der Erlaubnisurkunde gesondert von den Auflagen für den Betrieb der Anlage aufgeführt werden.

4.3 In die Erlaubnisurkunde sind außer den im Einzelfalle erforderlichen Bedingungen und Auflagen folgende Hinweise aufzunehmen:

4.31 Von dieser Erlaubnis sind die folgenden baulichen Anlagen nicht erfaßt: ____ Für die Errichtung dieser baulichen Anlagen ist eine gesonderte Baugenehmigung nach den Vorschriften der Landesbauordnung (BauO NW) erforderlich.

4.32 Der Betreiber hat zu veranlassen, daß die Anlage vor der Inbetriebnahme von einem anerkannten Sachverständigen des Technischen Überwachungs-Vereins (TÜV) ____ auf den ordnungsgemäßen Zustand im Sinne der VbF geprüft wird (§ 17 i. V. mit § 13 Abs. 1 VbF). Der Sachverständige hat über die Prüfung eine Prüfbescheinigung auszustellen; eine Ausfertigung der Prüfbescheinigung ist bei der Anlage aufzubewahren (§ 18 Abs. 3 VbF). Der Betreiber hat außerdem der unteren Bauaufsichtsbehörde in _________________________ ____ bis zur Schlußabnahme einen Prüfungsbericht des Sachverständigen über den ordnungsgemäßen Zustand der Anlage im Sinne der Verordnung über Anlagen zum Lagern, Abfüllen und Umschlagen wassergefährdender Stoffe (VAwS) vom 31. Juli 1981 (GV. NW. S. 490/SGV. NW. 77) vorzulegen*; der Prüfungsbericht nach VAwS kann mit der Prüfbescheinigung nach VbF zusammengefaßt werden (§ 18 Abs. 4 VAwS). Die Anlage darf erst nach Aushändigung der Prüfbescheinigung des Sachverständigen und des Schlußabnahmescheins der unteren Bauaufsichtsbehörde in Betrieb genommen werden (§ 19 Abs. 1 VbF, § 96 Abs. 3 BauO NW).

4.33 Der Betreiber der Anlage hat das von der unteren Bauaufsichtsbehörde ausgehändigte „Merkblatt über Betriebs- und Verhaltensvorschriften für das Lagern wassergefährdender flüssiger Stoffe" an gut sichtbarer Stelle in der Nähe der Anlage dauerhaft anzubringen und das jeweilige Bedienungspersonal über dessen Inhalt zu unterrichten (§ 16 Abs. 2 VAwS).

4.34 Der Betreiber der Anlage hat zu veranlassen, daß die Anlage in Abständen von 5 Jahren, elektrische Einrichtungen einschließlich Blitzschutzeinrichtungen, kathodische Korrosionsschutzanlagen und Einrichtungen zur Ableitung elektrostatischer Aufladungen in Abständen von drei Jahren wiederkehrenden Prüfungen durch anerkannte Sachverständige des TÜV ____ unterzogen werden (§ 17 i. V. m. § 13 Abs. 2 VbF). Je eine Ausfertigung der vom Sachverständigen auszustellenden Prüfbescheinigungen ist bei der Anlage aufzubewahren (§ 18 Abs. 3 VbF). Der Betreiber hat außerdem der unteren Bauaufsichtsbehörde in Abständen von _______ Jahren Prüfungsberichte des Sachverständigen über den ordnungsgemäßen Zustand der Anlage im Sinne der VAwS vorzulegen; der Prüfungsbericht nach VAwS kann mit der Prüfbescheinigung nach VbF zusammengefaßt werden (§ 18 Abs. 4 VAwS).

---

* Nur bei Anlagen, die nach § 18 VAwS prüfpflichtig sind.

4.4 Eine Ausfertigung der Antragsunterlagen wird Bestandteil der Erlaubnisurkunde, die dem Antragsteller ausgehändigt wird. Je eine Ausfertigung der Antragsunterlagen und der Erlaubnisurkunde erhalten das zuständige Staatliche Gewerbeaufsichtsamt bzw. die untere Bauaufsichtsbehörde und der für die Prüfungen nach § 13 VbF zuständige Technische Überwachungs-Verein. Die Antragsunterlagen sind mit den Prüf- oder Zustimmungsvermerken der beteiligten Behörden sowie mit dem Vermerk:

„Gehört zur Erlaubnis vom ____

Nr. ________________" zu versehen.

5.   Ausnahmen nach § 6 Abs. 1 VbF

5.1 Für die Erteilung von Ausnahmen im Einzelfall nach § 6 Abs. 1 VbF ist das Staatliche Gewerbeaufsichtsamt zuständig. Werden jedoch Ausnahmen im Zusammenhang mit der Erteilung einer Erlaubnis nach § 9 Abs. 3 VbF beantragt, ist die untere Bauaufsichtsbehörde zuständig, sofern sie Erlaubnisbehörde ist (vgl. Anmerkung zu lfd. Nr. 2.621 des Verzeichnisses der Anlage zur ZustVO AItG).

6   Baugenehmigung für bauliche Anlagen, die nicht der Erlaubnis nach § 9 VbF bedürfen

6.1 Nur die in § 9 Abs. 1 VbF aufgeführten Anlagen bedürfen der Erlaubnis nach § 9 Abs. 3 VbF, nicht jedoch bauliche Anlagen, die nicht notwendiger Bestandteil solcher Anlagen sind, wie z. B. Tankstellenüberdachungen, Aufenthaltsräume für Bedienungs- oder Aufsichtspersonal, sanitäre Einrichtungen, Verkaufsstände, Kraftfahrzeugpflegehallen, Garagen sowie Anlagen zur ausschließlichen Lagerung oder Abfüllung brennbarer Flüssigkeiten der Gefahrklasse A III (s. Nr. 1.14). Sollen solche baulichen Anlagen im Zusammenhang mit erlaubnisbedürftigen Anlagen errichtet werden, so ist für diese Anlagen ggf. eine gesonderte Baugenehmigung erforderlich. Diese Baugenehmigung und die Erlaubnis nach § 9 Abs. 3 VbF können von den unteren Bauaufsichtsbehörden als selbständige Teile in einer Urkunde zusammengefaßt werden, sofern ihnen dieselben Antragsunterlagen zugrunde liegen. Es empfiehlt sich, in der Baugenehmigung darauf hinzuweisen, daß die erlaubnisbedürftigen Anlagen nach § 9 Abs. 1 VbF von dieser Genehmigung nicht erfaßt werden.

6.2 Im Baugenehmigungsverfahren sind – soweit erforderlich – die in Nummer 3 genannten Behörden zu beteiligen.

7   Überwachung und Bauabnahmen

7.1 Die Staatlichen Gewerbeaufsichtsämter überwachen – möglichst schon bei der Errichtung erlaubnisbedürftiger Anlagen – die Einhaltung der Vorschriften der VbF/TRbF, insbesondere die der §§ 13 und 19 VbF über die Sachverständigenprüfungen vor der Inbetriebnahme. Im Falle einer negativen Prüfbescheinigung entscheiden sie auf Antrag über die Inbetriebnahme der Anlage (Nr. 2.67 Anl. ZustVO AItG).

7.2 Die unteren Bauaufsichtsbehörden haben die Ausführung der baulichen Anlagen nach § 94 BauO NW zu überwachen und die in § 96 BauO NW vorgeschriebenen

Abnahmen durchzuführen. Bei kleineren Anlagen können sie auf die Rohbauabnahme verzichten (§ 96 Abs. 1 Satz 1 BauO NW). Die bauaufsichtliche Schlußabnahme soll erst durchgeführt werden, wenn die Prüfbescheinigung nach VbF und ggf. der Prüfungsbericht nach VAwS (vgl. Nummer 4.32) des Sachverständigen vorliegen.

7.3 Die unteren Bauaufsichtsbehörden haben nach Nr. 18.3 VV-VAwS auch für die erlaubnisbedürftigen Anlagen (§ 9 VbF), die nach § 18 VAwS prüfpflichtig sind, eine Überwachungskartei zu führen.

8 Verwaltungsgebühren und Kosten

8.1 Für die Erlaubnis ist eine Gebühr gemäß Tarifstelle 11.7.1 oder 11.7.2 des Allgemeinen Gebührentarifs zur Allgemeinen Verwaltungsgebührenordnung in der Fassung der Bekanntmachung vom 5. August 1980 (GV. NW. S. 924), zuletzt geändert durch Verordnung vom 15. Dezember 1981 (GV. NW. S. 718), – SGV. NW. 2011 – und für die bauaufsichtliche Überwachung einschließlich der einmaligen Rohbau- und Schlußabnahme eine Gebühr gemäß Tarifstelle 2.2.3 zu erheben.

8.2 Die Kosten für die Prüfungen der Anlagen durch Sachverständige werden von den Technischen Überwachungs-Vereinen unmittelbar beim Betreiber der Anlagen erhoben; sie richten sich nach Anhang V der Kostenordnung für die Prüfung überwachungsbedürftiger Anlagen vom 31. Juli 1970 (BGBl. I S. 1162), zuletzt geändert durch Verordnung vom 5. August 1981 (BGBl. I S. 813).

9 Anlagen des Bundes und der Länder

9.1 Nach § 9 Abs. 5 VbF bedürfen der Erlaubnis nach § 9 Abs. 3 VbF nicht:
1. Anlagen der Deutschen Bundespost,
2. Anlagen der Wasser- und Schiffahrtsverwaltung des Bundes,
3. Anlagen der Bundeswehr.

Anlagen der vorgenannten Behörden, die einer Baugenehmigung (§ 80 Abs. 1 BauO NW) bedürfen, sind jedoch vor ihrer Errichtung der unteren Bauaufsichtsbehörde, Anlagen, die der Zustimmung nach § 97 BauO NW bedürfen, dem Staatlichen Gewerbeaufsichtsamt anzuzeigen; die Anzeige entfällt für Anlagen der Bundeswehr, in denen keine Arbeitnehmer oder nur vorübergehend Arbeitnehmer an Stelle von Soldaten beschäftigt werden (§ 1 Abs. 3 VbF). Die Einholung der Baugenehmigung ist zugleich als Anzeige gemäß § 9 Abs. 5 Satz 2 VbF zu werten.

9.2 Abgesehen von den Fällen nach Nummer 9.1 bedürfen die Errichtung und der Betrieb erlaubnisbedürftiger Anlagen des Bundes und der Länder stets der Erlaubnis nach § 9 Abs. 3 VbF. Zuständig für die Erteilung der Erlaubnis sind die unteren Bauaufsichtsbehörden, sofern die Anlagen einer Baugenehmigung nach § 80 Abs. 1 BauO NW bedürfen, die Staatlichen Gewerbeaufsichtsämter, sofern die Anlagen der Zustimmung nach § 97 BauO NW bedürfen (lfd. Nr. 2.631 des Verzeichnisses der Anlage zur ZustVO AltG). Die Erlaubnis nach § 9 Abs. 3 VbF schließt die Zustimmung nach § 97 BauO NW ein.

9.3 Auch Anlagen nach Nummer 9.1 Satz 1 unterliegen den nach § 13 VbF vorgeschriebenen Prüfungen durch Sachverständige. Diese Prüfungen können bei Anlagen der Wasser- und Schiffahrtsverwaltung des Bundes und bei Anlagen der Bundeswehr von besonderen Sachverständigen nach § 16 Abs. 1 Nrn. 3 und 5 VbF vorgenommen werden. Die Prüfungen und die Überwachung der Anlagen der Deutschen Bundespost werden von den vom Bundesminister für das Post- und Fernmeldewesen bestimmten Stellen vorgenommen (§ 24 c Abs. 2 GewO).

10   Dieser Runderlaß ergeht im Einvernehmen mit dem Minister für Ernährung, Landwirtschaft und Forsten. Der Gem. RdErl. d. Innenministers u. d. Ministers für Arbeit, Gesundheit und Soziales v. 4. 10. 1973 (MBl. NW. S. 1724/SMBl. NW. 23210) wird aufgehoben.

6.3   Gebühren für die Prüfung von Anlagen zur Lagerung, Abfüllung und Beförderung brennbarer Flüssigkeiten

Anhang V der Kostenordnung für die Prüfung überwachungsbedürftiger Anlagen vom 31. Juli 1970 (BGBl. I S. 1162) in der Fassung vom 6. April 1977 (BGBl. I S. 539), geändert durch Verordnung vom 9. August 1983 (BGBl. I S. 1105)

Für die Prüfung von Anlagen zur Lagerung, Abfüllung und Beförderung brennbarer Flüssigkeiten werden folgende Gebühren erhoben:

1   Unterirdische und oberirdische Tanks, ausgenommen Flachbodentanks sowie Anlagen mit solchen Tanks

1.1   Prüfung vor der Inbetriebnahme

Für die nachstehenden Prüfungen
- Prüfung der Bauausführung einschließlich der inneren Prüfung
- Prüfung der Isolierung unterirdischer Tanks mit dem Hochspannungsgerät
- Druck- bzw. Dichtheitsprüfung (Tank oder Tankabteil oder Kontrollraum doppelwandiger Tanks) einschließlich eventuell vorhandener angeschlossener Rohrleitungen
- Abnahmeprüfung (Prüfung auf Übereinstimmung mit der VbF bzw. der Erlaubnisurkunde, z. B. Prüfung der Ausrüstung, sowie Ordnungsprüfung)

werden je Tank und Prüfung folgende Gebühren erhoben:

Rauminhalt des Tanks		
	bis 10 000 Liter	120,– DM
	über 10 000 Liter bis 50 000 Liter	133,– DM
	über 50 000 Liter	151,– DM

1.2   Prüfung nach wesentlicher Änderung

Für Prüfungen, die nach wesentlichen Änderungen durchgeführt werden, können Gebühren bis zur Höhe der Gebühren nach Nummer 1.1 berechnet werden.

1.3   Wiederkehrende Prüfungen

1.3.1   Für wiederkehrende Prüfungen an einer Tankanlage, ausgenommen Prüfungen nach Nummer 1.3.2, werden je Tank und Prüfung 90 v. H. der Gebühren nach Nummer 1.1 erhoben.

1.3.2   Für innere Prüfungen wird das 1,5fache der Gebühren nach Nummer 1.1 erhoben.

1.3.3 Sind Wasserdruckprüfungen oder innere Prüfungen mit einem unverhältnismäßig hohen Aufwand verbunden, so kann hierfür eine Gebühr bis zum 2fachen der Gebühren nach Nummer 1.1 erhoben werden.

2 Flachbodentanks

2.1 Prüfung vor der Inbetriebnahme

Für die nachstehenden Prüfungen
- Prüfung der Bauausführung einschließlich der inneren Prüfung
- Prüfung der Standsicherheit der Tanks und der Dichtheit des Tankmantels
- Prüfung der Bodennähte auf Dichtheit
- Abnahmeprüfung (Prüfung auf Übereinstimmung mit der VbF bzw. der Erlaubnisurkunde, z. B. Prüfung der Ausrüstung, sowie Ordnungsprüfung)

werden je Tank und Prüfung folgende Gebühren erhoben:

Rauminhalt des Tanks	
bis 5000 m³	217,– DM
über 5000 m³ bis 10 000 m³	367,– DM
über 10 000 m³ bis 20 000 m³	500,– DM
über 20 000 m³	500,– DM
zuzüglich je weitere und angefangene 10 000 m³	83,– DM

2.2 Wiederkehrende Prüfungen

Für wiederkehrende Prüfungen werden 80 v. H. der Gebühren nach Nummer 2.1 erhoben.

3 Tanks von Straßentankwagen und Aufsetztanks

Für die Prüfungen vor der Inbetriebnahme und wiederkehrende Prüfungen werden je Tank und Prüfung 90 v. H. der Gebühren nach Nummer 1.1 erhoben.

4 Tanks von Eisenbahnkesselwagen

4.1 Prüfung vor der Inbetriebnahme

Für die Prüfungen (Bauprüfung, Druckprüfung) werden je Tank und Prüfung folgende Gebühren erhoben:

Rauminhalt des Tanks	
bis 20 000 Liter	160,– DM
über 20 000 Liter bis 50 000 Liter	192,– DM
über 50 000 Liter	224,– DM

4.2 Wiederkehrende Prüfungen

Für die Prüfungen werden 80 v. H. der Gebühren nach Nummer 4.1 erhoben.

5 Sonderregelungen für Gebührenrechnungen nach den Nummern 1 bis 4

5.1 Prüfung mehrerer Tanks, mehrere Prüfungen an einem oder mehreren Tanks

Werden gleichzeitig oder unmittelbar nacheinander mehrere Tanks geprüft oder mehrere Prüfungen an einem oder mehreren Tanks durchgeführt, so werden für die zweite Prüfung 85 v. H. und für jede weitere Prüfung 75 v. H. einer Gebühr nach den Nummern 1 bis 4 erhoben. Werden hierbei Prüfungen durchgeführt, für die unterschiedliche Gebühren zu erheben sind, so ist mit der Prüfung größten Umfangs zu beginnen.

5.2 Prüfung unterteilter Tanks

Bei der Berechnung der Gebühren gilt ein unterteilter Tank als ein Tank, sofern die Prüfung der Tankabteile gleichzeitig erfolgt.

6 Elektrische Einrichtungen und Blitzschutzanlagen von Tanks

6.1 Für die Prüfung elektrischer Einrichtungen, mit Ausnahme der von Zapfsäulen, werden für jede in sich geschlossene Anlage eine Grundgebühr von   61,– DM und folgende Zuschläge erhoben:

	explosions-geschützte Bauart DM	normale Bauart DM
für jedes Gerät (Motoren, Transformatoren, Umformer, Gleichrichter)		
bis zu einer Leistung von je 15 kW	21,–	11,–
bis zu einer Leistung von je mehr als 15 kW	39,–	20,–
für jede Leuchte	7,–	5,–

Die Gebühr für die Prüfung der Schalt- und Verteilungsanlagen ist in vorstehenden Sätzen enthalten.

6.2 Für die Prüfung der elektrischen Einrichtungen einer Zapfsäule wird eine Gebühr von   66,– DM erhoben.

Ist die Zapfsäule mit Zusatzeinrichtungen, z. B. Belegdrucker, ausgestattet, so erhöht sich diese Gebühr um 50 v. H.

Für die Prüfung von Zapfsäulen mit mehreren Zapfaggregaten werden die Gebühren je Aggregat und je Zusatzeinrichtung erhoben.

6.3 Für die Prüfung der Blitzschutzeinrichtungen wird für jede in sich geschlossene Anlage eine Grundgebühr von   61,– DM erhoben.

Für die Prüfung jeder Ableitung oder jedes Erdungsanschlusses einschließlich solcher zur Ableitung statischer Ladungen wird ein Zuschlag von   12,– DM erhoben.

6.4 Kathodische Korrosionsschutzanlagen

6.4.1 Für die Prüfung des kathodischen Korrosionsschutzes an Tankstellen werden erhoben:

Prüfung nach VDE 0165 je Zapfsäule	8,– DM
Funktionsprüfung für den ersten Behälter	114,– DM
für jeden weiteren Behälter ein Zuschlag von	38,– DM
für jede Fremdstromanlage ein Zuschlag von	19,– DM
für jede Anode ein Zuschlag von	19,– DM

6.4.2 Für die Prüfung auf Erfordernis einer kathodischen Korrosionsschutzanlage an Tankstellen werden erhoben:

Messung des spezifischen Bodenwiderstandes   114,– DM

Messung des Tank/Bodenpotentials und der Änderung des Tank/Bodenpotentials je Behälter   63,– DM

Messung der elektrischen Trennung und Ermittlung des spezifischen Umhüllungswiderstandes je Behälter   32,– DM.

8 Angeordnete Prüfung

Für eine angeordnete Prüfung werden die gleichen Gebühren wie für wiederkehrende Prüfungen erhoben. Soweit sich die Prüfung auf elektrische Einrichtungen, Blitzschutzanlagen oder Korrosionsschutzanlagen erstreckt, wird eine Gebühr nach Nummer 6.1, 6.2, 6.3 oder 6.4 erhoben.

9 Sonstige Prüfungen

Für die in den Nummern 1 bis 6 und 8 nicht genannten Prüfungen werden die Gebühren nach dem Zeitaufwand berechnet. Sie betragen für jeden Sachverständigen für jede begonnene Viertelstunde   22,– DM.

10 Gebühren für Prüfungen, die zu dem vorgesehenen Zeitpunkt nicht begonnen oder nicht zu Ende geführt wurden

10.1 Ist eine Prüfung an dem vorgesehenen Tage aus Gründen, die von demjenigen zu vertreten sind, der die Prüfung veranlaßt hat, nicht begonnen oder nicht zu Ende geführt worden, so kann für die nicht begonnene oder nicht zu Ende geführte Prüfung und ihre Nachholung oder Fortsetzung je eine Gebühr nach den Nummern 1 bis 8 berechnet werden.

10.2 Sind mehrere Prüfungen für einen Tag vorgesehen und ist an diesem Tage nicht wenigstens eine Prüfung beendet worden, so ist die Gebühr nach Nummer 10.1 nur für diejenige nicht begonnene oder nicht beendete Prüfung zu erheben, für die der höchste Gebührensatz zu erheben ist; weitere vorgesehene Prüfungen bleiben unberücksichtigt.

11 Termin- und Reisezeitzuschläge

11.1 Für Prüfungen, die zu einem vom Antragsteller verlangten Zeitpunkt durchgeführt werden, kann auf die Gebühr ein Zuschlag bis zu 25 v. H. erhoben werden. Werden Prüfungen außerhalb der für den Sachverständigen festgesetzten Dienstzeit durchgeführt, so wird auf die Gebühren ein Zuschlag bis zu 100 v. H. erhoben.

11.2 Für eine Prüfung, zu der der Sachverständige hin und zurück länger als eine Stunde reisen muß, wird für die über eine Stunde hinausgehende Zeit ein Reisezeitzuschlag von 22,– DM für jede begonnene Viertelstunde erhoben.

Werden mehrere Prüfungen miteinander verbunden, darf ein Reisezeitzuschlag nur bei den Prüfungen erhoben werden, zu denen der Sachverständige gesondert hin und zurück länger als eine Stunde reisen würde. Für diese Prüfungen ist der Reisezeitzuschlag anteilig zu berechnen.

6.4 Gewerbeordnung

In der Fassung der Bekanntmachung vom 1. Januar 1978 (BGBl. I S. 97), zuletzt geändert durch Gesetz v. 25. 2. 1985 (BGBl. I S. 425) – Auszug

§ 1 Grundsatz der Gewerbefreiheit

(1) Der Betrieb eines Gewerbes ist jedermann gestattet, soweit nicht durch dieses Gesetz Ausnahmen oder Beschränkungen vorgeschrieben oder zugelassen sind.

(2) Wer gegenwärtig zum Betrieb eines Gewerbes berechtigt ist, kann von demselben nicht deshalb ausgeschlossen werden, weil er den Erfordernissen dieses Gesetzes nicht genügt.

§ 6 Anwendungsbereich

(1) Dieses Gesetz findet, abgesehen von den §§ 24 bis 24 d und 120 c Abs. 5, keine Anwendung auf die Fischerei, die Errichtung und Verlegung von Apotheken, die Erziehung von Kindern gegen Entgelt, das Unterrichtswesen, auf die Tätigkeit der Rechtsanwälte und Notare, der Rechtsbeistände, der Wirtschaftsprüfer und Wirtschaftsprüfungsgesellschaften, der vereidigten Buchprüfer und Buchprüfungsgesellschaften, der Steuerberater und Steuerberatungsgesellschaften sowie der Steuerbevollmächtigten, auf den Gewerbebetrieb der Auswandererberater und der Eisenbahnunternehmungen, die Befugnis zum Halten öffentlicher Fähren, das Seelotswesen und die Rechtsverhältnisse der Kapitäne und der Besatzungsmitglieder auf den Seeschiffen. Auf das Bergwesen findet dieses Gesetz nur insoweit Anwendung, als es ausdrückliche Bestimmungen enthält; das gleiche gilt, abgesehen von den §§ 24 bis 24 d und 120 c Abs. 5 für den Gewerbebetrieb der Versicherungsunternehmen, die Ausübung der ärztlichen und anderen Heilberufe, den Verkauf von Arzneimitteln, den Vertrieb von Lotterielosen und die Viehzucht.

(2) (weggefallen)

§ 24 Überwachungsbedürftige Anlagen

(1) Zum Schutze der Beschäftigten und Dritter vor Gefahren durch Anlagen, die mit Rücksicht auf ihre Gefährlichkeit einer besonderen Überwachung bedürfen (überwachungsbedürftige Anlagen), wird die Bundesregierung ermächtigt, nach Anhörung der beteiligten Kreise durch Rechtsverordnung zu bestimmen,

   1. daß die Errichtung solcher Anlagen, ihre Inbetriebnahme, die Vornahme von Änderungen an bestehenden Anlagen und sonstige die Anlagen betreffenden Umstände angezeigt und der Anzeige bestimmte Unterlagen beigefügt werden müssen;
   2. daß die Errichtung solcher Anlagen, ihr Betrieb sowie die Vornahme von Änderungen an bestehenden Anlagen der Erlaubnis einer in einer Rechtsverordnung bezeichneten oder nach Bundesrecht zuständigen oder gemäß § 155 Abs. 2 bestimmten Behörde bedürfen;
   2a. daß solche Anlagen oder Teile von solchen Anlagen nach einer Bauartprüfung allgemein zugelassen und mit der allgemeinen Zulassung Auflagen zum Betrieb und zur Wartung verbunden werden können;

3. daß solche Anlagen, insbesondere die Errichtung, die Herstellung, die Bauart, die Werkstoffe, die Ausrüstung und die Unterhaltung sowie ihr Betrieb bestimmten Anforderungen genügen müssen. Anforderungen technischer Art können in besonderen Vorschriften (technische Vorschriften) zusammengefaßt werden; hierbei sind die Vorschläge des Ausschusses (Absatz 4) zu berücksichtigen;

4. daß solche Anlagen einer Prüfung vor Inbetriebnahme, regelmäßig wiederkehrenden Prüfungen und Prüfungen auf Grund behördlicher Anordnung unterliegen;

5. welche Gebühren und Auslagen für die vorgeschriebenen oder behördlich angeordneten Prüfungen solcher Anlagen von den Eigentümern und Personen, die solche Anlagen herstellen oder betreiben, zu entrichten sind. Die Gebühren werden nur zur Deckung des mit den Prüfungen verbundenen Personal- und Sachaufwandes erhoben, zu dem insbesondere der Aufwand für die Sachverständigen, die Prüfeinrichtungen und -stoffe sowie für die Entwicklung geeigneter Prüfverfahren und für den Erfahrungsaustausch gehört. Es kann bestimmt werden, daß eine Gebühr auch für eine Prüfung erhoben werden kann, die nicht begonnen oder nicht zu Ende geführt worden ist, wenn die Gründe hierfür von demjenigen zu vertreten sind, der die Prüfung veranlaßt hat. Die Höhe der Gebührensätze richtet sich nach der Zahl der Stunden, die ein Sachverständiger durchschnittlich für die verschiedenen Prüfungen der bestimmten Anlagenart benötigt. In der Rechtsverordnung können die Kostenbefreiung, die Kostengläubigerschaft, die Kostenschuldnerschaft, der Umfang der zu erstattenden Auslagen und die Kostenerhebung abweichend von den Vorschriften des Verwaltungskostengesetzes geregelt werden.

(2) Absatz 1 gilt auch für die Tagesanlagen des Bergwesens und für Anlagen, die nicht gewerblichen Zwecken dienen, sofern sie im Rahmen wirtschaftlicher Unternehmungen Verwendung finden oder soweit es der Arbeitsschutz erfordert; er gilt nicht für den Betrieb der Deutschen Bundesbahn und die Nebenbetriebe, die den Bedürfnissen des Eisenbahn- und Schiffahrtsbetriebes und -verkehrs der Deutschen Bundesbahn zu dienen bestimmt sind, sowie für das rollende Material anderer Eisenbahnunternehmungen, ausgenommen Ladegutbehälter, soweit dieses Material den Bestimmungen der Bau- und Betriebsordnungen des Bundes und der Länder unterliegt.

(3) Überwachungsbedürftige Anlagen im Sinne des Absatzes 1 sind

1. Dampfkesselanlagen,
2. Druckbehälter außer Dampfkesseln,
3. Anlagen zur Abfüllung von verdichteten, verflüssigten oder unter Druck gelösten Gasen,
4. Leitungen unter innerem Überdruck für brennbare, ätzende oder giftige Gase, Dämpfe oder Flüssigkeiten,
5. Aufzugsanlagen,
6. elektrische Anlagen in besonders gefährdeten Räumen,
7. Getränkeschankanlagen und Anlagen zur Herstellung kohlensaurer Getränke,
8. Azetylenanlagen und Kalziumkarbidlager,

> 9. Anlagen zur Lagerung, Abfüllung und Beförderung von brennbaren Flüssig-
>   keiten,
> 10. medizinisch-technische Geräte.

Zu den in den Nummern 2, 3 und 4 bezeichneten überwachungsbedürftigen Anlagen
gehören nicht die Energieanlagen im Sinne des § 2 Abs. 1 des Energiewirtschaftsgeset-
zes.

(4) In den Rechtsverordnungen nach Absatz 1 können Vorschriften über die Einset-
zung von technischen Ausschüssen getroffen werden. Die Ausschüsse sollen die Bundesregierung oder den zuständigen Bundesminister insbesondere in technischen Fragen beraten und ihnen dem Stand von Wissenschaft und Technik entsprechende Vorschriften vorschlagen (Absatz 1 Nr. 3). Soweit Anforderungen technischer Art in besonderen Vorschriften (technische Vorschriften) zusammengefaßt werden, müssen
technische Ausschüsse gebildet werden. In die Ausschüsse sind neben Vertretern der
beteiligten Bundesbehörden und von obersten Landesbehörden, der Wissenschaft
und der technischen Überwachung insbesondere Vertreter der Hersteller und der Betreiber der Anlage zu berufen.

(5) Die Bundesregierung kann durch Rechtsverordnung die Ermächtigung nach Absatz 1 ganz oder teilweise auf den zuständigen Bundesminister übertragen.

(6) Die nach dieser Vorschrift zu erlassenden Rechtsverordnungen bedürfen der Zustimmung des Bundesrates; ausgenommen sind die in Absatz 1 Nr. 3 bezeichneten
technischen Vorschriften, die in Absatz 5 genannten Rechtsverordnungen sowie
Rechtsverordnungen, die sich ausschließlich auf Anlagen beziehen, welche der
Überwachung durch die Bundesverwaltung unterstehen.

§ 24a   Maßnahmen im Einzelfall

Die zuständige Behörde kann im Einzelfall die erforderlichen Maßnahmen zur
Durchführung der durch Rechtsverordnung nach § 24 auferlegten Pflichten anordnen.

§ 24b   Duldungspflichten bei der Prüfung

Eigentümer von überwachungsbedürftigen Anlagen und Personen, die solche Anlagen herstellen oder betreiben, sind verpflichtet, den Sachverständigen, denen die
Prüfung der Anlagen obliegt, die Anlagen zugänglich zu machen, die vorgeschriebene
oder behördlich angeordnete Prüfung zu gestatten, die hierfür benötigten Arbeitskräfte und Hilfsmittel bereitzustellen und ihnen die Angaben zu machen und die Unterlagen vorzulegen, die zur Erfüllung ihrer Aufgaben erforderlich sind. Das Grundrecht des Artikels 13 des Grundgesetzes wird insoweit eingeschränkt.

§ 24c   Prüfung durch Sachverständige

(1) Die Prüfungen der überwachungsbedürftigen Anlagen werden, soweit in den nach
§ 24 Abs. 1 erlassenen Rechtsverordnungen nichts anderes bestimmt ist, von amtlichen oder amtlich für diesen Zweck anerkannten Sachverständigen vorgenommen.
Diese sind in technischen Überwachungsorganisationen zusammenzufassen.

(2) Die Prüfungen und die Überwachung der in § 24 Abs. 3 genannten Anlagen der

Deutschen Bundespost werden von den vom Bundesminister für das Post- und Fernmeldewesen bestimmten Stellen vorgenommen.

(3) Der Bundesminister für Arbeit und Sozialordnung kann durch Verwaltungsvorschriften die Anforderungen bestimmen, denen die Sachverständigen nach Absatz 1 hinsichtlich ihrer beruflichen Ausbildung und Erfahrung in der technischen Überwachung genügen müssen.

(4) Die Landesregierungen regeln die Organisation der technischen Überwachung, die Aufsicht über sie sowie die Durchführung der Überwachung.

(5) Der Bundesminister für Arbeit und Sozialordnung wird ermächtigt, im Benehmen mit den obersten Arbeitsbehörden der Länder durch Rechtsverordnung mit Zustimmung des Bundesrates Vorschriften über die Sammlung und Auswertung der Erfahrungen der Sachverständigen sowie über deren Weiterbildung zu erlassen.

(6) Der Bundesminister für Arbeit und Sozialordnung kann mit Zustimmung des Bundesrates der Bundesanstalt für Arbeitschutz und Unfallforschung die Aufgabe übertragen, die im Zusammenhang mit der Prüfung, Wartung und Überwachung von medizinisch-technischen Geräten gewonnenen Erkenntnisse zu sammeln und auszuwerten und die mit der Prüfung der medizinisch-technischen Geräte befaßten Personen hierüber zu unterrichten.

§ 24 d Aufsichtsbehörden

Die Aufsicht über die Ausführung der nach § 24 Abs. 1 erlassenen Rechtsverordnungen obliegt den Gewerbeaufsichtsbehörden. Hierbei findet § 139 entsprechende Anwendung. Für Anlagen, welche der Überwachung durch die Bundesverwaltung unterstehen, sowie für Anlagen an Bord von Seeschiffen bestimmt die Bundesregierung die Aufsichtsbehörde durch Rechtsverordnung; § 24 Abs. 5 gilt entsprechend. Rechtsverordnungen nach Satz 3 bedürfen nur der Zustimmung des Bundesrates, soweit sie Anlagen an Bord von Seeschiffen betreffen.

§ 25 Stillegung von Anlagen und Untersagung von Betrieben

(1) Die zuständige Behörde kann die Stillegung oder Beseitigung einer Anlage anordnen, wenn ohne die auf Grund einer Rechtsverordnung nach § 24 Abs. 1 Nr. 2 oder 4 erforderliche Erlaubnis oder Sachverständigenprüfung die Anlage errichtet, betrieben oder geändert wird.

(2) Wird eine Anordnung nach § 120 d oder § 139 g nicht beachtet, so kann die zuständige Behörde den von der Anordnung betroffenen Betrieb bis zur Herstellung des den Anordnungen entsprechenden Zustandes ganz oder teilweise untersagen. Das gleiche gilt, wenn eine Anordnung, die nach den §§ 24 a, 105 j, 120 f oder 139 i erlassen worden ist, nicht beachtet wird und hierdurch Gefahren für die zu schützenden Personen entstehen.

§ 36 Öffentliche Bestellung von Sachverständigen

(1) Personen, die als Sachverständige gewerbsmäßig tätig sind oder tätig werden wollen, können durch die von den Landesregierungen bestimmten Stellen nach deren Ermessen für bestimmte Sachgebiete öffentlich bestellt werden, wenn sie besondere Sachkunde nachweisen und keine Bedenken gegen ihre Eignung bestehen; sie sind

darauf zu vereidigen, daß sie ihre Aufgaben gewissenhaft erfüllen und die von ihnen angeforderten Gutachten gewissenhaft und unparteiisch erstatten werden. Das gleiche gilt für Personen, die auf den Gebieten der Wirtschaft einschließlich des Bergwesens, der Hochsee- und Küstenfischerei sowie der Land- und Forstwirtschaft einschließlich des Garten- und Weinbaues als Sachverständige tätig sind oder tätig werden wollen, ohne Gewerbetreibende zu sein.

(2) Absatz 1 gilt entsprechend für die öffentliche Bestellung und Vereidigung von besonders geeigneten Personen, die auf den Gebieten der Wirtschaft

    1. bestimmte Tatsachen in bezug auf Sachen, insbesondere die Beschaffenheit, Menge, Gewicht oder richtige Verpackung von Waren feststellen oder

    2. die ordnungsmäßige Vornahme bestimmter Tätigkeiten überprüfen.

(3) Die Landesregierungen können durch Rechtsverordnung die zur Durchführung der Absätze 1 und 2 erforderlichen Vorschriften über die Voraussetzungen für die Bestellung sowie über die Befugnisse und Verpflichtungen der öffentlich bestellten und vereidigten Personen erlassen.

(4) Die Landesregierungen können die Ermächtigung nach den Absätzen 1 bis 3 auf die obersten Landesbehörden übertragen.

(5) Die Absätze 1 bis 4 finden auf Sachverständige nach § 24 c keine Anwendung. Sie finden ferner keine Anwendung, soweit sonstige Vorschriften des Bundes über die öffentliche Bestellung oder Vereidigung von Personen bestehen oder soweit Vorschriften der Länder über die öffentliche Bestellung oder Vereidigung von Personen auf den Gebieten der Hochsee- und Küstenfischerei, der Land- und Forstwirtschaft einschließlich des Garten- und Weinbaues sowie der Landesvermessung bestehen oder erlassen werden.

§ 120 a   Betriebssicherheit

(1) Die Gewerbeunternehmer sind verpflichtet, die Arbeitsräume, Betriebsvorrichtungen, Maschinen und Gerätschaften so einzurichten und zu unterhalten und den Betrieb so zu regeln, daß die Arbeitnehmer gegen Gefahren für Leben und Gesundheit so weit geschützt sind, wie es die Natur des Betriebs gestattet.

(2) Insbesondere ist für genügendes Licht, ausreichenden Luftraum und Luftwechsel, Beseitigung des bei dem Betrieb entstehenden Staubes, der dabei entwickelten Dünste und Gase sowie der dabei entstehenden Abfälle Sorge zu tragen.

(3) Ebenso sind diejenigen Vorrichtungen herzustellen, welche zum Schutze der Arbeitnehmer gegen gefährliche Berührungen mit Maschinen oder Maschinenteilen oder gegen andere in der Natur der Betriebsstätte oder des Betriebs liegende Gefahren, namentlich auch gegen die Gefahren, welche aus Fabrikbränden erwachsen können, erforderlich sind.

(4) Endlich sind diejenigen Vorschriften über die Ordnung des Betriebs und das Verhalten der Arbeitnehmer zu erlassen, welche zur Sicherung eines gefahrlosen Betriebs erforderlich sind.

7 Bauordnungsrechtliche Bestimmungen (NW)

7.1 Bauordnung für das Land Nordrhein-Westfalen (Landesbauordnung – BauO NW)

in der Fassung der Bekanntmachung vom 26. Juni 1984 (GV. NW. S. 419/SGV. NW 232), berichtigt GV. NW. 1984 S. 532, zuletzt geändert durch Gesetz vom 29. Dezember 1984 (GV. NW. S. 803) – Auszug

§ 21 Neue Baustoffe, Bauteile und Bauarten

(1) Baustoffe, Bauteile und Bauarten, die noch nicht allgemein gebräuchlich und bewährt sind (neue Baustoffe, Bauteile oder Bauarten), dürfen nur verwendet oder angewendet werden, wenn ihre Brauchbarkeit im Sinne des § 3 Abs. 1 Satz 1 nachgewiesen ist.

(2) Der Nachweis nach Absatz 1 kann durch eine allgemeine bauaufsichtliche Zulassung (§ 22) geführt werden. Wird er nicht auf diese Weise geführt, so bedarf die Verwendung oder Anwendung der neuen Baustoffe, Bauteile und Bauarten im Einzelfall der Zustimmung der obersten Bauaufsichtsbehörde oder der von ihr bestimmten Behörde. Die oberste Bauaufsichtsbehörde oder die von ihr bestimmte Behörde kann im Einzelfall oder für genau begrenzte Fälle allgemein festlegen, daß eine allgemeine bauaufsichtliche Zulassung oder ihre Zustimmung nicht erforderlich ist. Für prüfzeichenpflichtige Baustoffe und Bauteile (§ 23) kann der Nachweis nach Absatz 1 nur durch das Prüfzeichen erbracht werden.

(3) Der Nachweis nach Absatz 1 ist nicht erforderlich, wenn die neuen Baustoffe, Bauteile und Bauarten den von der obersten Bauaufsichtsbehörde gemäß § 3 Abs. 3 eingeführten technischen Baubestimmungen entsprechen, es sei denn, daß die oberste Bauaufsichtsbehörde diesen Nachweis bei der Einführung verlangt hat.

§ 22 Allgemeine bauaufsichtliche Zulassung neuer Baustoffe, Bauteile und Bauarten

(1) Für die Erteilung allgemeiner bauaufsichtlicher Zulassungen für neue Baustoffe, Bauteile und Bauarten ist die oberste Bauaufsichtsbehörde oder eine von ihr bestimmte Behörde zuständig.

(2) Die Zulassung ist bei der obersten Bauaufsichtsbehörde oder bei der von ihr bestimmten Behörde schriftlich zu beantragen. Die zur Begründung des Antrags erforderlichen Unterlagen sind beizufügen. § 67 Abs. 2 gilt entsprechend.

(3) Probestücke und Probeausführungen, die für die Prüfung der Brauchbarkeit der Baustoffe, Bauteile und Bauarten erforderlich sind, sind vom Antragsteller zur Ver-

fügung zu stellen und durch Sachverständige zu entnehmen oder unter ihrer Aufsicht herzustellen. Die Sachverständigen werden von der obersten Bauaufsichtsbehörde oder der von ihr bestimmten Behörde oder im Einvernehmen mit der obersten Bauaufsichtsbehörde oder der von ihr bestimmten Behörde bestimmt.

(4) Die oberste Bauaufsichtsbehörde oder die von ihr bestimmte Behörde ist berechtigt, für die Durchführung der Prüfung eine bestimmte technische Prüfstelle sowie für die Probeausführungen eine bestimmte Ausführungsstelle und Ausführungszeit vorzuschreiben.

(5) Die Zulassung wird auf der Grundlage des Gutachtens eines Sachverständigenausschusses erteilt, und zwar widerruflich für eine Frist, die fünf Jahre nicht überschreiten soll. Bei offensichtlich unbegründeten Anträgen braucht ein Gutachten nicht eingeholt zu werden. Die Zulassung kann mit Nebenbestimmungen erteilt werden, die sich vor allem auf die Herstellung, die Baustoffeigenschaften, die Verwendung und Anwendung, die Kennzeichnung, die Überwachung, die Weitergabe von Zulassungsabschriften und die Unterrichtung der Abnehmer beziehen. Die Zulassung kann auf Antrag um jeweils bis zu fünf Jahren verlängert werden; § 72 Abs. 2 Satz 2 gilt entsprechend. Sie ist zu widerrufen, wenn sich die neuen Baustoffe, Bauteile oder Bauarten nicht bewähren.

(6) Zulassungen anderer Länder im Geltungsbereich des Grundgesetzes gelten auch im Land Nordrhein-Westfalen.

(7) Die Zulassung wird unbeschadet der Rechte Dritter erteilt.

(8) Soweit es im Einzelfall erforderlich ist, kann die Bauaufsichtsbehörde für die Verwendung oder Anwendung weitere Nebenbestimmungen (Absatz 5 Satz 3) treffen oder allgemein bauaufsichtlich zugelassene Baustoffe, Bauteile und Bauarten ausschließen.

§ 23   Prüfzeichen

(1) Die oberste Bauaufsichtsbehörde kann durch Rechtsverordnung vorschreiben, daß bestimmte werkmäßig hergestellte Baustoffe, Bauteile und Einrichtungen, bei denen wegen ihrer Eigenart und Zweckbestimmung die Erfüllung der Anforderungen nach § 3 Abs. 1 Satz 1 in besonderem Maße von ihrer einwandfreien Beschaffenheit abhängt, nur verwendet oder eingebaut werden dürfen, wenn sie ein Prüfzeichen haben. Die oberste Bauaufsichtsbehörde oder eine von ihr bestimmte Behörde kann Ausnahmen von der Prüfzeichenpflicht gestatten, wenn die Erfüllung der Anforderungen nach § 3 Abs. 1 Satz 1 nachgewiesen ist. Sind für die Verwendung der Baustoffe, Bauteile oder Einrichtungen besondere technische Bestimmungen getroffen, so ist dies im Prüfzeichen kenntlich zu machen.

(2) Über die Zuteilung des Prüfzeichens entscheidet die oberste Bauaufsichtsbehörde oder die von ihr bestimmte Behörde.

(3) Das zugeteilte Prüfzeichen ist auf den Baustoffen, Bauteilen oder Einrichtungen oder, wenn dies nicht möglich ist, auf ihrer Verpackung oder dem Lieferschein in leicht erkennbarer und dauerhafter Weise anzubringen.

(4) § 22 Abs. 3 bis 8 gilt entsprechend.

§ 39 Feuerungsanlagen, Wärme- und Brennstoffversorgungsanlagen

(1) Feuerstätten, Verbindungsstücke und Schornsteine (Feuerungsanlagen) sowie Behälter und Rohrleitungen für brennbare Gase und Flüssigkeiten müssen betriebssicher und brandsicher sein. Die Weiterleitung von Schall in fremde Räume muß ausreichend gedämmt sein. Verbindungsstücke und Schornsteine müssen leicht und sicher zu reinigen sein.

(2) Für die Anlagen zur Verteilung von Wärme und zur Warmwasserversorgung gilt Absatz 1 Sätze 1 und 2 sinngemäß.

(3) Feuerstätten, ortsfeste Verbrennungsmotoren und Verdichter sowie Behälter für brennbare Gase und Flüssigkeiten dürfen nur in Räumen aufgestellt werden, bei denen nach Lage, Größe, baulicher Beschaffenheit und Benutzungsart Gefahren nicht entstehen können.

„(4) Die Verbrennungsgase der Feuerstätten sind unmittelbar oder durch Verbindungsstücke in Schornsteine zu leiten. Gasfeuerstätten mit völlig abgeschlossenem Verbrennungsraum, welche die Verbrennungsluft vom Freien ansaugen und die Abgase unmittelbar ins Freie abführen, sind zulässig, wenn Gefahren oder unzumutbare Belästigungen nicht entstehen können. Im übrigen sind Ausnahmen zulässig, wenn Gefahren oder unzumutbare Belästigungen nicht entstehen können."

(5) Schornsteine sind in solcher Zahl und Lage und so herzustellen, daß alle Feuerstätten des Gebäudes ordnungsgemäß angeschlossen werden können.

(6) Brennstoffe sind so zu lagern, daß Gefahren oder unzumutbare Belästigungen nicht entstehen können.

§ 55 Unternehmer

(1) Jeder Unternehmer ist für die ordnungsgemäße, den allgemein anerkannten Regeln der Technik und den genehmigten Bauvorlagen entsprechende Ausführung der von ihm übernommenen Arbeiten und insoweit für die ordnungsgemäße Einrichtung und den sicheren bautechnischen Betrieb der Baustelle sowie für die Einhaltung der Arbeitsschutzbestimmungen verantwortlich. Er hat die erforderlichen Nachweise über die Brauchbarkeit der verwendeten Baustoffe, Bauteile, Bauarten und Einrichtungen zu erbringen und auf der Baustelle bereitzuhalten. Er darf, unbeschadet der Vorschriften des § 70, Arbeiten nicht ausführen oder ausführen lassen, bevor nicht die dafür notwendigen Unterlagen und Anweisungen an der Baustelle vorliegen.

(2) Der Unternehmer hat auf Verlangen der Bauaufsichtsbehörde für Bauarbeiten, bei denen die Sicherheit der baulichen Anlagen sowie anderer Anlagen und Einrichtungen in außergewöhnlichem Maße von der besonderen Sachkenntnis und Erfahrung des Unternehmers oder von einer Ausstattung des Unternehmens mit besonderer Vorrichtung abhängt, nachzuweisen, daß sie für diese Bauarbeiten geeignet sind und über die erforderlichen Vorrichtungen verfügen.

(3) Besitzt ein Unternehmer für einzelne Arbeiten nicht die erforderliche Sachkunde und Erfahrung, so hat er dafür zu sorgen, daß Fachunternehmer oder Fachleute herangezogen werden. Diese sind für ihre Arbeiten verantwortlich. Für das ordnungsgemäße Ineinandergreifen seiner Arbeiten mit denen seiner Fachunternehmer oder Fachleute ist der Unternehmer verantwortlich.

§ 60   Genehmigungsbedürftige Vorhaben

(1) Die Errichtung, die Änderung, die Nutzungsänderung und der Abbruch baulicher Anlagen sowie anderer Anlagen und Einrichtungen im Sinne des § 1 Abs. 1 Satz 2 bedürfen der Genehmigung (Baugenehmigung), soweit in den §§ 61, 62, 74 und 75 nichts anderes bestimmt ist.

(2) Folgende Anlagen bedürfen der Genehmigung erst nach der Errichtung oder Änderung, jedoch vor der Benutzung (Benutzungsgenehmigung):

....

    4. ortsfeste Behälter für brennbare oder schädliche Flüssigkeiten oder für verflüssigte oder nicht verflüssigte Gase bis zu 5 m^3 Fassungsvermögen,

....

Die Benutzungsgenehmigung darf nur auf der Grundlage einer Bauzustandsbesichtigung (§ 77) erteilt werden. Eine Benutzungsgenehmigung ist nicht erforderlich, wenn vor der Benutzung durch eine Bescheinigung des Unternehmers oder eines Sachverständigen nachgewiesen wird, daß die Anlage den öffentlich-rechtlichen Vorschriften entspricht.

....

§ 61   Wasserbauten, Versorgungs- und Verkehrsanlagen

Einer Baugenehmigung bedürfen nicht

1. Anlagen an und in oberirdischen Gewässern einschließlich der Lande- und Umschlagstellen und der Rückhaltebecken, Anlagen der Gewässerbenutzung, der Gewässerunterhaltung und des Gewässerausbaues sowie Deiche, Dämme und Stützmauern; dies gilt nicht für Gebäude, Aufbauten und Überbrückungen,
2. oberirdische Anlagen und Einrichtungen, die der öffentlichen Versorgung mit Wasser, Gas, Elektrizität, Wärme oder dem Fernmeldewesen dienen; dies gilt nicht für Anlagen mit mehr als 50 m^3 umbautem Raum oder Fassungsvermögen, ortsfeste Behälter für Gas von mehr als 5 m^3 Fassungsvermögen sowie Gebäude mit Aufenthaltsräumen,
3. bauliche Anlagen, die ausschließlich der Lagerung von Sprengstoffen dienen,

wenn sie einer Genehmigung, Erlaubnis, Anzeige oder der staatlichen Aufsicht nach anderen Rechtsvorschriften unterliegen.

§ 62   Genehmigungsfreie Vorhaben

(1) Die Errichtung oder Änderung folgender baulicher Anlagen sowie anderer Anlagen und Einrichtungen bedarf keiner Baugenehmigung:

....

    20. Behälter und Flachsilos bis zu 50 m^3 Fassungsvermögen und bis zu 3,0 m Höhe außer ortsfesten Behältern für brennbare oder schädliche Flüssigkeiten oder für verflüssigte oder nicht verflüssigte Gase und offenen Behältern für Jauche, Gülle und Flüssigmist,

....

(3) Der Abbruch oder die Beseitigung von baulichen Anlagen sowie anderen Anlagen und Einrichtungen nach Absatz 1 bedarf keiner Baugenehmigung. Dies gilt auch für

1. Gebäude bis zu 300 m³ umbautem Raum,
2. die Beseitigung von ortsfesten Behältern bis zu 300 m³ Fassungsvermögen, von Feuerstätten sowie von Anlagen nach § 60 Abs. 2.

(4) Die Genehmigungsfreiheit entbindet nicht von der Verpflichtung zur Einhaltung der Anforderungen, die in diesem Gesetz, in Vorschriften auf Grund dieses Gesetzes oder in anderen öffentlich-rechtlichen Vorschriften gestellt werden.

7.2 Verordnung über die Errichtung und den Betrieb von Feuerungs- und Brennstoffversorgungsanlagen (Feuerungsverordnung – FeuVO)

Vom 3. Dezember 1975 (GV. NW. S. 676/SGV. NW. 232), zuletzt geändert durch Verordnung vom 17. 2. 1984 (GV NW S. 204)[1] – Auszug

§ 20 Heizöllagerung im Freien
(Zu § 45 Abs. 1 und § 46 Abs. 5 BauO NW)

Ortsfeste oberirdische Heizölbehälter im Freien müssen von Bauteilen aus brennbaren Baustoffen und von Öffnungen in Wänden mindestens 3 m, von feuerhemmenden und feuerbeständigen Wänden ohne Öffnungen mindestens 25 cm und von Grundstücksgrenzen mindestens 1 m entfernt aufgestellt sein.

§ 21 Lagerräume für feste Brennstoffe und Heizöl
(Zu § 45 Abs. 1, 3 und 4 und § 46 Abs. 5 BauO NW)

(1) Werden feste Brennstoffe für Feuerstätten mit einer Gesamtnennwärmeleistung von mehr als 150 kW in Gebäuden gelagert, so ist ein besonderer Raum ohne Feuerstätten (Brennstofflagerraum) erforderlich, der nicht anderweitig genutzt werden darf. Wände, Decken und Stützen der Brennstofflagerräume müssen feuerbeständig sein. Als Trennwände zwischen Heizräumen und Brennstofflagerräumen genügen Wände aus nicht brennbaren Baustoffen; Öffnungen in diesen Wänden sind zulässig. Türen von Brennstofflagerräumen, die nicht unmittelbar ins Freie führen, müssen mindestens feuerhemmend und selbstschließend sein. Die Fußböden der Brennstofflagerräume müssen aus nichtbrennbaren Baustoffen bestehen. § 16 Abs. 4 gilt für Brennstofflagerräume sinngemäß.

(2) Werden mehr als 5000 Liter Heizöl in Gebäuden gelagert, so ist ein besonderer Raum ohne Feuerstätten (Heizöllagerraum) erforderlich, der nicht anderweitig genutzt werden darf. Die Lagermenge darf 100 000 Liter je Heizöllagerraum nicht überschreiten. Der Heizöllagerraum muß feuerbeständige Wände und Decken haben. Der Fußboden sowie Einbauten und Unterteilungen dieses Raumes müssen aus nichtbrennbaren Baustoffen bestehen. Türen, die nicht unmittelbar ins Freie führen, müssen mindestens feuerhemmend und selbstschließend sein. Der Raum muß gelüftet werden können. Durch Decken, Wände oder Fußböden von Heizöllagerräumen dürfen nur die zum Betrieb der Heizöllagerräume erforderlichen Leitungen geführt werden; für Heizrohrleitungen und Abwasserleitungen können Ausnahmen gestattet

---

[1] die unter 7.2 abgedruckte Verordnung berücksichtigt noch die baurechtliche Regelung vor Inkrafttreten der BauO NW vom 26. 6. 1984, abgedruckt unter 7.1

werden, wenn wegen des Brandschutzes Bedenken nicht bestehen. § 16 Abs. 4 Sätze 1, 2 und 3 gilt für Heizöllagerräume sinngemäß.

(3) An der Tür eines Heizöllagerraumes muß außen ein auffälliger dauerhafter Anschlag mit dem Wortlaut „Heizöllagerung" vorhanden sein.

(4) In der Nähe von Heizöllagerräumen muß ein für die Brandklassen A, B und C geeigneter Feuerlöscher mit mindestens 6 kg Löschmittelinhalt griffbereit angebracht sein.

(5) Brennstoff- und Heizöllagerräume sowie Räume, die mit ihnen in Verbindung stehen, müssen eine elektrische Beleuchtungsanlage haben. Lüftungsleitungen, die mit anderen Räumen in Verbindung stehen, müssen innerhalb von Brennstoff- und Heizöllagerräumen eine Feuerwiderstandsdauer von mindestens 90 Minuten haben und ohne Öffnungen sein, soweit nicht durch andere geeignete Maßnahmen die Übertragung von Feuer und Rauch verhindert wird. Die Lüftungsleitungen müssen aus nicht brennbaren Baustoffen bestehen; schwerentflammbare Baustoffe können gestattet werden, wenn wegen des Brandschutzes Bedenken nicht bestehen.

(6) Die Absätze 2 bis 5 gelten für Brennstofflagerräume im Sinne des § 45 Abs. 4 Satz 2 BauO NW auch dann, wenn bis zu 5000 Liter Heizöl gelagert werden.

(7) Als Lagermenge im Sinne der Absätze 2 und 6 gilt der Gesamtrauminhalt der Heizölbehälter.

§ 22 Heizöllagerung in Gebäuden außerhalb von Heizöllagerräumen
(Zu § 45 Abs. 1 und 3 und § 46 Abs. 5 BauO NW)

(1) In Gebäuden darf Heizöl außerhalb von Heizöllagerräumen gelagert werden

    1. in Wohnungen
        a) in Kanistern bis zu 40 Liter je Wohnung,
        b) in ortsfesten Behältern bis zu 100 Liter je Wohnung,
    2. außerhalb von Wohnungen in Räumen ohne Feuerstätten
        a) in Kanistern bis zu 1000 Liter je Gebäude,
        b) in Fässern und ortsfesten Behältern bis zu 5000 Liter je Gebäude,

        wenn die Räume feuerbeständige Wände und Decken, ölundurchlässige Fußböden aus nichtbrennbaren Baustoffen sowie bei Lagerung von mehr als 300 Liter Heizöl mindestens feuerhemmende und selbstschließende Türen gegen den Treppenraum haben und ausreichend gelüftet werden können; bei der Lagerung bis zu 300 Liter Heizöl genügen Wände aus nichtbrennbaren Baustoffen und Decken in feuerhemmender Bauart und in den tragenden Teilen aus nichtbrennbaren Baustoffen,

    3. außerhalb von Wohnungen in Räumen mit Feuerstätten in ortsfesten Behältern bis zu 5000 Liter je Raum, wenn

        1. der Raum die Anforderungen des § 21 Abs. 2 Sätze 3 bis 6 und Absatz 5 erfüllt, nicht anderweitig genutzt wird und entsprechend § 19 Abs. 2 und 3 ausgerüstet ist,
        2. die Feuerstätten außerhalb des Auffangraumes für Heizöl stehen,
        3. die Behälter von der Feuerungsanlage einen Abstand von mindestens 1 m haben; ein geringerer Abstand kann gestattet werden, wenn ein Strahlungsschutz vorhanden ist.

(2) Die Gesamtlagermenge nach Absatz 1 darf 5000 Liter je Gebäude nicht überschreiten. Sind die Gebäude in Brandabschnitte unterteilt, so gilt die Gesamtlagermenge für die einzelnen Brandabschnitte.

(3) Werden feste und flüssige Brennstoffe in einem Raum gelagert, so sind Vorkehrungen zu treffen, daß auslaufende flüssige Brennstoffe mit festen Brennstoffen nicht in Berührung kommen können.

(4) Für Räume, in denen mehr als 300 Liter Heizöl gelagert werden, gilt § 21 Abs. 3 und 5 entsprechend.

(5) Bei Lagerung von Heizöl bis zu insgesamt 1000 Liter je Gebäude oder Brandabschnitt ist zur Brandbekämpfung trockener Sand oder ein anderes geeignetes Löschmittel vorrätig und griffbereit zu halten. Werden größere Heizölvorräte in Gebäuden gelagert, so muß ein für die Brandklassen, A, B und C geeigneter Feuerlöscher mit mindestens 6 kg Löschmittelinhalt vorhanden sein.

(6) § 21 Abs. 7 gilt sinngemäß.

7.3   Verordnung über bautechnische Prüfungen (BauPrüfVO)

Vom 6. Dezember 1984 (GV. NW. S. 774) – Auszug

Aufgrund des § 74 Abs. 4 und des § 80 Abs. 2 Nrn. 1 u. 3, Abs. 3, 4 Nr. 3 und Abs. 5 Nrn. 1 bis 3 der Landesbauordnung (BauO NW) vom 26. Juni 1984 (GV. NW. S. 419, ber. S. 532) wird nach Anhörung des Ausschusses für Städtebau und Wohnungswesen und des Ausschusses für Landesplanung und Verwaltungsreform verordnet:

Inhaltsverzeichnis

. . . .

Dritter Teil   Baustoffe, Bauteile, Einrichtungen und Bauarten
Erster Abschnitt   Prüfzeichen
§ 22   Prüfpflicht
§ 23   Freistellung von der Prüfpflicht

. . . .

Vierter Teil   Regelung von Zuständigkeiten
§ 26   Übertragung von Aufgaben auf das Institut für Bautechnik in Berlin

. . . .

Fünfter Teil   Schlußvorschriften
§ 28   Inkrafttreten, Außerkrafttreten

Dritter Teil   Baustoffe, Bauteile, Einrichtungen und Bauarten

Erster Abschnitt   Prüfzeichen

§ 22   Prüfpflicht

Folgende werkmäßig hergestellte Baustoffe, Bauteile und Einrichtungen dürfen nur verwendet oder eingebaut werden, wenn sie ein Prüfzeichen haben:

....

Gruppe 6:   Baustoffe, Bauteile und Einrichtungen für Anlagen zur Lagerung wassergefährdender Flüssigkeiten

6.1 Auffangvorrichtungen aus nichtmetallischen Werkstoffen

6.2 Abdichtungsmittel aus Kunststoff von Auffangwannen und Auffangräumen

6.3 Ortsfeste Behälter

6.4 Innenbeschichtungen aus Kunststoff für ortsfeste Behälter

6.5 Auskleidungen aus Kunststoff für ortsfeste Behälter

6.6 Leckanzeigegeräte für Behälter und für doppelwandige Rohrleitungen

6.7 Kunststoffrohre und kunststoffummantelte Rohre, ihre Formstücke und Dichtmittel

6.8 Überfüllsicherungen für ortsfeste Behälter.
Als wassergefährdende Flüssigkeiten gelten nicht
1. Abwasser, Jauche und Gülle,
2. Flüssigkeiten, die hinsichtlich der Radioaktivität die Freigrenzen des Strahlenschutzrechts überschreiten,
3. Flüssige Lebensmittel, Lebensmittelbasisprodukte und Genußmittel, mit Ausnahme von Speiseölen.

....

§ 23   Freistellung der Prüfpflicht

....

(4) Die in § 22 Gruppe 6 genannten Baustoffe, Bauteile und Einrichtungen bedürfen abweichend von § 22 keines Prüfzeichens, wenn ihre Eignung nach § 19 h Abs. 1 des Wasserhaushaltsgesetzes festgestellt ist. Die in § 22 Gruppe 6 Nrn. 6.4 bis 6.6 und 6.8 genannten Baustoffe, Bauteile und Einrichtungen bedürfen abweichend von § 22 auch dann keines Prüfzeichens, wenn ihre Brauchbarkeit durch eine Bauartzulassung nach den bundesrechtlichen Vorschriften über brennbare Flüssigkeiten nachgewiesen ist und der Hersteller sich einer Überwachung gemäß § 24 BauO NW unterzieht; die Überwachung ist nach den in der Bauartzulassung enthaltenen Auflagen, nach den Technischen Regeln für brennbare Flüssigkeiten (TRbF) und den vom Bundesminister für Arbeit und Sozialordnung bekanntgemachten Richtlinien durchzuführen.

Vierter Teil   Regelung von Zuständigkeiten

§ 26   Übertragung von Aufgaben auf das Institut für Bautechnik in Berlin

Das Institut für Bautechnik, Reichpietschufer 72–76, 1000 Berlin 30, ist zuständig für

1. die Erteilung allgemeiner bauaufsichtlicher Zulassungen für neue Baustoffe, Bauteile und Bauarten (§ 22 BauO NW),
2. die Erteilung von Prüfzeichen (§ 23 BauO NW),
3. die Anerkennung von Überwachungsgemeinschaften sowie die Zustimmung zu Überwachungsverträgen (§ 24 BauO NW).

Fünfter Teil   Schlußvorschriften

§ 28   Inkrafttreten, Außerkrafttreten

Diese Verordnung tritt am 1. Januar 1985 in Kraft. Gleichzeitig treten außer Kraft

1. die Verordnung über die bautechnische Prüfung von Bauvorhaben – PrüfungVO – v. 19. Juli 1962 (GV. NW. S. 470), zuletzt geändert durch Verordnung vom 24. Mai 1969 (GV. NW. S. 281),

2. die Überwachungsverordnung vom 4. Februar 1970 (GV. NW. S. 138), zuletzt geändert durch Verordnung vom 3. Mai 1973 (GV. NW. S. 257),

3. die Verordnung zur Übertragung von Zuständigkeiten auf das Institut für Bautechnik in Berlin vom 6. April 1970 (GV. NW. S. 272),

4. die Verordnung zur Übertragung der Zuständigkeiten für Ausführungsgenehmigungen Fliegender Bauten vom 2. August 1974 (GV. NW. S. 879),

5. die Bauvorlagenverordnung – BauVorlVO – vom 30. Januar 1975 (GV. NW. S. 174) und

6. die Prüfzeichenverordnung – PrüfzVO – vom 23. November 1982 (GV. NW. S. 761), mit Ausnahme des § 2 Abs. 5 bis 7, der am 31. Dezember 1985 außer Kraft tritt.

Anlage 2
zur BauPrüfVO
(zu § 23 Abs. 1)

. . . .

5   Aus § 22 Gruppe 6 Nr. 6.3:
Behälter nach folgenden DIN-Normen:

DIN 6608 Teil 1 –	Liegende Behälter aus Stahl, einwandig, für unterirdische Lagerung brennbarer Flüssigkeiten
DIN 6608 Teil 2 –	Liegende Behälter aus Stahl, doppelwandig, für unterirdische Lagerung brennbarer Flüssigkeiten
DIN 6616 –	Liegende Behälter aus Stahl, einwandig und doppelwandig, für oberirdische Lagerung brennbarer Flüssigkeiten
DIN 6618 Teil 1 –	Stehende Behälter aus Stahl, einwandig, für oberirdische Lagerung brennbarer Flüssigkeiten
DIN 6618 Teil 2 –	Stehende Behälter aus Stahl, doppelwandig, ohne Leckanzeigeflüssigkeit, für oberirdische Lagerung brennbarer Flüssigkeiten
DIN 6618 Teil 3 –	Stehende Behälter aus Stahl, doppelwandig, mit Leckanzeigeflüssigkeit, für oberirdische Lagerung brennbarer Flüssigkeiten
DIN 6619 Teil 1 –	Stehende Behälter aus Stahl, einwandig, für unterirdische Lagerung brennbarer Flüssigkeiten
DIN 6619 Teil 2 –	Stehende Behälter aus Stahl, doppelwandig, für unterirdische Lagerung brennbarer Flüssigkeiten
DIN 6620 Teil 1 –	Batteriebehälter aus Stahl, für oberirdische Lagerung brennbarer Flüssigkeiten der Gefahrklasse A III, Behälter
DIN 6622 Teil 1 –	Haushaltsbehälter aus Stahl, 620 Liter Volumen, für oberirdische Lagerung von Heizöl

DIN 6622 Teil 2 –   Haushaltsbehälter aus Stahl, 1000 Liter Volumen, für oberir-
                     dische Lagerung von Heizöl
DIN 6623 Teil 1 –   Stehende Behälter aus Stahl, mit weniger als 1000 Liter Volu-
                     men, für oberirdische Lagerung brennbarer Flüssigkeiten, ein-
                     wandig
DIN 6623 Teil 2 –   Stehende Behälter aus Stahl, mit weniger als 1000 Liter Volu-
                     men, für oberirdische Lagerung brennbarer Flüssigkeiten,
                     doppelwandig
DIN 6624 Teil 1 –   Liegende Behälter aus Stahl, von 1000 bis 5000 Liter Volu-
                     men, einwandig, für oberirdische Lagerung brennbarer Flüs-
                     sigkeiten der Gefahrklasse A III
DIN 6624 Teil 2 –   Liegende Behälter aus Stahl, von 1000 bis 5000 Liter Volu-
                     men, doppelwandig, für oberirdische Lagerung brennbarer
                     Flüssigkeiten der Gefahrklasse A III
DIN 6625 Teil 1 –   Standortgefertigte Behälter aus Stahl für oberirdische Lage-
                     rung von Heizöl und Dieselkraftstoff, Bau- und Prüfgrundsätze

. . . .

Maßgebend sind die DIN-Normen in der jeweils geltenden Fassung.

8 Straf- und ordnungsrechtliche Bestimmungen

8.1 Strafgesetzbuch (StGB)

in der Fassung des 18. Strafrechtsänderungsgesetzes vom 23. März 1980 (BGBl. I S. 373) – Auszug

Achtundzwanzigster Abschnitt   Straftaten gegen die Umwelt

§ 324   Verunreinigung eines Gewässers

(1) Wer unbefugt ein Gewässer verunreinigt oder sonst dessen Eigenschaften nachteilig verändert, wird mit Freiheitsstrafe bis zu fünf Jahren oder mit Geldstrafe bestraft.

(2) Der Versuch ist strafbar.

(3) Handelt der Täter fahrlässig, so ist die Strafe Freiheitsstrafe bis zu zwei Jahren oder Geldstrafe.

§ 326   Umweltgefährdende Abfallbeseitigung

(1) Wer unbefugt Abfälle, die

1. Gifte oder Erreger gemeingefährlicher und übertragbarer Krankheiten bei Menschen oder Tieren enthalten oder hervorbringen können,
2. explosionsgefährlich, selbstentzündlich oder nicht nur geringfügig radioaktiv sind oder
3. nach Art, Beschaffenheit oder Menge geeignet sind, nachhaltig ein Gewässer, die Luft oder den Boden zu verunreinigen oder sonst nachteilig zu verändern,

außerhalb einer dafür zugelassenen Anlage oder unter wesentlicher Abweichung von einem vorgeschriebenen oder zugelassenen Verfahren behandelt, lagert, ablagert, abläßt oder sonst beseitigt, wird mit Freiheitsstrafe bis zu drei Jahren oder mit Geldstrafe bestraft.

(2) Ebenso wird bestraft, wer radioaktive Abfälle, zu deren Ablieferung er nach dem Atomgesetz oder einer auf Grund des Atomgesetzes erlassenen Rechtsverordnung verpflichtet ist, nicht abliefert.

(3) In den Fällen des Absatzes 1 ist der Versuch strafbar.

(4) Handelt der Täter fahrlässig, so ist die Strafe Freiheitsstrafe bis zu einem Jahr oder Geldstrafe.

(5) Die Tat ist dann nicht strafbar, wenn schädliche Einwirkungen auf die Umwelt, insbesondere auf Menschen, Gewässer, die Luft, den Boden, Nutztiere oder Nutzpflanzen, wegen der geringen Menge der Abfälle offensichtlich ausgeschlossen sind.

§ 329   Gefährdung schutzbedürftiger Gebiete

(1) Wer entgegen einer auf Grund des Bundes-Immissionsschutzgesetzes erlassenen Rechtsverordnung über ein Gebiet, das eines besonderen Schutzes vor schädlichen Umwelteinwirkungen durch Luftverunreinigungen oder Geräusche bedarf oder in dem während austauscharmer Wetterlagen ein starkes Anwachsen schädlicher Umwelteinwirkungen durch Luftverunreinigungen zu befürchten ist, Anlagen innerhalb des Gebietes betreibt, wird mit Freiheitsstrafe bis zu zwei Jahren oder mit Geldstrafe bestraft. Ebenso wird bestraft, wer innerhalb eines solchen Gebietes Anlagen entgegen einer vollziehbaren Anordnung betreibt, die auf Grund einer in Satz 1 bezeichneten Rechtsverordnung ergangen ist. Die Sätze 1 und 2 gelten nicht für Kraftfahrzeuge, Schienen-, Luft- oder Wasserfahrzeuge.

(2) Wer innerhalb eines Wasser- oder Heilquellenschutzgebietes entgegen einer zu deren Schutz erlassenen Rechtsvorschrift

    1. betriebliche Anlagen zum Lagern, Abfüllen oder Umschlagen wassergefährdender Stoffe betreibt,

    2. Rohrleitungsanlagen zum Befördern wassergefährdender Stoffe betreibt oder

    3. im Rahmen eines Gewerbebetriebes Kies, Sand, Ton oder andere feste Stoffe abbaut,

wird mit Freiheitsstrafe bis zu zwei Jahren oder mit Geldstrafe bestraft.

(3) Ebenso wird bestraft, wer innerhalb eines Naturschutzgebietes oder eines Nationalparks oder innerhalb einer als Naturschutzgebiet einstweilig sichergestellten Fläche entgegen einer zu deren Schutz erlassenen Rechtsvorschrift oder vollziehbaren Untersagung

    1. Bodenschätze oder andere Bodenbestandteile abbaut oder gewinnt,

    2. Abgrabungen oder Aufschüttungen vornimmt,

    3. Gewässer schafft, verändert oder beseitigt,

    4. Moore, Sümpfe, Brüche oder sonstige Feuchtgebiete entwässert oder

    5. Wald rodet

und dadurch wesentliche Bestandteile eines solchen Gebietes beeinträchtigt.

(4) Handelt der Täter fahrlässig, so ist die Strafe Freiheitsstrafe bis zu einem Jahr oder Geldstrafe.

§ 330   Schwere Umweltgefährdung

(1) Mit Freiheitsstrafe von drei Monaten bis zu fünf Jahren wird bestraft, wer

    1. eine Tat nach § 324 Abs. 1, § 326 Abs. 1, 2, § 327 Abs. 1, 2, § 328 Abs. 1, 2 oder nach § 329 Abs. 1 bis 3 begeht,

    2. beim Betrieb einer Anlage, insbesondere einer Betriebsstätte oder Maschine, gegen eine Rechtsvorschrift, vollziehbare Untersagung, Anordnung oder Auflage verstößt, die dem Schutz vor Luftverunreinigungen, Lärm, Erschütterungen, Strahlen oder sonstigen schädlichen Umwelteinwirkungen oder anderen Gefahren für die Allgemeinheit oder die Nachbarschaft dient,

    3. eine Rohrleitungsanlage zum Befördern wassergefährdender Stoffe oder eine betriebliche Anlage zum Lagern, Abfüllen oder Umschlagen wassergefährdender Stoffe ohne die erforderliche Genehmigung, Eignungsfeststellung oder

Bauartzulassung oder entgegen einer vollziehbaren Untersagung, Anordnung oder Auflage, die dem Schutz vor schädlichen Einwirkungen auf die Umwelt dient, oder unter grob pflichtwidrigem Verstoß gegen die allgemein anerkannten Regeln der Technik betreibt oder

4. Kernbrennstoffe, sonstige radioaktive Stoffe, explosionsgefährliche Stoffe oder sonstige gefährliche Güter als Führer eines Fahrzeuges oder als sonst für die Sicherheit oder die Beförderung Verantwortlicher ohne die erforderliche Genehmigung oder Erlaubnis oder entgegen einer vollziehbaren Untersagung, Anordnung oder Auflage, die dem Schutz vor schädlichen Einwirkungen auf die Umwelt dient, oder unter grob pflichtwidrigem Verstoß gegen Rechtsvorschriften zur Sicherung vor den von diesen Gütern ausgehenden Gefahren befördert, versendet, verpackt oder auspackt, verlädt oder entlädt, entgegennimmt oder anderen überläßt oder Kennzeichnungen unterläßt

und dadurch Leib oder Leben eines anderen, fremde Sachen von bedeutendem Wert, die öffentliche Wasserversorgung oder eine staatlich anerkannte Heilquelle gefährdet. Satz 1 Nr. 2 gilt nicht für Kraftfahrzeuge, Schienen-, Luft- oder Wasserfahrzeuge.

(2) Ebenso wird bestraft, wer durch eine der in Absatz 1 Satz 1 Nr. 1 bis 4 bezeichneten Handlungen

1. die Eigenschaften eines Gewässers oder eines landwirtschaftlich, forstwirtschaftlich oder gärtnerisch genutzten Bodens derart beeinträchtigt, daß das Gewässer oder der Boden auf längere Zeit nicht mehr wie bisher genutzt werden kann oder

2. Bestandteile des Naturhaushalts von erheblicher ökologischer Bedeutung derart beeinträchtigt, daß die Beeinträchtigung nicht, nur mit unverhältnismäßigen Schwierigkeiten oder erst nach längerer Zeit wieder beseitigt werden kann.

Absatz 1 Satz 2 gilt entsprechend.

(3) Der Versuch ist strafbar.

(4) In besonders schweren Fällen ist die Strafe Freiheitsstrafe von sechs Monaten bis zu zehn Jahren. Ein besonders schwerer Fall liegt in der Regel vor, wenn der Täter durch die Tat

1. Leib oder Leben einer großen Zahl von Menschen gefährdet oder

2. den Tod oder eine schwere Körperverletzung (§ 224) eines Menschen leichtfertig verursacht.

(5) Wer in den Fällen des Absatzes 1 oder 2 die Gefahr oder die Beeinträchtigung fahrlässig verursacht, wird mit Freiheitsstrafe bis zu fünf Jahren oder mit Geldstrafe bestraft.

(6) Wer in den Fällen des Absatzes 1 oder 2 fahrlässig handelt und die Gefahr oder die Beeinträchtigung fahrlässig verursacht, wird mit Freiheitsstrafe bis zu drei Jahren oder mit Geldstrafe bestraft.

§ 330 a   Schwere Gefährdung durch Freisetzen von Giften

(1) Wer Gifte in der Luft, in einem Gewässer, im Boden oder sonst verbreitet oder freisetzt und dadurch einen anderen in die Gefahr des Todes oder einer schweren Körperverletzung (§ 224) bringt, wird mit Freiheitsstrafe von sechs Monaten bis zu zehn Jahren bestraft.

(2) Wer die Gefahr fahrlässig verursacht, wird mit Freiheitsstrafe bis zu fünf Jahren oder mit Geldstrafe bestraft.

8.2   Vollzug des Abfallbeseitigungsgesetzes, immissionsschutzrechtlicher Vorschriften, des Wasserhaushaltsgesetzes und des Gesetzes über Ordnungswidrigkeiten (NW)

Buß- und Verwarnungsgeldkatalog für den Umweltschutz

Gem. RdErl. vom 25. Juni 1976 (MBl. NW. S. 1508/SMBl. NW. 283), geändert durch Gem. RdErl. vom 20. Juli 1981 (MBl. NW. S. 1580) – Auszug

Die Konferenz der für Fragen des Umweltschutzes zuständigen Minister und Senatoren der Länder und des Bundes hat in ihrer Sitzung am 22. September 1975 beschlossen, den Ländern die Einführung eines Bußgeldkataloges für den Umweltschutz zu empfehlen. In der Anlage werden die Buß- und Verwarnungsgeldkataloge für die Sachbereiche Abfallbeseitigung, Immissionsschutz und Gewässerschutz (Teilbereich: Verstöße gegen Vorschriften des Wasserhaushaltsgesetzes über das Lagern, Abfüllen und Umschlagen wassergefährdender Stoffe) bekanntgemacht.

Es wird gebeten, ab sofort bei der Ahndung von Ordnungswidrigkeiten

. . . .

– nach den Vorschriften über das Lagern, Abfüllen und Umschlagen wassergefährdender Stoffe des Wasserhaushaltsgesetzes in der Fassung der Bekanntmachung vom 16. Oktober 1976 (BGBl. I S. 3017), zuletzt geändert durch Gesetz vom 28. März 1980 (BGBl. I S. 373),

gemäß den anliegenden Unterlagen zu verfahren.

Anlage 1

Buß- und Verwarnungsgeldkatalog für den Umweltschutz

A.   Allgemeiner Teil

Abschnitt I   Allgemeines

1   Begriffsbestimmungen

1.1   Eine Ordnungswidrigkeit ist eine rechtswidrige und vorwerfbare Handlung, die den Tatbestand eines Gesetzes (förmliches Gesetz, Rechtsverordnung, Satzung) verwirklicht, das die Ahndung mit einer Geldbuße vorsieht [§ 1 Abs. 1 Gesetz über Ordnungswidrigkeiten (OWiG) in der Fassung der Bekanntmachung vom 2. Januar 1975 (BGBl. I S. 80), zuletzt geändert durch Gesetz vom 5. Oktober 1978 (BGBl. I S. 1645)].

1.2   Eine Straftat ist eine rechtswidrige und schuldhafte Handlung, die den Tatbestand eines Gesetzes verwirklicht, das die Ahndung mit einer Strafe (Freiheitsstrafe, Geldstrafe) vorsieht.

2   Anwendungsbereich des Kataloges

2.1   Der Buß- und Verwarnungsgeldkatalog ist als Richtlinie für die zuständigen Verwaltungsbehörden bei Ordnungswidrigkeiten der Sachbereiche Abfallbeseitigung, Immissionsschutz und Gewässerschutz (Teilbereich: Verstöße gegen Vorschriften des Wasserhaushaltsgesetzes über das Lagern, Abfüllen und Umschlagen wassergefährdender Stoffe) anzuwenden (vgl. zum Richtliniencharakter ergänzend Absatz 2 der Vorbemerkung in Teil B).

2.2   Soweit Zuwiderhandlungen nicht vom Katalog erfaßt werden, soll für die Bemessung der Geldbuße von vergleichbaren Zuwiderhandlungen des Kataloges ausgegangen werden.

3   Bußgeldverfahren und Verwarnungsverfahren

3.1   Bußgeldverfahren

Ein Bußgeldverfahren soll eingeleitet werden, wenn auf Grund von Anzeigen oder Feststellungen Anhaltspunkte für eine Ordnungswidrigkeit der Sachbereiche nach Nummer 2.1 vorliegen und der Verfolgung keine Hindernisse entgegenstehen. Dies gilt nicht, wenn die Ordnungswidrigkeit so unbedeutend erscheint, daß nicht einmal eine Verwarnung notwendig ist.

3.2   Verwarnungsverfahren

Ist die Ordnungswidrigkeit geringfügig, so kann der Betroffene verwarnt werden (§ 56 Abs. 1 OWiG). Dabei soll ein Verwarnungsgeld erhoben werden, wenn die Verwarnung ohne Verwarnungsgeld unzureichend ist. Die Erfordernisse des § 56 Abs. 2 OWiG sind zu beachten (Einverständnis des Täters nach Belehrung; Zahlung des Verwarnungsgeldes innerhalb bestimmter Frist).

Für die Einstufung einer Ordnungswidrigkeit als geringfügig sind vor allem der Grad und das Ausmaß der Gefährdung oder Schädigung der geschützten Umweltgüter sowie das Täterverhalten (Notwendigkeit eines fühlbaren Denkzettels zur Beeinflussung künftigen Verhaltens) im Einzelfall nach pflichtgemäßem Ermessen zu berücksichtigen.

Im Katalog sind die Zuwiderhandlungen besonders kenntlich gemacht, bei denen häufig eine Verwarnung in Betracht kommt. Eine Ordnungswidrigkeit kann dann nicht mehr als geringfügig angesehen werden, wenn der Regelsatz oder die Untergrenze des Rahmensatzes nach dem Katalog das gesetzliche Höchstmaß des Verwarnungsgeldes überschreitet und keine besonderen Umstände für eine Verwarnung sprechen.

4   Abgabe an die Staatsanwaltschaft

4.1   Die Verwaltungsbehörde hat die Sache an die zuständige Staatsanwaltschaft abzugeben, wenn Anhaltspunkte dafür bestehen, daß die zu verfolgende Handlung eine Straftat ist (§ 41 Abs. 1 OWiG).

4.2   Eine Sache ist auch dann als Straftat (Tat im prozessualen Sinn) zu behandeln und damit an die Staatsanwaltschaft abzugeben, wenn durch ein und dieselbe Handlung (Tateinheit) oder durch mehrere Handlungen innerhalb eines einheitlichen

Ereignisses (Verknüpfung mehrerer Handlungen in einem einheitlichen Lebensvorgang) sowohl der Tatbestand einer Straftat als auch der Tatbestand einer Ordnungswidrigkeit verwirklicht werden (§ 21 Abs. 2 OWiG).

4.3 Wird die tateinheitliche Straftat von der Staatsanwaltschaft nicht verfolgt, kann die tateinheitliche Ordnungswidrigkeit von der Verwaltungsbehörde verfolgt werden (§ 21 Abs. 2 OWiG).

Abschnitt II   Grundsätze für die Bemessung der Geldbuße

5   Regel und Rahmensätze für vorsätzliche Zuwiderhandlungen

Die im Katalog ausgewiesenen Geldbußen sind Regel- und Rahmensätze für vorsätzliche Zuwiderhandlungen.

6   Grundsätze für die Erhöhung oder Ermäßigung der Regel- und Rahmensätze sowie für die Konkretisierung von Rahmensätzen

6.1   Allgemeines

Die Regel- und Rahmensätze können nach den Grundsätzen des § 17 Abs. 3 OWiG je nach den Umständen des Einzelfalles erhöht (s. Nummer 6.2) oder ermäßigt (s. Nummer 6.3) werden.

Für die konkrete Festsetzung nach einem Rahmensatz ist sinngemäß zu verfahren.

Bei geringfügigen Ordnungswidrigkeiten bleiben die wirtschaftlichen Verhältnisse des Täters unberücksichtigt (§ 17 Abs. 3 Satz 2 2. Halbsatz OWiG).

6.2   Erhöhung

Eine Erhöhung kann insbesondere in Betracht kommen, wenn

a) das Ausmaß der Umweltbeeinträchtigung nach den Umständen des Falles ungewöhnlich groß ist,

b) der Täter bereits einmal wegen einer gleichartigen Ordnungswidrigkeit innerhalb der letzten drei Jahre mit einer Geldbuße belegt oder förmlich (schriftlich) verwarnt worden ist,

c) der Täter wirtschaftliche Vorteile aus der Tat gezogen hat; in diesem Fall soll die Geldbuße die wirtschaftlichen Vorteile übersteigen; dabei darf das gesetzliche Höchstmaß der Geldbuße überschritten werden (§ 17 Abs. 4 OWiG),

d) der Täter die Ordnungswidrigkeit im Zusammenhang mit der Ausübung eines Berufes oder eines Gewerbes begeht, sofern diese Begehungsweise nicht bereits tatbestandsmäßig ist,

e) der Täter eine fortgesetzte Handlung begeht (s. Nummer 9),

f) der Täter vorwerfbar einen rechtswidrigen Zustand für einen gewissen Zeitraum herbeigeführt hat (s. Nummer 10),

g) der Täter in außergewöhnlich guten wirtschaftlichen Verhältnissen lebt.

6.3   Ermäßigung

Eine Ermäßigung kann insbesondere in Betracht kommen, wenn

a) das Ausmaß der Umweltbeeinträchtigung nach den Umständen des Falles ungewöhnlich klein ist,

b) der Vorwurf, der den Täter trifft, aus besonderen Gründen des Einzelfalles geringer als für durchschnittliches vorwerfbares Handeln erscheint,

c) der Täter Einsicht zeigt, so daß Wiederholungen nicht zu befürchten sind,

d) die vorgesehene Geldbuße zu einer unzumutbaren wirtschaftlichen Belastung führt,

e) die wirtschaftlichen Verhältnisse des Täters außergewöhnlich schlecht sind.

7 Fahrlässiges Handeln

Bei fahrlässigem Handeln soll von der Hälfte der Regel- und Rahmensätze nach Nummer 5 ausgegangen werden, soweit nicht besondere Umstände des Einzelfalls, insbesondere der Grad der Fahrlässigkeit, eine Abweichung erfordern.

Das gesetzliche Höchstmaß der Geldbuße nach § 17 Abs. 2 OWiG darf dabei nicht überschritten werden.

Im übrigen gelten die Grundsätze nach Nummer 6 auch für fahrlässiges Handeln.

Abschnitt III Besondere Richtlinien und Hinweise

8 Tateinheit

Verletzt dieselbe Handlung mehrere Rechtsvorschriften, nach denen sie als Ordnungswidrigkeit geahndet werden kann oder eine solche Rechtsvorschrift mehrmals, so wird nur eine Geldbuße festgesetzt. Dabei bestimmt sich die Geldbuße nach der Rechtsvorschrift, mit der die höchste Geldbuße angedroht wird.

9 Fortgesetzte Handlung

9.1 Eine fortgesetzte Handlung liegt vor, wenn derselbe oder ein im wesentlichen gleicher Tatbestand durch mehrere Ausführungshandlungen (Teilakte) in einer im wesentlichen gleichartigen Begehungsweise und in einem engen zeitlichen und räumlichen Zusammenhang aufgrund eines vorgefaßten Entschlusses erfüllt wird, der spätestens vor Beendigung des ersten Teilaktes der Handlungsreihe die mehrfache Verwirklichung des Tatbestandes in den wesentlichen Grundzügen der späteren Ausführungshandlungen umfaßt (Gesamtvorsatz), und wenn dadurch dasselbe Rechtsgut verletzt wird. Bei einer fortgesetzten Handlung gelten alle Teilakte als eine Handlung.

9.2 Bei der Bemessung der Geldbuße ist zwar von den Regel- und Rahmensätzen des Kataloges auszugehen (s. Nummer 5). Die Geldbuße soll jedoch unter Berücksichtigung der Zahl der Teilakte angemessen erhöht werden (s. Nummer 6.2 Buchstabe f).

10 Dauerzuwiderhandlung

10.1 Eine Dauerzuwiderhandlung liegt vor, wenn der durch die Verletzung einer Rechtsvorschrift begründete Zustand vorsätzlich oder fahrlässig über einen gewissen Zeitraum aufrechterhalten wird. Hier liegt nur eine Zuwiderhandlung vor.

10.2 Bei der Bemessung der Geldbuße ist zwar von den Regel- und Rahmensätzen des Kataloges auszugehen (s. Nummer 5). Die Geldbuße soll jedoch unter Berücksichtigung der Dauer des rechtswidrigen Zustandes erhöht werden (s. Nummer 6.2 Buchstabe g).

11 Tatmehrheit

Werden durch mehrere rechtlich selbständige Handlungen mehrere Ordnungswidrigkeiten begangen, so wird für jede eine Geldbuße gesondert festgesetzt.

12 Besondere Personengruppen

12.1 Handelt jemand für einen anderen (als vertretungsberechtigtes Organ einer juristischen Person, als Mitglied eines solchen Organes, als vertretungsberechtigter Gesellschafter einer Personenhandelsgesellschaft, als gesetzlicher Vertreter oder als Beauftragter in einem Betrieb), sind die besonderen Bestimmungen des § 9 OWiG zu beachten.

12.2 Gegen juristische Personen und Personenvereinigungen kann unter den Voraussetzungen des § 30 OWiG eine Geldbuße als Nebenfolge festgesetzt werden.

12.3 Wegen der Verletzung der Aufsichtspflicht in Betrieben und Unternehmen durch den Inhaber oder diesem gleichstehende Personen wird auf § 130 OWiG hingewiesen.

13 Verfahren nach Einspruch

Beabsichtigt die Verwaltungsbehörde in der Hauptverhandlung die Gesichtspunkte vorzubringen, die von ihrem Standpunkt für die Entscheidung von Bedeutung sind, so teilt sie diese bei der Übersendung der Akten (§ 69 OWiG) der Staatsanwaltschaft mit und bittet, auf eine Beteiligung nach § 76 Abs. 1 OWiG hinzuwirken. Hält die Verwaltungsbehörde die Teilnahme der Staatsanwaltschaft an der Hauptverhandlung für notwendig, so regt sie diese an.

Anlage 2

D. Sachbereich Gewässerschutz

(Verstöße gegen Vorschriften des Wasserhaushaltsgesetzes über das Lagern, Abfüllen und Umschlagen wassergefährdender Stoffe)[1]

---

[1] Erweiterung auf Ordnungswidrigkeiten nach dem LWG und der VAwS wird vorbereitet.

	Tatbestand	Geldbuße	Bemerkung
1	Verstöße beim Lagern, Abfüllen und Umschlagen wassergefährdender Stoffe		a) Bei Nr. 1.1 bis 1.4 nach dem Fassungsvermögen der Anlage und der Wassergefährlichkeit staffeln: vgl. Bek. d. BMI über Katalog wassergefährdender Stoffe vom 11.9.1980 (GMBl. S. 430) b) soweit außerhalb von Anlagen vgl. Nr 2
1.1	Nichteinhaltung der allgemein anerkannten Regeln der Technik bei Einbau, Aufstellung, Unterhaltung und Betrieb von Anlagen (§ 41 Abs. 1 Nr. 6a WHG)	DM 50 bis 1000	
1.2	Verwenden von Anlagen, Anlagenteilen oder Schutzvorkehrungen ohne Eignungsfeststellung (§ 41 Abs. 1 Nr. 6b WHG)		
1.2.1	Flüssigkeitsbehälter oder Betriebsrohrleitung ohne Eignungsfeststellung	DM 100 bis 5000	Verstoß gegen Bau- und Gewerberecht (VbF) prüfen
1.2.2	Schutzvorkehrung (insbes. Anzeige- und Warneinrichtung) ohne Eignungsfeststellung	DM 100 bis 3000	Verstoß gegen Gewerberecht (VbF) prüfen
1.2.3	Sonstige Anlageteile, wie z.B. Auffangräume, aus nicht zugelassenem Material	DM 50 bis 1500	Verstoß gegen Bau- und Gewerberecht (VbF) prüfen
1.3	Unterlassene Eigenüberwachung einer Anlage oder Nichtabschließen eines Überwachungsvertrages (§ 41 Abs. 1 Nr. 6c WHG)	DM 50 bis 1000	
1.4	Verstöße beim Befüllen und Entleeren von Anlagen (§ 41 Abs. 1 Nr. 6d WHG)		
1.4.1	Mangelhafte Überwachung	DM 50 bis 500	
1.4.2	Nichtüberprüfen des ordnungsgemäßen Zustandes der Sicherheitseinrichtungen	DM 50 bis 500	
1.4.3	Überschreiten der Belastungsgrenzen der Anlage oder der Sicherheitseinrichtungen	DM 100 bis 1000	
1.5	Verstöße bei der Führung eines Fachbetriebs, der gewerbsmäßig Anlagen einbaut, aufstellt, instandhält, instandsetzt oder reinigt (§ 41 Abs. 1 Nr. 6e WHG)		
1.5.1	Führen des Betriebs ohne Zulassung	DM 300 bis 10000	
1.5.2	Nichtbefolgen von Einschränkungen der Zulassung	DM 200 bis 10000	
1.5.3	Führen eines Altbetriebs i. S. des § 191 Abs. 3 Satz 1 WHG ohne zeitige Antragstellung auf Zulassung	DM 100 bis 5000	nach Betriebsgröße staffeln
2	Wassergefährdendes Lagern und Ablagern von Stoffen außerhalb von Anlagen (§ 41 Abs. 1 Nr. 1 WHG)	DM 5 bis 50000	a) Für das Lagern und Ablagern in Anlagen gelten die Nrn. 1 bis 1.5.3 b) Tateinheit mit Verstößen gegen die Abfallbeseitigungsgesetze prüfen

Sachverzeichnis

Fettgedruckte Ziffern sind Ordnungsziffern, die vor den einzelnen Kapitelüberschriften stehen.
Die Seitenangaben für diese Kapitel — sie enthalten Vorschriften, Gesetze und Erläuterungen —
befinden sich vorn im Inhaltsverzeichnis.
Die gewöhnlich gedruckten Ziffern verweisen auf Abschnitte, Artikel oder Paragraphen innerhalb dieser Kapitel. Die Ziffern der den Verordnungen direkt zugeordneten Verwaltungsvorschriften sind mit VV gekennzeichnet.

Abbaubarkeit **3.1** 3
Abbauverhalten **3.1** 2, **3.2** 3, 4 **3.3** 2
Abbruch **2.2.13**
Abdichtungsmittel **2.1.1** VV 3, **2.1.2** VV 3,
  2.1.3 VV 3, **2.1.4** VV 1, VV 3, **2.2.6**, **7.3** 22
Abfallbeseitigungsgesetz Vorwort, **2.1.1**
  VV 1, **2.1.2** VV 1, **2.1.4** VV 1, **2.2.9**, **5.3** 5, **8.1**
  326, **8.2** 2
Abfließen **1.1** 19, **1.2.4** 48, **2.1.4** VV 10
Abfüllanlage **2.1.3** VV 1, **2.1.1**, **2.2.5**
Abfüllen **2.1.1** 1, VV 1, VV 3, VV 5, VV 8, 13,
  14, 17, VV 19, VV 23, **2.1.2** 1, VV 1, VV 3,
  VV 5, 16, **2.1.3** 1, VV 1, VV 3, **2.1.4** VV 1, 13,
  VV 14, **2.2.1**, **2.2.14**, **2.2.15** 2, **3.1** 2, **3.2** 1, **3.3**
  2, **4.2**, **5.3** 3, **6.1** 1, 2, 4, 5, **6.2** 1, 6, **8.2** 2
Abfüllkapazität **2.2.14**, **6.2** 1
Abfüllplätze **2.1.1** 14, VV 14, **2.1.2** 14,
  VV 14, **2.1.3** 14, VV 14, **2.1.4** 14, VV 14,
  2.2.6, **2.2.13**
Abfüllsicherungen **2.1.1** VV 3, 17, VV 21, 22,
  VV 22, **2.1.2** VV 3, 17, VV 24, 33, **2.1.3** VV 3,
  VV 17, VV 20, 29, **2.1.4** VV 3, 18, VV 21, 25,
  VV 25, **2.2.6**, **6.1** 12
Abgrenzungsfrage **2.2.1**
Abläufe **2.2.1** VV 3, 13, VV 14, 15, **2.1.2**
  VV 3, 13, VV 14, 15, **2.1.3** 13, VV 14, **2.1.4**
  VV 3, 13, VV 14, 15, **2.2.5**
Ablaufdiagramm Vorwort, **2.2.3**
Ableitungssystem **2.1.1** VV 3, VV 14, 21,
  2.1.2 VV 3, VV 14, 24, **2.1.3** VV 3, VV 14, 20,
  2.1.4 VV 3, VV 14, 21, **2.2.5**, **2.2.6**
Abnahmeprüfung **2.2.1** VV 3, **2.1.2** VV 3
Abnahmeschein **1.2.2** 69
Abscheideanlagen, -vorrichtungen **2.1.1**
  VV 3, VV 14, 21, **2.1.2** VV 3, VV 14, 24, **2.1.3**
  VV 3, VV 14, 20, **2.1.4** VV 3, VV 14, 21,
  2.2.5, **2.2.6**, **6.2** 2

Absperrventile **2.1.3** 13
Absperrvorrichtung **2.1.1** VV 3, **2.1.2** VV 3,
  2.1.3 VV 3, **2.1.4** VV 3
Abstellen **2.1.1** VV 1, **2.1.2** VV 1
Abwasser **1.1** 19g, **1.2.4** 161, **2.1.1** VV 1,
  2.1.2 VV 1, **2.1.3** VV 1, **2.1.4** VV 1, **2.2.1**, **7.3**
  22
Abwasseranlage **1.2.3** 26, **2.1.2** 10, VV 10,
  14, **2.1.3** VV 10, 14, **2.1.4** VV 3, VV 10, 14,
  2.2.1
Abwasserbeseitigung **1.1** 36a, **2.1.1** VV 1,
  VV 3, VV 9, 14, VV 14, **2.1.2** VV 3, VV 14,
  2.1.3 VV 3, VV 14, **2.1.4** VV 3, VV 14
Abwehr, -maßnahmen **2.1.1** VV 9, **2.1.3**
  VV 10, **2.1.4** VV 10, **5.1** 12, **5.2**, **5.3** 1, 3, 5
Acetylenverordnung **2.2.9**, **6.4** 24
Aggregatzustand **2.2.2**, **3.2** 3, 4, **5.3** 5
Ahndung von Ordnungswidrigkeiten **1.1** 41,
  1.2.1 161, **1.2.2** 95, **1.2.3** 116, **1.2.4** 190, **2.1.1**
  VV 22, **2.2.11**, **8.2** 1
Alarmierung **2.1.1** 17, VV 21, **2.1.2** 17,
  VV 24, **2.1.3** 17, **2.1.4** VV 1, 18, VV 21, **2.2.6**,
  5.3 1
Alarmpläne **5.3** 5
Aldehyde **1,1** 19g, **1.2.4** 161
Algen **3.1** 3, **3.3** 2
Alkalimetalle **1.1** 19g, **1.2.4** 161
Alkohol **1.1** 19g, **1.2.4** 161, **6.1** 1
Allgemein anerkannte Regeln der Tech-
  nik **1.1** 19g, 41, **1.2.1** 18, **1.2.2** 37, **1.2.3** 43,
  1.2.4 161, 167, **2.1.1** VV 3, VV 4, 22, VV 22,
  2.1.2 3, VV 3, VV 4, 33, **2.1.3** 3, VV 3, VV 9,
  VV 13, **2.1.4** VV 1, 3, VV 3, 25, VV 25, **2.2.1**,
  2.2.15 5, **4.1** VV 4, **6.1** 4, **7.1** 55, **8.1** 330, **8.2**
Altablagerungen **2.2.15** 1
Altanlagen **2.2.1**, **2.2.4**, **2.2.9**, **2.2.10**
Altlastenerfassung **2.2.15** 1

Altöl **2.1.4** 18
Altölgesetz Vorwort
Altölstandorte **2.2.15** 1
Aluminiumrohre **2.1.4** VV 3
Anerkennungsverfahren **2.2.10, 4.3** 1
Anfahren **2.1.1** VV 20, **2.1.2** VV 23, **2.1.3**
VV 19, **2.1.4** VV 20
Anfahrschutz **2.1.4** VV 3
Anforderungen Vorwort, **1.2.4** 167, **2.1.1**
VV 1, VV 2, 3, VV 3, 4, VV 4, 8, VV 8, VV 14,
15, VV 18, 19, VV 20, VV 21, 23, VV 23,
2.1.2 VV 1, VV 2, 3, VV 3, 4, VV 4, 8, VV 8,
VV 13, 14, VV 14, 15, VV 18, 20, 21, VV 23,
2.1.3 VV 1–VV 3, 4, VV 4, 7, VV 7, 9, VV 9,
VV 14, 15, VV 18–VV 20, 30, VV 31, **2.1.4**
VV 1–VV 3, 3, 4, VV 4, VV 5, VV 8, 9, VV 9,
VV 13, 14, VV 14, 15, VV 19, VV 20, 26,
VV 26, **2.2.1, 2.2.2, 2.2.4, 2.2.13, 2.2.14,
2.2.15** 3, 5, **4.1** VV 3, VV 4. **4.2, 4.3** 3, **6.1** 4, 5,
9, 12, 26, **6.2** 2, **6.4** 24, 24 c, **7.1** 23, 62, **7.2** 22
Anforderungsblöcke **2.2.6**
Anforderungskatalog **2.2.6**
Anhörung **2.1.2** VV 9
Anlagen Vorwort, **2.1.1** 1, VV 1, 3, VV 6, 13,
VV 13, VV 15, 18, VV 18, 20, VV 20, 21,
VV 21, 23, VV 23, **2.1.2** 1, VV 1, 3, 5, VV 5, 6,
VV 6, 8, 9, VV 9, 10, 13, VV 13, 15, 18,
VV 18, 22, 33, 34, VV 34, **2.1.3** VV 1, 4, 5, 8,
VV 8, 9, VV 9, 10, 11, 15, VV 15, 18, VV 18,
29, VV 30, **2.1.4** 1, 3, VV 5, 6, 13, VV 13, 15,
VV 15, 16, VV 16, 19, VV 19, VV 21–VV 23,
22, 23, 25, **2.2.5, 2.2.6, 2.2.9, 2.2.12, 2.2.15,**
4.1 2, VV 2, **4.3** 1, **6.1** 1, 6, 9, 10, **6.2** 1, 4 **6.4**
24, **8.1** 329, 330, **8.2**
Anlagen ändern **1.2.1** 18, 116, **1.2.2** 37, 77,
1.2.3 26, **1.2.4** 161, 167, **2.1.4** 5, 6, 19, **6.4** 24,
25
Anlagenarten **4.1, 4.2, 4.3** 1, 2, 3, 4
Anlagen aufstellen **1.1** 19 g, 41, **1.2.1** 18, 116,
1.2.2 37, 77, **1.2.3** 26, **1.2.4** 161, 167, **2.1.5** 5,
6, **2.2.6, 4.1** 1, **4.2, 4.3** 1, **8.2**
Anlagen, bestehende **2.1.1** VV 15, 23, VV 23,
2.1.2 VV 18, 34, VV 34, **2.1.3** VV 15, VV 18,
30, VV 30, **2.1.4** 26, VV 26, **2.2.4, 2.2.6,
2.2.13, 2.2.14, 6.2** 1, **6.4** 24
Anlagen betreiben **1.1** 19 g, 21, 22, 41, **1.2.1**
18, 116, **1.2.2** 37, 77, **1.2.3** 26, **1.2.4** 161, 167,
2.1.1 VV 18, **2.1.4** 5, **2.2.1, 5.3** 3 **6.1** 27, **6.4**
24 b, 25
Anlagen einbauen Vorwort, **1.1** 19 g, 21, 22,
41, **1.2.1** 18, 116, **1.2.2** 37, 77, **1.2.3** 26, **1.2.4**
161, 167, **2.1.4** 5, 6, **2.2.6, 4.1** 1, **4.2, 4.3** 1, **8.2**
Anlagen einfacher oder herkömmlicher
Art Vorwort, **1.1** 19 h, **1.2.4** 162, **2.1.1**
VV 3–VV 7, 6, 7, 8, 13, VV 13, 20, VV 20, 21,
VV 21, **2.1.2** VV 4, 6, VV 6, 7, 8, 13, VV 13,
23, VV 23, 24, VV 24, **2.1.3** VV 3, 6, VV 6, 9,

13, VV 13, 19, VV 19, 20, VV 20, VV 30,
2.1.4 6, VV 6, 8, 9, VV 9, 13, VV 13, 19, 20,
VV 20, 21, VV 21, VV 22, **2.2.1, 2.2.4, 2.2.5,
2.2.12, 2.2.13, 2.2.14, 2.2.15** 7, **6.2** 1
Anlagen, erlaubnisbedürftige **6.1** 9, 10, 13,
15, 22, **6.2** 1, 6, 7, 9
Anlagen errichten **1.2.1** 18, 116, **1.2.2** 37, 77,
1.2.3 26, **1.2.4** 161, 167, **6.1** 27, **6.2** 4, 7, 9, **6.4**
24
Anlagen, gewerbliche **2.1.1** VV 19, **2.1.2**
VV 19, **2.2.1**
Anlagen, gewerbsmäßige Vorwort, **1.1** 19 l,
1.2.4 165, **4.1** 1, **8.2**
Anlagen herstellen **1.1** 19 g, 21, 22, 41, **1.2.1**
18, **6.4** 24 b, 25
Anlagen instandhalten, -setzen Vorwort,
1.2.1 18, **1.2.4** 172, **4.1, 4.2, 4.3** 1, **5.3** 3, **8.2**
Anlagenkategorie **2.2.1**
Anlagen, prüfpflichtige **2.1.1** VV 18, **2.1.2**
VV 8, VV 18, **2.1.3** VV 18, **2.1.4** VV 19, **2.2.9,
2.2.13, 2.2.15** 8
Anlagen, serienmäßige **2.1.1** 16, **2.1.2** 16,
2.1.3 5, 16, **2.1.4** 7, **2.2.7**
Anlagen, standortgebundene **2.1.1** 15,
VV 15, **2.1.2** 15, VV 15, **2.1.3** 15, VV 15,
2.1.4 VV 15
Anlagen stillegen **1.1** 19 i, **1.2.3** 26, **1.2.4** 163,
2.1.1 VV 10, 18, VV 18, **2.1.2** 18, VV 18,
2.1.3 VV 11, 18, VV 18, **2.1.4** VV 6, 19,
VV 19, 26, **2.2.13, 4.3** 1, 3, **6.4**
Anlagenteile **1.1** 19 h, **1.2.4** 162, **2.1.1** 1,
VV 1, VV 3, VV 4, 6, 18, VV 18, 22, **2.1.2** 1,
VV 4, VV 5, 6, 16, 33, **2.1.3** 1, VV 1, 5, 6,
VV 6, 16, **2.1.4** 1, 7, 19, VV 19, 25, VV 25,
2.2.6, 2.2.7, 2.2.12, 2.2.15 7, **4.1** 2, **4.3** 1, 3,
6.1 6, **6.2** 1, 2, **6.4** 24, **8.2**
Anlagen überwachen **1.1** 19 i, **1.2.1** 18, **1.2.2**
37, **1.2.3** 26, **1.2.4** 167, **2.1.4** 19, VV 19,
2.2.14, 6.1 1, **6.4** 24, 24 b
Anlagen unterhalten **1.1** 19 g, 21, 22, 41,
1.2.1 18, **1.2.2** 37, **1.2.3** 26, **1.2.4** 167
Anlagen zum Abfüllen und Lagern Vor-
wort, **1.1** 19 g, 21, **1.2.1** 18, **1.2.2** 95, **1.2.3** 26,
1.2.4 61, 161, 167, **2.1.1** 1, VV 1, VV 3, VV 5,
12, 19, VV 23, **2.1.2** 1, VV 1, VV 3, VV 5, 12,
19, VV 19, 25, VV 25, **2.1.3** 1, VV 3, VV 18,
31, **2.1.4** 1, VV 1, 2, VV 3, 5, VV 6, 12, 15–18,
VV 19, 20, VV 20, 22, 23, VV 25, **2.2.7,
2.2.13, 2.2.14, 2.2.15** 3, 4, **4.1** 1, VV 1, 2, **4.2,
4.3** 1, 3, **5.3** 3, **6.2** 1, 4, **8.1** 329, 330,
8.2
Anlagen zum Umschlagen Vorwort, **1.1**
19 g, 21, **1.2.1** 18, **1.2.2** 95, **1.2.3** 26, **1.2.4** 61,
161, 167, **2.1.1** 1, VV 1, VV 3, VV 5, 21,
VV 21, **2.1.2** 1, VV 1, VV 5, 24, VV 24, 25,
VV 25, **2.1.3** 1, VV 3, 20, 31, **2.1.4** 1, VV 1, 2,
5, VV 6, 22, 23, VV 25, **2.2.1, 2.2.7, 2.2.13,**

2.2.14, 2.2.15 3, 4, **4.1** 1, VV 1, 2, **4.2, 4.3** 1, 3, **5.3** 3, **6.2** 1, 4, **8.1** 329, 330, **8.2**

Anordnungen   **1.1** 19 l, **1.2.1** 14, 15, **1.2.2** 35, 40, 68, 95, **1.2.3** 25, 41, 90, 98, 116, **1.2.4** 50, 61, 166, 190, **2.1.1** VV 1, 15, VV 18, **2.1.2** VV 1, VV 4, 15, VV 18, VV 19, **2.1.3** VV 1, VV 4, 15, VV 18, 29, **2.1.4** VV 1, VV 4, 15, VV 19, **2.2.8, 5.1** 10, **5.2, 5.3** 1, 2 **6.2** 1, 2, **6.4** 24, 25, **8.1** 329, 330

Anschlüsse   **2.1.1** VV 3, **2.1.2** VV 3, **2.1.3** VV 3, **2.1.4** VV 3

Anstrich   **2.1.1** VV 3, **2.1.2** VV 3, **2.1.3** VV 3

Antrag   **1.1** 19 l, **1.2.1** 116, **1.2.2** 77, **1.2.3** 25, **1.2.4** 22, 48, 50, 165, **2.1.1** 5, VV 5, **2.1.2** 5, VV 5, **2.1.3** 5, VV 5, **2.1.4** VV 5, VV 6, VV 7, **2.2.3, 2.2.6, 2.2.14, 2.2.15** 6, **3.2** 2, 3, **3.3** 3, **4.1** 2, 3, VV 5, **4.3, 6.1** 6, 9, 12, 19, **6.2** 2, 3, 7, **7.1** 22

Antragsteller   Vorwort, **2.1.1** 7, **2.1.2** VV 5, 7, **2.1.3** 7, **2.1.4** VV 6, VV 8, **2.2.6, 2.2.15** 7, **4.1** VV 4, 5, VV 5, **4.3, 6.1** 12, **6.2** 4, **6.3** 11, **7.1** 22

Anwendung der VbF   **2.1.1** 19, VV 19, **2.1.2** 19, VV 19, 33, **2.2.9, 2.2.10, 2.2.13, 6.1, 6.2, 6.3**

Anwendungsbereich   **2.1.1** 1, VV 1, 23, **2.1.2** 1, VV 1, VV 19, **2.1.3** 1, VV 1, **2.1.4** 1, VV 1, **2.2.1, 2.2.10, 2.2.15** 2, **4.1** 1, VV 1, **4.3, 6.1** 1, **6.4** 6, **8.2** 2

Anzeige, -pflichten   **1.2.1** 18, 161, **1.2.2** 37, 95, **1.2.3** 26, 74, 116, **1.2.4** 167, 170, 190, **2.1.1** VV 1, 10, VV 10, VV 16, 18, 33, **2.1.3** 30, 31, VV 31, 32, **2.1.4** VV 1, 5, VV 5, 6, VV 6, VV 10, VV 17, VV 25, VV 26, **2.2.6, 2.2.9, 3.1** 2, **4.1** VV 6, **4.3** 1, **5.3** 1, 3, **6.1** 8, 9, 22, 26, 27, **6.2** 9, **6.4** 24, **7.1** 61, **8.2** 2

Arbeitnehmer   **2.1.1** 19, VV 19, **2.1.2** VV 19, **2.2.13, 6.1** 1, **6.2** 9, **6.4** 120 a

Arbeitsaufwand   **2.2.15** 7

Arbeitsfortgang   **1.1** 19 h, **1.2.4** 162, **2.1.3** VV 1

Arbeitsgang   **1.1** 19 h, **1.2.4** 162, **2.1.1** 1, VV 1, **2.1.2** VV 1, **2.1.3** VV 1, **2.1.4** VV 1, **2.2.1, 6.1** 2

Arbeitsgruppen   **2.2.15** 2

Arbeitshöhe   **2.1.2** VV 14

Arbeitskräfte   **1.1** 21, **1.2.1** 16, 161, **2.2.6, 6.4** 24 b

Arbeitskolonne   **4.2**

Arbeitsprozeß   **2.2.15** 2

Arbeitsschutz   **2.1.1** VV 19, **2.1.2** VV 3, VV 19, **2.1.3** VV 3, **2.1.4** VV 3, **6.4** 24, **7.1** 55

Arbeitsstätten   **6.1** 2

Arbeitsvorgänge   **2.2.15** 2

Asphalt, -feinbeton   **2.2.6**

Aufbau   **2.1.1** 3, 13, 15, VV 15, 22, **2.1.2** 3, 13, 15, VV 15, 33, **2.1.3** 3, VV 7, 13, 15, **2.1.4** 3,

VV 8, 13, 15, VV 15, 22, 25, VV 25, **2.2.1, 2.2.5, 2.2.15** 5, s. auch technischer Aufbau

Aufbereitungsanlage   **2.1.1** 21, **2.1.2** 24, **2.1.3** 20, **2.1.4** 21

Aufbewahren   **2.1.1** VV 1, **2.1.2** VV 1, **2.1.3** VV 1, **2.1.4** VV 1

Auffangen, Auffangraum, -tasse, -vorrichtungen, -wanne   **2.1.2** VV 2, VV 3, 13, VV 13, 15, VV 18, 21, **2.1.2** VV 2, VV 3, 13, VV 13, VV 14, 15, VV 18, 21, 24, VV 34, **2.1.3** VV 2, VV 3, 13, VV 13, 15, VV 18, 20, 31, **2.1.4** VV 1, VV 3, VV 8, 13, VV 13, 15, VV 15, VV 19, 21, **2.2.5, 2.2.6, 2.2.15** 7, **4.1** 2, VV 2, **4.3** 1, 3, **5.1** 8, **6.2** 2

Auflagen   **1.1** 19 g, 21, **1.2.4** 165, **2.1.1** VV 1, 22, **2.1.2** VV 1, 33, VV 34, **2.1.3** VV 1, VV 8, **2.2.6, 2.2.15** 8, **6.1** 9, 12, **6.2** 3, 4, **6.4** 24, **7.3** 23, **8.1** 330

Aufschwimmen   **2.1.2** VV 3

Aufsetztanks   **2.1.1** VV 1, 17, **2.1.2** VV 1, 17, **2.1.3** 17, VV 17, **2.1.4** VV 1, VV 8, 18, **6.1** 13, **6.3** 3

Aufsicht   **1.2.2** 76, **1.2.3** 26, 74

Aufstellen   **2.1.1** 10, VV 10, 22, VV 22, 23, **2.1.2** VV 9, **2.1.3** 3, 11, **2.1.4** VV 1, VV 3, VV 6, VV 15, VV 25, **2.2.1, 2.2.15** 5, **4.1** 2, VV 2, **4.3** 1, 3, **5.1** 7, **5.3** 5, **8.2**

Aufstellungsort   **2.1.3** VV 1, **2.1.4** VV 19, **2.2.15** 8

Aufstellungsraum   **2.1.1** VV 2, **2.1.2** VV 2, VV 11, **2.1.3** VV 2, **2.1.4** VV 2

Auftrieb   **2.1.1** VV 3, **2.1.2** VV 3, **2.1.3** VV 3, **2.1.4** VV 3, VV 16

Ausfuhr   **6.1** 20

Auskleidungen   **2.1.4** VV 1, **4.1** VV 2, **4.2, 4.3** 1, **7.3** 22

Auslaufen s. Austreten

Ausmaß   Vorwort

Ausnahmen   **1.1** 36 a, **2.1.1** 15, VV 15, 19, 23, **2.1.2** VV 5, 15, VV 15, 20, 22, 34, VV 34, **2.1.3** VV 5, 7, VV 7, VV 13, 15, **2.1.4** 15, VV 15, **2.2.8, 2.2.12, 2.2.13, 4.1** 2, VV 5, **4.3** 2, 3, **6.1** 6, 7, 13, 26, **6.2** 2, 3, 5, **6.3** 6, **6.4** 1, **7.1** 23, 39, **7.2** 21, **7.3** 22

Außenkorrosion   **2.1.1** VV 3, 13, **2.1.2** VV 3, 13, VV 13, VV 34, **2.1.3** VV 3, VV 13, **2.1.4** 13, VV 13

Außenkorrosionsschutz   **2.2.5**

Außerbetriebnahme   **2.1.1** VV 3, 9, VV 10, 22, VV 22, **2.1.2** VV 3, VV 9, 10, **2.1.3** VV 3, VV 11, **2.1.4** VV 3, VV 6, VV 25

Ausrüstung   **4.1, 4.2**

Ausschlußkatalog   **2.2.1**

Austausch   **2.1.1** VV 18, **2.1.2** VV 18, **2.1.3** VV 18, **2.1.4** VV 19

Austreten   **1.2.1** 18, **1.2.3** 26, **1.2.4** 172, **2.1.1** VV 2, VV 3, VV 9, 13, 14, VV 14, 21, VV 21,

2.1.2 VV 2, VV 3, 10, VV 10, 14, VV 14, 21, 24, VV 24, 33, **2.1.3** VV 2, VV 3, VV 10, 14, VV 14, 20, VV 20, **2.1.4** VV 1–VV 4, VV 10, 13, VV 13, 14, 21, VV 21, **2.2.5**, **5.1** 1, 8, 9, **5.3** 5, **6.1** 23

Automatische Datenverarbeitung   **2.1.1** VV 18, **2.1.4** VV 19

Bakterien   **3.1** 2, 3, **3.2** 4

Batteriebehälter   **2.1.1** VV 2, VV 3, **2.1.2** VV 2, **2.1.3** VV 2, **2.1.4** VV 2, VV 3, **7.3**

Batterietanks   **2.2.6**

Bauabnahme   **1.2.2** 69, **1.2.3** 74, **6.2** 7

Bauart   **2.1.1** VV 18, **2.1.2** VV 2, VV 4, 13, VV 18, **2.1.3** 13, VV 13, VV 18, **2.1.4** VV 2, VV 8, 13, VV 19, **2.2.5**, **6.1** 9, 26, **6.2** 2, **6.4** 24, **7.1** 21, 22, 55, **7.3** 22, 23, 24

Bauartzulassung   Vorwort, **1.1** 19 h, **1.2.1** 18, 116, **1.2.2** 37, 77, **1.2.4** 162, **2.1.1** VV 4–VV 7, 5–8, 10, VV 10, 13, VV 13, 18, VV 18, 19, 22, 23, VV 23, **2.1.2** VV 1, VV 4, 5, VV 5, 6, VV 6, 7, VV 7, 8, 9, VV 9, 13, VV 13, VV 18, 33, **2.1.3** VV 3, VV 4, 5, VV 5, 6, VV 6, 7, VV 7, 9, 11, VV 11, 13, VV 13, VV 18, 20, 30, VV 30, **2.1.4** VV 1, VV 4, VV 5, 7, VV 7, 8, VV 8, 9, VV 12, 13, VV 13, VV 17, VV 18, 19, VV 19, 21, 26, **2.2.1**, **2.2.3**, **2.2.4**, **2.2.5**, **2.2.6**, **2.2.7**, **2.2.9**, **2.2.13**, **2.2.14**, **2.2.15** 7, 8, **3.2** 1, **3.3** 2, **6.1** 12, 26, **6.2** 1, 2, 3, **7.3** 23, **8.1** 330

Bauaufsichtsbehörde   **1.2.1** 18, **1.2.2** 26, **1.2.3** 37, **2.1.1** VV 22, **2.2.13**, **2.2.14**, **4.3** 1, **6.2** 1, 3, 4, 6, 7, 9, **7.1** 21, 22, 23

Baubestimmungen   **1.2.1** 18, **2.1.1** 3, VV 3, 13, VV 18, **2.1.2** 3, VV 3, 13, VV 18, **2.1.3** VV 3, 13, VV 18, **2.1.4** VV 3, 13, **2.2.5**, **2.2.13**, **2.2.15** 5, **7.1** 21, 22

Baugenehmigung   **2.1.1** VV 16, **2.1.2** VV 16, **2.2.6**, **2.2.13**, **6.2** 1, 4, 6, 9, **7.1** 60, 61, 62

Baukunst   **2.1.1** VV 3, **2.1.2** VV 3, **2.1.4** VV 3, **2.2.1**

Bauordnung, -recht   Vorwort, **2.2.1** VV 1, VV 5, VV 23, **2.1.2** VV 1, VV 5, 25, VV 34, **2.1.4** VV 1, 5, 6, VV 6, VV 19, VV 26, **2.2.3**, **2.2.4**, **2.2.13**, **2.2.14**, **4.1** VV 4, **6.2** 1, 2, **7.1** 21, **8.2**

Baurechtliches Prüfzeichen   Vorwort, **1.1** 19 h, **1.2.4** 162, **2.1.1** VV 3, 5, VV 5, 13, VV 13, 18, VV 18, 21, **2.1.2** VV 3, VV 5, 13, VV 13, VV 18, 24, **2.1.3** VV 3, 5, VV 5, VV 13, VV 18, **2.1.4** VV 3, VV 5, 9, 13, VV 13, 19, 21, **2.2.5**, **2.2.6**, **2.2.7**, **2.2.9**, **2.2.13**, **2.2.14**, **2.2.15** 7, **6.1** 12

Bausachverständige   **2.1.1** VV 18, **2.1.2** VV 18, **2.1.3** VV 18

Baustoffe   **2.1.1** VV 3, **2.1.2** VV 3, 20, 22,

2.1.4 VV 3, **7.1** 21, 22, 23, 55, **7.2** 20, 21, 22, **7.3** 22, 23, 24

Bauteile   **2.1.1** 2, VV 3, VV 13, **2.1.2** 2, VV 2, VV 3, VV 13, 22, **2.1.3** VV 13, **2.1.4** VV 1, 2, VV 2, VV 3, VV 13, **2.2.14**, **7.1** 21, 22, 23, 55, **7.2** 20, **7.3** 22, 23, 24

Bauüberwachung   **1.2.1** 116, **1.2.3** 74

Bauwerke   **2.1.4** VV 3, **2.2.15** 8

Bauzustandsbesichtigung   **2.2.13**, **7.1** 60

Bearbeiten   **2.1.1** VV 1, **2.1.2** VV 1, **2.1.3** VV 1

Bedienungspersonal   **2.1.1** 16, **2.1.2** 16, **2.1.3** 16, **2.1.4** 17, **2.2.6**, **6.2** 4, 6

Befördern, Beförderung   **1.1** 26, 32 b, 34, 41, **1.2.1** 18, **1.2.2** 37, 95, **1.2.3** 26, **1.2.4** 167, **2.1.1** VV 1, 12, VV 18, VV 19, **2.1.2** VV 1, 12, VV 19, **2.1.3** 1, VV 1, VV 18, 31, **2.1.4** VV 1, 12, **2.2.13**, **3.1** 2, **3.3** 2, **5.3** 3, **6.1** 1, 2, 4, 5, 12, 20, **8.1** 329, 330

Beförderungsvorschriften s. Gefahrgut-Transportvorschriften

Befreiung von der Prüfpflicht   **2.1.1** 18

Befüllen   **1.1** 19 k, **1.2.4** 164, **2.1.1** VV 1, 17, 22, VV 22, **2.1.2** VV 1, 17, **2.1.3** VV 1, 17, **2.1.3** VV 1, 17, VV 17, 29, **2.1.4** VV 1, 18, VV 18, VV 25, **2.2.6**, **8.2**

Begriffsbestimmungen   **2.1.1** VV 1, **2.1.2** VV 1, **2.1.4** VV 1, **8.2** 1

Behälter   **1.1** 19 h, **1.2.2** 37, **1.2.4** 162, **2.1.1** VV 1–VV 3, 12, 13, VV 13, 15, VV 15, 17, VV 19, 20, VV 23, **2.1.2** VV 1, VV 2, VV 3, 11, 12, 13, VV 13, 15, VV 15, 17, VV 18, VV 19, 21, 23, VV 23, VV 34, **2.1.3** VV 1, 2, VV 2, VV 3, VV 12, VV 13, 15, VV 15, 17, 19, VV 19, VV 31, **2.1.4** VV 1, 2, VV 2, VV 3, VV 6, VV 8, 12, 13, VV 13, 15, VV 15, VV 16, 18, VV 18, VV 19, 20, VV 20, **2.2.5**, **2.2.6**, **2.2.10**, **2.2.13**, **4.1** 2, VV 2, **4.3** 1, 3, **5.1** 8, **6.1** 2, 4, 8, 9, 13, **6.2** 1, 2, **6.3** 6, **7.1** 39, 61, 62, **7.2** 22, **7.3** 22

Behälterlose Lagerung   **2.1.1** 1, **2.1.4** 1, **2.2.1**

Behälterwände   **2.1.1** 13, **2.1.2** 13, **2.1.3** 13, **2.1.4** 13, VV 13

Behältnisse   **2.1.1** VV 1, **2.1.2** VV 1, **2.1.3** VV 1, **2.1.4** VV 1, **3.1** 2

Behandeln   **2.2.15** 2

Behörde   Vorwort, **1.1** 21, **1.2.1** 18, 116, 161, **1.2.2** 37, **1.2.3** 90, 91, **1.2.4** 22, 61, 168, 170, **2.1.1** 5, VV 5, 15, VV 16, 18, VV 18, VV 22, **2.1.2** VV 5, 25, **2.1.3** VV 5, VV 8, VV 11, VV 16, VV 31, **2.1.4** VV 5, VV 6, **2.2.1**, **2.2.2**, **2.2.3**, **2.2.6**, **2.2.9**, **2.2.10**, **2.2.13**, **2.2.14**, **2.2.15** 8, 9, **3.2** 3, 4, **4.3** 1, **5.1** 8, 11, 12, 13, **5.2**, **5.3** 2, 3, 4, **6.1** 3, 5, 6, 12, 16, 24, 26, **6.2** 3, 4, 6, 9, **6.4** 24, 24 a, 25, **7.1** 21, 22

Behördliche Vorkontrolle   **2.2.6**

Beisalze   **1.1** 19 g, **1.2.4** 161, **2.1.1** VV 20, **2.1.2** VV 23, **2.1.3** VV 19, **2.1.4** VV 20

Beispiele   **2.2.6, 3.1** 4, **3.2** 4, **4.3** 3, 4, **5.3** 5

Bekanntgabe   **2.1.1** 3, **2.1.2** 3, VV 11, VV 19, VV 34, **2.1.3** 3, **2.1.4** 3, **4.1** 5

Bekanntmachung   **3.1** 1, 2, **4.1** VV 1, **6.1** 30, **6.2** 1, 8, **6.4, 7.1**

Belastungsgrenzen   **1.1** 19 k, 41, **1.2.4** 164, **8.2**

Beleuchtung   **2.1.1** 17, **2.1.2** 20, **7.2** 21

Benutzungsgenehmigung   **2.2.13, 7.1** 60

Benzin   **1.2.2** 37, **2.1.4** VV 26, **2.2.13**

Beobachtung des Gewässers und des Bodens   **1.1** 19, **1.2.4** 48, **2.2.15** 9

Bereitstellen   **2.1.1** VV 1, **2.1.2** VV 1, **2.1.3** VV 1, **2.1.4** VV 1, **2.2.15** 2

Bergamt, -aufsicht, -behörde, -recht, -wesen   **1.2.1** 18, 116, **1.2.2** 68, 75, 76, **1.2.3** 26, 41, **1.2.4** 166, 172, **2.1.1** VV 5, VV 19, VV 22, **2.1.2** VV 1, VV 19, 25, VV 34, **2.1.4** VV 1, 5, VV 6, VV 17, VV 19, VV 26, **2.2.3, 2.2.6, 2.2.11, 2.2.13, 2.2.14, 4.3** 1, **5.1** 3, 10, **5.2, 5.3** 2, **6.1** 1, **6.4** 6, 24

Bericht   **2.1.1** VV 18, **2.1.2** VV 18, **2.1.3** VV 18, **2.1.4** VV 19

Beschädigung   **2.1.1** 4, 20, **2.1.2** 4, 23, **2.1.3** 4, 19, **2.1.4** VV 3, 4, 20, 25, **2.2.5**

Beschaffenheit   **1.1** 19 g, 22, **2.1.1** 3, **2.1.2** 33, **2.1.3** 3, **2.1.4** 3, VV 3, 25, VV 25, **2.2.1, 2.2.2, 2.2.15** 5, **3.2** 1, **4.1** 4, **5.1** 9, **6.1** 10, 13, **7.1** 23, 39, **8.1** 326

Bescheide, Bescheinigungen   Vorwort, **2.1.1** VV 3, 18, VV 18, **2.1.2** VV 3, VV 5, 18, VV 18, 33, **2.1.3** VV 3, VV 5, VV 6, VV 8, 18, VV 18, **2.1.4** VV 3, VV 5, VV 6, 19, VV 19, **2.2.6, 2.2.9, 2.2.13, 2.2.14, 4.1** 5, VV 5, 7, **4.3** 1, 3, **6.1** 3, 12, 18, 19, 27, **7.1** 60

Beschichtungen   **2.2.6, 4.1** VV 2, **4.3** 1

Beschichtungsmittel   **2.1.1** VV 13, **2.1.4** VV 1, VV 3

Beschichtungswerkstoff   **2.1.2** VV 34

Beschicken   **2.2.15** 2

Beschränkungen   **2.1.1** 15, VV 15, **2.1.2** 15, VV 15, **2.1.3** 15, VV 15, **2.1.4** 15, VV 15, **6.1** 12, **6.4** 1

Beseitigen   Vorwort, **2.1.1** VV 1, **2.1.2** VV 1, **2.1.3** VV 3, **2.1.4** VV 1, VV 3, **2.2.13, 2.2.15** 8, **5.1** 8, 9, **5.3** 1, 5, **6.1** 21, **6.2** 1, **6.4** 25, **7.1** 62

Besichtigungsöffnungen   **2.1.4** VV 3

Besorgnis einer Wassergefährdung, Besorgnisgrundsatz   **1.1** 1 a, 19, **2.1.1** VV 1, 8, VV 8, VV 13, 18, **2.1.2** VV 1, VV 13, 18, VV 34, **2.1.3** 18, **2.1.4** VV 1, VV 13, 19, 24, VV 24, VV 26, **2.2.1, 2.2.6, 2.2.9, 2.2.10, 2.2.13, 2.2.14, 2.2.15** 4

Bestandsschutz   **2.1.4** VV 26

Bestehende Anlagen   **2.1.1** 15, VV 15, VV 18, 23, VV 23, **2.1.2** VV 18, 34, VV 34, **2.1.3**

VV 15, VV 18, 30, VV 30, **2.1.4** 26, VV 26, **2.2.4, 2.2.6, 2.2.13, 2.2.14, 6.2** 1, **6.4** 24

Beton   **2.1.4** VV 14, **2.2.6**

Bewertung, -skommission, -sschema   **3.1** 2, 3, **3.2** 1, 3, **3.3.** 1, 2, 3

Betreiber   **1.1** 19 i, 41, **1.2.2** 37, **1.2.4** 163, **2.1.1** VV 3, 5, VV 5, 9, VV 9, 10, VV 10, 16, VV 16, 18, VV 18, 23, **2.1.2** VV 3, 5, VV 5, 16, VV 16, 18, VV 18, VV 34, **2.1.3** 4, 5, VV 5, VV 10, VV 11, VV 13, 16, VV 16, 18, VV 18, 30, **2.1.4** VV 1, VV 6, 10, VV 10, 17, VV 17, 19, VV 19, VV 24, 26, **2.2.6, 2.2.9, 2.2.13, 2.2.14, 2.2.15** 8, **4.3** 1, **6.1** 3, 17, 22, **6.2** 2, 4, 8

Betreten von Grundstücken   **1.2.1** 161, **1.2.4** 61

Betrieb   **2.1.1** VV 9, 22, VV 22, **2.1.2** VV 19, VV 25, 33, **2.1.3** 3, 4, VV 7, 29, VV 31, **2.1.4** VV 1, 5, VV 6, VV 8, 10, VV 15, VV 19, 25, **2.2.1, 2.2.13, 2.2.15** 2, 5, **4.1** 1, VV 1, VV 2, 3, VV 3, VV 4, 5, 6, 8, **4.3** 1, 2, 3, 4, **5.1** 3, 10, **5.3** 2, **6.1** 1, 8, 9, 10, 12, 13, 19, 21, 22, 26, 27, **6.2** 1, 4, 9, **6.4** 1, 24, 25, 120 a, **7.1** 55, **7.2** 21, **8.1** 330, **8.2**

Betriebliche Ausstattung   **4.1** 4, VV 4, 5, VV 7, **4.2, 4.3** 1, 2, 3, **6.2** 2

Betriebsanlagen   **2.1.1** VV 18, **2.1.2** VV 18, **2.1.3** VV 18, **6.1** 2

Betriebsanleitungen   **2.2.15** 8

Betriebsaufzeichnungen   **2.2.15** 8

Betriebsbedingungen   **2.1.1** 20, 21, **2.1.2** 23, 24, **2.1.3** 19, 20, **2.1.4** 20, 21, **2.2.5**

Betriebsdruck   **2.1.1** 17, **2.1.2** 17, **2.1.3** 17, 31, VV 31

Betriebsfehler   **2.2.15** 2

Betriebsgelände   **2.1.3** VV 1

Betriebsgrundstück   **1.1** 21

Betriebsinhaber   **1.1** 21, **1.2.1** 16, 18, **1.2.2** 37, **1.2.4** 61, **4.1** 3, VV 3, 6, 7, 8, **4.3** 1, 2

Betriebsmittel   **1.2.3** 26, **2.1.1** VV 1, VV 15, **2.1.2** VV 1, VV 15, **2.1.3** VV 5, **2.1.4** VV 1, VV 15, **2.2.8, 6.1** 12

Betriebsräume   **1.1** 21, **1.2.4** 61

Betriebsrohrleitungen   **2.1.2** VV 11, VV 34

Betriebssachverständiger   **2.2.10**

Betriebsstätten   **2.1.1** 14, VV 14, **2.1.2** 14, **2.1.3** 14, **2.1.4** 14, **2.2.13, 4.1** 1, VV 1, **4.3** 3, **8.1** 330

Betriebsstörungen   **2.1.1** 9, VV 9, 22, VV 22, **2.1.2** 10, VV 10, 33, **2.1.3** 10, VV 10, **2.1.4** 10, VV 10, 25, VV 25, **2.2.6**

Betriebs- und Verhaltensvorschriften   **2.1.1.** 9, VV 9, 16, VV 16, **2.1.2** 10, VV 10, 16, **2.1.3** 10, VV 10, 16, VV 17, **2.1.4** 17, **2.2.6**

Betriebszeit   **1.1** 21, **1.2.4** 61

Betriebszweck   **2.1.1** VV 1

Bewegliche Leitungen   **2.1.1** 17, **2.1.2** 17, **2.1.3** 17

Bewilligung   **1.1** 1 a, 21, **1.2.1** 14, 116, **1.2.2** 75, **1.2.4** 61

Bezeichnung   **2.1.1** VV 5, **2.1.2** VV 5, **2.1.3** VV 5, **3.2** 3, **6.2** 4

Bindiger Boden   **2.1.1** VV 3, **2.1.2** VV 3, **2.1.4** VV 3, **2.2.6**

Bisheriges Recht   **2.1.1** 23, **2.1.2** 34, **2.1.3** 30, **2.1.4** 26

Bitumen   **2.1.4** VV 14, **2.2.6**

Blitzschutzanlagen   **6.1** 15, **6.2** 22, **6.3** 6, 8

Boden   **2.1.1** VV 9, 14, VV 14, **2.1.2** VV 2, 10, 14, VV 14, **2.1.3** VV 3, 14, VV 14, **2.1.4** VV 1–VV 3, VV 10, 14, VV 14, **2.2.6**, **2.2.15** 1, 2, 9, **5.1** 8, 9, **6.1** 16, **8.1** 326, 329, 330, 330 a

Bodenabläufe   **2.1.1** VV 3, **2.1.2** VV 3, **2.1.3** VV 3, **2.1.4** VV 3

Bodenabstand   **2.1.1** VV 2, **2.1.2** VV 2, **2.1.3** VV 2, **2.1.4** VV 2

Bodenbereich   **2.1.1** VV 2, 14, **2.1.2** VV 2, **2.1.3** VV 2, **2.1.4** VV 2

Bodenbeschaffenheit   **2.1.3** VV 4

Bodenfläche   **2.1.1** 20, VV 20, 21, VV 21, **2.1.2** 23, VV 23, 24, VV 24, **2.1.3** 19, 20, VV 20, **2.1.4** 20, VV 20, 21, VV 21, **2.2.5**

Bodenkontamination   **2.2.15** 9

Bodenmechanik   **2.1.1** VV 3, VV 18, **2.1.2** VV 3, VV 18, **2.1.3** VV 3, VV 18, **2.1.4** VV 3, VV 19

Bodenproben   **2.2.15** 9, **5.3** 5

Bodenverhältnisse   **2.2.15** 9

Bordschwellen   **2.1.1** 21, **2.1.2** 24, **2.1.3** 20, **2.1.4** 21, **2.2.5**

Brandabschnitte   **2.1.2** 21, **7.2** 22

Brandbekämpfung   **2.1.4** VV 3, **5.1** 8, **7.2** 22

Brandklassen   **2.1.2** 21, **7.2** 21

Brandschutz   **2.1.2** 20, **2.1.4** VV 3, **5.1** 9, **6.2** 2, 3, 4, **7.2** 21

Brauchbarkeit   **7.1** 21, 22, 55, **7.3** 23

Brauchbarkeitsnachweis   Vorwort, **2.2.4**, **2.2.5**, **2.2.6**, **2.2.13**, **2.2.14**, **2.2.15** 7

Brennbare Flüssigkeiten (VbF)   **1.2.1** 18, **2.1.1** VV 2, VV 3, 11, VV 11, 12, 13, VV 13, VV 18, 19, VV 19, VV 22, **2.1.2** VV 2, VV 3, 11, 12, 13, VV 13, VV 14, VV 18, 19, VV 19, 34, **2.1.3** VV 3, 12, VV 12, 13, VV 13, VV 18, **2.1.4** VV 2, VV 3, 7, 11, 12, VV 13, VV 18, **2.2.5**, **2.2.10**, **2.2.11**, **2.2.13**, **2.2.14**, **3.1** 3, **3.3** 1, **4.2**, **4.3** 1, 3, **6.1**, **6.2** 1, 2, 4, 6, **6.3**, **6.4** 24, **7.1** 39, **7.3** 23

Brennstellen   **4.1** VV 2

Brennstoffe, Brennstofflager   **7.1** 39, **7.2** 21, 22

Bundesanstalt für Materialprüfung   **2.1.1**

VV 5, **2.1.2** VV 5, **2.1.3** VV 5, **2.1.4** VV 5, **6.1** 12, 25

Bundesbahn   **2.1.1** VV 18, **2.1.2** VV 18, VV 19, **2.1.3** VV 18, **2.1.4** VV 19, **5.1** 3, **5.2**, **6.1** 1, **6.4** 24

Bundesgebiet   **4.3**

Bundesgrenzschutz   **2.1.1** VV 11, **2.1.2** VV 11, **2.1.3** VV 12, **2.1.4** VV 11, **6.1** 7, 16, 24

Bundesimmissionsschutzrecht   Vorwort, **2.1.1** VV 1, **6.2**, **8.1** 329

Bundesminister des Innern   **2.1.1** VV 11, **2.1.2** VV 11, **2.1.3** VV 12, **2.1.4** VV 11, **3.2** 1, **3.3** 2, **4.1** VV 4, **5.1** 1, **6.1** 16

Bundesminister für das Post- und Fernmeldewesen   **2.1.1** VV 11, **2.1.2** VV 11, **2.1.3** VV 12, **2.1.4** VV 11, **5.1** 3, **5.2**, **6.1** 7, 9, 24, **6.2** 9, **6.4** 24 c

Bundesminister für Verkehr   **2.1.1** VV 11, **2.1.2** VV 11, **2.1.3** VV 12, **2.1.4** VV 11, **6.1** 16

Bundesminister für Verteidigung   **2.1.1** VV 11, **2.1.2** VV 11, **2.1.3** VV 12, **2.1.4** VV 11, **6.1** 7, 16

Bundesregierung   Vorwort, **1.1** 21

Bundeswasserstraßen   **2.1.1** VV 11, VV 18, **2.1.2** VV 11, VV 18, **2.1.3** VV 12, VV 18, **2.1.4** VV 19

Bundeswehr   **2.1.1** VV 11, **2.1.2** VV 11, VV 19, **2.1.3** VV 12, **2.1.4** VV 11, **5.1** 3, **5.2**, **6.1** 1, 3, 7, 9, 16, 23, 24, **6.2** 9

Bußgeld, -bestimmungen, -vorschriften, Buß- und Verwarnungskatalog   **1.1** 41, **1.2.1** 161, **1.2.2** 95, **1.2.3** 116, **1.2.4** 190, **2.1.1** VV 10, 22, VV 22, VV 33, **2.1.3** 29, **2.1.4** 25, **2.2.11**, **8.2**

Charge   **2.1.1** VV 1, **2.1.2** VV 1, **2.1.3** VV 1, **2.1.4** VV 1, **2.2.1**

Checkliste für Öl- und Giftalarm   **5.1**, **5.3** 4

Chemische Formel   **2.1.2** VV 5, **2.1.3** VV 5, **2.1.4** VV 6

Chemische Industrie   **6.1** 25

Chemische Verbindungen   **2.2.2**

Chlorbenzol   **2.2.13**

Chlorkohlenwasserstoffe   **2.2.15** 2

Chromate   **2.1.1** VV 20, **2.1.2** VV 23, **2.1.3** VV 19, **2.1.4** VV 20

Cyanstoffe   **6.1** 2

Daphnien   **3.1** 3, **3.2** 3, **3.3** 2

Datei   **2.1.3** VV 18

Datenbank   **3.3** 1, **5.1** 8, **5.3** 5

Datenblätter   **2.2.6**

Datenschutz   **2.2.9**

Datenverarbeitung   **2.1.1** VV 18

Deutsche Bundesbahn   s. Bundesbahn

Deutsche Bundespost s. Bundespost
Deutscher Ausschuß für brennbare Flüssig-
  keiten **6.1** 12, 25
Dichte **3.1** 3, **3.2** 3
Dichtheit **1.1** 19 i, **1.2.4** 163, **2.1.1** VV 2,
  VV 18, **2.1.2** VV 2, VV 11, VV 18, VV 34,
  2.1.3 VV 2, VV 3, VV 18, **2.1.4** VV 1–VV 4,
  13, VV 19, **2.2.6**, **4.2**, **6.3** 2
Dichtungsbahnen **2.2.6**
Dieselkraftstoff **1.2.2** 37, **2.1.1** VV 3, VV 15,
  17, 18, **2.1.2** VV 3, VV 11, VV 15, 17, 18,
  VV 18, 20, 21, 22, VV 34, **2.1.3** 17, **2.1.4**
  VV 3, 5, VV 6, VV 15, 18, **2.2.9**, **2.2.13**, **7.3**
DIN-Normen **2.1.1** VV 3, VV 5, VV 13, **2.1.2**
  VV 3, VV 13, **2.1.3** VV 3, VV 13, **2.1.4** VV 3,
  VV 13, **2.2.6**, **4.2**, **6.1** 25, **7.3**
Domschächte **2.1.1** VV 3, **2.1.2** VV 3, **2.1.3**
  VV 3, **2.1.4** VV 3
Doppelboden **2.1.1** VV 3, **2.1.2** VV 3, **2.1.3**
  VV 3, **2.1.4** VV 3, **2.2.6**
Doppelwandige Lagerbehälter **2.1.1** VV 3,
  13, VV 18, **2.1.2** VV 3, 13, VV 18, **2.1.3** VV 3,
  13, **2.1.4** VV 3, 13, **2.2.5**, **2.2.6**
Doppelwandige Rohrleitungen **2.1.1** 13,
  2.1.2 13, **2.1.3** VV 18, **7.3** 22
Doppelwandsysteme **2.1.3** VV 4, **2.1.4** VV 1
Dosen **2.1.1** VV 1, **2.1.2** VV 1, **2.1.4** VV 1,
  VV 8
Druckbehälter, Druckgasbehälter **2.1.2**
  VV 25
Druckbehälterverordnung **2.2.9**
Düngemittel **2.1.1** VV 15, **2.1.2** VV 15, **2.1.4**
  VV 15
Duldung, -spflichten **1.1** 19, **1.2.1** 16, **1.2.2**
  35, **1.2.4** 49
Dunkelheit **2.1.1** 17, **2.1.2** 17, **2.1.3** 17

Eigenbauten **4.3** 1
Eigentümer **1.1** 19, 21, **1.2.1** 16, **1.2.3** 42,
  1.2.4 49, 61, **2.1.3** 31, VV 31, **2.2.6**, **6.4** 24
Eigentumverhältnisse **2.1.3** VV 1
Eigenüberwachung **2.1.1** VV 18, VV 22,
  2.1.2 VV 2, **2.1.4** VV 2, 19, VV 19, VV 24,
  VV 25, **2.2.6**, **2.2.14**, **8.2**
Eignungsfeststellung Vorwort, **1.1** 19 h, 41,
  1.2.1 18, 116, **1.2.2** 77, **1.2.4** 162, **2.1.1** VV 1,
  VV 4, 5, VV 5, 6, VV 6, 7, VV 7, 8, 10, VV 10,
  VV 13, VV 16, 18, VV 18, 22, 23, VV 23,
  2.1.2 VV 1, 5, VV 5, 6, VV 6, 7, VV 7, 9,
  VV 9, VV 13, VV 16, 18, VV 18, 25, 34,
  VV 34, **2.1.3** VV 1, VV 3, VV 4, 5, VV 5, 6,
  VV 6, 7, VV 7, 8, VV 8, 11, VV 11, VV 13,
  VV 16, VV 18, 30, VV 30, **2.1.4** VV 1, VV 5,
  6, VV 6, 8, VV 8, VV 12, VV 13, VV 17,
  VV 18, 19, VV 19, 26, VV 26, **2.2.3**, **2.2.4**,
  2.2.5, **2.2.6**, **2.2.7**, **2.2.9**, **2.2.12**, **2.2.13**,

2.2.14, 2.2.15 4, 7, 8, **3.2** 1, **3.3** 2, **6.2** 1, 2, 3,
  8.1 330, **8.2**
Einbau **2.1.1** 10, VV 14, VV 18, VV 22, 23,
  2.1.2 VV 5, 9, VV 9, VV 14, VV 18, VV 34,
  2.1.3 3, 11, VV 11, VV 14, VV 18, **2.1.4** VV 1,
  VV 6, VV 14, VV 15, VV 19, VV 25, **2.2.1**,
  2.2.15 5, **4.1** 2, VV 2, **4.3** 1, 3, **8.2**
Einbaubescheinigung **2.2.6**
Einbauzeitpunkt **2.2.1**
Einbringen **1.1** 26
Einfacher oder herkömmlicher Art s. Anlagen
  bzw. Rohrleitungen einfacher oder her-
  kömmlicher Art
Einfuhr, -unternehmen **2.1.1** 5, **2.1.2** 5, **2.1.3**
  5, **6.1** 20
Eindringen **2.1.4** VV 1, **2.2.5**
Eindringtiefe **2.1.4** VV 3
Einleitung eines Verfahrens **2.1.1** 15
Einsatzstoffe **2.2.15** 2
Einsetzbarkeit **2.1.1** 17
Einsteigeöffnungen **2.1.4** VV 3
Einstufung **4.1**, **4.2**
Einwandige Behälter **2.1.1** VV 3, 13, VV 23,
  2.1.2 VV 3, 13, VV 34, **2.1.3** VV 3, 13, VV 18,
  2.1.4 VV 1, VV 3, VV 26, **2.2.5**, **2.2.6**, **2.2.10**,
  7.3
Einzelteile **2.1.1** 13
Eisenbahnkesselwagen **2.1.1** VV 1, **2.1.2**
  VV 1, **2.1.4** VV 1, VV 8, **6.1** 13, **6.3** 4
Elektrische Anlagen **6.1** 12, **6.2** 2, **6.4** 24
Elektrische Einrichtungen **2.2.9**, **6.2** 4, **6.3** 6,
  8
Elektrochemische Korrosion **2.1.2** VV 3
Engere Zone **2.1.1** 15, VV 15, **2.1.2** 15,
  VV 15, **2.1.3** 15, VV 15, **2.2.8**
Entgasen **4.2**
Entleeren **1.1** 19 k, **1.2.4** 164, **2.1.1** VV 1, 17,
  18, 22, VV 22, **2.1.2** VV 1, VV 9, 10, 17, 18,
  2.1.3 VV 10, VV 11, 17, VV 17, 18, 29, **2.1.4**
  VV 6, 10, 18, VV 18, 19, VV 25, **2.2.9**, **2.2.13**,
  4.3 1, **5.1** 8, **6.2** 2, **8.2**
Entleerungsleitungen **2.1.1** VV 3, **2.1.2**
  VV 3, **2.1.3** VV 3, **2.1.4** VV 3
Entnahmestellen **2.1.1** VV 3, **2.1.2** VV 3,
  2.1.3 VV 3, 31, VV 31, **2.1.4** VV 3
Entschädigung **1.1** 19, **1.2.1** 15, **1.2.2** 69
Entwässerungsanlagen **2.1.1** VV 3, **2.1.2**
  VV 3, **2.1.3** VV 3, **2.1.4** VV 3, **6.2** 2
Erdbau **2.1.1** VV 3, VV 18, **2.1.2** VV 3,
  VV 18, **2.1.3** VV 3, VV 18, **2.1.4** VV 19
Erdboden **2.1.2** 2, VV 2
Erdfallgefahr **2.1.4** VV 9
Erdreich **2.1.1** 2, VV 3, **2.3.2** 2, VV 3, **2.1.3** 2,
  VV 3, **2.1.4** VV 1, 2, VV 2, VV 3, VV 13,
  2.2.6, **2.2.13**, **5.1** 9, 12
Erdtanks **4.2**
Erdwälle **4.1** VV 2

356   Sachverzeichnis

Erlaubnis   **1.1** 1 a, 21, 34, **1.2.1** 14, 116, **1.2.2**
75, **1.2.3** 116, **1.2.4** 61, **2.1.1** VV 5, **2.1.2**
VV 5, VV 25, 33, **2.1.3** VV 31, **2.1.4** 5, 6,
VV 6, **2.2.13**, **6.1** 9, 10, 21, 26, 27, **6.2** 1, 4, 5
6, 9, **6.4** 24, 25, **7.1** 61, **8.1** 330
Erlaubnisbehörde   **2.1.1** VV 1, **2.2.13**, **6.1** 9,
6.2 3, 5
Erneuerungsmaßnahmen   **2.1.1** VV 18, **2.1.2**
VV 18, **2.1.3** VV 18, **2.1.4** VV 19, **2.2.6**
Ersetzungswirkung   **2.1.3** VV 18, **2.2.6**, **2.2.7**,
2.2.10, **2.2.13**, **2.2.15** 7
Erstmalige Inbetriebnahme s. Inbetrieb-
nahme
Erstmalige Prüfung   **2.1.1** VV 23, **2.1.2**
VV 18, **2.1.3** 30, **2.1.4** VV 19, 26, VV 26,
2.2.4, **2.2.14**

Fachbetrieb   Vorwort, **1.1** 19 l, **1.2.1** 18, **1.2.3**
26, **1.2.4** 165, **2.1.1** 18, VV 18, **2.1.2** 18,
VV 18, **2.1.3** 18, VV 18, 29, **2.1.4** 19, VV 19,
2.2.6, **2.2.9**, **2.2.13**, **2.2.14**, **4.1** 1, VV 1, VV 3,
VV 4, 5, VV 5, 9, **4.2**, **4.3** 1, 2, 3, 4, **8.2**
Fachbetriebsunternehmer   **2.2.13**
Fachbetriebsverordnung   Vorwort, **2.1.4**
VV 19, **4.1** 1, VV 5, **4.3** 1, 2, 3
Fachhochschulausbildung   **2.2.15** 8, **4.1**
VV 4, **4.3**
Fachliche Eignung   **4.1** 3, 4, VV 4, 5, VV 5, 6,
VV 6, VV 7, **4.3** 1, 2, 3
Fachgutachten   **2.1.3** VV 7
Fässer   **2.1.1** VV 1, **2.1.2** VV 1, **2.1.4** VV 1,
VV 8, **7.2** 22
Fährlässigkeit   **8.1** 329, **8.2** 7
Fahrzeuge   **2.1.1** VV 1, VV 11, **2.1.2** VV 1,
VV 11, **2.1.3** VV 1, VV 12, **2.1.4** VV 1, **5.3** 5,
6.1 2, 4, 12, 16, 20, **8.1** 330
Fassungsbereich   **2.1.1** 15, **2.1.2** 15, **2.1.3** 15,
2.1.4 VV 15, **2.2.8**
Fassungsvermögen   **2.1.2** VV 11, **2.1.4** VV 3,
13, **2.2.13**, **6.2** 2, **7.1** 60, 61, 62, **8.2**
Fernleitungen   **6.1** 9, 15
Fernsehaufnahmen   **2.2.6**
Fertigprodukt   **1.1** 19 h, **1.2.4** 162, **2.1.1** VV 1,
2.1.2 VV 1, **2.1.3** VV 1, **2.1.4** VV 1, **2.2.15** 2,
6.1 2
Fertigerzeugnisse   **6.1** 2
Fertigkeiten   **4.1** 4, VV 4, 5, **4.3** 1
Fertigstellung   **1.2.2** 69
Feste Leitungsanschlüsse   **2.1.1** 17, **2.1.2** 17,
2.1.3 17, **2.1.4** 18
Feste Stoffe   **2.1.1** 20, VV 20, 21, VV 21, **2.1.2**
23, VV 23, 24, VV 24, **2.1.3** VV 19, 20,
VV 20, 31, **2.1.4** 20, VV 20, 21, VV 21, 22, 23,
2.2.1, **2.2.2**, **2.2.5**, **2.2.9**, **3.2** 1, **5.3** 5
Festsetzung von Schutzgebieten   **1.1** 19, **1.2.1**
15, **1.2.2** 35, **1.2.3** 70, **1.2.4** 48, 49, **2.1.1**
VV 15, **2.1.4** 15, **2.2.8**

Feuerungsanlagen, -stätten, -verordnung
Vorwort, **2.1.2** 21, **2.2.13**, **7.1** 39, 62, **7.2** 21,
22
Feuerwehr   **2.1.2** 20, **2.2.3**, **5.1** 2, 8, **5.3** 2, 3
Fische   **3.1** 2, 3
Fischsterben   **5.1** 3
Flachbodenbehälter   **2.1.4** VV 1, VV 3
Flachbodentanks   **2.1.1** VV 2, **2.1.2** VV 2,
2.1.3 VV 2, **2.1.4** VV 2, **4.2**, **6.3** 1, 2
Flammpunkt   **2.1.1** VV 3, 13, **2.1.2** VV 3, 13,
2.1.3 VV 3, 13, **2.1.4** VV 3, 13, **2.2.5**, **6.1** 2, 3,
4
Flaschen   **2.1.1** VV 1, **2.1.2** VV 1, **2.1.4** VV 1
Fließbild   **2.2.6**
Flüchtigkeit   **3.1** 3
Flüssige Mineralölprodukte   **2.1.3** VV 3
Flüssige Stoffe, Flüssigkeiten   **2.1.1** VV 3, 13,
VV 13, 14, VV 14, 15, 16, 18, VV 18, 19,
VV 21, **2.1.2** VV 3, VV 7, 11, VV 11, 13,
VV 13, 15, VV 15, 16, 18, VV 18, 24, VV 24,
2.1.3 VV 3, 13, 14, 15, 16, 18, 20, VV 22, 29,
2.1.4 VV 1, VV 3, VV 4, 13, VV 13, VV 14,
15, VV 15, 17, VV 17, VV 19, 21, VV 21, 22,
23, VV 26, **2.2.1**, **2.2.5**, **2.2.8**, **2.2.9**, **2.2.13**,
2.2.14, **3.1** 2, **3.2** 1, **4.1** 1, VV 1, 2, **4.3** 1, **5.3**
5, **6.1** 3, 4, **6.4** 24, **7.1** 60, 62, **7.3** 22
Flüssigkeitsdichter Auffangraum s. Auffang-
raum
Flüssigkeitsdichter Domschacht s. Dom-
schacht
Flüssigkeitsdichter Kanal s. Kanal
Flüssigkeitsdichtes Schutzrohr s. Schutzrohr
Flüssigkeitsmengen   **2.1.1** VV 14, **2.1.2**
VV 14, **2.1.3** VV 14, **2.1.4** VV 14
Flüssigkeitsräume   **2.1.1** VV 2, **2.1.2** VV 2,
2.1.3 VV 2, **2.1.4** VV 2
Flüssigkeitssäule   **2.1.1** 13, **2.1.2** 13, **2.1.3** 13,
2.1.4 13, **2.2.5**
Flüssigkeitsspiegel   **2.1.4** VV 1, VV 3
Flüssigkeitsstand   **2.1.1** 17, **2.1.2** 17, VV 24,
2.1.3 17, **2.1.4** VV 1, 18, VV 18
Flüssigkeitsstandanzeiger   **2.1.4** VV 1, **6.1** 12
Flüssigkeitsverluste   **2.1.3** VV 4
Flüssigmist   **2.1.1** VV 1, **2.1.2** VV 1, **2.1.4**
VV 1, **2.2.1**, **7.1** 62
Flugfeldbetankungsanlage   **6.1** 9, 26
Folgemaßnahmen   **5.1** 9, **5.2**, **5.3** 1, 2, 5
Frachtbrief   **5.3** 5
Freien, im   **2.1.1** VV 3, 13, **2.1.2** VV 3, 13, 22,
2.1.3 VV 3, 13, **2.1.4** VV 1, VV 3, 13, **2.2.5**,
2.2.6, **6.1** 8, 9, 13, **6.2** 1, **7.2** 20
Freiheitsstrafe   **4.1** VV 3, **8.1** 324, 326, 329,
330, 330 a, **8.2** 1
Freistellung   **2.1.2** VV 34
Fristen   **1.1** 36 a, **2.1.1** 23, **2.1.2** 31, VV 34,
2.1.3 29, 30, **2.1.4** 6, **2.2.4**, **2.2.6**, **4.1** VV 3,
VV 6, **4.3** 3, **6.1** 3, 12, 13, 15, 21, **7.1** 22, **8.2** 3

Fügeverfahren   **2.1.1** VV 3, **2.1.2** VV 3, **2.1.3**
30
Führungszeugnis   **4.1** VV 3
Füllanlagen   **2.1.2** VV 25
Fülleinrichtung   **2.1.2** VV 14, **2.1.4** VV 14
Füllkapazität   **2.2.13**
Füllstand   **2.1.1** VV 21, **2.1.3** VV 20, **2.1.4**
VV 21
Füllstellen   **2.1.1** VV 3, **2.1.3** VV 3, **2.2.13**, **6.1**
8, 9, **6.2** 1
Füllvorgang   **2.1.1** 17, **2.1.2** 17, **2.1.3** 17, **2.1.4**
VV 1, 18
Fugenverguß   **2.1.2** VV 14, **2.1.4** VV 14
Funktionseinheiten   **2.1.1** VV 1, **2.1.2** VV 1,
2.1.3 VV 1, **2.1.4** VV 1
Funktionsfähigkeit   **1.1** 19 i, **1.2.4** 163, **2.1.1**
VV 18, **2.1.2** VV 18, **2.1.3** VV 18, **2.1.4**
VV 19, **2.2.1**, **2.2.6**
Funktionskontrolle   **2.1.1** VV 18, **2.1.2**
VV 18, **2.1.3** VV 18, **2.1.4** 19, **2.2.6**, **4.2**
Funktionsträger   **2.2.15** 8
Funktionstüchtigkeit   **4.1** VV 2
Fußböden   **2.1.2** 20

Gase   **2.2.13**, **5.3** 5, **6.4** 24, 120 a, **7.1** 39, 60, 61
Gasförmige Stoffe   **1.1** 19 g, **1.2.4** 161, **2.1.2**
VV 5, VV 25, **2.1.3** VV 10, 31, **2.2.1**, **2.2.2**,
2.2.9, **3.2** 1, **4.3** 1, **5.3** 5
Gebäude   **2.1.1** VV 3, 13, **2.1.2** VV 3, 13, 20,
21, **2.1.3** VV 3, 13, **2.1.4** VV 1, VV 2, VV 3,
13, **2.2.5**, **2.2.6**, **6.1** 11, **7.1** 39, 61, 62, **7.2** 21,
22
Gebrauchseignung   **2.2.6**
Gebühren   Vorwort, **1.2.1** 18, **1.2.2** 37, **1.2.4**
167, **2.1.1** VV 11, 12, **2.1.2** 12, **2.1.3** VV 12,
2.1.4 12, VV 12, **2.2.6**, **2.2.12**, **4.3** 1, 3, 4, **6.2**
8, **6.3**, **6.4** 24
Gefahrenabwehr   **1.2.2** 69, **1.2.3** 74, **1.2.4**
169, 171, **2.1.1** VV 9, VV 20, **2.1.2** VV 8,
2.2.15 1, **5.1** 1, 13, **5.2**, **5.3** 2, 3, 5, **6.1** 5, 12,
22, 26, **6.4** 24, 25, 120 a, **7.1** 39, **8.1** 329, 330,
330 a
Gefahrenbereich   **2.1.1** 19, **2.2.13**, **4.2**, **6.1** 1
Gefahrenmöglichkeit   **2.2.15** 2
Gefahrenschwerpunkte   **2.2.15** 2
Gefährdung der Gewässer   **1.2.3** 25, 26, **1.2.4**
163, **2.1.3** 10, VV 19, **2.1.4** 10, **8.2** 3
Gefährdungsbestimmung   **2.2.15** 6
Gefährdungspotential   Vorwort, **2.2.2**, **2.2.6**,
2.2.14, **2.2.15** 8, **3.3** 2
Gefährdungsstufen   **3.3** 2
Gefahrgut-Transportvorschriften   **2.1.1**
VV 11, VV 23, **2.1.2** VV 21, VV 34, **2.1.3**
VV 12, **2.1.4** VV 1, VV 11, VV 26, **2.2.4**, **3.1**
3, **3.3** 1, **6.1** 4, 12, 13, 16, 20, **8.1** 330
Gefahrklasse   **2.1.1** VV 3, **2.1.2** VV 3, VV 11,

VV 34, **2.1.4** VV 3, **4.2**, **5.3** 5, **6.1** 3, 4, 8, 9, **6.2**
1, 2, 6, **7.3**
Gefälle   **2.1.1** 21, **2.1.2** 24, **2.1.3** 20, **2.1.4** 21,
2.2.5, **2.2.6**
Geldbußen   **1.1** 41, **1.2.1** 161, **1.2.2** 116, **1.2.3**
95, **1.2.4** 190, **2.1.2** 33, VV 33, **2.1.3** VV 29,
2.1.4 VV 6, VV 25, **2.2.11**, **8.2** 1, 2, 5, 6, 7, 8,
9
Geldstrafe   **4.1** VV 3, **8.1** 324, 326, 329, 330,
330 a, **8.2** 1
Geltungsbereich   s. Anwendungsbereich
Gemeinden   **2.1.1** VV 18
Gemeingebrauch   **1.1** 21
Gemische   **2.1.4** VV 17, **3.1** 4, **3.3** 3
Genehmigungen   Vorwort, **1.2.1** 14, 15, 116,
1.2.2 37, 69, 77, **1.2.3** 26, 74, **2.1.1** VV 1,
VV 5, **2.1.2** VV 1, VV 5, **2.1.3** VV 31, **2.1.4**
VV 1, 5, 6, VV 6, **2.2.1**, **2.2.6**, **2.2.13**, **2.2.15**
7, **6.2** 1, 6, **7.1** 60, 61, **8.1** 330
Genehmigungsbehörde   **2.1.1** VV 1, **2.1.3**
VV 7
Genehmigungserfordernis   **2.2.15** 7
Genehmigungsfreiheit   **2.2.13**
Genehmigungsvorbehalt   **2.2.15** 3
Generalklausel   **2.2.1**, **2.2.15** 4
Geologie   **2.1.4** VV 3
Geräteliste   **2.1.1** VV 1, **2.1.2** VV 1, **2.1.3**
VV 1, **2.1.4** VV 1, VV 19 **2.2.1**, **4.1** 4, 5, **4.2**,
4.3 1, **5.1** 7, **5.3** 5, **6.1** 12, **6.4** 24 c
Gesamtlagerungsmenge   **2.1.4** VV 6, VV 13,
6.1 8, **7.2** 22
Gesamtrauminhalt   **2.1.1** 15, 18, VV 18,
VV 23, **2.1.2** 18, VV 18, **2.1.3** 18, VV 18,
VV 31, **2.1.4** 5, VV 15, VV 19, **2.2.9**, **7.2** 21
Gesundheitsamt   **2.2.3**
Gewässer   **2.1.1** VV 8, 14, VV 14, VV 18,
VV 20, **2.1.2** VV 8, VV 23, **2.1.3** VV 9, **2.2.6**,
5.3 5, **8.1** 324, 326, 329, 330, 330 a
Gewässeraufsicht   **1.2.1** 116, 161, **1.2.2** 68,
95, **2.2.6**
Gewässerbeeinträchtigung   **2.2.9**
Gewässerbesorgnis   **1.2.2** 37, **1.2.4** 163, 167,
2.1.1 VV 1, **2.1.2** VV 1
Gewässergefährdung   **1.1** 19 g, **2.1.1** 9, **2.1.2**
8, 10, **2.1.3** VV 4, 10, 18 **2.1.4** 10, **3.3** 2, **5.3** 3
Gewässer, oberirdische   **2.1.1** VV 18, **2.1.2**
10, 14, VV 14, VV 18, **2.1.3** 14, VV 14,
VV 18, **2.1.4** 14, VV 14, VV 19, **5.1** 1, 3, 8, 10,
5.3 2, 3, **6.2** 2, **7.1** 61
Gewässerreinhaltung   **1.1** 32 b, 34, **1.2.2** 37
Gewässerschädigung   **2.1.1** 9, **2.1.2** 10, **2.2.6**
Gewässerschutz   Vorwort, **1.1** 19, **1.2.1** 15,
1.2.4 190, **2.1.1** VV 1, 7, VV 15, **2.1.2** VV 1,
7, VV 15, VV 33, **2.1.3** 9, VV 9, VV 30,
VV 31, **2.1.4** VV 1, 8, VV 8, VV 9, **2.2.1**,
2.2.6, **2.2.11**, **2.2.15** 2, 8, **3.1** 2, **4.1** VV 3, **4.3**
1, **5.3** 1, **8.2** 2

Gewässerverunreinigung   Vorwort, **1.1** 1 a,
    19 g, 26, 34, **1.2.3** 26, **1.2.4** 161, **2.1.1** VV 1,
    VV 8, VV 9, VV 14, **2.1.2** VV 1, VV 8, 10,
    2.1.3 VV 9, VV 10, **2.1.4** VV 1, VV 6, VV 10,
    VV 26, **2.2.1**, **2.2.9**, **2.2.15** 4, 8, 9, **5.2**, **5.3** 3,
    8.1 324
Gewässerschutz-Alarmrichtlinien   **2.1.3**
    VV 10, **2.1.4** VV 10
Gewässerschutzbeauftragter   **1.1** 21, **1.2.4**
    61, **2.2.15** 8
Gewerberechtordnung   Vorwort, **2.1.1** VV 1,
    VV 19, VV 23, **2.1.2** VV 1, VV 5, 19, VV 34,
    2.1.4 VV 1, VV 26, **2.2.3**, **2.2.4**, **2.2.9**, **2.2.14**,
    4.1 VV 4, **6.1** 1, 4, 16, 24, 27, 29, **6.4**, **8.2**
Gewerberechtliche Anlage   **2.2.15** 2
Gewerberechtliche Ausnahmegenehmi-
    gung   **2.1.2** VV 5, **2.1.3** VV 5, **2.1.4** VV 5
Gewerberechtliche Bauartzulassung   **1.1**
    19 h, **1.2.4** 162, **2.1.1** 5, VV 5, 13, VV 13, 18,
    VV 18, 19, 21, **2.1.2** VV 5, 13, VV 13, 18,
    VV 18, 24, **2.1.3** 5, VV 5, VV 6, VV 18, **2.1.4**
    VV 5, **2.2.5**, **2.2.6**, **2.2.7**, **2.2.9**, **2.2.13**,
    2.2.14, **2.2.15** 7
Gewerberechtliche Vorschriften   Vorwort,
    2.1.1 VV 19, **2.1.2** 25, **2.1.3** VV 1, **2.1.4** 5, 6,
    VV 6, **2.2.13**
Gewerberechtliche Zulassung   **2.1.3** 5
Giftalarm   s. Öl- und Giftalarmrichtlinien
Gifte   **1.1** 19 g, **1.2.4** 161, **2.1.1** VV 20, **2.1.2**
    VV 23, **2.1.3** VV 19, **2.1.4** VV 20, **5.3** 5, **8.1**
    326, 330 a
Glasfaserverstärkter Kunststoff   **2.1.2**
    VV 34, **2.2.6**
Grenzwertgeber   **2.1.1** VV 13, **2.1.2** VV 13,
    2.1.3 VV 3, VV 17, **2.1.4** VV 13, **2.2.6**,
    6.1 12
Grundeigentum   **1.1** 1 a
Grundgesetz   **1.1** 21
Grundriß   **2.2.6**
Grundsatz   **1.1** 1 a
Grundstück   **2.1.1** VV 1, **2.1.2** VV 1, **2.1.3**
    VV 1, VV 31, **2.1.4** VV 1, **2.2.6**, **6.2** 2
Grundstücksgrenze   **2.1.3** VV 1, **7.2** 20
Grundwasser   **1.1** 34, **2.1.1** VV 14, VV 18,
    2.1.2 VV 3, VV 14, VV 18, **2.1.3** VV 14,
    VV 18, **2.1.4** VV 3, VV 14, VV 19, **2.2.15** 1, 2,
    3.2 1, **5.1** 1, 9, 10, **5.3** 2, 3
Grundwasserbeobachtungen   **5.3** 5
Grundwasserstand   **2.1.3** VV 4, **2.1.4** VV 16,
    2.2.15 7
Grundwasserverunreinigung   **2.2.15** 9
Gülle   **1.1** 19 g, **1.2.4** 161, **2.1.1** VV 1, **2.1.2**
    VV 1, **2.1.3** VV 1, **2.1.4** VV 1, **2.2.1**, **2.2.15** 4,
    7.1 62
Gütegemeinschaften   **4.1** VV 4
Gütezeichen   **2.2.6**
Gutachten   **2.1.1** 5, VV 5, VV 13, **2.1.2** VV 5,

VV 13, **2.1.3** VV 1, 4, VV 5, **2.1.4** VV 3, VV 5,
    VV 6, VV 12, **2.2.6**, **6.1** 12, 15

Häfen   **2.1.1** VV 3, **2.1.2** VV 3, **2.1.4** VV 3
Härtesalz   **2.1.1** VV 20, **2.1.2** VV 23, **2.1.3**
    VV 19, **2.1.4** VV 20
Härtung   **2.1.4** VV 1
Haftung   **1.1** 22
Halgone   **1.1** 19 g, **1.2.4** 161
Handgebrauch   **1.1** 19 h, **1.2.4** 162, **6.1** 2
Handwerk   **4.1** 4, VV 4, **4.3** 1,2
Handwerkskammer   **4.1**, **4.3** 1, 2, 3
Haushaltsbehälter   **2.1.1** VV 3, **2.1.2** VV 3
Haustechnische Anlagen   **2.2.13**
Hauswirtschaftlicher Gebrauch   **2.1.1**
    VV 15, **2.1.2** VV 15
Hauptbetrieb   **4.1** VV 1
Heilquellenschutzgebiete   **1.2.1** 16, **1.2.2** 37,
    40, **1.2.3** 41, 74, **1.2.4** 22, **2.1.1** 15, VV 15,
    2.1.2 15, VV 15, **2.1.3** 15, VV 15, **2.1.4** 15,
    VV 15, **2.2.6**, **2.2.8**, **8.1** 329
Heizöl   **1.2.2** 37, **2.1.1** VV 3, VV 7, VV 15, 17,
    18, VV 18, **2.1.2** VV 3, VV 7, VV 11, VV 15,
    17, 18, VV 18, 20, 21, 22, VV 34, **2.1.3** VV 3,
    17, **2.1.4** VV 3, 5, VV 6, VV 15, 18, VV 26,
    2.2.9, **2.2.13**, **4.1** VV 2, **7.2** 21, 22, **7.3**
Heizölbehälter   **7.2** 20, 21
Heizölleitungen   **2.1.1** VV 13, **2.1.2** VV 13,
    2.1.3 VV 13, **2.1.4** VV 13
Heizölverbraucheranlagen   **4.1** 2, VV 2, **4.2**,
    4.3 1, 3
Heizölverbrauchertankanlagen   **2.1.4** 26
Hersteller   **2.1.1** 5, 16, VV 18, **2.1.2** 5, 16,
    VV 18, **2.1.3** 5, 16, 18, VV 18, **2.1.4** 17,
    VV 17, VV 19, **2.2.6**, **6.1** 3, 6, 12, **7.3** 23
Herstellerwerk   **2.1.3** VV 11, **6.1** 16
Herstellung   **2.1.1** VV 1, **2.1.2** VV 1, VV 3,
    2.1.3 VV 1, VV 3, **2.1.4** VV 1, **2.2.15** 2, 5, **3.2**
    4, **4.1** VV 2, **5.1** 9, **6.4** 24, 25, **7.1** 22
Hilfsbetrieb   **4.1** VV 1
Hochschulausbildung   **2.2.15** 8, **4.1** VV 4,
    4.3 2
Hochwasser   **2.1.4** 16, VV 16, 23, 25
Hoheitsbereich   **2.2.10**
Hoheitsträger   **2.2.3**
Hüllen   **2.1.4** VV 1
Hydrologische Verhältnisse   **2.2.6**, **5.2**

Immissionsschutz   **5.1**
Immissionsschutzrecht   Vorwort, **2.1.1** VV 1,
    VV 23, **2.1.2** VV 1, VV 34, **2.1.3** VV 1, VV 8,
    2.1.4 VV 1, 5, VV 6, VV 26, **2.2.1**, **2.2.3**,
    2.2.4, **2.2.14**, **4.1** VV 4, **6.2** 1, **8.1** 329, **8.2**, 2
Inaugenscheinnahme   **2.1.4** VV 2, VV 34,
    VV 19

Inbetriebnahme   1.1 19 i, 1.2.4 163, 2.1.1
  VV 3, VV 18, 2.1.2 VV 3, VV 18, 2.1.3 VV 3,
  VV 18, 31, VV 31, 2.1.4 VV 3, 19, VV 19,
  2.2.6, 2.2.9, 2.2.10, 6.1 8, 9, 13, 15, 16, 18,
  19, 27, 6.2 4, 7, 6.3 1, 2, 3, 4, 6.4 24
Industrie- und Handelskammer   2.2.9, 4.1
  VV 4, 5, VV 5, 4.3 1, 3
Inkrafttreten   1.2.1 14, 1.2.3 26, 1.2.4 50,
  2.1.1 VV 15, 23, 24, 2.1.2 34, 36, 2.1.3 VV 15,
  30, 32, V, 2.1.4 26, 27, 2.2.4, 4.1 11, 6.1 30,
  6.2 1, 7.2, 7.3 28
Inhaber   1.2.4 61, 2.1.2 33, 4.1 3, VV 3, VV 4,
  6, 7, 8, 4.3, 8.2
Innenbeschichtung   2.1.1 VV 18, 2.1.2
  VV 18, VV 34, 2.1.3 VV 18, 2.2.6, 4.1 VV 2,
  4.3, 7.3 22
Innenbesichtigung   2.1.2 VV 34, 2.2.6
Innenminister   2.1.1 VV 3, VV 9, 5.1, 5.2
Instandhalten   2.2.6, 4.1 2, VV 2, 4.2, 4.3
Instandhaltungsarbeiten   6.1 21
Instandsetzen   2.2.6, 4.1 2, VV 2, 4.2, 4.3
Instandsetzungsmaßnahmen, Instandset-
  zungsarbeiten   2.1.1 VV 18, 2.1.2 VV 18,
  2.1.3 VV 18, 2.1.4 VV 19, 2.2.6, 6.1 21
Institut für Bautechnik   1.2.2 37, 3.1, 3.2, 7.3
  26

Jauche   1.1 19 g, 1.2.4 161, 2.1.1 VV 1, 2.1.2
  VV 1, 2.1.3 VV 1, 2.1.4 VV 1, 2.2.1, 2.2.15,
  7.1 62, 7.3 22

Kachelofen- und Luftheizungsbauer   4.1
  VV 4, 4.3
Kälteanlagenbauer   4.1 VV 4, 4.3
Kanal, Kanäle   2.1.1 13, 2.1.2 VV 14, 2.1.3
  VV 4, 13, VV 13, 2.1.4 VV 3, VV 4, 13,
  VV 13, VV 14, 2.2.5, 5.1, 6.2
Kanalisation   1.2.1 18, 2.1.1 VV 9, 2.1.2
  VV 10, 2.1.4 VV 10
Kanister   2.1.1 VV 1, 2.1.2 VV 1, 21, 2.1.4
  VV 1, VV 8, 7.2 22
Kartei   2.1.1 VV 18, 2.1.2 VV 18, 2.1.3 VV 18,
  2.1.4 VV 19, 2.2.9, 4.1 VV 3
Karteiblatt   2.1.1 VV 18, 2.1.2 VV 18, 2.1.3
  VV 18, 2.1.4 VV 19, 2.2.9
Katalog wassergefährdender Stoffe   2.1.1
  VV 1, 2.1.2 VV 1, 2.1.3 VV 31, 2.1.4 VV 1,
  2.2.2, 2.2.15, 3, 3.1, 3.2, 3.3, 5.1, 5.3, 8.2
Katastrophe   5.3
Katastrophenschutz   5.1
Kathodischer Korrosionsschutz   s. Korro-
  sionsschutz
Kellerräume   s. unterirdische Kellerräume
Kellerböden   2.1.2 2, VV 2
Kennzeichnung   2.1.1 16, 22, VV 22, 2.1.2 33,
  2.1.3 VV 16, 2.1.4 17, VV 17, 25, VV 25, 5.3,
  7.1 22

Kennzeichnungspflicht   2.1.1 16, VV 16,
  2.1.2 16, VV 16, 2.1.3 16, VV 16, 2.1.4 17,
  VV 17
Ketone   1.1 19 g, 1.2.4 161
Kläranlagen   2.1.1 VV 3, VV 9, VV 14, 2.1.2
  VV 3, VV 10, VV 14, 2.1.3 VV 3, VV 14, 2.1.4
  VV 3, VV 10, VV 14, 2.2.6
Kleinere oberirdische Anlagen   2.1.1 13,
  2.1.2 13, 2.1.3 13, 2.1.4 13
Klempner   4.1 VV 4, 4.3
Kohlenwasserstoffe   1.1 19 g, 1.2.4 161
Kommunizierende Behälter   2.1.1 2, VV 2,
  VV 3, 2.1.2 2, VV 2, VV 3, 2.1.3 2, VV 2,
  VV 3, 2.1.4 2, VV 2, VV 3, VV 8, VV 13,
  2.2.13
Kontaminierte Stoffe   2.1.1 VV 1, 2.1.2 VV 1,
  2.1.4 VV 1. 2.2.1
Kontrolleinrichtung   2.1.1 13, VV 13, 2.1.2
  13, VV 13, 2.1.3 13, VV 13, 2.1.4 VV 4, 13,
  VV 13, 2.2.5
Korrosion   2.1.1 VV 3, 13, 2.1.2 VV 3, 13,
  2.1.3 VV 3, 13, 2.1.4 13, 2.2.5
Korrosionsschutz   2.1.1 3, VV 3, VV 13,
  VV 18, 22, 2.1.2 3, VV 3, VV 13, VV 18, 33,
  VV 34, 2.1.3 3, 13, VV 18, 2.1.4 VV 1, 3,
  VV 3, VV 13, 25, VV 25, 2.2.1, 2.2.6, 2.2.9,
  2.2.15, 6.1 15, 6.2, 6.3
Kostenordnung   2.1.1 12, 2.1.2 12, 2.1.3
  VV 12, 2.1.4 12, VV 12, 6.2, 6.3
Kraftstofflagerbehälter   6.1 2
Kreisverwaltungsbehörde   1.2.2 35, 37, 40,
  68, 69, 75, 2.1.2 VV 1, VV 3, VV 5, 8, VV 9,
  10, VV 10, VV 11, 15, 18, VV 18, 25, 34, 2.2.3
Kunstdünger   2.1.1 VV 20, 2.1.2 VV 23, 2.1.3
  VV 19
Kunststoff   2.1.4 VV 3, 7.3 22
Kunststoffbahnen   2.1.1 VV 3, 2.1.2 VV 3,
  2.1.3 VV 2, VV 3
Kunststoffbehälter   2.1.1 VV 2, 2.1.2 VV 2,
  2.1.4 VV 2, VV 3
Kunststoffumhüllung   2.1.1 VV 3, 2.1.2
  VV 3, 2.1.4 VV 3
Kupfer   2.1.1 VV 3, VV 13, 2.1.2 VV 3, VV 13,
  VV 34, 2.1.3 VV 13, 2.1.4 VV 3, VV 13
Kupferschmied   4.1 VV 4, 4.3
Kurzfristiges Bereitstellen   2.1.1 VV 1, 2.1.2
  VV 1, 2.1.3 VV 1, 2.1.4 VV 1
Küstengewässer   1.1 32 b, 1.2.4 22, 170, 171

Laboratorien   1.1 19 h, 1.2.4 162
Ladegutbehälter   6.4 24
Lademaschinen   2.1.1 VV 20, 2.1.2 VV 23,
  2.1.3 VV 19, 2.1.4 VV 20
Laden   2.1.1 VV 1, 2.1.2 VV 1, 2.1.3 VV 1,
  2.1.4 VV 1
Länderarbeitsgemeinschaft Wasser   Vor-

wort, **2.1.3** VV 29, **2.2.11**, **2.2.15**, **3.1**, **3.2**,
  3.3, **4.2**
Lagerbehälter **2.1.1** 1, 2, VV 2, 13, VV 15, 17,
  22, VV 22, **2.1.2** 1, 2, VV 2, 13, 17, 21, 33,
  2.1.3 2, VV 2, 13, 17, 29, **2.1.4** 1, 2, VV 2,
  VV 15, 25, VV 25, **2.2.5**, **2.2.6**, **2.2.13**, **4.1** 2,
  4.3, **6.2**
Lagerbehälterverordnung **2.1.1** I, III, 23,
  VV 23, 24
Lagerart **2.2.13**, **2.2.15**
Lagerflüssigkeit **2.1.1** VV 2, VV 3, **2.1.2**
  VV 2, VV 3, **2.1.3** VV 2, VV 3, **2.1.4** VV 2,
  VV 3, 13, VV 13
Lagergut **2.1.1** VV 3, 20, VV 20, **2.1.2** VV 3,
  23, VV 23, **2.1.3** VV 3, 19, VV 19, 31, VV 31,
  2.1.4 20, VV 20, **2.2.6**
Lagermedium **2.1.1** VV 5, **2.1.2** VV 5, **2.1.4**
  VV 3, **2.2.6**, **2.2.15**
Lagermenge **2.1.1** 13, VV 15, **2.1.2** 13,
  VV 15, 20, **2.1.3** 13, **2.1.4** 13, VV 15, **2.2.6**,
  2.2.13, **6.1** 8, 9, 11, **6.2**, **7.2** 21
Lagerort **2.1.1** VV 5, **2.1.2** VV 5, **2.2.6**
Lagerplätze s. Plätze
Lagerräume **2.1.1** 20, **2.1.2** 20, 21, 23, **2.1.3**
  19
Lagervolumen **2.2.6**, **2.2.15**, **3.1**
Lagern Vorwort, **1.1** 19 g, 19 k, 21, 26, 41,
  1.2.1 18, **1.2.2** 37, 95, **1.2.3** 26, **1.2.4** 61, 161,
  164, 167, 172, **2.1.1** 1, VV 1, 2, 13, 15, 18, 19,
  20, VV 20, **2.1.2** 1, VV 1, 13, 18, 19, 21, 22,
  23, VV 23, **2.1.3** 1, VV 1, 13, 18, 19, VV 19,
  2.1.4 1, VV 1, 2, 19, 20, VV 20, **2.2.**, **2.2.1**,
  2.2.5, **2.2.6**, **2.2.7**, **2.2.13**, **2.2.14**, **2.2.15**, **3.2**,
  4.1 1, VV 1, **4.2**, **4.3**, **5.3**, **6.2**, **8.1** 329, 330,
  8.2
Landesamt für Wasser und Abfall **1.2.1** 18,
  116, 161, **2.1.1** II, VV 1, VV 5, **2.2.2**, **2.2.3**,
  2.2.7, **3.2**, **5.1**
Landesamt für Wasserwirtschaft **2.1.2** VV 1,
  VV 5, **2.2.2**, **2.2.3**
Landesbauordnung **6.2**, **7.1**, **7.3**
Landesrecht, landesrechtliche Regelun-
  gen **1.1** 19 g, 19 i, 19 l, 21, **2.1.1** 1 **2.1.4** II,
  2.2.8, **2.2.10**, **4.3**
Landeswassergesetz **1.2.1**
Laugen **1.1** 19 g, **1.2.4** 161, **2.2.1**, **5.1**, **5.3**
Leckanzeige, Leckanzeigegerät, Leckan-
  zeigervorrichtung **2.1.1** 13, VV 13, VV 18,
  VV 23, **2.1.2** 13, VV 13, VV 18, VV 34, **2.1.3**
  VV 4, 13, VV 13, VV 18, **2.1.4** VV 1, VV 3,
  VV 4, 13, VV 13, 19, VV 19, VV 26, **2.2.5**,
  2.2.6, **2.2.15**, **4.2**, **6.1** 12, **7.3** 22
Leckschutzauskleidung **2.1.1** VV 13, VV 18,
  2.1.2 VV 13, VV 18, **2.1.3** VV 13, **2.1.4** VV 1,
  VV 13, VV 19
Leitungen s. Rohrleitungen bzw. feste Lei-
  tungsanschlüsse

Lochkartensystem **2.1.1** VV 18, **2.1.2** VV 18,
  2.1.4 VV 19
Löschen **2.1.1** VV 1, **2.1.2** VV 1, **2.1.3** VV 1,
  2.1.4 VV 1
Luft- und Raumfahrttechnik **4.1** VV 4

Maßnahmenplan bei Öl- und Giftunfäl-
  len **5.1**, **5.3**
Mängel **2.1.1** VV 18, **2.1.2** VV 18, **2.1.3**
  VV 18, **2.1.4** VV 19, **2.2.15**
Maschinenbau **4.1** VV 4
Maschinenbauer **4.1** VV 4, **4.3**
Materialprüfungsanstalten **2.1.1** VV 5, **2.1.2**
  VV 5, **2.1.3** VV 5, **2.1.4** VV 5
Meisterprüfung **4.1** 4, VV 4, **4.3**
Meldekriterien **5.1**, **5.3**
Meldepflicht **5.1**, **5.3**
Meldeplan **5.1**, **5.3**
Meldung «Öl- und Giftalarm» **5.1**
Merkblatt **2.1.1** 16, VV 16, **2.1.2** 16, VV 16,
  2.1.3 16, VV 16, **2.1.4** 17, VV 17, **2.2.6**,
  2.2.15, **3.1**, **3.2**, **6.2**
Metall **2.1.1** VV 3, 13, **2.1.2** VV 3, 13, **2.1.3**
  VV 3, 13, VV 13, **2.1.4** 13, **2.2.5**, **6.1** 12
Metallcarbonyle **1.1** 19 g, **1.2.4** 161
Metallorganische Verbindungen **1.1** 19 g,
  1.2.4 161
Metallsalze **2.1.1** VV 20, **2.1.2** VV 23, **2.1.3**
  VV 19, **2.1.4** VV 20
Mineralöle **1.1** 19 g, **1.2.4** 161, **2.1.1** I, VV 9,
  2.1.4 VV 26, **5.1**, **5.3**
Musterentwurf Vorwort

Nachprüfung **2.1.1** VV 18, **2.1.2** VV 18, **2.1.3**
  VV 18 **2.1.4** VV 19
Nebenbestimmungen **7.1** 22
Nebenbetrieb **2.1.1** VV 18, **2.1.2** VV 18, **2.1.3**
  VV 18, **2.1.4** VV 19, **4.1** VV 1, **4.3**, **6.1** 1, **6.4**
  24
Neue Anlagen, Neuanlagen **2.1.1** 15, VV 23,
  2.1.2 VV 34, **2.2.14**
Nichtmetallische Innenbeschichtung, Rohre,
  Tanks, Werkstoffe **2.1.1** VV 3, **2.1.2** VV 3,
  2.1.3 VV 3, **2.1.4** VV 3, **6.1** 12, **7.3** 22
Niederschlagswasser **1.1** 19, **1.2.4** 48, **2.1.1**
  VV 3, VV 14, **2.1.2** VV 3, VV 14, **2.1.3** VV 3,
  13, VV 14, **2.1.4** VV 3, VV 14, **2.2.5**
Normen s. DIN-Normen

Oberirdische Anlagen **2.1.1** 13, VV 18, **2.1.2**
  13, VV 18, **2.1.3** 13, **2.1.4** VV 19, **2.2.5**
Oberirdische Gewässer **1.2.3** 91, **1.2.4** 22,
  2.1.1 14, VV 14, VV 18, **2.1.2** 10, 14, VV 14,
  VV 18, **2.1.3** 14, VV 14, VV 18, **2.1.4** 14,
  VV 14, VV 19, **5.1**, **5.3**, **6.2**, **7.1** 61

Oberirdische Lagerbehälter   **1.2.2** 37, **2.1.1** 2,
VV 2, 13, VV 13, 15, 18, VV 18, VV 23, **2.1.2**
2, VV 2, 13, VV 13, 15, 18, VV 18, **2.1.3**
VV 2, 13, VV 13, 15, 18, VV 18, **2.1.4** VV 2,
5, 13, VV 13, 15, 19, VV 19, **2.2.5**, **2.2.9**,
2.2.14
Oberirdische Lagerung   **2.1.1** VV 3, VV 13,
2.1.2 VV 3, VV 13, **2.1.3** VV 3, VV 13, **2.1.4**
VV 3, VV 13
Oberirdische Rohrleitungen   **2.1.1** 15,
VV 15, **2.1.2** 15, VV 15, **2.1.3** 15, 31, **2.1.4**
VV 15, **2.2.8**
Öffentlicher Verkehr   **1.1** 19 h, **1.2.4** 162,
2.1.1 VV 1, **2.1.2** VV 1, **2.1.3** VV 1
Öffentliche Wasserversorgung   **1.2.1** 15, 116,
8.1 330
Öl- und Giftalarmrichtlinien   Vorwort, **2.1.1**
VV 9, **2.2.2**, **2.2.9**, 5, **5.1**, **5.2**, **5.3**
Öl- und Giftalarmplan   **5.1**, **5.3**
Örtliche Verhältnisse   **2.1.1** 7, 18, **2.1.2** 7, 18,
2.1.3 7, 18, **2.1.4** 8, **3.1**
Ordnungsbehörde   **1.2.1** 18, **2.1.1** VV 9, **5.1**,
5.2, **5.3**
Ordnungsbehördengesetz   **1.2.1** 14, **5.1**
Ordnungsbehördliche Verordnung   **1.2.1** 14,
16, 161
Ordnungswidrigkeiten   **1.1** 21, 41, **1.2.1** 161,
1.2.2 95, **1.2.3** 116, **1.2.4** 61, 190, **2.1.1** 22,
VV 22, **2.1.2** 33, VV 33, **2.1.3** 29, VV 29,
2.1.4 25, VV 25, **2.2.11**, **4.1** 8, **4.3**, **6.1** 27, **8.2**
Ortsbewegliche Behälter   **2.1.1** VV 1, 2, **2.1.2**
VV 1, 2, **2.1.3** VV 1, 2, **2.1.4** VV 1, 2, 13,
2.2.13, **6.1** 2, 13, 15
Ortsfeste Anlagen   **2.1.1** VV 15, **2.1.2** VV 15
Ortsfeste Behälter   **2.1.1** VV 1, 2, **2.1.2** 2,
VV 2, 21, **2.1.3** VV 1, 2, **2.1.4** VV 1, 2, **2.2.13**,
6.2, **7.1** 60, 61, 62, **7.2** 22, **7.3** 22
Ortsfeste Einrichtungen   **2.1.1.** VV1, **2.1.2.**
VV1
Ottokraftstoff   **2.1.1** VV 14, 17, **2.1.2** VV 14,
17 **2.1.4** 5, VV 14, 18

Pflanzenbehandlungsmittel   **2.1.1** VV 15,
2.1.2 VV 15
Pflanzenschutzmittel   **2.1.4** VV 20
Pflichten   **1.1** 19 i, 19 k, **1.2.2** 37, **1.2.3** 42,
1.2.4 163, 164, 167, **2.1.1** VV 18, **4.1** 6, VV 6,
4.3, **6.4** 24 a
Phosphate   **2.1.1** VV 20, **2.1.2** VV 23, **2.1.3**
VV 19, **2.1.4** VV 20
Physikalisch-Technische Bundesan-
stalt   **2.1.1** VV 5, **2.1.2** VV 5, **2.1.3** VV 5,
2.1.4 VV 5, **3.1**, **6.1** 2, 12, 25
Physikalische Eigenschaft   **3.1**, **3.2**
Pläne   **1.2.1** 161, **1.2.2** 37, 77, **1.2.3** 74, **2.1.1** 5,

VV 5, **2.1.2** VV 5, **2.1.3** 5, VV 5, **2.1.4** VV 5,
2.2.7
Planfeststellung, Planfeststellungsverfah-
ren   **1.2.1** 14, 116, **1.2.2** 69, 77, **1.2.3** 116,
2.1.1 VV 1, VV 18, **2.1.2** VV 1, **2.1.4** VV 1
Planung   **2.1.1** 15, **2.1.2** 15
Plastiksäcke   **2.1.1** VV 20, **2.1.2** VV 23, **2.1.3**
VV 19, **2.1.4** VV 20
Plätze, Platz   **2.1.1** VV 1, 14, VV 14, 20,
VV 20, 21, **2.1.2** VV 1, 14, VV 14, 23, VV 23,
24, **2.1.3** 14, VV 14, 19, VV 19, 20, **2.1.4**
VV 1, 14, VV 14, 20, 21, **2.2.5**, **2.2.6**
Proben   **2.2.15**, **5.1**, **5.3**
Produkte   **2.1.1** I, VV 1, **2.1.2** VV 1, **2.1.3**
VV 1, **2.1.4** VV 1, VV 26, **5.3**
Produktionsprozeß   **2.1.1** VV 1, **2.1.2** VV 1,
2.1.3 VV 1, **2.1.4** VV 1
Prozeßanlagen   **2.2.1**, **6.1** 16
Prüfbericht, Prüfungsschein   **2.1.1** VV 5, 18,
VV 18, **2.1.2** VV 5, 18, VV 18, **2.1.3** VV 5, 18,
VV 18, **2.1.4** 19, VV 19
Prüfbescheid   s. Prüfzeichenbescheid
Prüffristen   **2.1.1** 18, VV 18, **2.1.2** 18, VV 18,
2.1.3 18, VV 18, **2.1.4** 19, VV 19, **2.2.9**,
2.2.14, **6.1** 15, 20
Prüfpflicht   **2.1.1** 18, 23, **2.1.2** 18, **2.1.3** 18, 30,
2.1.4 VV 26, **7.3** 22
Prüfrichtlinien   **2.1.1** VV 18, **2.1.2** VV 18,
2.1.3 VV 18, **2.1.4** VV 19
Prüftermine   **2.1.1** VV18, **2.1.2** VV18, **2.1.3**
VV18, **2.1.4** VV19
Prüfzeichen   Vorwort, **1.1** 19 h, **1.2.4** 162,
2.1.1 VV 3, VV 5, 13, VV 13, 18, 21, **2.1.2**
VV 3, VV 5, 13, VV 13, 18, 24, **2.1.3** VV 3, 5,
VV 5, 13, VV 13, 20, 31, **2.1.4** VV 3, VV 6, 9,
13, VV 13, VV 18, 21, **2.2.5**, **2.2.6**, **2.2.7**,
2.2.9, **2.2.13**, **2.2.14**, **2.2.15**, **6.1** 12, **7.1** 21,
23, **7.3** 22, 26
Prüfzeichenbescheid   **2.1.1** 5, VV 18, **2.1.2**
VV 18, **2.1.3** 5, VV 18, **2.1.4** VV 5, VV 17,
VV 18, 19, VV 19, **2.2.7**
Prüfzeichenverordnung   **2.1.1** VV 5 **2.1.4**
VV 5, **2.2.15**, **7.3** 28
Prüfung, Prüfen   **1.1** 19 i, 19 l, 21, **1.2.1** 16,
18, **1.2.2** 37, **1.2.3** 26, 42, **1.2.4** 61, 163, 165,
167, **2.1.1** VV 3, VV 6, 8, VV 8, VV 10, 12,
VV 13, 18, VV 18, 23, **2.1.2** VV 2, VV 3,
VV 6, 8, VV 8, VV 9, 12, VV 13, 18, VV 18,
33, **2.1.3** VV 6, VV 12, 18, VV 18, 29, 30,
VV 31, **2.1.4** VV 2, 7, 12, VV 12, 19, VV 19,
24, VV 24, 25, 26, **2.2.2**, **2.2.4**, **2.2.6**, **2.2.7**,
2.2.9, **2.2.10**, **2.2.13**, **2.2.14**, **2.2.15**, **4.1** VV 3,
VV 4, 7, VV 7, **4.3**, **6.1** 13, 14, 15, 16, 17, 26,
27, **6.2**, **6.3**, **6.4** 24, 24 b, **7.1** 22, **7.3**
Pulverförmige Gifte   **2.1.1** VV 20, **2.1.2**
VV 23, **2.1.3** VV 19, **2.1.4** VV 20
Pumpfähige Stoffe   s. flüssige Stoffe

Quellenschutzgebiete   1.1 19 g, 19 i, 1.2.1 16
1.2.2 37, 40, 1.2.3 41, 74, 91, 1.2.4 161, 163,
2.1.1 15, VV 15, 2.1.2 15, 2.1.3 15, 2.1.4 15,
2.2.6, 2.2.8, 2.2.10, 8.1 329, s. a. Heilquellenschutzgebiete

Radioaktivität   1.1 19 g, 1.2.4 161, 2.1.1
  VV 1, 2.1.2 VV 1, 2.1.4 VV 1, 2.2.1, 7.3 22
Radioaktive Stoffe   1.2.4 22, 2.1.3 VV 1, 8.1
  330
Räume, Raum   1.1 21, 1.2.1 161, 1.2.4 61,
  2.1.1 VV 2, VV 3, 2.1.2 VV 3, VV 14, 21,
  2.1.3 VV 3, 2.1.4 VV 2, VV 14, 20, 2.2.5,
  2.2.13, 4.1 VV 2, 6.1 8, 9, 11, 6.2, 7.1 39, 7.2
  21, 22
Rahmenvorschrift   Vorwort
Randlochkarte   2.1.1 VV 18, 2.1.2 VV 18,
  2.1.4 VV 19
Rauminhalt   2.1.1 12, 13, 15, 17, 18, VV 18,
  VV 23, 2.1.2 12, 13, 15, 17, 18, VV 18, 2.1.3
  13, 15, 17, 18, 31, 2.1.4 5, VV 8, 12, 13, 15,
  VV 15, 18, 19, VV 19, 2.2.5, 2.2.9, 4.1 2, 4.3,
  6.1 2, 12, 6.2, 6.3, 7.2 21
Rechtsverordnungen   Vorwort, 1.1 21, 36 a,
  41, 1.2.1 18, 161, 1.2.2 35, 37, 75, 77, 95,
  1.2.3 25, 26, 41, 70, 116, 2.1.1 I, 6.4 24, 24 a,
  24 c, 24 d, 25, 36, 7.1 23, 8.1 326, 329, 8.2
Regeln der Baukunst, der Technik   s. Allgemein anerkannte Regeln der Technik bzw.
  Technische Regeln für brennbare Flüssig-
  keiten
Regierungspräsident   1.2.1 15, 16, 136, 1.2.3
  90, 2.1.1 VV 11, 2.2.10, 5.1
Reinhaltung   1.1 26, 32 b, 34
Reinigung, Reinigen   2.1.1 18, 2.1.2 18, 2.1.3
  18 2.1.4 19, 2.2.6, 4.1 2, 4.2, 4.3
Roherdöl   2.1.1 I, 2.1.4 VV 26
Rohre   2.1.1 17, 22, VV 22, 2.1.2 17, 33, 2.1.3
  17, 29, 2.1.4 18, 25, VV 25, 6.1 12
Rohrleitungen   1.1 26, 32 b, 34, 1.2.3 26,
  2.1.1 1, 2, VV 2, VV 3, 4, VV 4, 13, VV 13, 15,
  VV 18, 2.1.2 1, 2, VV 2, VV 3, 4, VV 4, 13,
  VV 13, VV 14, 15, VV 18, VV 34, 2.1.3 1,
  VV 1, 2, VV 2, VV 3, 4, VV 4, 13, VV 13,
  VV 18, 31, VV 31, 2.1.4 1, VV 1, 2, VV 2,
  VV 3, 4, VV 4, 13, VV 13, VV 14, 15, VV 19,
  VV 26, 2.2.5, 2.2.6, 2.2.9, 2.2.14, 2.2.15, 4.1
  2, 4.3, 6.1 9, 6.2, 6.3, 7.1 39, 7.3 22
Rohrleitungen einfacher oder herkömmlicher
  Art   2.1.1 VV 4, VV 23, 2.1.2 VV 4, VV 34,
  2.1.4 VV 4
Rohrleitungsanlagen   1.1 21, 1.2.4 61, 2.1.1
  VV 1, 2.1.2 VV 1, 2.1.4 VV 1, 8.1 329, 330
Rohrwände   2.1.1 13, 2.1.2 13 2.1.3 13, 2.1.4
  13
Rückhaltesystem   2.1.1 VV 3, VV 14, 2.1.2

VV 3, VV 14, 2.1.3 VV 3, VV 14, 2.1.4 VV 3,
  VV 14, 2.2.6

Sachkunde, sachkundig   1.1 19 i, 1.2.4 163,
  2.1.1 VV 18, 2.1.2 VV 18, 2.1.3 VV 18,
  2.2.14, 4.2, 4.3, 6.4 36, 7.1 55
Sachverständige   1.1 19 i, 1.2.1 18, 1.2.2 37,
  69, 1.2.4 163, 167, 2.1.1 VV 3, 5, VV 5, 11,
  VV 11, 12, VV 13, 18, VV 18, 23, 2.1.2 VV 3,
  VV 5, 11, VV 11, 12, VV 13, 18, VV 18,
  VV 34, 2.1.3 VV 3, VV 5, 12, VV 12, VV 13,
  18, VV 18, 30, 2.1.4 VV 3, VV 5, 11, VV 11,
  12, VV 12, 19, VV 19, 24, VV 24, 26, 2.2.6,
  2.2.10, 2.2.13, 2.2.14, 4.1 VV 4, 5.1, 5.3, 6.1
  12, 13, 14, 16, 18, 19, 23, 26, 6.2, 6.3, 6.4 24,
  24 b, 24 c, 36, 7.1 22, 60
Sammelanlage   2.1.1 21, 2.1.2 24, 2.1.3 20,
  2.1.4 21
Säurehalogenide   1.1 19 g, 1.2.4 161
Säuren   1.1 19 g, 1.2.4 161, 2.2.1, 5.1, 5.3
Saugleitungen   2.1.1 13, 2.1.2 13, 2.1.3 13,
  2.1.4 13, 2.2.5
Schacht, Schächte   2.1.1 VV 13, 2.1.2 VV 13,
  VV 14, 2.1.3 VV 13, 2.1.4 VV 3, VV 13,
  VV 14, 6.2
Schadensereignisse   2.1.1 VV 8, 2.1.2 VV 8,
  2.1.3 VV 9
Schadensfälle   2.1.1 9, 22, VV 22, 2.1.2 10,
  33, 2.1.3 4, 10, VV 10, 2.1.4 10, VV 10, 25,
  3.1, 6.1 14
Schiffe   1.2.4 172, 2.1.1 VV 1, 2.1.2 VV 1,
  2.1.3 VV 1, 2.1.4 VV 1
Schiffsmaschinenbau   4.1 VV 4
Schiffsbetriebstechnik   4.1 VV 4
Schläuche   2.1.1 17, 22, VV 22, 2.1.2 17, 33,
  2.1.3 17, 29, 2.1.4 18, 25, VV 25
Schlosser   4.1 VV 4, 4.3
Schmied   4.1 VV 4, 4.3
Schüttgut   2.1.1 21, 2.1.2 24, 2.1.3 20
Schüttung   2.1.1 VV 20, 2.1.2 VV 23, 2.1.3
  VV 19, 2.1.4 VV 20
Schutzgebiet   1.1 19, 1.2.1 15, 1.2.4 49, 2.1.1
  15, VV 15, 18, VV 18, 22, VV 22, VV 23,
  2.1.2 VV 11, 15, VV 15, 18, VV 18, 33,
  VV 34, 2.1.3 15, VV 15, 18, VV 18, 29, 2.1.4
  VV 3, 5, VV 8, 15, VV 15, 19, VV 19, 22,
  VV 22, 25, VV 25, 2.2.6, 2.2.8, 2.2.9, 2.2.12,
  2.2.14
Schutz der Gewässer, des Wassers   1.2.1 15,
  1.2.4 167, 190, 2.1.1 VV 1, 7, 2.1.2 7, 2.1.3 9,
  VV 9, 2.1.4 8, VV 26, 2.2.15, 3.1
Schutzrohr   2.1.1 VV 3, 13, VV 13, 2.1.2
  VV 3, 13, 2.1.3 13, VV 13, 2.1.4 VV 1, VV 3,
  VV 4, 13, VV 13, 2.2.5, 2.2.6
Schutzvorkehrungen   Vorwort, 1.1 19 h, 41,
  1.2.3 26, 1.2.4 162, 2.1.1 1, VV 5, VV 7, 13,

VV 15, 21, **2.1.2** 1, VV 5, VV 7, 13, 15,
VV 15, VV 18, 24, 33, **2.1.3** 1, VV 5, VV 18,
20, 31, VV 31, **2.1.4** 1, VV 6, VV 8, 13,
VV 15, VV 19, 21, VV 25, **2.2.5, 2.2.6, 2.2.7,
2.2.12, 2.2.13, 2.2.14, 2.2.15, 4.1** 2, **4.2** VV 2,
4.3, 6.1 12, 23, **8.2**
Schutzzonen   **1.2.1** 14, **2.1.1** VV 15
Schweißen   **2.1.1** VV 3, **2.1.3** VV 3
Serienmäßig hergestellte Anlagen, serienmä-
    ßig hergestellte Lagerbehälter   **1.1** 19 h,
    1.2.4 162, **2.1.1** 5, 16, **2.1.2** 5, 16, **2.1.3** 5, 16,
    2.1.4 7, VV 17, **2.2.7**
Sicherheitseinrichtungen   **1.1** 19 i, 19 k, 41,
    1.2.4 163, 164, **2.1.1** 1, 4, VV 18, **2.1.2** 1, 4,
    VV 18, **2.1.3** 1, 4, VV 18, VV 31, **2.1.4** 1, 4,
    VV 8, VV 19, VV 25, **2.2.1, 2.2.12, 2.2.15, 4.1**
    2, **4.3, 8.2**
Schutzsystem   **2.2.6, 2.2.14**
Sicherungsmaßnahmen   **2.1.1** VV 7, **2.1.2**
    VV 7
Siliziumlegierungen   **1.1** 19 g, **1.2.4** 161
Silosaft, Silagesickersaft   **2.1.1** VV 1, **2.1.2**
    VV 1, **2.1.4** VV 1, **2.2.1, 2.2.15**
Sofortmaßnahmen   **5.1, 5.2, 5.3**
Sofortmeldung   **5.3**
Sohle   **2.1.1** VV 3, **2.1.2** VV 3, **2.1.3** VV 3,
    2.1.4 VV 3
Soldaten   **2.1.1** VV 19, **2.1.2** VV 19, **6.2**
Staatliches Amt für Wasser und Abfallwirt-
    schaft   **1.2.1** 116, **2.1.1** VV 1, VV 5, **2.2.2,
    2.2.3, 2.2.6, 5.1, 5.2**
Staatliches Gewerbeaufsichtsamt   **2.2.13,
    5.1, 5.2, 6.2**
Staatsanwaltschaft   **8.2**
Stahl   **2.1.1** VV 3, 13, **2.1.2** VV 3, VV 34, **2.1.4**
    VV 3, **2.2.6**
Stahlbehälter   **2.1.1** VV 13, VV 18, **2.1.2**
    VV 13, VV 18, VV 34, **2.1.3** VV 3, VV 13,
    VV 18, **2.1.4** VV 13
Stahlleitungen   **2.1.1** VV 3, VV 13, **2.1.2**
    VV 3, 13, VV 13, **2.1.4** 13, VV 13, **2.2.5**
Standortgebundene Anlagen   **2.1.1** 15,
    VV 15, **2.1.2** 15, VV 15, **2.1.3** 15, VV 15,
    2.1.4 VV 15
Standortgefertigte Behälter   **2.1.1** VV 3, **2.1.2**
    VV 3, **2.1.3** VV 3, **2.1.4** VV 3, **2.2.6, 2.2.8**
Steuereinrichtung   **2.1.1** VV 21, **2.1.2** VV 24,
    2.1.3 VV 20, **2.1.4** VV 21
Stillegung   **2.1.1** VV 10, 18, **2.1.2** VV 9, 18,
    VV 34, **2.1.3** VV 11, 18, 31, **2.1.4** VV 6, 19,
    VV 19, **2.2.13, 4.3, 6.2, 6.4** 25
Stoffe   s. wassergefährdende Stoffe bzw.
    flüssige Stoffe bzw. radioaktive Stoffe
Störfall   **2.1.2** VV 10
Strafgesetzbuch   Vorwort, **4.1** VV 3, **8.1**
Strahlenschutzrecht   **1.1** 19 g, **1.2.4** 161, **2.1.1**
    VV 1, **2.1.2.** VV 1, **2.1.4** VV 1, **2.2.1, 7.3** 22

Straßenfahrzeug, Straßentankwagen   **2.1.1**
    17, **2.1.2** 17, **2.1.3** 17, **2.1.4** 18, **6.3**
Straßenverkehrsordnung   **2.1.2** VV 1, **2.1.4**
    VV 1
Synonym   **2.2.2, 3.1, 3.3**

Tätigkeit   **4.1** VV 1, 3, VV 3, **6.4** 36
Tätigkeitsgruppen   **4.1** 2, VV 2, 4, VV 4, **4.2,
    4.3**
Tagesproduktion   **2.1.1** VV 1, **2.1.2** VV 1,
    2.1.3 VV 1, **2.1.4** VV 1, **2.2.1**
Tankfahrzeuge, Tankkesselwagen   **2.1.1**
    VV 1, **2.1.2** VV 1, **2.1.3** VV 17, **2.1.4** VV 1
Tankstellen   **2.1.1** VV 1, VV 14, **2.1.2** VV 1,
    VV 14, **2.1.3** VV 14, **2.1.4** VV 1, VV 14,
    2.2.13, 6.1 9, **6.2**
Tankunterbau   **2.1.1** VV 2, **2.1.2** VV 2, **2.1.3**
    VV 2, **2.1.4** VV 2
Technische Baubestimmungen   **1.2.1** 18,
    2.1.1 3, VV 3, 13, VV 18, **2.1.2** 3, VV 3, 13,
    VV 18, **2.1.3** VV 3, 13, VV 18, **2.1.4** VV 3, 13,
    2.2.1, 2.2.5, 2.2.15, 7.1 21
Technische Einrichtungen   **2.1.1** VV 1, **2.1.2**
    VV 1, **2.1.4** VV 1
Technische Regeln für brennbare Flüssigkei-
    ten   **2.1.1** VV 3, **2.1.2** VV 3, **2.1.3** VV 3,
    2.1.4 VV 2, **4.2, 7.3** 23
Technische Schutzvorkehrungen   s. Schutz-
    vorkehrungen
Technische Vorschriften   **1.2.1** 18, **1.2.2** 37,
    2.1.1 3, VV 3, 13, 17, VV 18, **2.1.2** 3, VV 3,
    13, 17, VV 18, **2.1.3** VV 3, 13, VV 18, **2.1.4**
    VV 3, 13, **2.2.1, 2.2.5, 2.2.15, 6.1** 4, **6.4** 24
Technischer Aufbau   **2.1.1** 3, VV 3, 13, 15,
    VV 15, 22, **2.1.2** 3, 13, 15, VV 15, 33, **2.1.3** 3,
    13, 15, **2.1.4** 3, 13, 15, VV 15, 22, 25, VV 25,
    2.2.5, 2.2.15
Technischer Überwachungsverein, Tech-
    nische Überwachungsorganisation   **2.1.1**
    VV 5, VV 11, **2.1.2** VV 5, VV 11, **2.1.3** VV 5,
    2.1.4 VV 5, VV 11, 26, **2.2.9, 2.2.10, 4.1**
    VV 4, **6.1** 25, **6.2, 6.4** 24 c
Teeröle   **1.1** 19 g, **1.2.4** 161, **2.1.1** I, **2.1.4**
    VV 26, **5.3**
Teile von Anlagen   s. Anlagenteile
Tiefspeicherung   **2.1.1** 1, **2.1.4** 1, VV 1, **2.2.1**
Toxizität   **3.1, 3.2, 3.3**
Transport, Transportbehälter, Transportmit-
    tel, Transportverpackungen, Transport-
    vorgänge   **1.1** 19 h, **1.2.1** 18, **1.2.4** 162,
    2.1.1 VV 1, VV 11, VV 23, **2.1.2** VV 1, VV 11,
    VV 34, **2.1.3** VV 1, VV 12, **2.1.4** VV 1, VV 11,
    VV 26, **2.2.1, 2.2.4, 2.2.10, 6.1** 4, 16, 20
Trinkwassertalsperren   **2.1.1** VV 15, **2.1.2**
    VV 15, **2.1.4** VV 15
Trinkwassergewinnungsanlage   **2.1.3** VV 9

Tropfsicher, Tropfsicherheit   **2.1.1** 17, **2.1.2** 17, **2.1.3** 17, **2.1.4** 18

Überdachung   **2.1.1** 20, **2.1.2** 23, **2.1.3** 19, **2.1.4** 20, **2.2.5**
Überfahren   **2.1.1** VV 18, **2.1.2** VV 18, **2.1.4** VV 19
Überfüllsicherung   **2.1.1** VV 3, 17, VV 21, 22, VV 22, **2.1.2** VV 3, 17, VV 24, 33, **2.1.3** VV 3, 17, VV 17, VV 20, 29, **2.1.4** VV 1, VV 3, VV 13, 18, VV 18, VV 19, VV 21, 25, VV 25, **2.2.15, 6.1** 12, **7.3** 22
Überprüfen, Überprüfung   s. Prüfung
Überschwemmungsgebiet   **1.1** 19 g, **1.2.1** 116, **1.2.3** 70, 74, 91, **1.2.4** 161, **2.1.3** 15, **2.1.4** VV 3, 16, VV 16, 19, VV 19, 23, VV 23, 25, VV 25, **2.2.6, 2.2.15**
Überwachung, überwachen   **1.1** 19 i, 19 k, 21, 41, **1.2.1** 16, 18, 116, **1.2.2** 37, **1.2.3** 26, 42, 74, **1.2.4** 61, 163, 164, 167, **2.1.1** VV 18, **2.1.2** VV 18, **2.1.3** VV 31, **2.1.4** VV 1, 19, VV 19, VV 25, **2.2.6, 2.2.9, 2.2.13, 2.2.14, 4.1** 2, VV 2, **4.3, 6.1** 24, **6.2, 6.4** 24, 24 c, 24 d, **7.1** 22, **7.3** 23, **8.2**
Überwachungskartei   **2.1.1** VV 18, **2.1.2** VV 18, **2.1.3** VV 18, **2.1.4** VV 19, VV 26, **2.2.9, 2.2.13, 6.2**
Überwachungsmaßnahmen   **1.1** 21, **1.2.4** 61, **5.3**
Überwachungspflicht   **1.2.1** 16, **2.1.1** VV 18
Überwachungsvertrag   **1.1** 19 i, 41, **1.2.4** 163, 166, **2.1.1** VV 18, **2.1.2** VV 18, **2.1.3** VV 18, **2.1.4** VV 1, VV 25, **2.2.6, 2.2.14, 4.3, 7.3** 26, **8.2**
Umgang mit wassergefährdenden Stoffen   Vorwort, **2.1.1** VV 1, **2.1.2** VV 1, **2.1.3** II, **2.2.1, 2.2.2, 2.2.3, 2.2.8, 2.2.9**
Umladen   **2.1.1** VV 1, **2.1.2** VV 1, **2.1.4** VV 1
Umrüsten   **2.1.1** 23, **2.1.3** 30
Umrüstungsmaßnahmen   **2.1.1** VV 18, **2.1.2** VV 18, **2.1.3** VV 18, **2.1.4** VV 19, **2.2.6**
Umschlaganlagen, Umschlagen   **1.1** 21, **1.2.1** 18, **1.2.2** 37, 95, **1.2.3** 26, **1.2.4** 61, 161, 167, 172, **2.1.1** 1, VV 1, 21, VV 21, **2.1.2** 1, VV 1, 24, VV 24, **2.1.3** 1, VV 1, 20, VV 20, **2.1.4** 1, VV 1, 21, VV 21, **2.2, 2.2.1, 2.2.6, 2.2.7, 2.2.13, 2.2.14, 3.2, 4.1** 1, VV 1, **4.2, 4.3, 5.3, 6.2, 8.1** 329, 330, **8.2**
Umschlagen von Stoffen   Vorwort
Umwelt   **4.1** VV 3, **8.1** 326, 330
Umweltbundesamt   **3.1, 3.2, 5.1**
Umwelteinwirkungen   **8.1** 329, 330
Umweltgefährdung   **8.1** 330
Umweltschutz   Vorwort, **2.1.1** VV 22, **8.2**
Umweltstraftaten   **2.2.11**
Undichtheit   **2.1.1** 2, VV 2, 4, 13, VV 13, **2.1.2** 2, VV 2, 4, 13, VV 13, **2.1.3** 4, VV 4, 13, VV 13, **2.1.4** VV 1, 2, VV 2, VV 3, 4, VV 4, 13, VV 13

Unfall, Öl- und Giftunfälle   Vorwort, **1.2.2** 37, **1.2.4** 167, **2.1.4** VV 10, **2.2.9, 2.2.14, 3.3, 5.1, 5.2, 5.3, 6.1** 23
Untergrund   **1.2.1** 18, **2.1.2** VV 14, **2.1.4** VV 14
Untergrundverhältnisse   **2.1.1** VV 8, **2.1.2** VV 8, **2.1.3** VV 9, **2.1.4** VV 9, **2.2.12**
Unterhaltung   **1.1** 41, **2.1.1** VV 3, VV 9, VV 18, VV 22, **2.1.2** VV 3, VV 18, **2.1.3** 3, VV 3, VV 18, **2.1.4** VV 1, VV 19, VV 25, **2.2.15, 6.4** 24, **8.2**
Unterirdische Kellerräume   **2.1.1** VV 2, **2.1.2** VV 2, **2.1.3** VV 2
Unterirdische Lagerbehälter   **2.1.1** 2, VV 2, VV 3, 13, VV 13, 15, 18, VV 18, VV 23, **2.1.2** 2, VV 2, VV 3, 13, VV 13, 15, VV 15, 18, VV 18, **2.1.3** 2, VV 3, 13, VV 13, 15, VV 15, 18, VV 18, **2.1.4** 2, VV 2, VV 3, 13, VV 13, 15, 19, VV 19, **2.2.9, 2.2.14**
Unterirdische Lagerung   **1.1** 19 i, **1.2.4** 163, **2.1.1** 1, VV 3, VV 13, **2.1.2** VV 3, VV 13, **2.1.3** VV 3, VV 13, **2.1.4** VV 3, VV 13
Unterirdische Rohrleitungen   **2.1.1** 2, 18, VV 18, VV 23, **2.1.2** 2, 18, VV 18, **2.1.3** 18, VV 18, **2.1.4** 2, 19, VV 19, **2.2.9, 2.2.13**
Unternehmen, Unternehmer   **1.1** 19 h, **1.2.1** 15, **1.2.2** 37, **1.2.3** 26, 42, 90, **1.2.4** 162, **2.1.1** 5, VV 19, **2.1.2** 5, VV 11, VV 19, VV 34, **2.1.3** 5, VV 12, **2.1.4** VV 11, **2.2.10, 4.1** 1, VV 1, 3, VV 3, **5.1, 6.1** 16, **6.4** 24, **7.1** 55, 60, **8.2**
Untersuchungen   **5.3**
Unzulässigkeit   **2.1.1** 10, VV 10, 15, **2.1.2** VV 9, 15, **2.1.3** 15

Veränderung der Gewässereigenschaft, nachteilige   Vorwort, **1.1** 1 a, 19 g, 26, 32 b, 34, **1.2.2** 37, **1.2.3** 26, **1.2.4** 161, 167, **2.1.3** 9, **2.2.1**
Veränderungssperre   **1.1** 36 a, **2.1.1** 15, **2.1.2** 15, **2.1.3** 15, **2.1.4** 15, **2.2.8**
Verarbeitung, Verarbeiten   **2.1.1** VV 1, **2.1.2** VV 1, **2.1.3** VV 1, **2.1.4** VV 1
Verfahrenstechnik   **4.1** VV 4
Verkehr, Verkehrsrecht, Transport   **2.1.1** VV 1, **2.1.2** VV 1, **2.1.4** VV 1, **6.1** 4, 13, 15, 16, 20, **6.2**
Verlustmenge   **2.1.1** VV 3, **2.1.2** VV 3, **2.1.3** VV 3, **2.1.4** VV 3
Verordnungen   Vorwort, **2.1.1** 15, **2.1.2** 15, **2.1.3** 15, **2.1.4** 15, **2.2, 2.2.8, 4.1, 6.1, 6.2, 7.2, 7.3**
Verpackungen   **1.1** 19 h, **1.2.4** 162, **2.1.1** VV 1, 20, VV 20, **2.1.2** VV 1, 23, VV 23, **2.1.3** VV 1, 19, VV 19, **2.1.4** VV 1, 20, VV 20, **2.2.5**

Versorgungstechnik   **4.1** VV 4
Verstöße   **2.1.1** 18
Verunreinigung   s. Gewässerverunreinigung
Verwaltungsvorschriften   **2.1.1, 2.1.2, 2.1.3,
    2.1.4 , 4.1**
Verwarnungsverfahren   **8.2**
Verwenden, Verwendung   **1.1** 19 h, **2.1.1**
    VV 1, 8, 10, VV 10, 15, 22, VV 22, **2.1.2**
    VV 1, 8, 9, VV 9, 15, 33, **2.1.3** 8, 9, 11, VV 11,
    15, VV 16, 29, **2.1.4** VV 1, VV 6, 9, 25,
    VV 25, **6.1** 12, 27
Vorläufige Anordnung   **1.2.4** 50, **2.1.3** 15,
    2.1.4 15, **2.2.8**
Vorsatz, vorsätzlich   **1.1** 41, **1.2.1** 161, **1.2.2**
    95, **1.2.3** 116, **1.2.4** 190, **2.1.1** 22, **2.1.2** 33,
    2.1.3 29, **2.1.4** 25, **4.1** 8 **6.1** 27
Vorsorgemaßnahmen   **5.1, 5.3**
Vorübergehendes Lagern   **1.1** 19 h, **1.2.4** 162,
    2.1.1 VV 1, **2.1.2** VV 1, **2.1.3** VV 1, **2.1.4**
    VV 1, **2.2.1**

Wälle   **2.1.1** VV 3, **2.1.2** VV 3, **2.1.3** VV 3,
    2.1.4 VV 3
Wartungsvertrag   **2.1.1** VV 3, **2.1.2** VV 3,
    2.1.3 VV 13
Waschmittel   **2.1.1** VV 20, **2.1.2** VV 23, **2.1.3**
    VV 19, **2.1.4** VV 20
Wasserbehörde   **1.2.1** 14, 15, 16, 18, 116, 136,
    1.2.3 25, 26, 41, 42, 43, 70, 74, 90, 91, 116,
    1.2.4 22, 48, 50, 61, 162, 163, 165, 168, 169,
    170, 171, 172, **2.1.1** II, VV 1, VV 5, **2.1.3** II,
    4, 5, VV 6, 8, VV 8, 9, VV 10, 15, 18, VV 18,
    30, 31, VV 31, **2.1.4** VV 1, VV 4, VV 5, 6,
    VV 6, VV 7, 9, VV 15, VV 17, 19, VV 19, 26,
    VV 26, **2.2.3, 2.2.5, 2.2.6, 2.2.7, 2.2.9,
    2.2.11, 2.2.12, 2.2.13, 2.2.15, 3.2, 4.1** 10, **4.3,
    5.1, 5.2, 5.3, 6.1** 25, **6.2**
Wassergefährdende Stoffe   Vorwort, **1.1**
    19 g, 19 h, 19 k, 21, **1.2.1** 18, **1.2.2** 37, 95,
    1.2.3 26, **1.2.4** 61, 161, 162, 164, 167, 171,
    172, **2.1.1** 1, VV 1, **2.1.2** 1, VV 1, **2.1.3** 1,
    VV 1, **2.1.4** 1, VV 1, **2.2, 2.2.1, 2.2.2, 2.2.6,
    2.2.7, 2.2.12, 2.2.13, 2.2.14, 3.1, 3.2, 4.1** 1,
    VV 1, **4.2, 4.3, 5.1, 5.2, 5.3, 8.1** 329, 330, **8.2**
Wassergefährdung   **1.1** 19 i, **2.1.1** 8, VV 8, 18,
    2.1.2 18, **2.1.4** 19, 24, **2.2.1, 2.2.2, 2.2.6,
    2.2.9, 2.2.10, 2.2.13, 2.2.14, 3.3**
Wassergefährdungsklassen   **2.1.4** VV 1,
    2.2.2, 2.2.12, 2.2.15, 3.1, 3.2, 3.3
Wassergefährdungspotential   **3.1, 3.2, 3.3**
Wassergewinnung   **1.1** 36 a, **1.2.1** 15, **1.2.2**
    37, **2.1.1** 15, VV 15, **2.1.2** 15, VV 15, **2.1.3**
    VV 15, **2.1.4** VV 15, **2.2.8, 2.2.9**
Wasserhaushaltsgesetz   Vorwort, **1.1**
Wasserinstallateur   **4.1** VV 4, **4.3**
Wasserrecht   Vorwort, **2.2.1** VV 1, **2.1.2**

VV 1, **2.1.4** VV 1, **2.2.2, 2.2.3, 2.2.14, 2.2.15,
    4.1** VV 4, **4.3, 6.2**
Wasserschutzgebiete   **1.1** 19, 19 g, 19 i, **1.2.1**
    14, 15, 116, **1.2.2** 35, 37, **1.2.3** 25, 74, 91,
    1.2.4 48, 49, 50, 161, 163, 190, **2.1.1** 15,
    VV 15, **2.1.2** 15, **2.1.3** 15, VV 15, **2.1.4** 15,
    VV 15, **2.2.6, 2.2.8, 2.2.10, 2.2.15, 5.1, 8.1**
    329
Wasser- und Schiffahrtsverwaltung   **2.1.1**
    VV 11, VV 18, **2.1.2** VV 11, VV 18, **2.1.3**
    VV 12, VV 18, **2.1.4** VV 11, VV 19, **2.2.3,
    2.2.10, 5.2, 6.1** 7, 9, 16, 24, **6.2**
Wasserversorgung   **1.1** 19, **1.2.3** 25, **1.2.4** 48
Wasserwirtschaftsamt   **1.2.3** 92, **1.2.4** 168,
    2.1.2 VV 1, VV 5, VV 9, **2.2.2, 2.2.3**
Weitere Zone   **2.1.1** 15, **2.1.2** 15, **2.1.3** 15,
    2.1.4 15
Weitergehende Anforderungen   s. Anforde-
    rungen
Werkleitungen   **2.1.3** VV 1, **2.2.1**
Werksgelände   **1.2.3** 26, **2.1.1** VV 1, **2.1.3** 1,
    31, **2.2.1, 2.2.15, 6.1** 9
Werkstoff   **2.1.1** 3, VV 3, VV 7, 13, 22, **2.1.2** 3,
    VV 3, VV 7, 13, 33, **2.1.3** 3, VV 3, 13, VV 13,
    2.1.4 VV 1, 3, VV 3, VV 8, 13, 25, VV 25,
    2.2.1, 2.2.5, 2.2.15, 6.1 9, **6.4** 24
Werkzeug   **1.1** 21, **1.2.1** 16, 161, **1.2.4** 61, **4.1**
    4, **4.2**
Wesentliche Änderung   s. Änderung
Widerruf   **2.2.6, 4.1** 3, VV 3, **6.1** 12
Wiederinbetriebnahme   **1.1** 19 i, **1.2.4** 163,
    2.1.1 VV 18, **2.1.2** VV 18, **2.1.3** VV 18, **2.1.4**
    19, VV 19, VV 26, **2.2.9, 2.2.10, 6.1** 22
Wiederkehrende Prüfungen   s. Prüfung
Witterungsbedingungen   **2.1.1** 20, 21, **2.1.2**
    23, 24, **2.1.3** 19, 20, **2.1.4** 20, 21, **2.2.5**
Wohl der Allgemeinheit   **1.1** 1 a, 19, 36 a,
    1.2.1 16, **1.2.3** 98, **1.2.4** 48, **2.1.1** 15, **2.1.2** 15,
    VV 34, **2.1.3** 15, **2.2.8**

Zapfventile   **2.1.1** VV 14, **2.1.2** VV 14, **2.1.3**
    VV 14, **2.1.4** VV 14, **6.1** 12
Zeichnungen   **2.1.1** 5
Zentralheizungs- und Lüftungsbauer   **4.1**
    VV 4, **4.3**
Zonen   s. Schutzgebiete
Zeugnisse   **2.1.1** VV 18, **2.1.2** VV 18, **2.1.3**
    VV 18, **2.1.4** VV 19, **4.1** VV 4
Zulassung   s. Fachbetriebe bzw. bauauf-
    sichtliche Zulassung
Zusammenfügen   **2.1.1** VV 3, **2.1.2** VV 6,
    2.1.3 VV 3, **2.1.4** VV 6
Zusätzliche Anforderungen   s. Anforderun-
    gen
Zuständige Behörde   **1.1** 19 h, 19 i, 19 l, 21,
    1.2.1 14, 16, 18, 116, 162, **1.2.2** 37, 75, **1.2.3**

91, **1.2.4** 22, 61, 162, 172, 190, **2.1.1** VV 1, 5,
VV 5, 8, VV 10, 15, VV 16, 18, VV 18, VV 22,
23, **2.1.2** 5, **2.1.3** VV 11, VV 16, **2.1.4** VV 5,
2.2.1, **2.2.2**, **2.2.3**, **2.2.6**, **2.2.9**, **2.2.11**,
2.2.14, **4.3**, **6.1** 5, 6, 9, 12, 16, 26, **6.4** 24 a, 25

Zuständigkeiten   Vorwort
Zuverlässigkeit   **4.1** VV 3
Zwischenprodukte   **1.1** 19 h, **1.2.4** 162, **2.1.1**
    VV 1, **2.1.2** VV 1, **2.1.3** VV 1, **2.1.4** VV 1,
    6.1 2